"十二五"普通高等教育本科国家级规划教材

混凝土结构基本原理

(第四版)

顾祥林 主编

宋晓滨 余倩倩 姜 超 编

同济大学出版社
TONGJI UNIVERSITY PRESS
·上海·

内容提要

《混凝土结构基本原理》是土木工程及相关专业本科生课程"混凝土结构"前半部分的教材,是该课程后半部分"混凝土结构设计"的先修内容。

本书内容包括:绪论,钢筋与混凝土材料的基本性能,钢筋与混凝土间的黏结性能,轴心受力构件、受弯构件正截面、偏心受力构件正截面、构件斜截面、构件扭曲截面、构件的冲切及局部受压的性能与计算,预应力混凝土结构的性能与计算,混凝土构件的使用性能与计算,混凝土构件的时变性能与计算以及混凝土结构基本原理教学试验及基本要求。

本书适合高等学校土木工程及相关专业师生使用,也可供有关工程技术人员参考。

图书在版编目(CIP)数据

混凝土结构基本原理 / 顾祥林主编;宋晓滨,余倩倩,姜超编. -- 4 版. -- 上海:同济大学出版社,2023.8
　　ISBN 978-7-5765-0904-5

Ⅰ.①混… Ⅱ.①顾… ②宋… ③余… ④姜… Ⅲ.①混凝土结构—高等学校—教材 Ⅳ.①TU37

中国国家版本馆 CIP 数据核字(2023)第 151928 号

"十二五"普通高等教育本科国家级规划教材

混凝土结构基本原理(第四版)

顾祥林　主编

宋晓滨　余倩倩　姜　超　编

责任编辑　马继兰　　**责任校对**　徐春莲　　**封面设计**　陈益平

出版发行	同济大学出版社　　www.tongjipress.com.cn	
	(地址:上海市四平路1239号　邮编:200092　电话:021-65985622)	
经　销	全国各地新华书店	
排　版	南京月叶图文制作有限公司	
印　刷	启东市人民印刷有限公司	
开　本	787mm×1092mm　1/16	
印　张	27	
字　数	674 000	
版　次	2023年8月第4版	
印　次	2025年6月第2次印刷	
书　号	ISBN 978-7-5765-0904-5	
定　价	78.00元	

本书若有印装质量问题,请向本社发行部调换　　　版权所有　侵权必究

第四版前言

"宝剑锋从磨砺出"。《混凝土结构基本原理》教材 2004 年首次出版；2011 年对其局部修改后作为普通高等教育"十一五"国家级规划教材第二次出版；2015 年，重点对第 3 章、第 6 章至第 10 章进行补充、修改和完善，作为普通高等教育"十二五"国家级规划教材出版。为了适应新的教学要求，反映最新研究成果，对《混凝土结构基本原理(第三版)》进行认真修改和完善，并作为同济大学"十四五"重点规划教材出版。

本次修改，仍然保留文字教材和电子资料相结合的立体化教材风格，但将电子资料部分主要集中于线上。在文字教材部分，更加注重理论体系的完善性：以"性能"为基础，以"计算"为目标，希望在传授知识的同时培养学生科学的思维方式、锻炼学生发现问题和解决问题的能力。除对各章的内容做局部修改和完善外，重点对第 1 章、第 2 章、第 3 章、第 11 章和第 12 章进行了内容补充、调整和更新。具体的重点修改内容如下：

(1) 在第 1 章中，增加了混凝土结构的最新研究进展。

(2) 在第 2 章中，增加了环境作用下混凝土和钢筋材料的时变性能。

(3) 将第 3 章的标题改为"混凝土与钢筋间的黏结性能"，并增加了锈蚀钢筋与混凝土间的黏结性能的内容。

(4) 分别将第 11 章和第 12 章的标题改为"混凝土构件的使用性能与计算""混凝土构件的时变性能与计算"。对第 11 章的内容重新进行了组织；根据主编研究团队二十余年来在结构性能演化与控制方面的研究成果，更新了第 12 章的内容，体现了教材的时代性和科学性，也使得整个教材的理论脉络和逻辑构架更加完整、清晰。

为了在继承中创新、在创新中发展，所有修改工作由顾祥林主要负责，还请宋晓滨、余倩倩和姜超共同参加。其中，宋晓滨协助主编对整个修改工作进行了规划，余倩倩主要完成第 11 章的修改，姜超主要完成第 2 章和第 12 章的修改，最后由顾祥林统稿。感谢《混凝土结构基本原理》的所有原始作者！感谢对《混凝土结构基本原理(第二版)》《混凝土结构基本原理(第三版)》的出版作过贡献者！感谢同济大学出版社的支持和帮助！感谢责任编辑马继兰老师一如既往的支持和辛勤的工作！

限于编者的学识，书中肯定还有不当或错误之处，敬请广大读者批评指正！

顾祥林

2023 年于同济大学

第三版前言

"十年磨一剑"。《混凝土结构基本原理》教材2004年首次出版,2011年对其局部修改后作为普通高等教育"十一五"国家级规划教材第二次出版。十余年来,作为同济大学土木工程专业本科生教材,其合理的体系、丰富的内容和立体化的风格一直得到广大师生的认可,并受到外校师生及工程技术人员的普遍欢迎。为总结教学经验,反映最新研究成果,我们对《混凝土结构基本原理(第二版)》进行了认真的修改和完善,并作为"十二五"普通高等教育本科国家级规划教材出版。

本次修改仍然保留文字教材和电子资料相结合的立体化教材风格。在电子资料部分改用了顾祥林在2014—2015年间课堂现场录制的完整授课录像和相应的电子教案。在文字教材部分,除对各章的内容做局部修改和完善外,重点对第3章、第6章至第10章进行了补充、修改和完善。具体的重点修改内容如下:

(1) 在第3章中添加了"端部带弯钩钢筋的锚固"一节。

(2) 在第6章中添加了"轴力-弯矩相关曲线"和"圆形截面偏心受压构件正截面分析"两节。前者帮助学生同材料力学建立更好的联系,以便深入理解轴力-弯矩相关关系;后者顾及圆柱在工程中的广泛应用。

(3) 在第7章中添加了"最小配箍率和最大箍筋间距"、"截面计算剪力"和"新旧混凝土之间的剪力传递"等内容,调整了斜截面抗弯承载力部分的表述方法。

(4) 对第8章中前三节的内容重新进行了组织,调整了截面开裂扭矩、T形(I形)截面抗扭承载力等内容的表述方式。

(5) 遵循讲清基本概念、理解计算方法的原则,对第9章的内容重新进行了组织。

(6) 在第10章中增加了"后张法预应力构件中预应力筋的布置"和"超静定预应力混凝土结构"两个部分的内容,拓展了预应力混凝土结构的基本知识。

为了保证教材的系统性以及各章节之间的连贯性,所有修改工作由顾祥林负责完成。余倩倩博士和姜超博士研究生协助完成了部分图形的绘制工作。余倩倩博士还协助推导了圆形截面偏心受压构件正截面承载力的计算公式。感谢他们的工作!感谢《混凝土结构基本原理》的所有原始作者!感谢对《混凝土结构基本原理(第二版)》的出版作过贡献者!感谢同济大学出版社的支持和帮助!感谢责任编辑马继兰老师的辛勤工作!

限于编者的学识,书中肯定还有不当或错误之处,敬请广大读者批评指正!

顾祥林

2015年于同济大学

第二版前言

《混凝土结构基本原理》自 2004 年出版以来已连续六年在同济大学土木工程专业本科生课堂教学中使用,取得了良好的效果。该书 2007 年获上海市优秀教材三等奖,2008 年被建设部高等学校土木工程学科专业指导委员会评选为"十一五"推荐教材。

六年来,混凝土结构领域的新成果不断在工程中得到应用,工程教育领域的新理念和新方法不断得到教育界的认可。为适应科技进步,满足工程教育的需要,我们对《混凝土结构基本原理》进行了认真的修改和完善,并作为普通高等教育"十一五"国家级规划教材出版。

在总体上,本次修改除对第一版纸质教材内容进行修改和完善外,还增加了顾祥林在 2007—2008 年期间的完整授课录像与电子教案以及混凝土结构基本构件教学试验录像光盘,力求教材立体化。在细节上,尽量反映混凝土结构的最新研究成果,并在专业术语、叙述和分析方法等方面同最新的国家标准协调一致。主要修改内容如下:

(1) 第 2 章中对钢筋的种类进行了调整;
(2) 第 3 章中增加了黏结试验方面的内容,引入应力传递长度的概念;
(3) 第 6 章中将原偏心距增大系数改为考虑 P-Δ 效应的弯矩增大系数,使其物理意义更加明确,还增加了双向偏心受压的相关内容;
(4) 第 7 章中,根据钢筋的锚固长度重新定义构件的抵抗弯矩图,增加钢筋混凝土矩形截面双向受剪柱的抗剪承载力,钢筋混凝土圆形截面柱抗剪承载力计算等内容;
(5) 第 8 章中增加了有轴向力作用时构件扭曲截面的承载力计算;
(6) 第 9 章中修改了有关局部受压破坏机理方面的描述;
(7) 第 10 章中修改了预应力混凝土轴心受拉、受弯构件受力性能分析等内容的叙述方法;
(8) 第 11 章中增加了偏心受力构件抗裂度和裂缝宽度的计算方法,修改了构件变形的验算方法;
(9) 第 12 章中,修改了锈蚀钢筋混凝土梁正截面受弯承载力的计算方法,增加了锈蚀预应力混凝土梁受力性能方面的内容;
(10) 增加了混凝土结构基本原理教学试验及基本要求,这部分作为附录。

为了保证教材的系统性以及各章节之间的连贯性,所有修改工作由顾祥林负责完成。林峰协助完成了第 11 章的修改,张伟平协助完成了第 12 章的修改,结构工程专业 2009 级博士研究生余倩倩、结构工程专业 2010 级硕士研究生曹文慧同学协助完成了部分文字和图形处理工作。同济大学土木工程学院混凝土结构基本原理课程的所有授课教师和部分本科生根据教学过程中的实际情况,提出了修改意见和自己的见解,对教材的再版工作起到积极的作用。在此,向他们表示衷心的感谢!感谢《混凝土结构基本原理》第一版的所有作者!感谢同济大学出版社的支持和帮助!

限于编者的学识,书中定有不当或错误之处,敬请广大读者批评指正!

顾祥林

2010 年于同济大学

第一版前言

科学技术的进步、高等教育事业的发展,要求教材应有明确的目标、合适的体系、创新的内容和言简意赅的表达方式。这正是编者所追求的。

"混凝土结构基本原理"是土木工程专业本科生的一门主要专业基础课。设置该课程的目的是使学生通过学习,掌握由钢筋及混凝土两种材料所组成的结构构件的基本力学性能和计算分析方法,了解该课程与先修力学课程的区别和联系,初步获得解决实际工程问题的能力,为后续专业设计课程的学习打下良好的理论基础。

作为一门专业基础课,"混凝土结构基本原理"与土木工程专业本科生的先修力学课程以及后续结构设计课程都有明显的不同。与前者相比,混凝土结构的基本理论不能仅靠严密的逻辑推导来建立;与后者相比,本课程较注重混凝土结构基本理论的介绍,而不是趋于成为结构设计规范的说明书。为此,本教材在思维方式上既强调理论推导,又不忽视经验归纳;在体系的构架上力求理论与应用并重;在内容的选编上以材料性能、混凝土和钢筋的共同工作性能以及混凝土构件基本性能的分析与计算为主线,循序渐进,并注重吸收最新的研究成果。和其他同类教材相比,本教材的特点是:注重混凝土结构基本理论的介绍,以及基本理论在拟建结构设计和既有结构性能评估两个方面的应用。教材每章都附有思考题和练习题。

本教材是同济大学土木工程学院土木工程系列教材编写计划项目之一,是同济大学土木工程学院建筑工程系、地下建筑工程系和桥梁工程系长期从事混凝土结构理论研究和教学工作的教师通力合作、辛勤劳动的结果。全书共分 12 章。其中,顾祥林完成了第 1 章和第 5 章的写作,周克荣负责第 2 章和第 9 章的写作,苏小卒负责第 7 章和第 8 章的写作,林宗凡负责第 11 章的写作,屈文俊负责第 10 章的写作,汤永净负责第 3 章和第 4 章的写作,吴迅负责第 6 章的写作,张伟平负责第 12 章的写作,结构工程专业硕士研究生陈少杰完成了第 5 章中所有例题的计算,结构工程专业硕士研究生李玉鹏协助进行了部分文档的处理和修改工作。最后,由顾祥林统一修订成稿。

在本教材编写之前,同济大学教授张誉先生已主编过一本《混凝土结构基本原理》教材,并在三年多以前由中国建筑工业出版社出版,为本教材的编写提供了很好的范本。在此,谨向张誉教授及有关编写者表示衷心感谢!

限于编者的学识,本书中定有不当或错误之处,敬请广大读者批评指正!

顾祥林

2004 年于同济大学

目 录

第四版前言
第三版前言
第二版前言
第一版前言

1 绪论 .... (1)
  1.1 混凝土结构的一般概念和特点 .... (1)
    1.1.1 钢筋混凝土结构的一般概念 .... (1)
    1.1.2 钢筋和混凝土共同工作的原因 .... (1)
    1.1.3 预应力混凝土结构的一般概念 .... (2)
    1.1.4 混凝土结构的组成 .... (2)
    1.1.5 混凝土结构的优缺点 .... (2)
  1.2 混凝土结构的发展 .... (4)
    1.2.1 混凝土结构的诞生 .... (4)
    1.2.2 混凝土结构材料方面的发展 .... (4)
    1.2.3 混凝土结构体系方面的发展 .... (6)
    1.2.4 混凝土结构理论研究方面的发展 .... (7)
    1.2.5 混凝土结构的模型试验技术和计算机仿真技术 .... (8)
  1.3 混凝土结构的应用 .... (11)
  1.4 本课程的特点和学习方法 .... (12)
  思考题 .... (13)

2 钢筋与混凝土材料的基本性能 .... (15)
  2.1 钢筋的强度和变形 .... (15)
    2.1.1 钢筋的形式和成型 .... (15)
    2.1.2 单调荷载下钢筋的强度和变形 .... (17)
    2.1.3 钢筋的冷加工和热处理 .... (19)
    2.1.4 重复或反复荷载下钢筋的强度和变形 .... (20)
  2.2 钢筋的时变性能 .... (21)
    2.2.1 钢筋的徐变和松弛 .... (21)
    2.2.2 混凝土中钢筋的锈蚀 .... (22)
    2.2.3 锈蚀钢筋的力学性能 .... (23)
  2.3 混凝土的强度和变形 .... (26)

2.3.1 混凝土立方体受压 …………………………………………………………(26)
　　2.3.2 混凝土轴心受压 ……………………………………………………………(27)
　　2.3.3 混凝土受拉 …………………………………………………………………(33)
　　2.3.4 复合应力状态下混凝土强度 ………………………………………………(34)
　　2.3.5 重复荷载下混凝土的强度和变形 …………………………………………(36)
　2.4 混凝土材料的时变性能 ……………………………………………………………(37)
　　2.4.1 混凝土强度的发展 …………………………………………………………(37)
　　2.4.2 长期荷载下混凝土的变形 …………………………………………………(37)
　　2.4.3 混凝土的收缩、膨胀和温度变形 …………………………………………(39)
　　2.4.4 环境作用下混凝土材料力学性能 …………………………………………(40)
　思考题 ……………………………………………………………………………………(42)
　　附表2-1 普通钢筋强度标准值、设计值,弹性模量及极限应变 ………………(42)
　　附表2-2 预应力钢筋强度标准值、设计值,弹性模量及极限应变 ………………(43)
　　附表2-3 钢筋混凝土结构中钢筋疲劳应力幅限值 ………………………………(43)
　　附表2-4 预应力筋疲劳应力幅限值 ………………………………………………(44)
　　附表2-5 混凝土强度标准值、设计值,弹性模量,疲劳变形模量 ………………(44)
　　附表2-6 不同疲劳应力比值 ρ_c^f 时混凝土受压疲劳强度修正系数 γ_p …………(44)

3 钢筋与混凝土间的黏结性能 ……………………………………………………………(45)
　3.1 钢筋与混凝土间的黏结作用与黏结机理 …………………………………………(45)
　　3.1.1 裂缝出现前的黏结作用 ……………………………………………………(45)
　　3.1.2 裂缝出现后的黏结作用 ……………………………………………………(46)
　　3.1.3 黏结试验 ……………………………………………………………………(47)
　　3.1.4 黏结机理及黏结破坏形态 …………………………………………………(48)
　　3.1.5 搭接的工作机理 ……………………………………………………………(49)
　3.2 钢筋与混凝土间的黏结强度 ………………………………………………………(50)
　　3.2.1 黏结强度 ……………………………………………………………………(50)
　　3.2.2 影响黏结强度的因素 ………………………………………………………(50)
　3.3 钢筋在混凝土中的锚固长度 ………………………………………………………(51)
　　3.3.1 锚固长度的理论分析 ………………………………………………………(51)
　　3.3.2 实用的锚固长度计算公式 …………………………………………………(52)
　　3.3.3 端部带弯钩钢筋的锚固 ……………………………………………………(52)
　3.4 锈蚀钢筋与混凝土间的黏结性能 …………………………………………………(53)
　思考题 ……………………………………………………………………………………(54)

4 轴心受力构件的性能与计算 ……………………………………………………………(55)
　4.1 工程应用实例及构件的配筋形式 …………………………………………………(55)
　4.2 轴心受拉构件的受力分析 …………………………………………………………(56)
　　4.2.1 轴心受拉构件试验研究 ……………………………………………………(56)
　　4.2.2 轴向拉力与变形的关系 ……………………………………………………(58)

4.3 轴心受拉构件承载力计算公式的应用 …………………………………………(60)
    4.3.1 既有构件轴心抗拉承载力计算 ………………………………………(60)
    4.3.2 基于承载力的构件截面设计 …………………………………………(61)
4.4 轴心受压短柱的受力分析 ……………………………………………………(61)
    4.4.1 短柱的试验研究 ………………………………………………………(61)
    4.4.2 短柱压力与变形的关系 ………………………………………………(62)
    4.4.3 荷载长期作用下短柱的受力性能 ……………………………………(64)
4.5 轴心受压长柱的受力分析 ……………………………………………………(67)
    4.5.1 长柱的试验研究 ………………………………………………………(67)
    4.5.2 稳定系数 ………………………………………………………………(68)
    4.5.3 轴心受压柱的承载力计算公式 ………………………………………(69)
4.6 轴心受压构件承载力计算公式的应用 ………………………………………(69)
    4.6.1 既有构件轴心抗压承载力计算 ………………………………………(69)
    4.6.2 基于承载力的构件截面设计 …………………………………………(70)
4.7 配有纵筋和螺旋筋轴心受压柱的受力分析 …………………………………(71)
    4.7.1 螺旋筋柱的轴心受压试验研究 ………………………………………(71)
    4.7.2 螺旋筋柱的承载力计算 ………………………………………………(71)
思考题 ………………………………………………………………………………(73)
练习题 ………………………………………………………………………………(74)
    附表 4-1 钢筋混凝土结构构件中纵向受力钢筋的最小配筋百分率 ………(75)

5 受弯构件正截面的性能与计算 …………………………………………………(76)

5.1 工程应用实例 …………………………………………………………………(76)
5.2 受弯构件的受力特点和配筋形式 ……………………………………………(77)
5.3 受弯构件的截面尺寸和配筋构造 ……………………………………………(78)
5.4 受弯构件正截面性能的试验研究 ……………………………………………(79)
    5.4.1 试验装置 ………………………………………………………………(79)
    5.4.2 试验结果 ………………………………………………………………(79)
5.5 单筋矩形截面受弯构件正截面的受力分析 …………………………………(82)
    5.5.1 基本假定 ………………………………………………………………(82)
    5.5.2 开裂前截面的受力分析 ………………………………………………(83)
    5.5.3 开裂时截面的受力分析 ………………………………………………(84)
    5.5.4 开裂后截面的受力分析 ………………………………………………(87)
    5.5.5 破坏时截面的受力分析 ………………………………………………(90)
5.6 单筋矩形截面受弯构件正截面承载力的简化分析 …………………………(95)
    5.6.1 受压区混凝土等效矩形应力图形 ……………………………………(95)
    5.6.2 界限受压区高度 ………………………………………………………(96)
    5.6.3 极限承载力计算 ………………………………………………………(97)
5.7 单筋矩形截面受弯构件正截面承载力计算公式的应用 ……………………(99)
    5.7.1 既有构件正截面抗弯承载力计算 ……………………………………(99)

5.7.2 基于承载力的构件截面设计 …………………………………………………… (103)
5.8 双筋矩形截面受弯构件正截面的受力分析 …………………………………………… (104)
   5.8.1 截面的构造要求 ………………………………………………………………… (104)
   5.8.2 试验研究 ………………………………………………………………………… (105)
   5.8.3 截面受力性能分析 ……………………………………………………………… (105)
   5.8.4 截面极限承载力的简化计算 …………………………………………………… (108)
5.9 双筋矩形截面受弯构件正截面承载力计算公式的应用 ……………………………… (109)
   5.9.1 既有构件正截面抗弯承载力计算 ……………………………………………… (109)
   5.9.2 基于承载力的构件截面设计 …………………………………………………… (111)
5.10 T形截面受弯构件正截面的受力分析 ………………………………………………… (112)
   5.10.1 T形截面受弯构件受压翼缘的计算宽度 …………………………………… (112)
   5.10.2 T形截面受弯构件正截面承载力的简化计算方法 ………………………… (113)
5.11 T形截面受弯构件正截面承载力计算公式的应用 …………………………………… (115)
   5.11.1 既有构件正截面抗弯承载力计算 …………………………………………… (115)
   5.11.2 基于承载力的构件截面设计 ………………………………………………… (116)
5.12 深受弯构件正截面的受力分析 ………………………………………………………… (118)
   5.12.1 基本概念和应用 ……………………………………………………………… (118)
   5.12.2 深受弯构件的受力性能和破坏形态 ………………………………………… (119)
   5.12.3 深梁的抗弯承载力 …………………………………………………………… (120)
   5.12.4 短梁的抗弯承载力 …………………………………………………………… (120)
   5.12.5 深受弯构件抗弯承载力的统一计算公式 …………………………………… (120)
5.13 受弯构件正截面的延性 ………………………………………………………………… (122)
思考题 …………………………………………………………………………………………… (123)
练习题 …………………………………………………………………………………………… (124)

6 偏心受力构件正截面的性能与计算 ……………………………………………………… (127)
6.1 工程应用实例及构件的配筋形式 ……………………………………………………… (127)
6.2 轴力-弯矩相关曲线 ……………………………………………………………………… (128)
6.3 偏心受压构件的试验研究 ……………………………………………………………… (130)
   6.3.1 偏心受压试验结果 ……………………………………………………………… (130)
   6.3.2 破坏形态分析 …………………………………………………………………… (131)
   6.3.3 N_{cu}-M_u 相关曲线 …………………………………………………………… (132)
   6.3.4 长细比对偏心受压构件承载力的影响 ………………………………………… (133)
6.4 有关偏心受压构件分析计算中的两个问题 …………………………………………… (133)
   6.4.1 附加偏心距 e_a ………………………………………………………………… (133)
   6.4.2 考虑 P-Δ 效应的弯矩增大系数 η_s ………………………………… (134)
6.5 矩形截面偏心受压构件正截面的受力分析 …………………………………………… (135)
   6.5.1 大偏心受压时截面的承载力 …………………………………………………… (136)
   6.5.2 小偏心受压时截面的承载力 …………………………………………………… (138)
   6.5.3 大、小偏心受压的界限判别 …………………………………………………… (141)

  6.5.4 偏心受压构件正截面承载力的简化分析方法 …………………………………(141)
 6.6 矩形截面偏心受压构件正截面承载力计算公式的应用 …………………………(144)
  6.6.1 不对称配筋偏心受压构件基于承载力的截面设计 ……………………………(144)
  6.6.2 既有不对称配筋偏心受压构件正截面承载力计算 ……………………………(155)
  6.6.3 对称配筋偏心受压构件基于承载力的截面设计 ………………………………(156)
  6.6.4 既有对称配筋偏心受压构件正截面承载力的计算 ……………………………(160)
 6.7 I 形截面偏心受压构件正截面受力分析 ………………………………………………(160)
  6.7.1 大偏心受压构件正截面承载力的基本计算公式 ………………………………(160)
  6.7.2 小偏心受压构件正截面承载力的基本计算公式 ………………………………(161)
 6.8 I 形截面偏心受压构件正截面承载力计算公式的应用 ……………………………(162)
  6.8.1 I 形截面偏心受压构件基于承载力的截面设计 ………………………………(162)
  6.8.2 I 形截面偏心受压构件正截面承载力计算 ……………………………………(166)
 6.9 双向偏心受压构件正截面受力分析 …………………………………………………(166)
 6.10 圆形截面偏心受压构件正截面受力分析 ……………………………………………(168)
  6.10.1 破坏时截面的应力-应变分布 ………………………………………………(168)
  6.10.2 正截面承载力的基本计算公式 ………………………………………………(169)
  6.10.3 正截面承载力基本计算公式的简化 …………………………………………(171)
 6.11 偏心受拉构件正截面受力分析 …………………………………………………………(174)
  6.11.1 小偏心受拉构件正截面承载力 ………………………………………………(174)
  6.11.2 大偏心受拉构件正截面承载力 ………………………………………………(175)
 6.12 偏心受拉构件正截面承载力计算公式的应用 ………………………………………(176)
  6.12.1 小偏心受拉构件基于承载力的截面设计 ……………………………………(176)
  6.12.2 既有小偏心受拉构件正截面承载力计算 ……………………………………(176)
  6.12.3 大偏心受拉构件基于承载力的截面设计 ……………………………………(176)
  6.12.4 既有大偏心受拉构件正截面承载力计算 ……………………………………(176)
 思考题 ……………………………………………………………………………………………(178)
 练习题 ……………………………………………………………………………………………(178)

7 构件斜截面的性能与计算 ……………………………………………………………………(181)
 7.1 工程应用实例及构件的配筋形式 ……………………………………………………(181)
 7.2 钢筋混凝土受弯构件的抗剪性能 ……………………………………………………(182)
  7.2.1 无腹筋梁的抗剪性能 ……………………………………………………………(182)
  7.2.2 有腹筋梁的试验研究 ……………………………………………………………(189)
  7.2.3 有腹筋梁的抗剪机制 ……………………………………………………………(190)
  7.2.4 有腹筋梁剪弯截面的分析 ………………………………………………………(191)
  7.2.5 受弯构件斜截面抗剪承载力实用计算公式 …………………………………(193)
 7.3 钢筋混凝土受弯构件斜截面抗剪承载力计算公式的应用 ………………………(198)
  7.3.1 基于承载力的构件斜截面的配筋设计 ………………………………………(198)
  7.3.2 既有构件斜截面抗剪承载力计算 ……………………………………………(205)
  7.3.3 关于截面剪力 V 的两点讨论 …………………………………………………(205)

7.4 保证钢筋混凝土受弯构件斜截面抗弯承载力的措施 …………………………………… (207)
    7.4.1 受弯构件斜截面抗弯承载力 …………………………………………………… (207)
    7.4.2 抵抗弯矩图 ………………………………………………………………………… (208)
    7.4.3 纵筋弯起时保证斜截面抗弯承载力的构造措施 ……………………………… (209)
    7.4.4 纵向钢筋切断时保证斜截面抗弯承载力的构造措施 ………………………… (210)
    7.4.5 钢筋弯起和切断的综合示例 …………………………………………………… (211)
    7.4.6 纵向受力钢筋在支座处的锚固 ………………………………………………… (211)
7.5 偏心受力构件的抗剪性能 ………………………………………………………………… (212)
    7.5.1 试验研究结果 …………………………………………………………………… (212)
    7.5.2 影响偏心受压构件斜截面抗剪承载力的因素 ………………………………… (213)
    7.5.3 偏心受压构件斜截面抗剪承载力计算 ………………………………………… (214)
    7.5.4 偏心受拉构件斜截面受剪承载力计算 ………………………………………… (215)
    7.5.5 钢筋混凝土矩形截面双向受剪柱的抗剪承载力计算 ………………………… (215)
    7.5.6 钢筋混凝土圆形截面柱的抗剪承载力计算 …………………………………… (216)
7.6 钢筋混凝土偏心受力构件斜截面抗剪承载力计算公式的应用 ……………………… (217)
7.7 钢筋混凝土深受弯构件及墙体的抗剪性能 …………………………………………… (219)
    7.7.1 钢筋混凝土深受弯构件的抗剪性能 …………………………………………… (219)
    7.7.2 钢筋混凝土剪力墙的抗剪性能 ………………………………………………… (220)
7.8 新旧混凝土之间的剪力传递 …………………………………………………………… (221)
思考题 …………………………………………………………………………………………… (223)
练习题 …………………………………………………………………………………………… (223)

8 构件扭曲截面的性能与计算 ………………………………………………………………… (227)

8.1 工程应用实例及构件的配筋形式 ……………………………………………………… (227)
8.2 纯扭构件的试验研究结果 ……………………………………………………………… (228)
8.3 纯扭构件的开裂扭矩 …………………………………………………………………… (230)
    8.3.1 实心截面构件的开裂扭矩 ……………………………………………………… (230)
    8.3.2 箱形截面构件开裂扭矩 ………………………………………………………… (233)
8.4 矩形截面纯扭构件抗扭承载力计算 …………………………………………………… (236)
    8.4.1 空间桁架模型 …………………………………………………………………… (236)
    8.4.2 斜弯破坏模型 …………………………………………………………………… (238)
    8.4.3 《混凝土结构设计规范》(GB 50010)的计算方法 …………………………… (239)
8.5 I形、T形及箱形截面纯扭构件抗扭承载力计算 ……………………………………… (240)
    8.5.1 基于空间桁架模型的计算方法 ………………………………………………… (240)
    8.5.2 《混凝土结构设计规范》(GB 50010)的计算方法 …………………………… (240)
8.6 纯扭构件抗扭承载力计算公式的应用 ………………………………………………… (242)
    8.6.1 基于承载力的构件截面设计 …………………………………………………… (242)
    8.6.2 既有构件抗扭承载力计算 ……………………………………………………… (244)
8.7 弯剪扭构件的试验研究结果 …………………………………………………………… (246)
8.8 弯剪扭构件截面的承载力 ……………………………………………………………… (247)

8.8.1 弯扭构件的承载力 ………………………………………………………… (247)
8.8.2 剪扭构件的承载力 ………………………………………………………… (248)
8.8.3 弯剪扭构件的承载力计算 …………………………………………………… (250)
8.9 弯剪扭构件承载力计算公式的应用 ……………………………………………… (251)
8.9.1 基于承载力的构件截面设计 ………………………………………………… (251)
8.9.2 既有弯剪扭构件的承载力计算 ……………………………………………… (253)
8.10 有轴向力作用时构件扭曲截面的承载力计算 …………………………………… (255)
8.10.1 轴向压力、弯矩、剪力和扭矩共同作用下矩形截面构件受剪扭承载力 …… (255)
8.10.2 轴向拉力、弯矩、剪力和扭矩共同作用下矩形截面构件受剪扭承载力 …… (255)
思考题 …………………………………………………………………………………… (256)
练习题 …………………………………………………………………………………… (256)

9 构件的冲切及局部受压性能与计算 ……………………………………………… (259)
9.1 构件冲切性能与计算 …………………………………………………………… (259)
9.1.1 板的冲切破坏及影响因素 …………………………………………………… (259)
9.1.2 提高构件抗冲切承载力的措施 ……………………………………………… (261)
9.1.3 抗冲切承载力的计算 ………………………………………………………… (263)
9.1.4 偏心冲切问题 ………………………………………………………………… (267)
9.2 构件局部受压性能与计算 ……………………………………………………… (270)
9.2.1 局部受压破坏的机理 ………………………………………………………… (270)
9.2.2 局部受压承载力的计算 ……………………………………………………… (272)
思考题 …………………………………………………………………………………… (276)
练习题 …………………………………………………………………………………… (276)

10 预应力混凝土结构的性能与计算 ………………………………………………… (278)
10.1 预应力混凝土结构的一般概念 ………………………………………………… (278)
10.1.1 预应力混凝土结构的特点 …………………………………………………… (278)
10.1.2 预应力混凝土结构的等级与分类 …………………………………………… (279)
10.1.3 预应力混凝土结构的类型 …………………………………………………… (281)
10.1.4 预应力混凝土结构材料 ……………………………………………………… (283)
10.2 施加预应力的方法、夹具和锚具 ……………………………………………… (283)
10.2.1 施加预应力的方法 …………………………………………………………… (283)
10.2.2 夹具和锚具 …………………………………………………………………… (285)
10.3 后张法预应力混凝土构件中预应力筋的布置 ………………………………… (287)
10.4 张拉控制应力 σ_{con} ……………………………………………………………… (289)
10.5 预应力损失及预应力损失值的组合 …………………………………………… (289)
10.5.1 预应力损失 …………………………………………………………………… (289)
10.5.2 预应力损失值的组合 ………………………………………………………… (299)
10.6 预应力筋锚固区受力性能 ……………………………………………………… (299)
10.6.1 先张法构件预应力筋的传递长度及锚固长度 ……………………………… (299)

10.6.2　后张法构件端部锚固区的局部受压性能 ………………………………………（300）
10.7　预应力混凝土轴心受拉构件的受力分析 ………………………………………（300）
 10.7.1　预应力混凝土轴心受拉构件的受力特征 …………………………………（300）
 10.7.2　先张法预应力混凝土轴心受拉构件的受力分析 …………………………（301）
 10.7.3　后张法预应力混凝土轴心受拉构件的受力分析 …………………………（303）
 10.7.4　预应力混凝土轴心受拉构件的受力分析总结 ……………………………（305）
10.8　预应力混凝土轴心受拉构件的设计计算 ………………………………………（305）
 10.8.1　轴心受拉构件使用阶段的计算 ……………………………………………（305）
 10.8.2　轴心受拉构件施工阶段的验算 ……………………………………………（306）
 10.8.3　预应力轴心受拉构件的设计步骤 …………………………………………（306）
10.9　预应力混凝土受弯构件的受力分析 ……………………………………………（310）
 10.9.1　预应力混凝土受弯构件的受力特征 ………………………………………（310）
 10.9.2　先张法预应力混凝土受弯构件的受力分析 ………………………………（310）
 10.9.3　后张法预应力混凝土受弯构件的受力分析 ………………………………（314）
10.10　预应力混凝土受弯构件的设计计算 …………………………………………（316）
 10.10.1　预应力混凝土受弯构件使用阶段正截面承载力计算 …………………（317）
 10.10.2　预应力混凝土受弯构件使用阶段正截面抗裂度验算 …………………（321）
 10.10.3　预应力混凝土受弯构件使用阶段斜截面受剪承载力计算 ……………（321）
 10.10.4　预应力混凝土受弯构件使用阶段斜截面抗裂度验算 …………………（323）
 10.10.5　预应力混凝土受弯构件使用阶段的变形验算 …………………………（323）
 10.10.6　预应力混凝土受弯构件施工阶段的验算 ………………………………（323）
 10.10.7　预应力混凝土受弯构件设计步骤 ………………………………………（324）
10.11　超静定预应力混凝土结构 ……………………………………………………（330）
10.12　预应力混凝土构件的构造 ……………………………………………………（330）
 10.12.1　先张法预应力混凝土构件的构造措施 …………………………………（330）
 10.12.2　后张法预应力混凝土构件的构造措施 …………………………………（332）
思考题 ……………………………………………………………………………………（335）
练习题 ……………………………………………………………………………………（336）

11　混凝土构件的使用性能与计算 ………………………………………………（337）

11.1　工程应用背景与需求 ……………………………………………………………（337）
11.2　构件正截面裂缝宽度计算 ………………………………………………………（337）
 11.2.1　混凝土结构裂缝的分类和成因 ……………………………………………（337）
 11.2.2　裂缝宽度的计算理论 ………………………………………………………（339）
 11.2.3　最大裂缝宽度 ………………………………………………………………（344）
11.3　使用阶段构件的抗裂验算 ………………………………………………………（347）
 11.3.1　荷载效应组合 ………………………………………………………………（347）
 11.3.2　裂缝控制等级和要求 ………………………………………………………（347）
 11.3.3　正截面抗裂验算 ……………………………………………………………（349）
 11.3.4　受弯构件斜截面抗裂验算 …………………………………………………（352）

11.3.5 正截面裂缝宽度验算 ……………………………………………………………… (354)
11.4 钢筋混凝土受弯构件的抗弯刚度 …………………………………………………… (358)
11.4.1 半理论半经验方法 ……………………………………………………………… (359)
11.4.2 基于弹性刚度的简化计算方法 ………………………………………………… (362)
11.4.3 基于开裂截面刚度-弯矩关系的计算方法 …………………………………… (363)
11.5 预应力混凝土受弯构件的抗弯刚度 ………………………………………………… (364)
11.5.1 短期刚度 B_s …………………………………………………………………… (364)
11.5.2 刚度 B ………………………………………………………………………… (365)
11.6 使用阶段受弯构件的变形验算 ……………………………………………………… (365)
11.6.1 变形验算的目的和要求 ………………………………………………………… (365)
11.6.2 钢筋混凝土受弯构件的变形验算 ……………………………………………… (367)
11.6.3 预应力混凝土受弯构件的变形验算 …………………………………………… (371)
思考题 ……………………………………………………………………………………… (372)
练习题 ……………………………………………………………………………………… (372)

12 混凝土构件的时变性能与计算 …………………………………………………… (374)

12.1 工程应用实例 ………………………………………………………………………… (374)
12.2 锈蚀钢筋混凝土构件轴心受压性能 ………………………………………………… (374)
12.2.1 锈蚀钢筋混凝土构件轴心受压试验研究 ……………………………………… (374)
12.2.2 锈蚀钢筋混凝土构件轴心抗压承载力 ………………………………………… (375)
12.2.3 考虑箍筋约束作用锈蚀钢筋混凝土构件轴心抗压承载力 …………………… (377)
12.3 锈蚀钢筋混凝土构件正截面受弯性能 ……………………………………………… (385)
12.3.1 锈蚀钢筋混凝土构件正截面受弯性能试验研究 ……………………………… (385)
12.3.2 锈蚀钢筋混凝土构件正截面抗弯承载力 ……………………………………… (385)
12.4 锈蚀钢筋混凝土构件偏心受压性能 ………………………………………………… (390)
12.4.1 锈蚀钢筋混凝土构件偏心受压试验研究 ……………………………………… (390)
12.4.2 锈蚀钢筋混凝土构件偏心抗压承载力 ………………………………………… (390)
12.5 锈蚀钢筋混凝土构件斜截面受剪性能 ……………………………………………… (399)
12.5.1 锈蚀钢筋混凝土构件斜截面受剪试验研究 …………………………………… (399)
12.5.2 锈蚀钢筋混凝土构件斜截面抗剪承载力 ……………………………………… (400)
12.6 锈蚀预应力混凝土构件正截面受弯性能 …………………………………………… (404)
12.6.1 锈蚀预应力混凝土构件正截面受弯试验研究 ………………………………… (404)
12.6.2 锈蚀预应力混凝土构件正截面抗弯承载力 …………………………………… (405)
12.7 锈蚀钢筋混凝土受弯构件的抗弯刚度 ……………………………………………… (407)
思考题 ……………………………………………………………………………………… (409)
练习题 ……………………………………………………………………………………… (409)

附录 A 混凝土结构基本原理教学试验及基本要求 ………………………………… (410)

A1 试验教学目的和试验项目 …………………………………………………………… (410)
A1.1 试验教学目的 ……………………………………………………………………… (410)

  A1.2 试验项目 ……………………………………………………………………（410）
 A2 钢筋混凝土受弯构件正截面受弯性能试验 …………………………………………（410）
  A2.1 试验内容 ……………………………………………………………………（410）
  A2.2 基本要求 ……………………………………………………………………（410）
 A3 钢筋混凝土受弯构件斜截面受剪性能试验 …………………………………………（411）
  A3.1 试验内容 ……………………………………………………………………（411）
  A3.2 基本要求 ……………………………………………………………………（411）
 A4 钢筋混凝土偏心受压构件正截面受压性能试验 ……………………………………（411）
  A4.1 试验内容 ……………………………………………………………………（411）
  A4.2 基本要求 ……………………………………………………………………（411）
 A5 钢筋混凝土纯扭构件受扭性能试验 …………………………………………………（411）
  A5.1 试验内容 ……………………………………………………………………（411）
  A5.2 基本要求 ……………………………………………………………………（411）

参考文献 ……………………………………………………………………………………（413）

1 绪 论

1.1 混凝土结构的一般概念和特点

1.1.1 钢筋混凝土结构的一般概念

由钢筋和混凝土组成的结构称为钢筋混凝土结构。混凝土抗压强度高,抗拉强度低(混凝土的抗拉强度一般仅为抗压强度的1/10左右)。钢筋的抗压和抗拉能力都很强。将钢筋和混凝土两种材料结合在一起共同工作,利用混凝土抗压和钢筋抗拉,则能使两种材料各尽其能、相得益彰,组成性能良好的结构构件。

以梁为例,若用素混凝土制成梁,在图 1-1(a)所示的荷载 P 作用下,梁跨中截面的下部受拉,上部受压[图 1-1(b)]。当外荷载增加使得梁底的应力超过混凝土的抗拉强度时,混凝土开裂,开裂后梁立即断开[图 1-1(c)]。素混凝土梁承受荷载的能力低(仅为开裂荷载 P_{cr}),破坏具有突然性。若在梁的受拉区布置适量的钢筋[图 1-2(a)],由于钢筋具有很好的抗拉性能,当混凝土开裂后钢筋可以帮助混凝土承受拉力[图 1-2(b)],梁并没有破坏,还可以继续承载[图 1-2(c)]。钢筋不但提高了梁的承载能力,而且还提高了梁的变形能力,使得梁在破坏前能给人们以明显的预告。

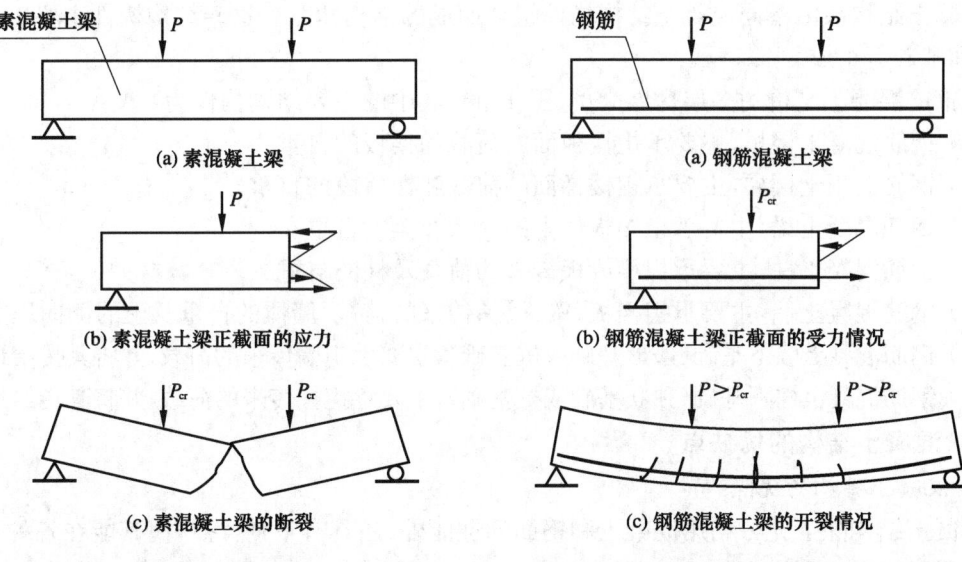

图 1-1 素混凝土梁的受力性能   图 1-2 钢筋混凝土梁的受力性能

混凝土结构施工时,一般先根据结构构件的形状和尺寸制作模板,再将钢筋放入模板中适当的位置固定,最后浇筑混凝土,待混凝土结硬成型并达到一定强度时除去模板,结构施工结束。

1.1.2 钢筋和混凝土共同工作的原因

钢筋与混凝土两种不同材料之所以能共同工作主要有如下的原因:

(1) 混凝土和钢筋之间有良好的黏结性能,二者能可靠地结合在一起,共同受力,共同变形。

(2) 混凝土和钢筋两种材料的温度线膨胀系数很接近(混凝土为 $1.0\times10^{-5}\sim1.5\times10^{-5}$，钢筋为 1.2×10^{-5})，可避免温度变化时产生较大的温度应力破坏二者之间的黏结力。

(3) 混凝土包裹在钢筋的外部，可使钢筋免于过早锈蚀或高温软化。

1.1.3　预应力混凝土结构的一般概念

如在图1-2(a)梁的钢筋位置预留孔道，待混凝土结硬达一定强度后在孔道中穿入高强钢筋，并在梁的端部将拉伸后的高强钢筋锚固，如图1-3(a)所示，则拉伸的高强钢筋(称为预应力钢筋)会在梁底部的混凝土中产生压应力，在梁上部的混凝土中产生拉应力，如图1-3(b)所示。预应力钢筋在梁底部产生的预压应力会抵消外部荷载 P 产生的拉应力[图1-3(c)]，使得梁底部不产生拉应力或仅产生很小的拉应力[图1-3(d)]，提高梁的抗裂性能。图1-3(a)所示的梁称作预应力混凝土梁。同理，还可以先张拉钢筋，再浇捣混凝土，待混凝土达到一定强度后放松钢筋，通过钢筋与混凝土之间的黏结力在混凝土中建立预压应力。

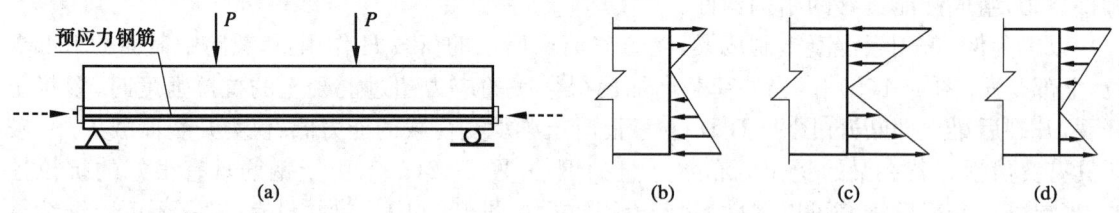

图1-3　预应力混凝土梁及其跨中正截面的应力分布

1.1.4　混凝土结构的组成

混凝土结构系由不同混凝土结构构件组合而成的结构体系。这些结构构件主要由板、梁、柱、墙和基础等组成。

以钢筋混凝土结构的多层房屋为例(图1-4)，其中的主要结构构件为：

(1) 钢筋混凝土楼板，主要承担楼板面的荷载和楼板的自重。

(2) 钢筋混凝土楼梯，主要承担楼梯面的荷载和楼梯段的自重。

(3) 钢筋混凝土梁，主要承担楼板传来的荷载及梁的自重。

(4) 钢筋混凝土柱，主要承担梁或板传来的荷载及柱的自重。

(5) 钢筋混凝土墙，主要承担楼板、梁、楼梯传来的荷载，墙体的自重及土的侧向压力。

(6) 钢筋混凝土墙下基础(条形基础或桩基础)，主要承担墙传来的荷载，并将其传给地基。

(7) 钢筋混凝土柱下基础(独立基础或桩基础)，主要承担柱传来的荷载，并将其传给地基。

1.1.5　混凝土结构的优缺点

1. 混凝土结构的优点

混凝土结构除了充分利用混凝土和钢筋的性能外，还具有下列优点，使其能在各种不同的工程中得以广泛应用。

1) 良好的耐久性

混凝土结构中混凝土的强度随时间的增加而增长。当钢筋外的混凝土保护层厚度足够大时，能保护钢筋免于锈蚀，不需要经常保养和维修。在恶劣环境中(如处于侵蚀性气体中或被海水浸泡等)，经过合理的设计，并采取特殊的构造措施，一般能满足工程需要。

2) 良好的耐火性

不采取特殊的技术措施，混凝土结构房屋一般具有 $1\sim3\,\mathrm{h}$ 的耐火时间，不会因火灾导致钢材很快软化而造成结构整体破坏。混凝土结构的抗火性能优于钢木结构。

3) 良好的整体性

现场整浇的混凝土结构各结构构件之间连接牢固,具有良好的整体工作性能,能很好地抵御动力荷载(如风、地震、爆炸、冲撞等)的作用。

4) 良好的可模性

混凝土结构可根据需要浇筑成各种不同的形状,如曲线形的梁和拱、曲面塔体、空间薄壳等。

5) 可就地取材

混凝土结构中用量最多的砂、石等材料可就地取材。还可以将工业废料(如矿渣、粉煤灰等)制成人工骨料或作为添加剂用于混凝土结构中,变废为宝。

6) 节约钢材

与钢结构相比,混凝土结构中用混凝土代替钢筋受压,合理发挥了材料的性能,节约了钢材。

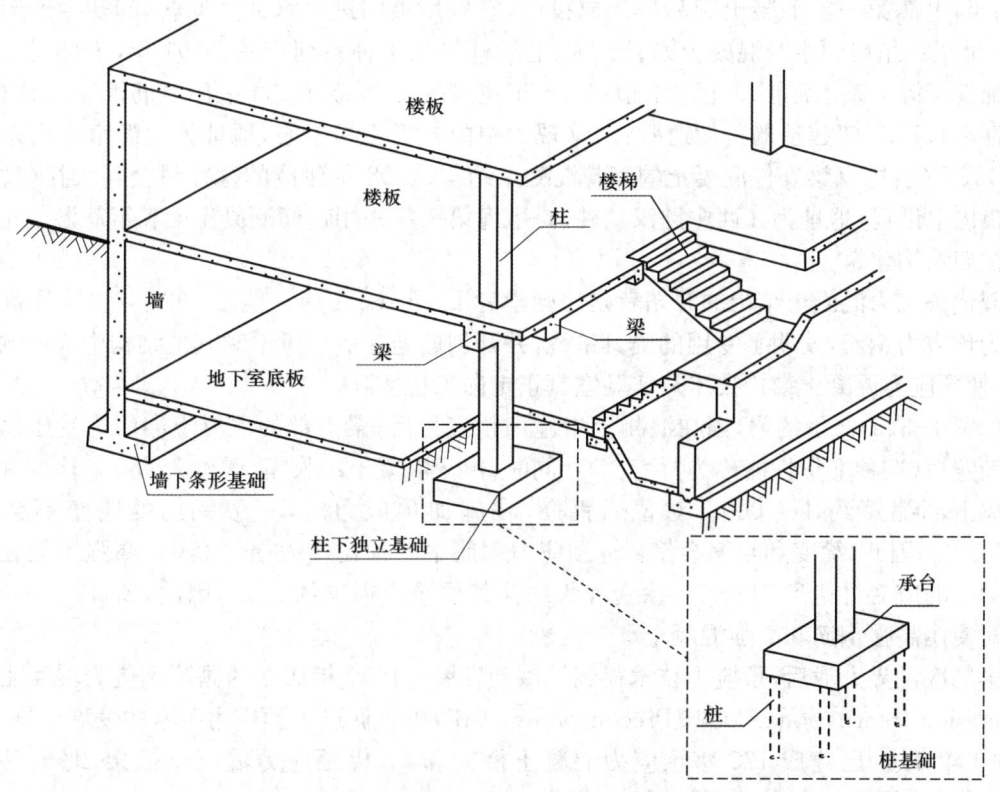

图 1-4 钢筋混凝土结构房屋中的结构构件

2. 混凝土结构的缺点

混凝土结构也有缺点,这些缺点目前在一定程度上阻碍了混凝土结构的广泛应用。如混凝土结构的自重大(素混凝土的容重为 $22\sim24\ kN/m^3$,钢筋混凝土的容重为 $24\sim25\ kN/m^3$),对大跨度结构、高层结构抗震不利;混凝土易开裂,一般混凝土结构使用时往往带裂缝工作,对裂缝有严格要求的结构构件(如混凝土水池、地下混凝土结构、核电站的混凝土安全壳等)需采取特殊的措施;现浇混凝土结构需耗费大量的模板;现浇混凝土结构的养护期一般要一个月左右,且其施工受季节的影响较大;混凝土结构隔热隔声性能较差;等等。随着科学技术的不断发展,这些缺点会逐渐被改进或克服。

1.2 混凝土结构的发展

1.2.1 混凝土结构的诞生

1824年，英国人 J. Aspdin 发明了波特兰水泥，为混凝土结构的诞生奠定了基础。1855年，法国人 Joseph Louis Lambot 在巴黎国际展览会上展出了他稍早时候申请专利的一条水泥砂浆铁丝小船，标志着混凝土结构的诞生。同年，François Coignet 也申请了加筋混凝土楼板的制作专利。从此以后一大批凭经验制作的加筋混凝土结构（构件）相继出现，并获得专利。1904年出版的一本英国教科书列举了43项加筋混凝土的专利，其中15项来自法国，14项来自德国或奥匈帝国，8项来自美国，3项来自英国，另3项来自其他9个国家。

19世纪末，混凝土传入中国。以上海为例，1890年，上海第一次在铺设马路时采用了混凝土；同年，上海第一家混凝土制品厂建成投产，它采用英国进口水泥为原料，起初生产厨房水池，20世纪初拓展到生产混凝土梁、板、桩、电线杆等几十种系列产品；1891年，工部局在武昌路上铺设了第一条水泥混凝土下水道；1896年建成的工部局市政厅采用钢筋混凝土楼板（现已不存在）；1901年建造的华俄道胜银行（现为中国外汇交易中心，地址为上海市中山东一路15号）采用钢柱、钢梁外包混凝土的钢骨混凝土结构；1908年建成的德律风公司大楼（现为上海市市内电话局，地址为江西中路汉口路）是上海第一座采用钢筋混凝土梁和钢筋混凝土柱建造的框架结构建筑。

现代预应力混凝土结构的开拓者是法国学者 E. Freyssinet。他于1928年提出用高强钢丝作为预应力钢筋，发明了专用的锚具系统，并开创性地在一些桥梁和其他结构中应用预应力技术，使预应力混凝土结构技术从实验室真正走向工程实际。

如图1-3(a)所示的梁，当在混凝土中施加预应力后，梁下部的混凝土会因为受压而随时间逐渐缩短（这种变形性能称为"徐变"）。同时，由于混凝土的收缩，梁也会缩短。徐变和收缩会使梁下部缩短约 $1/1\,000$。对普通钢筋，在施加预应力时，一般钢筋的应变不会超过 $1.5/1\,000$。因此，徐变和收缩会使普通预应力钢筋中的预拉应力损失 $2/3$。高强钢筋在施加预应力时的应变可达到 $7/1\,000$，徐变和收缩使其预应力损失约 $1/7$。因此，E. Freyssinet 建议同时使用高强钢筋和高强混凝土。

第二次世界大战后，预应力技术得到了蓬勃发展。1950年成立的国际预应力混凝土协会（Fédération Internationale de la Précontrainte，FIP）更是促进了预应力技术的发展。据报道，至1951年，欧洲已建成175座预应力混凝土桥梁和50榀预应力混凝土框架，北美已建成700座预应力混凝土贮水罐。

我国预应力混凝土结构是在20世纪50年代发展起来的，最初试用于预应力钢弦混凝土轨枕。目前，预应力混凝土结构已在建筑、桥梁、地下结构、特种结构（如预应力混凝土水池、混凝土冷却塔、混凝土电视塔、核反应堆的安全壳等）中广泛应用。

1.2.2 混凝土结构材料方面的发展

混凝土结构自诞生以来在材料方面的发展主要表现在混凝土强度不断提高、混凝土性能不断改善、轻质混凝土和无砂混凝土得到应用以及纤维增强塑料（Fiber Reinforced Plastics，FRP）的研究应用等方面。

20世纪60年代初，美国混凝土的平均抗压强度为 28 N/mm^2，70年代提高到 42 N/mm^2。1964年，用高效减水剂配制普通工艺的高强混凝土在日本首先兴起，到70年代末，日本的工地上已能获得抗压强度达 80~90 N/mm² 的高强混凝土。1976 年起,北美也开始采用高效减水剂配制高强混凝土,1980 年以后,美国和加拿大的工地上已能获得 60~100 N/mm²,最高可达 130 N/mm² 的高强混凝土。在实验室中,通过特殊的措施,混凝土的抗压强度甚至可做到 800 N/mm²。

20 世纪 90 年代以前,我国大量采用的混凝土抗压强度仅为 15~20 N/mm²。随着经济的发展和科技的进步,高强混凝土得以在工程实践中应用。在铁道系统,铁路部门用 50~60 N/mm² 的混凝土生产桥梁、轨枕以及电气化铁路的接触网支柱。在公路桥梁方面,混凝土的抗压强度达到 80 N/mm²。1988 年,在沈阳建成的 18 层辽宁省工业技术交流馆中首次应用 60 N/mm² 的混凝土建造高层建筑的柱子。上海 1990 年 8 月在海伦宾馆、9 月在新新美发厅工程上成功进行了泵送混凝土的工程实践。在一些基础设施工程中,如混凝土的输水管,也有过用抗压强度为 60 N/mm² 混凝土的报道。目前,我国的土木工程结构,尤其是超高层混凝土房屋结构,应用抗压强度为 60 N/mm² 的混凝土已相当普遍。

为提高混凝土的抗拉强度,改善混凝土的抗裂、抗冲击、抗疲劳、抗磨等性能,在普通混凝土中掺入各种纤维(如钢纤维、合成纤维、玻璃纤维和碳纤维等)而形成的纤维混凝土已在工程中得到广泛应用。其中以钢纤维混凝土的技术最为成熟,应用最为广泛。美国、日本和我国都相继编制了钢纤维混凝土结构的施工设计规程或规范。

近年来,以改善混凝土工作性能、降低泌水离析程度、改善混凝土微观结构、增加混凝土抗酸碱侵蚀能力为目标的研发工作取得了很大的进展。另外,在混凝土中添加智能修复材料和智能传感材料,使得混凝土具有损伤修复、损伤愈合和损伤预警功能的研究工作已引起各国学者高度重视,其中,混凝土结构中的光纤传感技术已在工程中应用。

为克服混凝土自重大的缺点,经国内外学者的努力,由胶结料、多孔粗骨料、多孔或密实细骨料与水拌制而成的轻质混凝土(干容重一般不大于 18 kN/m³)得到很大的发展。国外用于承重结构的轻质混凝土的抗压强度为 30~60 N/mm²,其容重为 14~18 kN/m³。国内轻质混凝土的抗压强度为 20~40 N/mm²,其容重为 12~18 kN/m³。1976 年建成的美国芝加哥 Water Tower 广场大厦的楼板采用了抗压强度为 35 N/mm² 的轻骨料混凝土。美国休斯敦 52 层、高 210 m 的贝壳广场大厦则全部由轻质混凝土建造。当对混凝土的强度要求不是很高时,可以采用普通粗骨料制成的无砂大孔混凝土,其容重为 16~19 kN/m³。如 20 世纪 80 年代初建成的同济大学留学生宿舍大楼(12 层,局部 13 层)即采用无砂大孔混凝土作为填充墙。

混凝土结构中钢筋的锈蚀是影响结构使用寿命的重要因素之一。尽管世界各国的学者多年来作出了很大的努力,但是这一问题一直没有得到很好的解决。在北美,冬天需要用盐来解冻,因此,公路桥梁和公共车库中钢材的锈蚀情况尤为严重。据 1992 年的统计结果显示,加拿大修复当时所有混凝土车库结构的费用在 40 亿~50 亿加元;美国修复所有高速公路桥梁的费用约为 500 亿美元。在欧洲,由于钢材的腐蚀每年约损失 100 亿英镑。用 FRP 筋代替混凝土中的钢筋是一种有效解决锈蚀问题的方法。

FRP 是一种由纤维加筋、树脂母体和一些添加料制成的复合材料。根据纤维的种类,它可分为碳纤维增强塑料(CFRP,Carbon Fiber Reinforced Plastics)、芳香烃聚酰胺纤维增强塑料(AFRP,Aramid Fiber Reinforced Plastics)和玻璃纤维增强塑料(GFRP,Glass Fiber Reinforced Plastics)。FRP 具有强度高、质量轻、抗腐蚀、低松弛、易加工等诸多优良的特性,是钢筋的良好替代物,用作预应力筋时优势尤其明显。

早在 20 世纪 70 年代,德国斯图加特大学的 Rehm 教授的研究成果就表明含有玻璃纤维的复合材料筋可以用于预应力混凝土结构。1992 年,FIP 的一个工作委员会起草了 FRP 的设计指南。1993年,作为国家级的研究成果,《FRP混凝土建筑结构设计指南》和《FRP预应力混凝土构件设计指南》在日本出版。1996年加拿大的公路桥梁规范(Canadian Highway Bridge Design Code, CHDBC)也将FRP的内容列入其中。同年,美国的ACI 440出版了FRP混凝土结构研究现状的分析报告,ASCE也成立了专门的委员会准备有关FRP的标准。

1980年,作为试验,德国采用玻璃纤维增强筋建造了一座短跨的人行桥梁。1986年,世界上第一座GFRP预应力混凝土公路桥梁在欧洲的Dusseldorf建成并投入使用。1988年,GFRP预应力体系在柏林的一座两跨桥梁中得以应用;法国Mairie d'Ivry地铁车站的改建工程也大量应用了GFRP预应力筋;日本首次在一座7 m宽、5.6 m跨度的桥梁中应用了CFRP预应力筋。1991年,欧洲Leverkusen建成一座三跨公路桥梁,1.1 m厚的桥面板中布置了27根GFRP预应力筋;日本则首次将FRP预应力体系应用于房屋建筑。1992年,奥地利的Notsch桥投入使用,该桥的桥面板中用了41根GFRP预应力筋。1993年,加拿大首次在Calgary建成了一座CFRP预应力混凝土公路桥,随后又建造了多个FRP混凝土和预应力混凝土结构工程。我国学者对FRP混凝土结构也进行了多年的研究,目前,FRP混凝土结构在我国也有一定的应用。

1.2.3 混凝土结构体系方面的发展

基本的混凝土结构构件(如梁、板、柱和墙等),根据不同的用途、结构功能,按照一定的规则,可以组成不同的结构体系。起初,混凝土结构中的基本受力构件主要为钢筋混凝土结构构件(称为钢筋混凝土结构)。随着预应力技术的发展和应用,以预应力混凝土构件为主要受力构件的预应力混凝土结构在大跨度、高抗裂性能等方面显示了明显的优越性。为了适应高变形能力、重载等的需要,近年来,在混凝土结构构件中配置型钢或将混凝土构件同钢构件通过一定的连接措施结合在一起,组成型钢混凝土组合结构,在钢管中填充混凝土形成钢管混凝土或钢管约束混凝土结构等技术得到了很好的发展与应用。另外,还可以在一种结构中同时使用钢构件、钢-混凝土组合构件和混凝土构件组成钢-混凝土混合结构。如图1-5所示的上海金茂大厦,其中部系由钢筋混凝土墙体组成的封闭的筒体,四周布置混凝土组合柱、钢柱、型钢-混凝土组合梁和组合桁架,楼板为钢-混凝土组合楼板[图1-5(b)],由此组成了钢-混凝土混合结构体系。

(a) 实景照片

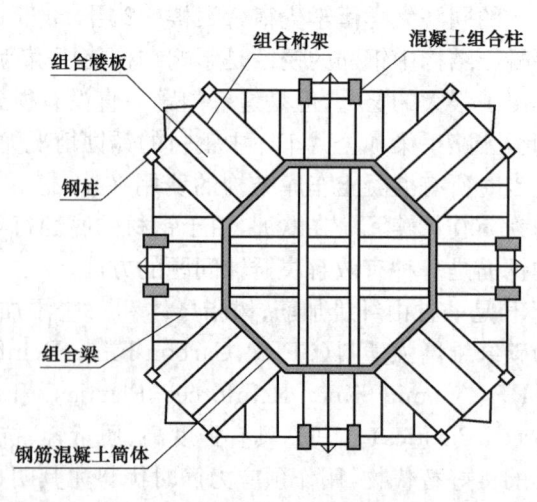
(b) 结构布置简图

图1-5 上海金茂大厦

1.2.4 混凝土结构理论研究方面的发展

1. 混凝土结构材料和混凝土结构构件的力学性能

钢筋、混凝土材料以及混凝土结构基本构件力学性能的研究是发展混凝土结构基本理论的基础。混凝土结构理论基本上是循着"由试验研究弄清机理、发现规律,为理论分析提供依据;由理论分析解释试验现象、拓展试验结果,为工程应用建立方法;通过工程实践积累经验、修正理论方法、完善理论体系、发现新的问题,为进一步的研究确定方向"的轨迹发展着。

静力学的发展为混凝土结构理论的建立奠定了基础。可是,近代混凝土结构理论的建立与发展在很大程度上应归功于法国花匠 Joseph Monier 的卓越工作。在 1850—1875 年,Monier 获得钢筋混凝土花盆、管道、水池、平板、桥梁和楼梯等多项专利。1880—1881 年,Monier 又获得德国政府颁发的多项专利,且这些专利均被 Wayss and Freytag 建筑公司注册。该公司随即委托斯图加特大学的 Mörsch 和 Bach 教授测试钢筋混凝土结构的强度,同时委托 Prussia 的总建筑师 Koenen 研究钢筋混凝土构件强度的计算方法。1886 年,Koenen 提出了受弯构件的中性轴位于截面中心的假说,为钢筋混凝土受弯构件正截面的应力分析建立了最原始的力学模型。随着混凝土结构的广泛应用和研究的不断深入,国内外学者对材料的性能、不同受力状态下结构构件的性能、破坏机理等进行了广泛的试验研究,在混凝土强度的发展规律、单轴和多轴应力作用下混凝土及钢筋的本构关系、混凝土的尺寸效应、混凝土与钢筋之间的黏结-滑移性能、约束混凝土的强度与变形、混凝土结构构件的荷载-变形关系、简单和复杂受力状态下混凝土结构构件承载力和变形能力计算等方面取得大量的成果,并努力建立起合理的完整的理论模型,以分析结构在外部荷载作用下的反应。

2. 结构的设计理论和既有结构的性能评估

混凝土结构基本理论主要有两方面的工程应用。其一,拟建结构的设计,即已知荷载,设计结构构件;其二,既有结构的性能评估,即已知结构构件,确定其能承受的外部荷载。

1894 年,Coignet (François Coignet 之子) 和 De Tedeskko 在他们提供给法国土木工程师协会的论文中拓展了 Koenen 的理论,提出钢筋混凝土构件的容许应力设计法。由于该方法以线弹性理论为基础,在数学处理上比较简单,一经提出便很快为工程界所接受。尽管混凝土的弹塑性性能以及钢筋混凝土结构的极限强度理论早已被人们所认识,却很难动摇容许应力设计法在工程设计中的应用。直到 1976 年美国和英国的房屋结构设计规范仍以容许应力法为主。1995 年出版的美国混凝土结构房屋规范 *Building Code Requirements for Structural Concrete & Commentary*(ACI 318-95)还将容许应力设计法作为可供选择的设计方法之一而列入附录。

以线弹性理论为基础的容许应力法认为截面应力分布是线性的。这就很难考虑钢筋混凝土结构的一个基本特征:钢筋与混凝土之间以及超静定结构各截面之间的应力或内力重分布,也无法深入考虑抗震设计所必须考虑的延性。钢筋混凝土结构的极限状态则是一个更广泛的概念,它除了承载能力的极限状态外,还包括其他的极限状态。虽然容许应力法在一定条件下也可用于极限设计,但容许应力法无法涵盖极限状态的所有内容。另外,容许应力法只能在构件的强度上打折扣,很难用统计数学的方法来分析结构的可靠度。这些原因使得混凝土结构的设计从容许应力设计法发展到极限状态设计法成为必然。

1932 年,苏联的 Полейт 提出按破损阶段的计算方法,该方法以截面所能抵抗的破坏内力为依据进行设计计算。1939 年,苏联据此制定相应的设计规范。1952 年,我国东北人民政府工业部率先颁布的《建筑物结构设计暂行标准》就是按破损内力设计理论制定的。破损内力设计法实际上是从容许应力设计法到极限状态设计法的一种过渡。

最早按极限状态计算的钢筋混凝土设计规范是苏联的НИТУ 123。我国房屋建筑工程领域先直接引用 НИТУ 123-55，然后以此为基础，于1966年增加我国自己的部分研究成果，颁布了按极限状态法进行设计的《钢筋混凝土结构设计规范》(BJG 21—66)；1974年又对此进行了修订，出版《钢筋混凝土结构设计规范》(TJ 10—74)；1989年又根据《建筑结构设计统一标准》(GBJ 68—84)制定《混凝土结构设计规范》(GBJ 10—89)。现行规范《混凝土结构设计规范》(GB 50010—2010)(2015年版)的设计方法和 GBJ 10—89 没有区别，均将荷载和材料的强度看成是随机变量，采用基于近似概率的极限状态设计法。

对于一些重要的混凝土结构，如海洋石油平台、核电站的安全壳等，一般采用基于全概率的极限状态设计法。考虑环境作用下混凝土结构性能会不断退化，以能预知结构寿命为目标的混凝土结构的全寿命设计理论正成为土木工程领域新的研究热点，但离工程应用还有相当的距离。

既有混凝土结构的性能评估一般认为是拟建结构设计的逆过程，很长时间以来人们也一直这样去做。可是，既有结构是已经存在的客观实体，有着与拟建结构不同的显著特点：①一些在设计阶段按随机变量处理的永久荷载可以按确定量考虑。结构自重是最常见的永久荷载，在设计阶段考虑它的随机性，是由于存在材料、施工等方面不确定因素的影响，但是结构一旦建成，这些不确定因素的影响便成为历史，结构自重在客观上是确定的。②对拟建结构而言，截面的几何尺寸、材料性能等参量皆为随机变量，而对既有结构而言，则是对这些随机变量的一次具体实现，理论上这些量也都是确定量，大部分是可测的。③既有结构的使用历史也为人们提供了大量的有用信息，比如结构所承受过的最大荷载以及在该荷载下的使用性能，等等。国内外在既有结构的性能评估方面已做了大量的工作。国外已将部分成果写入规范，如美国 ACI 318—95 规范规定：如果构件的尺寸和材料的强度均通过实测获得，则可提高设计验算公式中的强度折减系数，以此来验算既有结构的承载力。本书主编对既有结构目标使用期内的荷载和结构抗力概率模型进行了分析研究，提出了基于近似概率的既有结构构件安全性分析方法，并被上海市地方标准《既有建筑物结构检测与评定标准》(DG/TJ 08-804—2005)所采纳。

3. 混凝土结构的性能演化与控制

在环境作用下，混凝土结构的受力性能会随着时间推移发生退化，导致结构失效概率上升，影响结构的正常使用，甚至出现结构破坏。20世纪90年代以来，国内外大量学者在研究方法方面，从以确定性研究为主转变为以不确定性研究为主，充分关注环境作用的时空变异性和材料细观层面的非均匀性；在研究内容方面，聚焦时变性，充分关注结构性能随时间的变化规律和有效的结构性能控制方法。在材料和构件两个层面，对环境介质的侵蚀机理、锈蚀钢筋的几何特征和力学性能、钢筋的宏观锈蚀及偶接锈蚀、钢筋的锈蚀速率、锈蚀钢筋与混凝土间的黏结性能、锈蚀钢筋混凝土构件受力性能及破坏形态、锈蚀钢筋混凝土构件的时变可靠度等基本理论问题有了清晰的认识；开发了相应的钢筋锈蚀监测和检测技术、混凝土材料的电化学和自修复技术、锈蚀混凝土结构的加固技术，为进一步完善混凝土结构预制寿命设计理论以及既有混凝土结构的寿命预测方法奠定了坚实的基础。

1.2.5 混凝土结构的模型试验技术和计算机仿真技术

结构试验在"混凝土结构理论"的诞生和发展过程中起着不可估量的作用。目前世界各国的混凝土结构设计规范都是以大量的试验数据为基础而建立起来的。体形特殊、结构复杂的混凝土结构物往往还要通过整体结构的模型试验来验证设计理论、改进设计方法。随着试验设备的不断改进、数据采集系统的不断完善、结构模型试验理论的不断完备,混凝土结构的试验已从单纯的材料性能试验发展至今天的材料、构件和结构试验并用;试验中的加载方式也由单纯的静力加载发展至今天的静力、伪静力、拟动力和动力加载等多种方式(图1-6)。但是,结构试验尤其是大型结构的试验往往需要耗费大量的人力和财力,同样的试验很难重复做多次,且缩尺模型试验具有"失真"效应。若能建立一种通过计算分析来"模拟足尺模型试验"的方法,作为辅助的研究手段,则能弥补实体试验的不足,对混凝土结构理论的发展与应用产生积极的作用。

(a) FRP预应力混凝土梁的疲劳试验

(b) 钢筋混凝土框架的模拟地震振动台试验

(c) 钢筋混凝土框架结构倒塌试验

图1-6 混凝土结构试验

20世纪60年代以来,计算机仿真技术(又称计算机模拟技术)已由最初的数值模拟以及数值模拟结果的图形显示,发展成为今天的与信息论、控制论、模拟论、人工智能、多媒体技术等现代科学技术相关的一门高新技术学科。应用计算机仿真技术可开展试验模拟、灾害预测、事故再现、方案优化、结构性能评估等难以进行甚至由于当时条件的限制而不可能进行的一些工作。近年来,计算机仿真技术在混凝土结构工程中的应用日益普遍,国内外很多学者已在这方面做了大量的工作。例如,日本东京大学的学者用离散单元法对钢筋混凝土框架结构在遭遇强烈地震作用时的倒塌过程进行了计算机仿真分析;国内清华大学江见鲸等对混凝土构件的破坏过程进行过模拟;本书主编及其研究团队曾对混凝土材料、混凝土结构基本构件、钢筋混凝土杆系结构、钢筋混凝土剪力墙结构等在不同外部作用下的破坏过程以及结构在单调荷载作用下、地震作用下、局部爆炸作用下的倒塌反应进行过计算机仿真分析。图1-7—图1-9所示的分别为混凝土材料破坏形态以及高层建筑混凝土框架剪力墙结构倒塌过程的计算机仿真效果,材料的破坏形态以及结构的倒塌过程可以被直观地显示出来。

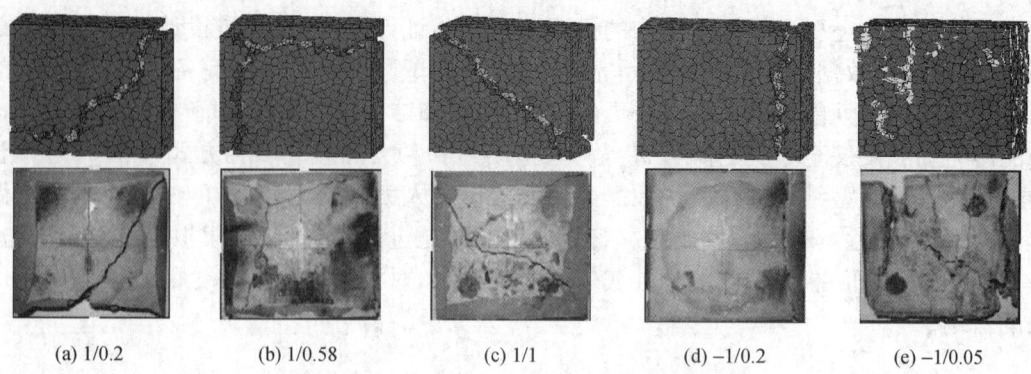

(a) 1/0.2　　(b) 1/0.58　　(c) 1/1　　(d) −1/0.2　　(e) −1/0.05

图 1-7　不同双轴应力比时混凝土材料试件破坏形态的计算机仿真结果和试验结果

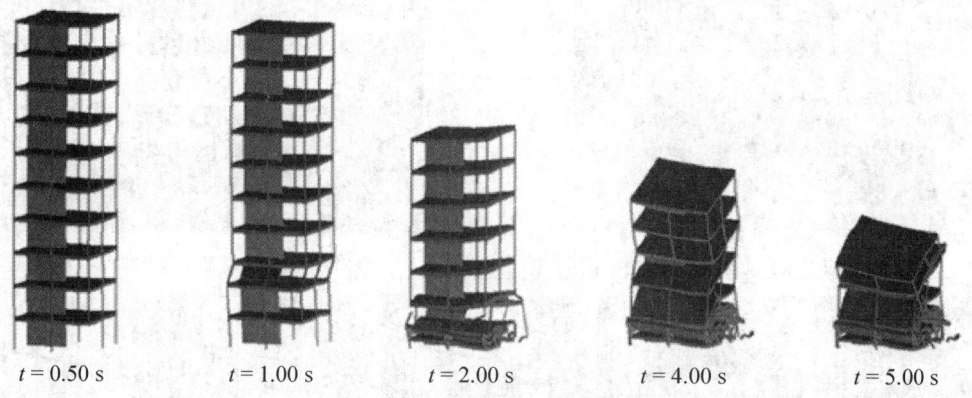

$t = 0.50$ s　　$t = 1.00$ s　　$t = 2.00$ s　　$t = 4.00$ s　　$t = 5.00$ s

图 1-8　底层角柱破坏后引起混凝土框架-剪力墙结构连续倒塌的计算机仿真效果

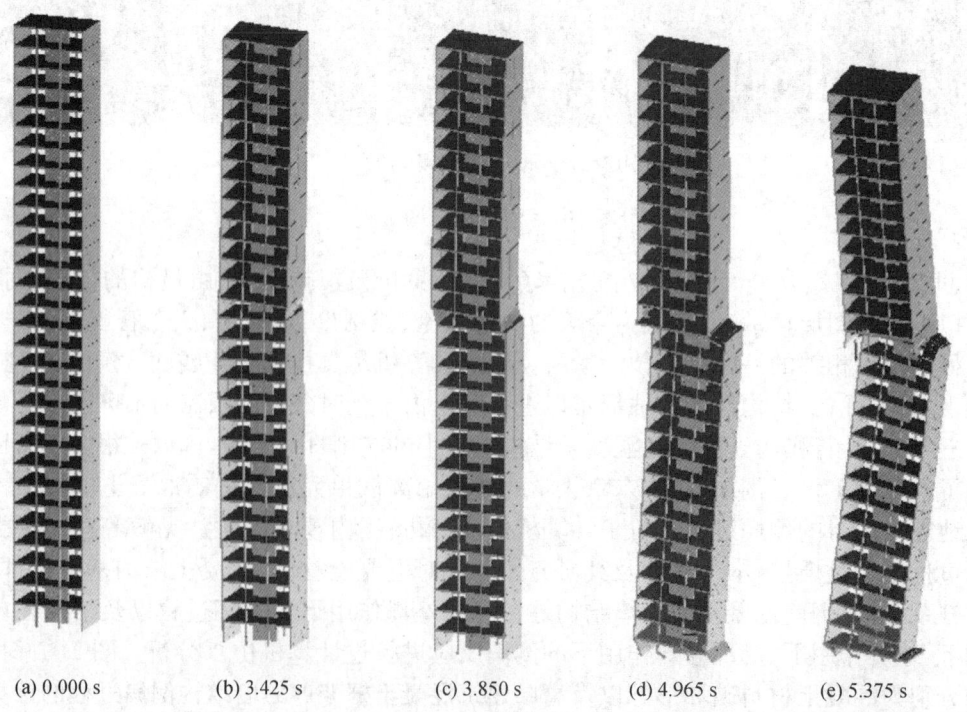

(a) 0.000 s　　(b) 3.425 s　　(c) 3.850 s　　(d) 4.965 s　　(e) 5.375 s

图 1-9　地震作用下钢筋混凝土框架-剪力墙结构倒塌过程的计算机仿真效果

1.3 混凝土结构的应用

混凝土结构可应用于土木工程中的各个领域。在房屋建筑中,混凝土结构占有相当大的比例。如 1990 年建成的美国芝加哥 S. Wacker Drive 大楼,65 层,高 293 m,是当时建成的世界上最高的混凝土建筑。朝鲜平壤柳京饭店,105 层,高 319.8 m,也是混凝土结构。另外,如图 1-10 所示的蒙特利尔奥林匹克体育馆、图 1-11 所示的悉尼歌剧院均为混凝土结构。在我国,混凝土结构的房屋更加普遍,如建造于 20 世纪初的上海外滩建筑群中就有很多混凝土结构的房屋(图 1-12)。近年来,尽管钢结构得到很大的发展,但超过 100 m 高的高层建筑中绝大多数是混凝土结构或混凝土和钢的组合结构,如 88 层高的上海金茂大厦采用的就是钢-混凝土混合结构。

图 1-10 蒙特利尔奥林匹克体育馆

图 1-11 悉尼歌剧院

隧道、桥梁、高速公路、城市高架公路、地铁车站等大都采用混凝土结构。如上海的高架公路网,与内环线高架公路相连的南浦大桥、杨浦大桥的塔架(图 1-13),以及复杂的轨道交通线路、穿越黄浦江的多条隧道等。

图 1-12 上海外滩建筑群

图 1-13 上海杨浦大桥塔架

混凝土结构还用于建造大坝、拦海闸墩、渡槽、港口等工程设施。如1930年建造的美国胡佛大坝(Hoover Dam)已有近百年的历史,目前世界上最大的混凝土坝——我国三峡大坝的混凝土用量超过2 200万 m^3。核电站的安全壳(图1-14)、热电厂的冷却塔、储水池、储气罐、海洋石油平台(图1-15)等一般也采用混凝土结构。自从1953年联邦德国斯图加特大学结构教授弗里茨·莱昂哈特博士为斯图加特设计第一座钢筋混凝土电视塔以来,国外相继建成大批混凝土高塔,其中加拿大多伦多电视塔鹤立鸡群,高达553.3 m。我国自1986年以来也建造了一些混凝土结构的电视塔,其中高度超过300 m的就有6座(图1-16)。

相信未来混凝土结构还会得到更广泛的应用。

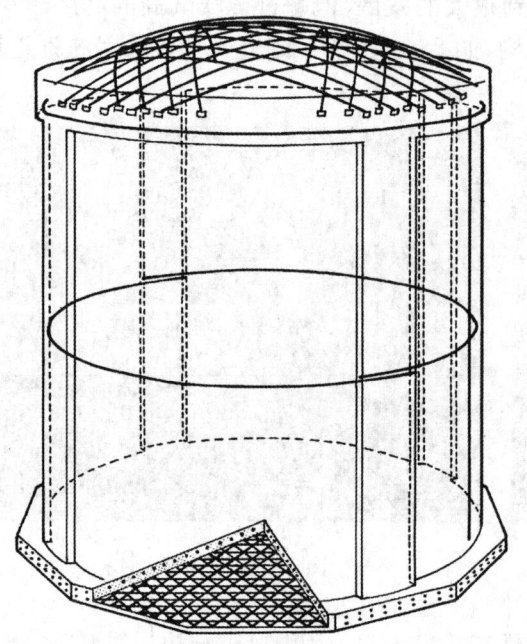

图1-14 核电站的安全壳

图1-15 在水深330 m处建造的海洋石油平台

1.4 本课程的特点和学习方法

本课程是土木工程及其相关专业本科生的一门主要专业基础课,是连接专业课和基础课的桥梁。学生通过本课程的学习,能够掌握由钢筋及混凝土两种材料所组成的结构构件的基本力学性能、计算分析方法及混凝土结构构件基本构造措施,了解该课程与先修力学课程的区别和联系,在结构设计和结构性能评估两方面获得解决实际工程问题的能力,为后续专业设计和维护课程的学习打下良好的理论基础。为了能更有效地学习本课程,应注意以下几点:

(1) 注意本课程与相关先修课程尤其是"材料力学"的异同点,正确运用已有的力学知识解决实际问题。

(2) 混凝土结构理论大都建立在试验研究的基础之上,目前还缺乏完善的、统一的理论体系。很多公式不能由严密的逻辑推导得出,只能由试验结果回归而成。学习和应用时要注意思维方式的转变,归纳法和演绎法并用。

(3) 要保证结构安全、可靠,单靠定量的理论分析还不够,还要辅以定性的构造措施。这些构造措施均为前人经验的总结,虽然暂不能对其进行定量描述,但它们背后都隐藏着深刻的道理。学习时,不能硬记构造条文,要既知其然,又知其所以然。

(4) 着眼基础理论学习,面向未来工程应用。

(5) 注意理论联系实际,积累一定的感性认识,对学习本课程十分有益。

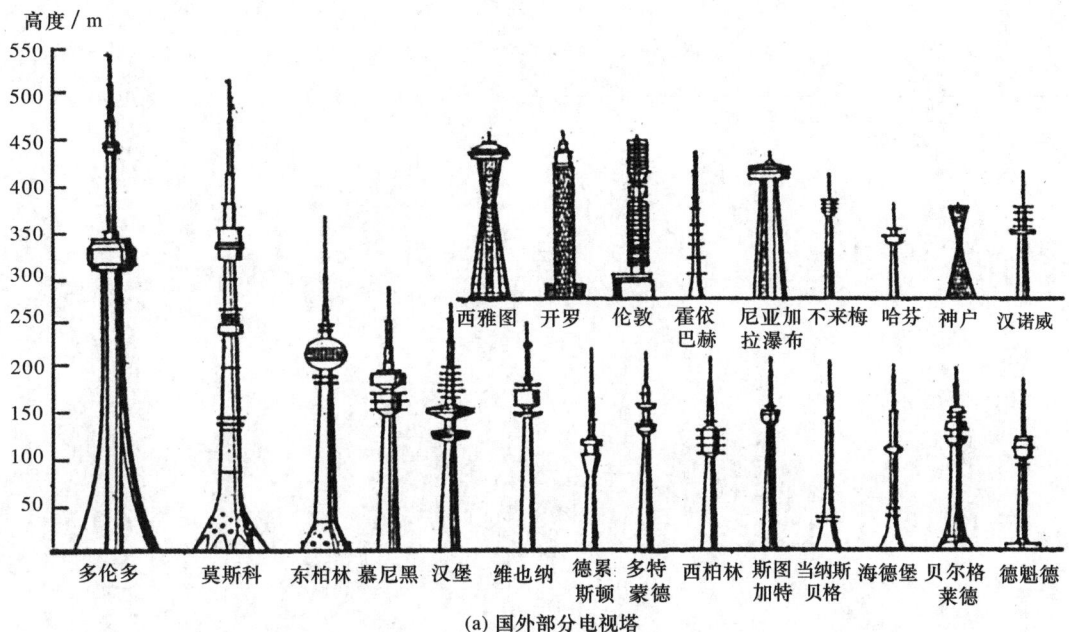

(a) 国外部分电视塔

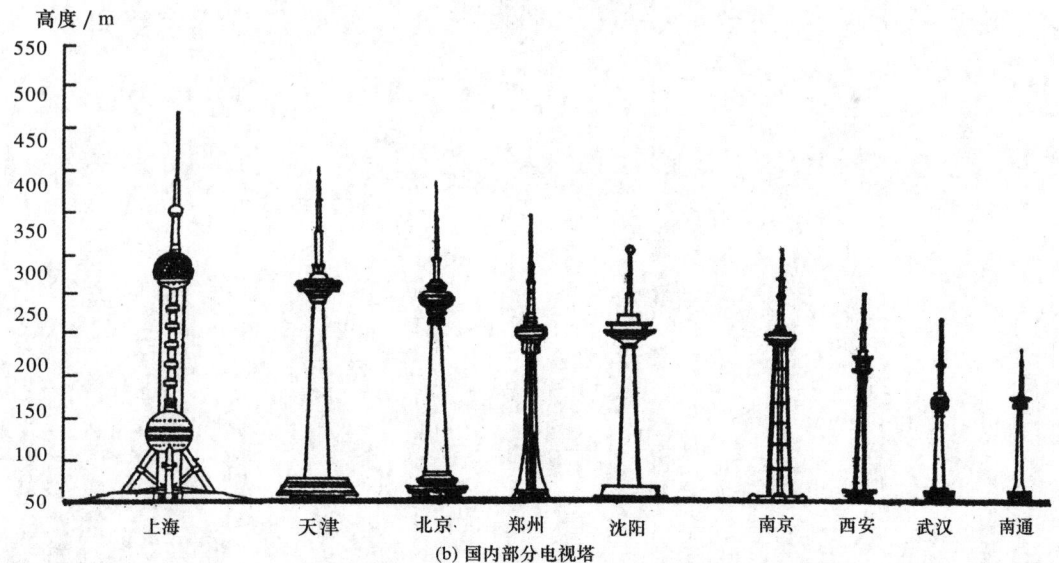

(b) 国内部分电视塔

图 1-16 混凝土结构的电视塔

思考题

【1-1】 钢筋和混凝土共同工作的基础是什么?

【1-2】 与素混凝土梁相比,钢筋混凝土梁有哪些优势?

【1-3】 与钢筋混凝土梁相比,预应力混凝土梁有哪些优势?

【1-4】 与其他结构相比,混凝土结构有哪些特点?

【1-5】 混凝土结构未来的发展方向是什么?请根据已有的知识,查阅相关资料,展开想象力,写一篇展望未来的论文!

2 钢筋与混凝土材料的基本性能

2.1 钢筋的强度和变形

2.1.1 钢筋的形式和成型

1. 劲性钢筋与柔性钢筋

混凝土结构构件中配置的钢筋可以是劲性钢筋或柔性钢筋。

劲性钢筋是由角钢、槽钢、工字钢、钢管、钢轨等各种型钢焊成的骨架。由于劲性钢筋本身具有较大的刚度,在施工阶段可以利用劲性钢筋作为浇筑混凝土的模板或作为支承其上的结构构件的自重及施工荷载的支撑,从而使支模工作简化,施工速度加快。配置劲性钢筋的混凝土结构构件的承载能力也比较大。

混凝土结构中更多采用的为柔性钢筋。对柔性钢筋,一般只利用其轴向的抗拉或抗压强度,其刚度只有与混凝土材料结合才能发挥作用,而不会单独利用钢筋本身的刚度。

通常把柔性钢筋看作普通钢筋。在大多数有关混凝土结构设计的教科书和规范中,只涉及配置柔性钢筋的混凝土结构;对于配置劲性钢筋的混凝土结构,通常在含有诸如"劲性钢筋混凝土结构""型钢混凝土结构""钢管混凝土结构"这类术语的专著或设计规程中涉及。

在混凝土结构中也可以同时配置劲性钢筋和柔性钢筋,这就是所谓的"钢-钢筋混凝土混(组)合结构"。

本书只对配置柔性钢筋的混凝土结构进行叙述。如果不加说明,书中所说的"钢筋"都是指柔性钢筋。

2. 钢筋外形

钢筋按其表面形状可分为光圆钢筋和带肋钢筋(或称变形钢筋)两类。带肋钢筋是在钢筋的表面轧制纵向肋纹和横向斜肋纹(也可不带纵肋),肋纹有螺纹、人字纹、月牙纹等多种形式(图2-1)。钢筋表面的肋,有利于钢筋与混凝土两种材料的结合。实际上带肋钢筋的截面积是沿纵轴长度而变化的,其直径是"标志尺寸",为与光圆钢筋具有相同重量的"当量直径"。光圆钢筋的直径一般为 6 mm,8 mm,10 mm,12 mm,14 mm,16 mm,18 mm,20 mm 和 22 mm。带肋钢筋的直径一般为 6 mm,8 mm,10 mm,12 mm,14 mm,

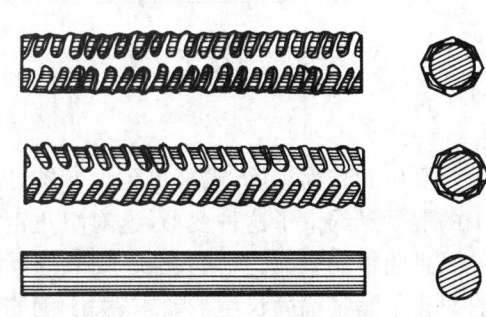

图 2-1 钢筋的表面形式

16 mm,18 mm,20 mm,22 mm;25 mm,28 mm,32 mm,36 mm,40 mm 和 50 mm。

直径较小(如直径小于 6 mm)的钢筋也称钢丝,钢丝的外形通常为光圆的。在光圆钢丝的表面机械刻痕,可提高钢丝与混凝土的黏结力,这类钢丝称作刻痕钢丝。

将多股钢丝捻在一起而形成的钢绞线也可以作为混凝土结构的配筋。

3. 钢筋骨架

在浇筑混凝土之前,可将布置在梁、板、柱等混凝土结构构件中的各种钢筋,用绑扎或焊接的方法做成钢筋骨架或钢筋网片,这样可以保持各种钢筋在构件中的相对位置,也有利于充分发挥钢筋材料的强度。图 2-2 所示为用于梁中的绑扎钢筋骨架的例子。

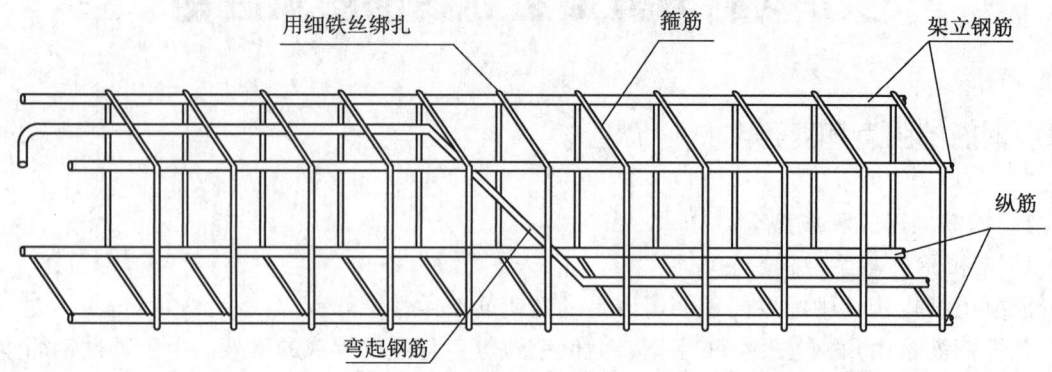

图 2-2 钢筋绑扎骨架(纵筋、架立筋与箍筋交叉处均用细铁丝绑扎牢固)

为了防止受拉的光面钢筋在混凝土中滑动,使其强度得以充分发挥,应在钢筋的端部设置弯钩。由于设计的要求,有时需在钢筋的中间区段进行弯转。钢筋的弯钩和弯转的角度、直径等,在有关的设计规范和施工质量验收规范中有具体的规定。图 2-3 列举了混凝土结构中出现的部分弯钩和弯转的形状(图 2-3 中,d 为钢筋的直径,钢筋的最小锚固长度将在第 3 章中讨论)。

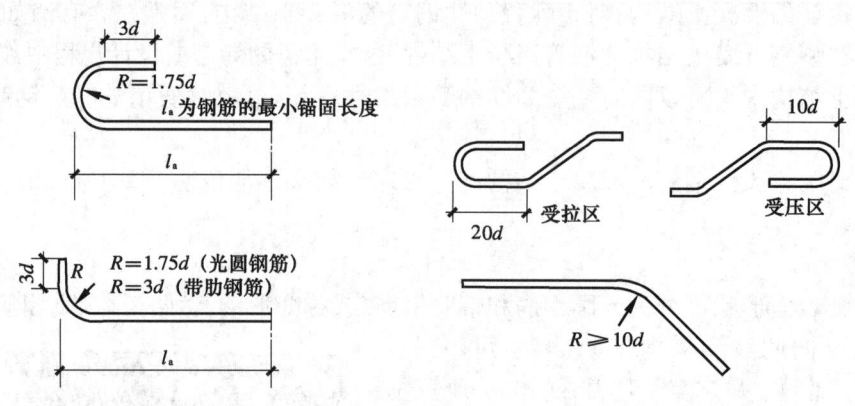

图 2-3 钢筋的弯钩与弯转

受压的光面钢筋,端部可不设弯钩,因为钢筋在受压时其横向截面面积会向外扩张,而周围的混凝土约束了这种变形,这对阻止钢筋在混凝土中滑动是有利的。

带肋钢筋表面的齿肋花纹,使其与混凝土具有很好的结合性能,因此,其端部可不设弯钩。有时为了满足锚固长度的要求(关于钢筋的锚固长度,将在第 3 章中叙述)而必须在带肋钢筋端部设置弯钩时,采用的是较易成形的直角形弯钩而不是像光面钢筋所用的半圆形弯钩。

为了保证钢筋在加工、使用时不开裂、弯断和脆断,通常用冷弯试验来检验钢筋的韧性和内部质量。冷弯试验方法就是把钢筋围绕直径为 D 的辊轴进行弯转,在达到规定的弯转角度后,钢筋不能出现裂纹或断裂。钢筋冷弯性能指标要求在有关的国家标准中有具体规定。

用焊接方法制成的钢筋骨架或钢筋网片,能与混凝土较好地结合,钢筋端部可不设置弯钩。焊接的钢筋骨架和网片,省工省料,适合于工业化批量生产和装配式钢筋混凝土结构的生产,能减少现场钢筋工的工作量,加快施工进度。需要焊接的钢筋,应具有较好的可焊性,即要求在一定的工艺条件下钢筋焊接后不产生裂纹及过大的变形。

2.1.2 单调荷载下钢筋的强度和变形

1. 钢筋应力-应变试验曲线

常规的荷载试验通常采用单调加载,即在短期内将荷载从零开始增加到试件破坏,在此过程中间没有卸载。

通过对钢筋的单调加载拉伸试验,可以获得对钢筋的强度和变形性能的认识。图 2-4 和图 2-5 为记录钢筋拉伸试验结果的两种应力-应变关系曲线。可以看到,二者的特征具有明显的差异。

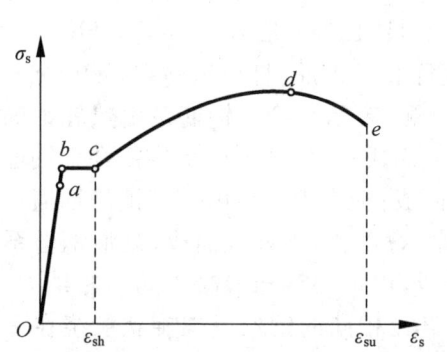 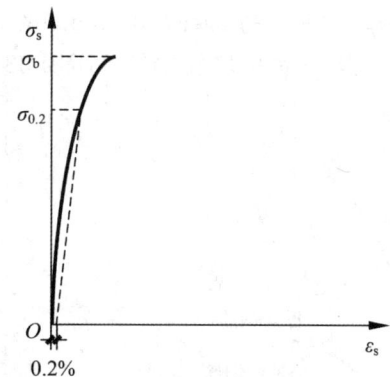

图 2-4 有明显流幅的钢筋的应力-应变关系曲线　　图 2-5 无明显流幅的钢筋的应力-应变关系曲线

对热轧低碳钢和普通热轧低合金钢等所做的拉伸试验,记录其试验结果的应力-应变关系曲线如图 2-4 所示。在该应力-应变关系曲线中,a 点以前,应力与应变呈线性比例关系,与 a 点相应的应力称为比例极限;过 a 点后,应变较应力增长稍快,尽管从图上看起来并不明显;到达 b 点后,应力几乎不增加,应变却可以增加很多,曲线接近于水平线并一直延伸至 c 点。bc 段曲线即称为流幅或屈服台阶;过 c 点之后,曲线又继续上升,直到最高点 d 点,相应于 d 点的应力称为钢筋的极限强度,cd 段称为钢筋的强化阶段。过了 d 点之后,变形迅速增加,试件最薄弱处的截面逐渐缩小,出现所谓"颈缩"现象,应力随之下降,到达 e 点时试件发生断裂。

如图 2-5 所示为记录高碳钢拉伸试验结果的应力-应变关系曲线。在该应力-应变关系曲线中,看不到明显的屈服点和流幅,一般取残余应变为 0.2% 时所对应的应力 $\sigma_{0.2}$ 作为钢筋的条件屈服强度。随着冶金系统采用国际标准及质量的提高,在相应的产品标准中明确规定屈服强度 $\sigma_{0.2}$ 不得小于极限抗拉强度 σ_b 的 85%($0.85\sigma_b$)。因此,实际应用中可取极限抗拉强度 σ_b 的 85% 作为条件屈服点。

有时,将具有明显流幅的钢材统称为软钢,将无明显流幅的钢材统称为硬钢。

在钢筋混凝土结构中,通常要求钢筋有一定的塑性,使构件在将要破坏或钢筋将要断裂时有较明显的预兆。图 2-4 中,表征流幅的强化应变 ε_{sh} 和极限应变 ε_{su} 是较重要的塑性指标。

2. 钢筋的成分、级别和品种

根据化学成分,钢筋可分为碳素钢和普通合金钢两大类。

碳素钢除含有铁元素外,还含有少量的碳、硅、锰、硫、磷等元素。试验结果表明,含碳量越高的钢筋其强度也越高,但是塑性和可焊性会降低。通常将含碳量小于 0.25% 的碳素钢称为低碳钢,含碳量为 0.25%~0.6% 的碳素钢称为中碳钢,含碳量为 0.6%~1.4% 的碳素钢称为高碳钢。低碳钢、中碳钢属软钢,高碳钢属硬钢。

普通低合金钢是在碳素钢中再加入少量的硅、锰、钛、钒、铬等合金元素，以有效地提高钢材的强度和改善钢材的其他性能。目前我国普通低合金钢按加入元素种类分为以下五种：锰系（20MnSi，25MnSi）、硅钒系（40Si$_2$MnV，45SiMnV）、硅钛系（45Si$_2$MnTi）、硅锰系（40Si$_2$Mn，48Si$_2$Mn）、硅铬系（45Si$_2$Cr）。

按加工方式，钢筋可分成热轧钢筋、冷拉钢筋和热处理钢筋三大类；钢丝可分为碳素钢丝、刻痕钢丝、钢绞线和冷拔低碳钢丝四大类。其中，热轧钢筋又分为热轧光圆钢筋 HPB300（Hot rolled Plain Bars，也称 I 级钢筋，用符号 ϕ 表示）、热轧带肋钢筋 HRB335，HRB400 和 HRB500（Hot rolled Ribbed Bars，也称 II 级钢筋、III 级钢筋和 IV 级钢筋，分别用符号 Φ、Φ 和 Φ 表示）、余热处理钢筋 RRB400（Remained heat treatment Ribbed Bars，也称 III 级钢筋，用符号 Φ^R 表示）以及细晶粒热轧钢筋 HRBF335，HRBF400 和 HRBF500（Hot rolled Ribbed Bars of Fine grains，也称 II 级钢筋、III 级钢筋和 IV 级钢筋，分别用符号 Φ^F、Φ^F 和 Φ^F 表示）；冷拉钢筋系由热轧钢筋在常温下用机械拉伸而成；热处理钢筋系将低合金钢通过加热、淬火、回火而成；碳素钢丝系由高碳镇静钢通过多次冷拔、应力消除、矫正、回火处理而成；刻痕钢丝系在钢丝表面刻痕而成，以增强其与混凝土间的黏结力；钢绞线系由若干根直径相同的钢丝呈螺旋状绞绕在一起构成；冷拔低碳钢丝系由低碳钢经冷拔而成。

一般情况下，HPB300 钢筋、HRB335 钢筋、HRB400 钢筋、HRB500 钢筋和 RRB400 钢筋可用作非预应力钢筋，碳素钢丝、刻痕钢丝、钢绞线、热处理钢筋和冷拉钢筋可用作预应力钢筋。

各级钢筋的应力-应变关系曲线如图 2-6 所示。

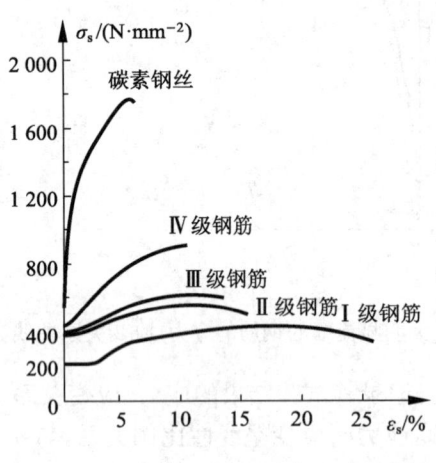

图 2-6 各级钢筋的应力-应变关系曲线

3. 钢筋的强度值

钢筋在应力达到屈服点后的塑性变形较大，会导致混凝土结构构件中的变形和裂缝宽度过大而不能满足正常使用的要求。所以，在计算混凝土结构构件的承载力时，以屈服点（或条件屈服点）作为钢筋强度限值。

钢筋强度系通过试验获得。但由于钢筋材料本身的变异性，同类、同级别钢筋不同试样的强度试验值往往不相同。统计分析表明，钢筋强度的试验值符合正态分布（图 2-7）。于是，可用具有一定保证率的强度特征值作为钢筋的强度标准值。由图 2-7 可知，若保证率取为 97.73%，则钢筋强度标准值等于强度平均值减去两倍标准差。作为应用实例，附表 2-1、附表 2-2 中为《混凝土结构设计规范》（GB 50010）采用的钢筋强度值，该强度标准值具有不小于 95% 的保证率。由于《混凝土结构设计规范》（GB 50010）采用概率极限状态设计法，钢筋强度

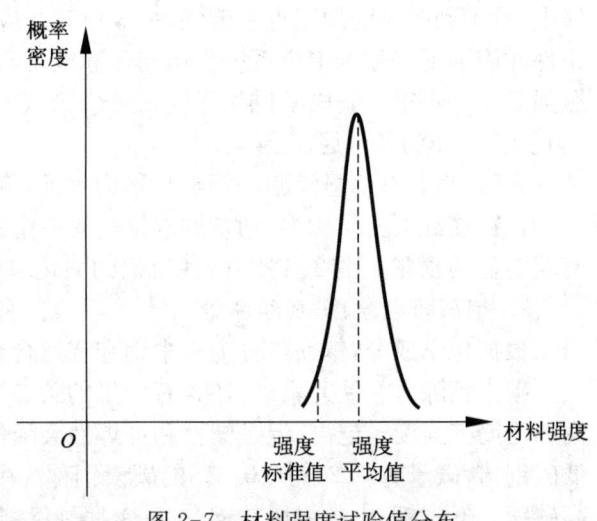

图 2-7 材料强度试验值分布

设计值等于钢筋强度标准值除以钢筋材料分项系数 γ_s($\gamma_s=1.1$)。《混凝土结构设计规范》(GB 50010)规定,对结构构件进行承载力设计时,采用钢筋强度设计值;在变形和裂缝宽度验算时,采用钢筋强度标准值。

由于不同地区、行业的混凝土结构设计规范是基于不同的准则建立的,如容许应力设计法、破坏强度设计法、极限状态设计法等,它们对结构构件赋予的安全储备或可靠度也不相同。因此,对于相同的钢筋材料在不同的规范中可能会给出不同的强度值,而且有时在强度值前还冠以不同的名称。相应的内容将在后续结构设计课程中详细介绍。

4. 钢筋应力-应变关系的理论模型

在对混凝土结构进行理论分析时,很少直接采用由试验得到的钢筋应力-应变关系曲线,一般需对试验曲线进行理想化,得到适合分析时采用的理论模型。图 2-8 所示为常用的钢筋应力-应变关系理论模型。

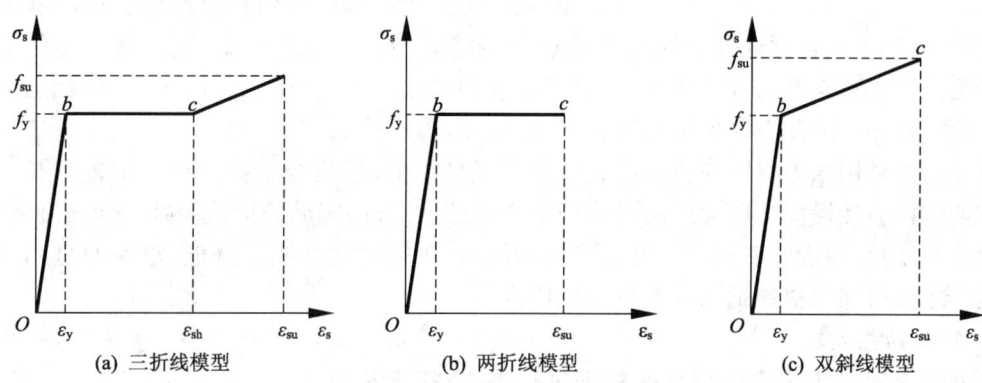

图 2-8 钢筋应力-应变关系曲线的理论模型

图 2-8(a)所示的三折线模型适用于有明显流幅的软钢,可以描述屈服后发生的钢筋应变硬化(应力强化)的钢材,正确地估计高出屈服应变后的应力。如果钢筋的流幅较长,采用图 2-8(b)所示的两折线模型,即通常所称的理想弹塑性模型,可以获得足够好的分析结果。因为混凝土结构构件破坏时混凝土的极限变形有限,即使相应的钢筋受拉变形已超过流幅进入强化段,其进入强化段的范围也是有限的。在实际工作中,对混凝土结构构件中的普通钢筋,在理论分析时大多采用理想弹塑性模型,它可用公式表达为

$$\sigma_s = \begin{cases} E_s \varepsilon_s & (\varepsilon_s \leqslant \varepsilon_y) \\ f_y & (\varepsilon_s > \varepsilon_y) \end{cases} \tag{2-1}$$

式中 E_s——钢筋的弹性模量;
  f_y——钢筋的屈服强度;
  ε_y——钢筋的屈服应变。

图 2-8(c)所示的双斜线模型则可用以描述无明显流幅的高强钢筋或钢丝的应力-应变关系。若钢筋不被压曲,则受压钢筋应力-应变关系的理论模型与受拉时的理论模型相同。

2.1.3 钢筋的冷加工和热处理

1. 钢筋的冷加工

用冷拉或冷拔的冷加工方法可以提高热轧钢筋的强度。

冷拉加工是在常温下把有明显流幅的钢筋拉伸到超过其屈服强度的某一应力值,例如

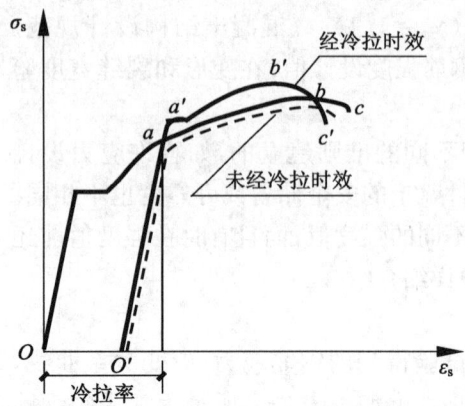

图 2-9 钢筋冷拉后的应力-应变关系曲线

图 2-9 中的点 a，然后卸去全部拉力到零，此时产生残余应变 OO'。如立即再次拉伸，则应力回复到冷拉应力（点 a）后，应力-应变关系曲线将基本沿着原来的钢筋应力-应变关系曲线的轨迹 abc 行进，屈服强度大致等于冷拉应力值，比未经冷拉加工钢筋的屈服点有了提高，但没有明显的屈服台阶，其总应变值由冷拉前的 Oc 的水平距离减小到 $O'c$ 的水平距离，塑性变差。如钢筋卸去拉力后，在自然条件下放置一段时间再进行拉伸，则屈服点可进一步提高到点 a'，这种现象称为时效硬化；并且，钢筋应力-应变关系曲线又重现屈服台阶，沿新的轨迹 $a'b'c'$ 行进。冷拉加工对强度的提高程度与钢筋原材料品种有关，原材料强度越高，提高幅度越小。合理选择冷拉应力值可使钢筋经冷拉后强度提高，而又有一定的塑性性能。冷拉只能提高钢筋的抗拉强度，不提高钢筋的抗压强度。当温度达 700℃时，钢筋会恢复到冷拉前的状态。因此需要焊接的钢筋，应先焊接，再冷拉。

冷拔加工是用强力将钢筋拔过比它本身直径稍小的、硬质合金拔丝模上的锥形孔。这时钢筋在轴向拉力和横向挤压力的同时作用下产生塑性变形，钢筋的横截面减小而长度增加，内部结构发生变化，强度明显提高。经过多次冷拔后，钢筋的塑性明显降低，没有明显的屈服点和流幅。冷拔可同时提高钢筋的抗拉及抗压强度。

2. 钢筋的热处理

热处理是对特定强度的低合金钢筋进行加热、淬火和回火等调质工艺处理，钢筋经热处理后强度会有较大提高，而塑性降低得不很显著。热处理钢筋有 $40Si_2Mn$、$48Si_2Mn$ 和 $45Si_2Cr$ 三种，它们的应力-应变关系曲线没有明显的屈服点。

2.1.4 重复或反复荷载下钢筋的强度和变形

1. 重复荷载下钢筋的应力-应变关系曲线

重复荷载是对试件在一个方向加载、卸载、再加载、再卸载……的过程。图 2-10 所示为重复荷载下的钢筋应力-应变关系曲线，图中卸载时的应力-应变关系曲线 bO' 为直线，且平行于弹性阶段的应力-应变关系曲线（直线 Oa）；再加载时先沿着与卸载时相同的应力-应变关系曲线（直线 $O'b$）行进，到达 b 点后，继续沿曲线 bc 行进。重复加载时应力-应变关系曲线的包络线 $Oabc$ 曲线与单调荷载下的钢筋应力-应变关系曲线几乎相同。

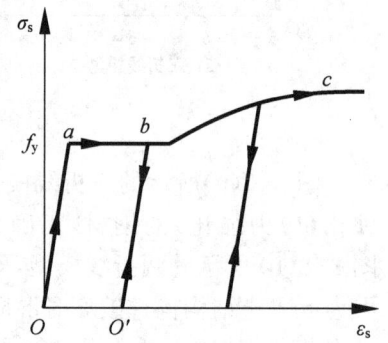

图 2-10 重复荷载下的钢筋应力-应变关系曲线

2. 反复荷载下钢筋的应力-应变关系曲线

反复荷载是在两个相反的方向交替地加载、卸载的过程。图 2-11 所示为反复荷载下的钢筋应力-应变关系曲线，若钢筋超过屈服应变达 b 点时卸载，应力-应变关系曲线沿与 Oa 平行的 bO' 直线下行；再反向加载时，到达 c 点后即开始塑性变形，此时的弹性极限较单调荷载下钢筋的弹性极限低，这种

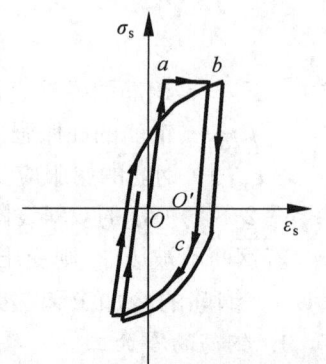

图 2-11 反复荷载下的钢筋应力-应变关系曲线

现象称为"包兴格效应"。

钢筋在反复荷载下的力学性能对于地震作用下混凝土结构的分析和设计具有重要的意义。

3. 钢筋的疲劳

当钢筋承受周期性的重复荷载,应力在最小值 $\sigma_{s,min}^f$ 和最大值 $\sigma_{s,max}^f$ 之间经过一定次数的加载、卸载后,即使钢筋的最大应力低于单调加载时钢筋的强度,钢筋也会破坏,这种现象称为疲劳破坏。在实际工程中,像吊车梁、桥面板、轨枕等承受重复荷载的钢筋混凝土构件在正常使用期间都可能发生疲劳破坏。

钢筋的疲劳强度是指在某一规定应力范围内,经受一定次数循环荷载后发生疲劳破坏的最大应力值。钢筋的疲劳强度与一次循环应力中最大与最小应力间的差值,即应力幅限值有关。普通钢筋和预应力筋应力幅限值的计算公式为

$$\Delta f_y^f = \sigma_{s,max}^f - \sigma_{s,min}^f \tag{2-2a}$$

$$\Delta f_{py}^f = \sigma_{p,max}^f - \sigma_{p,min}^f \tag{2-2b}$$

式中 Δf_y^f, Δf_{py}^f ——普通钢筋、预应力筋的疲劳应力幅限值;

$\sigma_{s,max}^f$, $\sigma_{s,min}^f$ ——构件疲劳时,同一层普通钢筋的最大应力与最小应力;

$\sigma_{p,max}^f$, $\sigma_{p,min}^f$ ——构件疲劳时,同一层预应力筋的最大应力与最小应力。

我国采用单根钢筋轴拉试验的方法进行疲劳试验。在确定钢筋混凝土构件在使用期间的疲劳应力幅限值时,需要确定循环荷载的次数。我国要求满足循环次数为 200 万次,即对不同的疲劳应力比值用满足循环次数为 200 万次条件下的钢筋最大应力幅值定量描述钢筋的疲劳强度。

附表 2-3 和附表 2-4 为《混凝土结构设计规范》(GB 50010)给出的混凝土结构中普通钢筋和预应力筋的疲劳应力幅限值。表中的疲劳应力比值是指同一层钢筋的最小应力与最大应力的比值,即

$$\rho_s^f = \frac{\sigma_{s,min}^f}{\sigma_{s,max}^f} \tag{2-3a}$$

$$\rho_p^f = \frac{\sigma_{p,min}^f}{\sigma_{p,max}^f} \tag{2-3b}$$

式中,ρ_s^f, ρ_p^f 分别为普通钢筋、预应力筋的疲劳应力比值。

除了应力变化的幅值外,影响钢筋的疲劳强度的因素还有钢筋表面的形状、钢筋的直径、强度、加工和使用的环境,以及加载的频率等。附表 2-3 和附表 2-4 确定的钢筋疲劳应力幅限值基本反映了影响钢筋疲劳强度的主要因素。

2.2 钢筋的时变性能

2.2.1 钢筋的徐变和松弛

钢筋在较高应力的持续作用下,其应变会随时间的增长而继续增加,这种现象称为徐变。若保持受力钢筋的长度不变,则钢筋应力会随时间的增长而降低,这种现象称为松弛。徐

变和松弛的物理本质是一致的。徐变或松弛随时间增长而增大,它与钢筋初始应力的大小、钢材品种和温度等因素有关。通常初始应力大,徐变或应力松弛也大;冷拉热轧钢筋的徐变或松弛较冷拔低碳钢丝、碳素钢丝和钢绞线低;温度升高,则徐变或松弛增大。本书第10章在讨论预应力混凝土结构中预应力筋的应力时,将考虑松弛现象引起的预应力筋中的应力损失。

2.2.2 混凝土中钢筋的锈蚀

1. 钢筋的锈蚀机理

通常情况下,混凝土中水泥水化后在钢筋表面形成一层致密的钝化膜,对钢筋起到保护作用,钢筋不会锈蚀。但是,当混凝土碳化使钢筋表面 pH 值降低或钢筋表面氯离子浓度达到临界值时,钝化膜会被破坏,钢筋在有足够水和氧气的条件下会产生锈蚀。钢筋锈蚀,一方面使钢筋有效截面面积减少,另一方面,生成的锈蚀产物体积膨胀使得混凝土保护层胀裂,甚至脱落,钢筋与混凝土之间的黏结作用减弱,影响混凝土结构的安全性和使用性。在钝化膜破坏处,混凝土中的钢筋锈蚀本质上为电化学腐蚀过程,如图 2-12 所示。当钢筋表面钝化膜遭到破坏后,钢筋处于活化状态。由于混凝土材料以及钢筋金相组织(如碳素体、铁素体、杂质等)分布的不均匀性,导致钢筋表面各点微环境不同,因此造成钢筋表面电极电位分布不均匀。在自身电位差的作用下,钢筋发生锈蚀。

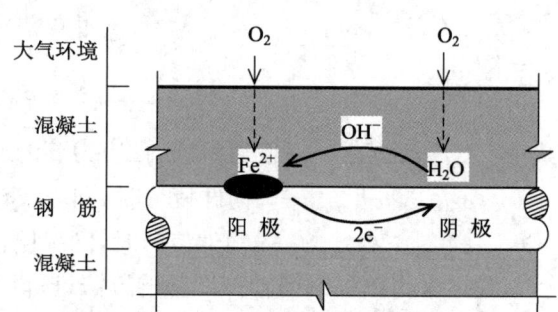

图 2-12 大气环境下混凝土中钢筋锈蚀过程的电化学原理示意图

在阳极区域(电位较负区域),铁原子失去电子变成二价铁离子溶入混凝土的微孔水中而发生阳极反应:

$$Fe \longrightarrow Fe^{2+} + 2e^- \tag{2-4}$$

阳极反应生成的电子通过钢筋本身定向移动到钢筋表面的阴极区域(电位较正区域),并在那里与水和氧气发生反应生成氢氧根离子而发生阴极反应:

$$O_2 + 2H_2O + 4e^- \longrightarrow 4OH^- \tag{2-5}$$

二价铁离子和氢氧根离子在混凝土中传输相遇结合生成氢氧化亚铁。电子在反应中被消耗,保持了钢筋的电中性。

$$Fe^{2+} + 2OH^- \longrightarrow Fe(OH)_2 \tag{2-6}$$

根据钢筋表面供氧情况,$Fe(OH)_2$ 可进一步氧化为 $Fe(OH)_3$,Fe_2O_3,Fe_3O_4 等多种锈蚀产物,该过程为化学反应过程,无电流产生。锈蚀产物的体积因其最终的形式不同而异,一般可达钢筋锈蚀量的 2~6 倍。

$$4Fe(OH)_2 + O_2 + 2H_2O \longrightarrow 4Fe(OH)_3 \tag{2-7}$$

$$2Fe(OH)_3 \longrightarrow Fe_2O_3 + 3H_2O \tag{2-8}$$

$$6Fe(OH)_2 + O_2 \longrightarrow 2Fe_3O_4 + 6H_2O \tag{2-9}$$

影响混凝土中钢筋锈蚀的因素很多。其中,内部因素通常有混凝土的种类、保护层厚度、混凝土强度等级、材料渗透性等;外部环境作用包括温度、相对湿度、CO_2 浓度、氯离子含量

(浓度)等。研究表明,锈蚀速率随温度呈线性变化,当温度从+10℃升到+20℃时,锈蚀速度可增大7倍。一方面,相对湿度越高,孔隙水饱和度越大,钢筋所在位置水分充足,混凝土的电阻抗较小,OH^-越容易扩散。另一方面,孔隙水饱和度又影响着O_2的扩散速率,孔隙水饱和度越大,O_2扩散越缓慢,阴极反应也越缓慢。因此,通常有一个孔隙水饱和度临界值,当饱和度小于该临界值时,锈蚀速率由电阻抗和OH^-扩散过程控制;当饱和度大于该临界值时,锈蚀速率由O_2扩散和阴极反应控制;当饱和度等于该临界值时,锈蚀速率最大。CO_2浓度越高,混凝土内外CO_2浓度梯度就越大,CO_2侵入越快,化学反应速率也越快,碳化速率也越快。进入混凝土内部的氯离子主要通过局部酸化、形成"活化-钝化"腐蚀原电池、催化剂、降低混凝土电阻等作用引起钢筋锈蚀。混凝土表面氯离子浓度越大,混凝土内外氯离子浓度差越大,氯离子往混凝土内部侵蚀的速率越快,钢筋表面处氯离子浓度越高。因此,混凝土表面氯离子浓度越高,混凝土中钢筋锈蚀的速率通常越快。

2. 钢筋的锈蚀率

钢筋的锈蚀程度可用截面的损失率来定量表征,定义钢筋的锈蚀率即为钢筋的截面损失率。由于混凝土中粗骨料分布不均匀、水泥砂浆中孔隙分布不均匀、环境作用的随机性,混凝土构件中的钢筋沿其长度方向的锈蚀率是不同的(不均匀锈蚀),且起决定作用的是钢筋的最大锈蚀率。但是,实际工程中最大锈蚀率的具体量值和出现位置往往难以确定,而平均锈蚀率容易测得,因此,以平均锈蚀率表征钢筋的锈蚀程度。钢筋通常被认为是匀质材料,则钢筋的平均截面损失率和其质量损失率相等。于是,锈蚀钢筋的平均锈蚀率η_s可用式(2-10)计算。

$$\eta_s = \frac{\bar{m} \cdot l_c - m_c}{\bar{m} \cdot l_c} \tag{2-10}$$

式中 l_c——锈蚀钢筋试样的长度;
m_c——锈蚀钢筋的质量;
$\bar{m}$——未锈钢筋单位长度质量。

混凝土中钢筋锈蚀速率和钢筋中的电流密度相关。已知钢筋中的电流密度$i_{corr}^m(t)$,可算出时变锈蚀率,如式(2-11)所示。

$$\eta_s(t) = \frac{d_0^2 - \int_0^t [d_0 - 2 \times 0.0116 i_{corr}^m(t)]^2 dt}{d_0^2} \tag{2-11}$$

式中 $\eta_s(t)$——锈蚀钢筋时变锈蚀率;
d_0——未锈钢筋名义直径(mm);
t——锈蚀持时(年);
$i_{corr}^m(t)$——钢筋中的电流密度($\mu A/cm^2$)。

2.2.3 锈蚀钢筋的力学性能

1. 锈蚀钢筋的受拉性能

试验研究表明,随着锈蚀率增大,钢筋的强度降低,极限变形能力下降,屈服平台缩短直至消失。基于这一特征,本书主编提出了图2-13(a)所示的锈蚀钢筋单轴受拉时的应力-应变(σ_{sc}-ε_{sc})关系,其数学表达式如式(2-12)所示。

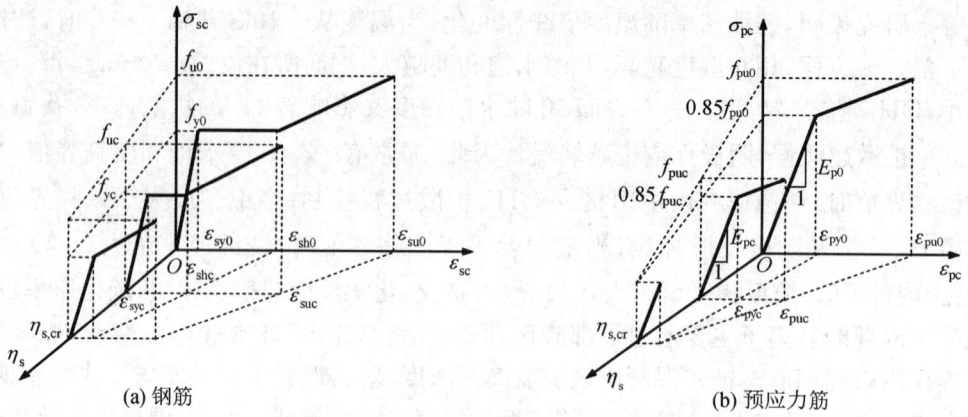

图 2-13 锈蚀钢筋和锈蚀预应力筋受拉时的应力-应变关系

$$\sigma_{sc} = \begin{cases} E_{s0}\varepsilon_{sc} & \left(\varepsilon_{sc} < \varepsilon_{syc} = \dfrac{f_{yc}}{E_{s0}}\right) \\ f_{yc} & \left(\varepsilon_{syc} = \dfrac{f_{yc}}{E_{s0}} \leqslant \varepsilon_{sc} \leqslant \varepsilon_{shc}\right) \\ f_{yc} + \dfrac{\varepsilon_{sc} - \varepsilon_{shc}}{\varepsilon_{suc} - \varepsilon_{shc}}(f_{uc} - f_{yc}) & (\varepsilon_{sc} > \varepsilon_{shc}) \end{cases} \quad (2\text{-}12)$$

式中 E_{s0}——未锈蚀钢筋的弹性模量;

f_{yc}, f_{uc}——锈蚀钢筋屈服强度和极限强度,分别按式(2-13)和式(2-14)计算;

ε_{syc}——锈蚀钢筋屈服应变;

ε_{shc}——锈蚀钢筋强化应变,按式(2-15)计算;

ε_{suc}——锈蚀钢筋极限应变,按式(2-16)计算。

$$f_{yc} = \frac{1 - 1.092\eta_s}{1 - \eta_s} f_{y0} \quad (2\text{-}13)$$

$$f_{uc} = \frac{1 - 1.152\eta_s}{1 - \eta_s} f_{u0} \quad (2\text{-}14)$$

式中,f_{y0}, f_{u0} 分别为未锈蚀钢筋屈服强度和极限强度。

$$\varepsilon_{shc} = \begin{cases} \dfrac{f_{yc}}{E_{s0}} + \left(\varepsilon_{sh0} - \dfrac{f_{y0}}{E_{s0}}\right) \cdot \left(1 - \dfrac{\eta_s}{\eta_{s,cr}}\right) & (\eta_s \leqslant \eta_{s,cr}) \\ \dfrac{f_{yc}}{E_{s0}} & (\eta_s > \eta_{s,cr}) \end{cases} \quad (2\text{-}15)$$

式中 ε_{sh0}——未锈蚀钢筋强化应变;

$\eta_{s,cr}$——屈服平台消失时的截面临界锈蚀率,对变形钢筋取 0.2,对光圆钢筋取 0.1。

$$\varepsilon_{suc} = e^{-2.501\eta_s} \varepsilon_{su0} \quad (2\text{-}16)$$

式中,ε_{su0} 为未锈蚀钢筋极限应变。

和普通钢筋相比,锈蚀预应力筋也有类似的性能。随着锈蚀率增大,预应力筋的强度降低,极限变形能力下降,强化段缩短直至消失。基于这一特征,本书主编提出了图 2-13(b)所示的锈蚀预应力筋单轴受拉时的应力-应变(σ_{pc}-ε_{pc})关系,其数学表达式如式(2-17)和式(2-18)所示。

当 $\eta_s < \eta_{s,cr}$ 时,有

$$\sigma_{pc} = \begin{cases} \varepsilon_{pc} E_{pc} & (\varepsilon_{pc} \leqslant \varepsilon_{pyc}) \\ 0.85 f_{puc} + (\varepsilon_{pc} - \varepsilon_{pyc}) \left(\dfrac{0.15 f_{puc}}{\varepsilon_{puc} - \varepsilon_{pyc}} \right) & (\varepsilon_{pc} > \varepsilon_{pyc}) \end{cases} \quad (2-17)$$

当 $\eta_s \geqslant \eta_{s,cr}$ 时,有

$$\sigma_{pc} = \varepsilon_{pc} E_{pc} \quad (2-18)$$

式中　f_{puc}、ε_{puc}——锈蚀预应力筋极限强度及其所对应的应变;

　　　ε_{pyc}——锈蚀预应力筋的屈服应变,取 $\varepsilon_{pyc} = \dfrac{0.85 f_{puc}}{E_{pc}}$;

　　　E_{pc}——锈蚀预应力筋的弹性模量;

　　　$\eta_{s,cr}$——强化段消失的临界锈蚀率,取 $\eta_{s,cr} = 0.08$。

设定 E_{p0}、f_{pu0}、ε_{pu0} 分别为未锈蚀预应力筋的弹性模量、极限强度、极限应变,则 E_{pc}、f_{puc} 和 ε_{puc} 的取值如表 2-1 所示。

表 2-1　锈蚀预应力筋本构模型中特征参数的取值

预应力筋	E_{pc}	f_{puc}	ε_{puc}
钢绞线	$(1-0.848\eta_s)E_{p0}$	$\dfrac{(1-2.683\eta_s)f_{pu0}}{1-\eta_s}$	$(1-9.387\eta_s)\varepsilon_{pu0}$
钢筋、钢丝	E_{p0}	$\dfrac{(1-1.935\eta_s)f_{pu0}}{1-\eta_s}$	

2. 锈蚀钢筋的受压性能

对于受压锈蚀钢筋应力-应变关系,考虑到受压钢筋的屈曲通常早于强化,同时为了简化计算,忽略受压锈蚀钢筋的强化段,并按受拉锈蚀钢筋屈服应力公式计算受压钢筋的屈服应力。箍筋锈蚀与混凝土保护层锈胀剥落,致使受压纵筋受到的约束降低。同时锈蚀致使受压纵筋有效截面减小,增大了受压纵筋的实际长细比。纵筋可能尚未达到受压屈服强度,即已受压屈曲。基于试验结果,国外学者提出了受压锈蚀钢筋的修正 Euler 临界荷载统一模型,进而得到受压锈蚀钢筋屈曲临界应力计算值,如式(2-19)所示。

$$f'_{bcc} = \pi^2 E'_{s0} d'^2_0 \dfrac{1-\eta'_s}{16(\mu s)^2} \quad (2-19)$$

式中　E'_{s0}——受压锈蚀钢筋初始弹性模量;

　　　s——受压锈蚀钢筋的有效长度,如果箍筋没有锈蚀断裂,并能够为受压纵筋提供有效的横向约束,则 s 取为受压区内相邻两箍筋之间的最大间距;

　　　μ——有效长度因子,考虑到混凝土保护层开裂或剥落后锈蚀箍筋约束不足,偏安全地认为此时受压锈蚀钢筋两端铰接,取 $\mu = 1.0$;

　　　η'_s——受压钢筋的锈蚀率。

在既有建筑混凝土结构中,两相邻的有效箍筋之间的间距可能很小,由式(2-19)计算出的屈曲应力可能高于屈服应力,这是不合理的。为此,受压锈蚀钢筋的实际极限应力 f'_{bc} 取为

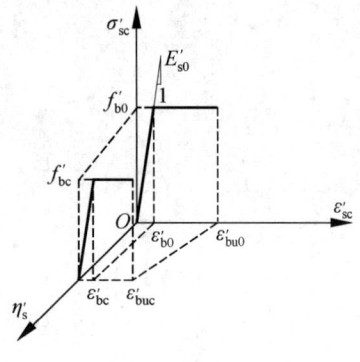

图 2-14 锈蚀钢筋受压应力-应变关系

屈曲应力 f'_{bcc} 与屈服应力 f'_{yc} [可由 η'_s 按式(2-13)计算]二者中的较小值,如式(2-20)所示,相应的应变 ε'_{bc} 如式(2-21)所示。

$$f'_{bc} = \min\{f'_{bcc}, f'_{yc}\} \tag{2-20}$$

$$\varepsilon'_{bc} = \frac{f'_{bc}}{E'_{s0}} \tag{2-21}$$

图 2-14 给出了锈蚀钢筋受压应力-应变关系。图中,σ'_{sc} 和 ε'_{sc} 分别为受压锈蚀钢筋的应力和应变;f'_{b0} 为未锈蚀钢筋受压时的极限应力;ε'_{b0} 为未锈蚀钢筋达到极限受压应力时的应变;ε'_{bu0} 为未锈蚀钢筋受压时的极限应变,ε'_{buc} 为锈蚀钢筋受压时的极限应变;E'_{s0} 为未锈蚀钢筋的弹性模量。

2.3 混凝土的强度和变形

普通混凝土是由水泥、砂、石材料用水拌和硬化后形成的人工石材,是一种复杂的多相复合材料。其中砂、石、水泥胶块中的晶体、未水化的水泥颗粒组成了混凝土中错综复杂的能承受外力的弹性骨架,并使混凝土具有弹性变形的特点。在外荷载作用下,水泥胶块中的凝胶、孔隙和结合界面的初始微裂缝使混凝土产生塑性变形。孔隙、初始裂缝等先天缺陷往往是混凝土受力破坏的起因,而且微裂缝的开展对混凝土的力学性能有着极为重要的影响。

由于水泥胶块的硬化过程需要经历若干年,所以混凝土的强度、变形也是在较长时间内随时间而变化的,在强度逐渐增长的同时,变形逐渐加大。

2.3.1 混凝土立方体受压

1. 混凝土立方体受压试验

由于立方体试件的受压试验方法简单、费用较低,测得的强度值也比较稳定,所以我国把立方体抗压强度值作为混凝土强度的一项基本指标。国家标准《混凝土物理力学性能试验方法标准》(GB/T 50081—2019)规定:以边长为 150 mm 的立方体为标准试件,将其在 20℃±3℃ 的温度和相对湿度 90% 以上的潮湿空气中养护 28 d,按照标准试验方法测得的抗压强度作为混凝土的立方体抗压强度,单位为 N/mm²。

图 2-15 所示是对混凝土立方体试件进行加载试验及试件破坏的情况。试验方法对混凝土立方体试件的抗压强度值和破坏形态有较大影响。试件破坏时,去掉周围酥松的混凝土,试件呈两个对顶的角锥形[图 2-15(b)]。这是由于试验机对试件施加竖向压力荷载时,试件竖向缩短、横向扩张,而混凝土试件与压力机垫板之间的摩擦力使混凝土试件的横向变形在上、下端面处受到的约束最强,而在高度的中间处这种约束作用最弱,形成了图 2-15(b)所示的破坏情况。如果在试件的上、下表面涂抹润滑剂,减小试件与压力机垫板间的摩擦力,这样试件接近于单向受压状态,试件横向变形受到的约束沿高度差别不大,试验

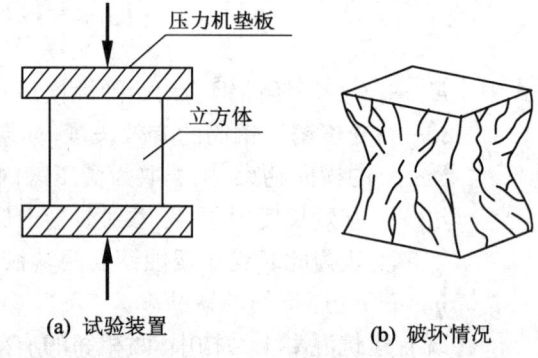

图 2-15 混凝土立方体受压试验和破坏情况

中观察到破坏时试件中产生的裂缝基本上平行于荷载的作用方向,强度值也比不涂润滑剂的情况低。我国规定的标准试验方法是不涂润滑剂的。

混凝土的强度与水泥强度等级、水灰比有很大关系,骨料的性质、混凝土的级配、混凝土成形方法、硬化时的环境条件及混凝土的龄期等也不同程度地影响混凝土的强度,影响混凝土强度的因素还有试件的大小和形状、试验方法和加载速率。因此,各国对各种单向受力下的混凝土强度都规定了统一的标准试验方法。

对混凝土立方体试件,加载速度越快,测得的强度越高。通常规定加载速度为:混凝土立方体抗压强度低于 30 N/mm² 时,取每秒钟 0.3~0.5 N/mm²;混凝土立方体抗压强度高于或等于 30 N/mm² 时,取每秒钟 0.5~0.8 N/mm²。

若采用非标准的立方体试件测试混凝土的强度,则应对强度测试结果进行换算。当混凝土的立方体抗压强度小于 60 MPa 时,边长为 100 mm 的立方体试件的试验结果应乘以换算系数 0.95,边长为 200 mm 的立方体试件的试验结果应乘以换算系数 1.05;当混凝土的立方体抗压强度大于 60 MPa 时,换算系数由试验确定。

2. 混凝土强度等级

混凝土立方体抗压强度是确定混凝土强度等级的依据。如《混凝土结构设计规范》(GB 50010)规定:混凝土强度等级按立方体抗压强度标准值(用符号 $f_{cu,k}$ 表示)确定,即用按上述标准试验方法测得的具有 95% 保证率的立方体抗压强度作为混凝土的强度等级。例如,强度等级为 C30 的混凝土,即相当于其抗压强度标准值 $f_{cu,k}=30$ N/mm²。《混凝土结构设计规范》(GB 50010)采用的混凝土强度等级是在 C15~C80 的范围内,通常将强度等级为 C50 以上的混凝土称为高强度混凝土。

统计分析表明,混凝土立方体抗压强度的试验值也符合正态分布(与图 2-7 类似)。若保证率取为 95%,则混凝土的立方体抗压强度标准值等于强度平均值减去 1.645 倍标准差。

《混凝土结构设计规范》(GB 50010)规定:钢筋混凝土结构的混凝土强度等级不应低于 C20;对于采用 400 MPa 级钢筋以及承受重复荷载的构件,混凝土强度等级不得低于 C25。预应力混凝土结构的混凝土强度等级不宜低于 C40,且不应低于 C30。

2.3.2 混凝土轴心受压

1. 混凝土轴心受压应力-应变关系试验曲线

对混凝土棱柱体试件试验得到的轴心抗压强度值显然比混凝土立方体抗压强度值能更好地反映混凝土结构构件中混凝土实际抗压能力。我国国家标准《混凝土物理力学性能试验方法标准》(GB/T 50081—2019)规定,以 150 mm × 150 mm × 300 mm 的棱柱体作为混凝土轴心抗压强度试验的标准试件。棱柱体试件与立方体试件的制作条件相同,试件上、下表面不涂润滑剂。棱柱体的受压试验及试件破坏情况如图 2-16 所示。

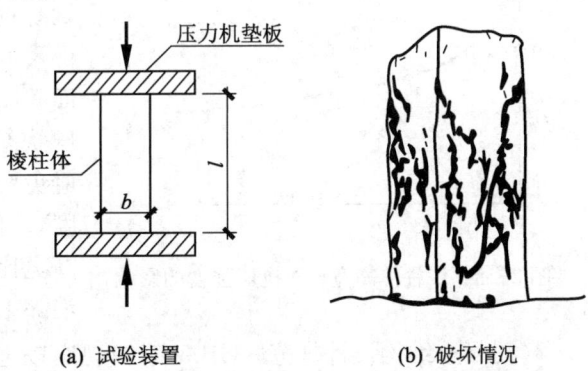

图 2-16 混凝土棱柱体受压试验和破坏情况

(a) 试验装置   (b) 破坏情况

图 2-17 为实测的轴心受压混凝土棱柱体的应力-应变关系全曲线,曲线可分为上升段(Oc 段)和下降段(cf 段)两个部分。上升段中,在应力较小的 Oa 段($\sigma_c \leqslant 0.3f_c$),应力-应变

关系接近直线,混凝土的变形主要是骨料和水泥结晶体产生的弹性变形,而水泥胶体的黏性流动以及初始微裂缝变化的影响一般很小;随着应力增大($0.3f_c < \sigma_c \leqslant 0.8f_c$),曲线上升变缓,呈上凸的曲线,这是由于混凝土中未硬化的凝胶体的黏性流动,以及其内部已产生的微裂缝开始延伸和扩展所致;当应力增加到接近轴心抗压强度时($0.8f_c < \sigma_c \leqslant f_c$),试件中积蓄的应变能较大,试件中形成的裂缝发展加快,平行于裂缝方向的裂缝相互贯通,试件即将破坏。通常将与应力-应变关系曲线峰点 c 对应的峰值应力 σ_0 视为混凝土棱柱体的抗压强度 f_c,相应的应变称为峰值应变 ε_0,其值在 0.002 左右。

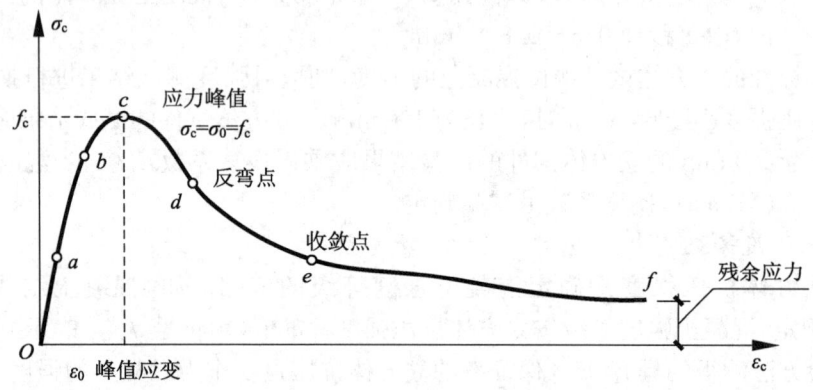

图 2-17 混凝土棱柱体受压应力-应变关系曲线

图 2-17 中应力-应变关系曲线的下降段 cf 是混凝土到达峰值应力后裂缝继续扩展、贯通,致使内部结构的破坏愈来愈严重,逐渐丧失承载能力的结果。在普通试验机上较难记录到应力-应变关系曲线的下降段,因为随着应力降低,试验机内所积蓄的应变能释放,试验机突然恢复的变形足以击溃内部结构已严重破坏的混凝土试件。一般需采用刚度较大的试验机或采用一定的辅助装置,并控制下降段的应变速率,才能记录到应力-应变关系曲线的下降段。

2. 混凝土轴心抗压强度

由于棱柱体试件的高度越大,试验机压板与试件之间摩擦力对试件高度中部的横向变形的约束影响越小,所以棱柱体试件的高宽比越大,轴心抗压强度值越低(图 2-18)。在确定棱柱体试件尺寸时,为了使试件不受试验机压板与试件承压面间摩擦力的影响,在试件的中间区段形成单向受压状态,棱柱体试件的高宽比应足够大;同时,为了避免在破坏前产生较大的附加偏心而降低抗压强度,试件的高宽比不宜过大。根据研究资料,对于高宽比为 2~3 的棱柱体试件,可以认为基本能够消除上述两种因素的影响。

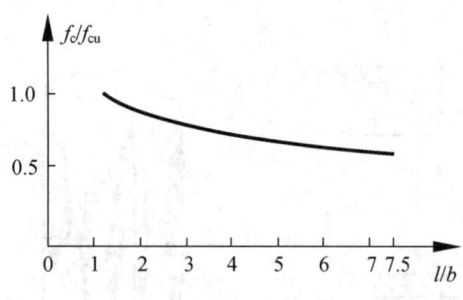

图 2-18 棱柱体高宽比对抗压强度的影响

《混凝土结构设计规范》(GB 50010)规定以上述标准棱柱体试件试验测得的具有 95% 保证率的抗压强度为混凝土轴心抗压强度标准值,用符号 f_{ck} 表示。混凝土轴心抗压强度设计值 f_c 是由轴心抗压强度标准值 f_{ck} 除以混凝土材料分项系数 γ_c($\gamma_c = 1.4$)得到的。《混凝土结构设计规范》(GB 50010) 给出的混凝土轴心抗压强度标准值、设计值见附表 2-5。

和立方体抗压强度类似,若采用非标准棱柱体试件测试混凝土的轴心抗压强度,则应对强度测试结果进行换算。当混凝土的强度等级低于C60时，100 mm×100 mm×300 mm 棱柱体试件的试验结果应乘以换算系数0.95，200 mm×200 mm×400 mm 棱柱体试件的试验结果应乘以换算系数1.05；当混凝土强度等级等于或高于C60时，换算系数应由试验确定。

图2-19 所示为我国部分混凝土棱柱体轴心抗压强度与立方体抗压强度试验数据的对比情况，可以认为在一定范围内轴心抗压强度试验值 f_c 与立方体抗压强度试验值 f_{cu} 大致呈直线关系。在试验研究的基础上，《混凝土结构设计规范》(GB 50010)偏于安全地用式(2-22)表示轴心抗压强度标准值与立方体抗压强度标准值的关系：

$$f_{ck} = 0.88 \alpha_1 \alpha_2 f_{cu,k} \tag{2-22}$$

式中 α_1——棱柱体强度与立方体强度之比，对强度等级为 C50 及以下的混凝土，α_1 取 0.76；对 C80 的混凝土，α_1 取 0.82；在此之间按直线规律变化取值。

α_2——高强度混凝土的脆性折减系数，对 C40 混凝土，α_2 取 1.00；对 C80 混凝土，α_2 取 0.87；在此之间按直线规律变化取值。

考虑到实际结构构件制作、养护和受力情况，以及实际构件与试件混凝土强度之间的差异而取用折减系数 0.88。

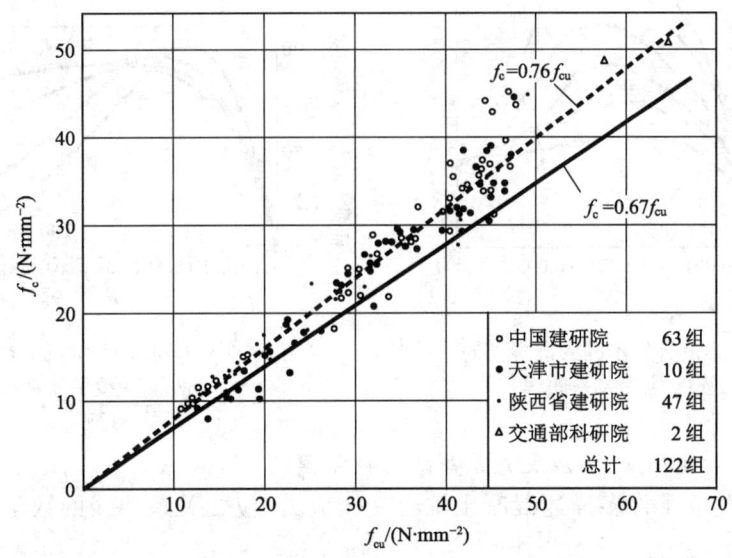

图2-19 混凝土轴心抗压强度与立方体抗压强度的关系

有些国家和地区采用混凝土圆柱体试件来确定混凝土轴心抗压强度。例如，美国采用直径为 6 in(英寸，约 152 mm)、高为 12 in(约 305 mm)的圆柱体作为测定轴心抗压强度的标准试件，圆柱体轴心抗压强度以 f'_c 表示。由于试件形状和尺寸的差异，圆柱体轴心抗压强度值与我国的棱柱体轴心抗压强度值略有不同。

根据国外的研究资料，圆柱体抗压强度 f'_c 和立方体抗压强度标准值 $f_{cu,k}$ 之间的关系如表2-2 所示，对 C60 及以上的混凝土，f'_c 与 $f_{cu,k}$ 的比值是随混凝土强度等级的提高而提高的。

表2-2　　　　　　　　　　　　f'_c 与 $f_{cu,k}$ 的比值

混凝土强度等级	C60 以下	C60	C70	C80
$f'_c/f_{cu,k}$	0.79	0.833	0.857	0.875

当 $f_c \leqslant 40 \text{ N/mm}^2$ 时，不同强度等级混凝土的应力-应变关系曲线的形状相似，但也有实质性的差别。从图 2-20 所示的试验曲线来看，不同强度等级混凝土峰值应变的变化不太显著；但是，下降段的形状有较大的差异，混凝土的强度越高，下降段的坡度越陡。当 $f_c > 40 \text{ N/mm}^2$ 时，峰值应变随混凝土强度提高不断增大，极限应变随混凝土强度提高不断减小。所以，通常认为混凝土的强度越高，其变形性能越差。

另外，加载速度对轴心抗压强度也有影响。从图 2-21 所示的应力-应变关系曲线的形状来看，加载速度下降，峰值应力（即轴心抗压强度）也略有降低，相应的峰值应力的应变有所增加，下降段的坡度趋于平缓。

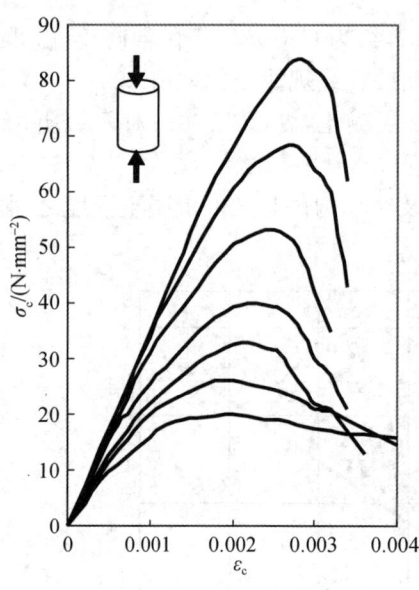
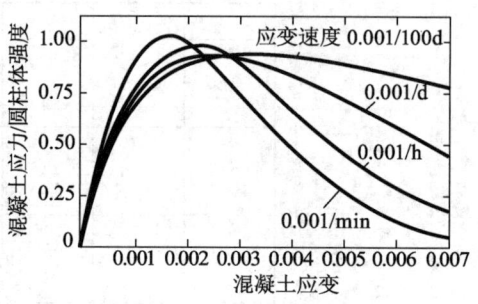

图 2-20　强度等级不同的混凝土的
　　　　　应力-应变关系曲线

图 2-21　不同应变速度的混凝土受压
　　　　　应力-应变关系曲线

3. 混凝土轴心受压应力-应变关系曲线的数学模型

国内外学者建立了许多描述混凝土轴心受压应力-应变关系曲线的数学模型，下面举例介绍。

1) 美国的 E. Hognestad 建议的模型

E. Hognestad 建议的混凝土轴心受压应力-应变曲线的数学模型，将上升段取为二次抛物线，下降段取为斜直线（图 2-22）。用公式表示为

$$\sigma_c = f_c \left[2\frac{\varepsilon_c}{\varepsilon_0} - \left(\frac{\varepsilon_c}{\varepsilon_0}\right)^2 \right] \quad (\varepsilon_c \leqslant \varepsilon_0) \tag{2-23a}$$

$$\sigma_c = f_c \left[1 - 0.15\frac{\varepsilon_c - \varepsilon_0}{\varepsilon_{cu} - \varepsilon_0} \right] \quad (\varepsilon_0 < \varepsilon_c \leqslant \varepsilon_{cu}) \tag{2-23b}$$

式中　f_c——峰值应力（混凝土轴心抗压强度）；
　　　ε_0——相应于峰值应力时的应变，可取

$$\varepsilon_0 = 1.8\frac{f_c}{E_c} \tag{2-23c}$$

ε_{cu}——极限压应变,取 $\varepsilon_{cu}=0.0038$;

E_c——混凝土的弹性模量,可按经验公式计算(具体计算公式略)。

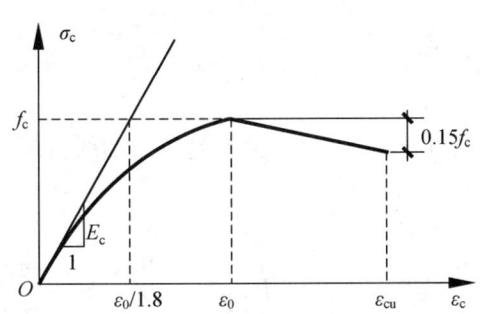

图 2-22　Hognestad 建议的混凝土轴心
受压应力-应变关系曲线

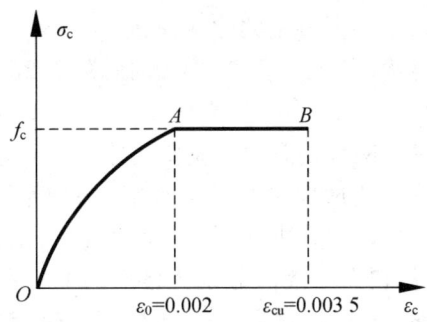

图 2-23　Rüsch 建议的混凝土轴心受压
应力-应变关系曲线

2) 德国的 Rüsch 建议的模型

Rüsch 建议的混凝土轴心受压应力-应变关系曲线的数学模型,上升段也取为抛物线,但下降段取为水平的直线(图 2-23)。用公式表示为

$$\sigma_c = f_c \left[2\frac{\varepsilon_c}{\varepsilon_0} - \left(\frac{\varepsilon_c}{\varepsilon_0}\right)^2 \right] \quad (\varepsilon_c \leqslant \varepsilon_0) \tag{2-24a}$$

$$\sigma_c = f_c \quad (\varepsilon_0 < \varepsilon_c \leqslant \varepsilon_{cu}) \tag{2-24b}$$

式中,相应于峰值应力的应变 ε_0 和极限压应变 ε_{cu} 分别取为 0.002 和 0.0035。

3) GB 50010 采用的模型

由图 2-20 中的试验结果可以看出,当混凝土的轴心抗压强度超过 40 N/mm² 时,式(2-23)及式(2-24)与试验结果间的差距较大。我国《混凝土结构设计规范》(GB 50010)参考 Rüsch 的模型,结合多年来对高强混凝土的研究成果,提出的混凝土轴心受压时的应力-应变关系的数学表达式为

$$\left. \begin{array}{l} \sigma_c = f_c \left[1 - \left(1 - \dfrac{\varepsilon_c}{\varepsilon_0}\right)^n \right] \quad (\varepsilon_c \leqslant \varepsilon_0) \\ \sigma_c = f_c \quad (\varepsilon_0 < \varepsilon_c \leqslant \varepsilon_{cu}) \end{array} \right\} \tag{2-25}$$

$$n = 2 - \frac{1}{60}(f_{cu} - 50) \tag{2-26}$$

$$\varepsilon_0 = 0.002 + 0.5(f_{cu} - 50) \times 10^{-5} \tag{2-27}$$

$$\varepsilon_{cu} = 0.0033 - (f_{cu} - 50) \times 10^{-5} \tag{2-28}$$

式中　f_c——混凝土的轴心抗压强度;

ε_0——压应力达到 f_c 时混凝土的压应变,当计算的 ε_0 值小于 0.002 时,取为 0.002;

ε_{cu}——混凝土的极限压应变,当计算的 ε_{cu} 值大于 0.0033 时,取为 0.0033;

f_{cu}——混凝土的立方体抗压强度;

n——系数,当计算的 n 值大于 2.0 时,取为 2.0。

当压应力较小时(如 $\sigma_c \leqslant 0.3 f_c$ 时),可近似取

$$\sigma_c = E_c \varepsilon_c \qquad (2-29)$$

式中,E_c 为混凝土的弹性模量。

显然,当 $f_{cu} \leqslant 50 \text{ MPa}$ 时,式(2-25)变为式(2-24)。

4. 混凝土的变形模量

变形模量是应力与应变之比。由于轴心受压混凝土应力-应变关系是一条曲线,在不同的应力阶段变形模量是一个变数。混凝土的变形模量有三种表示方法,即原点弹性模量、割线模量、切线模量,它们的数值分别为图 2-24 所示的原点切线斜率 $\tan \alpha_0$,割线斜率 $\tan \alpha_1$,切线斜率 $\tan \alpha$。

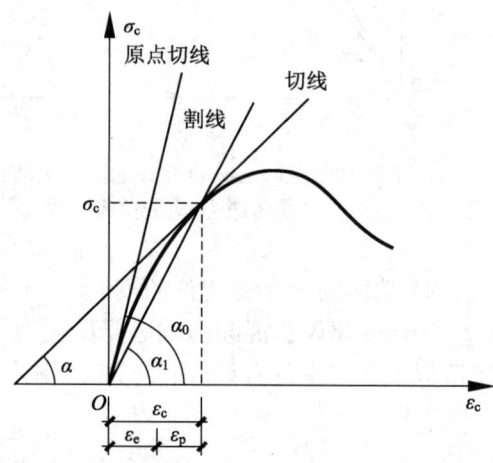

图 2-24 混凝土变形模量的表示方法

混凝土的弹性模量通常是指原点弹性模量,其值可用 E_c 表示。直接对混凝土应力-应变关系试验曲线的原点作切线求弹性模量的方法,准确性不高。《混凝土结构设计规范》(GB 50010)给出的混凝土弹性模量值是这样得到的:对棱柱体试件,加载至 $\sigma_c \approx 0.5 f_c$,然后卸载至零,这样重复加载卸载 5～10 次后,卸载曲线接近直线且其斜率趋于稳定,将该直线的斜率定为混凝土的弹性模量。根据试验结果进行统计分析,可将混凝土的弹性模量与立方体抗压强度的关系表示为

$$E_c = \frac{10^5}{2.2 + \dfrac{34.7}{f_{cu}}} \quad (\text{N/mm}^2) \qquad (2-30)$$

《混凝土结构设计规范》(GB 50010)给出的混凝土弹性模量值见附表 2-5。

在对混凝土结构进行非线性分析时,为了充分描述混凝土受压应力-应变关系曲线的性质,采用割线模量或切线模量是有实际意义的,且割线模量 E_c' 和原点切线模量 E_c 之间的关系可表示为

$$E_c' = \nu E_c \qquad (2-31)$$

式中,ν 为比例系数,当混凝土受压时为 0.4～1.0,受拉破坏时为 1.0。

5. 混凝土的横向变形

受压混凝土试件在纵向产生压缩应变 ε_v 的同时,还会引起横向应变 ε_h,横向变形系数即泊松比定义为 $\nu_c = \varepsilon_h / \varepsilon_v$。根据图 2-25 所示的试验资料,当压应力较小时($\sigma_c \leqslant 0.5 f_c$),$\nu_c$ 值基本上保持为常数,其值约为 1/6,该值就是通常对处于弹性阶段的混凝土的泊松比所取的数值;当压应力较大时($\sigma_c > 0.5 f_c$),由于试件内部的裂缝发展,ν_c 值明显增大,接近破坏时 ν_c 值可达 0.5 以上。

图 2-26 所示为应力与试件三个方向实测的应变 ε_x、ε_y、ε_z 的平均值的关系。可以看到,当压应力较小时($\sigma_c \leqslant 0.5 f_c$),试件的体积是随压应力的增大而减小的;当压应力较大时($\sigma_c > 0.5 f_c$),缩小的体积逐渐恢复;接近破坏时,试件的体积甚至超过未受力前的体积。

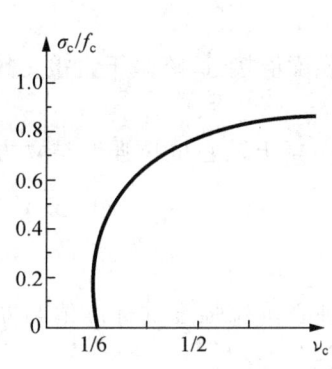
图 2-25 压应力与横向变形系数的关系

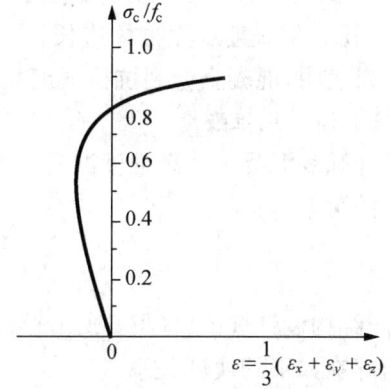
图 2-26 压应力与平均应变的关系

2.3.3 混凝土受拉

1. 混凝土受拉试验

混凝土轴心受拉试验的标准试件是两端预埋钢筋的棱柱体(图 2-27)。

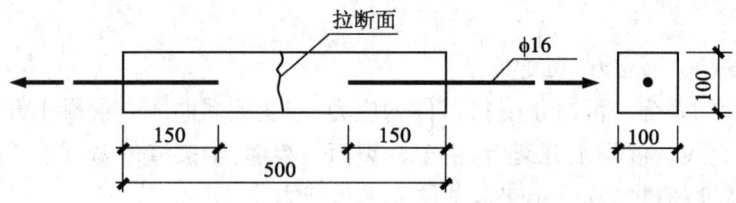
图 2-27 轴心受拉试验

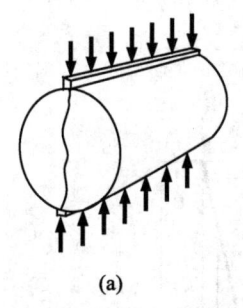
(a)

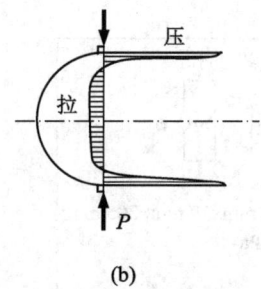
(b)

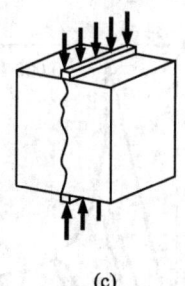
(c)

图 2-28 劈裂试验

但是,采用图 2-27 所示的试件直接进行轴心受拉试验并不容易保证试件处于轴心受拉状态,试件的偏心受力会影响轴心抗拉强度测定的准确性。所以,国内外也常用图 2-28 所示的较简便的圆柱体或立方体的劈裂试验来间接测试混凝土的抗拉强度。根据弹性理论,可按劈裂截面的横向拉应力计算劈裂抗拉强度 f_{ts},即

$$f_{ts} = \frac{2F}{\pi d_c l} \tag{2-32}$$

式中 F ——破坏荷载;

d_c——圆柱体直径或立方体边长;
l——圆柱体长度或立方体边长。

试验结果表明,混凝土劈裂抗拉强度与直接受拉的强度值接近,略高于直接受拉强度。

2. 混凝土轴心抗拉强度

根据普通强度混凝土和高强度混凝土的试验资料,混凝土轴心抗拉强度与立方体抗压强度存在如下的关系

$$f_t = 0.395 f_{cu}^{0.55} \tag{2-33}$$

《混凝土结构设计规范》(GB 50010)给出的混凝土轴心抗拉强度的标准值与立方体抗压强度标准值存在如下的换算关系

$$f_{tk} = 0.88 \times 0.395 f_{cu,k}^{0.55} (1 - 1.645\delta)^{0.45} \times \alpha_2 \tag{2-34}$$

式中,0.88 的意义和 α_2 的取值与式(2-22)中的相同;$(1-0.645\delta)^{0.45}$ 则反映了试验离散程度对标准值保证率的影响;δ 为变异系数。GB 50010 规范给出的混凝土轴心抗拉强度的标准值 f_{tk} 和设计值 f_t 见附表 2-5。

混凝土的轴心抗拉强度与立方体抗压强度之比为 $1/17 \sim 1/8$,混凝土强度等级越高,该比值越小。

3. 混凝土轴心受拉应力-应变关系

图 2-29 所示的系为一混凝土受拉试件的应力-应变关系曲线。混凝土开裂前,应力-应变关系曲线基本为直线。混凝土开裂后,由于开裂面较粗糙,当裂缝的宽度很小时还能传递一定的拉力;当裂缝宽度超过 0.05 mm 时,试件失去承载力。

由于混凝土的轴心抗拉强度远低于轴心抗压强度,故混凝土轴心受拉时的应力-应变关系一般可用双直线模型来模拟,且认为混凝土受拉弹性模量与受压弹性模量的数值相同(图 2-30)。

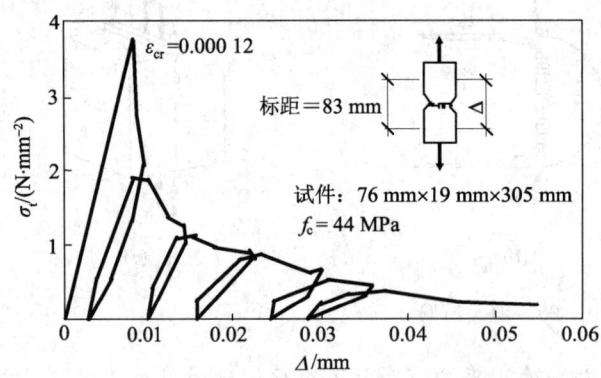

图 2-29 混凝土单轴受拉时的应力-应变关系试验曲线

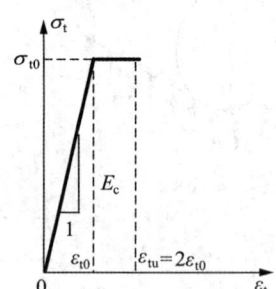

图 2-30 混凝土单轴受拉时的应力-应变关系理论曲线

2.3.4 复合应力状态下混凝土强度

在混凝土结构构件中,实际的应力状态比较复杂,像前面叙述的各种简单的单向受力情况并不多见。研究复合应力状态下混凝土材料的强度,对于更好地认识混凝土结构构件的性能、提高混凝土结构的设计和研究水平具有重要的意义。

1. 双向应力状态下混凝土强度

对混凝土试件，在两对表面施加法向应力 σ_1 和 σ_2，第三个方向（与 σ_1，σ_2 正交）的应力保持为零，根据在不同的 σ_1/σ_2 比值下试验得到的混凝土强度可以绘出如图 2-31 所示的双向应力状态下混凝土材料的破坏曲线。

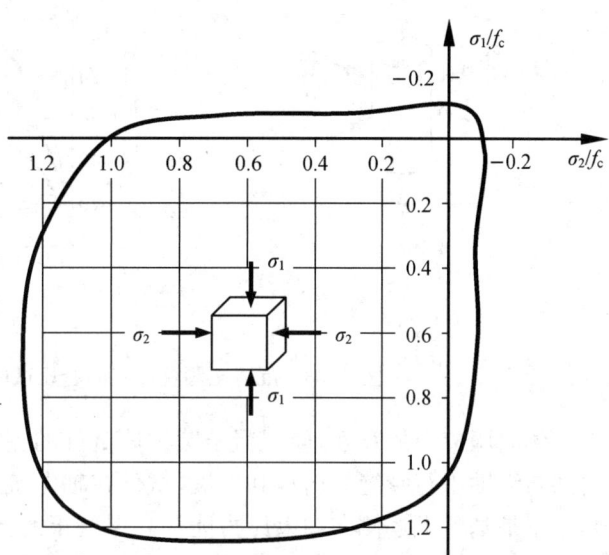

从图 2-31 中看到，在双向受拉应力状态下（图中第一象限），两个方向的应力 σ_1，σ_2 相互影响不大，双向受拉混凝土的强度与单轴受拉强度接近；在双向受压应力状态下（图中第三象限），一个方向的混凝土强度随另一方向压应力的增大而提高，与单轴受压混凝土强度相比，双向受压混凝土强度最多可提高约 27%；在一向受压、一向受拉应力状态下（图中第二、四象限），两个方向的混凝土强度均低于单轴受压或单轴受拉的混凝土强度。

图 2-31 双向应力状态下混凝土强度

2. 法向应力和剪应力组合状态下的混凝土强度

图 2-32 所示为在法向应力 σ 与剪应力 τ 组合状态下的混凝土破坏曲线。可以看到，对混凝土的抗剪强度而言，在存在较低的压应力时，抗剪强度随压应力的增大而提高；但当压应力超过 $(0.5\sim0.7)f_c$ 后，抗剪强度随压应力的增大而减小。而对混凝土的抗压强度而言，由于剪应力的存在，混凝土的抗压强度要低于单向抗压强度。抗剪强度随拉应力的增加而减小。由于剪应力的存在，混凝土的抗拉强度低于单向抗拉强度。

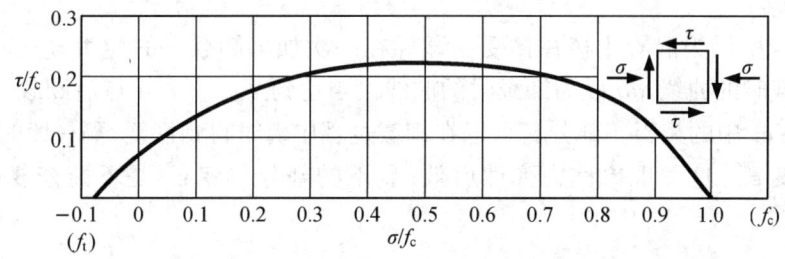

图 2-32 法向应力和剪应力组合状态下混凝土强度

3. 侧向有约束压力时的混凝土抗压强度

国外的试验研究表明，对轴向受压的混凝土圆柱体，如果在其侧向施加均匀的液体压力，混凝土的轴向抗压强度比侧向无约束的情况有较大程度的提高，提高的幅度大体上与侧向压应力的大小成正比（图 2-33）。当 σ_2 不是很大时，σ_1 方向的极限抗压强度 f'_{cc} 可表示为

$$f'_{cc}=f'_c+4.1\sigma_2 \tag{2-35}$$

式中　f'_c——无侧向约束时混凝土圆柱体的抗压强度；

σ_2——侧向约束压应力。

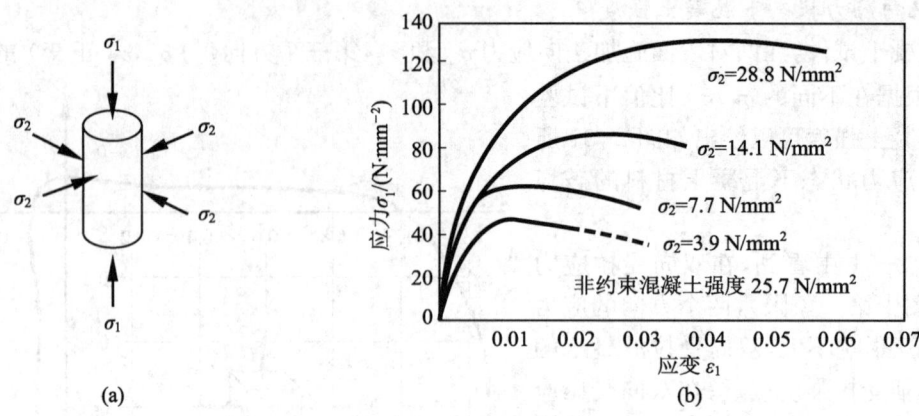

图 2-33 混凝土圆柱体三向受压试验的轴向应力-应变关系曲线

侧向压应力的存在,使混凝土圆柱体试件的侧向变形受到约束,在一定程度上限制了试件内部与纵轴平行裂缝的出现和发展,试件在轴向抗压强度提高的同时,还表现出更好的延性。

正是基于上述侧向约束压力能提高混凝土的抗压强度和改善延性的原理,对于实际混凝土结构中像柱这样的受压构件,可以通过在柱的周边配置间距较密的圆箍筋或螺旋箍筋来约束内部混凝土的侧向变形,从而提高柱的受压承载力、改善柱的变形性能。有关配置圆箍筋或螺旋箍筋柱的计算,将在本书第 4 章中叙述。

2.3.5 重复荷载下混凝土的强度和变形

在重复荷载作用下(即重复多次加载卸载的循环作用下),混凝土的强度和变形与单调荷载下的情况有很大的不同。在重复荷载作用下混凝土会产生疲劳破坏。

混凝土的疲劳试件采用 100 mm×100 mm×300 mm 或 150 mm×150 mm×450 mm 的棱柱体,通常把试件承受 200 万次(或更多次数)重复荷载而发生破坏的压应力值称为混凝土的疲劳抗压强度。

图 2-34(a) 所示为混凝土棱柱体受压试件在一次加载卸载下的应力-应变关系曲线,其中,Oa 段为加载时的曲线,ab 段为卸载时的曲线。当达到某一应力 a 点后卸载到零(b 点),与 a 点相应的应变 ε_c 中的相当一部分 ε_e' 可以在卸载过程中瞬时得到恢复;隔一段时间后,还能再恢复一部分应变 ε_e'',这种现象称为弹性后效;剩下的部分应变 ε_{cr}' 是不能恢复的,称为残余应变。

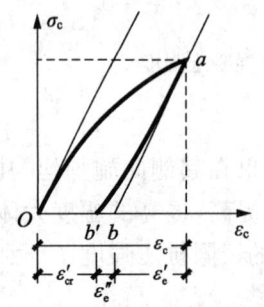
(a) 混凝土一次加载卸载的应力-应变关系曲线

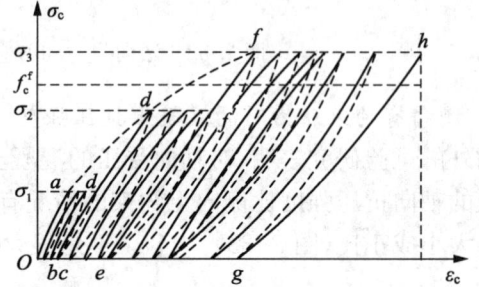
(b) 混凝土多次重复加载的应力-应变关系曲线

图 2-34 混凝土在重复荷载下的应力-应变关系曲线

图 2-34(b)所示为混凝土棱柱体在多次重复荷载作用下的应力-应变关系曲线。对混凝土棱柱体试件,当加载应力小于混凝土疲劳强度 f_c^f 时,如图中的加载应力 σ_1 或更大的加载应力 σ_2,经多次重复加载卸载试验后,应力-应变关系曲线与图 2-34(a)的情况类似,只是随着荷载重复次数的增多,加载和卸载过程形成的环状曲线趋于闭合,但即使荷载重复次数达到数百万次也不会发生疲劳破坏。如果加载应力高于混凝土疲劳强度 f_c^f,如图中的加载应力 σ_3,起先加载阶段混凝土应力-应变关系曲线是凸向应力轴的,在多次重复施加荷载后逐渐变成直线,再经过多次重复加载卸载后演变为凸向应变轴,以致加载和卸载阶段的曲线不能形成封闭的环形,随着应力-应变关系曲线斜率的不断减小,表明混凝土即将发生疲劳破坏。

混凝土疲劳现象可以解释为是由于混凝土内部的微裂缝、孔隙、弱骨料等缺陷,在受到重复荷载后产生了应力集中,导致裂缝发展、贯通所至。混凝土的疲劳破坏属脆性破坏,破坏前无明显预兆,裂缝较小而变形较大。

《混凝土结构设计规范》(GB 50010)规定,对混凝土强度设计值 f_c、f_t 乘以相应的疲劳强度修正系数 γ_p 确定混凝土疲劳强度设计值。修正系数 γ_p 可根据疲劳应力比值 ρ_c^f 按附表 2-6 确定,疲劳应力比值 ρ_c^f 按下式计算,即

$$\rho_c^f = \frac{\sigma_{c,\min}^f}{\sigma_{c,\max}^f} \tag{2-36}$$

式中,$\sigma_{c,\min}^f$,$\sigma_{c,\max}^f$ 分别为截面同一纤维处混凝土的最小应力及最大应力。

2.4 混凝土材料的时变性能

2.4.1 混凝土强度的发展

混凝土的立方体抗压强度随混凝土的龄期而逐渐增长,开始时增长速度较快,以后逐渐缓慢,强度增长过程往往要延续几年,在潮湿环境中强度增长的过程可以延续更长(图 2-35)。

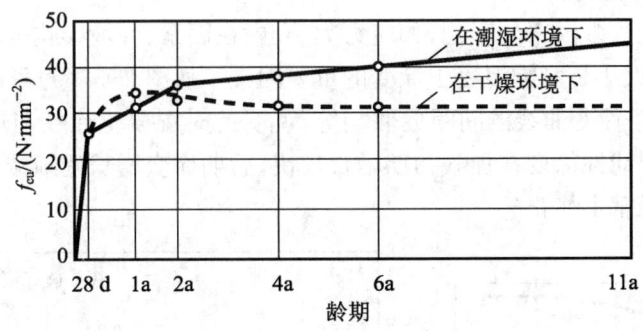

图 2-35 混凝土强度随龄期的变化

2.4.2 长期荷载下混凝土的变形

1. 混凝土的徐变

在应力保持不变的条件下,混凝土的应变会随荷载持续时间的增长而增大,即存在所谓的徐变现象。

图 2-36 所示为混凝土棱柱体试件徐变的试验曲线。如果对棱柱体试件加载使应力达到某一数值(图中为 $0.5f_c$),试件受载后立即产生的瞬时应变为 ε_e;若保持应力不变,随着荷载作用时间的增加,试件的变形继续增长,产生徐变 ε_{cr}。在加载的前几个月,徐变增长较快,半年后可完成总徐变量的 70%～80%;此后,徐变的增长速度逐渐减慢,经过较长时期后趋于稳定。两年后测得的徐变应变值为瞬时应变的 1～4 倍,若在此时卸载,试件可立即恢复一部分应变 ε_e'(称为瞬时恢复应变),其值比加载时的瞬时应变略小。卸载约过 20 d 后,试件还可恢复一部分应变 ε_e''(称为弹性后效)。其余很大一部分应变 ε_{cr}' 是不可恢复的,称为残余应变。

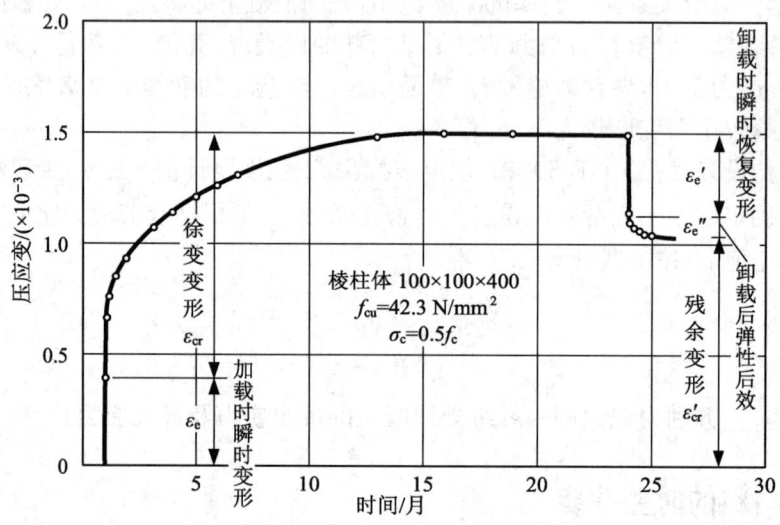

图 2-36 混凝土受压徐变与时间的关系曲线

混凝土的徐变现象对混凝土结构构件的性能有很大影响。徐变会加大构件的变形,在钢筋混凝土构件中引起截面应力重分布,在预应力混凝土结构中则会引起预应力损失。

2. 影响混凝土徐变的因素

混凝土徐变受到很多因素的影响,如应力大小、内在因素、环境影响等。

试验表明,应力大小是影响混凝土徐变的重要因素。从图 2-37(a)可以看到,当混凝土应力 $\sigma_c \leqslant 0.5f_c$ 时,各条徐变曲线的间距近似相等,说明此时混凝土徐变与应力基本成正比,因此称其为线性徐变。线性徐变在加载初期增长较快,后期徐变增长逐渐减缓,约 3 年后可以认为混凝土徐变的增长基本终止。

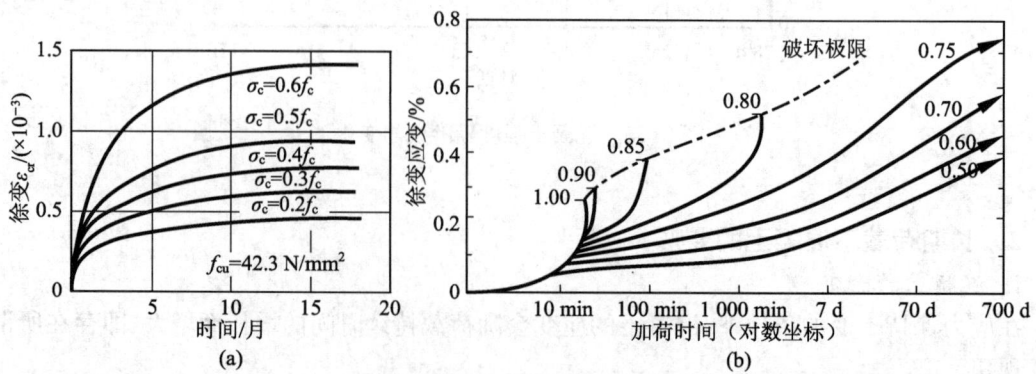

图 2-37 徐变与压应力的关系

图 2-37(b)所示为应力较大时对混凝土徐变的影响。可以看到,当混凝土应力较大时,如 $\sigma_c=(0.5\sim0.8)f_c$,徐变不再与应力成正比,此时徐变的增长要快于应力的增长,称之为非线性徐变。当应力达到更高的数值时,如 $\sigma_c>0.8f_c$ 时,由于试件内部微裂缝的发展进入不稳定状态,非线性徐变急剧增加而不收敛,因此将导致混凝土破坏。所以,一般认为在长期荷载下混凝土的抗压强度只能达到其短期强度的 75%~80%。

混凝土的组成成分对徐变也有很大影响。混凝土的水灰比越大,徐变越大;混凝土中水泥用量越多,徐变也越大。此外,骨料的力学性质也对徐变有明显的影响,采用坚硬的、弹性模量大的骨料,有利于减小徐变。增加混凝土中骨料所占的体积比,也有利于减小徐变。

混凝土的制作方法、养护条件对徐变也有影响。在温度和湿度较高的条件下养护,能促使水泥充分进行水化作用,减小徐变。如果受载期间所处的环境温度较高而湿度较低,则会增大徐变。混凝土的龄期对徐变也有影响,加载时混凝土的龄期越短则徐变越大。

此外,构件的形状、尺寸也会影响徐变值。由于尺寸较大构件内的水分较不易丢失,因此徐变较小。结构构件内配置的钢筋也会改变徐变的数值。

2.4.3 混凝土的收缩、膨胀和温度变形

混凝土在空气中凝结硬化时体积会收缩,在水中凝结硬化时体积会膨胀。收缩和膨胀是混凝土在凝结硬化过程中本身体积的变化,与荷载无关。

图 2-38 所示为混凝土自由收缩、膨胀的试验结果。可以看到,混凝土的收缩变形是随时间而加大的,在结硬初期收缩变形发展较快,一年左右渐趋稳定。混凝土收缩变形的试验结果非常分散,其值可达 $(2\sim5)\times10^{-4}$,一般取常数 3×10^{-4}。在钢筋混凝土构件中,混凝土的收缩变形受到约束,其值取为素混凝土收缩值的一半,即 1.5×10^{-4}。

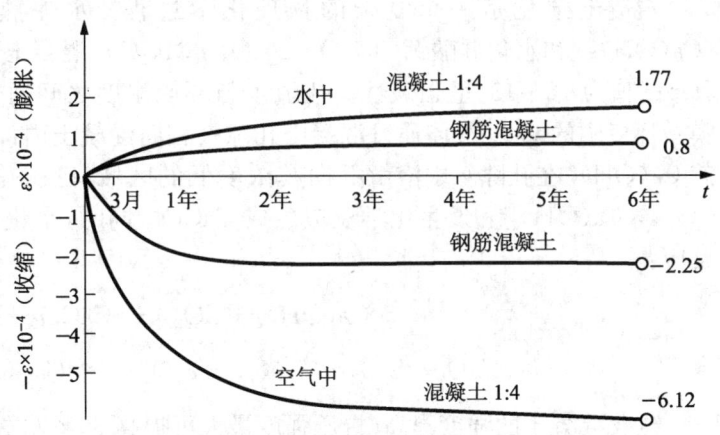

图 2-38 混凝土的收缩、膨胀变形与时间的关系

试验结果表明,影响混凝土收缩的因素主要有以下几种。

1) 水泥品种

水泥等级越高,混凝土的收缩越大。

2) 水泥用量

水泥用量越多,收缩越大;水灰比越大,收缩也越大。

3) 骨料性质

骨料的弹性模量越大,收缩越小。

4) 外部环境

在结硬和使用过程中,周围湿度越大,收缩越小。在湿度大的条件下,养护的温度越高,收缩越小;在干燥(湿度小)的条件下,养护的温度升高反而会增大收缩。

5) 施工质量

混凝土振捣得越密实,收缩越小。

6) 构件的体表比

构件的体积与表面积的比值越大，收缩越小。

混凝土构件养护不好或混凝土的自由收缩受到约束时，会在构件表面或内部出现收缩裂缝。裂缝不仅影响观瞻，对构件的使用性能和耐久性能也可能造成不利影响。

混凝土硬化的膨胀值比收缩值小得多，而且膨胀往往对结构构件受力是有利的，所以一般不考虑膨胀。

混凝土的线膨胀系数与其配合比及骨料性质有关，其值为$(1.0\sim1.5)\times10^{-5}$，与钢的线膨胀系数 1.2×10^{-5} 相近。因此，温度变化在钢筋与混凝土之间引起的变形相差很小，不至于产生对结构有害的内应力。但是，对于大体积混凝土结构以及水池、烟囱等结构，应考虑由温度变化引起的温度应力对结构性能的影响。

2.4.4 环境作用下混凝土材料力学性能

1. 碳化混凝土的力学性能

空气、土壤、地下水等环境中的酸性气体或液体侵入混凝土中，与混凝土中的碱性物质发生化学反应，使混凝土的 pH 值下降的过程称为混凝土的中性化过程，其中，由大气环境中的 CO_2 引起的中性化过程称为混凝土的碳化。由于大气中均有一定含量的 CO_2，碳化是最普遍的混凝土中性化过程。

混凝土碳化是一个复杂的物理化学过程。水泥熟料充分水化后，生成氢氧化钙 ($Ca(OH)_2$) 和水化硅酸钙 ($3CaO\cdot2SiO_2\cdot3H_2O$)，混凝土孔隙水溶液为氢氧化钙饱和溶液，其 pH 值为 12~13，呈强碱性。孔隙水与环境湿度之间通过温湿度平衡形成稳定的孔隙水膜。环境中的 CO_2 气体通过混凝土孔隙气相向混凝土内部扩散并在孔隙水中溶解，同时，固态 $Ca(OH)_2$ 在孔隙水中溶解并向其浓度低的区域（已碳化区域）扩散。溶解在孔隙水中的 CO_2 与 $Ca(OH)_2$ 和发生化学反应生成 $CaCO_3$，同时，水化硅酸钙也在固液界面上发生碳化反应：

$$Ca(OH)_2 + CO_2 \longrightarrow CaCO_3 + H_2O \qquad (2-37)$$

$$(3CaO\cdot2SiO_2\cdot3H_2O) + 3CO_2 \longrightarrow 3CaCO_3 + 2SiO_2 + 3H_2O \qquad (2-38)$$

碳化混凝土的强度提高（抗压强度最大可提高 60% 左右），变形能力降低（变脆）。

2. 外渗或内掺氯盐混凝土的力学性能

海洋环境中氯离子会侵入混凝土中；在寒冷地区，城市道路、立交桥或露天车库往往使用除冰盐融化冰雪；有时为了改变混凝土的早期力学性能会在混凝土中掺加氯盐。海洋环境中侵入混凝土的氯离子对混凝土的强度影响不大。除冰盐作用下混凝土表面冰雪融化时，混凝土表层温度显著下降引起的收缩受到深层混凝土的约束，会使混凝土外层开裂，进而导致表层混凝土剥落，但对混凝土性能的影响不明显。内掺氯盐或用氯盐溶液浸泡可大幅度提高混凝土的早期强度。镁盐 ($MgCl_2$) 影响混凝土性能的机理主要是化学作用；钠盐 (NaCl) 影响混凝土性能的机理主要是物理作用。

3. 冻融作用下混凝土的力学性能

混凝土拌和水中凝固硬化后遗存的游离水和周围环境中通过孔隙渗透进入的水，都存留在混凝土内部的各种孔隙中。当混凝土孔隙含水率超过某一临界值（约 91.7%）时，如遇周围温度降低，部分孔隙中的水受冻结冰，体积膨胀 9%，会迫使未结冰的孔溶液从结冰区向外迁移，因而产生静水压力。静水压力超过混凝土的细观强度时，混凝土孔壁结构破坏，混凝土内部开裂并逐步向外延伸。周围环境温度的周期性降低和升高,会使混凝土内部的水冻成冰,冰融成水,反复循环。每次循环使混凝土内部结构的损伤不断累积,裂缝和内部孔隙继续扩展延伸并相互贯通,从混凝土表层逐渐向深层发展,引起混凝土表面剥落、构件截面减小,但基本上不影响内部混凝土的性能。

4. 硫酸盐侵蚀混凝土的力学性能

工业环境中和地下水常含有硫酸盐。硫酸盐侵入混凝土并和其中的水化产物发生化学反应生成钙矾石和石膏,生成物体积膨胀使混凝土由于内压而受拉开裂酥松,受力性能退化。试验研究表明,混凝土受硫酸盐侵蚀大致分为两个阶段:第一阶段,生成的钙矾石和石膏以及析出的盐填充混凝土的内部孔隙,使得混凝土的密实度提高,因而混凝土强度有明显提高;第二阶段,混凝土中没有更多的孔隙容纳这些生成物,持续生成的钙矾石或石膏会在混凝土内部形成很大的内应力,从而加速混凝土中裂缝的形成与扩展,而裂缝又使外部硫酸根离子更容易渗入混凝土内部。这种过程交替进行、相互促进,形成一个恶性循环,导致混凝土胀裂、受力性能退化。显然,混凝土中的硫酸根离子含量不同,混凝土的力学性能不同,如图 2-39 所示。硫酸盐侵蚀混凝土单轴受压时的应力-应变关系可用式(2-39)计算。

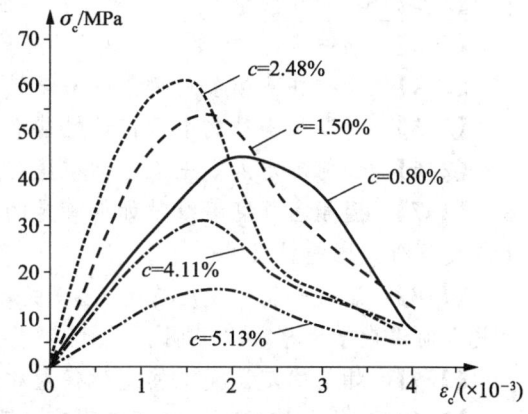

图 2-39 不同硫酸根离子含量混凝土单轴受压时的应力-应变关系曲线

$$\begin{cases} \sigma_c = f_c^s \left[a \times \dfrac{\varepsilon_c}{\varepsilon_{c0}^s} + (3-2a)\left(\dfrac{\varepsilon_c}{\varepsilon_{c0}^s}\right)^2 + (a-2)\left(\dfrac{\varepsilon_c}{\varepsilon_{c0}^s}\right)^3 \right] & \varepsilon_c \leqslant \varepsilon_{c0}^s \\ \sigma_c = f_c^s \times \dfrac{\dfrac{\varepsilon_c}{\varepsilon_{c0}^s}}{b\left(\dfrac{\varepsilon_c}{\varepsilon_{c0}^s}-1\right)^2 + \dfrac{\varepsilon_c}{\varepsilon_{c0}^s}} & \varepsilon_c > \varepsilon_{c0}^s \end{cases} \quad (2\text{-}39)$$

式中 f_c^s, ε_{c0}^s ——受硫酸盐侵蚀混凝土的单轴抗压强度及其对应的应变,分别按式(2-40)和式(2-41)计算;

a, b ——应力-应变关系曲线上升段和下降段的相关参数,分别按式(2-42)和式(2-43)计算。

$$f_c^s = \dfrac{8.264}{(100c)^2 - 434.5c + 9.101} f_c \tag{2-40}$$

$$\varepsilon_{c0}^s = \left[0.607 e^{-\left(\frac{100c+0.114}{1.572}\right)^2} + \ln(100c+10.27) - 1.845\right] \varepsilon_{c0} \tag{2-41}$$

$$a = (2.4 - 0.0125 f_c) \times \left[0.504 e^{-\left(\frac{100c+2.313}{1.191}\right)^2} + 0.465 \ln(100c+17.56) - 0.953\right] \tag{2-42}$$

$$b = (0.157 f_c^{0.795} - 0.905) \times \left[4.69 e^{-\left(\frac{100c+2.849}{1.02}\right)^2} + 1.249 \ln(100c+47.89)\right] \tag{2-43}$$

式中　f_c, ε_{c0}——混凝土的单轴抗压强度及其对应的应变；
　　　c——混凝土中的硫酸根离子含量。

思考题

【2-1】　钢筋可以如何分类？

【2-2】　软钢和硬钢的应力-应变关系曲线有何不同？它们的屈服强度是如何取值的？

【2-3】　钢筋应力-应变关系曲线的理论模型有哪几种？它们适用于何种情况？

【2-4】　冷拉和冷拔会对钢筋的力学性能有怎样的影响？

【2-5】　对混凝土结构中的钢筋性能有哪些要求？

【2-6】　如何确定混凝土立方体抗压强度、轴心抗压强度和轴心抗拉强度？

【2-7】　混凝土强度等级是如何确定的？《混凝土结构设计规范》(GB 50010)覆盖的混凝土强度等级范围是什么？

【2-8】　混凝土轴心受压应力-应变关系曲线的主要特点是什么？试举一常用的应力-应变关系曲线数学模型加以说明。

【2-9】　如何确定混凝土的变形模量和弹性模量？

【2-10】　什么是混凝土的疲劳强度？重复荷载下混凝土应力-应变关系曲线有何特点？

【2-11】　什么是混凝土的徐变和收缩？影响混凝土徐变和收缩的因素有哪些？

【2-12】　混凝土的徐变和收缩对钢筋混凝土构件的受力状态各有何影响？

【2-13】　钢筋锈蚀后的性能会出现哪些变化？

【2-14】　冻融作用下混凝土的性能会发生哪些变化？

附表 2-1　　普通钢筋强度标准值、设计值，弹性模量及极限应变

种类	符号	公称直径 d/mm	屈服强度标准值 f_{yk}/(N·mm^{-2})	抗拉强度标准值 f_{suk}/(N·mm^{-2})	强度设计值/(N·mm^{-2})		弹性模量 E_s/(N·mm^{-2})	极限应变 ε_{su}/%
					f_y	f_y'		
HPB300	ϕ	6~22	300	420	270	270	2.1×10^5	不小于 10.0
HRB335 HRBF335	Φ Φ^F	6~50	335	455	300	300		
HRB400 HRBF400 RRB400	Φ Φ^F Φ^R	6~50	400	540	360	360	2.0×10^5	不小于 7.5
HRB500 HRBF500	Φ Φ^F	6~50	500	630	435	435		

注：当采用直径大于 40 mm 的钢筋时，应经相应的试验检验或有可靠的工程经验。

附表 2-2　　　预应力钢筋强度标准值、设计值,弹性模量及极限应变

种类	符号	直径 d/mm	屈服强度标准值 f_{pyk} /(N·mm^{-2})	抗拉强度标准值 f_{puk} /(N·mm^{-2})	强度设计值 /(N·mm^{-2})		弹性模量 E_s /(N·mm^{-2})	极限应变 ε_{pu}/%
					f_{py}	f'_{py}		
中强度预应力钢丝	光面 螺旋肋 ϕ^{PM} ϕ^{HM}	5,7,9	680	800	560	410	2.05×10^5	不小于 3.5
			820	970	680	410		
			1 080	1 270	900	410		
消除应力钢丝	光面 螺旋肋 ϕ^{P} ϕ^{H}	5	1 330	1 570	1 110	410		
			1 580	1 860	1 320	410		
		7	1 330	1 570	1 110	410		
		9	1 250	1 470	1 040	410		
			1 330	1 570	1 110	410		
钢绞线	1×3(三股) ϕ^S	6.5,8.6, 10.8,12.9	1 330	1 570	1 110	390	1.95×10^5	
			1 580	1 860	1 320	390		
			1 660	1 960	1 390	390		
	1×7(七股)	9.5,12.7, 15.2	1 460	1 720	1 220	390		
			1 580	1 860	1 320	390		
			1 660	1 960	1 390	390		
		21.6	1 460	1 720	1 220	390		
预应力螺纹钢筋	螺旋纹 ϕ^T	18,25,32 40,50	785	980	650	435	2.00×10^5	
			930	1 080	770	435		
			1 080	1 230	900	435		

注:① 当预应力筋的强度标准值不符合表中的规定时,其强度设计值应进行相应的比例换算。
② 无黏结预应力筋不考虑抗压强度 f'_{py}。

附表 2-3　　　钢筋混凝土结构中钢筋疲劳应力幅限值　　　(N·mm^{-2})

疲劳应力比值	Δf_y^f	
	HRB 335 级钢筋	HRB 400 级钢筋
$0 \leq \rho_s^f < 0.1$	165	165
$0.1 \leq \rho_s^f < 0.2$	155	155
$0.2 \leq \rho_s^f < 0.3$	150	150
$0.3 \leq \rho_s^f < 0.4$	135	145
$0.4 \leq \rho_s^f < 0.5$	125	130
$0.5 \leq \rho_s^f < 0.6$	105	115
$0.6 \leq \rho_s^f < 0.7$	85	95
$0.7 \leq \rho_s^f < 0.8$	65	70
$0.8 \leq \rho_s^f < 0.9$	40	45

注:① 当纵向受拉钢筋采用闪光接触对焊接头时,其接头处钢筋疲劳强度设计值应按表中数值乘以系数 0.8。
② RRB400 级钢筋不得用于需做疲劳验算的构件。
③ HRBF335,HRBF400,HRBF500 级钢筋不宜用于需做疲劳验算的构件,如有必要应用应经试验验证。

附表 2-4　　　　　　　　　预应力筋疲劳应力幅限值　　　　　　　　　(N·mm^{-2})

种类		Δf_{py}^f	
		$0.7 \leqslant \rho_p^f < 0.8$	$0.8 \leqslant \rho_p^f < 0.9$
消除应力钢丝	$f_{puk}=1770,1670$	210	140
	$f_{puk}=1570$	200	130
钢绞线		120	105

注：① 当 $\rho_p^f \geqslant 0.9$ 时，不必验算预应力筋的疲劳强度。
　　② 当有充分依据时，可对表中规定的疲劳应力幅限值作适当调整。

附表 2-5　　　混凝土强度标准值、设计值，弹性模量，疲劳变形模量　　　(N·mm^{-2})

强度等级	强度标准值		强度设计值		弹性模量 E_c	疲劳变形模量 E_c^f
	f_{ck}	f_{tk}	f_c	f_t		
C15	10.0	1.27	7.2	0.91	2.20×10^4	
C20	13.4	1.54	9.6	1.10	2.55×10^4	1.10×10^4
C25	16.7	1.78	11.9	1.27	2.80×10^4	1.20×10^4
C30	20.1	2.01	14.3	1.43	3.00×10^4	1.30×10^4
C35	23.4	2.20	16.7	1.57	3.15×10^4	1.40×10^4
C40	26.8	2.39	19.1	1.71	3.25×10^4	1.50×10^4
C45	29.6	2.51	21.1	1.80	3.35×10^4	1.55×10^4
C50	32.4	2.64	23.1	1.89	3.45×10^4	1.60×10^4
C55	35.5	2.74	25.3	1.96	3.55×10^4	1.65×10^4
C60	38.5	2.85	27.5	2.04	3.60×10^4	1.70×10^4
C65	41.5	2.93	29.7	2.09	3.65×10^4	1.75×10^4
C70	44.5	2.99	31.8	2.14	3.70×10^4	1.80×10^4
C75	47.4	3.05	33.8	2.18	3.75×10^4	1.85×10^4
C80	50.2	3.11	35.9	2.22	3.80×10^4	1.90×10^4

附表 2-6　　　不同疲劳应力比值 ρ_c^f 时混凝土受压疲劳强度修正系数 γ_p

ρ_c^f	$0 \leqslant \rho_c^f < 0.1$	$0.1 \leqslant \rho_c^f < 0.2$	$0.2 \leqslant \rho_c^f < 0.3$	$0.3 \leqslant \rho_c^f < 0.4$	$0.4 \leqslant \rho_c^f < 0.5$	$\rho_c^f \geqslant 0.5$
γ_p	0.68	0.74	0.80	0.86	0.93	1.0

注：如采用蒸汽养护时，养护温度不宜超过 60℃，如温度超过时，应按计算需要的混凝土强度设计值提高 20%。

3 钢筋与混凝土间的黏结性能

3.1 钢筋与混凝土间的黏结作用与黏结机理

3.1.1 裂缝出现前的黏结作用

正如第 1 章中所述,钢筋与混凝土这两种材料共同工作的基本前提是二者之间具有足够的黏结强度,能承受由于钢筋不同截面的内力差在两截面间沿钢筋与混凝土接触面产生的剪应力,通常这种剪应力称为黏结应力。通过黏结应力来传递钢筋与混凝土的应力,使二者共同受力。为了便于说明,首先分析图 3-1(a)所示的钢筋混凝土简支梁在裂缝出现前的黏结作用。

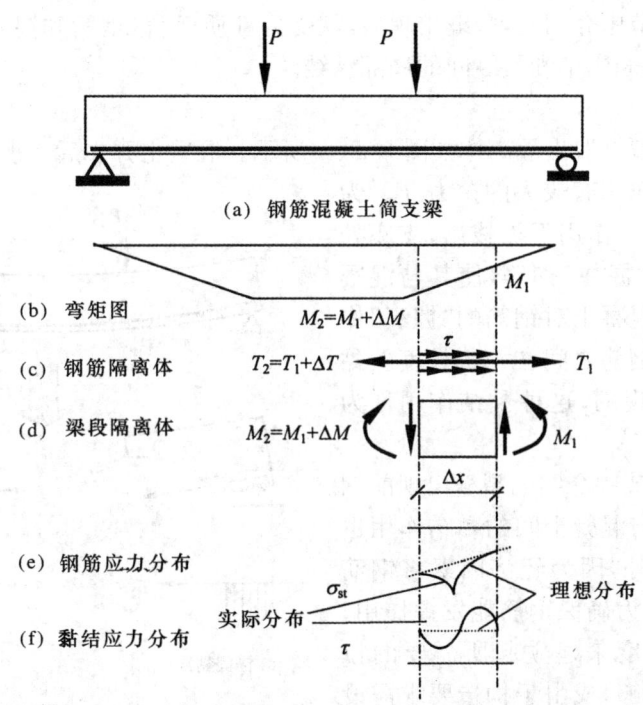

图 3-1 裂缝出现前钢筋混凝土梁中钢筋与混凝土间的黏结作用

钢筋混凝土简支梁在两对称的集中荷载作用下的弯矩图如图 3-1(b)所示。在梁的剪弯段(集中荷载和支座间的部分)取出长度为 Δx 的梁段隔离体和钢筋隔离体如图 3-1(d)、(c)所示。由材料力学的相关知识可求得作用在钢筋隔离体两端的拉力为

$$T_1 = \frac{M_1}{\gamma_s h}, \quad T_2 = \frac{M_2}{\gamma_s h} = \frac{M_1 + \Delta M}{\gamma_s h} \tag{3-1}$$

式中 M_1, M_2——梁段隔离体两端的弯矩;

$\gamma_s h$——截面内力臂的长度(γ_s 为内力臂系数,h 为截面高度)。

于是
$$\Delta T = \frac{\Delta M}{\gamma_s h} \tag{3-2}$$

由钢筋隔离体的平衡条件得出作用在钢筋表面的黏结应力为

$$\tau = \frac{\Delta T}{\Delta x \cdot \mu_s} = \frac{\Delta M}{\Delta x} \cdot \frac{1}{\gamma_s h \mu_s} = \frac{V}{\gamma_s h \mu_s} \tag{3-3}$$

式中 V——梁中的剪力；

μ_s——钢筋的周长。

由式(3-3)可知,尽管梁中未出现裂缝,由于在梁的剪弯段中任意两截面处钢筋的拉应力不相等[图 3-1(e)],钢筋和混凝土之间仍有黏结作用。钢筋表面黏结应力的分布与梁中剪力的分布规律相同[图 3-1(f)中的虚线]。实际上,混凝土中有微裂缝,黏结应力的分布规律因微裂缝的存在还会发生变化[图 3-1(f)中的实线,这将在后面详细论述]。

3.1.2 裂缝出现后的黏结作用

当图 3-1(a)所示梁上的荷载增大时,会出现如图 3-2 所示的裂缝(梁中为什么会出现这些裂缝将在后续章节中介绍)。裂缝出现后,就受力性质而言,钢筋和混凝土之间的黏结作用分为明显的两类:锚固黏结和裂缝间的局部黏结。

1. 锚固黏结

沿着梁左端斜裂缝取出隔离体如图 3-2(a)所示。混凝土开裂后一般不能再承受拉力,因此斜裂缝处钢筋上作用有较大的拉力 T。为了避免钢筋在拉力 T 作用下被拔出,支座处的混凝土必须紧紧"握住"钢筋,使其与混凝土一起共同工作。混凝土对钢筋的"握裹"作用是通过混凝土和钢筋之间在一定长度上黏结应力的累积来实现的,这种黏结作用称为锚固黏结。

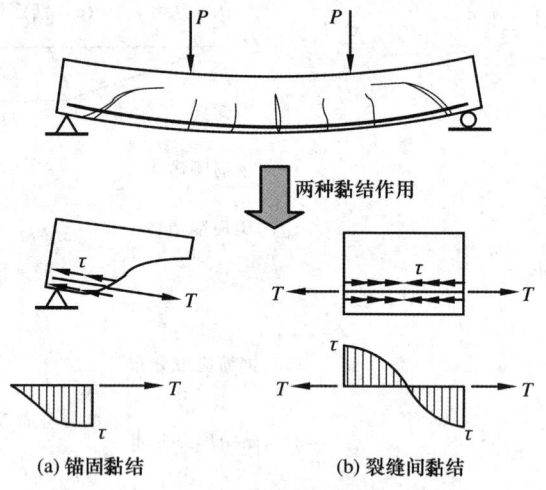

(a) 锚固黏结　　(b) 裂缝间黏结

图 3-2　裂缝出现后钢筋混凝土梁中钢筋与混凝土间的黏结作用

实际上,3.1.1 节中介绍的裂缝出现前钢筋混凝土梁中钢筋与混凝土间的黏结作用也属于锚固黏结。另外,因为经济因素将钢筋在构件中间切断时,为确保钢筋能发挥作用,需要有一个延伸长度来建立起所需要的拉力;由于钢筋长度不够,或由于构造要求需设置施工缝,在钢筋的接头处还需要一个搭接长度来传递钢筋的拉力。这些都是锚固黏结问题。如锚固不足,将会导致构件提前破坏。

2. 裂缝间黏结

在梁纯弯段的两相邻裂缝间取出隔离体如图 3-2(b)所示。裂缝处混凝土不能受拉,拉力 T 全部由钢筋承担,由于钢筋和混凝土之间有黏结作用,钢筋的拉力通过黏结应力部分地向混凝土传递,使未开裂的混凝土受拉。如再出现新的裂缝,同样会在裂缝两侧产生黏结应力。这种黏结应力称为裂缝间黏结应力,其作用是使裂缝之间混凝土参与受拉,改善钢筋混凝土梁的耗能性能。第 4 章图 4-3 所示的钢筋混凝土轴心受拉试验中钢筋与混凝土之间的黏结作用也属于裂缝间黏结作用。裂缝间黏结应力的丧失和退化,会导致构件刚度降低,裂缝宽度加大。

3.1.3 黏结试验

最早用于研究钢筋与混凝土间黏结性能的试验装置是拔出试验,如图3-3所示。试验前先将钢筋沿纵轴一劈为二,在中部车成矩形槽口,并在槽口底部按一定间距粘贴应变片[图3-3(a)];保护好应变片且连通应变片的导线后,将两片钢筋合拢并用环氧树脂将其黏牢,恢复劈开前钢筋的形状。用此钢筋浇筑拔出试件,并进行拔出试验,逐步加大拉力T,直至钢筋被拔出[图3-3(b)]。当拔出力为T时,通过应变片可测得钢筋中的应变分布,再由胡克定律求出钢筋中的应力分布,如图3-3(c)所示。在埋入混凝土中钢筋上任取一微段Δx,由图3-3(c)知微段两端钢筋的应力不相等,分别为σ_{s1}和σ_{s2}。假定钢筋的截面积为A_s,周长为μ_s,则由图3-3(e)所示的平衡关系得钢筋表面的黏结应力τ为

$$\tau = \frac{(\sigma_{s1} - \sigma_{s2})A_s}{\Delta x \mu_s} = \frac{\Delta \sigma_s A_s}{\Delta x \mu_s} \tag{3-4}$$

当$\Delta x \to 0$,式(3-4)变为

$$\tau = \frac{\mathrm{d}\sigma_s}{\mathrm{d}x} \cdot \frac{A_s}{\mu_s} \tag{3-5}$$

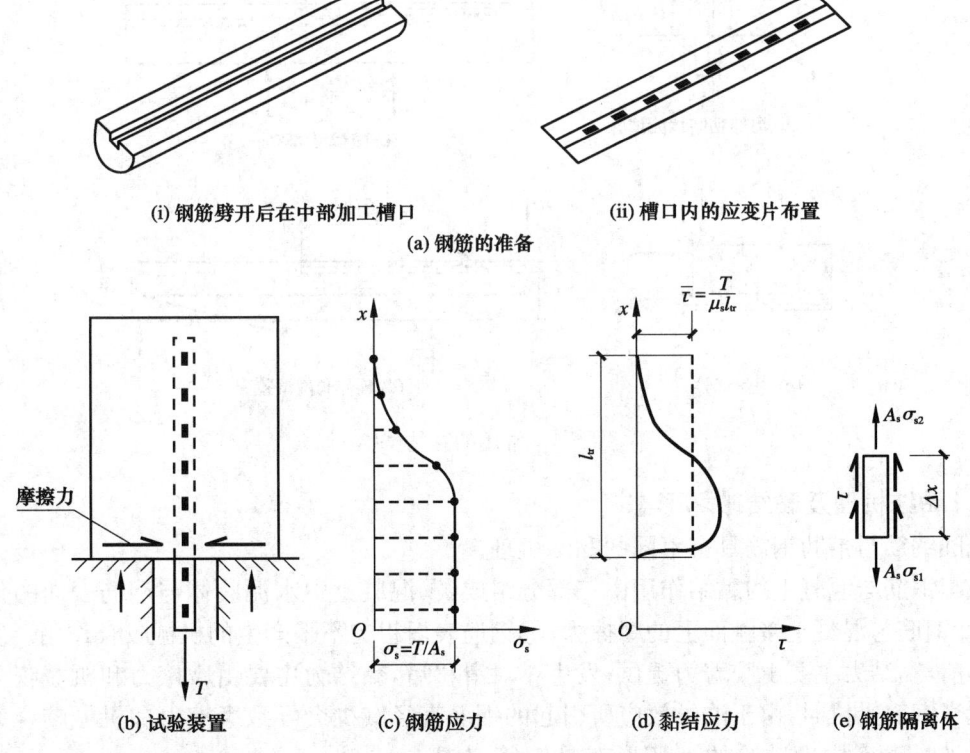

图 3-3 拔出试验装置及试验结果

式(3-5)所示的即为埋入混凝土的钢筋任一位置的局部黏结应力。由式(3-4)或式(3-5)可得拔出试验中对应任一拉力T,钢筋沿纵轴向的黏结应力分布如图3-3(d)所示。由图3-3(d)可以得出两个主要结论:其一是当施加在钢筋上的拉力T一定时,混凝土和钢筋表面只在

一定长度 l_{tr} 内产生黏结应力，l_{tr} 的物理意义是钢筋通过黏结作用把加于其上的拉力 T 传递给混凝土所需的黏结长度，称作应力传递长度或简称传递长度。其二是传递长度 l_{tr} 范围内，不同位置处钢筋与混凝土之间的黏结应力的大小不同，l_{tr} 内的平均黏结应力 $\bar{\tau}\left(\bar{\tau}=\dfrac{T}{\mu_s l_{tr}}\right)$ 小于最大的黏结应力，用图 3-3 所示的拔出试验难以测得钢筋与混凝土的黏结强度。另外，在拉伸钢筋时，支座反力会使混凝土受压，由于泊松效应受压混凝土横向膨胀，由此在混凝土和支座间产生摩擦力，如图 3-3(b)所示，拔出试验中混凝土的受力状态与实际构件中混凝土的受力状态不同。因此，广大研究者根据不同的应用目的又设计了多种试验装置。如研究局部黏结性能的拔出试验[图 3-4(a)]、研究锚固黏结性能的半梁试验[图 3-4(b)]、研究混凝土中钢筋搭接长度的伸臂梁试验[图 3-4(c)]以及研究钢筋截断点位置的延伸长度试验[图 3-4(d)]等。通过这些试验，可对钢筋和混凝土间的黏结性能进行深入研究，发现规律，为工程应用提供依据。

上述试验中的钢筋均处于受拉状态。若钢筋受压也可采用相应的试验来研究钢筋和混凝土间的黏结性能。如和拔出试验相对应可采用挤压试验，不再赘述。

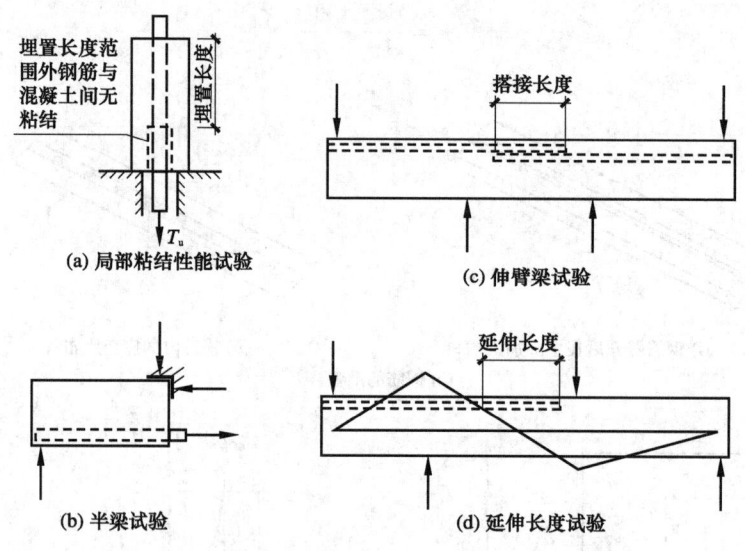

图 3-4 常用的黏结试验

3.1.4 黏结机理及黏结破坏形态

光圆钢筋与带肋钢筋具有不同的黏结机理。

光圆钢筋与混凝土的黏结作用由三部分组成：①混凝土中水泥胶体与钢筋表面的化学胶着力；②钢筋与混凝土接触面上的摩擦力；③钢筋表面粗糙不平产生的机械咬合作用。发生相对滑移前，黏结力主要由胶着力提供；发生相对滑移后，黏结力主要由摩擦力和机械咬合力提供。但当钢筋受拉时，由于泊松效应所引起的钢筋直径减少会导致摩擦力和机械咬合力很快消失。光圆钢筋拔出试验的破坏形态是钢筋自混凝土被拔出的剪切破坏（滑移可达数毫米），如图 3-5 所示。

带肋钢筋改变了钢筋与混凝土之间相互作用方式，显著提高了黏结强度。带肋钢筋和混凝土之

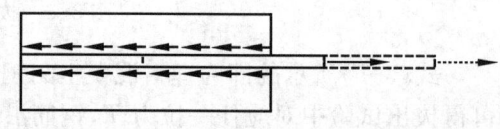

图 3-5 光圆钢筋的拔出破坏

间的黏结作用除了水泥胶体与钢筋表面的化学胶着力以及钢筋与混凝土接触面上的摩擦力外,主要表现为钢筋表面凸出的肋与混凝土的机械咬合作用。肋对混凝土的斜向挤压力形成滑动阻力[图 3-6(a)]。斜向挤压力的径向分量使外围混凝土犹如受内压力的管壁,产生环向拉力[图 3-6(b)]。斜向挤压力沿钢筋轴向的分力使肋与肋之间的混凝土犹如悬臂梁受弯、受剪[图 3-6(a)]。因此带肋钢筋的外围混凝土处于极其复杂的三向应力状态。实际混凝土结构构件中,当由径向分量引起的混凝土的环向拉力增加至一定量值时,便会在最薄弱的部位沿钢筋的纵轴方向产生劈裂裂缝,出现黏结破坏,如图 3-6(c)及(d)所示。斜向挤压力的纵向分量会在肋间混凝土"悬臂梁"上产生剪应力,使其根部的混凝土撕裂[图 3-6(e)];另外,钢筋表面的肋与混凝土的接触面上会因斜向挤压力的纵向分量产生较大的局部压应力,使混凝土局部被挤碎[图 3-6(f)],从而使钢筋有可能沿挤碎后粉末堆积物形成的新的滑移面,产生较大的相对滑移;当混凝土的强度较低时,带肋钢筋有可能被整体拔出,发生图 3-6(g)所示的刮出式的破坏。

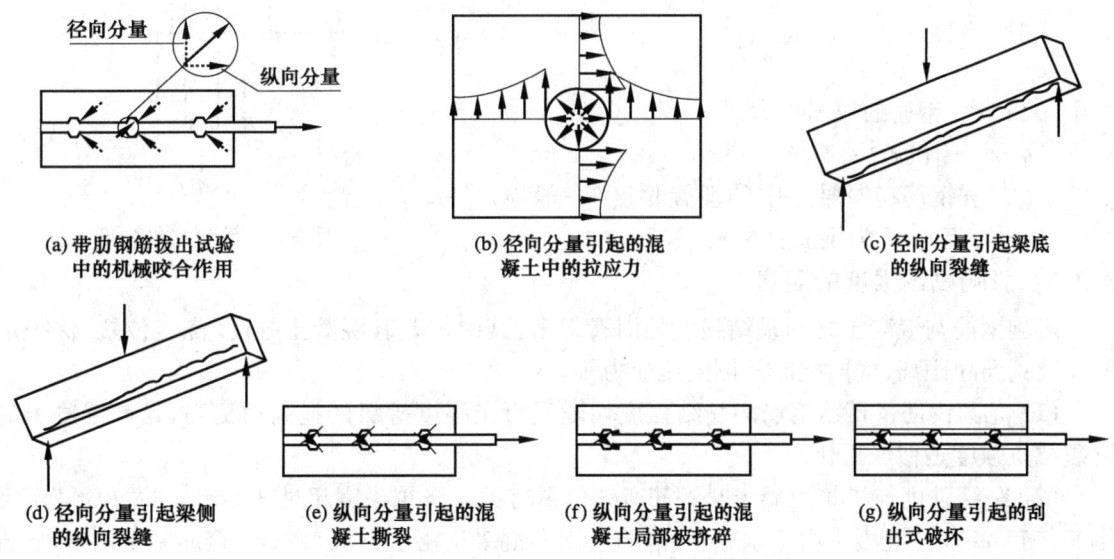

图 3-6 带肋钢筋的黏结机理及黏结破坏形态

钢筋受压时,钢筋与混凝土间的黏结作用除具有上述基本特征外,钢筋与其端部混凝土间的局部挤压以及由于泊松效应使得钢筋的直径变大,还会明显地延缓黏结破坏。

3.1.5 搭接的工作机理

搭接区一端的钢筋通过与混凝土之间的黏结将其所受的力传给另外一端的钢筋,其传力机理如图 3-7 所示。同理,受压钢筋与受拉钢筋的搭接工作机理类似,但传力方式不同。

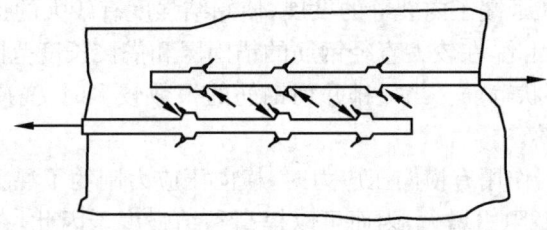

图 3-7 受拉钢筋搭接区的传力机理

3.2 钢筋与混凝土间的黏结强度

3.2.1 黏结强度

由图 3-3 可知,埋入混凝土中的钢筋较长时,沿钢筋纵轴方向的黏结应力呈不均匀分布,而当混凝土中的钢筋埋入长度小于一定量值时,可以近似认为黏结应力沿钢筋纵轴方向呈均匀分布。因此,一般用图 3-8 所示的拔出试验测试钢筋与混凝土之间的黏结强度。图中套管的作用是保证该区域钢筋与混凝土之间无黏结,以最大程度降低支座约束对黏结作用的影响。测得钢筋的拔出拉力 T_u 后,用式(3-6)计算黏结强度。

$$\tau_u = \frac{T_u}{\mu_s l_c} \quad (3-6)$$

式中 T_u——钢筋的拔出拉力;
μ_s——钢筋的周长;
l_c——钢筋在混凝土中的埋置长度(一般地,$l_c = 5d$,d 为钢筋直径)。

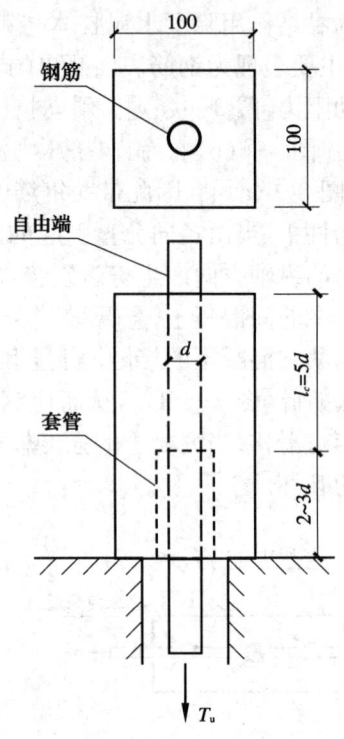

图 3-8 测试黏结强度的拔出试验

3.2.2 影响黏结强度的因素

影响钢筋与混凝土之间黏结强度的因素很多,其中主要有混凝土强度、浇筑位置、保护层厚度及钢筋净距离、横向配筋及侧向压应力等。

(1) 光圆钢筋及带肋钢筋的黏结强度均随混凝土强度等级的提高而提高,且与混凝土的劈裂抗拉强度近似成正比。

(2) 黏结强度与浇筑混凝土时钢筋所处位置有关。浇筑深度超过 300 mm 的"顶部"水平钢筋,钢筋底面的混凝土由于水分、气泡的逸出和混凝土泌水下沉,并不与钢筋紧密接触,形成强度较低的疏松空隙层,削弱了钢筋与混凝土的黏结作用。"顶部"水平钢筋的黏结强度要比竖位钢筋和"底部"钢筋(位于浇筑深度在 300 mm 以下的水平钢筋)的黏结强度降低 20%~30%。

(3) 带肋钢筋较光圆钢筋具有较高的黏结强度。但是带肋钢筋的主要危险是有可能产生劈裂裂缝,而不是出现较大的滑移。钢筋混凝土构件出现沿钢筋长度方向的纵向裂缝对结构的安全性和耐久性是非常不利的。增大钢筋外部混凝土保护层厚度(钢筋外边缘到混凝土表面的最小距离)和保持一定的钢筋净距,可以提高外围混凝土的劈裂抗力,保证黏结强度的充分发挥。

(4) 横向钢筋的存在延缓了内裂缝的发展,使黏结强度有较大的提高,并可限制达到构件表面劈裂裂缝的宽度。因此,在较大直径钢筋的锚固区和搭接长度范围内,均应设置一定数量的横向钢筋,如梁中的环状箍筋。当一排并列钢筋的根数较多时,尚应设置附加钢箍,以防止保护层混凝土的劈裂剥落。

(5) 当钢筋的锚固区作用有横向压应力时,横向压应力制约了混凝土的横向变形,使钢筋与混凝土间抵抗滑动的摩阻力增大,因而可以提高黏结强度。因此,在直接支承的支座处,如梁的简支端,考虑到支座压应力的有利影响,可适当减少钢筋在支座中的锚固长度。

(6) 带肋钢筋的外形特征对黏结强度有一定影响,但并不显著。

3.3 钢筋在混凝土中的锚固长度

3.3.1 锚固长度的理论分析

由前面的分析可知,若钢筋在混凝土中的锚固不足,将会使构件提前破坏,要保证钢筋和混凝土共同工作,必须首先保证钢筋在混凝土中有可靠的锚固。保证钢筋在混凝土中锚固可靠,就是要求钢筋屈服时仍未出现锚固破坏。通常是将钢筋在混凝土中延伸一段长度来实现钢筋与混凝土之间的锚固,此延伸长度称作钢筋的锚固长度。最小的锚固长度实际上就是钢筋屈服时的传递长度,或称钢筋应力达到屈服强度时的发展长度。因此,确定锚固长度的基本原则可以定为:在钢筋受力屈服的同时正好发生锚固破坏。

显然,拔出试验是确定钢筋锚固长度最直接的方法。然而,根据前文介绍的钢筋与混凝土间的黏结作用机理,也可在理论上近似推导出钢筋的锚固长度。下面以直径为 $2c'$ 的圆形截面混凝土试件内配直径为 d 的带肋钢筋为例来推算钢筋在混凝土中的基本锚固长度 l_a [图3-9(a)及(b)]。

假定:试件首先出现纵向劈裂,并认为一旦出现纵向劈裂即锚固失效;由于内压 p 引起的混凝土中的拉应力按线性分布[图3-9(c)]。由平衡条件,得

$$l_a p d = (2c' - d) \cdot \frac{\sigma_t}{2} \cdot l_a \tag{3-7}$$

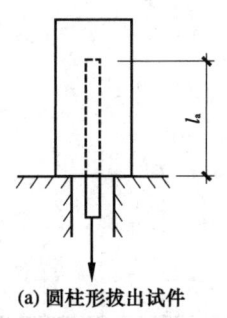
(a) 圆柱形拔出试件

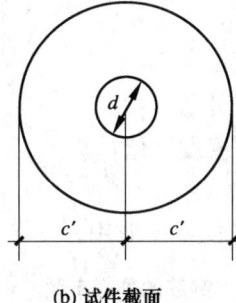
(b) 试件截面

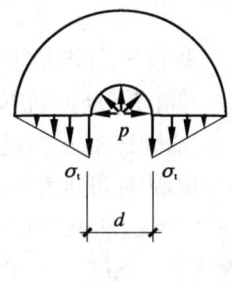
(c) 截面应力分布

图 3-9 钢筋锚固长度的理论计算模型

即

$$p = \left(\frac{c'}{d} - \frac{1}{2}\right)\sigma_t \tag{3-8}$$

当 $\sigma_t = f_t$ 时,出现纵向劈裂,锚固失效。于是,极限内压应力为

$$p_u = \left(\frac{c'}{d} - \frac{1}{2}\right)f_t \tag{3-9}$$

对于带肋钢筋,当肋的倾角为45°时,钢筋肋与混凝土间斜向挤压力的纵向分量和径向分量相等,故有

$$\tau_u = p_u \tag{3-10}$$

与式(3-6)相似,得

$$\tau_u = \frac{T_u}{\mu_s l_a} = \frac{\pi d^2 \cdot f_y/4}{\pi d l_a} = \frac{d f_y}{4 l_a} \tag{3-11}$$

将式(3-9)、式(3-11)代入式(3-10),可得

$$\frac{l_a}{d} = \frac{f_y}{\left(\dfrac{4c'}{d} - 2\right)f_t} \tag{3-12}$$

令 $c' = 2d$,得锚固长度的计算公式如式(3-13),则有

$$l_a = \frac{f_y}{6f_t} \cdot d \tag{3-13}$$

当 $c' > 2d$ 时,由式(3-12)算出的锚固长度小于按式(3-13)算出的锚固长度。因此,当混凝土保护层厚度较大时,用式(3-13)估算钢筋的锚固长度可以得到偏于安全的结果。

由于混凝土总是在最薄弱处纵向劈裂,上述圆柱形试件的推导结果可适用于任何截面形状构件内钢筋锚固长度的计算(图3-10)。

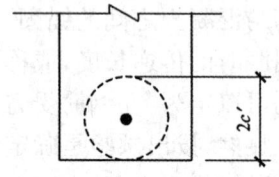

图 3-10 钢筋锚固形成的拉力环

3.3.2 实用的锚固长度计算公式

式(3-13)所建立的锚固长度的理论计算公式,一般难以直接应用于工程实际。不同的规范有不同的计算方法。以我国《混凝土结构设计规范》(GB 50010)为例,该规范规定当计算中充分利用钢筋受拉强度时,其锚固长度按式(3-14)计算,为

$$l_a = \alpha \cdot \frac{f_y}{f_t} \cdot d \tag{3-14}$$

式中 l_a ——受拉钢筋的基本锚固长度;
f_y ——锚固钢筋的抗拉强度设计值;
f_t ——锚固区混凝土的抗拉强度设计值;
d ——锚固钢筋的直径;
α ——锚固钢筋的外形系数,按表3-1取用。

表 3-1 钢筋的外形系数

钢筋类型	光面钢筋(带钩)	带肋钢筋	螺旋肋钢丝	三股钢绞线	七股钢绞线
α	0.16	0.14	0.13	0.16	0.17

当计算中充分利用钢筋的抗压强度时,受压钢筋的锚固长度不应小于相应受拉锚固长度的 0.7 倍。

式(3-14)实际上是对式(3-13)修正后的结果。根据基本锚固长度,还可以算出钢筋连接时的搭接长度、截断钢筋时的延伸长度、构件支座处的锚固长度等。这些将在后续课程中陆续予以介绍。

3.3.3 端部带弯钩钢筋的锚固

在混凝土结构中,常用90°弯钩作为钢筋的附加锚固措施。图3-11给出了混凝土中90°弯钩的受力性能。当钢筋受拉时,拉力 T 将由伸入混凝土中的钢筋与混凝土之间的黏结力和作用在弯钩内侧的混凝土挤压力来平衡,如图3-11(a)所示。整个90°弯钩中的钢筋应力如图

3-11(b)所示。由于拉力 T 的作用,弯钩将向右侧移动。于是,在钢筋弯折处内侧的混凝土会向外挤压钢筋;在钢筋弯折处外侧的混凝土与钢筋间会产生一间隙。弯折处内侧混凝土的向外挤压力试图使钢筋变直。于是,尾部钢筋外侧的混凝土会对钢筋产生向内的挤压力。如果钢筋伸入混凝土内部的长度过短,弯钩内部的混凝土有可能被压碎而剥落;如果尾部钢筋离混凝土外表面太近,钢筋外侧的混凝土有可能会开裂而使钢筋变直。为了保证弯钩锚固有效,GB 50010 规范规定钢筋伸入混凝土中的钢筋长度不应小于 $0.4l_a$,钢筋尾部的长度不应小于 $15d$。其中,l_a 按式(3-14)计算,d 为钢筋的直径。

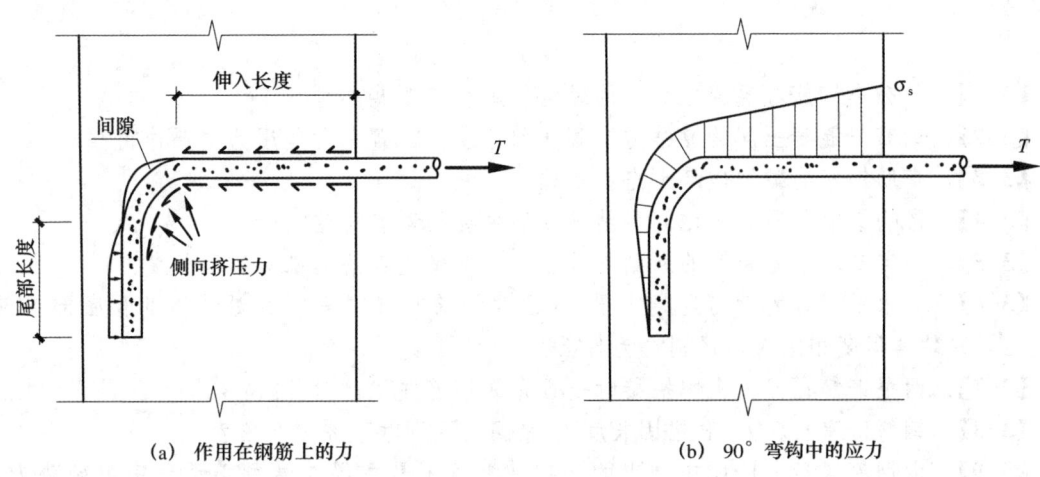

图 3-11 弯钩钢筋的受力性能

若空间有限,钢筋不能延伸至所需长度,则要在钢筋端部采取附加的锚固措施,如设弯钩、加焊短钢筋或钢板等。

3.4 锈蚀钢筋与混凝土间的黏结性能

试验发现,钢筋锈蚀初期,锈蚀产物的膨胀作用使混凝土对钢筋的约束作用增强,钢筋与混凝土间的黏结强度会提高;但是随着锈蚀的进一步发展,钢筋与混凝土的界面上生成的疏松锈蚀层会破坏钢筋表面与水泥胶体之间的化学胶着力,进而降低钢筋和混凝土之间的摩擦系数,变形钢筋横肋的锈损会降低钢筋和混凝土之间的机械咬合力;锈蚀产物体积膨胀会导致混凝土保护层开裂甚至剥落,降低外围混凝土对钢筋的约束,以致削弱甚至破坏钢筋与混凝土的黏结锚固作用,最终降低钢筋混凝土构件或结构的承载力和使用性能(图 3-12)。

同济大学的试验结果表明,与未锈蚀构件相比,胀裂宽度为 0.05 mm、0.15 mm、0.3 mm、0.6 mm 试件的极限平均黏结强度,分别降低了 16.2%、21.4%、27.2%、51.6%。胀裂后钢筋混凝土极限平均黏结强度可按式(3-15)计算。

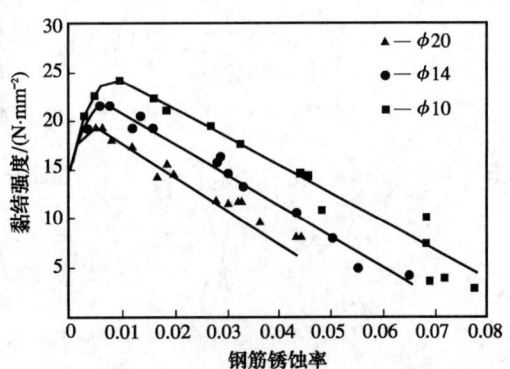

图 3-12 钢筋截面锈蚀率-平均黏结强度之间的关系

$$\tau_{u,w} = k_u \cdot \tau_u \tag{3-15}$$

式中　τ_u，$\tau_{u,w}$——分别为锈蚀前和锈胀开裂后的平均极限黏结强度；

　　　k_u——考虑胀裂影响的极限黏结强度降低系数，按式(3-16)计算。

$$k_u = e^{-1.093w} \tag{3-16}$$

式中，w 为锈胀裂缝的宽度。

思考题

【3-1】　什么是钢筋与混凝土之间的黏结作用？有哪些类型？

【3-2】　钢筋与混凝土间的黏结力有哪几部分组成？哪一种作用为主要作用？

【3-3】　带肋钢筋的黏结破坏形态有哪些？

【3-4】　影响钢筋与混凝土之间黏结强度的主要因素有哪些？

【3-5】　确定基本锚固长度的原则是什么？如何确定钢筋的基本锚固长度？

【3-6】　对水平浇筑的钢筋混凝土梁，其顶部钢筋与混凝土间的黏结强度和底部钢筋与混凝土间的黏结强度相比有何区别？为什么？

【3-7】　两根钢筋在混凝土中搭接时是否允许钢筋并拢？为什么？

【3-8】　钢筋传递长度 l_{tr} 和锚固长度 l_a 之间的区别和联系是什么？

【3-9】　由钢筋混凝土墙体中伸出的一钢筋混凝土悬臂梁在悬臂端承受集中荷载 P，如图 3-13 所示。梁的长度为 $0.8l_a$，l_a 由式(3-14)确定。根据材料的强度以及埋置在混凝土中钢筋的直径，你认为此梁的设计合理吗？为什么？

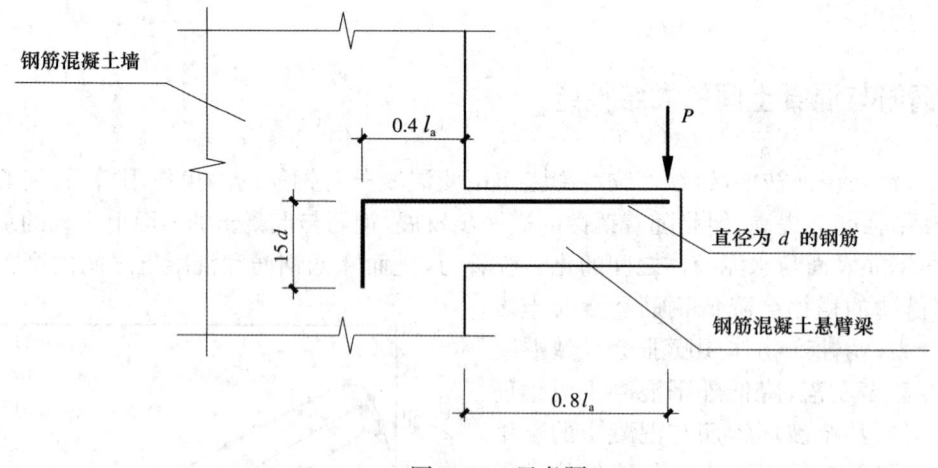

图 3-13　思考题 3-9

4 轴心受力构件的性能与计算

4.1 工程应用实例及构件的配筋形式

受到位于形心的轴向拉力作用的构件,为轴心受拉构件。在钢筋混凝土结构中,桁架的受拉腹杆及下弦杆、拱的拉杆、承受内压力的环形截面管道的管壁,以及圆形储液池的池壁等,通常按轴心受拉构件计算。受到位于形心的轴向压力作用的构件,为轴心受压构件。对于以恒载为主的等跨多层房屋的中间柱、只承受节点荷载的桁架的受压弦杆及腹杆等均可近似地按轴心受压构件计算。图 4-1 给出了常见的轴心受力构件的工程实例。

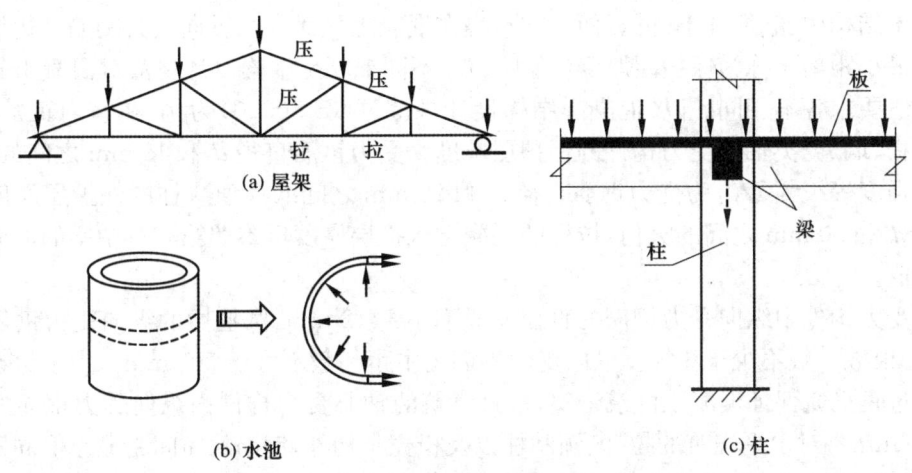

图 4-1 轴心受力构件的工程实例

一般轴心受拉和轴心受压构件内均配有纵向受力钢筋和环状的箍筋[图 4-2(a)]。轴心受拉构件中纵筋的作用是帮助混凝土承受拉力,箍筋的作用主要是固定纵筋以形成钢筋骨架。轴心受压构件的压力主要由混凝土负担,设置纵向钢筋的目的是:① 协助混凝土承受压力以减小构件截面尺寸;② 承受可能有的不大的弯矩;③ 防止构件突然脆性破坏。横向箍筋的作用是防止纵向钢筋压屈,并与纵筋形成钢筋骨架,便于施工。

对截面形状为圆形或正多边形的轴心受压构件,纵筋外围可配置连续环绕的、间距较密的螺旋箍筋或间距较密的焊接环形箍筋[图 4-2(b)]。螺旋箍筋或环形箍筋的作用除了防止纵向钢筋压屈,并与纵筋形成钢筋骨架外,还能使截面中间部分(核芯)混凝土成为约束混凝土,提高构件的强度和延性。

为了便于施工,保证钢筋与混凝土之间黏结可靠,确保混凝土可以有效地保护钢筋,充分发挥混凝土中钢筋的作用,钢筋混凝土轴心受力构件的截面尺寸和配筋均应满足一定的构造要求。

轴心受力构件截面高宽尺寸相差不大时[图 4-2(a)中,$h/b \leqslant 4$],一般按拉杆或柱类构件考虑,否则应按板墙壳类构件考虑。

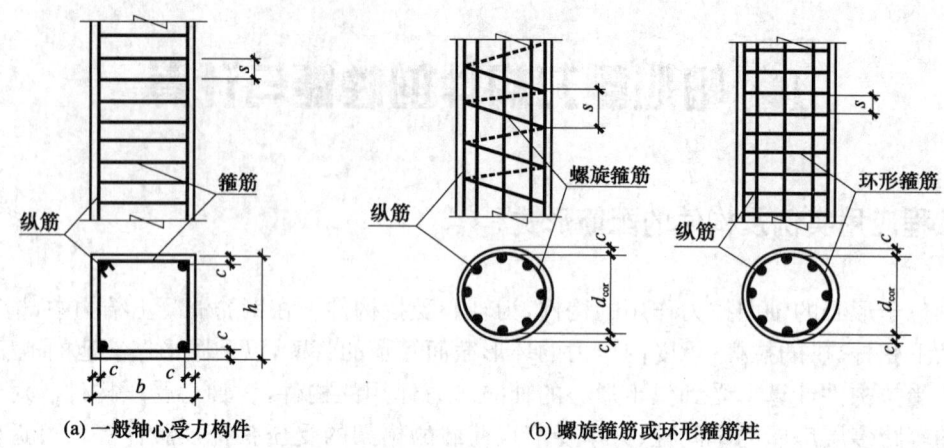

图 4-2 轴心受力构件的配筋形式

混凝土结构中,钢筋并不外露,而是被包裹在混凝土里面。从纵向受力钢筋外边缘到混凝土表面的最小距离 c 称为保护层厚度(图 4-2)。不同混凝土结构设计规范对混凝土保护层厚度 c 的取值要求各不相同。以《混凝土结构设计规范》(GB 50010)为例,在室内正常环境下,一般要求板、墙、壳类轴心受力构件的保护层厚度为受力钢筋直径 d 和 15 mm 之间的大值(若混凝土的强度等级≤C20,为受力钢筋直径 d 和 20 mm 之间的大值),柱的保护层厚度为受力钢筋直径 d 和 30 mm 之间的大值,拉杆的混凝土保护层厚度可参照第 5 章中梁的混凝土保护层厚度取值。

轴心受力构件中纵向受力钢筋的直径一般不小于 12 mm,圆柱中的纵向受力钢筋沿圆周均匀布置,根数一般不少于 6 根。纵向受力钢筋的中距一般不大于 300 mm。为了保证粗骨料能顺利通过钢筋笼保证混凝土浇筑密实,垂直浇筑的轴心受力构件内纵向受力钢筋的净间距需大于 50 mm。对水平浇筑的拉杆、预制柱以及板壳类构件,钢筋的净间距最小值同第 5 章中的梁和板。箍筋的直径一般不小于 $d/4$(d 为纵向钢筋的最大直径),且不小于 6 mm;间距一般不大于 400 mm 及构件截面的短边尺寸,且不大于 15d,以保证箍筋能对纵筋提供足够的约束。

4.2 轴心受拉构件的受力分析

4.2.1 轴心受拉构件试验研究

对图 4-3(a)所示的钢筋混凝土轴心受拉构件进行受拉试验。由试验结果可知,构件开裂以前,混凝土与钢筋共同负担拉力;开裂以后,开裂截面混凝土退出工作,全部拉力由钢筋负担。当钢筋应力达到屈服时,构件达到其极限承载力。轴心受拉构件从加载到破坏为止,其受力过程可分为三个不同阶段。

1) 第 I 阶段

从加载到混凝土开裂前,属于第 I 阶段。应力和应变成正比。受拉荷载 N_t 值与构件平均拉应变 ε_t 值之间基本上呈线性关系,如图 4-3(a)中的 OA 段。第 I 阶段称为整体工作阶段,此阶段末一般作为构件抗裂验算的依据。

为了对各阶段的受力情况有清晰的认识,先看一下构件端部的受力情形。如图 4-3(b)所示,当钢筋承受拉力 N_t 时,钢筋在传递长度 l_{tr} 内通过黏结力将该传给混凝土的拉力全部传给混凝土。假定 l_{tr} 范围内钢筋与混凝土间的黏结应力均匀分布,其值为黏结强度 τ_u,则由至构件端部距离为 x 的一段钢筋隔离体的平衡条件,可得 x 位置处钢筋和混凝土的拉力分别为

$$N_{st} = N_t - \tau_u \mu_s x \tag{4-1}$$

$$N_{ct} = \tau_u \mu_s x \tag{4-2}$$

式中 N_{st} —— x 位置处钢筋的拉力;

N_{ct} —— x 位置处钢筋传给混凝土的拉力;

τ_u —— 钢筋与混凝土间的黏结强度;

μ_s —— 钢筋的周长。

由式(4-2)可以看出,在传递长度 l_{tr} 范围内,混凝土的拉力由构件端部开始线性增大;l_{tr} 范围以外,混凝土的拉力保持不变。直观地,可以用图 4-3(c)中阴影示意混凝土中拉力的分布。

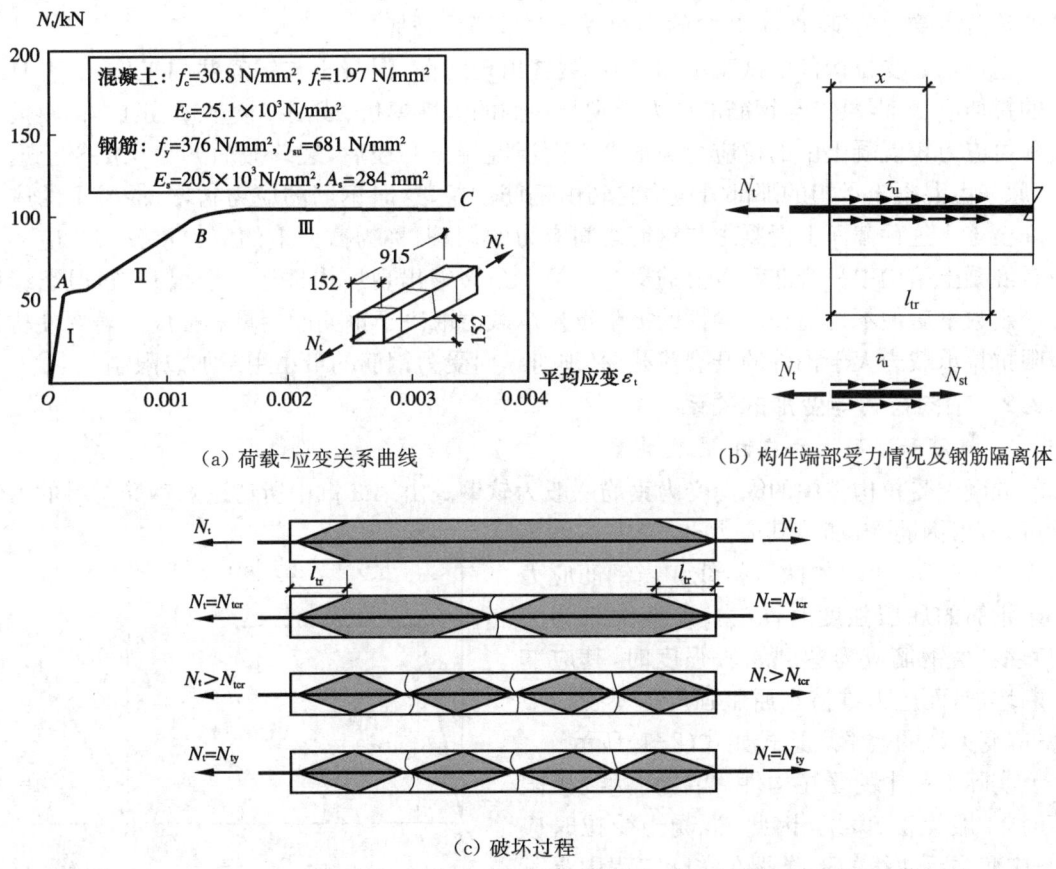

(a) 荷载-应变关系曲线　　(b) 构件端部受力情况及钢筋隔离体

(c) 破坏过程

图 4-3　轴心受拉构件试验结果及破坏过程示意图

2) 第Ⅱ阶段

混凝土开裂后至钢筋屈服前,属于第Ⅱ阶段。首先在截面最薄弱处产生第一条裂缝。此时,在裂缝处的混凝土不再承受拉力,所有拉力均由钢筋来承担,钢筋通过黏结力将拉力再传给相邻的混凝土。随着荷载的增加,裂缝不断增加,裂缝处混凝土不断退出工作,钢筋不断通过黏结力将拉力传给相邻的混凝土。当相邻裂缝之间距离不足以将导致混凝土开裂的拉力传递给混凝土时,构件中不再出现新裂缝。随着荷载的增加,裂缝宽度不断加大[图 4-3(c)]。

构件开裂后,在相同的拉力增量作用下,平均拉应变增量加大,反映在图 4-3(a)中的 AB 段的斜率比第 I 阶段的 OA 段的斜率要小。构件的裂缝宽度和变形的验算是以此阶段为依据的。

3) 第Ⅲ阶段

当拉力值达到屈服荷载 N_{ty} 时,受拉钢筋开始屈服。对于真正的轴心受拉构件,所有钢筋应同时屈服。实际上,由于受到钢筋材料的不均匀性、钢筋位置的误差等各种因素的影响,各钢筋的屈服有一个先后出现的过程。在此过程中,荷载稍有增加,裂缝迅速扩展。当钢筋全部达到屈服时,裂缝开展很大,可认为构件达到了破坏状态,如图 4-3(a)中的 C 点。构件正截面承载力计算是以第Ⅲ阶段为依据的。

若图 4-3(a)轴心受拉构件中钢筋用量减少到一定程度,则会出现两种情况:① 当拉力直接施加于钢筋上时,即使钢筋被拉断混凝土也不会开裂;② 当拉力直接施加于混凝土上时,混凝土开裂后钢筋不能承受裂缝处混凝土转嫁来的拉力,立即被拉断,构件破坏。出现第二种情况时,钢筋混凝土构件的受力性能和相应素混凝土构件的受力性能几乎相同,构件表现为线弹性的一阶段受力特征(图 4-3 中的 OA 段),并呈脆性破坏。

通过轴心受拉构件的试验可知,构件裂缝出现之前,混凝土与钢筋共同工作,二者具有相同的拉伸应变,混凝土与钢筋的应力分别与它们的弹性模量(或割线模量)成正比,即钢筋中的实际拉应力较混凝土中的拉应力高很多。而当混凝土开裂后,裂缝截面处受拉混凝土退出工作,原来由混凝土承担的那部分应力将转由钢筋承担,这时钢筋的应力猛增,混凝土的应力则下降至零。这种截面上混凝土与钢筋之间应力的调整,称为截面上的应力重分布。应力重分布是混凝土结构中一个非常重要的概念。第 1 条裂缝出现后构件还会继续开裂,但裂缝增加至一定数量后便不再增加。构件的极限抗拉承载力取决于钢筋的用量和强度。若要使构件的极限抗拉承载力大于构件的开裂荷载,必须对纵向受力钢筋的最小用量加以限制。

4.2.2 轴向拉力与变形的关系

1. 钢筋和混凝土的应力-应变关系

混凝土受拉构件中的纵向受力钢筋一般为软钢。由第 2 章中所讨论的钢筋材料的力学性能可知,当钢筋受拉时,其应力-应变关系可表示为图 4-4(a)所示的两段折线。当钢筋应力小于钢筋的屈服强度时,应力-应变关系为一斜直线;当钢筋应力达到屈服强度时,其应变不断增加,而应力维持在屈服强度值不变。应力-应变关系的数学表达式如式(2-1)所示。

实际工程中的受拉构件,当拉力达到极限值时,一般无法卸载。因此,混凝土受拉时应力-应变关系曲线的下降段在实际工程中是不存在的。根据第 2 章中所讨论的混凝土材料的力学性能,为简化分析,混凝土受拉时的应力-应变关系可表示为图 4-4(b)所示的斜直线。直线的斜率为混凝土的弹性模量。应力-应变关系的表达式如下:

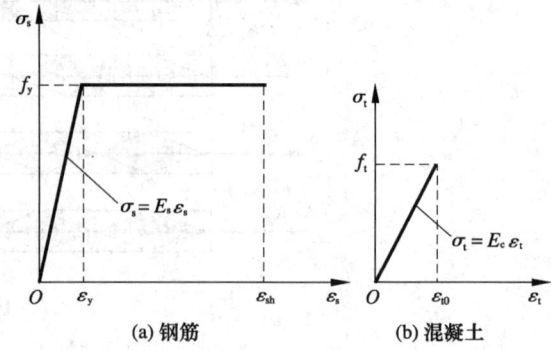

图 4-4 钢筋和混凝土受拉时的应力-应变关系

$$\sigma_t = E_c \varepsilon_t \tag{4-3}$$

当应变达到 ε_{t0} 时,应力达到抗拉强度 f_t,混凝土开裂。

2. 开裂前轴向拉力与变形的关系

混凝土开裂前,轴向拉力由钢筋和混凝土共同承受,钢筋和混凝土变形协调,二者的应变值相等[图4-5(a)]:

$$\varepsilon = \varepsilon_t = \varepsilon_s = \frac{\Delta l}{l} \tag{4-4}$$

由图4-5(b)所示的平衡关系有

$$N_t = \sigma_t A + \sigma_s A_s \tag{4-5}$$

式中 σ_t ——混凝土的应力;
σ_s ——钢筋的应力;
A ——构件的截面积,当 $A_s/A \leqslant 3\%$ 时,$A=bh$,当 $A_s/A > 3\%$ 时,$A=bh-A_s$;
A_s ——钢筋的截面积。

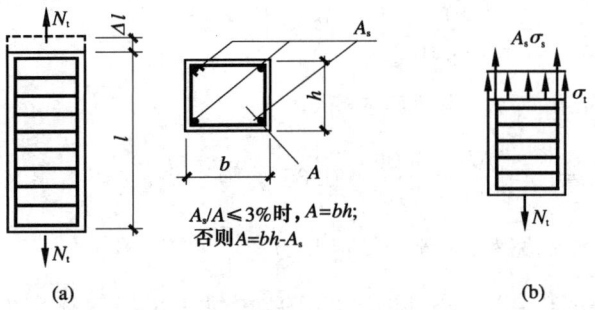

图4-5 钢筋混凝土轴心受拉构件

将式(2-1)和式(4-3)所示的物理关系和式(4-4)所示的几何(相容)关系代入式(4-5),并作相应调整,得

$$N_t = (E_c A + E_s A_s)\varepsilon = E_c A(1+\alpha_E \rho)\varepsilon = E_c A_0 \varepsilon \tag{4-6}$$

式中 A_0 ——轴心受拉构件混凝土的等效截面积,$A_0=(1+\alpha_E \rho)A$;
α_E ——钢筋和混凝土弹性模量的比值,$\alpha_E = E_s/E_c$;
ρ ——纵向受力钢筋的配筋率,$\rho = A_s/A$。

3. 构件的开裂荷载

当 $\varepsilon_t = \varepsilon_{t0}$ 时,混凝土开裂,将其代入式(4-6)可得构件的开裂荷载为

$$N_{tcr} = E_c A_0 \varepsilon_{t0} = E_c A(1+\alpha_E \rho)\varepsilon_{t0} \tag{4-7}$$

4. 开裂后轴向拉力与变形的关系

混凝土达到极限拉应变出现裂缝后,截面的受力变形进入第Ⅱ阶段。此时混凝土因开裂不能再承受拉力(混凝土的应力 $\sigma_t=0$),全部拉力由钢筋承担,构件内力与变形的关系为

$$N_t = \sigma_s A_s = E_s A_s \varepsilon \tag{4-8}$$

5. 轴心受拉构件的极限承载力

当钢筋应力达到屈服强度,构件即进入第Ⅲ阶段,荷载基本维持不变,但变形急剧增加。这时构件达到其极限承载力

$$N_{tu} = f_y A_s \tag{4-9}$$

式中 N_{tu}——轴心受拉构件极限抗拉承载力；

f_y——钢筋屈服强度。

【例 4-1】 对图 4-3(a)所示的轴心受拉构件，计算

(1) 当构件伸长 $\Delta l = 0.06$ mm 时构件所承受的拉力是多少？此时钢筋和混凝土的应力各为多少？

(2) 构件的开裂荷载；

(3) 构件的极限荷载。

【解】 由图 4-3(a)可知，$f_t = 1.97$ N/mm^2，$E_c = 25.1 \times 10^3$ N/mm^2，$f_y = 376$ N/mm^2，$E_s = 205 \times 10^3$ N/mm^2，$A_s = 284$ mm^2，$A = 23\ 104$ mm^2。于是

$$\rho = \frac{A_s}{A} = \frac{284}{23\ 104} = 1.23\% < 3\%, \quad \alpha_E = \frac{205 \times 10^3}{25.1 \times 10^3} = 8.17$$

$$\varepsilon_{t0} = \frac{f_t}{E_c} = \frac{1.97}{25.1 \times 10^3} = 0.78 \times 10^{-4}$$

(1) 由 $\Delta l = 0.06$ mm 可知，构件的应变为

$$\varepsilon = \varepsilon_t = \varepsilon_s = \frac{\Delta l}{l} = \frac{0.06}{915} = 0.66 \times 10^{-4} < \varepsilon_{t0} = 0.78 \times 10^{-4}$$

构件未开裂，处于弹性工作状态，构件所受的拉力为

$$N_t = E_c A (1 + \alpha_E \rho) \varepsilon = 25.1 \times 10^3 \times 23\ 104 \times (1 + 8.17 \times 0.012\ 3) \times 0.66 \times 10^{-4}$$
$$= 42\ 120\ \text{N} = 42.12\ \text{kN}$$

混凝土的应力 $\sigma_t = E_c \varepsilon_t = 25.1 \times 10^3 \times 0.66 \times 10^{-4} = 1.66$ N/mm^2

钢筋的应力 $\sigma_s = E_s \varepsilon_s = 205 \times 10^3 \times 0.66 \times 10^{-4} = 13.53$ N/mm^2

(2) 由式(4-7)，开裂荷载为

$$N_{tcr} = E_c A (1 + \alpha_E \rho) \varepsilon_{t0} = f_t A (1 + \alpha_E \rho)$$
$$= 1.97 \times 23\ 104 \times (1 + 8.17 \times 0.012\ 3) = 50\ 089\ \text{N} \approx 50\ \text{kN}$$

(3) 由式(4-9)，构件的抗拉极限承载力为

$$N_{tu} = f_y A_s = 376 \times 284 = 106\ 784\ \text{N} \approx 107\ \text{kN}$$

与图 4-3(a)中的试验结果比较表明，计算值正确。

4.3 轴心受拉构件承载力计算公式的应用

混凝土结构构件承载力计算公式主要有两方面的应用：① 计算既有构件的承载力；② 进行构件的截面设计。对于钢筋混凝土轴心受拉构件就是计算构件的抗拉承载力或是进行构件的正截面设计。下面分别进行叙述。

4.3.1 既有构件轴心抗拉承载力计算

这类问题一般是已知截面尺寸(b，h)、配筋(A_s)和材料强度(f_t，f_y)，求 N_{tu}。先分别按

式(4-5)和式(4-7)进行计算求出 N_{tcr} 和 N_{tu}，然后取其中较大值作为轴心受拉构件的极限承载力。相应的算例已由例 4-1 给出。

4.3.2 基于承载力的构件截面设计

这类问题一般是已知截面尺寸(b,h)、材料强度(f_t,f_y)及截面所受的轴心拉力 N_t，求配筋 A_s。为了保证所设计的截面在给定轴心拉力作用下不发生破坏，要求截面的抗拉承载力不低于其所受的轴心拉力，即 $N_{tu} \geqslant N_t$。因此，可按式(4-10)计算 A_s。

$$N_t = N_{tu} = f_y A_s \tag{4-10}$$

为保证所设计截面的极限承载力大于截面的开裂弯矩，避免在极限状态下出现脆性破坏，应使 $\rho = \dfrac{A_s}{A} \geqslant \rho_{min}$。其中，$\rho_{min}$ 为纵向受力钢筋的最小配筋率，可按极限抗拉承载力和开裂荷载相等的原则来确定。由式(4-9)和式(4-7)，得

$$f_y A_{smin} = E_c A(1 + \alpha_E \rho_{min})\varepsilon_{t0} \approx A f_t \tag{4-11}$$

$$\rho_{min} = \dfrac{A_{smin}}{A} \approx \dfrac{f_t}{f_y} \tag{4-12}$$

实际应用中不同的规范还可能对 ρ_{min} 的值作适当调整。作为应用实例，附表 4-1 给出了《混凝土结构设计规范》(GB 50010)中规定的纵向受力钢筋的最小配筋率。

【例 4-2】 已知某轴心受拉构件的截面尺寸为 $b \times h = 300\text{ mm} \times 300\text{ mm}$，承受 640 kN 的轴心拉力，若钢筋的抗拉强度为 $f_y = 342 \text{ N/mm}^2$，混凝土的抗拉强度 $f_t = 1.5 \text{ N/mm}^2$，求基于承载力要求的构件的配筋。

【解】 已知 $A = 300 \times 300 = 90\,000 \text{ mm}$，$N_t = 640 \text{ kN}$，$f_y = 342 \text{ N/mm}^2$，$f_t = 1.5 \text{ N/mm}^2$，于是

$$A_s = \dfrac{N_t}{f_y} = \dfrac{640\,000}{342} = 1\,871 \text{ mm}^2$$

$$\dfrac{A_s}{A} = \dfrac{1\,871}{300 \times 300} = 0.021 > \dfrac{f_t}{f_y} = \dfrac{1.5}{342} = 0.004$$

实际应用中可配 6Φ20 的钢筋(实际 $A_s = 1\,884 \text{ mm}^2 > 1\,871 \text{ mm}^2$，安全)。

4.4 轴心受压短柱的受力分析

4.4.1 短柱的试验研究

采用图 4-6(a)所示的加载示意图，可以进行钢筋混凝土短柱的轴心受压试验。在短期荷载作用下，柱截面上各处的应变均匀分布，因混凝土与钢筋黏结较好，二者的压应变值相同。当荷载较小时，轴向压力与压缩量基本成正比例增长；当荷载较大时，混凝土的非线性性质使得轴向压力和压缩变形不再保持正比关系，变形增加比荷载增加更快，荷载增加至一定量时，柱中的纵向钢筋屈服。当轴向压力增加到破坏荷载的 90% 左右时，柱四周出现纵向裂缝及压坏痕迹。随着荷载继续增加，混凝土保护层剥落，纵筋向外压曲，混凝土被压碎而柱破坏。柱的破坏荷载为 409 kN。图 4-6(b)、(c)分别给出了柱的荷载-变形关系试验曲线以及破坏形态。

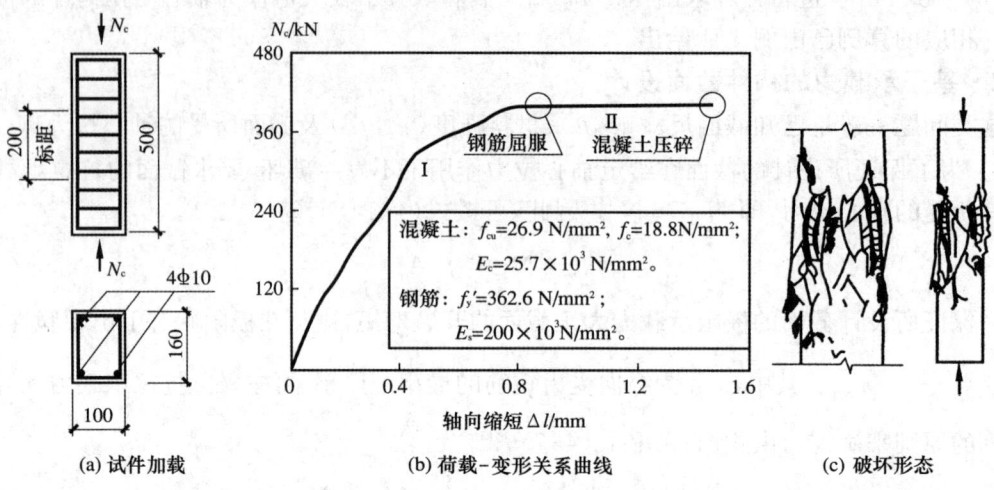

图 4-6　轴心受压短柱的试验结果

由试验可知,从加载到破坏,短柱的受力过程分为两个阶段:① 开始加载到钢筋屈服为第Ⅰ阶段;② 从钢筋屈服到混凝土被压碎为第Ⅱ阶段。两个阶段中钢筋和混凝土都能很好地共同工作,二者共同变形。

4.4.2　短柱压力与变形的关系

1. 钢筋和混凝土的应力-应变关系

由第 2 章材料的物理力学性能可知,有明显物理流幅的钢筋,其受压时的应力-应变关系曲线与受拉时一样。因此,可采用图 4-7(a)所示的双折线形式,其表达式为

$$\sigma'_s = E_s \varepsilon'_s \quad (0 < \varepsilon'_s \leqslant \varepsilon'_y) \tag{4-13a}$$

$$\sigma'_s = f'_y \quad (\varepsilon'_s > \varepsilon'_y) \tag{4-13b}$$

与受拉构件类似,实际工程中当压力达到极限值时一般无法卸载。因此,试验室中测得的混凝土受压时应力-应变关系曲线的下降段在实际轴心受压构件中不存在。根据第 2 章中的讨论结果,当 $f_{cu} \leqslant 50 \text{ N/mm}^2$ 时,取混凝土轴心受压时的应力-应变关系如图 4-7(b)所示(后文中如不特加说明,均为 $f_{cu} \leqslant 50 \text{ N/mm}^2$),其表达式见式(2-24a)。

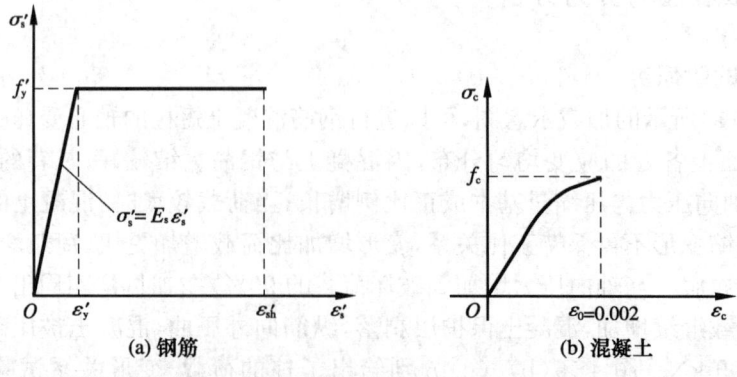

图 4-7　钢筋和混凝土受压时的应力-应变关系

2. 轴向压力与变形的关系

钢筋混凝土轴心受压构件，由纵向钢筋和混凝土共同承担压力，钢筋与混凝土变形协调、应变值相等[图4-8(a)]，可得

$$\varepsilon = \varepsilon_c = \varepsilon'_s = \frac{\Delta l}{l} \tag{4-14}$$

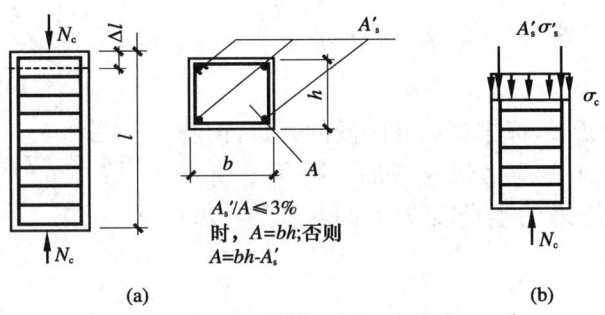

图 4-8 钢筋混凝土轴心受压构件

根据图 4-8(b)所示的外力与内力的静力平衡，可得

$$N_c = \sigma_c A + \sigma'_s A'_s \tag{4-15}$$

式中 N_c——作用于构件的轴向压力；

σ_c, σ'_s——混凝土压应力和钢筋的压应力；

A, A'_s——构件的截面面积和受压纵向钢筋的截面积。

将式(4-13)和式(2-24)代入式(4-15)中，并考虑式(4-14)所示的钢筋和混凝土间的变形协调关系，得到构件变形和轴心压力的关系式

$$N_c = 1\,000\varepsilon(1 - 250\varepsilon) f_c A + E_s \varepsilon A'_s \tag{4-16}$$

式中，f_c 为混凝土的棱柱体抗压强度。

若引入混凝土的割线模量 $E'_c = \nu E_c$（此处，ν 为考虑混凝土受压过程中变形模量数值降低的系数，称为弹性系数），则有

$$N_c = \nu E_c \varepsilon A + E_s \varepsilon A'_s = \nu E_c \varepsilon A \left(1 + \frac{\alpha_E}{\nu}\rho'\right) \tag{4-17}$$

式中，$\rho' = A'_s/A$，为纵向受压钢筋的配筋率。

于是，混凝土的应力

$$\sigma_c = \frac{N_c}{A\left(1 + \dfrac{\alpha_E}{\nu}\rho'\right)} \tag{4-18}$$

钢筋的应力

$$\sigma'_s = E_s \varepsilon = E_s \frac{\sigma_c}{\nu E_c} = \frac{N_c}{\left(1 + \dfrac{\nu}{\alpha_E}\rho'\right)A'_s} \tag{4-19}$$

图 4-9 给出了混凝土和钢筋应力随荷载变化曲线的示意图。

当构件受到的轴向压力较小时(约小于极限荷载的 30%时),为了简化计算,可忽略混凝土材料应力与应变之间的非线性性质,采用类似式(2-1)所示的线性物理关系,于是有

$$N_c = (E_c A + E_s A'_s)\varepsilon = E_c A(1 + \alpha_E \rho')\varepsilon \tag{4-20}$$

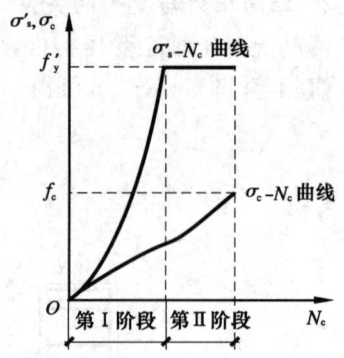

图 4-9 应力-荷载关系曲线示意图

当 $\varepsilon = \varepsilon'_y$ 时,钢筋屈服,标志着第Ⅱ阶段的开始,钢筋的应力保持不变,混凝土的应力快速增加。图 4-9 所示的 σ_c-N_c 关系曲线由原来的上凸变为上凹。式(4-16)变为

$$N_c = 1\,000\varepsilon(1 - 250\varepsilon)f_c A + f'_y A'_s \tag{4-21}$$

当 $\varepsilon = \varepsilon_0 = 0.002$ 时,混凝土压碎,柱达到最大承载力,为

$$N_{cu} = f_c A + f'_y A'_s \tag{4-22}$$

注意,由于 $\varepsilon = \varepsilon_0 = \varepsilon'_s = 0.002$,相应的纵筋应力值为:$\sigma'_s = E_s \varepsilon'_s \approx 200 \times 10^3 \times 0.002 = 400 \text{ N/mm}^2$。由此可知,轴心受压短柱中,当钢筋的强度超过 400 N/mm² 时,其强度得不到充分发挥。故对于屈服强度大于 400 N/mm² 的钢筋,在计算 f'_y 值时只能取 400 N/mm²。

4.4.3 荷载长期作用下短柱的受力性能

轴心受压构件在不变荷载的长期作用下,由于混凝土的徐变影响,其压缩变形将随时间的增加而增大,由于混凝土和钢筋共同作用,混凝土的徐变还将使钢筋的变形也随之增大,钢筋的应力也相应地增大,从而使钢筋分担外荷载的比例增大。如图 4-10(a)、(b)所示,轴向力 N_c 施加后的瞬时,构件的应变为 ε_i。根据式(4-18)与式(4-19),可求得此时混凝土和钢筋的应力分别为

$$\sigma_{c1} = \frac{N_c}{A\left(1 + \dfrac{\alpha_E}{\nu}\rho'\right)} \tag{4-23}$$

$$\sigma'_{s1} = \frac{N_c}{\left(1 + \dfrac{\nu}{\alpha_E \rho'}\right) A'_s} \tag{4-24}$$

随着荷载作用时间加长,混凝土会发生徐变。徐变应变可用式(4-25)计算。

$$\varepsilon_{cr} = C_t \varepsilon_i \tag{4-25}$$

式中,C_t 为徐变系数。

若忽略钢筋对混凝土徐变的影响,经历徐变 ε_{cr} 后,构件的总应变为[图 4-10(c)]

$$\varepsilon = \varepsilon_i + \varepsilon_{cr} = (1 + C_t)\varepsilon_i \tag{4-26}$$

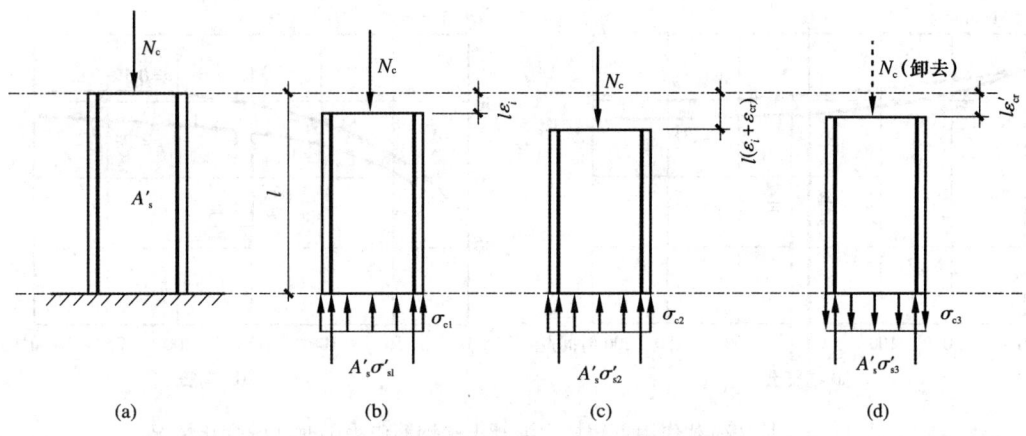

图 4-10 徐变对短柱受力性能的影响

于是钢筋的应力为

$$\sigma'_{s2}=E_s(1+C_t)\varepsilon_i=(1+C_t)\sigma'_{s1}=\frac{N_c(1+C_t)}{\left(1+\dfrac{\nu}{\alpha_E\rho'}\right)A'_s} \quad (4\text{-}27)$$

由平衡条件 $N_c=A\sigma_{c2}+A'_s\sigma'_{s2}$ 得混凝土的应力为

$$\sigma_{c2}=\left[1-\frac{\alpha_E(1+C_t)A'_s}{\nu A\left(1+\dfrac{\alpha_E}{\nu}\rho'\right)}\right]\frac{N_c}{A}=\left(1-\frac{\alpha_E}{\nu}\rho'C_t\right)\sigma_{c1} \quad (4\text{-}28)$$

将式(4-28)、式(4-27)分别与式(4-23)、式(4-24)进行比较,发现 $\sigma_{c2}<\sigma_{c1}$,$\sigma'_{s2}>\sigma'_{s1}$,即由于混凝土徐变的影响,钢筋的压应力不断增大,混凝土的压应力不断减小,钢筋与混凝土之间产生应力重分布。

当 N_c 作用一段时间后卸去,混凝土中仍有残余应变 ε'_{cr},构件不能恢复到原来的状态[图 4-10(d)]。此时,钢筋的压应力为

$$\sigma'_{s3}=E_s\varepsilon'_{cr} \quad (4\text{-}29)$$

由平衡条件可知此时混凝土受拉,且拉应力为

$$\sigma_{c3}=\sigma'_{s3}\frac{A'_s}{A}=E_s\varepsilon'_{cr}\rho' \quad (4\text{-}30)$$

由此可知,将短柱上长期作用的轴向压力 N_c 卸去会在混凝土中产生拉应力,且纵向受力钢筋越多,拉应力越大。严重的会在柱上产生水平裂缝。

图 4-11 给出了长期荷载作用下短柱混凝土和钢筋中的应力随时间的变化情况。从图中可以看出,随着持续荷载时间的增加,一开始应力变化较快,经过一定时间(150天)后,逐渐趋于稳定。混凝土应力变化幅度较小,而钢筋应力变化幅度较大。若在持续荷载过程中突然卸载,构件会回弹。但由于混凝土的徐变变形的大部分不可恢复,在荷载为零的条件下,钢筋受压,混凝土受拉。如重复加载到原来数值,则钢筋、混凝土的应力仍按原曲线变化。

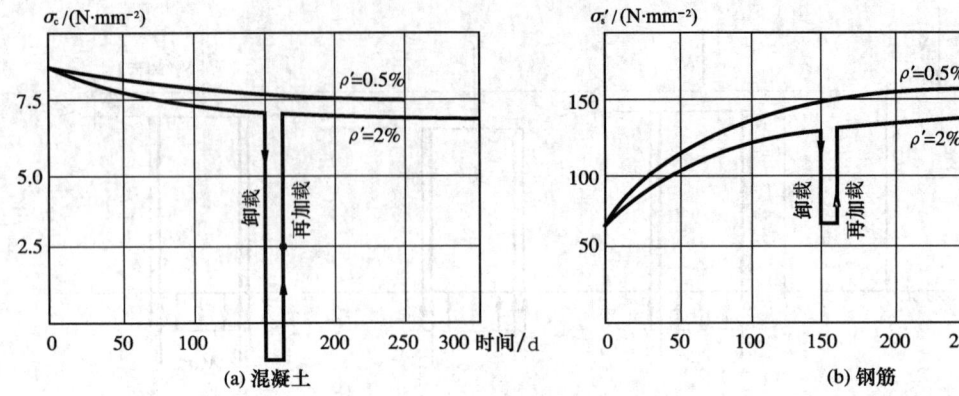

图 4-11 长期荷载作用下短柱中混凝土和钢筋应力随时间的变化情况

【例 4-3】对图 4-6 所示的试验短柱，作如下计算：

(1) 当 $N_c=120$ kN 时，若采用非线性的混凝土的应力-应变关系，构件的缩短变形 Δl、钢筋和混凝土各自承受的压力是多少？

(2) 当 $N_c=120$ kN 时，若采用线弹性的混凝土的应力-应变关系，构件的缩短变形 Δl、钢筋和混凝土各自承受的压力是多少？

(3) 柱的极限抗压承载力是多少？

(4) 若进行长期荷载试验（$N_c=120$ kN），经过若干年后混凝土产生徐变 $\varepsilon_{cr}=0.001$，问此时钢筋和混凝土各承受多少压力？

【解】已知 $f_c=18.8$ N/mm², $E_c=25.7\times10^3$ N/mm², $f'_y=362.6$ N/mm², $E_s=200\times10^3$ N/mm², $A'_s=314$ mm², $bh=16\,000$ mm²

因为 $A'_s/(bh)=314/16\,000=1.96\% < 3\%$，故可取 $A=16\,000$ mm²

(1) 若采用非线性的混凝土的应力-应变关系，由式(4-16)，得

$$120\,000=1\,000\varepsilon(1-250\varepsilon)\times18.8\times16\,000+2.0\times10^5\times314\varepsilon$$

解一元二次方程，得 $\varepsilon=0.356\times10^{-3}$

于是，构件的压缩变形 $\Delta l=0.356\times10^{-3}\times500$ mm $=0.178$ mm

钢筋的应力 $\sigma'_s=E_s\varepsilon=200\times10^3\times0.356\times10^{-3}=71.20$ N/mm²

混凝土的应力

$\sigma_c=1\,000\varepsilon(1-250\varepsilon)f_c=1\,000\times0.356\times10^{-3}\times(1-250\times0.356\times10^{-3})\times18.8$
$=6.10$ N/mm²

钢筋承受的轴压力 $N'_s=\sigma'_s A'_s=71.20\times314=22\,357$ N ≈ 22 kN

混凝土承受的轴压力 $N'_c=\sigma_c A=6.10\times16\,000=97\,600$ N ≈ 98 kN

(2) $\alpha_E=E_s/E_c=200\times10^3/(25.7\times10^3)=7.78$

当采用线性的混凝土的应力-应变关系时，$N_c=E_c A(1+\alpha_E\rho')\varepsilon$，于是

$$120\,000=2.57\times10^4\times16\,000\times(1+7.78\times0.019\,6)\varepsilon$$

解得 $$\varepsilon = \frac{120\,000}{2.57 \times 10^4 \times 16\,000 \times (1 + 7.78 \times 0.019\,6)} = 0.253 \times 10^{-3}$$

构件的压缩变形　　　　$\Delta l = 0.253 \times 10^{-3} \times 500 \text{ mm} = 0.127 \text{ mm}$

钢筋的应力　　　　　　$\sigma'_s = E_s \varepsilon = 200 \times 10^3 \times 0.253 \times 10^{-3} = 50.60 \text{ N/mm}^2$

混凝土的应力　　　　　$\sigma_c = E_c \varepsilon = 25.7 \times 10^3 \times 0.253 \times 10^{-3} = 6.50 \text{ N/mm}^2$

钢筋承受的轴压力　　　$N'_s = \sigma'_s A'_s = 50.60 \times 314 = 15\,888 \text{ N} \approx 16 \text{ kN}$

混凝土承受的轴压力　　$N'_c = \sigma_c A = 6.50 \times 16\,000 = 104\,000 \text{ N} \approx 104 \text{ kN}$

（3）柱的极限承载力为

$$N_{cu} = f_c A + f'_y A'_s = 18.8 \times 16\,000 + 362.6 \times 314 = 414\,656 \text{ N} \approx 415 \text{ kN}$$

（4）若 $\varepsilon_{cr} = 0.001$，取 $\varepsilon_i = 0.356 \times 10^{-3}$，则

$$C_t = \varepsilon_{cr}/\varepsilon_i = 0.001/0.356 \times 10^{-3} = 2.809, \quad \sigma'_{s1} = 71.20 \text{ N/mm}^2$$

钢筋的应力　　$\sigma'_{s2} = (1 + C_t)\sigma'_{s1} = (1 + 2.809) \times 71.20 = 271.201 \text{ N/mm}^2$

钢筋承受的轴压力　　$N'_{s2} = \sigma'_{s2} A'_s = 271.201 \times 314 = 85\,157 \text{ N} \approx 85 \text{ kN}$

混凝土承受的轴压力　　$N'_{c2} = N_c - N'_{s2} = 120 - 85 = 35 \text{ kN}$

4.5 轴心受压长柱的受力分析

4.5.1 长柱的试验研究

试件的截面尺寸、材料、配筋和加载方式与图 4-6 所示的短柱完全相同，但柱子的长度为 2 000 mm。试验中除了测试混凝土和钢筋的应变外，在柱子中部增设了位移计以测试柱子的横向挠度，图 4-12 给出了实测的荷载-横向挠度关系曲线。长柱最终的破坏荷载为 337 kN，图 4-13 给出了柱的破坏形态。由试验结果可知，长柱的承载力小于相同材料、相同配筋和相同截面尺寸的短柱的承载力。致使长柱承载力降低的原因是长柱在轴心压力作用下，不仅发生压缩变形，同时还产生横向挠度，出现弯曲现象。产生弯曲的原因是多方面的：柱子几何尺

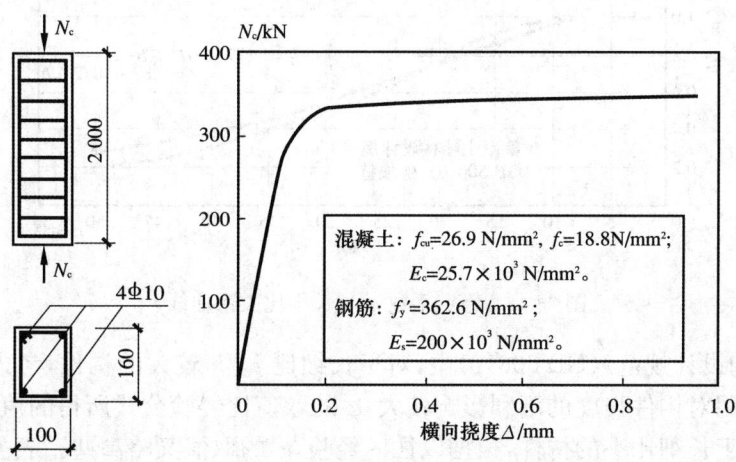

图 4-12　轴心受压长柱的荷载-横向挠度关系曲线

寸不一定精确,构件材料不均匀,钢筋位置在施工中移动,使截面物理中心与其几何中心偏离;加载作用线与柱轴线并非完全保持重合,等等。

在荷载不大时,柱全截面受压,由于有弯矩影响,长柱截面一侧的压应力大于另一侧。随着荷载增大,这种应力差更大。同时,横向挠度增加更快,以致压应力大的一侧混凝土首先被压碎,并产生纵向裂缝,钢筋被压屈并向外凸出,而另一侧混凝土可能由受压转变为受拉,出现水平裂缝,如图 4-13 所示。由于初始偏心距产生附加弯矩,附加弯矩又增大了横向的挠度,这样相互影响的结果,导致长柱最终在弯矩和轴力共同作用下发生破坏。如果长细比很大时,还有可能发生"失稳破坏"现象。

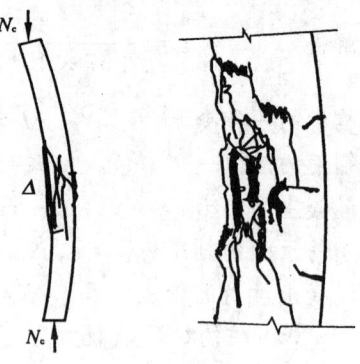

图 4-13 轴心受压长柱的破坏形态

4.5.2 稳定系数

稳定系数 φ 定义为长柱轴心抗压承载力与相同截面、相同材料和相同配筋的短柱轴心抗压承载力的比值。于是,由 φ 值和短柱的轴心抗压承载力便可算出长柱的轴心抗压承载力。

中国建筑科学研究院的试验资料及一些国外的试验数据表明,稳定系数主要和构件的长细比有关。对于矩形截面,长细比定义为 l_0/b,其中,l_0 为柱的计算长度,b 为柱截面的短边尺寸。图 4-14 给出了稳定系数 φ 和长细比之间关系的试验结果。从图 4-14 可以看出,l_0/b 越大,φ 越小。$l_0/b<8$ 时,柱的承载力没有降低,可以取 $\varphi=1.0$。对于 l_0/b 相同的柱,由于混凝土强度等级和钢筋的种类以及配筋率的不同,φ 值还略有不同。经数理统计得到下列经验公式:

$$\varphi = 1.177 - 0.021 l_0/b \quad (l_0/b = 8 \sim 34) \quad (4-31)$$

$$\varphi = 0.87 - 0.012 l_0/b \quad (l_0/b = 35 \sim 50) \quad (4-32)$$

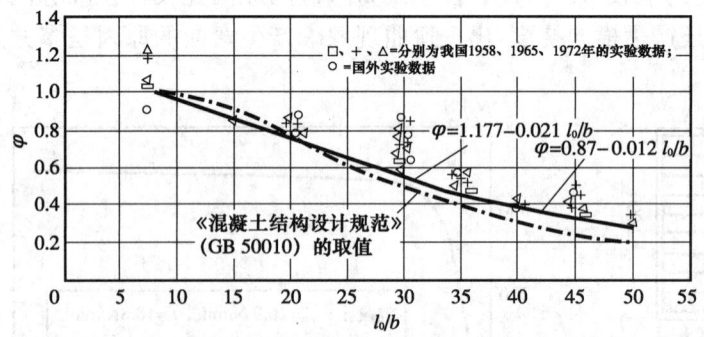

图 4-14 稳定系数 φ 与长细比关系曲线

《混凝土结构设计规范》(GB 50010)中,对于长细比 l_0/b 较大的构件,考虑到荷载初始偏心和长期荷载作用对构件强度的不利影响较大,φ 的取值比经验公式所得的值还要略低一些,以保证安全。对于长细比小的构件,根据以往的经验,φ 的取值又略高些。表 4-1 给出了经修正后的 φ 值,未直接给出的 φ 值可根据构件的长细比,从表中按线性内插法求得。

表 4-1　　　　　　　　　　钢筋混凝土轴心受压构件的稳定系数

l_0/b	≤8	10	12	14	16	18	20	22	24	26	28
l_0/d_c	≤7	8.5	10.5	12	14	15.5	17	19	21	22.5	24
l_0/i	≤28	35	42	48	55	62	69	76	83	90	97
φ	1.00	0.98	0.95	0.92	0.87	0.81	0.75	0.70	0.65	0.60	0.56
l_0/b	30	32	34	36	38	40	42	44	46	48	50
l_0/d_c	26	28	29.5	31	33	34.5	36.5	38	40	41.5	43
l_0/i	104	111	118	125	132	139	146	153	160	167	174
φ	0.52	0.48	0.44	0.40	0.36	0.32	0.29	0.26	0.23	0.21	0.19

注：表中 l_0 为构件计算长度；b 为矩形截面短边尺寸；d_c 为圆形截面直径；i 为截面最小回转半径，$i=\sqrt{I/A}$，其中，I，A 分别为截面的惯性矩和截面积。

4.5.3 轴心受压柱的承载力计算公式

当考虑了柱子长细比对承载力的影响后，采用一般中等强度钢筋的轴心受压构件，当混凝土的压应力达到最大值，且钢筋压应力达到屈服应力，即认为构件达到最大承载力。轴心受压柱极限承载力计算公式为

$$N_{cu}=\varphi(f_c A+f'_y A'_s) \tag{4-33}$$

式中　N_{cu}——轴心受压构件的极限抗压承载力；
　　　φ——稳定系数，可按表 4-1 求得；
　　　f_c——混凝土的轴心抗压强度（混凝土的峰值应力）；
　　　f'_y——钢筋的屈服强度；
　　　A——构件的截面面积；
　　　A'_s——全体纵向受压钢筋的截面积。

实际工程中，为考虑荷载偶然偏心的影响，不同的规范还会对式（4-33）进行必要的调整。如《混凝土结构设计规范》(GB 50010)，为保证轴心受压构件和偏心受压构件的安全水平相接近，在式（4-33）的右端乘以 0.9 的折减系数，以计算轴压构件的承载力。

4.6　轴心受压构件承载力计算公式的应用

4.6.1 既有构件轴心抗压承载力计算

这类问题一般是已知截面尺寸（b、h）、计算高度 l_0、配筋（A'_s）和材料强度（f_c、f'_y），求 N_{cu}。可按下列步骤进行：

(1) 由 l_0/b 查表 4-1 求 φ。
(2) 验算 $f'_y \leq 400 \text{ N/mm}^2$（若混凝土的立方体抗压强度 $f_{cu} > 50 \text{ N/mm}^2$，应根据相应的 ε_0 调整此值，后同）。
(3) 若 $A'_s/(bh) \leq 3\%$，则 $A=bh$；若 $A'_s/(bh) > 3\%$，则 $A=bh-A'_s$。
(4) 由式（4-33）求 N_{cu}。

【**例 4-4**】　求图 4-12 试验长柱的极限抗压承载力 N_{cu}。

【**解**】　已知 $f_c=18.8 \text{ N/mm}^2$，$f'_y=362.6 \text{ N/mm}^2 < 400 \text{ N/mm}^2$，$A'_s=314 \text{ mm}^2$，$bh=16\,000 \text{ mm}^2$，$l_0=2\,000 \text{ mm}$

$l_0/b = 2\,000/100 = 20$,查表 4-1,得 $\varphi = 0.75$
$$A'_s/(bh) = 314/16\,000 = 1.96\% < 3\%$$

故 $A = 16\,000\ \text{mm}^2$
$$N_{cu} = \varphi(Af_c + f'_y A'_s) = 0.75 \times (16\,000 \times 18.8 + 362.6 \times 314) = 310\,992\ \text{N} \approx 311\ \text{kN}$$

与图 4-12 所示的试验结果比较表明,例 4-4 所述方法偏于安全。

4.6.2 基于承载力的构件截面设计

这类问题一般是已知截面尺寸(b、h)、计算高度 l_0、材料强度(f_c、f'_y)及截面所受的轴心压力 N_c,求配筋 A'_s。为了保证所设计的截面在给定轴心压力作用下不发生破坏,应要求截面的抗压承载力不低于其所受的轴心压力,即 $N_{cu} \geq N_c$。因此,可按下列步骤进行设计:

(1) 由 l_0/b 查表 4-1,求 φ。
(2) 验算 $f'_y \leq 400\ \text{N/mm}^2$。
(3) 由式 $N_c = N_{cu} = \varphi(Af_c + A'_s f'_y)$,求 A'_s。
(4) 若 $A'_s/(bh) \leq 3\%$,则 $A = bh$;若 $A'_s/(bh) > 3\%$,宜取 $A = bh - A'_s$ 重新计算。
(5) 验算 $\rho' \geq \rho'_{min}$。 轴心受压构件中纵向受力钢筋的主要作用之一是防止构件出现脆性破坏。因此,有必要限制纵向受力钢筋的最小配筋率。与受拉钢筋类似,不同规范对轴心受压构件中纵向受力钢筋最小配筋率的取值各不相同。附表 4-1 给出了《混凝土结构设计规范》(GB 50010)中规定的最小配筋率限值,设计计算时可作参考。若算得的 $\rho' < \rho'_{min}$,可直接取 $\rho' = \rho'_{min}$。

需要指出的是:从理论上讲轴压构件中的钢筋用量越大越好,但钢筋过多不方便施工,尤其在钢筋搭接区;另外钢筋过多也不经济。从施工方便和经济合理两方面考虑,一般地,受压构件(通常为柱)中钢筋的配筋率不宜超过 5%,且经济配筋率为 1%~2%。若截面设计时求得的钢筋配筋率超过 5%,一般应加大截面再重新进行设计。

【例 4-5】 已知某轴心受压柱的计算高度 $l_0 = 2\,000\ \text{mm}$,截面尺寸 $b \times h = 100\ \text{mm} \times 160\ \text{mm}$,混凝土的棱柱体抗压强度 $f_c = 18.8\ \text{N/mm}^2$,承受 $N_c = 360\ \text{kN}$ 的轴心压力。若钢筋的屈服强度 $f'_y = 362.6\ \text{N/mm}^2$,求该柱所需的纵向钢筋 A'_s。

【解】 已知 $f_c = 18.8\ \text{N/mm}^2$,$f'_y = 362.6\ \text{N/mm}^2 < 400\ \text{N/mm}^2$,$bh = 16\,000\ \text{mm}^2$,$l_0 = 2\,000\ \text{mm}$

$l_0/b = 2\,000/100 = 20$,查表 4-1 得 $\varphi = 0.75$,于是

$$A'_s = \frac{N - \varphi A f_c}{\varphi f'_y} = \frac{360\,000 - 0.75 \times 16\,000 \times 18.8}{0.75 \times 362.6} = 494\ \text{mm}^2$$

$A'_s/(bh) = 494/16\,000 = 3.09\% > 3\%$,取 $A = bh - A'_s$,则有

$$A'_s = \frac{N - \varphi b h f_c}{\varphi(f'_y - f_c)} = \frac{360\,000 - 0.75 \times 16\,000 \times 18.8}{0.75 \times (362.8 - 18.8)} = 521\ \text{mm}^2$$

由附表 4-1 知,$\rho'_{min} = 0.6\%$

$$\frac{A'_s}{bh} = \frac{521}{16\,000} = 3.26\% > \rho'_{min} = 0.6\%$$

实配 4Φ14 纵向钢筋($A'_s = 615\ \text{mm}^2 > 521\ \text{mm}^2$,安全)。

4.7 配有纵筋和螺旋筋轴心受压柱的受力分析

4.7.1 螺旋筋柱的轴心受压试验研究

采用图 4-6(a)类似的装置可对螺旋筋柱进行轴心受压试验。图 4-15 给出了不同柱在轴向压力下应变 ε 和轴力 N_c 之间关系的试验曲线(图中,A 为素混凝土柱;B 为普通箍筋混凝土柱;C 为一组不同螺旋筋间距的螺旋筋柱,其中,C_1 的间距最小、C_2 的间距次之、C_3 的间距最大)。试验结果表明,当荷载不大时,螺旋箍筋柱与普通箍筋柱的受力变形没有多大差别。随着荷载的不断增大,纵向钢筋应力达到屈服强度时,螺旋筋外的保护层开始剥落,柱的受力混凝土面积有所减小,因而承载力有所下降。但较小的螺旋筋间距足以防止螺旋筋之间纵筋的压屈,所以纵

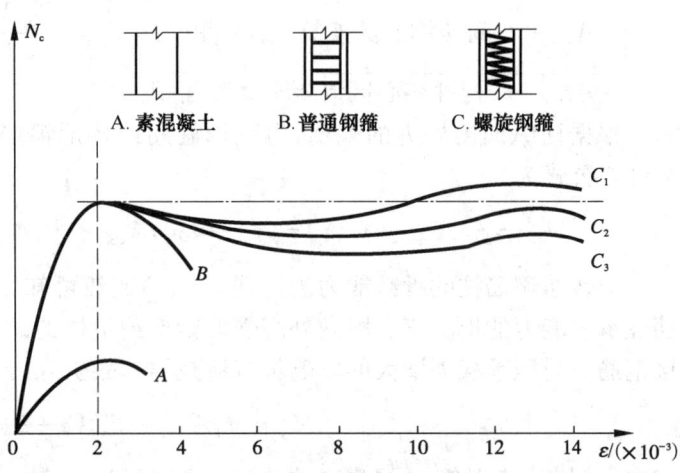

图 4-15 不同轴心受压柱的 N_c-ε 关系曲线

筋仍能继续承担荷载。随着变形的增大,核芯部分的混凝土横向膨胀使螺旋筋所受的环向拉力增加。反过来,被张紧的螺旋筋又紧紧地箍住核芯混凝土,对它施加径向压力,限制了混凝土横向膨胀,使核芯混凝土处于三向受压状态,因而提高了混凝土的抗压强度和变形能力。当荷载增加到使螺旋筋屈服时,螺旋筋对核芯混凝土约束作用不再增加,柱子开始破坏。所以尽管柱子的保护层剥落,但核芯混凝土因受约束使强度提高,补偿了失去保护层后柱承载能力的减小,间距合适的螺旋筋柱的极限荷载一般要大于同样截面尺寸的普通箍筋柱,且柱子具有更大的变形能力。

采用密排的焊接环箍也可以达到同样的效果。

由上可知,横向钢筋采用螺旋筋或焊接环筋,可以使得核芯混凝土三向受压而提高其强度,从而间接地提高柱子的承载能力,这种配筋方式,也称"间接配筋",故又将螺旋钢筋或焊接环筋称为间接钢筋。

4.7.2 螺旋筋柱的承载力计算

由第 2 章中的相关内容可知,约束混凝土的轴心抗压强度可近似取为

$$f_{cc} = f_c + 4\sigma_r \tag{4-34}$$

式中 f_{cc}——被约束混凝土的轴心抗压强度;
σ_r——柱核心区混凝土受到的径向压应力值。

当螺旋箍筋或焊接环箍屈服时,σ_r 达最大值。根据图 4-16 所示的隔离体,由平衡关系得

$$\sigma_r = \frac{2f_y A_{ss1}}{s d_{cor}} = \frac{2f_y A_{ss1} d_{cor} \pi}{4 \cdot \frac{\pi d_{cor}^2}{4} \cdot s} = \frac{f_y A_{ss0}}{2 A_{cor}} \tag{4-35}$$

式中 A_{ss1}——单根间接钢筋的截面面积；
f_y——间接钢筋的抗拉强度；
s——沿构件轴线方向间接钢筋的间距；
d_{cor}——构件的核心直径，一般取 $d_{cor}=d_c-2c$，d_c 为柱的直径，c 为混凝土保护层厚度；
A_{ss0}——间接钢筋的换算截面面积，$A_{ss0}=\dfrac{\pi d_{cor}A_{ss1}}{s}$；
A_{cor}——构件核心区混凝土截面面积。

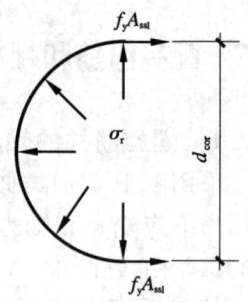

图 4-16 螺旋筋柱中螺旋箍筋的受力

根据柱纵向内外力的平衡，得到螺旋筋或环形箍筋柱的承载力计算公式为

$$N_{cu}=f_{cc}A_{cor}+f'_yA'_s=(f_c+4\sigma_r)A_{cor}+f'_yA'_s=f_cA_{cor}+f'_yA'_s+2f_yA_{ss0} \quad (4\text{-}36)$$

与普通箍筋柱的承载能力表达式(4-22)比较可知，式(4-36)中多了第三项，此项为螺旋筋柱承载能力的提高值。国内外高强混凝土约束柱的试验结果表明，当采用高强混凝土时，间接钢筋对受压承载力增大的影响将有所减弱。故引入折减系数 α，于是式(4-36)变为

$$N_{cu}=f_cA_{cor}+f'_yA'_s+2\alpha f_yA_{ss0} \quad (4\text{-}37)$$

式中，α 为间接钢筋对混凝土约束作用的折减系数。当混凝土立方体抗压强度不超过 50 N/mm² 时，$\alpha=1.0$；当混凝土立方体抗压强度为 80 N/mm² 时，$\alpha=0.85$；其间 α 值按线性内插法确定。

应用式(4-37)时，应注意下列事项：

(1) 与式(4-33)类似，为考虑荷载偶然偏心的影响，不同的规范还会对式(4-37)进行必要的调整。如《混凝土结构设计规范》(GB 50010)，为保证轴心受压构件和偏心受压构件的安全水平相接近，在式(4-37)的右端乘以 0.9 的折减系数，以计算螺旋筋或焊接环箍轴压构件的承载力。

(2) 为了保证间接钢筋外面的混凝土保护层不至于在正常使用阶段就过早剥落，进行构件设计时一般应控制按式(4-37)算得的构件承载力，使其不大于同样条件下按普通箍筋柱算得的即按式(4-33)算得的构件承载力的 1.5 倍。

(3) 当 $l_0/d_c>12$ 时，此时因长细比较大，不考虑间接钢筋的有利影响，直接按式(4-33)计算构件的承载力。

(4) 如果因混凝土保护层退出工作引起构件承载力降低的幅度大于因核芯混凝土强度提高而使构件承载力增加的幅度，不考虑间接钢筋的有利影响，直接按式(4-33)计算构件的承载力。

(5) 当间接钢筋换算截面面积 A_{ss0} 小于纵筋的全部截面面积的 25% 时，可以认为间接钢筋配置得太少，环向约束作用的效果不明显，直接按式(4-33)计算构件的承载力。

(6) 间接钢筋间距不应大于 80 mm 及 $d_{cor}/5$，也不应小于 40 mm。

【例 4-6】 某钢筋混凝土圆形截面柱承受轴心压力作用，柱的计算高度为 2.9 m，截面直径 $d_c=420$ mm，截面内配有 8φ22 纵筋，纵筋至截面边缘的保护层厚度为 30 mm，已知实测混凝土棱柱体抗压强度为 14.5 N/mm²，钢筋屈服强度为 $f'_y=240$ N/mm²，试问：

(1) 按普通箍筋柱计算，该柱的轴心抗压承载力为多少？
(2) 当配有环形箍筋 φ8@50 mm，该柱轴心抗压承载力为多少？

(3) 如果 $\phi 8$ 环形箍筋间距 s 改为 80 mm 时,该柱承载力又为多少?

【解】 因为 $l_0/d_c = 2\,900/420 = 6.90 < 7$,故 $\varphi = 1.0$。

(1) 按普通箍筋柱计算

$A'_s = 3\,040 \text{ mm}^2$, $A = \pi d_c^2/4 = 138\,474 \text{ mm}^2$, $3\,040/138\,474 = 2.20\% < 3\%$

$$N_{cu} = \varphi(f_c A + f'_y A'_s)$$
$$= 1.0 \times (14.5 \times 138\,474 + 240 \times 3\,040) = 2\,737 \times 10^3 \text{ N} = 2\,737 \text{ kN}$$

(2) 当配有环形箍筋 $\phi 8@50$ mm 时

$$d_{cor} = 420 - 2 \times 30 = 360 \text{ mm}$$

$$A_{cor} = \frac{\pi \cdot d_{cor}^2}{4} = 101\,736 \text{ mm}^2$$

$$A_{ss0} = \frac{\pi \cdot d_{cor} \cdot A_{ss1}}{s} = \frac{\pi \times 360 \times 50.3}{50} = 1\,137 \text{ mm}^2$$

由于柱的长细比小于 12,可以按约束箍筋柱计算柱的轴心受压承载力,且 $f_{cu} < 50 \text{ N/mm}^2$,故有 $\alpha = 1.0$,于是

$$N_{cu} = f_c A_{cor} + f'_y A'_s + 2 f'_y A_{ss0}$$
$$= 14.5 \times 101\,736 + 240 \times 3\,040 + 2 \times 240 \times 1\,137 = 2\,751 \times 10^3 \text{ N} = 2\,751 \text{ kN}$$

此值大于按普通箍筋柱计算的承载力 2 751 kN,说明该柱由于环形箍筋的约束作用,柱的实际承载力提高。

(3) 当 $\phi 8$ 环形箍筋间距 s 改为 80 mm 时

$$A_{ss0} = \frac{\pi \times 360 \times 50.3}{80} = 711 \text{ mm}^2$$

$$N_{cu} = f_c A_{cor} + f'_y A'_s + 2 f'_y A_{ss0}$$
$$= 14.5 \times 101\,736 + 240 \times 3\,040 + 2 \times 240 \times 711 = 2\,546 \times 10^3 \text{ N} = 2\,546 \text{ kN}$$

按约束箍筋柱计算得到的承载力小于按普通箍筋柱计算得到的承载力。这是由于环形箍筋的间距偏大,对核芯混凝土约束作用不明显,核芯混凝土承载力的提高不足以补偿因混凝土保护层脱落退出工作时承载力的减小。所以该柱的承载力仍取普通箍筋柱的承载力 2 737 kN。

思考题

【4-1】 为什么轴心受拉构件开裂后,当裂缝增至一定数量时,不再出现新的裂缝?

【4-2】 如何确定受拉构件的开裂荷载和极限荷载?

【4-3】 在轴心受压短柱的短期荷载试验中,随着荷载的增加,钢筋的应力增长速度和混凝土的应力增长速度哪个快?为什么?

【4-4】 如何确定轴心受压短柱的极限承载力?为什么在轴压构件中不宜采用高强钢筋?

【4-5】 构件设计时,为什么要控制轴心受力构件的最小配筋率?如何确定轴心受拉和轴心受压构件的最小配筋率?

【4-6】 配有普通箍筋的钢筋混凝土轴心受压构件中,箍筋的作用主要是什么?

【4-7】 钢筋混凝土轴心受压构件在长期荷载作用下,随着荷载作用时间的增长,钢筋的应力和混凝土的应力各发生什么变化?混凝土的徐变是否会影响短柱的承载力?

【4-8】 钢筋混凝土轴心受压构件的承载力计算公式中为什么要考虑稳定系数 φ,稳定系数 φ 与构件两端的约束情况有何关系?

【4-9】 为什么长细比 $l_0/b>12$ 的螺旋筋柱,不考虑螺旋筋对柱承载力的有利作用?

【4-10】 如箍筋能起到约束混凝土的横向变形作用,则轴心受压短柱的承载力将发生什么变化?为什么?

练习题

【4-1】 已知某轴心受拉杆的截面尺寸 $b\times h=300\ mm\times 400\ mm$,配有 8ϕ20 钢筋,混凝土和钢筋的材料指标为:$f_t=2.0\ N/mm^2$,$E_c=2.1\times 10^4\ N/mm^2$,$f_y=270\ N/mm^2$,$E_s=2.1\times 10^5\ N/mm^2$。试问此构件开裂时和破坏时的轴向拉力分别为多少?

【4-2】 已知某钢筋混凝土轴心受拉构件,截面尺寸为 $b\times h=200\ mm\times 300\ mm$,构件的长度 $l=2\ 000\ mm$,混凝土抗拉强度 $f_t=2.95\ N/mm^2$,弹性模量 $E_c=2.55\times 10^4\ N/mm^2$,纵向钢筋的截面积 $A_s=615\ mm^2$,屈服强度 $f_y=270\ N/mm^2$,弹性模量 $E_s=2.1\times 10^5\ N/mm^2$,求:

(1) 若构件伸长 0.2 mm,外荷载是多少?混凝土和钢筋各承担多少外力?

(2) 若构件伸长 0.5 mm,外荷载是多少?混凝土和钢筋的应力各是多少?

(3) 构件的开裂荷载是多少?即将开裂时构件的变形是多少?

(4) 构件的极限承载力是多少?

【4-3】 某钢筋混凝土轴心受拉构件的截面尺寸为 $b\times h=300\ mm\times 300\ mm$,配有 8ϕ22 的纵向受力钢筋,已知 $f_t=2.3\ N/mm^2$,$E_c=2.4\times 10^4\ N/mm^2$,$f_y=345\ N/mm^2$,$E_s=1.96\times 10^5\ N/mm^2$。

(1) 若允许构件开裂,求构件所能承受的最大轴向拉力。

(2) 若不允许构件开裂,求构件所能承受的最大轴向拉力。

(3) 对上述结果进行比较分析。

【4-4】 有一钢筋混凝土下弦杆,承受轴向拉力 $N_t=150\ kN$,若钢筋的屈服强度 $f_y=270\ N/mm^2$,且下弦允许出现裂缝,试求此下弦杆的配筋。

【4-5】 某钢筋混凝土受压短柱截面尺寸 $b\times h=400\ mm\times 400\ mm$,柱长 2 m,配有纵筋 4ϕ25,$f_c=19\ N/mm^2$,$E_c=2.55\times 10^4\ N/mm^2$,$f_y'=357\ N/mm^2$,$E_s=1.96\times 10^5\ N/mm^2$,试问:

(1) 此柱子的极限承载力为多少?

(2) 在 $N_c=1\ 200\ kN$ 作用下,柱的压缩变形量为多少?此时钢筋和混凝土各承受多少压力?

(3) 使用若干年后,混凝土在压力 $N_c=1\ 200\ kN$ 作用下的徐变变形为 $\varepsilon_{cr}=0.001$,求此时柱中钢筋和混凝土各承受多少压力?

【4-6】 某轴心受压短柱,长 2 m,$b\times h=350\ mm\times 350\ mm$,配有 4ϕ25 的纵筋,$f_c=15\ N/mm^2$,$f_y'=270\ N/mm^2$,$E_s=1.96\times 10^5\ N/mm^2$,$\varepsilon_0=0.002$,试问:

(1) 压力加大到多少时,钢筋将屈服?此时柱长缩短多少?

(2) 该柱所能承担的最大轴压力为多少？

【4-7】 已知某多层房屋中柱的计算高度为 4.2 m，$f_y'=310$ N/mm^2，$f_c=10$ N/mm^2，轴向压力为 700 kN，柱子截面尺寸为 $b\times h=250$ mm$\times 250$ mm，试确定纵筋数量。

【4-8】 某轴心受压柱，柱计算高度为 4.7 m，混凝土棱柱体抗压强度 $f_c=10$ N/mm^2，配置纵筋 4Φ20，$f_y'=360$ N/mm^2，试求：

(1) 当截面尺寸为 300 mm$\times$300 mm 时，该柱所能承受的轴力；
(2) 当截面尺寸为 250 mm$\times$250 mm 时，该柱所能承受的轴力。

【4-9】 轴心受压螺旋筋柱，直径 450 mm，柱的计算高度为 $l_0=3.5$ m，混凝土棱柱体抗压强度 $f_c=10$ N/mm^2，配置纵向钢筋 8Φ22，$f_y'=270$ N/mm^2，轴向压力为 2 500 kN。若螺旋箍筋的屈服强度为 $f_y=270$ N/mm^2，试确定螺旋箍筋的数量。

【4-10】 轴心受压螺旋箍筋柱，直径 500 mm，计算长度 $l_0=4.0$ m，$f_c=10$ N/mm^2，纵筋选用 6Φ22，$f_y'=380$ N/mm^2，螺旋箍筋选用 ϕ10@50，$f_y=270$ N/mm^2，假定混凝土保护层厚度为 30 mm，试求该柱的极限抗压承载力。

【4-11】 其他条件同【4-10】，但螺旋箍筋选用 ϕ8@80，试求该柱的极限抗压承载力。

附表 4-1　　　　钢筋混凝土结构构件中纵向受力钢筋的最小配筋百分率　　　　　　%

受力类型		最小配筋百分率
受压构件	全部纵向钢筋 强度级别 500 MPa	0.50
	全部纵向钢筋 强度级别 400 MPa	0.55
	全部纵向钢筋 强度级别 300 MPa，335 MPa	0.60
	一侧纵向钢筋	0.2
受弯构件、偏心受拉、轴心受拉构件一侧的受拉钢筋		0.2 和 $45f_t/f_y$ 中的较大值

注：① 当混凝土强度等级为 C60 及以上时，应按表中规定增大 0.1。
② 偏心受拉构件中的受压钢筋，应按受压构件一侧纵向钢筋考虑。
③ 受压构件全部纵向钢筋和一侧纵向钢筋的配筋率以及轴心受拉构件和小偏心受拉构件一侧受拉钢筋的配筋率应按构件的全截面面积计算；受弯构件、大偏心受拉构件一侧受拉钢筋的配筋率应按全截面面积扣除受压翼缘面积$(b_f'-b)h_f'$后的截面积计算。
④ 当钢筋沿构件截面周边布置时，"一侧纵向钢筋"系指沿受力方向两个对边中的一边布置的纵向钢筋。
⑤ 板类受弯构件的受拉钢筋，当采用强度级别 400 MPa、500 MPa 的钢筋时，其最小配筋百分率允许采用 0.15 和 $45f_t/f_y$ 中的较大值。

5 受弯构件正截面的性能与计算

5.1 工程应用实例

受弯构件在土木工程中有着广泛的应用。如图 1-4 所示的钢筋混凝土楼板、梁、楼梯梯段、基础等均为受弯构件。图 5-1—图 5-3 中的挡土墙、钢筋混凝土梁式桥中的桥面大梁、盖梁和防撞栏板等也是受弯构件。受弯构件的截面形式多种多样,常用的截面形式有矩形截面、T形截面、箱形截面、I形截面、槽形截面等。但从受力性能看,可归纳为矩形截面和 T 形截面两种形式,如图 5-4、图 5-5 所示。圆形或环形截面受弯构件较少采用。

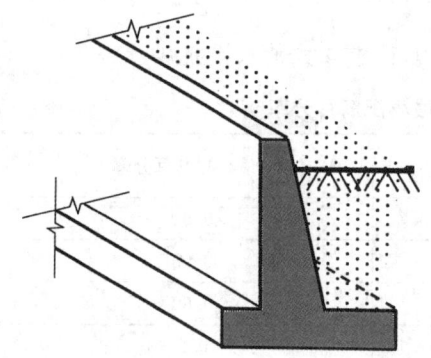

图 5-1 钢筋混凝土挡土墙

图 5-2 钢筋混凝土桥

图 5-3 上海内环线高架桥

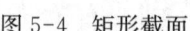

图 5-4 矩形截面

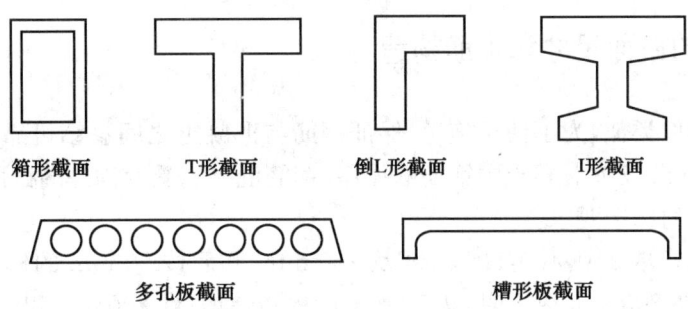

图 5-5 可归纳为 T 形截面的各种截面形式

5.2 受弯构件的受力特点和配筋形式

如图 5-6(a)所示的钢筋混凝土梁在两个对称的集中荷载 P 作用下,梁中部(两集中荷载之间)受弯,端部(支座和集中荷载之间)既受弯又受剪,内力图如图 5-6(b)、(c)所示。在弯矩的作用下,梁中会产生垂直于梁纵轴的裂缝(一般称为垂直裂缝),在剪力和弯矩的共同作用下梁中会产生斜交于梁纵轴的裂缝(一般称为斜裂缝),如图 5-6(a)所示。为了防止垂直裂缝所引起的受弯破坏,在梁的底部布置纵向受力钢筋;为了防止斜裂缝所引起的受剪破坏,在梁的弯剪段布置环状的箍筋和弯起的钢筋(弯筋);在非受力区的截面角部还配有架立钢筋(或称非受力钢筋),如图 5-6(d)所示。纵筋、弯筋、箍筋和架立筋一起绑扎或焊接成钢筋笼,如图 5-6(e)所示。施工时,支好模板放入钢筋笼,浇筑混凝土,振捣养护后,钢筋混凝土梁便制成了。与梁相比,钢筋混凝土板的厚度较小、截面宽度较大,一般总是发生弯曲破坏,很少发生剪切破坏。因此,在钢筋混凝土板中一般仅配有纵向受力钢筋和固定受力钢筋的分布钢筋。

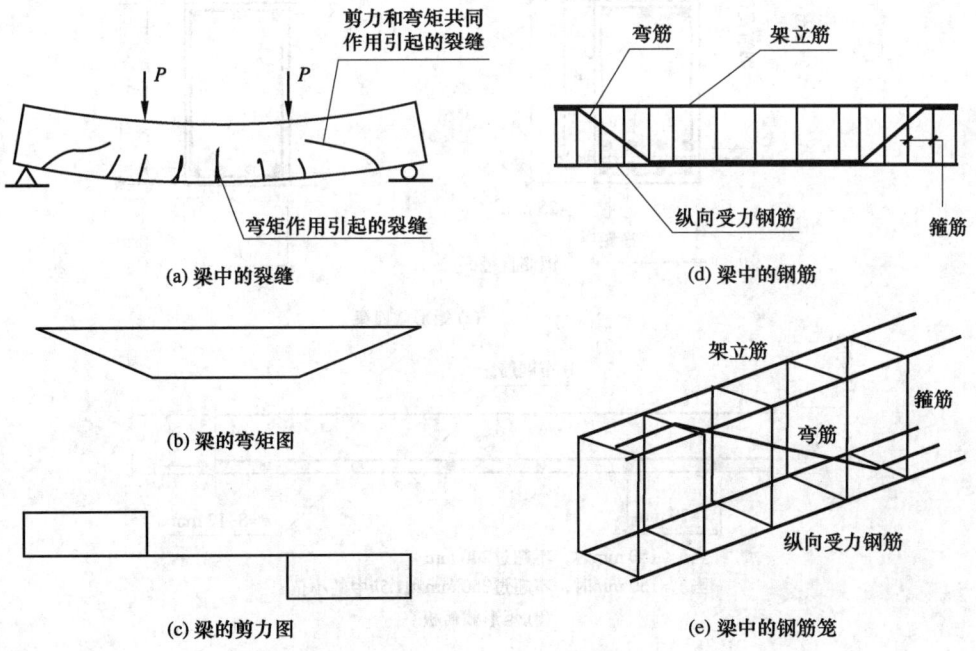

图 5-6 梁的受力特征和配筋形式

5.3 受弯构件的截面尺寸和配筋构造

与轴心受力构件类似,为了便于施工,保证钢筋与混凝土之间黏结可靠,确保混凝土可以有效地保护钢筋,充分发挥混凝土中钢筋的作用,钢筋混凝土受弯构件的截面尺寸和构件中的配筋均应满足一定的构造要求。

梁的宽度 b 通常取 150,180,200,220 及 250 mm,其后按 50 mm 的模数(最小的增量单位)递增。梁高 h 在 200 mm 以上时,按 50 mm 的模数递增;在 800 mm 以上时,以 100 mm 的模数递增。梁高与梁宽(T 形截面梁为肋宽)之比 h/b,对矩形截面梁取 2~3.5,对 T 形截面梁取 2.5~4.0。

梁中纵向受力钢筋的直径通常采用 10~28 mm(桥梁中一般为 14~40 mm)。架立筋的最小直径:当梁的跨度小于 4 m 时,为 8 mm;当梁的跨度介于 4~6 m 时,为 10 mm;当梁的跨度大于 6 m 时,为 12 mm。箍筋的直径通常为 6~12 mm。纵向钢筋的根数至少为两根(当 $b<100$ mm 时,可用 1 根)。为使混凝土中的粗骨料能顺利通过钢筋笼以保证混凝土浇捣密实,保证混凝土能握裹住钢筋,以提供足够的黏结且对钢筋提供足够的保护,钢筋间的净距应满足图 5-7(a)所示的要求。

混凝土实心板的板厚取 10 mm 为模数,板的最小厚度对建筑屋面板、民用建筑楼板为 60 mm,工业建筑楼板为 70 mm;对桥梁道砟槽板为 120 mm,行车道板一般为 100 mm,人行道板为 80 mm。板中受力钢筋的直径通常采用 8~12 mm,对基础板和桥梁板可采用更大直径的钢筋。板中分布钢筋的直径一般采用 6 mm。受力钢筋的间距如图 5-7(b)所示。

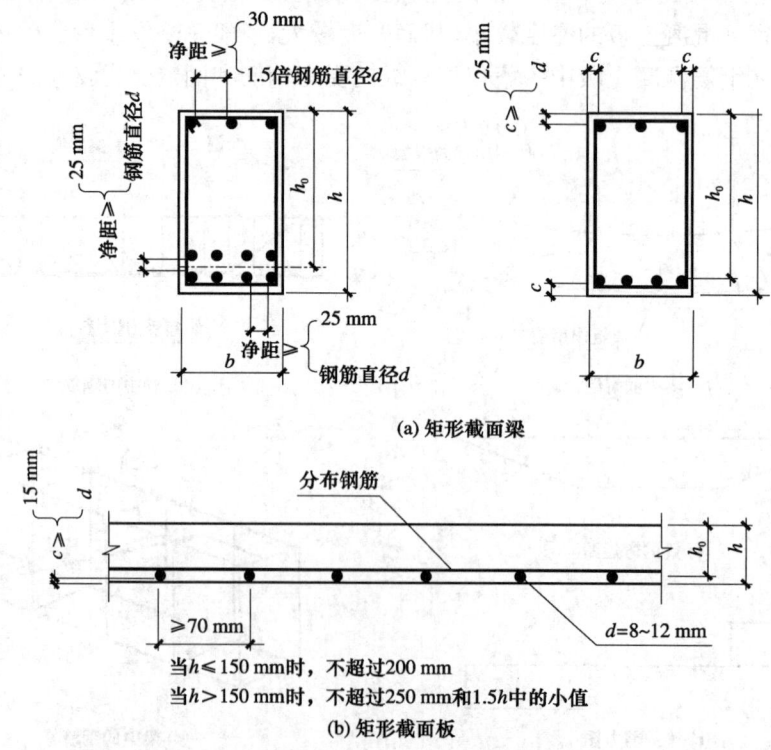

图 5-7 钢筋混凝土受弯构件的配筋构造

不同的混凝土结构设计规范对混凝土保护层厚度 c 的要求各不相同(通常定义混凝土保护层厚度 c 为纵向受力钢筋的外表面到混凝土外表面的最短距离)。图 5-7 给出了《混凝土结构设计规范》(GB 50010)中关于室内正常环境下钢筋混凝土梁、板混凝土保护层厚度 c 的限值。若混凝土的强度等级不超过 C20,则梁、板的保护层厚度还应增加 5 mm。

5.4 受弯构件正截面性能的试验研究

5.4.1 试验装置

钢筋混凝土受弯构件实际上系由钢筋和混凝土两种完全不同的材料所组成的组合构件。由于钢筋和混凝土材料力学性能的差异,使得钢筋混凝土受弯构件和材料力学中介绍的由匀质、单一材料组成的受弯构件有着明显的区别。为了认识其特性,正确地进行构件的受力性能分析和计算,有必要先进行试验研究。图 5-8 所示的为一典型的钢筋混凝土单筋矩形截面简支梁正截面受弯试验装置简图。外加荷载通过荷载分配梁集中加在梁的三分点处。由该荷载作用下梁的内力图 5-8(b)及图 5-8(c)可知,梁的中部只受弯矩不受剪力,系一纯弯段。根据纯弯段内混凝土的开裂和压碎情况可研究梁正截面受弯时的破坏机理。在梁的中部沿梁的截面高度布置大标距的应变计,根据测得的应变可以研究弯矩作用下梁截面上的应变分布。在梁的中部布置位移计以测试整个受力过程中梁的挠度。

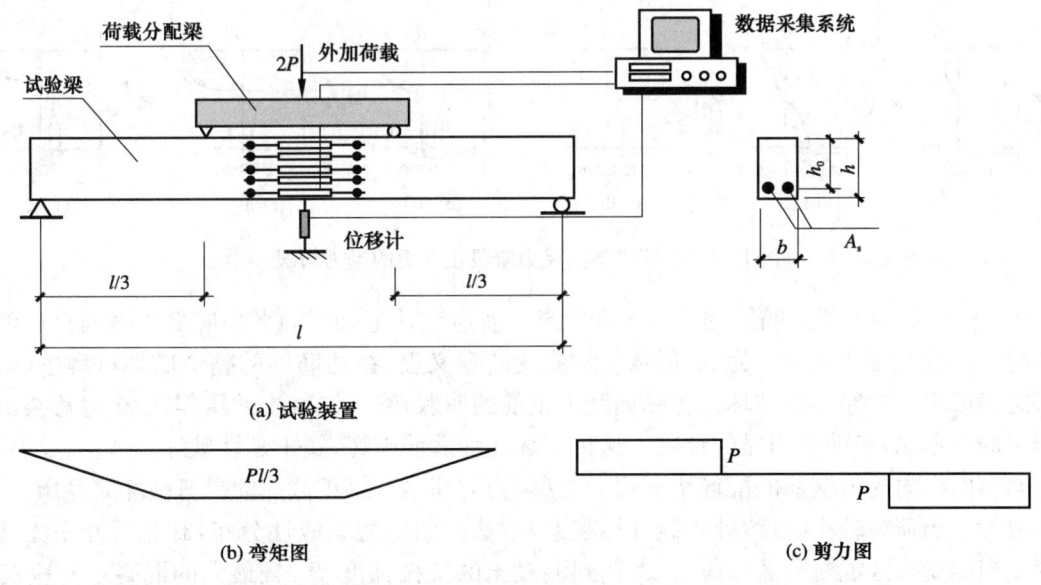

图 5-8 钢筋混凝土简支梁试验示意图

定义 $\rho = \dfrac{A_s}{bh_0}$ 为梁中纵向受力钢筋的配筋率。其中,h_0 为受拉钢筋中心线到混凝土受压区边缘的距离,称为截面的有效高度(图 5-7、图 5-8);b 为截面宽度;A_s 为纵向受力钢筋的截面积。变化配筋率 ρ 以研究不同配筋梁的受弯性能。

5.4.2 试验结果

1. 梁正截面的破坏过程

当梁中纵向受力钢筋的配筋率 ρ 适中时(称为适筋梁),梁正截面的受弯破坏过程表现为典型的三个阶段。

(1) 第一阶段——弹性阶段(Ⅰ阶段)

当荷载较小时,混凝土梁如同两种弹性材料组成的组合梁,梁截面的应力呈线性分布,卸载后几乎无残余变形[图 5-9(a)]。当梁受拉区混凝土的最大拉应力 σ_t^b 达到混凝土的抗拉强度 f_t,且最大的混凝土拉应变 ε_t^b 超过混凝土的极限受拉应变 ε_{tu} 时,在纯弯段某一薄弱截面出现第 1 条垂直裂缝。梁开裂标志着第一阶段的结束(Ⅰₐ)。此时,梁承担的弯矩 M_{cr} 称为开裂弯矩[图 5-9(b)]。

(2) 第二阶段——带裂缝工作阶段(Ⅱ阶段)

梁开裂后,裂缝处混凝土退出工作,钢筋应力激增,且通过黏结力向未开裂的混凝土传递拉应力,使得梁中继续出现拉裂缝。压区混凝土中压应力也由线性分布逐步转为非线性分布[图 5-9(c)]。当受拉钢筋屈服时标志着第二阶段的结束(Ⅱₐ)。此时,梁承担的弯矩 M_y 称为屈服弯矩[图 5-9(d)]。

(3) 第三阶段——破坏阶段(Ⅲ阶段)

钢筋屈服后,在很小的荷载增量下,梁会产生很大的变形。裂缝的高度和宽度进一步发展,中和轴不断上移,压区混凝土应力分布曲线渐趋丰满[图 5-9(e)]。当受压区混凝土的最大压应变 ε_c^t 达到混凝土的极限受压应变 ε_{cu} 时,压区混凝土压碎,梁正截面受弯破坏(Ⅲₐ)。此时,梁承担的弯矩 M_u 称为极限弯矩[图 5-9(f)]。

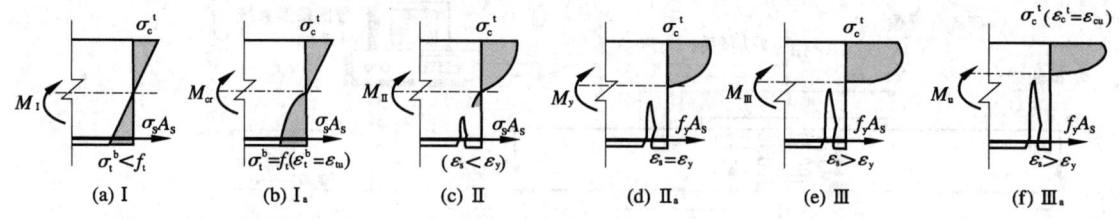

图 5-9 适筋梁不同受力阶段正截面的受力情况

图 5-10(a)给出了适筋梁的最终破坏状态以及应变计记录下的平均应变沿截面高度的变化情况。尽管开裂截面一分为二,但从平均应变的意义上,在适筋梁的整个破坏过程中,平截面假定仍成立。适筋梁的破坏始于纵向受力钢筋的屈服,终于混凝土的压碎,整个过程要经历相当大的变形,破坏前有明显的预兆。这种破坏称为适筋破坏,属于延性破坏。

当梁中纵向受力钢筋的配筋率 ρ 很大时(称为超筋梁),梁正截面的受弯破坏只经历Ⅰ,Ⅱ两个阶段。当荷载较小时,梁处于线弹性状态,梁截面的应力呈线性分布,卸载后几乎无残余变形。当梁受拉区混凝土的拉应力 σ_t^b 达到混凝土的抗拉强度 f_t,且最大的混凝土拉应变 ε_t^b 达到混凝土的极限受拉应变 ε_{tu} 时,梁开裂。随着荷载增加,裂缝不断增加。但是,由于配筋很多,钢筋中的应力增加不显著,裂缝多而密。当受压区混凝土的最大压应变 ε_c^t 达到混凝土的极限受压应变 ε_{cu} 时,压区混凝土被压碎,梁正截面受弯破坏。此时,纵向受力钢筋尚未屈服。

图 5-10(b)给出了超筋梁的最终破坏状态以及通过应变计记录下的平均应变沿截面高度的变化情况。从平均应变的意义上讲,对超筋梁来说平截面假定仍能符合。超筋梁混凝土压碎而失去承载力时,钢筋尚未屈服;梁中虽然出现大量裂缝,但裂缝宽度较小,梁的变形较小,破坏具有突发性。这种破坏称为超筋破坏,属于脆性破坏。

当梁中纵向受力钢筋的配筋率 ρ 很小时(称为少筋梁),梁正截面的受弯破坏仅经历弹性

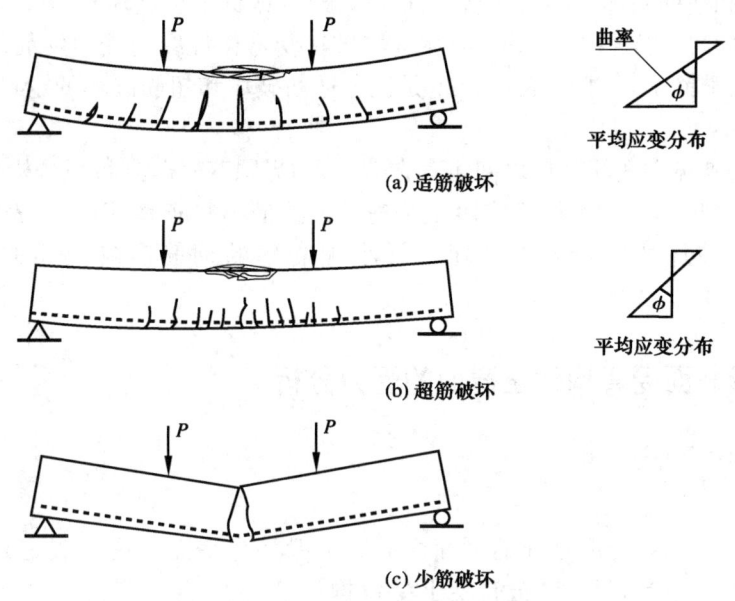

图 5-10 钢筋混凝土梁的破坏形态

阶段(Ⅰ阶段)。当荷载较小时,梁处于线弹性状态。梁开裂后裂缝截面受拉区混凝土承受的拉力全部转给钢筋。由于配筋率 ρ 很小,钢筋无法承受混凝土转嫁而来的拉力,应力激增,并迅速越过屈服平台和强化段达到极限强度,钢筋被拉断,受拉裂缝发展至梁顶,梁由于脆性断裂而破坏,混凝土的抗压强度未得到充分发挥。

图 5-10(c)给出了少筋梁的最终破坏状态。少筋梁钢筋拉断后,梁断为两截,破坏前梁上无裂缝,梁仅产生弹性变形。这种破坏称为少筋破坏,属突发性的脆性破坏,具有很大的危险性。

2. 试验结论

图 5-11、图 5-12 分别给出了根据试验荷载和应变计测得的应变换算出的截面弯矩-曲率关系曲线以及根据试验荷载和位移计记录得出的梁的荷载-位移关系曲线。由图中的结果可以看出,少筋梁的承载能力和变形能力均很差,超筋梁虽有较高的承载力,但其变形能力很差,二者均不是良好的结构构件;适筋梁既具有较高的承载力,又具有很好的变形能力,是良好的结构构件。

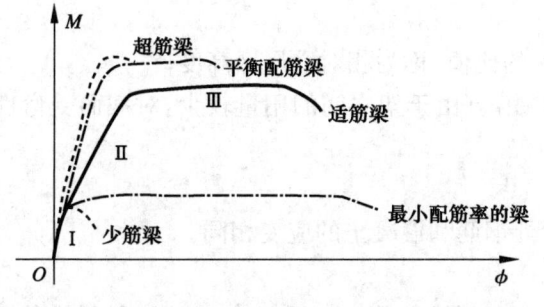

图 5-11 不同钢筋混凝土梁正截面的弯矩-曲率关系曲线

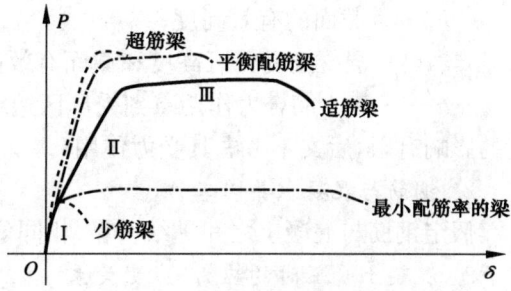

图 5-12 不同钢筋混凝土梁的荷载-位移关系曲线

在超筋破坏和适筋破坏之间存在着一种界限破坏(或称平衡破坏)。其破坏特征是在纵向受拉钢筋屈服的同时,混凝土被压碎。发生界限破坏受弯构件纵向受力钢筋的配筋率称为界限配筋率(或平衡配筋率),用 ρ_b 表示。ρ_b 是区分适筋破坏和超筋破坏的定量指标,也是适筋构件的最大配筋率。

同样,在少筋破坏和适筋破坏之间也存在着一种"界限"破坏,其特征是构件的屈服弯矩和开裂弯矩相等。这种构件的配筋率实际上是适筋梁的最小配筋率,用 ρ_{min} 表示。ρ_{min} 是区分适筋破坏和少筋破坏的定量指标。配置最小配筋率的钢筋混凝土梁的变形能力最大(图 5-11、图 5-12)。

5.5 单筋矩形截面受弯构件正截面的受力分析

5.5.1 基本假定

1. 平截面假定

所谓平截面假定,即变形之前的平面变形后仍保持为平面。这一假定是材料力学中梁弯曲理论的基础。试验表明,钢筋混凝土受弯构件开裂前满足平截面假定;开裂后,尽管开裂截面一分为二,但从平均应变的意义上,平截面假定仍能成立。因此,认为在受弯构件的整个受力过程中平均应变符合平截面假定。根据平截面假定,可以方便地建立截面的相容(几何)关系。如图 5-13 所示,不考虑受拉区混凝土开裂后钢筋与混凝土间的相对滑移,截面的曲率与应变之间的几何关系如下:

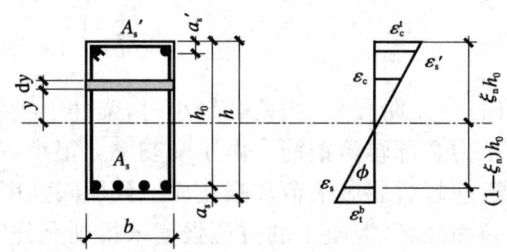

图 5-13 矩形截面受弯构件截面的应变分布

$$\phi = \frac{\varepsilon_c^t}{\xi_n h_0} = \frac{\varepsilon_c}{y} = \frac{\varepsilon_s'}{\xi_n h_0 - a_s'} = \frac{\varepsilon_s}{(1-\xi_n)h_0} \tag{5-1}$$

式中　ϕ——截面的曲率;
　　　ε_c——距中和轴距离为 y 处纤维的应变;
　　　ε_c^t——截面受压区边缘混凝土的压应变;
　　　ε_s,ε_s'——纵向受拉钢筋、架立筋的应变;
　　　h_0——截面的有效高度;
　　　ξ_n——混凝土受压区高度和截面有效高度的比值,称为相对受压区高度;
　　　a_s'——架立筋合力作用点到受压区边缘的距离(由于架立筋的用量较少,对截面受弯性能的影响有限,后文不考虑其受力作用)。

2. 钢筋与混凝土共同工作

假定钢筋与混凝土之间黏结可靠,相同位置处钢筋和混凝土的应变相同。

3. 混凝土受压时的应力-应变关系

由图 5-13 可以看出,混凝土受压区沿截面高度各纤维处的应变不相等,应变大的纤维的变形将受到应变小的纤维的约束。因此,可选用图 5-14 所示的混凝土的应力-应变关系。现行《混凝土结构设计规范》(GB 50010)针对图 5-14 的曲线,建议的应力-应变关系表达式见式(2-25)。

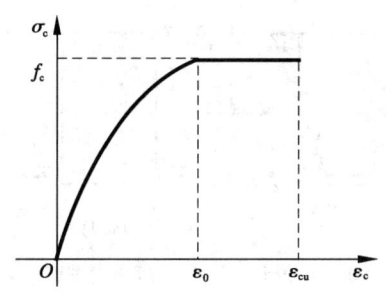
图 5-14 混凝土受压时的应力-应变关系

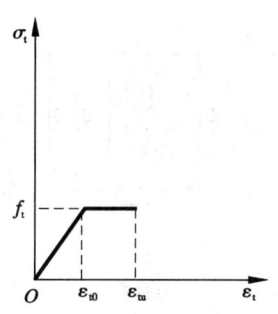
图 5-15 混凝土受拉时的应力-应变关系

4. 混凝土受拉时的应力-应变关系

由图 5-13 可以看出,混凝土受拉区沿截面高度各纤维处的应变不相等,应变大的纤维的变形将受到应变小的纤维的约束。因此,可选用图 5-15 所示的混凝土的应力-应变关系,其数学表达式为

$$\left. \begin{array}{ll} \sigma_t = E_c \varepsilon_t, & 0 \leqslant \varepsilon_t \leqslant \varepsilon_{t0} \\ \sigma_t = f_t, & \varepsilon_{t0} < \varepsilon_t \leqslant \varepsilon_{tu} \end{array} \right\} \quad (5-2)$$

式中　σ_t——拉应变为 ε_t 时混凝土的应力;

　　　f_t——混凝土的抗拉强度;

　　　ε_{t0}——拉应力达到 f_t 时混凝土的拉应变;

　　　ε_{tu}——混凝土的极限拉应变,可取 $\varepsilon_{tu} = 2\varepsilon_{t0}$。

混凝土开裂后,不考虑混凝土的抗拉作用。由图 5-9(c)可知,混凝土开裂后,构件截面中和轴附近还有少量混凝土处于受拉状态,但拉应力很小,对截面抗弯性能影响有限。

5. 钢筋的应力-应变关系

有明显屈服点的钢筋受拉时可采用图 5-16 所示的理想弹塑性的应力-应变关系。混凝土受弯构件中钢筋受拉变形后即使超过屈服平台进入强化段,也只能达到不大的范围。因此,在图 5-16 中不考虑强化段。理论曲线的方程见式(2-1)。

5.5.2 开裂前截面的受力分析

开裂前,截面处于弹性状态,其受力情况如图 5-17 所示。由上一节的分析可知,采用线性的物理关系。于是有

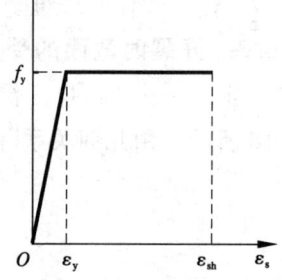
图 5-16 钢筋受拉时的应力-应变关系

$$\varepsilon_c = \frac{\sigma_c}{E_c}, \quad \varepsilon_t = \frac{\sigma_t}{E_c}, \quad \varepsilon_s = \frac{\sigma_s}{E_s} \quad (5-3)$$

考虑到钢筋和混凝土的共同工作性能,在受拉钢筋处

$$\varepsilon_s = \varepsilon_t \quad (5-4)$$

将其代入式(5-3)中的第三式,得出钢筋的应力为

$$\sigma_s = E_s \varepsilon_s = \frac{E_s}{E_c} \sigma_t = \alpha_E \sigma_t \quad (5-5)$$

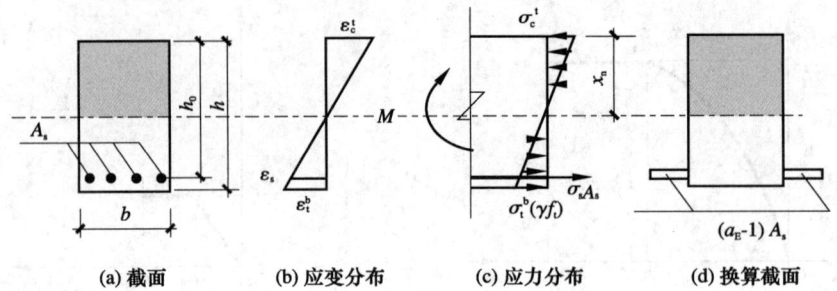

图 5-17 弹性阶段截面的计算简图

则钢筋的总拉力为
$$T = \sigma_s A_s = \alpha_E A_s \sigma_t \tag{5-6}$$

式中,$\alpha_E = E_s/E_c$,即为钢筋和混凝土的弹性模量比。

式(5-6)说明,只要按几何中心不变的原则将钢筋的面积等效成相应的混凝土的面积,则可将钢筋混凝土梁转换为单一的混凝土梁[图 5-17(d)]。于是,可用材料力学公式分析梁的正截面。

截面任一纤维处混凝土的应力以及纵向受拉钢筋的应力分别为

$$\sigma_{ci} = \frac{M y_0}{I_0} \tag{5-7}$$

$$\sigma_s = \alpha_E \frac{M(h_0 - x_n)}{I_0} \tag{5-8}$$

式中 x_n——换算截面受压区高度;

I_0——换算截面惯性矩;

y_0——任一纤维至换算截面中和轴的距离。

5.5.3 开裂时截面的受力分析

当 $\varepsilon_t^b = \varepsilon_{tu}$ 时,拉区混凝土开裂并退出工作,截面处于 I_a 状态。截面的计算简图如图 5-18 所示。由几何关系[图 5-18(b)]得

$$\phi_{cr} = \frac{\varepsilon_{tu}}{h - x_{cr}} = \frac{\varepsilon_c^t}{x_{cr}} = \frac{\varepsilon_s}{h_0 - x_{cr}} \tag{5-9}$$

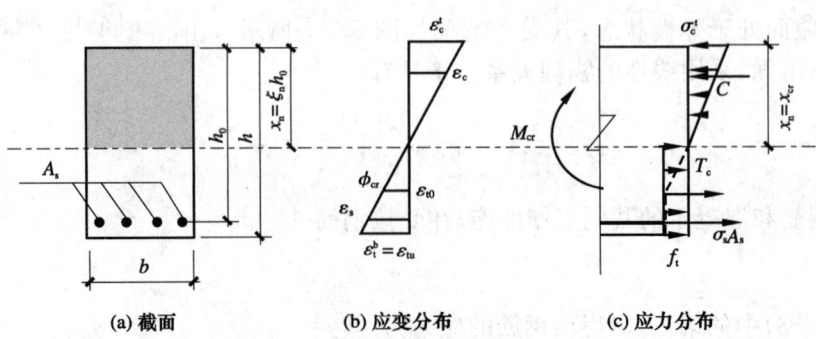

图 5-18 开裂时截面的计算简图

临近开裂时，由于压区混凝土的应力较小，仍可以认为压应力按线性分布。根据图 5-15 所示的混凝土受拉时的应力-应变关系以及拉区混凝土的应变分布[图 5-18(b)]，可确定拉区混凝土的拉应力分布如图 5-18(c)中的虚线所示。但是，开裂时混凝土中的拉应力很小，故用图 5-18(c)中的实线所示的矩形应力分布代替虚线所示的折线型应力分布，由此引起的误差很小，却给计算分析带来了方便。根据材料的应力-应变关系，可得出如下物理方程：

$$f_t = E_c \varepsilon_{t0} = 0.5 E_c \varepsilon_{tu}, \quad \sigma_c = E_c \varepsilon_c, \quad \sigma_s = E_s \varepsilon_s \tag{5-10}$$

利用构件纵轴向的平衡条件 $\sum X = 0$，得

$$0.5 \sigma_c^t b x_{cr} = f_t b (h - x_{cr}) + \sigma_s A_s \tag{5-11}$$

近似认为 $\varepsilon_s = \varepsilon_{tu}$，将式(5-9)代入式(5-10)，再代入式(5-11)，经整理简化后得

$$x_{cr} = \frac{1 + \dfrac{2\alpha_E A_s}{bh}}{1 + \dfrac{\alpha_E A_s}{bh}} \cdot \frac{h}{2} \tag{5-12}$$

对一般钢筋混凝土梁，$A_s/(bh) = (0.5 \sim 2)\%$，$\alpha_E = 6.7 \sim 8.0$，代入式(5-12)得 $x_{cr} \approx 0.5h$。将此值代入式(5-9)，则开裂截面的曲率为

$$\phi_{cr} = \frac{2\varepsilon_{tu}}{h} \tag{5-13}$$

利用对压区合力作用点的力矩平衡条件 $\sum M = 0$，可求出截面的开裂弯矩

$$M_{cr} = f_t b (h - x_{cr}) \left(\frac{h - x_{cr}}{2} + \frac{2 x_{cr}}{3} \right) + 2 \alpha_E f_t A_s \left(h_0 - \frac{x_{cr}}{3} \right) \tag{5-14}$$

设 $h_0 = 0.92h$，令 $\alpha_A = 2\alpha_E \cdot \dfrac{A_s}{bh}$，再由 $x_{cr} = 0.5h$ 得

$$M_{cr} = 0.292 (1 + 2.5 \alpha_A) f_t b h^2 \tag{5-15}$$

同样，也可利用弹性理论来计算截面的开裂弯矩。引入截面的塑性抵抗矩系数 γ，认为开裂前截面的应力仍按线性分布。当受拉边缘混凝土的应力达到 γf_t 时截面开裂，如图 5-17(c)所示。于是截面的开裂弯矩为

$$M_{cr} = \gamma f_t \frac{I_0}{y_0} = \gamma f_t W_0 \tag{5-16}$$

式中　W_0——换算截面的抵抗矩；

　　　γ——截面的塑性抵抗矩系数，具体数值将在第 10 章中讨论。

【例 5-1】　钢筋混凝土梁的截面如图 5-19 所示。已知 $b = 250$ mm，$h = 600$ mm，混凝土保护层厚度 $c = 25$ mm，混凝土和钢筋材料的性能指标为：$f_c = 23$ N/mm²，$f_t = 2.6$ N/mm²，$E_c = 2.51 \times 10^4$ N/mm²；$f_y = 357$ N/mm²，$E_s = 1.97 \times 10^5$ N/mm²。试计算：

(1) 当受拉区配有 $2 \Phi 22 (A_s = 760$ mm²$)$ 的纵向受拉钢筋时，截面的开裂弯矩 M_{cr} 及相应的 σ_s、σ_c^t 和 ϕ_{cr}；

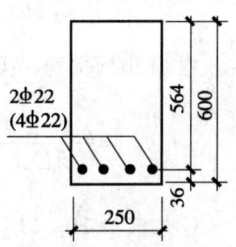

图 5-19　梁的截面尺寸和配筋

(2) 当受拉区配有 4 Φ 22(A_s = 1 520 mm²)的纵向受拉钢筋时,截面的开裂弯矩 M_{cr} 及相应的 σ_s、σ_c^t 和 ϕ_{cr}。

【解】 (1) 求当 A_s = 760 mm² 时的开裂弯矩 M_{cr} 及相应的 σ_s、σ_c^t、ϕ_{cr}

按式(5-12)及式(5-14)求 x_{cr} 及 M_{cr},则有

$$\alpha_E = \frac{E_s}{E_c} = \frac{1.97 \times 10^5}{2.51 \times 10^4} = 7.849$$

$$\frac{\alpha_E A_s}{bh} = \frac{7.849 \times 760}{250 \times 600} = 0.04, \qquad \alpha_A = \frac{2\alpha_E A_s}{bh} = 0.08$$

$$x_{cr} = \frac{1 + \dfrac{2\alpha_E A_s}{bh}}{1 + \dfrac{\alpha_E A_s}{bh}} \cdot \frac{h}{2} = \frac{1 + 0.08}{1 + 0.04} \times \frac{600}{2} = 312 \text{ mm}$$

$$h_0 = 600 - 25 - \frac{22}{2} = 564 \text{ mm}$$

由式(5-14)得

$$M_{cr} = f_t b(h - x_{cr})\left(\frac{h - x_{cr}}{2} + \frac{2x_{cr}}{3}\right) + 2\alpha_E f_t A_s\left(h_0 - \frac{x_{cr}}{3}\right)$$

$$= 2.6 \times 250 \times (600 - 312) \times \left(\frac{600 - 312}{2} + \frac{2 \times 312}{3}\right)$$

$$+ 2 \times 7.849 \times 2.6 \times 760 \times \left(564 - \frac{312}{3}\right) = 80.163 \text{ kN} \cdot \text{m}$$

应用式(5-15)得

$$M_{cr} = 0.292(1 + 2.5\alpha_A)f_t bh^2$$

$$= 0.292 \times (1 + 2.5 \times 0.080) \times 2.6 \times 250 \times 600^2 = 81.993 \text{ kN} \cdot \text{m}$$

式(5-15)和式(5-14)之间的误差约为 2%。

$$\sigma_s = 2\alpha_E f_t = 2 \times 7.849 \times 2.6 = 40.81 \text{ N/mm}^2$$

根据截面静力平衡条件式(5-11)求 σ_c^t,可得

$$\sigma_c^t = \frac{f_t b(h - x_{cr}) + \sigma_s A_s}{0.5 b x_{cr}} = \frac{2.6 \times 250 \times (600 - 312) + 40.81 \times 760}{0.5 \times 250 \times 312} = 5.60 \text{ N/mm}^2$$

根据几何关系式(5-4)求 ϕ_{cr},可得

$$\phi_{cr} = \frac{f_t}{0.5 E_c (h - x_{cr})} = \frac{2.6}{0.5 \times 2.51 \times 10^4 \times (600 - 312)} = 7.2 \times 10^{-7} \text{ 1/mm}$$

(2) 求当 A_s = 1 520 mm² 时的开裂弯矩及相应的 σ_s、σ_c^t、ϕ_{cr}

$$\frac{\alpha_E A_s}{bh} = \frac{7.849 \times 1\,520}{250 \times 600} = 0.080, \qquad \alpha_A = \frac{2\alpha_E A_s}{bh} = 0.160$$

$$x_{cr} = \frac{1 + \frac{2\alpha_E A_s}{bh}}{1 + \frac{\alpha_E A_s}{bh}} \cdot \frac{h}{2} = \frac{1 + 0.16}{1 + 0.08} \times \frac{600}{2} = 322 \text{ mm}, \quad h_0 = 564 \text{ mm}$$

$$M_{cr} = f_t b(h - x_{cr})\left(\frac{h - x_{cr}}{2} + \frac{2x_{cr}}{3}\right) + 2\alpha_E f_t A_s\left(h_0 - \frac{x_{cr}}{3}\right)$$

$$= 2.6 \times 250 \times (600 - 322) \times \left(\frac{600 - 322}{2} + \frac{2 \times 322}{3}\right)$$

$$+ 2 \times 7.849 \times 2.6 \times 1\,520 \times \left(564 - \frac{322}{3}\right) = 92.238 \text{ kN} \cdot \text{m}$$

应用式(5-15)得

$$M_{cr} = 0.292(1 + 2.5\alpha_A)f_t bh^2$$

$$= 0.292 \times (1 + 2.5 \times 0.160) \times 2.6 \times 250 \times 600^2 = 95.659 \text{ kN} \cdot \text{m}$$

式(5-15)和式(5-14)之间的误差约为4%。

$$\sigma_s = 2\alpha_E f_t = 2 \times 7.849 \times 2.6 = 40.81 \text{ N/mm}^2$$

根据截面静力平衡条件式(5-11)求 σ_c^t,可得

$$\sigma_c^t = \frac{f_t b(h - x_{cr}) + \sigma_s A_s}{0.5 b x_{cr}} = \frac{2.6 \times 250 \times (600 - 322) + 40.81 \times 1\,520}{0.5 \times 250 \times 322} = 6.03 \text{ N/mm}^2$$

根据几何关系式(5-4)求 ϕ_{cr},可得

$$\phi_{cr} = \frac{f_t}{0.5 E_c (h - x_{cr})} = \frac{2.6}{0.5 \times 2.51 \times 10^4 \times (600 - 322)} = 7.45 \times 10^{-7} \text{ 1/mm}$$

由计算结果可以看出,当钢筋的用量增加1倍时,截面的开裂弯矩仅提高15%。故增加配筋量对改善截面的抗开裂能力效果不明显。

5.5.4 开裂后截面的受力分析

1. 压区混凝土处于弹性阶段

截面开裂后,拉区混凝土退出工作。当 M 较小时,可以认为 σ_c 按线性分布。图 5-20 给出了此时截面的计算分析简图。由平截面假定得相容关系为

$$\phi = \frac{\varepsilon_c^t}{\xi_n h_0} = \frac{\varepsilon_s}{(1 - \xi_n)h_0} = \frac{\varepsilon_c}{y} \tag{5-17}$$

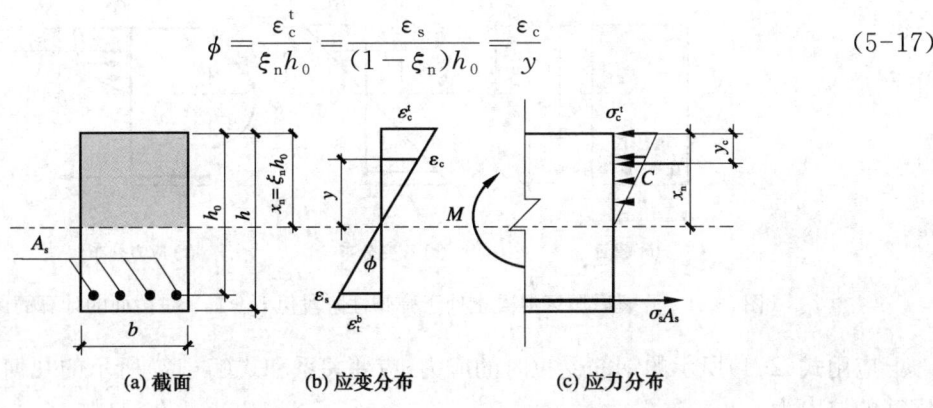

(a) 截面   (b) 应变分布   (c) 应力分布

图 5-20 开裂后混凝土压应力为线性分布时截面的计算简图

应用式(2-29)和上述相容关系,得

$$\sigma_c = E_c \varepsilon_c = E_c \varepsilon_c^t \frac{y}{\xi_n h_0} = \sigma_c^t \frac{y}{\xi_n h_0} \tag{5-18}$$

由 $\sum X = 0$,得

$$0.5\sigma_c^t b \xi_n h_0 = \sigma_s A_s = E_s \varepsilon_s A_s = E_s \frac{(1-\xi_n) h_0}{\xi_n h_0} \varepsilon_c^t A_s = \alpha_E \frac{1-\xi_n}{\xi_n} \sigma_c^t A_s \tag{5-19}$$

简化整理,得

$$\xi_n^2 + 2\alpha_E \rho \xi_n - 2\alpha_E \rho = 0 \tag{5-20}$$

解得

$$\xi_n = \sqrt{(\alpha_E \rho)^2 + 2\alpha_E \rho} - \alpha_E \rho \tag{5-21}$$

由截面的弯矩平衡条件 $\sum M = 0$,对受拉区钢筋作用点或对受压区混凝土合力作用点取矩,得

$$M = 0.5\sigma_c^t b \xi_n h_0^2 \left(1 - \frac{1}{3}\xi_n\right) = \sigma_s A_s h_0 \left(1 - \frac{1}{3}\xi_n\right) \tag{5-22}$$

2. 压区混凝土处于弹塑性阶段,但 $\varepsilon_c^t < \varepsilon_0$

图 5-21 给出了开裂后压区顶部混凝土的应变 $\varepsilon_c^t < \varepsilon_0$ 时截面的计算简图。以混凝土强度等级不大于 C50 的钢筋混凝土受弯构件为例,忽略拉区混凝土的抗拉作用,应用式(2-25)所示的混凝土受压时的应力-应变关系和式(5-17)所示的几何关系,分别求得压区混凝土的压力 C 及其作用点到压区混凝土边缘的距离 y_c 为

$$C = f_c b \int_0^{\xi_n h_0} \left(2\frac{\varepsilon_c}{\varepsilon_0} - \frac{\varepsilon_c^2}{\varepsilon_0^2}\right) dy$$

$$= f_c b \int_0^{\xi_n h_0} \left(2\frac{\varepsilon_c^t}{\xi_n h_0 \varepsilon_0} y - \frac{\varepsilon_c^{t2}}{\xi_n^2 h_0^2 \varepsilon_0^2} y^2\right) dy = f_c b \xi_n h_0 \left(\frac{\varepsilon_c^t}{\varepsilon_0} - \frac{\varepsilon_c^{t2}}{3\varepsilon_0^2}\right) \tag{5-23}$$

$$y_c = \xi_n h_0 - \frac{f_c b \int_0^{\xi_n h_0} \left(2\frac{\varepsilon_c}{\varepsilon_0} - \frac{\varepsilon_c^2}{\varepsilon_0^2}\right) y \, dy}{f_c b \int_0^{\xi_n h_0} \left(2\frac{\varepsilon_c}{\varepsilon_0} - \frac{\varepsilon_c^2}{\varepsilon_0^2}\right) dy} = \xi_n h_0 \cdot \frac{\frac{1}{3} - \frac{\varepsilon_c^t}{12\varepsilon_0}}{1 - \frac{\varepsilon_c^t}{3\varepsilon_0}} \tag{5-24}$$

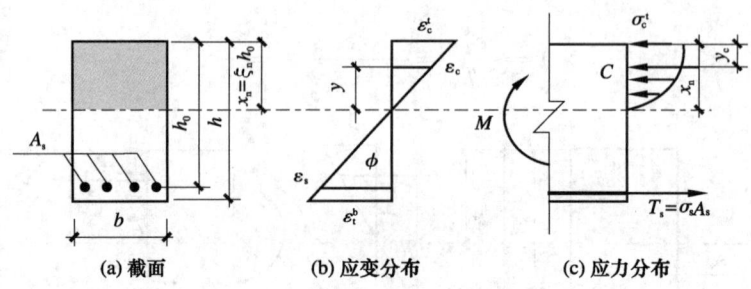

图 5-21 开裂后压区混凝土处于弹塑性阶段但 $\varepsilon_c^t < \varepsilon_0$ 时截面的计算简图

应用式(2-1)所示的钢筋受拉时的应力-应变关系和式(5-17)所示的几何关系,求得受拉钢筋的拉力为

$$T_s = \sigma_s A_s = E_s \varepsilon_s A_s = E_s \frac{1-\xi_n}{\xi_n} \varepsilon_c^t A_s \tag{5-25}$$

由 $\sum X = 0$，得

$$f_c b \xi_n h_0 \left(\frac{\varepsilon_c^t}{\varepsilon_0} - \frac{\varepsilon_c^{t2}}{3\varepsilon_0^2} \right) = E_s \frac{1-\xi_n}{\xi_n} \varepsilon_c^t A_s \tag{5-26}$$

经整理，得

$$f_c \xi_n^2 \left(\frac{1}{\varepsilon_0} - \frac{\varepsilon_c^t}{3\varepsilon_0^2} \right) = E_s (1-\xi_n) \rho \tag{5-27}$$

解此一元二次方程，可求出 ξ_n。再由 $\sum M = 0$，得

$$M = f_c b \xi_n h_0^2 \left(\frac{\varepsilon_c^t}{\varepsilon_0} - \frac{\varepsilon_c^{t2}}{3\varepsilon_0^2} \right) \left(1 - \xi_n \frac{\frac{1}{3} - \frac{\varepsilon_c^t}{12\varepsilon_0}}{1 - \frac{\varepsilon_c^t}{3\varepsilon_0}} \right) = \sigma_s A_s h_0 \left(1 - \xi_n \frac{\frac{1}{3} - \frac{\varepsilon_c^t}{12\varepsilon_0}}{1 - \frac{\varepsilon_c^t}{3\varepsilon_0}} \right) \quad (\sigma_s \leqslant f_y) \tag{5-28}$$

3. 压区混凝土处于弹塑性阶段，但 $\varepsilon_0 \leqslant \varepsilon_c^t \leqslant \varepsilon_{cu}$

图 5-22 给出了开裂后压区顶部混凝土的应变 $\varepsilon_0 \leqslant \varepsilon_c^t \leqslant \varepsilon_{cu}$ 时截面的计算简图。仍以混凝土强度等级不大于 C50 的钢筋混凝土受弯构件为例，作与上一节类似的分析有

$$C = f_c b \xi_n h_0 \left(1 - \frac{1}{3} \cdot \frac{\varepsilon_0}{\varepsilon_c^t} \right) \tag{5-29}$$

$$y_c = \xi_n h_0 \left[1 - \frac{\frac{1}{2} - \frac{1}{12} \left(\frac{\varepsilon_0}{\varepsilon_c^t} \right)^2}{1 - \frac{1}{3} \cdot \frac{\varepsilon_0}{\varepsilon_c^t}} \right] \tag{5-30}$$

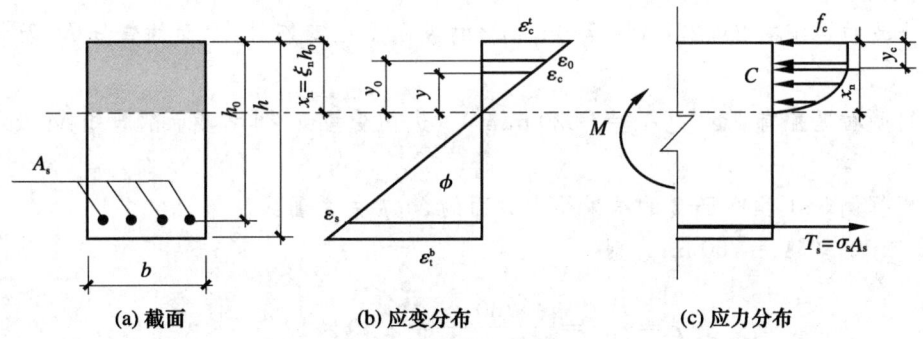

图 5-22 开裂后压区混凝土处于弹塑性阶段但 $\varepsilon_0 \leqslant \varepsilon_c^t \leqslant \varepsilon_{cu}$ 时截面的计算简图

钢筋中的拉力同式(5-25)，由 $\sum X = 0$，得

$$f_c b \xi_n h_0 \left(1 - \frac{\varepsilon_0}{3\varepsilon_c^t} \right) = E_s \frac{1-\xi_n}{\xi_n} \varepsilon_c^t A_s \tag{5-31}$$

经整理，得

$$f_c \xi_n^2 \left(1 - \frac{\varepsilon_0}{3\varepsilon_c^t} \right) = E_s (1-\xi_n) \varepsilon_c^t \rho \tag{5-32}$$

解此一元二次方程，可求出 ξ_n。再由 $\sum M = 0$ 得

$$M = f_c b \xi_n h_0^2 \left(1 - \frac{1}{3} \cdot \frac{\varepsilon_0}{\varepsilon_c^t}\right) \left\{1 - \xi_n \left[1 - \frac{\frac{1}{2} - \frac{1}{12}\left(\frac{\varepsilon_0}{\varepsilon_c^t}\right)^2}{1 - \frac{1}{3} \cdot \frac{\varepsilon_0}{\varepsilon_c^t}}\right]\right\}$$

$$= \sigma_s A_s h_0 \left\{1 - \xi_n \left[1 - \frac{\frac{1}{2} - \frac{1}{12}\left(\frac{\varepsilon_0}{\varepsilon_c^t}\right)^2}{1 - \frac{1}{3} \cdot \frac{\varepsilon_0}{\varepsilon_c^t}}\right]\right\} \quad (\sigma_s \leqslant f_y) \tag{5-33}$$

5.5.5　破坏时截面的受力分析

当 $\varepsilon_c^t = \varepsilon_{cu}$ 时，压区混凝土压碎，截面破坏。对强度等级不大于 C50 的混凝土，$\varepsilon_c^t = \varepsilon_{cu} = 0.0033$，$\varepsilon_0 = 0.002$。将其代入式(5-32)和式(5-33)，经整理，得

$$f_c \xi_n^2 - 0.00414 E_s (1 - \xi_n) \rho = 0 \tag{5-34}$$

$$M_u = 0.798 f_c \xi_n b h_0^2 (1 - 0.412 \xi_n) = \sigma_s A_s h_0 (1 - 0.412 \xi_n) \quad (\sigma_s \leqslant f_y) \tag{5-35}$$

对适筋梁，混凝土压碎前受拉钢筋已屈服（处于 III_a 状态），以 $\sigma_s = f_y$ 代入，式(5-35)还可以进一步简化

$$\xi_n = 1.253 \rho \frac{f_y}{f_c} \tag{5-36}$$

$$M_u = 0.798 f_c \xi_n b h_0^2 (1 - 0.412 \xi_n) = f_y A_s h_0 (1 - 0.412 \xi_n) \tag{5-37}$$

【例 5-2】　条件同例 5-1，当 ε_c^t 分别等于 0.0008，0.0010，0.0015，0.0020，0.0025 及 0.0033 时，计算

(1) 当受拉区配有 $2\Phi 22$ ($A_s = 760 \text{ mm}^2$) 的纵向受拉钢筋时，截面的弯矩 M 及相应的 ϕ 和 σ_s；

(2) 当受拉区配有 $4\Phi 22$ ($A_s = 1520 \text{ mm}^2$) 的纵向受拉钢筋时，截面的弯矩 M 及相应的 ϕ 和 σ_s；

(3) 根据例 5-1 和例 5-2 的结果绘出截面的 M-ϕ 关系曲线。

【解】　(1) 当 $A_s = 760 \text{ mm}^2$ 时

$$\rho = \frac{A_s}{b h_0} = \frac{760}{250 \times 564} = 5.39 \times 10^{-3}$$

① $\varepsilon_c^t = 0.0008$ 时

$\varepsilon_c^t < \varepsilon_0$，由式(5-27)得

$$23 \xi_n^2 \left(\frac{1}{0.002} - \frac{0.0008}{3 \times 0.002^2}\right) = 1.97 \times 10^5 \times (1 - \xi_n) \times 5.39 \times 10^{-3}$$

$$9.386 \xi_n^2 + \xi_n - 1 = 0$$

解得

$$\xi_n = 0.277$$

$$\sigma_s = E_s \frac{1-\xi_n}{\xi_n}\varepsilon_c^t = 1.97 \times 10^5 \times \frac{1-0.277}{0.277} \times 0.0008 = 411.35 \text{ N/mm}^2 > f_y = 357 \text{ N/mm}^2$$

钢筋已经屈服，重新计算 ξ_n，$\sigma_s = f_y$。

$$23\xi_n\left(\frac{0.0008}{0.002} - \frac{0.0008^2}{3 \times 0.002^2}\right) = 5.39 \times 10^{-3} \times 357$$

$$7.973\xi_n = 1.924, \quad \xi_n = 0.241$$

由式(5-28)得

$$M = \sigma_s A_s h_0 \left[1 - \xi_n \frac{\frac{1}{3} - \frac{\varepsilon_c^t}{12\varepsilon_0}}{1 - \frac{\varepsilon_c^t}{3\varepsilon_0}}\right]$$

$$= 357 \times 760 \times 564 \times \left[1 - 0.241 \times \frac{\frac{1}{3} - \frac{0.0008}{12 \times 0.002}}{1 - \frac{0.0008}{3 \times 0.002}}\right] = 140.259 \text{ kN} \cdot \text{m}$$

$$\phi = \frac{\varepsilon_c^t}{\xi_n h_0} = \frac{0.0008}{0.241 \times 564} = 5.89 \times 10^{-6} \text{ 1/mm}$$

② $\varepsilon_c^t = 0.0010$ 时

钢筋已屈服，$\sigma_s = f_y$，$\varepsilon_c^t < \varepsilon_0$，由式(5-26)得

$$23\xi_n\left(\frac{0.0010}{0.002} - \frac{0.0010^2}{3 \times 0.002^2}\right) = 5.39 \times 10^{-3} \times 357$$

$$9.583\xi_n = 1.924, \quad \xi_n = 0.201$$

由式(5-28)得

$$M = 357 \times 760 \times 564 \times \left[1 - 0.201 \times \frac{\frac{1}{3} - \frac{0.0010}{12 \times 0.002}}{1 - \frac{0.0010}{3 \times 0.002}}\right] = 142.261 \text{ kN} \cdot \text{m}$$

$$\phi = \frac{\varepsilon_c^t}{\xi_n h_0} = \frac{0.0010}{0.201 \times 564} = 8.82 \times 10^{-6} \text{ 1/mm}$$

③ $\varepsilon_c^t = 0.0015$ 时

钢筋已屈服，$\sigma_s = f_y$，$\varepsilon_c^t < \varepsilon_0$，由式(5-26)得

$$23\xi_n\left(\frac{0.0015}{0.002} - \frac{0.0015^2}{3 \times 0.002^2}\right) = 5.39 \times 10^{-3} \times 357$$

$$12.938\xi_n = 1.924, \quad \xi_n = 0.149$$

由式(5-28)得

$$M = 357 \times 760 \times 564 \times \left[1 - 0.149 \times \frac{\frac{1}{3} - \frac{0.0015}{12 \times 0.002}}{1 - \frac{0.0015}{3 \times 0.002}}\right] = 144.792 \text{ N} \cdot \text{m}$$

$$\phi = \frac{\varepsilon_c^t}{\xi_n h_0} = \frac{0.0015}{0.149 \times 564} = 17.85 \times 10^{-6} \text{ 1/mm}$$

④ $\varepsilon_c^t = 0.0020$ 时

钢筋已屈服，$\sigma_s = f_y$，$\varepsilon_0 \leqslant \varepsilon_c^t \leqslant \varepsilon_{cu}$，由式(5-31)得

$$23\xi_n \left(1 - \frac{0.002}{3 \times 0.0020}\right) = 5.39 \times 10^{-3} \times 357$$

$$15.333\xi_n = 1.924, \quad \xi_n = 0.125$$

由式(5-33)得

$$M = \sigma_s A_s h_0 \left\{1 - \xi_n \left[1 - \frac{\frac{1}{2} - \frac{1}{12}\left(\frac{\varepsilon_0}{\varepsilon_c^t}\right)^2}{1 - \frac{\varepsilon_0}{3\varepsilon_c^t}}\right]\right\}$$

$$= 357 \times 760 \times 564 \times \left\{1 - 0.125 \times \left[1 - \frac{\frac{1}{2} - \frac{1}{12}\left(\frac{0.002}{0.0020}\right)^2}{1 - \frac{0.002}{3 \times 0.0020}}\right]\right\}$$

$$= 145.852 \text{ kN} \cdot \text{m}$$

$$\phi = \frac{\varepsilon_c^t}{\xi_n h_0} = \frac{0.0020}{0.125 \times 564} = 28.37 \times 10^{-6} \text{ 1/mm}$$

⑤ $\varepsilon_c^t = 0.0025$ 时

钢筋已屈服，$\sigma_s = f_y$，$\varepsilon_0 \leqslant \varepsilon_c^t \leqslant \varepsilon_{cu}$，由式(5-31)得

$$23\xi_n \left(1 - \frac{0.002}{3 \times 0.0025}\right) = 5.39 \times 10^{-3} \times 357$$

$$16.867\xi_n = 1.924, \quad \xi_n = 0.114$$

由式(5-33)得

$$M = 357 \times 760 \times 564 \times \left\{1 - 0.114 \times \left[1 - \frac{\frac{1}{2} - \frac{1}{12}\left(\frac{0.002}{0.0025}\right)^2}{1 - \frac{0.002}{3 \times 0.0025}}\right]\right\} = 146.206 \text{ kN} \cdot \text{m}$$

$$\phi = \frac{\varepsilon_c^t}{\xi_n h_0} = \frac{0.0025}{0.114 \times 564} = 38.88 \times 10^{-6} \text{ 1/mm}$$

⑥ $\varepsilon_c^t = 0.0033$ 时

钢筋已屈服，$\sigma_s = f_y$，$\varepsilon_c^t = \varepsilon_{cu}$，由式(5-36)得

$$\xi_n = 1.253 \rho \frac{f_y}{f_c} = 1.253 \times 5.39 \times 10^{-3} \times \frac{357}{23} = 0.105$$

由式(5-37)得

$$M_u = f_y A_s h_0 (1 - 0.412\xi_n) = 357 \times 760 \times 564 \times (1 - 0.412 \times 0.105) = 146.405 \text{ kN} \cdot \text{m}$$

$$\phi_u = \frac{\varepsilon_c^t}{\xi_n h_0} = \frac{0.0033}{0.105 \times 564} = 55.72 \times 10^{-6} \text{ 1/mm}$$

(2) 当 $A_s = 1520 \text{ mm}^2$ 时

$$\rho = \frac{A_s}{bh_0} = \frac{1520}{250 \times 564} = 10.78 \times 10^{-3}$$

① $\varepsilon_c^t = 0.0008$ 时

$\varepsilon_c^t < \varepsilon_0$，由式(5-27)得

$$23\xi_n^2 \left(\frac{1}{0.002} - \frac{0.0008}{3 \times 0.002^2} \right) = 1.97 \times 10^5 \times (1-\xi_n) \times 10.78 \times 10^{-3}$$

$$4.693\xi_n^2 + \xi_n - 1 = 0$$

解得 $\xi_n = 0.367$

$$\sigma_s = E_s \frac{1-\xi_n}{\xi_n} \varepsilon_c^t = 1.97 \times 10^5 \times \frac{1-0.367}{0.367} \times 0.0008 = 271.83 \text{ N/mm}^2$$

由式(5-28)得

$$M = \sigma_s A_s h_0 \left[1 - \xi_n \frac{\frac{1}{3} - \frac{\varepsilon_c^t}{12\varepsilon_0}}{1 - \frac{\varepsilon_c^t}{3\varepsilon_0}} \right] = 271.83 \times 1520 \times 564 \times \left[1 - 0.367 \times \frac{\frac{1}{3} - \frac{0.0008}{12 \times 0.002}}{1 - \frac{0.0008}{3 \times 0.002}} \right]$$

$$= 203.431 \text{ kN} \cdot \text{m}$$

$$\phi = \frac{\varepsilon_c^t}{\xi_n h_0} = \frac{0.0008}{0.367 \times 564} = 3.86 \times 10^{-6} \text{ 1/mm}$$

② $\varepsilon_c^t = 0.0010$ 时

$\varepsilon_c^t < \varepsilon_0$，由式(5-27)得

$$23\xi_n^2 \left(\frac{1}{0.002} - \frac{0.0010}{3 \times 0.002^2} \right) = 1.97 \times 10^5 \times (1-\xi_n) \times 10.78 \times 10^{-3}$$

$$4.513\xi_n^2 + \xi_n - 1 = 0$$

解得 $\xi_n = 0.373$

$$\sigma_s = E_s \frac{1-\xi_n}{\xi_n} \varepsilon_c^t = 1.97 \times 10^5 \times \frac{1-0.373}{0.373} \times 0.0010 = 331.15 \text{ N/mm}^2 < f_y = 357 \text{ N/mm}^2$$

由式(5-28)得

$$M = 331.15 \times 1520 \times 564 \times \left[1 - 0.373 \times \frac{\frac{1}{3} - \frac{0.0010}{12 \times 0.002}}{1 - \frac{0.0010}{3 \times 0.002}} \right] = 246.833 \text{ kN} \cdot \text{m}$$

$$\phi = \frac{\varepsilon_c^t}{\xi_n h_0} = \frac{0.0010}{0.373 \times 564} = 4.75 \times 10^{-6} \text{ 1/mm}$$

③ $\varepsilon_c^t = 0.0015$ 时

$\varepsilon_c^t < \varepsilon_0$，由式(5-27)得

$$23\xi_n^2 \left(\frac{1}{0.002} - \frac{0.0015}{3 \times 0.002^2} \right) = 1.97 \times 10^5 \times (1-\xi_n) \times 10.78 \times 10^{-3}$$

$$4.061\xi_n^2 + \xi_n - 1 = 0$$

解得
$$\xi_n = 0.388$$

$$\sigma_s = E_s \frac{1-\xi_n}{\xi_n} \varepsilon_c^t = 1.97 \times 10^5 \times \frac{1-0.388}{0.388} \times 0.0015$$
$$= 466.10 \text{ N/mm}^2 > f_y = 357 \text{ N/mm}^2$$

钢筋已屈服，重新计算 ξ_n，$\sigma_s = f_y$，由式(5-26)得

$$23\xi_n^2 \left(\frac{0.0015}{0.002} - \frac{0.0015^2}{3 \times 0.002^2} \right) = 10.78 \times 10^{-3} \times 357$$

$$12.938\xi_n = 3.849, \quad \xi_n = 0.297$$

由式(5-28)得

$$M = 357 \times 1520 \times 564 \times \left[1 - 0.297 \times \frac{\frac{1}{3} - \frac{0.0015}{12 \times 0.002}}{1 - \frac{0.0015}{3 \times 0.002}} \right] = 273.229 \text{ kN} \cdot \text{m}$$

$$\phi = \frac{\varepsilon_c^t}{\xi_n h_0} = \frac{0.0015}{0.297 \times 564} = 8.95 \times 10^{-6} \text{ 1/mm}$$

④ $\varepsilon_c^t = 0.0020$ 时

钢筋已屈服，$\sigma_s = f_y$，$\varepsilon_0 \leqslant \varepsilon_c^t \leqslant \varepsilon_{cu}$，由式(5-31)得

$$23\xi_n \left(1 - \frac{0.002}{3 \times 0.0020} \right) = 10.78 \times 10^{-3} \times 357$$

$$15.333\xi_n = 3.849, \quad \xi_n = 0.251$$

由式(5-33)得

$$M = \sigma_s A_s h_0 \left\{ 1 - \xi_n \left[1 - \frac{\frac{1}{2} - \frac{1}{12}\left(\frac{\varepsilon_0}{\varepsilon_c^t}\right)^2}{1 - \frac{\varepsilon_0}{3\varepsilon_c^t}} \right] \right\}$$

$$= 357 \times 1520 \times 564 \times \left\{ 1 - 0.251 \times \left[1 - \frac{\frac{1}{2} - \frac{1}{12}\left(\frac{0.002}{0.0020}\right)^2}{1 - \frac{0.002}{3 \times 0.0020}} \right] \right\} = 277.244 \text{ kN} \cdot \text{m}$$

$$\phi = \frac{\varepsilon_c^t}{\xi_n h_0} = \frac{0.0020}{0.251 \times 564} = 14.13 \times 10^{-6} \text{ 1/mm}$$

⑤ $\varepsilon_c^t = 0.0025$ 时

钢筋已屈服，$\sigma_s = f_y$，$\varepsilon_0 \leqslant \varepsilon_c^t \leqslant \varepsilon_{cu}$，由式(5-31)得

$$23\xi_n \left(1 - \frac{0.002}{3 \times 0.0025} \right) = 10.78 \times 10^{-3} \times 357$$

$$16.867\xi_n = 3.849, \quad \xi_n = 0.228$$

由式(5-33),得

$$M = 357 \times 1520 \times 564 \times \left\{1 - 0.228 \times \left[1 - \frac{\frac{1}{2} - \frac{1}{12}\left(\frac{0.002}{0.0025}\right)^2}{1 - \frac{0.002}{3 \times 0.0025}}\right]\right\} = 278.777 \text{ kN} \cdot \text{m}$$

$$\phi = \frac{\varepsilon_c^t}{\xi_n h_0} = \frac{0.0025}{0.228 \times 564} = 19.44 \times 10^{-6} \text{ 1/mm}$$

⑥ $\varepsilon_c^t = 0.0033$ 时

钢筋已屈服,$\sigma_s = f_y$,$\varepsilon_c^t = \varepsilon_{cu}$,由式(5-36)得

$$\xi_n = 1.253\rho \frac{f_y}{f_c}$$
$$= 1.253 \times 10.78 \times 10^{-3} \times \frac{357}{23} = 0.210$$

由式(5-37)得

$$M_u = f_y A_s h_0 (1 - 0.412\xi_n)$$
$$= 357 \times 1520 \times 564 \times (1 - 0.412 \times 0.210)$$
$$= 279.570 \text{ kN} \cdot \text{m}$$

$$\phi_u = \frac{\varepsilon_c^t}{\xi_n h_0} = \frac{0.0033}{0.210 \times 564} = 27.86 \times 10^{-6} \text{ 1/mm}$$

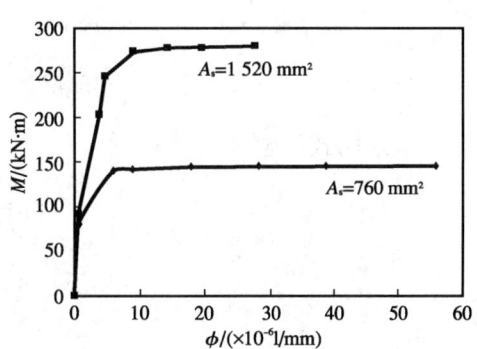

图 5-23 例 5-1、例 5-2 所示截面 M-ϕ 关系曲线的计算结果

(3) 绘制 M-ϕ 关系曲线

图 5-23 给出了根据例 5-1 和例 5-2 的计算结果绘制的具有不同配筋的钢筋混凝土单筋矩形截面的弯矩-曲率(M-ϕ)关系曲线。由图中的计算结果可以看出,随着配筋量的增加,截面的抗弯承载力会提高,但截面的变形能力会下降。

5.6 单筋矩形截面受弯构件正截面承载力的简化分析

上节对单筋矩形截面受弯构件的受力全过程进行了分析。实际应用中,为确保结构安全,往往更加关心构件的极限承载力。因此,下面将以承载力为中心进行讨论。对于单筋矩形截面,正截面的承载力就是其所能承受的最大弯矩 M_u。式(5-35)及式(5-37)已给出了 M_u 的计算公式,但这些公式比较复杂,应用起来不是很方便,有必要作进一步简化。

5.6.1 受压区混凝土等效矩形应力图形

造成式(5-35)或式(5-37)复杂的主要原因是在计算分析时受压区混凝土的应力采用了曲线分布[图 5-22(c)、图 5-24(c)]。若将曲线应力分布等效成矩形应力分布,则能使计算简化。等效的原则是:两个应力图形的合力 C 相等,合力的作用点 y_c 不变。如图 5-24(d)所示,设等效后混凝土的压应力为 $\alpha_1 f_c$,等效矩形应力图形的高度为 $\beta_1 x_n$,根据等效变换的原则有

$$C = f_c b \xi_n h_0 \left(1 - \frac{1}{3} \cdot \frac{\varepsilon_0}{\varepsilon_{cu}}\right) = \alpha_1 f_c \beta_1 \xi_n b h_0 \tag{5-38}$$

$$y_c = \xi_n h_0 \left[1 - \frac{\frac{1}{2} - \frac{1}{12}\left(\frac{\varepsilon_0}{\varepsilon_{cu}}\right)^2}{1 - \frac{1}{3}\frac{\varepsilon_0}{\varepsilon_{cu}}}\right] = 0.5\beta_1 \xi_n h_0 \tag{5-39}$$

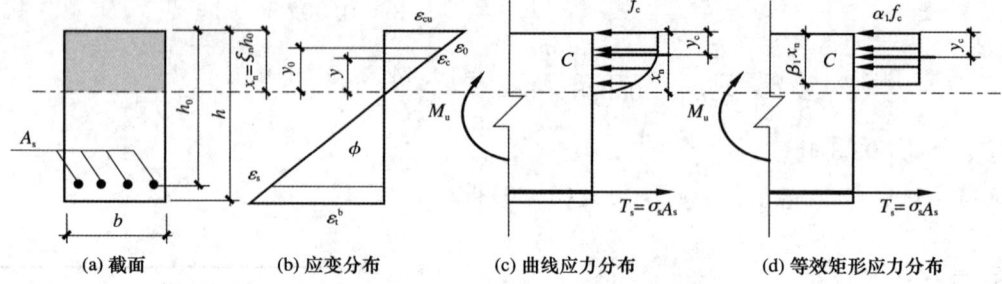

图 5-24 单筋矩形截面受弯构件正截面承载力的计算简图

上述两式经整理后,得

$$\alpha_1 = \frac{1}{\beta_1}\left(1 - \frac{1}{3}\cdot\frac{\varepsilon_0}{\varepsilon_{cu}}\right) \tag{5-40}$$

$$\beta_1 = \frac{1 - \frac{2}{3}\cdot\frac{\varepsilon_0}{\varepsilon_{cu}} + \frac{1}{6}\left(\frac{\varepsilon_0}{\varepsilon_{cu}}\right)^2}{1 - \frac{1}{3}\cdot\frac{\varepsilon_0}{\varepsilon_{cu}}} \tag{5-41}$$

对于强度等级不大于 C50 的混凝土,用 $\varepsilon_{cu}=0.0033$,$\varepsilon_0=0.002$ 代入式(5-40)与式(5-41),得 $\alpha_1=0.969$,$\beta_1=0.824$。为简化计算,取 $\alpha_1=1.0$,$\beta_1=0.8$。当 $f_{cu}=80$ MPa 时,作类似的分析得 $\alpha_1=0.94$,$\beta_1=0.74$。其间按线性插值法取用。

5.6.2 界限受压区高度

设界限破坏时截面的受压区高度为 x_{nb}(亦称界限受压区高度),截面的受压区相对高度为 ξ_{nb}(亦称界限受压区相对高度)。根据界限破坏时截面的应变分布(图 5-25),得

$$\xi_{nb} = \frac{x_{nb}}{h_0} = \frac{\varepsilon_{cu}}{\varepsilon_{cu}+\varepsilon_y} \tag{5-42}$$

以 x_b 表示矩形应力图形的界限受压区高度,ξ_b 表示矩形应力图形的相对界限受压区高度,式(5-42)变为

$$\xi_b = \frac{x_b}{h_0} = \frac{\beta_1 x_{nb}}{h_0} = \frac{\beta_1 \varepsilon_{cu}}{\varepsilon_{cu}+\varepsilon_y} = \frac{\beta_1}{1+\frac{\varepsilon_y}{\varepsilon_{cu}}} = \frac{\beta_1}{1+\frac{f_y}{E_s\varepsilon_{cu}}} \tag{5-43}$$

对 $f_{cu} \leqslant 50$ N/mm² 的混凝土有

$$\xi_b = \frac{0.8}{1+\frac{f_y}{0.0033E_s}} \tag{5-44}$$

由图 5-25 可以看出,根据受压区相对高度和界限受压区相对高度的比较可以判断出受弯构件的类型:

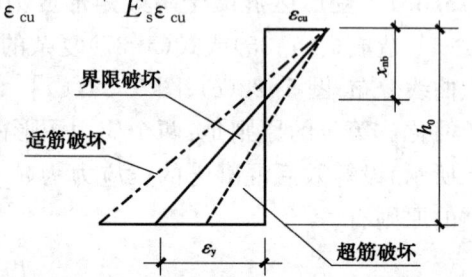

图 5-25 界限破坏时截面的应变分布

当 $\xi < \xi_b$ 即 $\xi_n < \xi_{nb}$ 时,为适筋构件;

当 $\xi > \xi_b$ 即 $\xi_n > \xi_{nb}$ 时,为超筋构件;

当 $\xi = \xi_b$ 即 $\xi_n = \xi_{nb}$ 时,为界限配筋构件。

5.6.3 极限承载力计算

1. 基本公式

如图 5-24(d)所示的简化的计算简图,分别考虑轴向力的平衡条件 $\sum X=0$ 和力矩的平衡条件 $\sum M=0$,得到单筋矩形截面受弯构件正截面极限承载力的简化计算基本公式:

$$\alpha_1 f_c bx = \sigma_s A_s \tag{5-45}$$

$$M_u = \alpha_1 f_c bx \left(h_0 - \frac{x}{2}\right) = \sigma_s A_s \left(h_0 - \frac{x}{2}\right) \tag{5-46}$$

2. 适筋构件的极限承载力

当 $\xi \leqslant \xi_b$ 时,为适筋构件(包括界限配筋构件),破坏时钢筋先屈服,后混凝土压碎。以 $\sigma_s = f_y$ 代入式(5-45)和式(5-46),有

$$\alpha_1 f_c bx = f_y A_s \tag{5-47}$$

$$M_u = \alpha_1 f_c bx \left(h_0 - \frac{x}{2}\right) = f_y A_s \left(h_0 - \frac{x}{2}\right) \tag{5-48}$$

对以上公式进行整理分析,得

$$\xi = \frac{x}{h_0} = \frac{f_y A_s}{\alpha_1 f_c bh_0} = \rho \frac{f_y}{\alpha_1 f_c} \tag{5-49}$$

$$M_u = \alpha_1 f_c bh_0^2 \xi(1 - 0.5\xi) = \alpha_s \alpha_1 f_c bh_0^2$$
$$= A_s f_y h_0 (1 - 0.5\xi) = A_s f_y \gamma_s h_0 \tag{5-50}$$

由式(5-49)可知,相对受压区高度 ξ 不仅反映了纵筋的配筋率,还与钢筋的屈服强度和混凝土的强度有关,系反映单筋矩形截面构件正截面受弯性能的综合指标。式(5-50)中的 α_s 反映了截面抵抗矩的大小,称作截面抵抗矩系数;γ_s 反映了截面内力臂与有效高度的比值,称为内力臂系数。

$$\alpha_s = \xi(1 - 0.5\xi) \tag{5-51}$$

$$\gamma_s = 1 - 0.5\xi \tag{5-52}$$

3. 适筋构件的最大配筋率

界限配筋构件的配筋率即为适筋构件的最大配筋率。以 $\xi = \xi_b$ 代入式(5-49),得适筋构件的最大配筋率,即保证受拉钢筋能屈服的最大配筋率的计算公式为

$$\rho_{\max} = \rho_b = \xi_b \frac{\alpha_1 f_c}{f_y} \tag{5-53}$$

同样,以 $\xi = \xi_b$ 代入式(5-50),可得适筋构件最大抗弯承载力和最大截面抵抗矩系数的计算公式

$$M_{u,\max} = \alpha_1 f_c bh_0^2 \xi_b (1 - 0.5\xi_b) = \alpha_{s,\max} \alpha_1 f_c bh_0^2 \tag{5-54}$$

$$\alpha_{s,\max}=\xi_b(1-0.5\xi_b) \tag{5-55}$$

为了避免发生超筋破坏,应使 $\xi \leqslant \xi_b$,或 $\rho \leqslant \rho_{\max}$,或 $M \leqslant M_{u,\max}$,或 $\alpha_s \leqslant \alpha_{s,\max}$。

4. 适筋构件的最小配筋率

为了防止少筋破坏,应规定构件中的最小配筋率。由 5.4 节试验研究结果可知,最小配筋率的受弯构件的破坏特征是构件的屈服弯矩和开裂弯矩相等。由于配筋较少,可以认为钢筋混凝土构件的开裂弯矩和相同材料、相同截面的素混凝土受弯构件正截面的开裂弯矩(抗弯承载力)相等。由式(5-15)忽略钢筋的作用得素混凝土受弯构件的开裂弯矩为

$$M_{cr}=0.292f_t bh^2=0.292f_t b(1.05h_0)^2=0.322f_t bh_0^2 \tag{5-56}$$

同理,由于配筋较少,钢筋屈服时压区混凝土的应力依然较小,可假定其为线性分布,如图 5-26 所示。根据力矩平衡条件 $\sum M=0$,得

$$M_y=f_y A_s\left(h_0-\frac{x_n}{3}\right)\approx f_y A_s \cdot 0.9h_0 \tag{5-57}$$

取 $M_{cr}=M_y$,得

$$\rho_{\min}=\frac{A_s}{bh_0}=0.36\frac{f_t}{f_y} \tag{5-58}$$

实际应用中,不同的规范对式(5-58)还会作调整。如《混凝土结构设计规范》(GB 50010),为保证开裂后,钢筋不会立即被拉断,对最小配筋率的数值略作放大,得

$$\rho_{\min}=0.45\frac{f_t}{f_y} \tag{5-59}$$

另外,在验算构件的配筋率是否大于最小配筋率时,采用下列验算公式:

$$\rho=\frac{A_s}{bh}\geqslant \rho_{\min}=0.45\frac{f_t}{f_y} \tag{5-60}$$

式(5-60)中计算 ρ 时将 h_0 换成 h,实际效果相当于将最小配筋率提高 10% 左右。

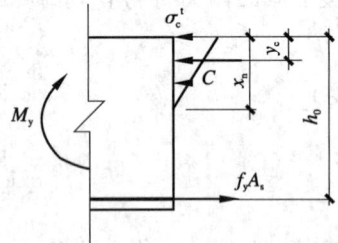
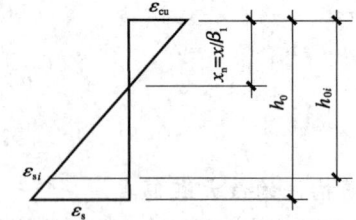

图 5-26 钢筋屈服时截面的应力分布(按 $\rho_{\min}$ 配筋)　　图 5-27 超筋构件截面的应变分布

5. 超筋构件的极限承载力

超筋构件破坏时的主要特征就是受拉钢筋未屈服。因此,在计算超筋构件的极限承载力之前首先应确定受拉钢筋的应力。由图 5-27 可以确定截面任意位置处钢筋的应变和应力为

$$\varepsilon_{si}=\frac{h_{0i}-x_n}{x_n}\varepsilon_{cu}=\varepsilon_{cu}\left(\frac{h_{0i}\beta_1}{x}-1\right)=\varepsilon_{cu}\left(\frac{h_{0i}\beta_1}{\xi h_0}-1\right) \tag{5-61}$$

$$\sigma_{si} = E_s \varepsilon_{cu} \left(\frac{h_{0i} \beta_1}{\xi h_0} - 1 \right) \tag{5-62}$$

对只有一排钢筋的构件为

$$\sigma_s = E_s \varepsilon_{cu} \left(\frac{\beta_1}{\xi} - 1 \right) \tag{5-63}$$

对于强度等级不大于 C50 的混凝土，式(5-63)变为

$$\sigma_s = 0.003\,3 E_s \left(\frac{0.8}{\xi} - 1 \right) \tag{5-64}$$

式(5-64)系一双曲线方程，将其代入平衡方程中，需要解关于 ξ 的高次方程。根据图 5-28 所示的试验结果和数值对比分析，以 $\xi = \xi_b$ 和 $\xi = 0.8$ 作为边界条件，可以得到 σ_s 与 ξ 间的线性关系：

$$\sigma_s = f_y \frac{\xi - 0.8}{\xi_b - 0.8} \tag{5-65}$$

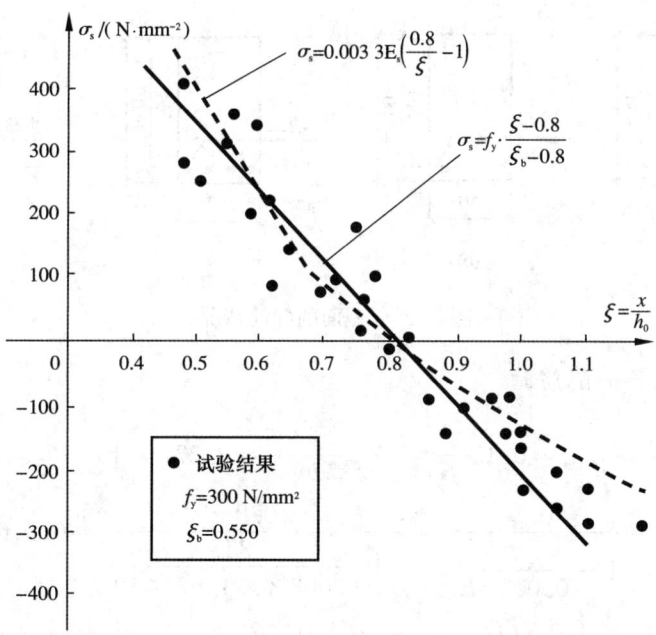

图 5-28 超筋构件中 σ_s 与 ξ 的关系

以式(5-65)来代替式(5-64)，使问题大为简化。联立求解式(5-45)、式(5-46)和式(5-65)，即可求出超筋构件的极限承载力。

5.7 单筋矩形截面受弯构件正截面承载力计算公式的应用

5.7.1 既有构件正截面抗弯承载力计算

这类问题一般是已知截面尺寸 (b、h、h_0)、配筋 (A_s) 和材料强度 (f_c、f_t、f_y)，求 M_u。可按下列步骤进行计算分析。

(1) 计算配筋率：$\rho = \dfrac{A_s}{bh_0}$（或 $\rho = \dfrac{A_s}{bh}$）；

(2) 若 $\rho < \rho_{\min}$，按式(5-15)进行计算：$M_u = M_{cr}$；

(3) 若 $\rho_{\min} \leqslant \rho \leqslant \rho_b$，按适筋梁的计算公式求 M_u：先由式(5-47)求出 x，再由式(5-48)求出 M_u；

(4) 若 $\rho > \rho_b$，按超筋梁的计算公式求 M_u：先将式(5-65)代入式(5-45)求出 x（或 ξ），再将 x（或 ξ）及式(5-65)代入式(5-46)求出 M_u。

注意，上述计算分析中 h_0 的计算。当采用单排配筋时，$h_0 = h - c - d/2$；当采用双排钢筋时，$h_0 = h - [c + d + \max(25/2, d/2)]$。其中，$c$ 为混凝土的保护层厚度，d 为钢筋的直径。c 的取值参见图 5-7。

【例 5-3】 计算：① 条件同例 5-1，求当纵向受力钢筋分别为 2Φ16，2Φ22，4Φ22，8Φ28 时（图 5-29）截面的抗弯承载力；② 其他条件不变，但 $f_c = 32 \text{ N/mm}^2$，$f_t = 3.0 \text{ N/mm}^2$，求当纵向受力钢筋为 4Φ22 时截面的抗弯承载力；③ 其他条件不变，但 $f_y = 460 \text{ N/mm}^2$，求当纵向受力钢筋为 4Φ22 时截面的抗弯承载力；④ 其他条件不变，但 $h = 700 \text{ mm}$，求当纵向受力钢筋为 4Φ22 时截面的抗弯承载力。

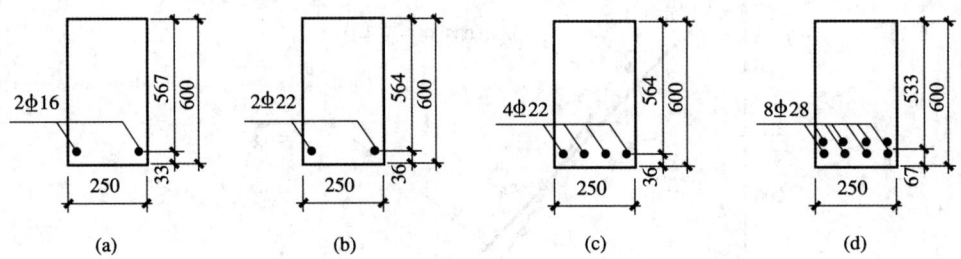

图 5-29 截面的配筋情况

【解】 (1) 采用不同配筋时

$$\rho_{\min} = 0.45 \dfrac{f_t}{f_y} = \dfrac{0.45 \times 2.6}{357} = 3.277 \times 10^{-3}$$

$$\xi_b = \dfrac{0.8}{1 + \dfrac{f_y}{0.003\,3 E_s}} = \dfrac{0.8}{1 + \dfrac{357}{0.003\,3 \times 1.97 \times 10^5}} = 0.516$$

$$\rho_b = \xi_b \dfrac{\alpha_1 f_c}{f_y} = 0.516 \times \dfrac{1.0 \times 23}{357} = 3.324 \times 10^{-2}$$

① 当纵筋为 2Φ16 时

$$A_s = 402 \text{ mm}^2, \quad \rho = \dfrac{A_s}{bh} = \dfrac{402}{250 \times 600} = 2.680 \times 10^{-3} < \rho_{\min} = 3.277 \times 10^{-3}$$

$$\alpha_E = 7.849, \quad \alpha_A = 2\alpha_E \dfrac{A_s}{bh} = 2 \times 7.849 \times 2.680 \times 10^{-3} = 0.042$$

$$\begin{aligned}
M_u = M_{cr} &= 0.292 \times (1 + 2.5\alpha_A) f_t bh^2 \\
&= 0.292 \times (1 + 2.5 \times 0.042) \times 2.6 \times 250 \times 600^2 \\
&= 75.502 \text{ kN} \cdot \text{m}
\end{aligned}$$

② 当纵筋为 2Φ22 时

$$A_s = 760 \text{ mm}^2, \quad \rho = \frac{A_s}{bh} = \frac{760}{250 \times 600} = 5.067 \times 10^{-3} > \rho_{min} = 3.277 \times 10^{-3}$$

$$h_0 = 600 - 25 - \frac{22}{2} = 564 \text{ mm}$$

$$\rho = \frac{A_s}{bh_0} = \frac{760}{250 \times 564} = 5.390 \times 10^{-3} < \rho_b = 3.324 \times 10^{-2}, \text{为适筋截面}$$

由式(5-47)得

$$x = \frac{f_y A_s}{\alpha_1 f_c b} = \frac{357 \times 760}{1.0 \times 23 \times 250} = 47 \text{ mm}$$

由式(5-48)得

$$M_u = f_y A_s \left(h_0 - \frac{x}{2}\right) = 357 \times 760 \times \left(564 - \frac{47}{2}\right) = 146.648 \text{ kN} \cdot \text{m}$$

和例 5-2 中的计算结果($M_u = 146.405$ kN·m)非常接近。可见简化方法具有令人满意的精度。

③ 当纵筋为 4Φ22 时

$$A_s = 1520 \text{ mm}^2, \quad h_0 = 564 \text{ mm}$$

$$\rho = \frac{A_s}{bh_0} = \frac{1520}{250 \times 564} = 10.780 \times 10^{-3} < \rho_b = 3.324 \times 10^{-2}, \text{为适筋截面}$$

由式(5-47)得

$$x = \frac{f_y A_s}{\alpha_1 f_c b} = \frac{357 \times 1520}{1.0 \times 23 \times 250} = 94 \text{ mm}$$

由式(5-48)得

$$M_u = f_y A_s \left(h_0 - \frac{x}{2}\right) = 357 \times 1520 \times \left(564 - \frac{94}{2}\right) = 280.545 \text{ kN} \cdot \text{m}$$

与例 5-2 中的计算结果($M_u = 279.570$ kN·m)也非常接近。

④ 当纵筋为 8Φ28 时

$$A_s = 4924 \text{ mm}^2, \quad h_0 = 600 - 25 - 28 - 14 = 533 \text{ mm}$$

$$\rho = \frac{A_s}{bh_0} = \frac{4924}{250 \times 533} = 3.695 \times 10^{-2} > \rho_b = 3.324 \times 10^{-2}, \text{为超筋截面。}$$

将式(5-65)代入式(5-45)得

$$\xi = \frac{0.8}{1 + \frac{\alpha_1 f_c b h_0}{f_y A_s}(0.8 - \xi_b)} = \frac{0.8}{1 + \frac{1.0 \times 23 \times 250 \times 533}{357 \times 4924} \times (0.8 - 0.516)} = 0.535$$

$$x = \xi h_0 = 0.535 \times 533 = 285 \text{ mm}$$

$$\sigma_s = f_y \frac{\xi - 0.8}{\xi_b - 0.8} = 357 \times \frac{0.535 - 0.8}{0.516 - 0.8} = 333.12 \text{ N/mm}^2$$

$$M_u = \sigma_s A_s \left(h_0 - \frac{x}{2}\right) = 333.12 \times 4924 \times \left(533 - \frac{285}{2}\right) = 640.530 \text{ kN} \cdot \text{m}$$

(2) 当 $f_c = 32 \text{ N/mm}^2$，纵筋为 4Φ22 时

$$\rho_{\min} = 0.45 \frac{f_t}{f_y} = 0.45 \times \frac{3.0}{357} = 3.782 \times 10^{-3}$$

$$\rho_b = \xi_b \frac{\alpha_1 f_c}{f_y} = 0.516 \times \frac{1.0 \times 32}{357} = 4.625 \times 10^{-2}$$

$$\rho = \frac{A_s}{bh} = \frac{1\,520}{250 \times 600} = 10.133 \times 10^{-3} > \rho_{\min} = 3.782 \times 10^{-3}$$

$$\rho = \frac{A_s}{bh_0} = \frac{1\,520}{250 \times 564} = 10.780 \times 10^{-3} < \rho_b = 4.625 \times 10^{-2}$$

由式(5-47)得 $\quad x = \dfrac{f_y A_s}{\alpha_1 f_c b} = \dfrac{357 \times 1\,520}{1.0 \times 32 \times 250} = 68 \text{ mm}$

由式(5-48)得

$$M_u = f_y A_s \left(h_0 - \frac{x}{2}\right) = 357 \times 1\,520 \times \left(564 - \frac{68}{2}\right) = 287.599 \text{ kN} \cdot \text{m}$$

(3) 当 $f_y = 460 \text{ N/mm}^2$，纵筋为 4Φ22 时

$$\xi_b = \frac{0.8}{1 + \dfrac{460}{0.003\,3 \times 1.97 \times 10^5}} = 0.468$$

$$\rho_b = \xi_b \frac{\alpha_1 f_c}{f_y} = 0.468 \times \frac{1.0 \times 23}{460} = 2.340 \times 10^{-2}$$

$$\rho = \frac{A_s}{bh_0} = 10.780 \times 10^{-3} < \rho_b = 2.340 \times 10^{-2}$$

由式(5-47)得 $\quad x = \dfrac{f_y A_s}{\alpha_1 f_c b} = \dfrac{460 \times 1\,520}{1.0 \times 23 \times 250} = 122 \text{ mm}$

由式(5-48)得

$$M_u = f_y A_s \left(h_0 - \frac{x}{2}\right) = 460 \times 1\,520 \times \left(564 - \frac{122}{2}\right) = 351.698 \text{ kN} \cdot \text{m}$$

(4) 当 $h = 700 \text{ mm}$，纵筋为 4Φ22 时

$$\rho = \frac{A_s}{bh} = \frac{1\,520}{250 \times 700} = 8.686 \times 10^{-3} > \rho_{\min} = 3.277 \times 10^{-3}, \quad h_0 = 664 \text{ mm}$$

$$\rho = \frac{A_s}{bh_0} = \frac{1\,520}{250 \times 664} = 9.157 \times 10^{-3} < \rho_b = 3.324 \times 10^{-2}$$

由式(5-47)得 $\quad x = \dfrac{f_y A_s}{\alpha_1 f_c b} = \dfrac{357 \times 1\,520}{1.0 \times 23 \times 250} = 94 \text{ mm}$

由式(5-48)得

$$M_u = f_y A_s \left(h_0 - \frac{x}{2}\right) = 357 \times 1\,520 \times \left(664 - \frac{94}{2}\right) = 334.809 \text{ kN} \cdot \text{m}$$

对例 5-3 的计算结果进行比较分析,可以看出单筋矩形截面受弯构件正截面抗弯承载力的主要影响因素:

(1) 纵向受力钢筋的用量增加,正截面的抗弯承载力提高,但增加纵筋用量不能无限制地提高正截面的抗弯承载力。由例 5-3 第(1)种情况的计算结果可知:当纵筋的用量由 2Φ22 提高至 4Φ22 时(纵筋用量提高 1 倍),正截面抗弯承载力由 146.648 kN·m 提高至 280.545 kN·m,承载力提高近 1 倍。但当纵筋的用量由 4Φ22 提高至 8Φ28 时(纵筋用量提高两倍多),截面的抗弯承载力由 280.545 kN·m 提高至 640.530 kN·m,承载力只提高 1 倍多,承载力增加的速度明显减慢。

(2) 纵筋的强度提高,正截面的抗弯承载力提高。比较例 5-3 第(1)和第(3)种情况的计算结果可知,纵筋的强度提高 29%,正截面的抗弯承载力提高 25%。

(3) 混凝土的强度提高,正截面的抗弯承载力提高,但提高程度不明显。比较例 5-3 中第(1)和第(2)种情况的计算结果可知,混凝土棱柱体抗压强度提高 39%,正截面的抗弯承载力仅提高 2.5%。

(4) 加大截面尺寸可明显提高截面的抗弯承载力。比较例 5-3 中第(1)和第(4)种情况的计算结果可知,当截面高度增大 17% 时,截面的抗弯承载力提高 19%。

5.7.2 基于承载力的构件截面设计

这类问题一般是已知截面尺寸(b、h、h_0)、材料强度(f_c、f_t、f_y)及截面所受的弯矩 M,求配筋 A_s。为了保证所设计的截面在给定弯矩作用下不发生破坏,应要求截面的承载力不低于其所受的弯矩,即 $M_u \geqslant M$。因此,按下列步骤进行计算分析:

(1) 按式(5-54)求 $M_{u,\max}$。若 $M > M_{u,\max}$,加大截面重新进行设计;若 $M \leqslant M_{u,\max}$,转入下一步。

(2) 联立求解式(5-66),得 A_s。

$$\begin{cases} \alpha_1 f_c bx = f_y A_s \\ M = M_u = \alpha_1 f_c bx \left(h_0 - \dfrac{x}{2}\right) = f_y A_s \left(h_0 - \dfrac{x}{2}\right) \end{cases} \quad (5\text{-}66)$$

(3) 计算配筋率

$$\rho = \frac{A_s}{bh}。$$

(4) 若 $\rho \geqslant \rho_{\min}$,结束计算。

(5) 若 $\rho < \rho_{\min}$,取 $A_s = \rho_{\min} bh$,结束计算。

在设计时,由于事先不知道钢筋的直径,因此 h_0 按下述原则进行计算:对钢筋混凝土梁,当采用单排配筋时,$h_0 = h - 35 (\text{mm})$;当采用双排配筋时,$h_0 = h - 60 (\text{mm})$。对钢筋混凝土板,$h_0 = h - 20 (\text{mm})$。

【例 5-4】 钢筋混凝土梁的截面尺寸和材料强度同例 5-1,当截面所受的弯矩分别为 $M = 70$ kN·m,$M = 600$ kN·m,$M = 900$ kN·m 时,求截面的配筋。

【解】 由例 5-3 知,$\xi_b = 0.516$

由式(5-55)得:$\alpha_{s,\max} = 0.516 \times (1 - 0.5 \times 0.516) = 0.383$

由于不知道钢筋的直径,取 $h_0 = 600 - 35 = 565$ mm

由式(5-54)得

$$M_{u,\max} = \alpha_{s,\max} \alpha_1 f_c b h_0^2 = 0.383 \times 1.0 \times 23 \times 250 \times 565^2 = 703.013 \text{ kN·m}$$

(1) $M = 70 \text{ kN} \cdot \text{m} < M_{u,max} = 703.013 \text{ kN} \cdot \text{m}$

由式(5-66)得 $\begin{cases} 1.0 \times 23 \times 250x = 357A_s \\ 70 \times 10^6 = 1.0 \times 23 \times 250x \left(565 - \dfrac{x}{2}\right) \end{cases}$

解得 $x = 22 \text{ mm}, \quad A_s = 355 \text{ mm}^2$

$$\rho_{min} = 0.45 \dfrac{f_t}{f_y} = \dfrac{0.45 \times 2.6}{357} = 3.277 \times 10^{-3}$$

$$A_{s,min} = \rho_{min} bh = 3.277 \times 10^{-3} \times 250 \times 600 = 491 \text{ mm}^2 > A_s = 355 \text{ mm}^2$$

选用 2 Φ 18 ($A_s = 509 \text{ mm}^2 > A_{s,min} = 491 \text{ mm}^2$)。

(2) $M = 600 \text{ kN} \cdot \text{m} < M_{u,max} = 703.013 \text{ kN} \cdot \text{m}$

由于 M 和 $M_{u,max}$ 相近,钢筋较多,分两排放置,取 $h_0 = h - 60 = 600 - 60 = 540 \text{ mm}$

由式(5-66)得 $\begin{cases} 1.0 \times 23 \times 250x = 357A_s \\ 600 \times 10^6 = 1.0 \times 23 \times 250x \left(540 - \dfrac{x}{2}\right) \end{cases}$

解得 $x = 252 \text{ mm}, \quad A_s = 4\,059 \text{ mm}^2 > A_{s,min} = 491 \text{ mm}^2$

选用 6 Φ 25 + 2 Φ 28 ($A_s = 4\,175 \text{ mm}^2$)。

(3) $M = 900 \text{ kN} \cdot \text{m} > M_{u,max} = 703.013 \text{ kN} \cdot \text{m}$

应增大截面尺寸,取 $b \times h = 300 \text{ mm} \times 700 \text{ mm}, h_0 = 700 - 60 = 640 \text{ mm}$

由式(5-54)得
$$M_{u,max} = \alpha_{s,max} \alpha_1 f_c b h_0^2 = 0.383 \times 1.0 \times 23 \times 300 \times 640^2$$
$$= 1\,082.450 \text{ kN} \cdot \text{m} > M = 900 \text{ kN} \cdot \text{m}$$

由式(5-66)得 $\begin{cases} 1.0 \times 23 \times 300x = 357A_s \\ 900 \times 10^6 = 1.0 \times 23 \times 300x \left(640 - \dfrac{x}{2}\right) \end{cases}$

解得 $x = 253 \text{ mm}, \quad A_s = 4\,890 \text{ mm}^2 > A_{s,min} = 3.277 \times 10^{-3} \times 300 \times 700 = 688 \text{ mm}^2$

选用 8 Φ 28 ($A_s = 4\,924 \text{ mm}^2$)。

5.8 双筋矩形截面受弯构件正截面的受力分析

实际工程中,当截面所受的弯矩较大,但截面的高度又不能无限制地增加时,可在截面的受压区配置受压钢筋 A_s',帮助截面抵抗弯矩,形成双筋矩形截面,如图 5-30 所示。若截面在不同的情况下,分别承受正、负弯矩,则也应采用双筋截面。双筋矩形截面的受弯性能和单筋矩形截面基本类似。但由于在截面的受压区配置了受力钢筋,使双筋矩形截面又具有独特之处。本节主要针对双筋矩形截面的特点进行讨论。

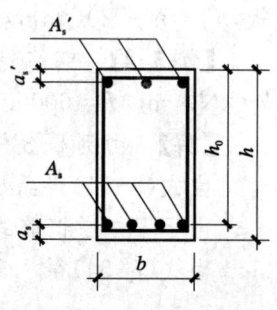

图 5-30 双筋矩形截面

5.8.1 截面的构造要求

双筋矩形截面受弯构件中的箍筋,除了起到固定纵向受力钢筋形成钢筋笼的作用外,在构件的正截面临近破坏时,还能对受压钢筋提供侧向约束,避免钢筋受压屈曲外凸,使构件过早破坏(实际上,受弯构件中箍筋的主要作用是和混凝土一起抵抗剪力,这将在后面章节中介绍)。因此,箍筋应满足如下的构造要求:

(1) 采用封闭的箍筋,且间距不大于$15d$(d 为受压钢筋的最大直径)和 400 mm。
(2) 箍筋的直径不小于$d/4$。
(3) 当受压钢筋多于 3 根($b\leqslant 400$ mm 时,多于 4 根)时,应设置附加箍筋。
(4) 当受压钢筋多于 5 根且直径大于 18 mm 时,箍筋间距不应大于$10d$。

5.8.2 试验研究

双筋矩形截面受拉钢筋配置较多,一般不会出现少筋破坏。

对适筋双筋矩形截面,从加荷到破坏经历与单筋矩形截面类似的三个受力阶段:弹性阶段(Ⅰ)、带裂缝工作阶段(Ⅱ)和破坏阶段(Ⅲ),相应于每个阶段的终点存在开裂状态(Ⅰ$_a$)、受拉钢筋屈服状态(Ⅱ$_a$)和压区混凝土被压碎的承载力极限状态(Ⅲ$_a$)。

对超筋双筋矩形截面,从加荷到破坏经历两个受力阶段(Ⅰ及Ⅱ)。混凝土开裂后受拉钢筋的应力增加,但在受拉钢筋屈服前,压区混凝土已被压碎,截面破坏。

无论是适筋还是超筋双筋矩形截面,只要能保证受压区具有一定的高度,截面破坏时,受压钢筋一般均能屈服。

5.8.3 截面受力性能分析

1. 弹性阶段的受力分析

根据图 5-31 所示的弹性阶段双筋矩形截面的应变分布和应力分布,可以作出和单筋矩形截面类似的分析。结果表明,只要将受压钢筋等效成相应的混凝土[图 5-31(d)],即可用材料力学中的相关公式进行双筋矩形截面弹性阶段的受力分析。

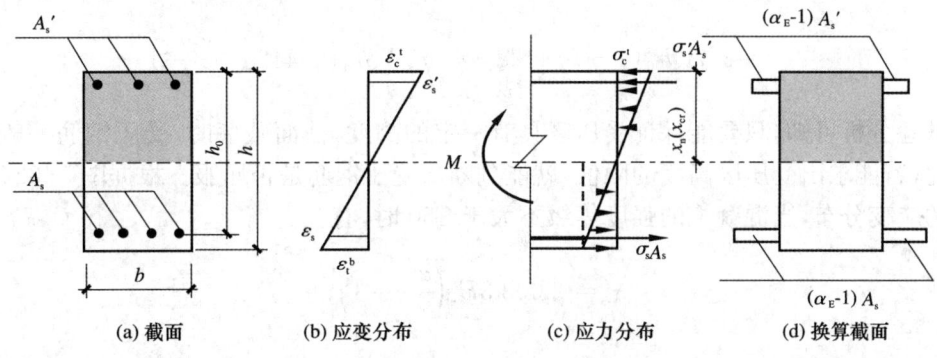

图 5-31 弹性阶段双筋矩形截面的计算简图

当 $\varepsilon_t^b = \varepsilon_{tu}$ 时,拉区混凝土开裂并退出工作。和单筋矩形截面的分析方法相同,临近开裂时拉区混凝土的拉应力近似按图 5-31(c)中虚线所示的矩形分布,考虑受压钢筋的作用,可求出截面的开裂弯矩

$$M_{cr} = 0.292(1 + 2.5\alpha_A) f_t b h^2 + \sigma_s' A_s' \left(\frac{1}{3} x_{cr} - a_s'\right) \quad (5\text{-}67)$$

式中 σ_s'——受压钢筋的应力;
A_s'——受压钢筋的截面积;
a_s'——受压钢筋中心线到截面受压区边缘的距离。

其他符号的意义同式(5-15)。

应用图 5-31(b)所示的截面的应变分布以及受压钢筋的应力-应变关系(与受拉钢筋相同),式(5-67)变为

$$M_{cr}=0.292(1+2.5\alpha_A)f_tbh^2+2\frac{E_s}{E_c}f_tA'_s\left(\frac{1}{3}x_{cr}-a'_s\right)\frac{x_{cr}-a'_s}{h-x_{cr}} \qquad (5-68)$$

令 $\alpha'_A=2\alpha_E(A'_s/bh)$,$a'_s/h=0.08$,$h_0/h=0.92$;由前面的分析知 $x_{cr}=0.5h$。于是,式(5-68)还可以进一步简化为

$$M_{cr}=0.292(1+2.5\alpha_A+0.25\alpha'_A)f_tbh^2 \qquad (5-69)$$

2. 开裂后的受力分析

截面开裂后,不同阶段压区混凝土的应力分布、混凝土压力 C 的大小以及作用点位置的计算方法和单筋矩形截面完全相同,所不同的就是在建立平衡方程时要考虑受压钢筋的作用,不予赘述。

3. 截面的极限承载力

当 $\varepsilon_c^t=\varepsilon_{cu}$ 时,压区混凝土压碎,截面破坏。以强度等级不大于 C50 的混凝土受弯构件为例,此时截面的应变和应力分布如图 5-32(b)、(c)所示。由 $\sum X=0$,得

$$0.798f_c\xi_n^2=E_s(1-\xi_n)\varepsilon_{cu}\rho-E_s\left(\xi_n-\frac{a'_s}{h_0}\right)\varepsilon_{cu}\rho' \qquad (5-70)$$

解一元二次方程,可求出 ξ_n。再由 $\sum M=0$,得

$$M_u=0.798f_cb\xi_nh_0^2(1-0.412\xi_n)+\sigma'_sA'_sh_0\left(1-\frac{a'_s}{h_0}\right)$$

$$=\sigma_sA_sh_0(1-0.412\xi_n)+\sigma'_sA'_sh_0\left(0.412\xi_n-\frac{a'_s}{h_0}\right) \qquad (5-71)$$

由试验分析可知,只要能保证受压区具有一定的高度,截面破坏时,受压钢筋一般均能屈服。因此,若能求出受压区高度的限值,就能判断出受压钢筋是否屈服。根据图 5-32(b)所示的截面的应变分布,当混凝土的强度等级不大于 C50 时,有

$$\sigma'_s=0.0033E_s\left(\frac{a'_s}{x_n}-1\right) \qquad (5-72)$$

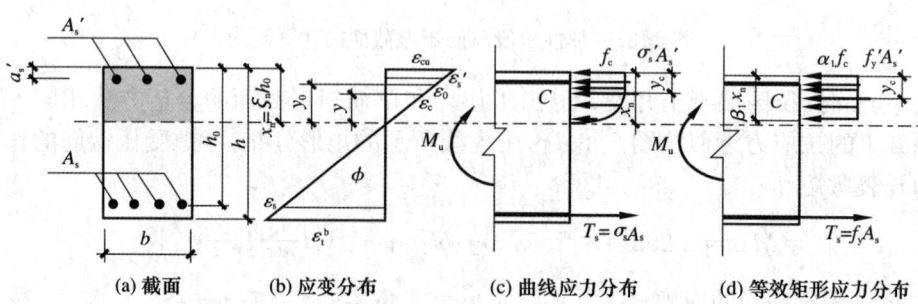

(a) 截面   (b) 应变分布   (c) 曲线应力分布   (d) 等效矩形应力分布

图 5-32 双筋矩形截面受弯构件正截面承载力计算简图

以 $E_s = 2 \times 10^5 \text{ N/mm}^2$, $a_s' = 0.5 \times 0.8 x_n$ 代入式(5-72),则有:$\sigma_s' = -396 \text{ N/mm}^2$。由此可以看出,当 $x_n \geqslant 2.5 a_s'$ 时,截面破坏时 HPB300,HRB335,HRBF335,HRB400,HRBF400 及 RRB400 钢筋均能受压屈服。由图 5-32(b)所示的截面的应变分布可知,若 $x_n \leqslant \xi_{nb} h_0$,截面破坏时,受拉钢筋也已屈服。$\xi_{nb}$ 的计算方法和单筋矩形截面完全相同。当受拉和受压钢筋均能屈服时,式(5-70)、式(5-71)可进一步简化为

$$\xi_n = 1.253 \left(\rho \frac{f_y}{f_c} - \rho' \frac{f_y'}{f_c} \right) \tag{5-73}$$

$$M_u = f_y A_s h_0 (1 - 0.412 \xi_n) + f_y' A_s' h_0 \left(0.412 \xi_n - \frac{a_s'}{h_0} \right)$$

$$= f_c b h_0^2 \xi_n (0.798 - 0.329 \xi_n) + f_y' A_s' h_0 \left(1 - \frac{a_s'}{h_0} \right) \tag{5-74}$$

【例 5-5】 钢筋混凝土梁的截面尺寸和材料强度同例 5-1,配置 4Φ22 的受拉钢筋,2Φ16 的受压钢筋,试计算:(1) 截面的开裂弯矩 M_{cr} 和相应的曲率 ϕ_{cr};(2) 截面的极限弯矩 M_u 和相应的曲率 ϕ_u。

【解】 压区钢筋面积 $A_s' = 402 \text{ mm}^2$,受拉钢筋面积 $A_s = 1520 \text{ mm}^2$,$\alpha_E = \dfrac{E_s}{E_c} = 7.849$

由例 5-1 知,$\alpha_A = 0.160$;$\alpha_A' = \dfrac{2\alpha_E A_s'}{bh} = \dfrac{2 \times 7.849 \times 402}{250 \times 600} = 0.042$

(1) 由式(5-69)得

$$M_{cr} = 0.292(1 + 2.5\alpha_A + 0.25\alpha_A') f_t b h^2$$

$$= 0.292 \times (1 + 2.5 \times 0.160 + 0.25 \times 0.042) \times 2.6 \times 250 \times 600^2$$

$$= 96.377 \text{ kN·m}$$

$$\phi_{cr} = \frac{\varepsilon_{tu}}{h/2} = \frac{4 f_t}{E_c h} = \frac{4 \times 2.6}{2.51 \times 10^4 \times 600} = 6.91 \times 10^{-7} \text{ 1/mm}$$

(2) $a_s' = 25 + 16/2 = 33 \text{ mm}$,$h_0 = 564 \text{ mm}$

$$\xi_{nb} = \frac{1}{1 + \dfrac{f_y}{0.0033 E_s}} = \frac{1}{1 + \dfrac{357}{0.0033 \times 1.97 \times 10^5}} = 0.646$$

$$\rho = \frac{A_s}{b h_0} = \frac{1520}{250 \times 564} = 1.078 \times 10^{-2}, \quad \rho' = \frac{A_s'}{b h_0} = \frac{402}{250 \times 564} = 2.851 \times 10^{-3}$$

$$\xi_n = 1.253 \left(\rho \frac{f_y}{f_c} - \rho' \frac{f_y'}{f_c} \right) = 1.253 \times \left(1.078 \times 10^{-2} \times \frac{357}{23} - 2.851 \times 10^{-3} \times \frac{357}{23} \right)$$

$$= 0.154$$

$\xi_n < \xi_{nb}$,受拉钢筋能屈服

$x_n = \xi_n h_0 = 0.154 \times 564 = 87 \text{ mm} > 2.5 a_s' = 83 \text{ mm}$,受压钢筋能屈服

$$M_u = f_y A_s h_0 (1 - 0.412\xi_n) + f'_y A'_s h_0 \left(0.412\xi_n - \frac{a'_s}{h_0}\right)$$

$$= 357 \times 1\,520 \times 564 \times (1 - 0.412 \times 0.154) + 357 \times 402 \times 564 \times \left(0.412 \times 0.154 - \frac{33}{564}\right)$$

$$= 287.031 \text{ kN} \cdot \text{m}$$

$$\phi_u = \frac{\varepsilon_{cu}}{\xi_n h_0} = \frac{0.003\,3}{0.154 \times 564} = 38.0 \times 10^{-6} \text{ 1/mm}$$

与例 5-1、例 5-2 的相关计算结果进行比较可知,在受压区配置受压钢筋,除了能提高截面的开裂弯矩和极限弯矩外,还可大大提高截面的变形能力。例 5-5 中截面的极限曲率与例 5-2 中单筋矩形截面(4Φ22)的极限曲率相比,增大了 36%。

5.8.4 截面极限承载力的简化计算

与单筋矩形截面受弯构件类似,双筋矩形截面受弯构件受压区混凝土的曲线型应力分布在保持合力大小和作用点不变的前提下可以等效成矩形应力分布,如图 5-32(d)所示。等效变换后,α_1、β_1 的计算方法和单筋矩形截面完全相同。若受压和受拉钢筋在截面破坏前均能屈服,则由 $\sum X = 0$ 和 $\sum M = 0$ 得出简化分析的计算公式为

$$\begin{cases} \alpha_1 f_c bx + f'_y A'_s = f_y A_s \\ M_u = \alpha_1 f_c bx \left(h_0 - \frac{x}{2}\right) + f'_y A'_s (h_0 - a'_s) \end{cases} \tag{5-75}$$

式中的 A_s 可分为两部分

$$A_s = A_{s1} + A_{s2}$$

其中,A_{s1} 是用来平衡混凝土压力的钢筋,A_{s1} 和压区混凝土形成截面抵抗弯矩 M_{u1}(相当于一单筋矩形截面);A_{s2} 用来平衡受压钢筋 A'_s,A_{s2} 和 A'_s 形成截面抵抗弯矩 M'_u。受拉钢筋分解后截面的计算简图如图 5-33 所示。根据图 5-33,式(5-75)也可分解为

$$\begin{cases} \alpha_1 f_c bx + f'_y A'_s = f_y A_{s1} + f_y A_{s2} \\ M_u = M_{u1} + M'_u \\ M_{u1} = \alpha_1 f_c bx \left(h_0 - \frac{x}{2}\right) = f_y A_{s1} \left(h_0 - \frac{x}{2}\right) \\ M'_u = f'_y A'_s (h_0 - a'_s) \end{cases} \tag{5-76}$$

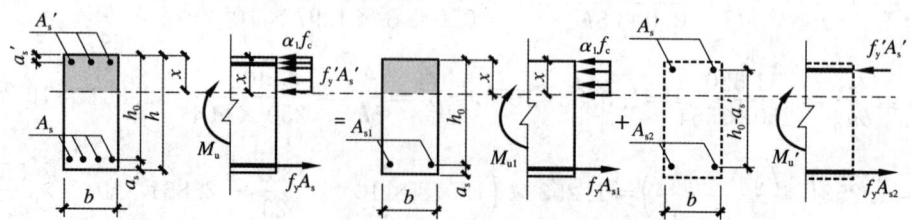

图 5-33 双筋矩形截面受弯构件正截面承载力简化分析计算简图

由于双筋矩形截面一般不会发生少筋破坏,因此,$\rho \geqslant \rho_{min}$ 的条件可以自动满足。
为了保证受拉钢筋屈服,不发生超筋破坏,应满足下列条件之一:

$$\xi = \frac{x}{h_0} \leqslant \xi_b \tag{5-77a}$$

或

$$\rho_1 = \frac{A_{s1}}{bh_0} \leqslant \rho_{\max} = \xi_b \frac{\alpha_1 f_c}{f_y} \tag{5-77b}$$

或

$$M_1 \leqslant M_{u1,\max} = \alpha_{s,\max} \alpha_1 f_c b h_0^2 \tag{5-77c}$$

式中，M_1 为受压区混凝土及其相应的受拉钢筋所承受的弯矩。

为了保证受压钢筋屈服，应满足 $x = 0.8 x_n \geqslant 2 a'_s$。当该条件不满足时，应按下式求双筋矩形截面的承载力：

$$\begin{cases} \alpha_1 f_c b x - \sigma'_s A'_s = f_y A_s \\ M_u = \alpha_1 f_c b x \left(h_0 - \dfrac{x}{2}\right) - \sigma'_s A'_s (h_0 - a'_s) \\ \sigma'_s = E_s \varepsilon_{cu} \left(\dfrac{\beta_1 a'_s}{\xi h_0} - 1\right) \end{cases} \tag{5-78}$$

或近似取 $x = 2 a'_s$，则

$$M_u = f_y A_s h_0 \left(1 - \frac{a'_s}{h_0}\right) \tag{5-79}$$

5.9 双筋矩形截面受弯构件正截面承载力计算公式的应用

5.9.1 既有构件正截面抗弯承载力计算

已知截面尺寸（b、h、h_0）、配筋（A_s、A'_s）和材料强度（f_c、f_t、f_y、f'_y），求 M_u。可按下列步骤进行计算分析。

(1) 将受拉钢筋分为两部分：$A_{s2} = A'_s f'_y / f_y$，$A_{s1} = A_s - A_{s2}$；
(2) 计算：$M'_u = f'_y A'_s (h_0 - a'_s)$；
(3) 根据 A_{s1} 按单筋矩形截面求 x；
(4) 若 $2 a'_s \leqslant x \leqslant \xi_b h_0$，按单筋矩形截面适筋构件计算求 M_{u1}，于是有 $M_u = M_{u1} + M'_u$；
(5) 若 $x > \xi_b h_0$，按单筋矩形截面超筋构件计算求 M_{u1}，于是有 $M_u = M_{u1} + M'_u$；
(6) 若 $x < 2 a'_s$，按式 (5-78) 或式 (5-79) 求 M_u。

h_0 的计算方法同单筋矩形截面。

【**例 5-6**】 钢筋混凝土梁的截面尺寸和材料强度同例 5-1，试求下列各种情况下截面的抗弯承载力：

(1) 当梁中配置 4Φ22 的受拉钢筋，2Φ16 的受压钢筋时；
(2) 当梁中配置 8Φ28 的受拉钢筋，2Φ16 的受压钢筋时；
(3) 当梁中配置 4Φ22 的受拉钢筋，4Φ22 的受压钢筋时。

【**解**】 (1) $A_s = 1\,520 \text{ mm}^2$，$A'_s = 402 \text{ mm}^2$，$h_0 = 564 \text{ mm}$，$a'_s = 33 \text{ mm}$

$$A_{s1} = A_s - A'_s = 1\,520 - 402 = 1\,118 \text{ mm}^2$$

$$M'_u = f'_y A'_s (h_0 - a'_s) = 357 \times 402 \times (564 - 33) = 76.206 \text{ kN} \cdot \text{m}$$

由式 (5-47) 得

$$x = \frac{f_y A_{s1}}{\alpha_1 f_c b} = \frac{357 \times 1\,118}{1.00 \times 23 \times 250} = 69 \text{ mm}$$

$2a'_s = 66$ mm，由例 5-3 知，$\xi_b = 0.516$，$\xi_b h_0 = 0.516 \times 564 = 291$ mm

$2a'_s < x < \xi_b h_0$，为适筋截面。

$$M_{u1} = f_y A_{s1}\left(h_0 - \frac{x}{2}\right) = 357 \times 1\,118 \times \left(564 - \frac{69}{2}\right) = 211.337 \text{ kN·m}$$

$$M_u = M_{u1} + M'_u = 211.337 + 76.206 = 287.543 \text{ kN·m}$$

与例 5-5 中的计算结果非常接近，说明简化方法精度令人满意。

(2) $A_s = 4\,924$ mm², $A'_s = 402$ mm², $h_0 = 533$ mm, $a'_s = 33$ mm, $\xi_b = 0.516$

$$A_{s1} = A_s - A'_s = 4\,924 - 402 = 4\,522 \text{ mm}^2$$

$$M'_u = f'_y A'_s (h_0 - a'_s) = 357 \times 402 \times (533 - 33) = 71.757 \text{ kN·m}$$

由式(5-47)得
$$x = \frac{f_y A_{s1}}{\alpha_1 f_c b} = \frac{357 \times 4\,522}{1.00 \times 23 \times 250} = 281 \text{ mm}$$

$2a'_s = 66$ mm，$\xi_b h_0 = 0.516 \times 533 = 275$ mm

$x \geq \xi_b h_0$，为超筋截面。

将式(5-65)代入式(5-47)得

$$\xi = \frac{0.8}{1 + \dfrac{\alpha_1 f_c b h_0}{f_y A_{s1}}(0.8 - \xi_b)} = \frac{0.8}{1 + \dfrac{1.0 \times 23 \times 250 \times 533}{357 \times 4\,522}(0.8 - 0.516)} = 0.520$$

$$x = \xi h_0 = 0.520 \times 533 = 277 \text{ mm}$$

$$\sigma_s = f_y \frac{\xi - 0.8}{\xi_b - 0.8} = 357 \times \frac{0.520 - 0.8}{0.516 - 0.8} = 351.97 \text{ N/mm}^2$$

$$M_{u1} = \sigma_s A_{s1}\left(h_0 - \frac{x}{2}\right) = 351.97 \times 4522 \times \left(533 - \frac{277}{2}\right) = 627.889 \text{ kN·m}$$

$$M_u = M_{u1} + M'_u = 627.889 + 71.757 = 699.646 \text{ kN·m}$$

(3) $A_s = 1\,520$ mm², $A'_s = 1\,520$ mm², $h_0 = 564$ mm, $a'_s = 25 + 22/2 = 36$ mm, $\xi_b = 0.516$

$$A_{s1} = A_s - A'_s = 1\,520 - 1\,520 = 0 \text{ mm}^2$$

$$M'_u = f'_y A'_s (h_0 - a'_s) = 357 \times 1\,520 \times (564 - 36) = 286.514 \text{ kN·m}$$

由式(5-47)得
$$x = \frac{f_y A_{s1}}{\alpha_1 f_c b} = \frac{357 \times 0}{1.0 \times 23 \times 250} = 0 \text{ mm}$$

$2a'_s = 72$ mm，$x < 2a'_s$，受压钢筋不能屈服。

由式(5-79)得

$$M_u = f_y A_s h_0 \left(1 - \frac{a'_s}{h_0}\right) = 357 \times 1\,520 \times 564 \times \left(1 - \frac{36}{564}\right) = 286.514 \text{ kN·m}$$

与本例中第(1)种情况的计算结果进行比较，受压钢筋的用量超过一定限值后，压区混凝土压碎时受压钢筋不能屈服。此时，增加受压钢筋的用量并不能提高截面的抗弯承载力。

5.9.2 基于承载力的构件截面设计

基于承载力的构件截面设计分两种情况：

1) 第 1 种情况

已知截面尺寸(b、h、h_0)、材料强度(f_c、f_t、f_y、f'_y)及截面所受的弯矩M，求配筋A'_s、A_s。与单筋矩形截面类似，为了保证所设计的截面在给定弯矩作用下不发生破坏，应要求截面的承载力不低于其所受的弯矩，即$M_u \geqslant M$。因此，按下列步骤进行计算分析。

(1) 为了充分利用混凝土抗压，设$x = \xi_b h_0$。

(2) 求A_{s1}和M_1：$A_{s1} = \alpha_1 f_c bx/f_y$，$M_1 = M_{u1} = A_{s1} f_y (h_0 - 0.5x)$。

(3) 计算M'和A_{s2}：$M' = M'_u = M - M_1$，$A_{s2} = M'/(h_0 - a'_s)f_y$。

(4) 计算A'_s、A_s：$A'_s = A_{s2} f_y / f'_y$，$A_s = A_{s1} + A_{s2}$。

由于第(1)步已假设$x = \xi_b h_0$，故所有的适用条件自动满足。

2) 第 2 种情况

已知截面尺寸(b、h、h_0)、材料强度(f_c、f_t、f_y、f'_y)、受压钢筋(A'_s)及截面所受的弯矩M，求配筋A_s。按下列步骤进行计算分析。

(1) 计算A_{s2}和M'：$A_{s2} = A'_s f'_y / f_y$，$M' = A_{s2} f_y (h_0 - a'_s)$。

(2) 求M_1：$M_1 = M - M'$。

(3) 根据M_1，按单筋矩形截面的方法求x。

(4) 若$x < 2a'_s$，按单筋矩形截面适筋构件的方法求A_s，但应进行最小配筋率的验算。

(5) 若$2a'_s \leqslant x \leqslant \xi_b h_0$，按单筋矩形截面适筋构件的方法求$A_{s1}$。

(6) $A_s = A_{s1} + A_{s2}$。

(7) 若$x > \xi_b h_0$，按A'_s未知，用第 1 种情况的步骤重新计算A'_s和A_s。

h_0的计算方法同单筋矩形截面。

【例 5-7】 钢筋混凝土梁的截面尺寸和材料强度同例 5-1，已知受压钢筋为 2Φ16，求当截面所受到的弯矩为$M = 650$ kN·m 和$M = 900$ kN·m 时，截面所需的受拉钢筋。

【解】 $A'_s = 402$ mm，$a'_s = 33$ mm，$\xi_b = 0.516$

由于弯矩较大，估计受拉钢筋要放两排，故取$h_0 = 600 - 60 = 540$ mm

(1) 当$M = 650$ kN·m 时

$$A_{s2} = A'_s f'_y / f_y = 402 \times \frac{357}{357} = 402 \text{ mm}^2$$

$$M' = f_y A_{s2} (h_0 - a'_s) = 357 \times 402 \times (540 - 33) = 72.762 \text{ kN·m}$$

$$M_1 = M - M' = 650 - 72.762 = 577.238 \text{ kN·m}$$

由式(5-66)得
$$\begin{cases} 1.0 \times 23 \times 250 x = 357 A_{s1} \\ 577.238 \times 10^6 = 1.0 \times 23 \times 250 x \left(540 - \frac{x}{2}\right) \end{cases}$$

解得
$$x = 239 \text{ mm}$$

$$2a'_s = 66 \text{ mm}, \quad \xi_b h_0 = 0.516 \times 540 = 279 \text{ mm}$$

$2a'_s < x < \xi_b h_0$，将x代入上述方程求得$A_{s1} = 3849 \text{ mm}^2$。

$$A_s = A_{s1} + A_{s2} = 3\,849 + 402 = 4\,251 \text{ mm}^2$$

选用 6 ⌽ 28＋2 ⌽ 20 ($A_s = 4\,321$ mm²)。

(2) 当 $M = 900$ kN·m 时

$$A_{s2} = A'_s f'_y / f_y = 402 \times 357/357 = 402 \text{ mm}^2$$

$$M' = f_y A_{s2}(h_0 - a'_s) = 357 \times 402 \times (540 - 33) = 72.762 \text{ kN·m}$$

$$M_1 = M - M' = 900 - 72.76 = 827.238 \text{ kN·m}$$

由式(5-66)得
$$\begin{cases} 1.0 \times 23 \times 250x = 357 A_{s1} \\ 827.238 \times 10^6 = 1.0 \times 23 \times 250x \left(540 - \dfrac{x}{2}\right) \end{cases}$$

解得 $x = 478$ mm $> \xi_b h_0 = 0.516 \times 540 = 279$ mm，按 A'_s 未知重新进行设计。

取 $\quad x = \xi_b h_0 = 0.516 \times 540 = 279$ mm，$a'_s = 35$ mm

$$A_{s1} = \frac{\alpha_1 f_c bx}{f_y} = \frac{1.0 \times 23 \times 250 \times 279}{357} = 4\,493 \text{ mm}^2$$

$$M_1 = A_{s1} f_y (h_0 - 0.5x) = 4\,493 \times 357 \times (540 - 0.5 \times 279) = 642.402 \text{ kN·m}$$

$$M' = M - M_1 = 900 - 642.402 = 257.598 \text{ kN·m}$$

$$A_{s2} = \frac{M'}{(h_0 - a'_s) f_y} = \frac{257.598 \times 10^6}{(540 - 35) \times 357} = 1\,429 \text{ mm}^2$$

$$A'_s = \frac{A_{s2} f_y}{f'_y} = \frac{1\,429 \times 357}{357} = 1\,429 \text{ mm}^2$$

$$A_s = A_{s1} + A_{s2} = 5\,922 \text{ mm}^2$$

受压钢筋选用 3 ⌽ 25 ($A'_s = 1\,473$ mm²)，受拉钢筋选用 6 ⌽ 32＋2 ⌽ 28 ($A_s = 6\,054$ mm²)。

5.10 T形截面受弯构件正截面的受力分析

T形截面受弯构件在材料组成上类似单筋矩形截面受弯构件，在受力特点上 T 形截面上翼缘的外伸部分相当于双筋矩形截面受弯构件中的受压钢筋。因此，本节不再对截面的受力性能作详细的分析，只介绍正截面承载力的简化计算方法。由于，临近破坏时受拉区混凝土不参加工作，I 形截面、箱形截面极限承载力的计算方法和 T 形截面类似。因此，讨论 T 形截面受弯构件正截面承载力计算方法具有较广泛的意义。

5.10.1 T形截面受弯构件受压翼缘的计算宽度

试验表明，受压翼缘混凝土的压应力分布不均匀，离腹板越远，压应力越小，如图 5-34(a)所示。若假定受压翼缘应力均匀分布，如图 5-34(b)所示，则要限制 b'_f 的取值。《混凝土结构设计规范》(GB 50010)规定：T 形、I 形及倒 L 形截面受弯构件位于受压区的翼缘计算宽度 b'_f 应按表 5-1 所列情况中的最小值取用。

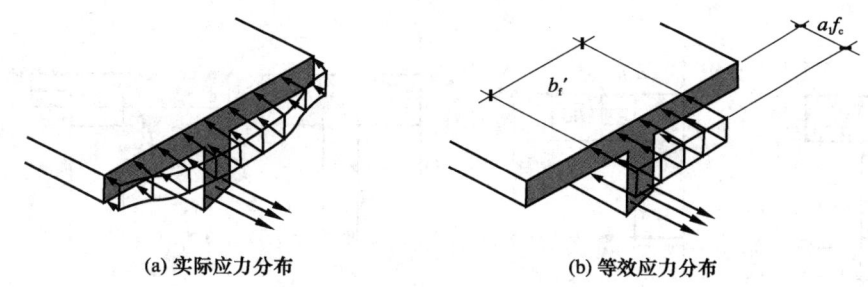

(a) 实际应力分布　　　　　(b) 等效应力分布

图 5-34　T 形截面受弯构件正截面受压区应力分布

表 5-1　T 形、I 形及倒 L 形截面受弯构件受压翼缘的计算宽度 b_f'

情　况		T 形、I 形截面		倒 L 形截面
		肋形梁、肋形板	独立梁	肋形梁、肋形板
1	按计算跨度 l_0 考虑	$l_0/3$	$l_0/3$	$l_0/6$
2	按梁(纵肋)净距 s_n 考虑	$b+s_n$	—	$b+s_n/2$
3	按翼缘高度 h_f' 考虑	$b+12h_f'$	b	$b+5h_f'$

注：① 图 1-4 中的现浇混凝土楼板就是肋形梁板的一种。如肋形梁在梁跨内设有间距小于纵肋间距的横肋时，则可不遵守表 5-1 所列情况 3 的规定。
② 表中 b 为腹板宽度。
③ 对加腋的 T 形、I 形和倒 L 形截面，当受压区加腋的高度 $h_h \geqslant h_f'$，且加腋的宽度 $b_h \leqslant 3h_h$ 时，其翼缘的计算宽度可按表 5-1 所列情况 3 的规定分别增加 $2b_h$（T 形、I 形截面）和 b_h（L 形截面）。
④ 独立梁受压区的翼缘板在荷载作用下经验算沿纵肋方向可能产生裂缝时，其计算宽度应取腹板宽度 b。

5.10.2　T 形截面受弯构件正截面承载力的简化计算方法

1. 两类 T 形截面的判别

按中和轴（对简化计算实际上是名义中和轴）的位置不同，可将 T 形截面分为两种类型：① 当中和轴位于受压翼缘内时（图 5-36）为第一类 T 形截面；② 当中和轴位于腹板内时（图 5-37）为第二类 T 形截面。根据图 5-35 所示的 T 形截面受弯构件全翼缘受压时的计算简图可知，当满足下列条件之一时，可按第一类 T 形截面计算；否则为第二类 T 形截面。

$$f_y A_s \leqslant \alpha_1 f_c b_f' h_f' \tag{5-80}$$

$$M \leqslant M_u = \alpha_1 f_c b_f' h_f' \left(h_0 - \frac{h_f'}{2}\right) \tag{5-81}$$

式中　M——截面所受的弯矩；
　　　b_f'——受压翼缘的计算宽度；
　　　h_f'——受压翼缘的高度。

2. 第一类 T 形截面受弯构件

由于在承载力计算时不考虑混凝土的抗拉作用，第一类 T 形截面受弯构件的正截面受弯承载力和截面尺寸为 $b_f' \times h$ 的单筋矩形截面受弯构件的计算方法完全相同，如图 5-36 所示。其简化的承载力计算公式为

$$\begin{cases} \alpha_1 f_c b_f' x = f_y A_s \\ M_u = \alpha_1 f_c b_f' x \left(h_0 - \dfrac{x}{2}\right) = f_y A_s \left(h_0 - \dfrac{x}{2}\right) \end{cases} \tag{5-82}$$

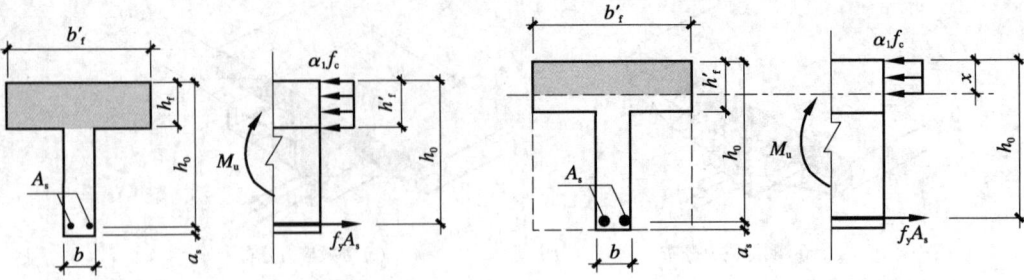

图 5-35 T 形截面受弯构件全翼
缘受压时的计算简图

图 5-36 第一类 T 形截面计算简图

第一类 T 形截面的中和轴位于受压翼缘内，x 较小，一般不会出现超筋破坏，即 $x \leqslant \xi_b h_0$ 的条件自动满足。

为了保证不出现少筋破坏，应保证：$A_s \geqslant \rho_{\min} bh$。$\rho_{\min}$ 按式(5-59)计算。T 形截面的开裂弯矩同截面为腹板的矩形截面的开裂弯矩几乎相同。因此，在验算最小配筋量时，截面尺寸应用 $b \times h$，而非 $b'_f \times h$。这一点在计算分析时应特别注意。

3. 第二类 T 形截面受弯构件

第二类 T 形截面受弯构件正截面的受力情况和双筋矩形截面的受力情况类似。截面的受弯承载力可以分解为两部分：腹板受压区混凝土和相应的受拉钢筋 A_{s1} 贡献的承载力 M_{u1} 以及受压翼缘混凝土和相应的受拉钢筋 A_{s2} 贡献的承载力 M'_{uf}。截面的计算简图如图 5-37 所示。

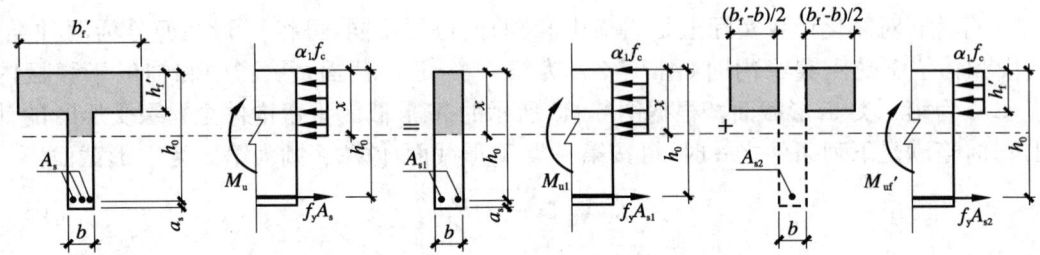

图 5-37 第二类 T 形截面计算简图

由 $\sum X = 0$ 和 $\sum M = 0$ 得出简化分析的计算公式为

$$\begin{cases} \alpha_1 f_c bx + \alpha_1 f_c (b'_f - b) h'_f = f_y A_s \\ M_u = M_{u1} + M'_{uf} = \alpha_1 f_c bx \left(h_0 - \frac{x}{2}\right) + \alpha_1 f_c (b'_f - b) h'_f \left(h_0 - \frac{h'_f}{2}\right) \end{cases} \quad (5\text{-}83)$$

第二类 T 形截面的中和轴位于腹板内，x 较大，一般不会出现少筋破坏，即 $A_s \geqslant \rho_{\min} bh$ 的条件一般会自动满足，但仍需要验算。

为了保证不出现超筋破坏，应满足下列条件之一：

$$\xi = \frac{x}{h_0} \leqslant \xi_b \quad (5\text{-}84a)$$

或 $$\rho_1 = \frac{A_{s1}}{bh_0} \leqslant \rho_{\max} = \xi_b \frac{\alpha_1 f_c}{f_y} \quad (5\text{-}84\text{b})$$

或 $$M_1 \leqslant M_{ul,\max} = \alpha_{s,\max} \alpha_1 f_c b h_0^2 \quad (5\text{-}84\text{c})$$

式中，M_1 为腹板受压区混凝土及其相应的受拉钢筋所承受的弯矩。

5.11　T形截面受弯构件正截面承载力计算公式的应用

5.11.1　既有构件正截面抗弯承载力计算

已知截面尺寸（b、h、h_0、b'_f、h'_f）、配筋（A_s）和材料强度（f_c、f_t、f_y），求 M_u。可按下列步骤进行计算分析：

（1）判断截面类型：若 $f_y A_s \leqslant \alpha_1 f_c b'_f h'_f$，为第一类 T 形截面；若 $f_y A_s > \alpha_1 f_c b'_f h'_f$，为第二类 T 形截面。

（2）若为第一类 T 形截面，按 $b'_f \times h$ 的单筋矩形截面计算正截面的承载力。若 $A_s < \rho_{\min} bh$，按 $b \times h$ 矩形截面的开裂弯矩计算构件的承载力。

（3）若为第二类 T 形截面，转入下面步骤。

（4）求 M'_{uf}：$M'_{uf} = \alpha_1 f_c (b'_f - b) h'_f \left(h_0 - \dfrac{h'_f}{2}\right)$。

（5）按 $b \times h$ 的单筋矩形截面计算求 M_{ul}，于是有 $M_u = M_{ul} + M'_{uf}$。

h_0 的计算方法同单筋矩形截面。

【例 5-8】　已知 T 形截面梁的截面尺寸如图 5-38 所示，梁的计算跨度为 $l_0 = 8\,500$ mm。已知 $f_c = 15$ N/mm^2，$f_t = 1.43$ N/mm^2，$f_y = 320$ N/mm^2，$E_s = 1.97 \times 10^5$ N/mm^2，分别求下列两种情况下梁的正截面抗弯承载力：

（1）当受拉区配有 4Φ20 的纵向受拉钢筋时；
（2）当受拉区配有 8Φ25 的纵向受拉钢筋时。

【解】　$b'_f = 600$ mm，$b'_f < l_0/3 = 8\,500/3 = 2\,833$ mm，
$b'_f < b + 12 h'_f = 1\,690$ mm，符合要求。

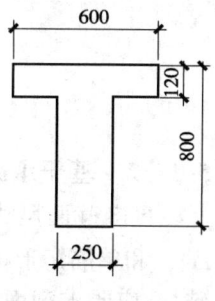

图 5-38　T形截面梁

（1）$A_s = 1\,256$ mm$^2 > \rho_{\min} bh = 0.45 \times \dfrac{f_t}{f_y} \times bh$

$$= 0.45 \times \frac{1.43}{320} \times 250 \times 800 = 402 \text{ mm}^2$$

$$h_0 = 800 - 25 - 20/2 = 765 \text{ mm}$$

$$f_y A_s = 320 \times 1\,256 = 401.92 \text{ kN}$$

$$\alpha_1 f_c b'_f h'_f = 1.0 \times 15 \times 600 \times 120 = 1\,080 \text{ kN}$$

$f_y A_s < \alpha_1 f_c b'_f h'_f$，为第一类 T 形截面。

由式(5-47)得　$x = \dfrac{f_y A_s}{\alpha_1 f_c b'_f} = \dfrac{401.92 \times 10^3}{1.0 \times 15 \times 600} = 45$ mm

由式(5-48)得

$$M_u = f_y A_s \left(h_0 - \frac{x}{2}\right) = 320 \times 1\,256 \times \left(765 - \frac{45}{2}\right) = 298.426 \text{ kN} \cdot \text{m}$$

(2) $A_s = 3\,928 \text{ mm}^2 > \rho_{min} bh = 0.45 \times \dfrac{f_t}{f_y} \times bh = 0.45 \times \dfrac{1.43}{320} \times 250 \times 800 = 402 \text{ mm}^2$

$$h_0 = 800 - 25 - 25 - 25/2 = 737.5 \text{ mm}$$

$f_y A_s = 320 \times 3\,928 = 1\,257 \text{ kN}, \quad \alpha_1 f_c b'_f h'_f = 1.0 \times 15 \times 600 \times 120 = 1\,080 \text{ kN}$

$f_y A_s > \alpha_1 f_c b'_f h'_f$,为第二类 T 形截面。

$$M'_{uf} = \alpha_1 f_c (b'_f - b) h'_f \left(h_0 - \frac{h'_f}{2}\right)$$

$$= 1.0 \times 15 \times (600 - 250) \times 120 \times \left(737.5 - \frac{120}{2}\right) = 426.825 \text{ kN} \cdot \text{m}$$

由式(5-83)中第一式得

$$x = \frac{f_y A_s - \alpha_1 f_c (b'_f - b) h'_f}{\alpha_1 f_c b} = \frac{1\,257 \times 10^3 - 1.0 \times 15 \times (600 - 250) \times 120}{1.0 \times 15 \times 250} = 167 \text{ mm}$$

$$\xi_b = \frac{0.8}{1 + \dfrac{f_y}{0.003\,3 E_s}} = \frac{0.8}{1 + \dfrac{320}{0.003\,3 \times 1.97 \times 10^5}} = 0.536$$

$$x < \xi_b h_0 = 0.536 \times 737.5 = 395 \text{ mm}$$

$$M_{u1} = \alpha_1 f_c b x \left(h_0 - \frac{x}{2}\right)$$

$$= 1.0 \times 15 \times 250 \times 167 \times \left(737.5 - \frac{167}{2}\right) = 409.568 \text{ kN} \cdot \text{m}$$

$$M_u = M_{u1} + M'_{uf} = 409.568 + 426.825 = 836.393 \text{ kN} \cdot \text{m}$$

5.11.2 基于承载力的构件截面设计

已知截面尺寸(b、h、h_0、b'_f、h'_f)、材料强度(f_c、f_t、f_y)及截面所受的弯矩 M,求配筋 A_s。和单筋矩形截面、双筋矩形截面类似,为了保证所设计的截面在给定弯矩作用下不发生破坏,应要求截面的承载力不低于其所受的弯矩,即:$M_u \geqslant M$。因此,按下列步骤进行计算分析。

(1) 判断截面类型:若 $M \leqslant \alpha_1 f_c b'_f h'_f \cdot \left(h_0 - \dfrac{h'_f}{2}\right)$,为第一类 T 形截面;若 $M > \alpha_1 f_c b'_f h'_f \cdot \left(h_0 - \dfrac{h'_f}{2}\right)$,为第二类 T 形截面。

(2) 若为第一类 T 形截面,按 $b'_f \times h$ 的单筋矩形截面进行设计,应验算 $A_s \geqslant \rho_{min} bh$。

(3) 若为第二类 T 形截面,转入下面的步骤。

(4) 计算 A_{s2} 和 M':$A_{s2} = \alpha_1 f_c (b'_f - b) h'_f / f_y$,$M' = M'_{uf} = A_{s2} f_y \left(h_0 - \dfrac{h'_f}{2}\right)$。

(5) 求 M_1：$M_1 = M - M'$。

(6) 根据 M_1，按单筋矩形截面的方法求 x。

(7) 若 $x \leqslant \xi_b h_0$，按单筋矩形截面适筋构件的方法求 A_{s1}，$A_s = A_{s1} + A_{s2}$。

(8) 若 $x > \xi_b h_0$，重新设计截面后回到第1步再进行计算分析，或在受压翼缘内配置受压钢筋 A'_s，再求 A_s（读者可以自己总结出配置 A'_s 的 T 形截面的计算分析步骤，此处从略）。

h_0 的计算方法同单筋矩形截面。

【例 5-9】 预制双孔板的截面尺寸如图 5-39(a)所示。已知板的计算跨度为 4 800 mm，混凝土的棱柱体抗压强度 $f_c = 14\ \text{N/mm}^2$，抗拉强度 $f_t = 1.3\ \text{N/mm}^2$，钢筋的屈服强度 $f_y = 300\ \text{N/mm}^2$，弹性模量 $E_s = 1.97 \times 10^5\ \text{N/mm}^2$。当板中所受的最大弯矩 $M = 26\ \text{kN·m}$、$M = 45\ \text{kN·m}$ 时，分别计算出板中的配筋。

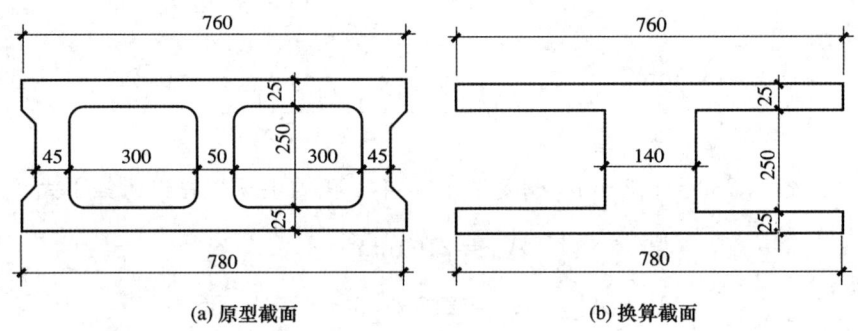

(a) 原型截面   (b) 换算截面

图 5-39 预制双孔板的截面尺寸(例 5-9)

【解】 进行截面变换如图 5-39(b)所示

$$b'_f = 760\ \text{mm},\ b'_f < l_0/3 = 4\ 800/3 = 1\ 600\ \text{mm},\ b'_f > b + 12h'_f = 440\ \text{mm}$$

根据表 5-1，应取 $b'_f = 440\ \text{mm}$，$h_0 = 300 - 20 = 280\ \text{mm}$

$$\alpha_1 f_c b'_f h'_f \left(h_0 - \frac{h'_f}{2}\right) = 1.0 \times 14 \times 440 \times 25 \times \left(280 - \frac{25}{2}\right) = 41.195\ \text{kN·m}$$

(1) 当 $M = 26\ \text{kN·m}$ 时

$M < 41.195\ \text{kN·m}$，属于第一类 T 形截面，按 440 mm×300 mm 的单筋矩形截面进行设计。

由式(5-66)得 $\begin{cases} 1.0 \times 14 \times 440 x = 300 A_s \\ 26 \times 10^6 = 1.0 \times 14 \times 440 x \left(280 - \dfrac{x}{2}\right) \end{cases}$

解得 $x = 16\ \text{mm}$，$A_s = 329\ \text{mm}^2$，和 T 形截面不同，I 形截面的受拉翼缘对截面的开裂弯矩有较大影响，在验算受拉钢筋的最小配筋率时应加以考虑。

$$\rho_{\min}[bh + (b_f - b)h_f] = 0.45 \frac{f_t}{f_y}[bh + (b_f - b)h_f]$$

$$= 0.45 \times \frac{1.3}{300} \times (140 \times 300 + 640 \times 25) = 113\ \text{mm}^2$$

$A_s > 113 \text{ mm}^2$,满足要求。选用 3⌀12($A_s = 339 \text{ mm}^2$)。

(2) 当 $M = 45 \text{ kN·m}$ 时

$M > 41.195 \text{ kN·m}$,属于第二类 T 形截面

$$A_{s2} = \alpha_1 f_c (b_f' - b) h_f' / f_y = 1.0 \times 14 \times (440-140) \times 25/300 = 350 \text{ mm}^2$$

$$M' = M_{uf}' = f_y A_{s2}\left(h_0 - \frac{h_f'}{2}\right) = 300 \times 350 \times \left(280 - \frac{25}{2}\right) = 28.088 \text{ kN·m}$$

$$M_1 = M - M' = 45 - 28.088 = 16.912 \text{ kN·m}$$

由式(5-66)得
$$\begin{cases} 1.0 \times 14 \times 140 x = 300 A_{s1} \\ 16.912 \times 10^6 = 1.0 \times 14 \times 140 x \left(280 - \frac{x}{2}\right) \end{cases}$$

解得 $x = 33 \text{ mm}$, $\xi_b = \dfrac{0.8}{1 + \dfrac{300}{0.0033 \times 1.97 \times 10^5}} = 0.547$

$x < \xi_b h_0 = 0.547 \times 280 = 153 \text{ mm}$,满足要求。将 x 代入上述方程组的第 1 式得

$$A_{s1} = 216 \text{ mm}^2$$

$$A_s = A_{s1} + A_{s2} = 216 + 350 = 566 \text{ mm}^2$$

选用 3⌀12 + 3⌀10($A_s = 575 \text{ mm}^2$)。

5.12 深受弯构件正截面的受力分析

5.12.1 基本概念和应用

$l_0/h < 5.0$ 的简支钢筋混凝土单跨梁(图 5-40)或多跨连续梁统称深受弯构件。其中,$l_0/h \leqslant 2.0$ 的简支梁和 $l_0/h \leqslant 2.5$ 的简支钢筋混凝土连续梁称为深梁。介于深梁和一般梁之间的钢筋混凝土梁称为短梁。在深受弯构件中,随着 l_0/h 值的减小,剪力的作用越来越明显。因此,其具有和一般梁不同的特性。

深受弯构件在工程中有着广泛的应用。多高层建筑中上下层不同结构形式间的转换大梁[图 5-41(a)]、片筏基础梁[图 5-41(b)]、仓筒侧壁[5-41(c)]等均是深受弯构件的应用实例。

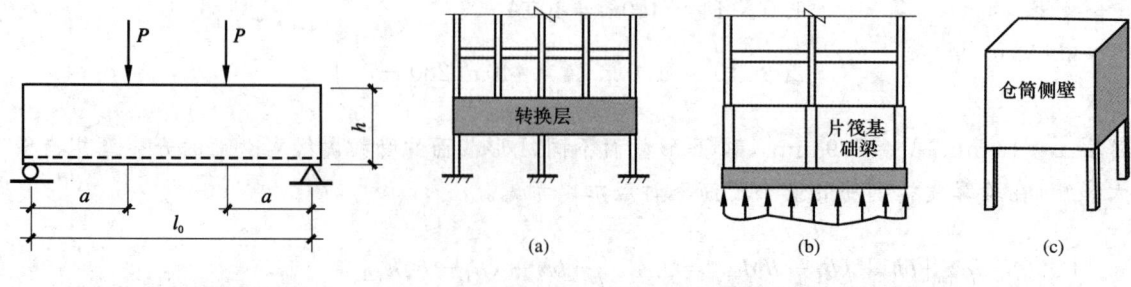

图 5-40 深受弯构件　　　　图 5-41 深受弯构件的应用实例

深受弯构件中也布置有纵向受力钢筋和箍筋,且纵向受力钢筋的直径较小,一般布置在受

拉边缘 $0.2h$ 范围内。由于构件截面较高,除箍筋和纵筋外,沿截面高度方向还布置有水平分布筋,水平分布筋之间另设有拉结筋,如图 5-42 所示。

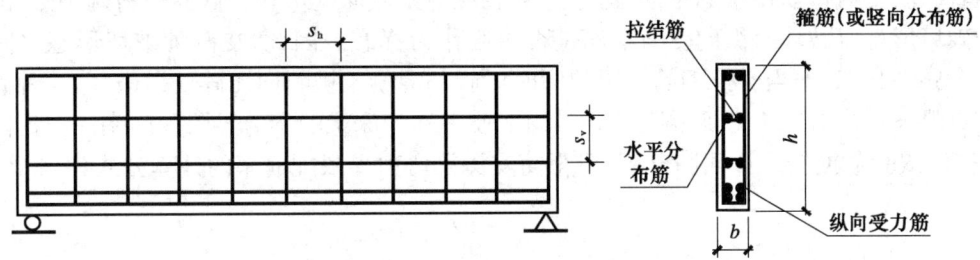

图 5-42 深受弯构件的配筋形式

5.12.2 深受弯构件的受力性能和破坏形态

深受弯构件的受力过程也可分为弹性阶段、带裂缝工作阶段和破坏阶段。

根据光弹试验或用弹性力学理论进行计算分析可以得出深梁在弹性阶段的应力分布如图 5-43(a)所示。图中的虚线为受压主应力迹线,实线为受拉主应力迹线。由图中的结果可以看出,梁中最大的主拉应力迹线和梁底平行,主压应力迹线基本与集中荷载作用点到支座的连线平行。图 5-43(b)给出了经弹性理论分析得出的深梁跨中正截面的应变分布情况。图中显示截面应变分布不符合平截面假定。

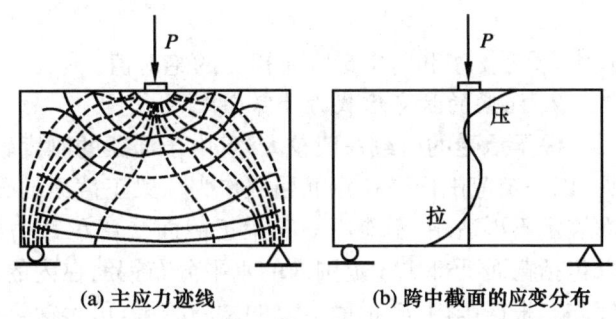

图 5-43 深梁的主应力迹线和截面应变分布

当梁底的最大拉应力超过混凝土的抗拉强度时,梁中会出现垂直裂缝,深梁的开裂荷载为其极限荷载的 $1/3 \sim 1/2$。随着荷载的增加,裂缝的宽度和数量不断增加,在支座附近还会产生倾斜裂缝。斜裂缝出现后,深梁的力学性能发生了重大的变化,"梁"的作用减弱,"拱"的作用增强。如图 5-44 所示,纵向受力钢筋相当于拱的下弦杆,两相邻虚斜线间的混凝土相当于拱肋。根

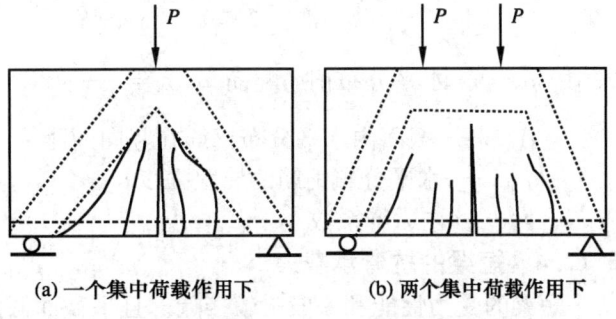

图 5-44 深梁的破坏形态(图中的虚线表示拱作用)

据纵向受力钢筋用量的不同,梁呈现出两种不同的破坏形式:当纵向受力钢筋的用量较少时,随着裂缝宽度的增加,纵筋屈服,最终导致正截面受弯破坏;当纵向受力钢筋的用量较多时,纵筋屈服前,"拱肋"处的混凝土已被斜向压坏,出现斜截面受剪破坏。此外,在集中荷载作用处或支座处还会出现局部受压破坏或纵向受力钢筋锚固失效破坏。

短梁的受弯性能及破坏形态与一般梁较接近。正截面的破坏类型也可分为少筋破坏、适筋破坏和超筋破坏三种。

5.12.3 深梁的抗弯承载力

1. 深梁的弯剪界限配筋率

随着纵向受力钢筋用量的不同,深梁主要表现为正截面受弯和斜截面受剪两种破坏形态,且两种破坏形态以破坏时纵向受力钢筋是否屈服作为标志。因此,在两种破坏形态之间肯定存在一个界限状态,即当受拉钢筋屈服的同时梁腹部混凝土被斜向压碎使梁破坏,这种破坏称为弯剪界限破坏。对应于弯剪界限破坏时的配筋率称为深梁的弯剪界限配筋率。根据国内外 271 个构件试验数据的统计回归分析,可得简支深梁弯剪界限配筋率的计算公式为

$$\rho_{bm} = 0.19\lambda \frac{f_c}{f_y} \tag{5-85}$$

式中,λ 为计算剪跨比,$\lambda = a/h$ 将在第 7 章详细讨论;a 为集中荷载到支座的距离,对均布荷载可取 $a = l_0/4$。

对约束深梁和连续深梁,界限配筋率的计算公式为

$$\rho_{bm} = \frac{0.19\lambda}{1+1.48\psi} \frac{f_c}{f_y} \tag{5-86}$$

式中,ψ 为支座和跨中最大弯矩比的绝对值。

2. 深梁的抗弯承载力计算公式

深梁承受的荷载一般较大,且由于深梁的刚度较大、变形较小,破坏具有突然性,为安全起见,以一定范围内受拉钢筋屈服作为深梁正截面的破坏标志。由前面的分析可知,对深梁平截面假定不再适用,不能用一般梁正截面受弯承载力的计算理论来分析深梁正截面的承载力。以包括截面下部 1/3 范围内的水平分布钢筋在内的多排受拉钢筋屈服作为深梁正截面的破坏标志。根据国内 93 根简支梁的试验结果,可得深梁的屈服弯矩如下:

$$M_y = (f_y A_s + 0.33\rho_h f_{yh} bh)\gamma_s h_0 \tag{5-87}$$

$$\gamma_s = 1 - \left(1 - 0.1\frac{l_0}{h}\right)\left(\rho + 0.5\rho_h \frac{f_{yh}}{f_y}\right)\frac{f_y}{f_c} \tag{5-88}$$

式中 ρ_h —— 水平分布钢筋配筋率,$\rho_h = \frac{A_{sh}}{bs_v}$;

A_{sh} —— 截面内水平分布钢筋在竖向间距 s_v 范围内各肢的全部面积;

f_{yh} —— 水平分布钢筋的屈服强度;

γ_s —— 内力臂系数。

5.12.4 短梁的抗弯承载力

短梁的受力性能和一般梁较接近。且平截面假定对短梁依然适用。应用和一般梁类似的方法对短梁进行分析并作简化处理,得出短梁的屈服弯矩如下:

$$M_y = f_y A_s h_0 (0.9 - 0.33\xi) \tag{5-89}$$

5.12.5 深受弯构件抗弯承载力的统一计算公式

《混凝土结构设计规范》(GB 50010)考虑到和一般梁的衔接,提出深受弯构件的统一计算公式如下:

$$\begin{cases} \alpha_1 f_c bx = f_y A_s \\ M_u = f_y A_s z \end{cases} \tag{5-90}$$

$$z = \alpha_d \left(h_0 - \frac{x}{2} \right) \qquad (5-91)$$

$$\alpha_d = 0.8 + 0.04 \frac{l_0}{h} \qquad (5-92)$$

式中 z——内力臂,当 $l_0 < h$ 时,取 $z = 0.6 l_0$;

x——截面受压区高度,当 $x < 0.2 h_0$ 时,取 $x = 0.2 h_0$;

α_d——内力臂修正系数;

h_0——截面的有效高度,$h_0 = h - a_s$;当 $l_0/h \leqslant 2$ 时,跨中截面取 $a_s = 0.1 h$,支座截面取 $a_s = 0.2 h$;当 $l_0/h > 2$ 时,取钢筋截面重心至受拉区边缘的距离。

上述公式实现了和一般梁的衔接。同时,由于未考虑水平分布筋对深受弯构件正截面承载力的贡献(其在承载力中所占的比例为 10%~30%),使计算结果偏于安全。

深梁的纵向受拉钢筋配筋率 $\rho \left(\rho = \dfrac{A_s}{bh} \right)$,水平分布钢筋配筋率 $\rho_{sh} \left(\rho_{sh} = \dfrac{A_{sh}}{bs_v} \right)$ 和竖向分布钢筋配筋率 $\rho_{sv} \left(\rho_{sv} = \dfrac{A_{sv}}{bs_h}, s_h \text{ 为竖向分布钢筋的间距} \right)$,不宜小于表 5-2 中的数值。短梁纵向受力钢筋的最小配筋率与一般梁相同。

表 5-2　　　　　　　　　深梁中钢筋最小配筋率　　　　　　　　　%

钢筋种类	纵向受力钢筋	水平分布钢筋	竖向分布钢筋
HPB300	0.25	0.25	0.20
HRB335,HRBF335,HRB400,HRBF400,RRB400	0.20	0.20	0.15
HRB500,HRBF500	0.15	0.15	0.10

注:当集中荷载作用于连续梁上部 1/4 高度范围内且 l_0/h 大于 1.5 时,竖向分布钢筋最小配筋百分率应增加 0.05。

【例 5-10】 某一上部受集中荷载的钢筋混凝土简支深梁如图 5-45 所示。已知混凝土的棱柱体抗压强度 $f_c = 13.5 \text{ N/mm}^2$,钢筋的屈服强度 $f_y = 290 \text{N/mm}^2$,$F = 1\,090 \text{ kN}$,梁上的均布荷载 $q = 40 \text{ kN/m}$(包括梁的自重),梁的计算跨度为 6 000 mm。试求深梁受拉区纵向受力钢筋的数量。

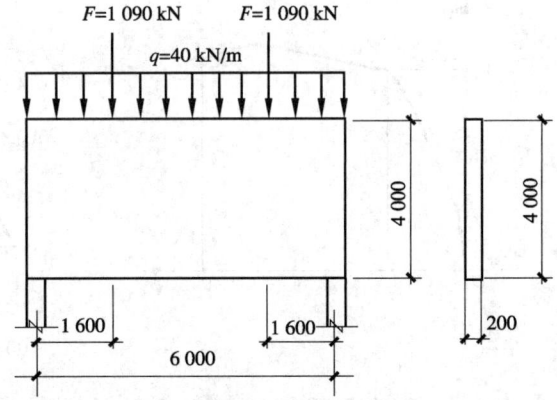

图 5-45　深梁的几何尺寸及受力情况(例 5-10)

【解】 $M = 1\,090 \times 1.6 + \dfrac{40 \times 6^2}{8}$

$\quad\quad = 1\,924 \text{ kN} \cdot \text{m}$

$\dfrac{l_0}{h} = \dfrac{6}{4} = 1.5 < 2,$

$a_s = 0.1 h = 0.1 \times 4\,000 = 400 \text{ mm}$

$h_0 = h - a_s = 4\,000 - 400 = 3\,600 \text{ mm}$

由式(5-90)、式(5-91)及式(5-92)得

$\alpha_d = 0.8 + 0.04 \dfrac{l_0}{h} = 0.8 + 0.04 \times \dfrac{6}{4} = 0.86$

$$\begin{cases} 1.0 \times 13.5 \times 200x = 290A_s \\ 1\,924 \times 10^6 = 1.0 \times 13.5 \times 200 \times 0.86x\left(3\,600 - \dfrac{x}{2}\right) \end{cases}$$

解得 $x = 238$ mm $< 0.2h_0 = 720$ mm,取 $x = 720$ mm,则

$$A_s = 6\,703 \text{ mm}^2 > 0.002\,5 \times 200 \times 4\,000 = 2\,000 \text{ mm}^2$$

选用 $14\phi25(A_s = 6\,869 \text{ mm}^2)$。

5.13 受弯构件正截面的延性

混凝土结构的延性反映了钢筋受拉屈服后构件的变形能力。以受弯构件的正截面为例,可用式(5-93)所定义的延性系数来定量描述截面的延性:

$$\mu = \frac{\phi_u}{\phi_y} \tag{5-93}$$

式中 ϕ_u——截面的极限曲率;
ϕ_y——截面的屈服曲率。

延性系数越大,说明截面的延性越好。由图 5-46 可知,截面的延性越好,其耗能能力就越强。

影响受弯构件正截面延性的参数除材料性能外,主要是配筋量。设两个正截面的尺寸和材料性能完全相同,但纵向受力钢筋的配筋量不同,其中一个截面纵向受力钢筋的截面积为 A_{s1},另一截面纵向受力钢筋的截面积为 A_{s2},且 $A_{s1} < A_{s2}$。

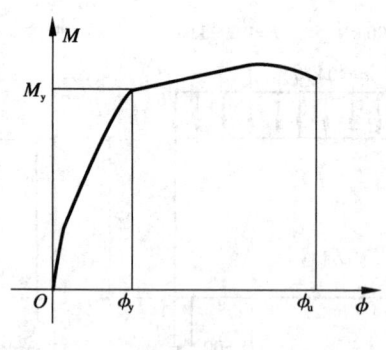

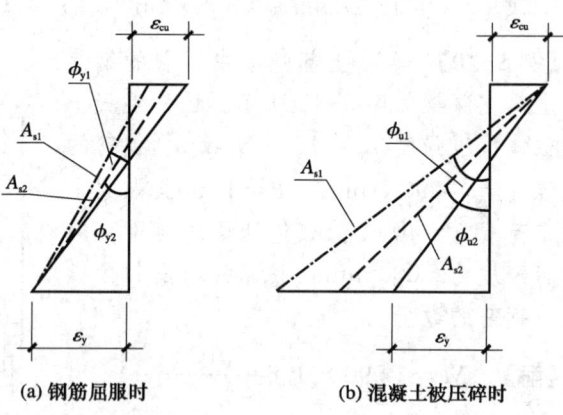

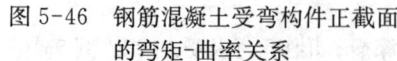

图 5-46 钢筋混凝土受弯构件正截面的弯矩-曲率关系

图 5-47 钢筋混凝土受弯构件正截面的应变分布

由图 5-47(a)所示的钢筋屈服时截面的应变分布可以看出,由于 $A_{s1} < A_{s2}$,配有 A_{s1} 的截面受压区高度小于配有 A_{s2} 的截面受压区高度。于是,$\phi_{y1} < \phi_{y2}$。同理,由图 5-47(b) 所示的混凝土被压碎时截面的应变分布可以得出:$\phi_{u1} > \phi_{u2}$。将不等关系式代入式(5-93)得

$$\mu_1 = \frac{\phi_{u1}}{\phi_{y1}} > \mu_2 = \frac{\phi_{u2}}{\phi_{y2}} \tag{5-94}$$

式(5-94)说明,纵向配筋越少,正截面的延性越好。这一结论也可以从图5-11所示的不同钢筋混凝土梁正截面的弯矩-曲率关系曲线中直观地看出。由图5-11中的曲线可知,对钢筋混凝土适筋梁,当按最小配筋率配筋时截面的延性最好;当按界限配筋率配筋时截面的延性最差。

思考题

【5-1】 钢筋混凝土梁中的配筋形式如何?

【5-2】 钢筋混凝土板中的配筋形式如何?

【5-3】 为何规定混凝土梁、板中纵向受力钢筋的最小间距和最小保护层厚度?

【5-4】 常用纵向受力钢筋的直径是多大?

【5-5】 钢筋混凝土梁正截面的破坏形态有哪些?对应每种破坏形态的破坏特征是什么?

【5-6】 界限破坏(平衡破坏)的特征是什么?

【5-7】 确定钢筋混凝土梁中纵向受力钢筋最小配筋率的原则是什么?

【5-8】 随着纵向受力钢筋用量的增加,梁正截面受弯承载力如何变化?梁正截面的变形能力如何变化?

【5-9】 钢筋混凝土受弯构件受拉边缘达到何种状态时,可以认为受拉区开裂?

【5-10】 钢筋混凝土适筋受弯构件达到何种状态时,可以认为发生正截面受弯破坏?

【5-11】 钢筋混凝土超筋受弯构件达到何种状态时,可以认为发生正截面受弯破坏?

【5-12】 从何种角度出发认为钢筋混凝土受弯构件在受力过程中能符合平截面假定?

【5-13】 如何将混凝土受压区的实际应力分布等效成矩形应力分布?

【5-14】 如何确定界限受压区高度?

【5-15】 在钢筋混凝土受弯构件中配置纵向受压钢筋有何作用?

【5-16】 在进行双筋矩形截面受弯构件正截面的设计时,如何保证截面破坏时纵向受压钢筋也能屈服?

【5-17】 在进行双筋矩形截面受弯构件正截面的承载力计算时,若 $x < 2a_s'$,如何计算正截面的承载力?

【5-18】 在截面设计或截面承载力计算时,为什么要规定 T 形截面受压翼缘的计算宽度?

【5-19】 如何验算第一类 T 形截面的最小配筋率?为什么?

【5-20】 某钢筋混凝土矩形截面,沿整个截面高度均匀布置有纵向受力钢筋,则用公式 $M_u = A_s f_y \left(h_0 - \dfrac{x}{2} \right)$ 算出的正截面抗弯承载力和实际抗弯承载力是否相符?为什么?

【5-21】 深梁的破坏形态是什么?各有何特征?

【5-22】 深梁中的配筋形式如何?

【5-23】 钢筋混凝土构件延性的含义是什么?

【5-24】 配筋率对钢筋混凝土受弯构件正截面的延性有何影响?

练习题

【5-1】 已知钢筋混凝土梁的截面尺寸为 $b=250$ mm, $h=600$ mm, 混凝土保护层厚度 $c=25$ mm, 混凝土和钢筋材料的性能指标为 $f_c=23$ N/mm², $f_t=2.6$ N/mm², $E_c=2.51\times10^4$ N/mm²; $f_y=357$ N/mm², $E_s=1.97\times10^5$ N/mm², 受拉区配有 $3\Phi25$ ($A_s=1472$ mm²) 的纵向受拉钢筋。试计算

(1) 当截面所受的弯矩 $M=50$ kN·m 时的 σ_s, σ_c^t 和 ϕ;

(2) 截面的开裂弯矩 M_{cr} 及相应的 σ_s, σ_c^t 和 ϕ_{cr}。

【5-2】 条件同练习题 5-1, 试

(1) 计算截面的极限弯矩 M_u 及相应的 ϕ_u;

(2) 按等效矩形应力图形的简化方法求截面的极限弯矩 M_u;

(3) 对上述计算结果进行比较分析。

【5-3】 条件同练习题 5-1, 求当截面的纵向受拉钢筋分别为 $2\Phi12$ 和 $10\Phi28$ 时截面的抗弯承载力。

【5-4】 已知某简支钢筋混凝土平板的计算跨度为 $l_0=2.8$ m, 板厚 $h=90$ mm, 配置 $\phi10@200$ 的钢筋, 混凝土和钢筋材料的性能指标为 $f_c=11.9$ N/mm², $f_t=1.6$ N/mm²; $f_y=280$ N/mm², $E_s=2.0\times10^5$ N/mm²。试求该板每平方米承受的荷载是多少?

【5-5】 钢筋混凝土简支梁的截面尺寸为 $b=220$ mm, $h=500$ mm, 计算跨度为 $l_0=6$ m, 承受均布荷载 $q=24$ kN/m(包括梁的自重), 配有受拉纵筋 $2\Phi22+2\Phi20$, 混凝土和钢筋材料的性能指标为 $f_c=13$ N/mm², $f_t=1.2$ N/mm²; $f_y=365$ N/mm², $E_s=1.97\times10^5$ N/mm²。问此梁的正截面是否安全?

【5-6】 某简支梁的截面尺寸为 $b=200$ mm, $h=500$ mm, 混凝土和钢筋材料的性能指标为 $f_c=13$ N/mm², $f_t=1.2$ N/mm²; $f_y=310$ N/mm², $E_s=1.97\times10^5$ N/mm²。当其所受的弯矩分别为 $M=40, 60, 80, 100, 120, 140, 160, 180, 200, 220$ kN·m 时, 求相应的配筋 A_s 为多少? 绘图表示 M-A_s 关系并讨论之。

【5-7】 已知某简支钢筋混凝土平板的计算跨度为 $l_0=1.92$ m, 板厚 $h=80$ mm, 承受均布荷载 $q=4$ kN/m²(包括梁的自重), 混凝土和钢筋材料的性能指标为 $f_c=13$ N/mm², $f_t=1.2$ N/mm²; $f_y=270$ N/mm², $E_s=1.90\times10^5$ N/mm²。求板的配筋。

【5-8】 已知某双筋矩形截面梁 $b=400$ mm, $h=1200$ mm, 配置 $4\Phi28$ 的受压钢筋, $12\Phi28$ 的受拉钢筋, 混凝土和钢筋材料的性能指标为 $f_c=14.3$ N/mm², $f_t=1.43$ N/mm², $E_c=3.0\times10^4$ N/mm²; $f_y=310$ N/mm², $E_s=1.97\times10^5$ N/mm², 试计算:

(1) 截面的开裂弯矩 M_{cr} 及相应的 ϕ_{cr};

(2) 截面的极限弯矩 M_u 及相应的 ϕ_u (一般方法);

(3) 截面的极限弯矩 M_u 及相应的 ϕ_u (简化方法)。

【5-9】 简支梁如图 5-48 所示, 混凝土和钢筋材料的性能指标为 $f_c=16$ N/mm², $f_t=1.5$ N/mm²; $f_y=365$ N/mm², $E_s=1.97\times10^5$ N/mm²。求所能承受的均布荷载(包括梁的自重) q。

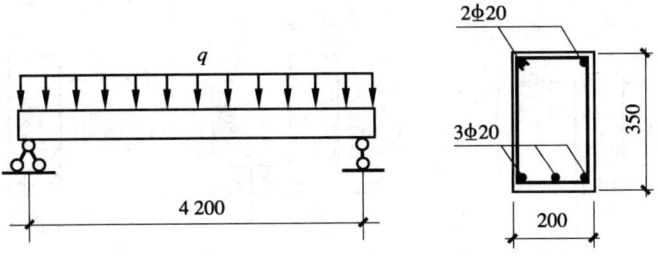

图 5-48　练习题 5-9 图

【5-10】 图 5-49 所示的两跨连续梁,混凝土和钢筋材料的性能指标为 $f_c=13\,\text{N/mm}^2$, $f_t=1.2\,\text{N/mm}^2$;$f_y=370\,\text{N/mm}^2$,$E_s=1.97\times10^5\,\text{N/mm}^2$。求所能承受的荷载 P(不计梁的自重,按弹性方法计算)。

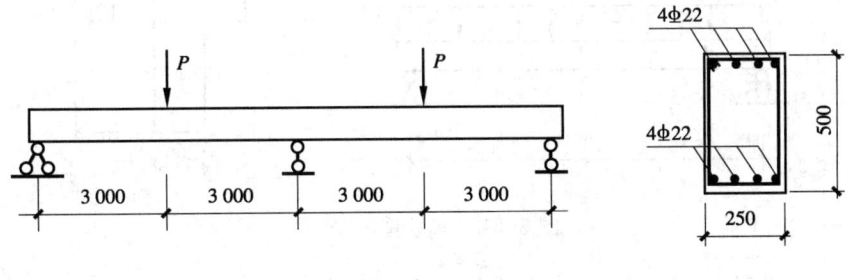

图 5-49　练习题 5-10 图

【5-11】 已知钢筋混凝土简支梁的截面尺寸为 $b=200\,\text{mm}$,$h=500\,\text{mm}$,混凝土和钢筋材料的性能指标为 $f_c=16\,\text{N/mm}^2$,$f_t=1.5\,\text{N/mm}^2$;$f_y=320\,\text{N/mm}^2$,$E_s=1.97\times10^5\,\text{N/mm}^2$。承受的弯矩 $M=250\,\text{kN·m}$,求所需受拉受压钢筋 A_s 及 A_s'。

【5-12】 某钢筋混凝土梁的截面尺寸为 $b=250\,\text{mm}$,$h=600\,\text{mm}$,受压区已配有 $3\Phi22$ 的纵筋,混凝土和钢筋材料的性能指标为 $f_c=13\,\text{N/mm}^2$,$f_t=1.2\,\text{N/mm}^2$;$f_y=310\,\text{N/mm}^2$,$E_s=1.97\times10^5\,\text{N/mm}^2$。承受的弯矩 $M=330\,\text{kN·m}$,求所需受拉钢筋 A_s。

【5-13】 某钢筋混凝土梁的截面尺寸为 $b=250\,\text{mm}$,$h=600\,\text{mm}$,受压区已配有 $2\Phi14$ 的纵筋,混凝土和钢筋材料的性能指标为 $f_c=13\,\text{N/mm}^2$,$f_t=1.2\,\text{N/mm}^2$;$f_y=370\,\text{N/mm}^2$,$E_s=1.97\times10^5\,\text{N/mm}^2$。承受的弯矩 $M=390\,\text{kN·m}$,求所需受拉钢筋 A_s。

【5-14】 已知 T 形截面梁 $b_f'=280\,\text{mm}$,$h_f'=120\,\text{mm}$,$b=180\,\text{mm}$,$h=450\,\text{mm}$,计算跨度 $l_0=5\,\text{m}$,配置 $3\Phi25$ 的纵筋,混凝土和钢筋材料的性能指标为 $f_c=13\,\text{N/mm}^2$,$f_t=1.2\,\text{N/mm}^2$;$f_y=370\,\text{N/mm}^2$,$E_s=1.97\times10^5\,\text{N/mm}^2$。试求截面的抗弯承载力。

【5-15】 已知 T 形截面梁 $b_f'=2500\,\text{mm}$,$h_f'=180\,\text{mm}$,$b=400\,\text{mm}$,$h=1\,200\,\text{mm}$,计算跨度 $l_0=12\,\text{m}$,配置 $12\Phi25$ 的纵筋,混凝土和钢筋材料的性能指标为 $f_c=14.3\,\text{N/mm}^2$,$f_t=1.4\,\text{N/mm}^2$;$f_y=370\,\text{N/mm}^2$,$E_s=1.97\times10^5\,\text{N/mm}^2$。试求截面的抗弯承载力。

【5-16】 当混凝土和钢筋材料的性能指标为 $f_c=14.3\,\text{N/mm}^2$,$f_t=1.4\,\text{N/mm}^2$;$f_y=370\,\text{N/mm}^2$,$E_s=1.97\times10^5\,\text{N/mm}^2$ 时,求图 5-50 所示的三种截面的钢筋混凝土梁所能承受的弯矩,并经比较分析对计算结果作必要讨论。

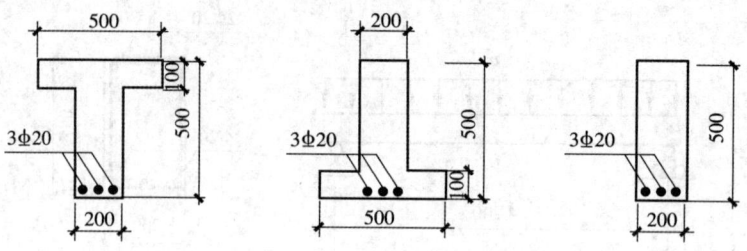

图 5-50　练习题 5-16 图

【5-17】 简支梁如图 5-51 所示,当混凝土和钢筋材料的性能指标为 $f_c=13\ \text{N/mm}^2$, $f_t=1.2\ \text{N/mm}^2$；$f_y=310\ \text{N/mm}^2$, $E_s=1.97\times 10^5\ \text{N/mm}^2$ 时,求梁的配筋 A_s。

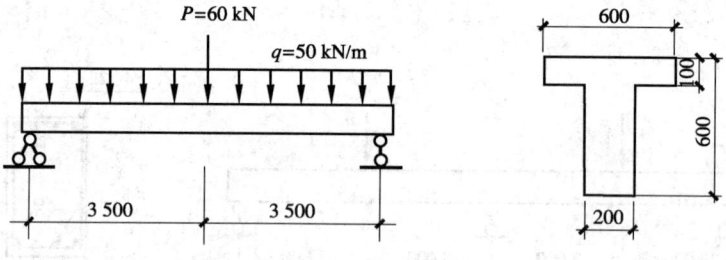

图 5-51　练习题 5-17 图

【5-18】 已知预制空心楼板的截面如图 5-52 所示,混凝土和钢筋材料的性能指标为 $f_c=14\ \text{N/mm}^2$, $f_t=1.4\ \text{N/mm}^2$；$f_y=270\ \text{N/mm}^2$, $E_s=2.0\times 10^5\ \text{N/mm}^2$。板的计算跨度 $l_0=3.6\ \text{m}$,试求该空心板的受弯承载力(提示:首先按形心位置不变、面积相等、对截面形心轴惯性矩不变的原则,将圆孔等效成矩形孔；再按例题 5-9 的方法,将多孔截面换算成 I 形截面)。

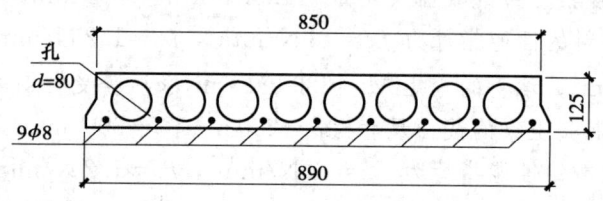

图 5-52　练习题 5-18 图

【5-19】 某简支深梁的计算跨度 $l_0=6\ \text{m}$,截面尺寸为 $b=310\ \text{mm}$, $h=6\ 200\ \text{mm}$,顶面承受均布荷载,截面均匀配置 16Φ20 的纵向受拉钢筋,混凝土和钢筋材料的性能指标为 $f_c=20.1\ \text{N/mm}^2$, $f_t=2.1\ \text{N/mm}^2$；$f_y=390\ \text{N/mm}^2$, $E_s=1.97\times 10^5\ \text{N/mm}^2$。试计算该深梁的受弯承载力。

6 偏心受力构件正截面的性能与计算

6.1 工程应用实例及构件的配筋形式

当构件截面上承受一偏心距为 e_0 的偏心力 N_c 或 N_t 时,该构件即为偏心受力构件[图 6-1(a)]。若构件的截面上同时承受轴向力 N_c(或 N_t)和弯矩 M,可将其看成是偏心距为 $e_0 = \dfrac{M}{N_c}$(或 $e_0 = \dfrac{M}{N_t}$)、偏心力为 N_c(或 N_t)的偏心受力构件[图 6-1(b)]。偏心受力构件包括偏心受压和偏心受拉构件。

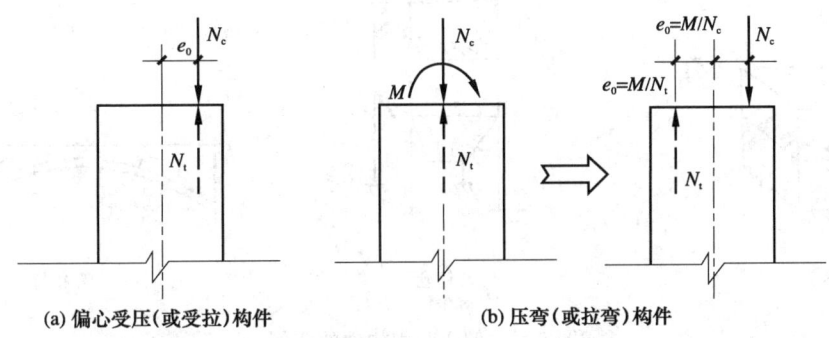

(a) 偏心受压(或受拉)构件　　　(b) 压弯(或拉弯)构件

图 6-1　偏心受力构件

偏心受压构件是最常见的结构构件之一。例如,单层工业厂房的排架柱[图 6-2(a)]、混凝土框架结构中的框架柱[图 6-2(b)]、拱形屋架的上弦杆[图 6-2(a)]、高层剪力墙结构中的墙肢[图 6-2(c)],桥梁结构中的拱桥主拱[图 6-2(f)]、桥墩等,均属于偏心受压构件。

如果桁架或屋架的下弦节点间有悬挂荷载,下弦杆除受轴向拉力外还承受弯矩的作用,是偏心受拉构件。此外,如水池的池壁[图 6-2(d)]、工业筒仓的仓壁[图 6-2(e)],在水平向均属偏心受拉构件。

偏心受力构件的截面一般采用矩形形式。也可根据需要作成圆形、I 形、T 形、L 形或十字形。矩形、圆形截面柱构造简单,但其材料的利用率不如 I 形及 T 形柱。I 形及 T 形偏心受压构件,如果翼缘厚度太小,会使受拉翼缘过早出现裂缝,影响构件的承载力和耐久性。再考虑到翼缘及腹板的稳定,一般翼缘的厚度不宜小于 120 mm,腹板厚度不宜小于 100 mm,对于地震区的结构构件,腹板的厚度还宜再加大些。

偏心受力构件中一般配有纵向受力钢筋和环状的横向箍筋(图 6-3、图 6-4)。纵向钢筋布置在弯矩作用方向或沿截面周边均匀布置。箍筋的布置方式根据截面的形状和纵筋的位置、根数来确定。在配置纵向钢筋的一侧,当构件截面尺寸大于 400 mm,且纵向受力钢筋多于 3 根时,或截面尺寸未超过 400 mm,但纵向受力钢筋多于 4 根时,还应增加附加箍筋。偏心受力构件中的箍筋除了起到和轴心受力构件中的箍筋相同的作用外,对于承受较大横向剪力的构件,箍筋还可以帮助混凝土抗剪。偏心受力构件中对钢筋直径、间距、混凝土保护层厚度等的基本要求和轴心受力构件相同。

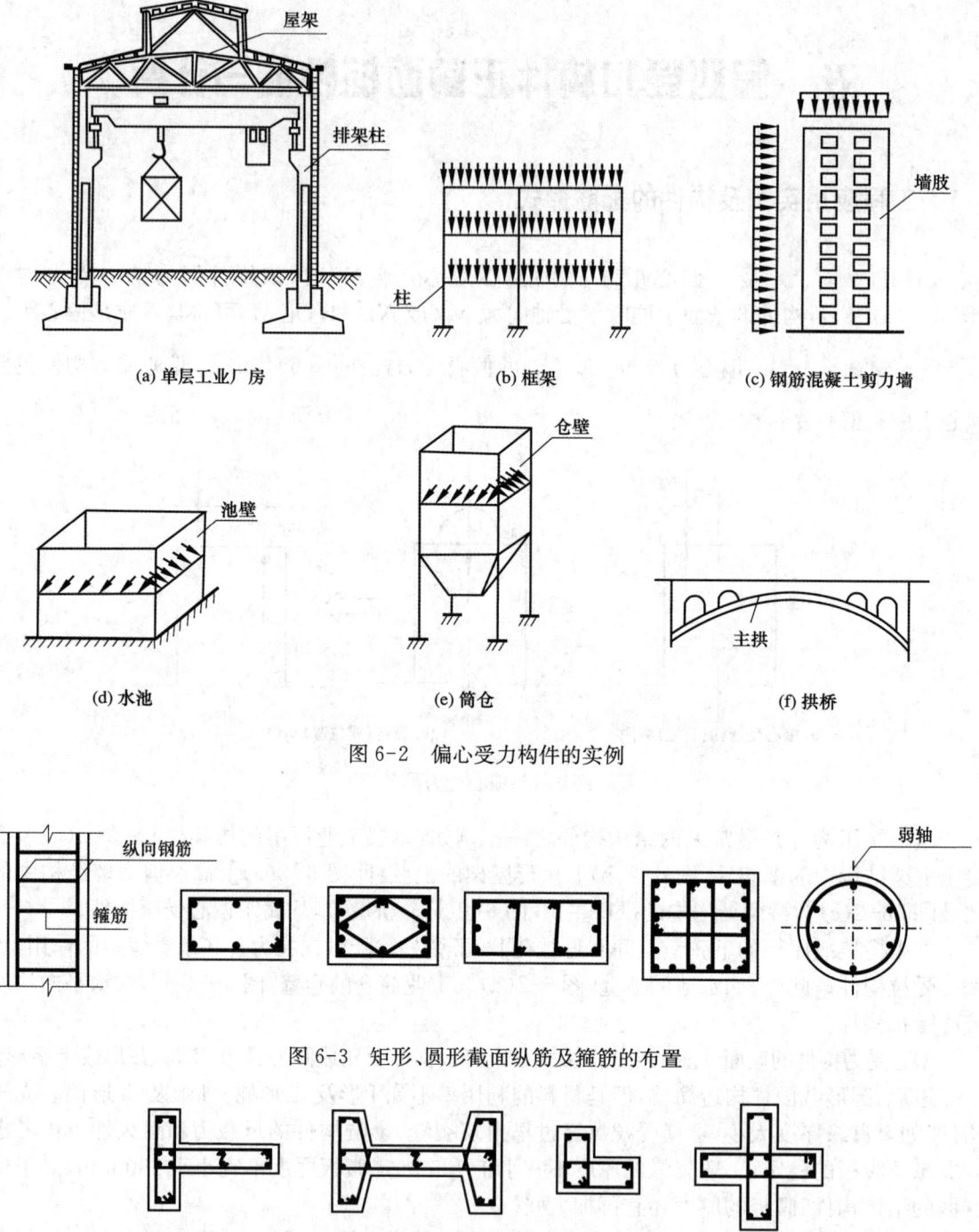

图 6-2 偏心受力构件的实例

图 6-3 矩形、圆形截面纵筋及箍筋的布置

图 6-4 复杂形状截面纵筋及箍筋的布置

6.2 轴力-弯矩相关曲线

本节以抗压强度为 f_c、抗拉强度为 f_t 的弹性匀质材料偏心受力构件为例,讨论偏心受力构件的轴力-弯矩相关关系,以建立基本的力学概念。

如图 6-5 所示，若材料的拉压强度相等，即 $f_t=f_c$，则由于轴向压力和弯矩共同作用在弹性偏心受力构件中产生的最大压应力达到 f_c 时，构件就有可能发生受压破坏。

$$\frac{N_c}{A}+\frac{M}{W}=f_c \tag{6-1}$$

式中　A ——构件的截面积；
　　　W ——截面的抗弯抵抗矩，定义为截面的惯性矩 I 除以中性轴到最大受压边缘的距离 x；
　　　N_c ——轴向压力，定义压力为正；
　　　M ——弯矩，定义正方向如图 6-5 所示。

用 f_c 除以式(6-1)的两端得

$$\frac{N_c}{Af_c}+\frac{M}{Wf_c}=1 \tag{6-2}$$

当 $M=0$ 时构件的轴向受压承载力最大，且 $N_{cmax}=N_{cu0}=Af_c$；当 $N_c=0$ 时构件的抗弯承载力最大，且 $M_{max}=M_{u0}=Wf_c$。在式(6-2)中引入 N_{cu0} 和 M_{u0} 有

$$\frac{N_c}{N_{cu0}}+\frac{M}{M_{u0}}=1 \tag{6-3}$$

式(6-3)表示的即为构件发生受压破坏时的轴向压力和弯矩的相关关系，如图 6-5 的直线 AB 所示。作类似的分析可得构件受拉破坏时（由 f_t 控制）轴向拉力 N_t 和弯矩 M 的相关关系，如图 6-5 的直线 BC 所示。图 6-5 中直线 AB 和 BC 即为轴力和弯矩的相关曲线。直线上的

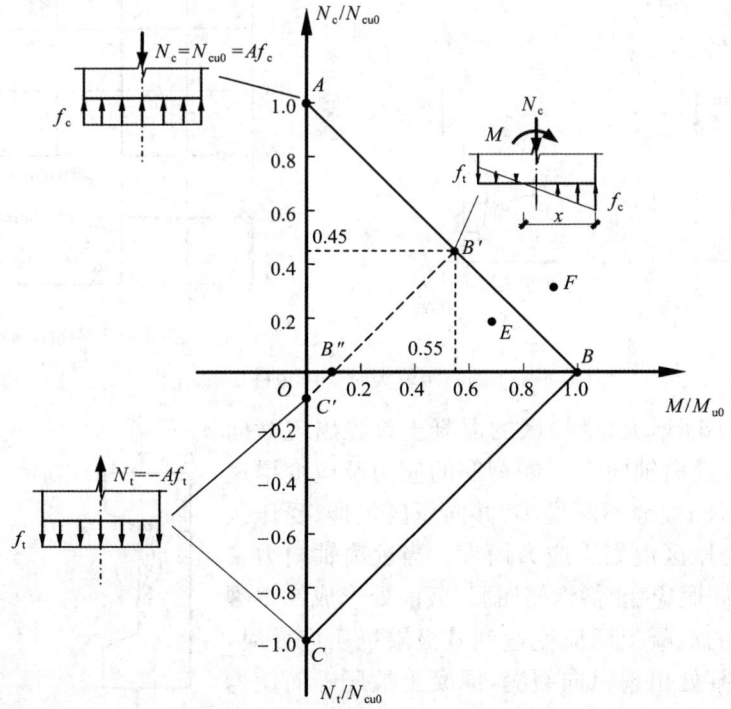

图 6-5　当 $f_t=f_c$ 或 $f_t=0.1f_c$ 时弹性偏心受力构件的轴力-弯矩相关曲线

任意一点均代表构件的承载力,即构件破坏时所能承受的轴力(N_c 或 N_t)和弯矩(M)。若构件上作用的轴力和弯矩相应的坐标点位于相关曲线的内部,如图 6-5 中的 E 点,则荷载小于构件的承载力,构件不会发生破坏;若构件上作用的轴力和弯矩相应的坐标点正好位于相关曲线上或位于曲线外部(图 6-5 中的 F 点),则荷载正好达到或超过构件的承载力,构件会破坏。

如果偏心构件材料的抗拉强度仅为抗压强度的 1/10,即 $f_t=0.1f_c$,则图 6-5 中的相关曲线就变为 AB' 和 $B'C'$。直线 AB' 表示受压破坏(受压引起的破坏,由 f_c 控制)。直线 $B'C'$ 表示受拉破坏(受拉引起的破坏,由 f_t 控制)。点 B' 表示平衡破坏,此处,在截面的相对两边材料同时达到抗拉和抗压强度。

混凝土是非弹性材料,且其抗拉强度远小于抗压强度。可是在钢筋混凝土构件中,钢筋可以帮助混凝土受拉。因此,钢筋混凝土偏心受力构件的轴力-弯矩相关曲线的计算要复杂得多,但其形状特征和图 6-5 中的 $AB'C'$ 相似。

6.3 偏心受压构件的试验研究

6.3.1 偏心受压试验结果

图 6-6 所示系一偏心距较大的受压短柱(简称大偏压短柱)的偏心受压试验结果。当荷载较小时,构件处于弹性阶段,受压区及受拉区混凝土和钢筋的应力都较小,构件中部的水平挠度随荷载线性增长。

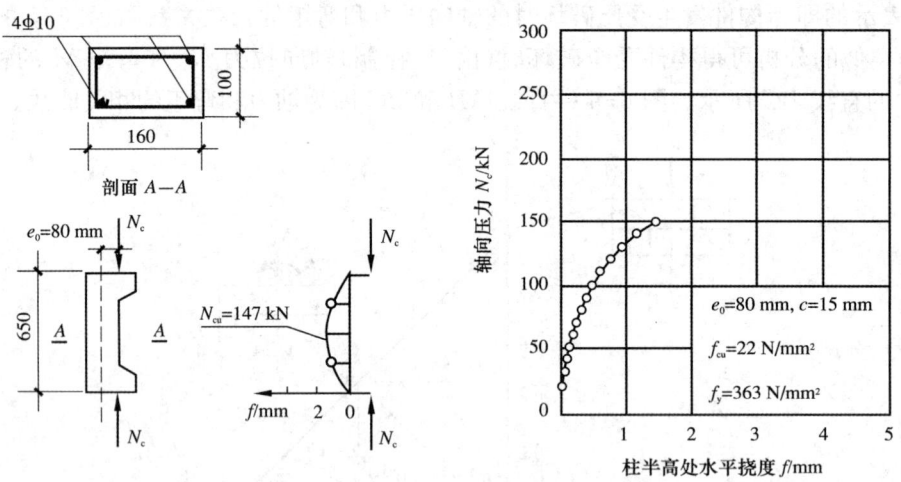

图 6-6 偏心距较大时受压短柱试验结果

随着荷载的不断增大,受拉区的混凝土首先出现横向裂缝而退出工作,远离轴向力一侧钢筋的应力及应变增速加快;接着受拉区的裂缝不断增多,并向压区延伸,受压区高度逐渐减小,受压区混凝土应力增大。当远离轴向力一侧钢筋应变达到屈服应变时,钢筋屈服,截面处形成一主裂缝。当受压一侧的混凝土压应变达到其极限抗压应变时,受压区较薄弱的某处出现纵向裂缝,混凝土被压碎而使构件破坏。此时,靠近轴向力一侧的钢筋也达到抗压屈服强度,破坏形态如图 6-7 所示。混凝土压碎区大致呈三角形。

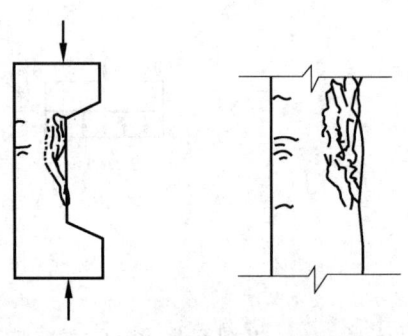

图 6-7 大偏压短柱的破坏形态

图 6-8 给出了一偏心距较小的受压短柱(简称小偏压短柱)的偏心受压试验结果。随着荷载的增大,靠近轴向力一侧的混凝土压应力不断增大,直至达到其抗压强度而破坏。

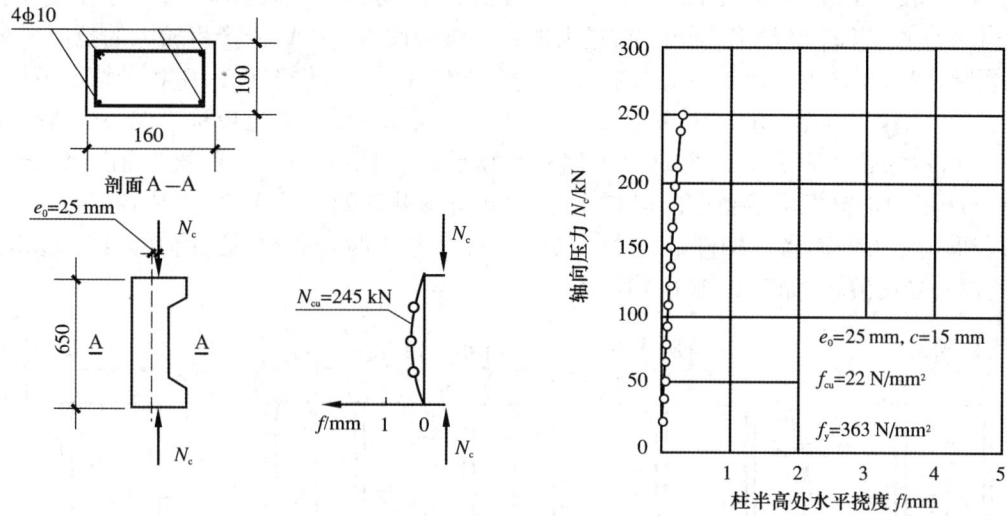

图 6-8 偏心距较小时受压短柱试验结果

此时该侧的钢筋应力也达到抗压屈服强度,而远离轴向力一侧混凝土及钢筋的应力均较小。构件破坏时受压区段较长,开裂荷载与破坏荷载很接近,破坏前无明显预兆,破坏时,构件因荷载引起的水平挠度比大偏心受压构件小得多。破坏形态如图 6-9 所示。

由图 6-6、图 6-8 所示的试验结果可以得出如下的结论:

(1) 偏心距不同,构件的轴向承载力明显不同,且偏心受压构件的轴向抗压承载力低于轴心受压构件的轴向抗压承载力(与图 4-6 的结果比较)。

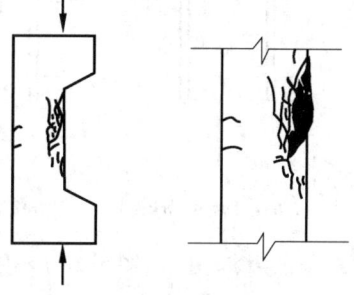

图 6-9 小偏压短柱的破坏形态

(2) 随着偏心距的增加,偏心受压构件表现出两种典型的破坏形态:其一是直接始于受压区混凝土的压碎,构件破坏时,远离轴向力一侧的钢筋或受拉或受压,即使钢筋受拉也不屈服,构件的破坏形态与轴心受压构件类似,称为"受压破坏"或"小偏心受压破坏";其二是始于远离轴向力一侧钢筋的受拉屈服,钢筋屈服后主裂缝不断发展,压区混凝土的应力不断增加,当混凝土被压碎时,构件破坏,整个破坏过程与受弯构件中的双筋矩形截面类似,称为"受拉破坏"或"大偏心受压破坏"。

(3) 在大小偏心受压破坏之间存在一种界限破坏,其破坏特征是远离轴向力一侧的钢筋受拉屈服的同时,靠近轴向力一侧的混凝土被压碎。

(4) 试验资料表明,沿着构件的正截面在一定长度范围内测得的平均应变值基本按线性分布,即从平均应变意义上正截面的变形能较好地符合平截面假定。

6.3.2 破坏形态分析

上一节的试验给出了偏心受压构件典型的破坏特征,实际上偏心受压构件的破坏形态除了与偏心距有关外,还与构件的纵向钢筋用量及截面形式有关。当 e_0 很小、A_s 适中时,构件全截面受压,破坏时 A_s' 能屈服,A_s 一般不屈服。但是当 A_s 远小于 A_s' 时,尽管在几何上 N_c 靠

近 A'_s 一侧,由于截面物理中心和几何中心的偏离会使 A_s 一侧的混凝土首先被压碎而使构件破坏[图 6-10(b)]。当 e_0 较小,A_s 适中时,破坏时 A_s 可能受拉但不会屈服[图 6-10(c)]。当 e_0 较大,A_s 较大时,尽管偏心距较大,但因受拉钢筋较多,破坏时 A_s 仍可能不屈服[图 6-10(d)]。当 e_0 较大,A_s 适中时,过大的偏心距会使 N_c 在 A_s 中产生较大的拉应力,使得 A_s 先屈服,然后压区混凝土被压碎,构件破坏[图 6-10(e)]。根据图 6-10 中各种情况下构件的破坏特征可以作出判断:图 6-10(b)、(c)、(d) 所示的破坏为受压破坏或称小偏心受压破坏;图 6-10(e) 所示的破坏为受拉破坏或称大偏心受压破坏。图 6-10(b) 更接近轴心受压,而图 6-10(e) 所示的情况更接近受弯。但需注意:对正方形截面偏心受压构件,其破坏形态基本就这些;若采用矩形截面受压构件,由于 $b<h$,当 e_0 非常小时,不管配筋如何,最终均会发生 b 方向的轴心受压破坏,如图 6-10(a) 所示。

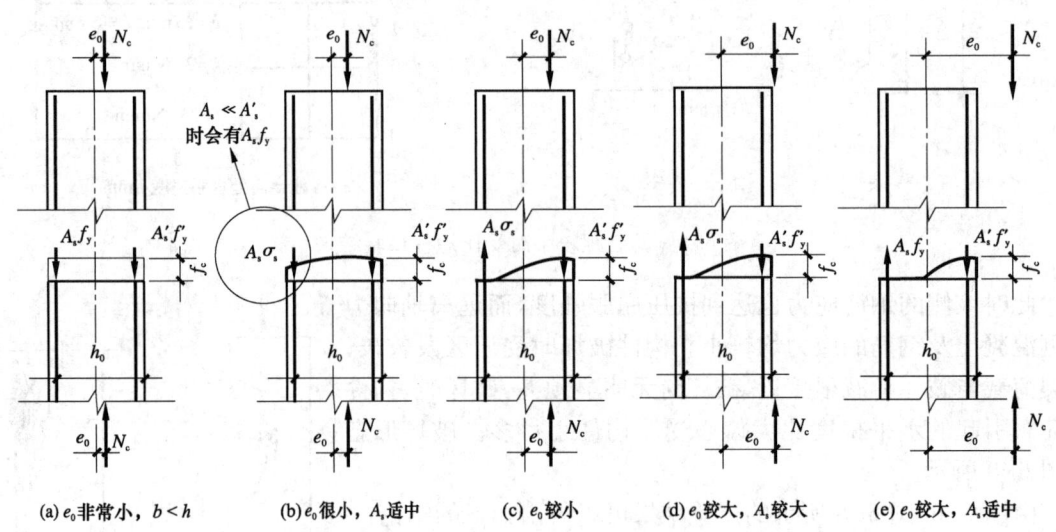

图 6-10　不同偏心距、不同配筋及截面形式时偏压构件的破坏形态

6.3.3　N_{cu}-M_u 相关曲线

对具有相同截面尺寸、相同高度、相同配筋、相同材料强度但偏心距 e_0 不同的构件进行系列偏心受压试验得到破坏时每个构件所承受的不同轴向力 N_{cu} 和弯矩 M_u。图 6-11 所示即为这样一组试验所得到的 N_{cu}-M_u 相关关系试验结果(曲线 ACB)。尽管 N_{cu} 和 M_u 之间的关系曲线并非直线,但曲线 ACB 的形状和图 6-5 中的折线 $AB'B''$ 的形状非常相似。该试验曲线表明,在"小偏心受压破坏"时,随着轴向力 N_c 的增大,构件的抗弯能力减小;而在"大偏心受压破坏"时,轴向力 N_c 的增大反而会提高构件的抗弯承载力。这主要是因为轴向力在截面上产生的压应力抵消了部分由弯矩引起的拉应力,推迟了受拉破坏的过程。界限破坏时,构件的抗弯承载力达到最大值。图 6-11 中的 A 点,弯矩 $M=0$,属轴心受压破坏;B 点,$N_c=0$,属于纯受弯破坏;C 点,即属界限破坏。从图中可以看出,受拉破坏时构件的抗弯承载力比同等条件的纯受弯构件大,而受压破坏时构件的抗压承载力又比同等条件的轴心受压构件

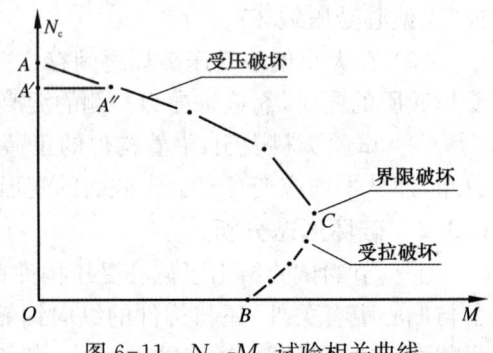

图 6-11　N_{cu}-M_u 试验相关曲线

小。显然,图 6-11 中相关曲线 ACB 只是针对两主轴方向截面尺寸相等(如方形或圆形截面)的偏心受压构件。若两主轴方向截面尺寸不相等,如矩形截面,则当 e_0 非常小且偏心位于 h 方向时,最终的破坏由 b 方向的轴心受压控制,轴心受压承载力由 A 点降至 A' 点。相应地,相关曲线变为 $A'A''CB$。本书后文若不做特别说明,采用类似 ACB 的相关曲线指的就是两主轴方向截面尺寸相等的偏心受压构件。

6.3.4 长细比对偏心受压构件承载力的影响

偏心受压构件在轴向荷载 N_c 作用下会产生横向挠度 f,构件承担的实际弯矩 $M=N_c(e_0+f)$,其值大于初始弯矩 $M_0=N_c \cdot e_0$,这种由于加载后构件的变形而引起的内力的增大称为"二阶效应"。

对于短柱一般可忽略"二阶效应"的影响,而长柱必须考虑横向挠度 f 的影响。通常根据长细比的值来划分短柱、长柱和细长柱。当 $l_0/h \leqslant 5$(对矩形、T 形和 I 形截面)时,或当 $l_0/d_c \leqslant 5$(对圆形、环形截面)时,属短柱,此时构件截面中由二阶效应引起的附加弯矩平均不会超过截面一阶弯矩的 5%;当 l_0/h 或 l_0/d_c 为 5~30 时,属长柱;当 l_0/h 或 $l_0/d_c>30$ 时,则为细长柱。

若构件的截面尺寸、材料等级和截面配筋完全相同,但长度各不相同,那么承载力也不相同。图 6-12 给出了这样的三个试件从加荷至破坏的加荷路径示意图,图中的包络线为短柱破坏时的 N_{cu}-M_u 相关曲线。

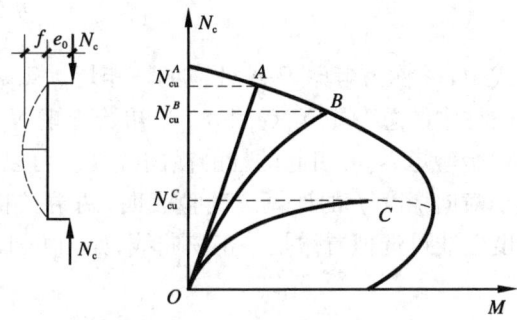

图 6-12 不同长细比构件 N_c-M 关系

对长细比很小的"短柱",当截面弯矩由 $N_c e_0$ 增大至 $N_c(e_0+f)$ 时,由于 f 值很小($f \ll e_0$),弯矩的增大部分 ΔM 也很小。因此从加荷至破坏的 N_c-M 关系可近似用直线 OA 表示。达到破坏荷载时,与 N_{cu}-M_u 相关曲线交于 A 点,构件发生"受压破坏",承载能力为 N_{cu}^A。截面材料能达到其极限强度,属材料破坏。

对长柱,荷载的增大将使其产生较大的横向挠度,从而出现较大的附加弯矩。挠度和弯矩相互影响的结果使 N_c-M 关系不再按比例增大,而是呈曲线变化,如图 6-12 中的 OB 曲线所示,破坏荷载与 N_{cu}-M_u 相关曲线交于 B 点。显然,附加弯矩的增大,使构件的轴向承载力有所降低,承载能力为 N_{cu}^B。破坏时截面的材料仍能达到其极限强度,就其破坏特征而言,仍属于材料破坏。

对于 $l_0/h>30$ 的"细长柱","二阶效应"的影响更加明显,加荷至构件的最大承载力 N_{cu}^C 时,破坏点 C 并不与 N_{cu}-M_u 相关曲线相交,如图 6-12 中的 OC 曲线所示。当加荷接近 C 点时,构件"丧失稳定"。构件破坏时,按一般力的平衡条件求得的控制截面的材料应力远没有达到材料的极限强度。

6.4 有关偏心受压构件分析计算中的两个问题

6.4.1 附加偏心距 e_a

考虑到工程中实际存在着荷载作用位置的不确定性、混凝土质量的不均匀性、配筋的不对称性以及施工偏差等因素的影响,实际偏心受压构件的偏心距 e_0 值会增大或减小。即使是轴心受压构件,也不存在 $e_0=0$ 的情形。显然,偏心距的增加会使截面的偏心弯矩 M 增大,考虑这种不利影响,现取定

$$e_i = e_0 + e_a \tag{6-4}$$

式中　e_i ——实际的初始偏心距;

　　　e_0 ——轴向力的偏心距, $e_0 = \dfrac{M}{N_c}$;

　　　e_a ——附加偏心距。

不同规范对 e_a 的取值各不相同,《混凝土结构设计规范》(GB 50010)把 e_a 取为 20 mm 和偏心方向的截面最大尺寸的 1/30 二者中的较大值。

6.4.2　考虑 P-Δ 效应的弯矩增大系数 η_s

由上节的分析可知,对长柱或细长柱必须考虑"二阶效应"的影响。引入弯矩增大系数是偏心受压构件受力性能分析时考虑"二阶效应"影响的一个有效方法。设 $N_c(e_i + f) = \eta_s N_c e_i$,则

$$\eta_s = 1 + \dfrac{f}{e_i} \tag{6-5}$$

式中, η_s 称为考虑 P-Δ 效应的弯矩增大系数,表示由于 P-Δ 效应引起的柱中的总弯矩 $N_c(e_i + f)$ 与初始弯矩 $N_c e_i$ 相比增大的比率; f 为由初始弯矩 $N_c e_i$ 引起的柱的横向挠度。可以看出,要确定 η_s 值,关键在于横向挠度 f 的计算。试验表明,两端铰接柱在偏心力作用下,其挠度曲线可近似看做是一正弦曲线,如图 6-13 所示。该曲线的方程为

$$y = f \sin \dfrac{\pi x}{l_0} \tag{6-6}$$

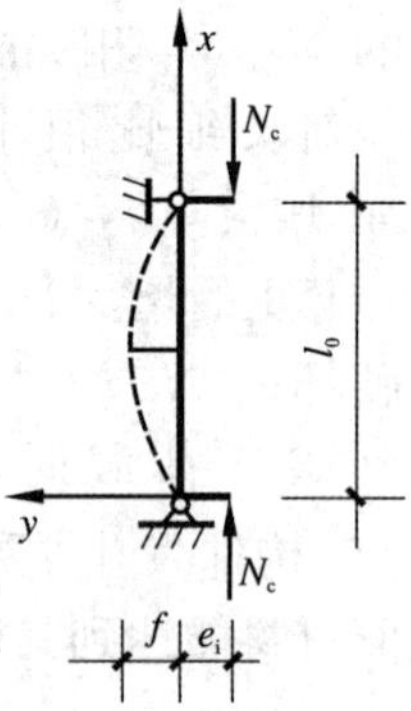

挠曲线的曲率可近似表达为

$$\phi = \dfrac{M}{EI} = -\dfrac{d^2 y}{dx^2} \tag{6-7}$$

图 6-13　柱的变形曲线

对式(6-6)求二阶导数,并注意到当 $x = \dfrac{l_0}{2}$ 时, $y = f$ 为最大,则

$$\phi = f \cdot \dfrac{\pi^2}{l_0^2} \approx 10 \cdot \dfrac{f}{l_0^2} \tag{6-8}$$

由偏心受压构件的试验结果可知,截面的平均应变符合平截面假定,如图 6-14 所示。于是

$$\phi = \dfrac{\varepsilon_c + \varepsilon_s}{h_0} \tag{6-9}$$

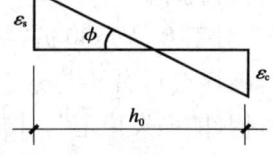

图 6-14　控制截面的应变

以发生界限破坏的柱为例,则发生破坏时截面的曲率为

$$\phi_b = \dfrac{K\varepsilon_{cu} + \varepsilon_y}{h_0} \tag{6-10}$$

式中,K 为长期荷载作用下由于混凝土徐变使压应变增大的修正系数,一般取 $K=1.25$。$\varepsilon_y = f_y/E_y \approx 0.0020$,当混凝土的立方体抗压强度 $f_{cu} \leqslant 50 \text{ N/mm}^2$ 时,$\varepsilon_{cu} = 0.0033$,于是有

$$\phi_b = \frac{1.25 \times 0.0033 + 0.0020}{h_0} = \frac{1}{163.3h_0} \tag{6-11}$$

实际上,对任一偏心受压构件并不一定发生界限破坏,且不论是大偏心还是小偏心,截面上的弯矩值总是小于界限受压状态的弯矩。因此,截面的曲率一般也小于 ϕ_b。考虑上述因素后对 ϕ_b 进行修正,得一般情况下偏心受压构件最大弯矩截面的曲率

$$\phi = \phi_b \zeta_c = \frac{1}{163.3h_0}\zeta_c \tag{6-12}$$

式中,ζ_c 为截面曲率修正系数。

将式(6-12)代入式(6-8)并进行整理得

$$f = \frac{1}{1633} \times \frac{l_0^2}{h_0} \times \zeta_c \tag{6-13}$$

将式(6-13)代入式(6-5),并取 $h=1.1h_0$,得到

$$\eta_s \approx 1 + \frac{1}{1300 \times \frac{e_i}{h_0}}\left(\frac{l_0}{h}\right)^2 \zeta_c \tag{6-14}$$

式中 l_0——偏心受压构件的计算长度,对实际结构中的偏心受压构件,如何计算其计算长度将在后续结构设计课程中加以介绍;

h_0——截面的有效高度,计算方法与受弯构件类似。

《混凝土结构设计规范》(GB 50010)就是采用式(6-14)作为基本方法来计算弯矩增大系数 η_s 的,且根据有关的试验结果,并参考国外的相关资料,取

$$\zeta_c = \frac{0.5 f_c A}{N_c} \tag{6-15}$$

式中,A 为构件的截面积。对 T 形、I 形截面,均取 $A = bh + 2(b_f' - b)h_f'$。

按式(6-15)计算时,若 $\zeta_c > 1.0$,取 $\zeta_c = 1.0$。

对于 $l_0/h \leqslant 5$,$l_0/d_c \leqslant 5$ 或 $l_0/i \leqslant 17.5$ 的情形,可取 $\eta_s = 1.0$。

公路和铁路混凝土桥梁等结构中,如何考虑 P-Δ 效应的影响可参见有关规范,但其基本原理是一致的。

6.5 矩形截面偏心受压构件正截面的受力分析

偏心受压构件界限状态破坏时,远离轴向力一侧钢筋受拉应力达到屈服强度,靠近轴向力一侧的混凝土同时也达到其抗压强度,破坏形态与大偏心受压时基本相同,因此,可将界限状态受力归属于大偏心受压的范畴。这样偏心受压构件的受力可按大偏心受压与小偏心受压两种受力状态进行分析。

在大偏心受压状态下,破坏时远离轴向力一侧的钢筋拉应力先达到屈服强度,随后靠近轴向力一侧的混凝土压碎,导致构件破坏。此时截面的应力分布和破坏形态与受弯构件中的双

筋截面适筋梁相类似，截面受力分析可以采用与受弯构件相类似的方法。

在小偏心受压状态下，达到极限状态时远离轴向力一侧的钢筋拉应力往往较小，当轴向力 N_c 较大而偏心距 e_0 又较小时，远离轴向力一侧的钢筋还可能承受压应力。从破坏形状来看，小偏心受压破坏与受弯构件中的超筋截面有类似之处，但是从影响截面的受力状态因素来看又有较大区别，小偏心受压构件截面的受力状态不单与截面上作用的弯矩 M 有关，主要还取决于作用的轴向力 N_c 的大小。也就是说，小偏心受压时远离轴向力一侧钢筋应力不会因受拉而屈服，靠近轴向力一侧混凝土发生受压破坏的情形是一种基本特征。不能像受弯构件那样，用限制配筋率的办法来防止出现受压破坏。

同受弯构件一样，偏心受压构件也可以用类似的步骤进行从加荷至破坏的正截面全过程分析，读者可以自行导出分析过程。

在一般工程中，对受压构件人们往往更加关注它的最大承载能力，因此，本章重点分析偏心受压构件最大承载力的计算方法。

6.5.1 大偏心受压时截面的承载力

根据大偏心受压构件的破坏特征可知，大偏心受压构件破坏时，截面的应力分布和应变分布如图 6-15 所示。上一节引入了考虑 $P-\Delta$ 效应的弯矩增大系数 η_s。由图 6-1 可知，对偏心受压构件或压弯构件，将弯矩放大就等于将偏心距放大，且二者的放大系数相等。为了使建立的计算简图清晰明了，图 6-15 中采用了将偏心距放大至 $\eta_s e_i$ 的方法。后文均采用同样的处理方法，不再赘述。

此时截面靠近轴向力一侧边缘处混凝土的应变已达到极限压应变值 ε_{cu}，该处的应力也已达到抗压强度 f_c。根据截面应变呈直线分布的平截面假定，受压区混凝土的应力分布图形是一与其应力-应变关系图相似的曲边图形，中和轴处应力为零。

构件破坏时，远离轴向力一侧混凝土早已开裂，虽然中和轴附近还有少量的混凝土处于受拉状态，但所承受的拉应力的总量很小。因此，可以认为受拉区混凝土已退出工作，不考虑其抗拉作用。

远离轴向力一侧钢筋在极限状态下已屈服，应力值等于抗拉屈服强度 f_y。

靠近轴向力一侧钢筋的应力与受压区高度 x_n 有关。

由图 6-15 中的应变分布图可以得到

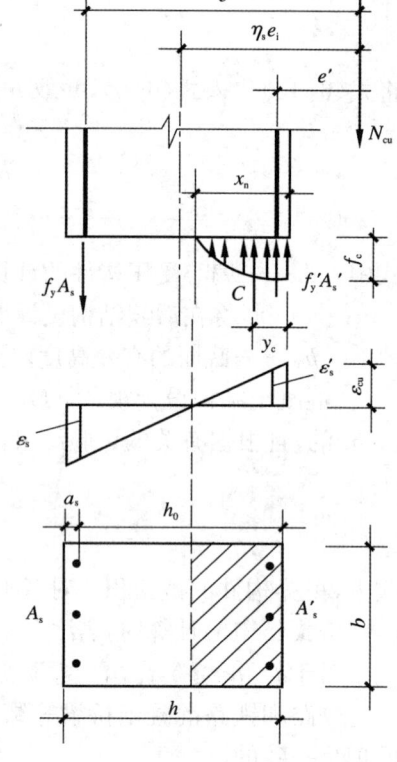

图 6-15 大偏心受压截面应力及应变分布图

$$\frac{\varepsilon_{cu}}{x_n} = \frac{\varepsilon'_s}{x_n - a'_s} \tag{6-16}$$

$$x_n = \frac{\varepsilon_{cu}}{\varepsilon_{cu} - \varepsilon'_s} \cdot a'_s \tag{6-17}$$

式中 ε_{cu}——靠近轴向力一侧混凝土边缘的极限压应变；

ε'_s——靠近轴向力一侧钢筋的实际应变；

a'_s——受压钢筋中心至截面受压边缘的距离。

若混凝土的立方体抗压强度 $f_{cu} \leqslant 50 \text{ N/mm}^2$，则可取 $\varepsilon_{cu}=0.0033$。假定受压钢筋达到屈服，例如 HRB335 钢筋，可取 $\varepsilon'_s=\varepsilon'_y=0.0017$，代入上式，得到 $x_n=2.06a'_s$。也就是说，此时只要 $x_n \geqslant 2.06a'_s$，靠近轴向力一侧的钢筋应力就可以达到屈服。对于其他种类的钢筋，结果相差也不会很大。对大偏心受压构件 $x_n \geqslant 2.06a'_s$ 的条件一般均能满足。故认为 A'_s 能屈服。

根据以上的分析，利用力的平衡条件，可以很容易地写出大偏心受压构件截面承载力计算公式。

由力的平衡 $\sum N=0$，得

$$N_{cu}=\int_0^{x_n}\sigma_c b \mathrm{d}x + f'_y A'_s - f_y A_s \qquad (6-18)$$

由力矩平衡 $\sum M=0$，对受拉钢筋的合力点取矩，得

$$N_{cu}e=\int_0^{x_n}\sigma_c b \mathrm{d}x(h_0-x) + f'_y A'_s(h_0-a'_s) \qquad (6-19)$$

式中 N_{cu}——截面的极限轴向抗压承载力；

f'_y, f_y——受压钢筋及受拉钢筋的屈服强度；

A'_s, A_s——受压钢筋及受拉钢筋的截面积；

e——轴向力作用点至受拉钢筋合力点的距离，$e=\eta_s e_i + \dfrac{h}{2} - a_s$。

图 6-15 中混凝土压力的合力 C 作用点至受压边缘的距离 y_c 可用下式计算

$$y_c = \dfrac{\int_0^{x_n}\sigma_c bx \mathrm{d}x}{\int_0^{x_n}\sigma_c b \mathrm{d}x} \qquad (6-20)$$

与受弯构件正截面的受力情况类似，由图 6-15 可以看出：大偏心受压构件混凝土受压区沿截面高度各纤维处的应变不相等，应变大的纤维的变形将受到应变小的纤维的约束。因此，可选用图 5-14 所示的混凝土应力-应变关系，其数学表达式如式(2-25)所示。若混凝土的强度等级不超过 C50，可通过积分运算求出受压混凝土的合力 C 及其作用点到压区混凝土边缘的距离 y_c 同式(5-29)和式(5-30)。将 $\varepsilon_0=0.002, \varepsilon_{cu}=0.0033$ 代入式(5-29)和式(5-30)得 $C=0.798 f_c b x_n, y_c=0.412 x_n$。将其代入式(6-18)和式(6-19)，得

$$N_{cu}=0.798 f_c b x_n + f'_y A'_s - f_y A_s \qquad (6-21)$$

$$N_{cu}e=0.798 f_c b x_n (h_0 - 0.412 x_n) + f'_y A'_s(h_0 - a'_s) \qquad (6-22)$$

已知截面的几何、物理性能及偏心距 e，由上述方程便可求出 N_{cu}。如果取定的混凝土 σ_c-ε_c 关系不同，截面的应力分布也有差异，得到的结果也稍有不同，但分析方法是相同的。

【例 6-1】 求图 6-6 所示试验柱的极限承载力。

【解】 已知 $b \times h=100 \text{ mm} \times 160 \text{ mm}, a_s=a'_s=20 \text{ mm}, f_{cu}=22 \text{ N/mm}^2, f_y=f'_y=363 \text{ N/mm}^2, A_s=A'_s=157 \text{ mm}^2$

由图 2-19 所示的试验回归结果得 $f_c=0.76 f_{cu}=16.72 \text{ N/mm}^2$

由 $\dfrac{h}{30}=\dfrac{160}{30}=5.333 \text{ mm}$，取 $e_a=20 \text{ mm}$

$$e_i = 80 + 20 = 100 \text{ mm}$$

$$l_0/h = 4.06 < 5, \quad \text{故 } \eta_s = 1.0$$

$$e = \eta_s e_i + \frac{h}{2} - a_s = 1.0 \times 100 + \frac{160}{2} - 20 = 160 \text{ mm}$$

$$h_0 = h - a_s = 160 - 20 = 140 \text{ mm}$$

由式(6-21)得

$$N_{cu} = 0.798 \times 16.72 \times 100 x_n + 157 \times 363 - 157 \times 363 = 1334.256 x_n$$

由式(6-22)得

$$N_{cu} \times 160 = 0.798 \times 16.72 \times 100 x_n (140 - 0.412 x_n) + 363 \times 157 \times (140 - 20)$$

整理得
$$x_n^2 + 48.544 x_n - 12439.892 = 0$$

解得
$$x_n = 89.877 \text{ mm}$$

$$N_{cu} = 1334.256 \times 89.877 = 119919 \text{ N} \approx 120 \text{ kN}$$

与图 6-6 所示的试验结果(147 kN)比较可知，计算误差为 -18%，结果偏于安全。引起较大计算误差的主要原因是 $e_a = 20$ mm 的取值对截面尺寸较小的构件偏于保守。

6.5.2 小偏心受压时截面的承载力

小偏心受压构件破坏时的基本特征是远离轴向力一侧的钢筋不会受拉屈服。当偏心距 e_0 稍大时，远离轴向力一侧会有受拉区存在，该处的混凝土及钢筋均承受拉应力，如果混凝土的拉应力超过其抗拉强度，就会出现裂缝。如果偏心距很小，截面可能全部受压。但远离轴向力一侧的混凝土压应力会小些。两种情形的应力分布图形如图 6-16 所示。

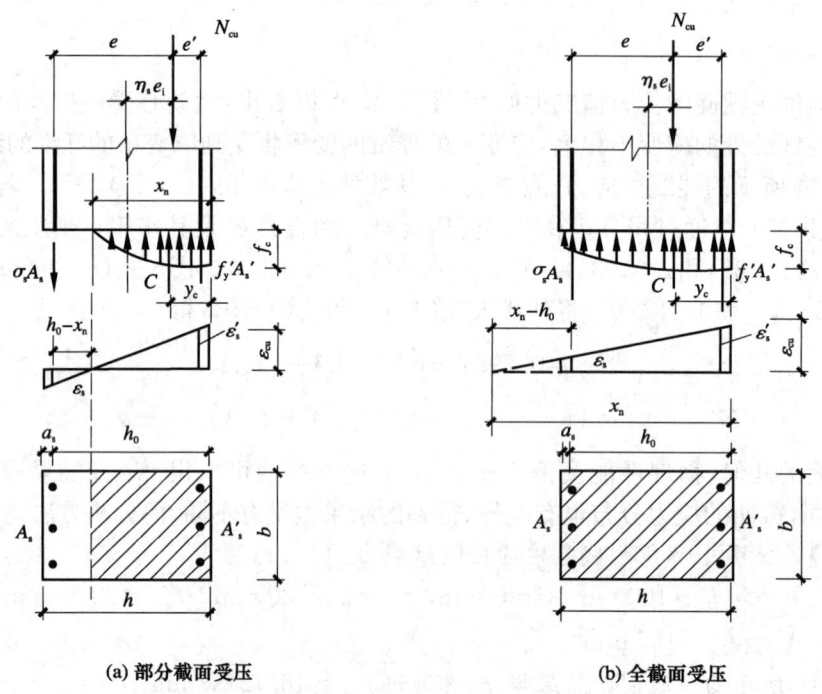

(a) 部分截面受压　　　　　　(b) 全截面受压

图 6-16　小偏心受压截面应力与应变分布图

在偏心距稍大的情况下,截面的混凝土应力分布与大偏心受压时相类似[图 6-16(a)],靠近轴向力一侧混凝土的应力在极限状态时也达到其抗压强度,而远离轴向力一侧混凝土如果出现裂缝,则混凝土退出工作。当混凝土的拉应力较小时,远离轴向力一侧也有可能不开裂,即使如此,由于混凝土的拉应力总值较小,在计算时还是可以略去不计。

对于全截面受压的情形[图 6-16(b)],靠近轴向力一侧混凝土在极限状态时应力达到抗压强度 f_c,另外一侧的压应力会小些。若偏心距很小,受压状态接近轴心受压时,也有可能全截面的混凝土压应力均能达到抗压强度 f_c。

小偏心受压截面远离轴向力一侧钢筋的应力,可以根据平截面假定,由截面的变形协调条件确定,如图 6-16(a)所示,有

$$\frac{\varepsilon_s}{h_0 - x_n} = \frac{\varepsilon_{cu}}{x_n} \tag{6-23}$$

$$\varepsilon_s = \frac{h_0 - x_n}{x_n} \cdot \varepsilon_{cu} = \left(\frac{1}{\xi_n} - 1\right)\varepsilon_{cu} \tag{6-24}$$

式中 ξ_n——截面相对受压区高度,$\xi_n = \frac{x_n}{h_0}$;

ε_s——远离轴向力一侧钢筋的实际应变。

由式(2-1)得

$$\sigma_s = \varepsilon_s E_s = \left(\frac{1}{\xi_n} - 1\right)E_s \varepsilon_{cu} \tag{6-25}$$

式中 σ_s——远离轴向力一侧钢筋的应力;

E_s——远离轴向力一侧钢筋的弹性模量。

显然,此时 σ_s 为拉应力,并有 $\sigma_s \leqslant f_y$。

根据力的平衡条件,可以写出此时的承载力计算公式

$$\sum N = 0, \quad N_{cu} = \int_0^{x_n} \sigma_c b \mathrm{d}x + f'_y A'_s - \sigma_s A_s \tag{6-26}$$

$$\sum M = 0, \quad N_{cu} e = \int_0^{x_n} \sigma_c b \mathrm{d}x (h_0 - x) + f'_y A'_s (h_0 - a'_s) \tag{6-27}$$

式中,$e = \eta_s e_i + \frac{h}{2} - a_s$。

若采用图 5-14 所示的混凝土应力-应变关系,当混凝土的强度等级不超过 C50 时,式(6-26)和式(6-27)变为

$$N_{cu} = 0.798 f_c b x_n + f'_y A'_s - \sigma_s A_s \tag{6-28}$$

$$N_{cu} e = 0.798 f_c b x_n (h_0 - 0.412 x_n) + f'_y A'_s (h_0 - a'_s) \tag{6-29}$$

对于图 6-16(b)的情形,按平截面假定,有

$$\frac{\varepsilon_s}{x_n - h_0} = \frac{\varepsilon_{cu}}{x_n} \tag{6-30}$$

$$\varepsilon_s = \frac{x_n - h_0}{x_n} \cdot \varepsilon_{cu} = \left(1 - \frac{1}{\xi_n}\right)\varepsilon_{cu} \tag{6-31}$$

$$\sigma_s = E_s\varepsilon_s = E_s\varepsilon_{cu}\left(1-\frac{1}{\xi_n}\right) \tag{6-32}$$

此时，σ_s 为压应力，同时 $\sigma_s \leqslant f'_y$。同样，根据力的平衡条件，得

$$N_{cu} = \int_0^h \sigma_c b\,\mathrm{d}x + f'_y A'_s + \sigma_s A_s \tag{6-33}$$

$$N_{cu}e = \int_0^h \sigma_c b\,\mathrm{d}x(h_0-x) + f'_y A'_s(h_0-a'_s) \tag{6-34}$$

式中，$e = \eta_s e_i + \dfrac{h}{2} - a_s$。

若采用图 5-14 所示的混凝土的应力-应变关系，当混凝土的强度等级不超过 C50 时，式(6-33)和式(6-34)中混凝土应力的合力项为

$$\int_0^h \sigma_c b\,\mathrm{d}x = 0.798 f_c b x_n - 0.667 f_c b x_n\left(1-\frac{h}{x_n}\right)^2\left[3.3 - 2.723\left(1-\frac{h}{x_n}\right)\right] \tag{6-35}$$

其合力作用点位置距靠近轴向力一侧的距离 y_c 可用下式计算

$$y_c = \frac{0.318 - 0.222\left(1-\dfrac{h}{x_n}\right)^2\left(1+2\dfrac{h}{x_n}\right)\left[3.3 - 2.723\left(1-\dfrac{h}{x_n}\right)\right]}{0.798 - 0.667\left(1-\dfrac{h}{x_n}\right)^2\left[3.3 - 2.723\left(1-\dfrac{h}{x_n}\right)\right]} x_n \tag{6-36}$$

将 $\int_0^h \sigma_c b\,\mathrm{d}x$ 及 y_c 值代入式(6-33)、式(6-34)，联立后就可解出 x_n，然后可以求出 N_{cu} 值。

【例 6-2】 求图 6-8 所示的柱的极限抗压承载力 N_{cu}。

【解】 已知 $b \times h = 100\text{ mm} \times 160\text{ mm}$，$a_s = a'_s = 20\text{ mm}$，$h_0 = 140\text{ mm}$，$f_{cu} = 22\text{ N/mm}^2$，$f'_y = f_y = 363\text{ N/mm}^2$，$e_0 = 25\text{ mm}$，$\eta_s = 1.0$，$A'_s = A_s = 157\text{ mm}^2$，

由图 2-19 所示的试验回归结果得 $f_c = 0.76 f_{cu} = 16.72\text{ N/mm}^2$，取 $E_s = 2 \times 10^5\text{ N/mm}^2$。

由 $\dfrac{h}{30} = \dfrac{160}{30} = 5.333\text{ mm}$，取 $e_a = 20\text{ mm}$

$$e_i = e_0 + e_a = 25 + 20 = 45\text{ mm}, \quad \eta_s = 1.0$$

$$e = \eta_s e_i + \frac{h}{2} - a_s = 1.0 \times 45 + \frac{160}{2} - 20 = 105\text{ mm}$$

先按部分截面受压考虑，由式(6-25)得

$$\sigma_s = 0.0033 \times 2 \times 10^5\left(\frac{1}{\xi_n} - 1\right)$$

将其代入式(6-28)和式(6-29)得

$$N_{cu} = 0.798 \times 16.72 \times 100 \times 140\xi_n + 363 \times 157 - 660\left(\frac{1}{\xi_n} - 1\right) \times 157$$

$$N_{cu} \times 105 = 0.798 \times 16.72 \times 100 \times 140^2(\xi_n - 0.412\xi_n^2) + 363 \times 157 \times (140 - 20)$$

联立求解以上两式并整理,得

$$\xi_n^3 - 0.607\xi_n^2 + 0.930\xi_n - 1.010 = 0$$

解得 $\xi_n = 0.911$,$x_n = \xi_n h_0 = 0.911 \times 140 = 127.54 \text{ mm} < 160 \text{ mm}$

确为部分截面受压,于是:

$$\sigma_s = 660 \times \left(\frac{1}{0.911} - 1\right) = 64.479 \text{ N/mm}^2$$

$N_{cu} = 0.798 \times 16.72 \times 100 \times 140 \times 0.911 + 363 \times 157 - 64.479 \times 157 = 216\,996 \text{ N} \approx 217 \text{ kN}$

与图 6-8 所示的试验结果(247 kN)比较表明计算结果偏小(相对误差为 -11.0%)。引起较大计算误差的主要原因是 $e_a = 20$ mm 的取值对截面尺寸较小的构件偏于保守。

6.5.3 大、小偏心受压的界限判别

界限破坏的特征是在远离轴向力一侧钢筋拉应力达到其屈服强度的同时靠近轴向力一侧混凝土边缘的压应变也刚好达到极限应变 ε_{cu}。图 6-17 给出了界限状态时截面的应力及应变分布。

由平截面假定得

$$\frac{\varepsilon_y}{h_0 - x_{nb}} = \frac{\varepsilon_{cu}}{x_{nb}} \quad (6-37)$$

于是

$$\frac{x_{nb}}{h_0} = \frac{\varepsilon_{cu}}{\varepsilon_y + \varepsilon_{cu}} = \frac{1}{1 + \dfrac{\varepsilon_y}{\varepsilon_{cu}}} \quad (6-38)$$

设 $\dfrac{x_{nb}}{h_0} = \xi_{nb}$,同时注意到 $f_y = \varepsilon_y E_s$,则有

$$\xi_{nb} = \frac{1}{1 + \dfrac{f_y}{E_s \varepsilon_{cu}}} \quad (6-39)$$

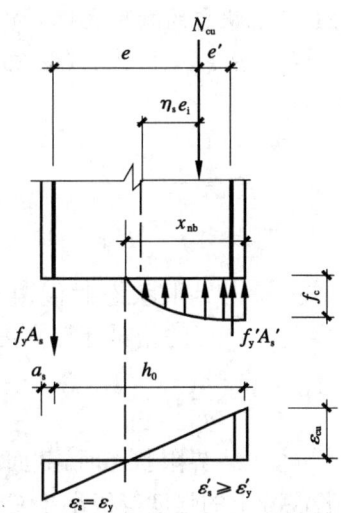

图 6-17 界限状态时截面的应力应变

式中 x_{nb}——界限状态时截面受压区高度;
ε_y——远离轴向力一侧钢筋的屈服应变;
ξ_{nb}——界限状态时截面的相对受压区高度。

显然,大、小偏心的界限可以用 ξ_{nb} 来判别,当某种受力状态时截面的实际受压区相对高度 $\xi_n \leq \xi_{nb}$,截面属于大偏心受压状态;反之,当 $\xi_n > \xi_{nb}$ 时,则属于小偏心受压。

6.5.4 偏心受压构件正截面承载力的简化分析方法

1. 简化分析的基本原则

采用与受弯构件截面计算中同样的方法,即按合力大小不变、合力作用点位置不变的原则,将截面混凝土应力的曲边形图形简化成等效矩形。如图 6-18 所示,设等效矩形应力图形的宽度为 $x = \beta_1 x_n$,高度为 $\alpha_1 f_c$,应用这一原则可求出 α_1 和 β_1 的计算公式,即式(5-40)和式(5-41)。对于强度等级不大于 C50 的混凝土,$\alpha_1 = 1.0$,$\beta_1 = 0.8$;对于强度等级为 C80 的混凝土,$\alpha_1 = 0.94$,$\beta_1 = 0.74$;其间按线性插值法取用。

需要指出,由于大偏心受压与小偏心受压两种状况下截面的实际应变分布存在差异,小偏

心受压时,靠近轴向力一侧边缘的最大压应变一般达不到混凝土的极限压应变值 ε_{cu},因此两种状态下混凝土应力图形的"饱满"程度不一样。按理,二者的折算等效矩形应力图形也应有差别,也就是说,小偏心受压时的折算图形面积应小些。但通过对试验资料的分析可知,用此方法折算的应力图形面积大致与小偏心受压时的受力状况相当,大偏心受压时的合力比上述折算值稍大。对大偏心受压是偏于安全的。

2. 界限状态的判别式

以 $\xi_b = \beta_1 \xi_{nb}$,代入式(6-39),可以得到下式

$$\xi_b = \frac{\beta_1}{1 + \dfrac{f_y}{E_s \varepsilon_{cu}}} \quad (6-40)$$

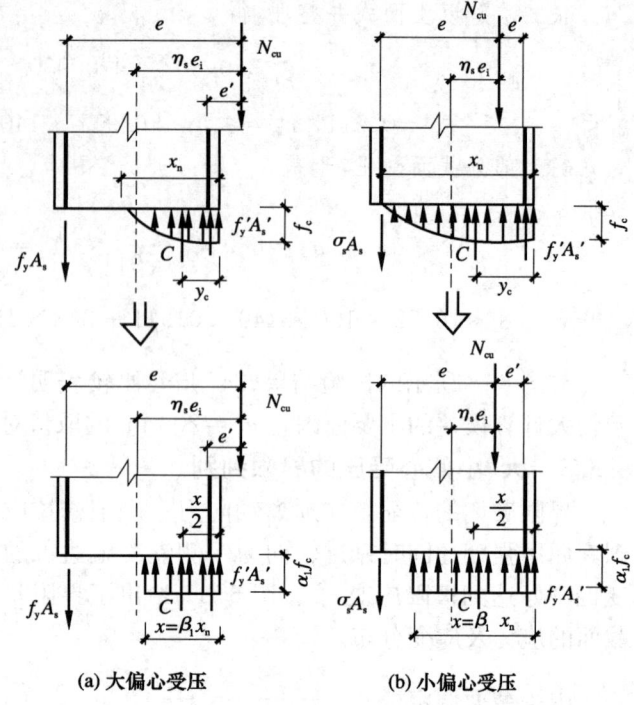

图 6-18 偏心受压截面的简化应力分布图

式中 ξ_b——界限状态时混凝土受压区的相对计算高度,$\xi_b = \dfrac{x_b}{h_0}$;

x_b——界限状态时,截面混凝土的受压区计算高度。

若混凝土的强度等级小于 C50,则式(6-40)变为

$$\xi_b = \frac{0.8}{1 + \dfrac{f_y}{E_s \varepsilon_{cu}}} \quad (6-41)$$

当 $\xi \leqslant \xi_b$ 时,属大偏心受压;$\xi > \xi_b$ 时,则为小偏心受压。

3. 大偏心受压时的截面承载力简化计算公式

按图 6-18(a),由平衡条件得大偏心受压时正截面的承载力简化计算公式为

$$N_{cu} = \alpha_1 f_c b x + f_y' A_s' - f_y A_s \quad (6-42)$$

$$N_{cu} e = \alpha_1 f_c b x \left(h_0 - \frac{x}{2} \right) + f_y' A_s' (h_0 - a_s') \quad (6-43)$$

式中,取 $e = \eta_s e_i + \dfrac{h}{2} - a_s$;适用条件:$x \leqslant x_b$(或 $\xi \leqslant \xi_b$),$x \geqslant 2a_s'$。

在截面尺寸、材料等级、截面配筋都已确定的条件下计算截面的承载力时,联立求解式(6-42)和式(6-43)即可得出承载力的计算值 N_{cu}。

4. 小偏心受压时的截面承载力简化计算式

由图 6-18(b),根据平衡条件可以得到小偏心受压时正截面承载力的简化计算公式

$$N_{cu} = \alpha_1 f_c bx + f'_y A'_s - \sigma_s A_s \tag{6-44}$$

$$N_{cu} e = \alpha_1 f_c bx \left(h_0 - \frac{x}{2}\right) + f'_y A'_s (h_0 - a'_s) \tag{6-45}$$

将 $\xi = \beta_1 \xi_n$,代入式(6-25),得

$$\sigma_s = E_s \varepsilon_{cu} \left(\frac{\beta_1}{\xi} - 1\right) \tag{6-46}$$

当混凝土的强度等级低于 C50 时,式(6-46)变为

$$\sigma_s = E_s \varepsilon_{cu} \left(\frac{0.8}{\xi} - 1\right) \tag{6-47}$$

与超筋梁类似,为了避免解高次方程,可将式(6-47)简化为

$$\sigma_s = \frac{0.8 - \xi}{0.8 - \xi_b} f_y \quad (-f_y \leqslant \sigma_s \leqslant f_y) \tag{6-48}$$

联立求解式(6-44)、式(6-45)和式(6-48),即可算出承载力 N_{cu}。

【例6-3】 用简化公式计算图 6-6 所示试验柱的极限承载力。

【解】 已知 $b \times h = 100 \text{ mm} \times 160 \text{ mm}$, $a_s = a'_s = 20 \text{ mm}$, $f_{cu} = 22 \text{ N/mm}^2$, $f_y = f'_y = 363 \text{ N/mm}^2$, $A_s = A'_s = 157 \text{ mm}^2$。

$$f_c = 0.76 f_{cu} = 16.72 \text{ N/mm}^2, \quad E_s = 2.0 \times 10^5 \text{ N/mm}^2$$

由例 6-1 知 $e = 160 \text{ mm}$, $h_0 = 140 \text{ mm}$

先按大偏心受压公式计算,由式(6-42)得

$$N_{cu} = 16.72 \times 100x + 363 \times 157 - 363 \times 157 = 1\,672x$$

由式(6-43)得

$$N_{cu} \times 160 = 16.72 \times 100x \left(140 - \frac{x}{2}\right) + 363 \times 157 \times (140 - 20)$$

联立上述两式并简化,得 $x^2 + 40x - 8\,180.526 = 0$

解得 $x = 72.631 \text{ mm}$

$$\xi_b = \frac{0.8}{1 + \dfrac{f_y}{E_s \varepsilon_{cu}}} = \frac{0.8}{1 + \dfrac{363}{2 \times 10^5 \times 0.003\,3}} = 0.516$$

$x = 72.631 \text{ mm} \approx \xi_b h_0 = 0.516 \times 140 = 72.24 \text{ mm}$,可以看作是大偏心受压。于是

$$N_{cu} = 1\,672 \times 72.631 = 121\,439 \text{ N} \approx 121 \text{ kN}$$

与例 6-1 的计算结果非常接近,说明简化方法可行。

【例6-4】 用简化公式计算图 6-8 所示试验柱的极限承载力。

【解】 已知 $b \times h = 100 \text{ mm} \times 160 \text{ mm}$, $a_s = a'_s = 20 \text{ mm}$, $h_0 = 140 \text{ mm}$, $f_{cu} = 22 \text{ N/mm}^2$, $f'_y = f_y = 363 \text{ N/mm}^2$, $A'_s = A_s = 157 \text{ mm}^2$, $f_c = 16.72 \text{ N/mm}^2$, 取 $E_s = 2 \times 10^5 \text{ N/mm}^2$。

由例 6-2 知 $e = 105 \text{ mm}$

$$\xi_b = \frac{0.8}{1+\dfrac{f_y}{E_s \varepsilon_{cu}}} = \frac{0.8}{1+\dfrac{363}{2\times 10^5 \times 0.003\,3}} = 0.516$$

先按大偏心受压公式计算，由式(6-42)得

$$N_{cu} = 16.72 \times 100x = 1\,672x$$

由式(6-43)得

$$N_{cu} \times 105 = 16.72 \times 100x\left(140 - \frac{x}{2}\right) + 363 \times 157 \times (140-20)$$

在上述两式中消去 N_{cu} 并整理，得

$$x^2 - 70.000x - 8\,180.526 = 0$$

解得

$$x = 131.982 \text{ mm}$$

$$\xi = \frac{x}{h_0} = \frac{131.982}{140} = 0.943 > \xi_b = 0.516$$

属小偏心，按小偏心受压公式，重新计算 ξ 值，由式(6-44)和式(6-48)得

$$N_{cu} = 1\,672x + 363 \times 157 - 157 \times \frac{0.8-\xi}{0.8-\xi_b} \times 363$$

由式(6-45)得

$$N_{cu} \times 105 = 16.72 \times 100x\left(140 - \frac{x}{2}\right) + 363 \times 157 \times (140-20)$$

上述两式联立消去 N_{cu} 并整理，得

$$x^2 + 110.030x - 21\,185.902 = 0$$

解得 $x = 100.589 \text{ mm} > \xi_b h_0 = 0.516 \times 140 = 72.24 \text{ mm}$

确属小偏心。于是

$$\sigma_s = \frac{0.8-\xi}{0.8-\xi_b} f_y = \frac{0.8-\dfrac{100.589}{140}}{0.8-0.516} \times 363 = 104.180 \text{ N/mm}^2$$

由式(6-44)得

$$N_{cu} = 1\,672 \times 100.589 + 363 \times 157 - 104.180 \times 157 = 208\,831 \text{ N} \approx 209 \text{ kN}$$

略小于例 6-2 的计算结果，说明简化方法可行。

6.6 矩形截面偏心受压构件正截面承载力计算公式的应用

6.6.1 不对称配筋偏心受压构件基于承载力的截面设计

远离轴向力一侧的钢筋用量和靠近轴向力一侧的钢筋用量不同的偏心受压构件（$A_s \neq A'_s$），称为不对称配筋偏心受压构件。不对称配筋偏心受压构件的截面设计问题往往是已知

作用在截面的内力 N_c 及偏心距 e_0（或 N_c 及 $M, e_0 = \dfrac{M}{N_c}$），构件的计算长度 l_0，构件的截面尺寸 $b \times h$，材料强度 f_c, f_y 和 f'_y，求配筋 A_s 和 A'_s。有时 A'_s 也已知，而要求 A_s。为使所设计截面在给定的荷载下满足承载力的要求，设计时应保证：$N_c \leqslant N_{cu}$，$M \leqslant N_{cu} e_0$。由于大小偏心受压构件的受力特征和破坏形态有明显的区别。因此，在进行截面设计之前必须首先判断是大偏心受压还是小偏心受压，然后再用不同的方法进行分析计算。下面分述之。

1. 应用于截面设计时的实用大小偏心受压判别法

前面已讨论过大小偏心受压的判别式，即当 $\xi \leqslant \xi_b$ 时为大偏心受压；当 $\xi > \xi_b$ 时为小偏心受压。但是在进行构件的正截面设计时，事先并不知道 ξ 的大小，因此上述判别式难以直接应用。故采用两步判别法，即，先根据偏心距作初步判断，再根据 ξ 作进一步的判断。参照已有的工程经验，一般认为当 $\eta_s e_i > 0.3 h_0$ 时，可初步判定为大偏心受压；当 $\eta_s e_i \leqslant 0.3 h_0$ 时，可初步判定为小偏心受压。根据初步判断结果，由相应的基本公式可求出 ξ，再由 ξ 作最终判断。

2. 大偏心受压构件

根据前面确定的设计原则以及式(6-42)和式(6-43)所示的大偏心受压时截面承载力的计算公式，可得应用于截面设计的基本公式为

$$N_c = N_{cu} = \alpha_1 f_c b h_0 \xi + f'_y A'_s - f_y A_s \tag{6-49}$$

$$N_c e = N_{cu} e = \alpha_1 f_c b h_0^2 \xi \left(1 - \dfrac{\xi}{2}\right) + f'_y A'_s (h_0 - a'_s) \tag{6-50}$$

大偏心受压构件截面设计一般分两种情形。情形 I 是 A_s 和 A'_s 均未知，情形 II 是已知 A'_s 求 A_s。

1) 情形 I

对于情形 I，基本公式(6-49)和式(6-50)中有 A'_s, A_s, x 三个未知量。显然，有无穷多组解。根据未知量的几何、物理意义，只要在 $2a'_s \leqslant x \leqslant x_b$ 的范围内任选一 x，即可由上述两方程确定相应的唯一一组解 A_s 和 A'_s，这就是所要求的解。工程上为了在所有的解中选出最优解，往往采用配筋面积的总量 $(A_s + A'_s)$ 为最小作为附加条件，求出此条件下的 x 值（或 ξ 值），然后再计算 A'_s, A_s。为了保证求出的 $A_s + A'_s$ 最小，应充分发挥混凝土的作用。为此可取 $x = \xi_b h_0$。于是可按下列步骤进行截面设计：

(1) 若 $l_0/h \leqslant 5$，$\eta_s = 1.0$；否则，由式(6-14)求 η_s。

(2) 由式(6-4)求 e_i。

(3) 初步判断大小偏心受压：当 $\eta_s e_i > 0.3 h_0$ 时，初步按大偏心受压计算；否则，按小偏心受压计算（具体步骤见小偏心受压构件一节）。

(4) 由式(6-40)求 ξ_b。

(5) 取 $x = \xi_b h_0$ 或 $\xi = \xi_b$。

(6) 由式(6-50)计算 A'_s。

(7) 由式(6-49)计算 A_s。

(8) 验算 $\rho \geqslant \rho_{\min}, \rho' \geqslant \rho'_{\min}$。与受压构件、受弯构件的正截面设计类似，偏心受压构件中同样也有最小配筋率的限制要求。作为应用实例，附表 4-1 列出了《混凝土结构设计规范》(GB 50010)关于偏心受压构件最小配筋率的限值。若 $\rho < \rho_{\min}$，可直接取 $A_s = \rho_{\min} bh$；若 $\rho' < \rho'_{\min}$ 说明 $\xi = \xi_b$ 的取值太大，可选定 $A'_s = \rho'_{\min} bh$，然后再按 A'_s 已知求 A_s（下面将要介绍情形 II）。

(9) 根据已求得的配筋,对平面外(b 方向)的承载力按轴心受压构件进行复核。若不满足要求,应增加配筋或扩大截面尺寸,或提高混凝土的强度。对大偏心受压构件,一般情况下,平面外的轴心抗压承载力能满足要求。但为了确保安全还应作此步验算。

2) 情形 Ⅱ

对于情形 Ⅱ,由于 A'_s 已知,只有 A_s 和 x(或者 ξ)两个未知数,可直接用基本方程进行设计计算,具体步骤如下:

(1) 验算 $\rho' \geqslant \rho'_{\min}$。若 $\rho' < \rho'_{\min}$ 按 A'_s 未知(情形 Ⅰ)进行设计计算。

(2) 若 $l_0/h \leqslant 5$,$\eta_s = 1.0$;否则,由式(6-14)求 η_s。

(3) 由式(6-4)求 e_i。

(4) 初步判断大小偏心受压:当 $\eta_s e_i > 0.3h_0$ 时,初步按大偏心受压计算;否则,按小偏心受压计算(具体步骤见小偏心受压构件一节)。

(5) 由式(6-50)求 ξ。

(6) 由式(6-40)求 ξ_b。

(7) 验算 $\xi \leqslant \xi_b$,若成立说明第 4 步初步判断结果正确,确为大偏心受压,继续下面的计算。否则,按小偏心受压计算(具体步骤见小偏心受压构件一节)。

(8) 若 $x = \xi h_0 > 2a'_s$,则由式(6-49)求 A_s。

(9) 若 $x < 2a'_s$,说明 A'_s 不能屈服,可采用如下任一种方法:其一是列出补充方程 $\sigma'_s = E_s \varepsilon_{cu} \left(\dfrac{\beta_1 a'_s}{\xi h_0} - 1 \right)$,并将式(6-49)和式(6-50)中的 f'_y 换成 σ'_s,再求 ξ、A_s;其二是令 $x = 2a'_s$ 按式(6-51)求 A_s[在图 6-18(a)中对 A'_s 求矩],即

$$A_s = \frac{Ne'}{f_y(h_0 - a'_s)} \tag{6-51}$$

式中,$e' = \eta_s e_i - \dfrac{h}{2} + a'_s$。

(10) 若 $A_s < \rho_{\min} bh$,取 $A_s = \rho_{\min} bh$。

(11) 平面外承载力的复核。

3. 小偏心受压构件

根据前面确定的设计原则以及式(6-44)和式(6-45)所示的小偏心受压时截面承载力的计算公式,可得应用于截面设计时的基本公式为

$$N_c = N_{cu} = \alpha_1 f_c bh_0 \xi + f'_y A'_s - \sigma_s A_s \tag{6-52}$$

$$N_c e = N_{cu} e = \alpha_1 f_c bh_0^2 \xi \left(1 - \frac{\xi}{2}\right) + f'_y A'_s (h_0 - a'_s) \tag{6-53}$$

其中,σ_s 按式(6-48)计算。显然,将式(6-48)代入式(6-52)后,式(6-52)和式(6-53)中仍然有三个未知量 ξ、A'_s、A_s。原则上,此时还是可以利用 $(A'_s + A_s)$ 总量为最小作为附加条件来确定 ξ,但求解过程要求解关于 ξ 的三次方程,计算比较麻烦。

从另一方面看,由于小偏心受压时远离轴向力一侧钢筋应力达不到屈服,也就是钢筋没有被充分利用。因而远离轴向力一侧的钢筋越少就越节省。所以,可以按最小配筋率先取定 $A_s = \rho_{\min} bh$,然后再按式(6-52)、式(6-53)求解 ξ、A'_s。具体步骤如下:

(1) 若 $l_0/h \leqslant 5$,$\eta_s = 1.0$;否则,由式(6-14)求 η_s。

(2) 由式(6-4)求 e_i。

(3) 初步判断大小偏心受压：当 $\eta_s e_i \leqslant 0.3h_0$ 时，初步按小偏心受压计算；否则，按大偏心受压计算。

(4) 由式(6-40)求 ξ_b。

(5) 取 $A_s = \rho_{\min} bh$。

(6) 将式(6-48)代入式(6-52)，联立求解方程式(6-52)和式(6-53)解得 ξ、A_s'。

(7) 验算 $\xi > \xi_b$，若成立说明初步判断正确，确为小偏心受压；否则按大偏心受压计算。

(8) 验算 $A_s' \geqslant \rho_{\min}' bh$，若不满足，取 $A_s' = \rho_{\min}' bh$。

(9) 对 A_s 的用量进行补充验算。由图 6-10 所示的偏心受压构件的破坏形态可知，如果 e_0 值很小、A_s' 值较大而 A_s 又很小，截面的实际形心轴有可能会偏移到轴向力的右侧，此时远离轴向力一侧的压应变反而会大些。当达到极限状态时，远离轴向力一侧的混凝土先被压碎，该侧的钢筋应力也达到抗压屈服强度，即破坏发生在远离轴向力的一侧。离轴向力较近一侧的钢筋可能没有屈服，混凝土的压应力也小于其抗压强度，如图 6-19(a)所示。

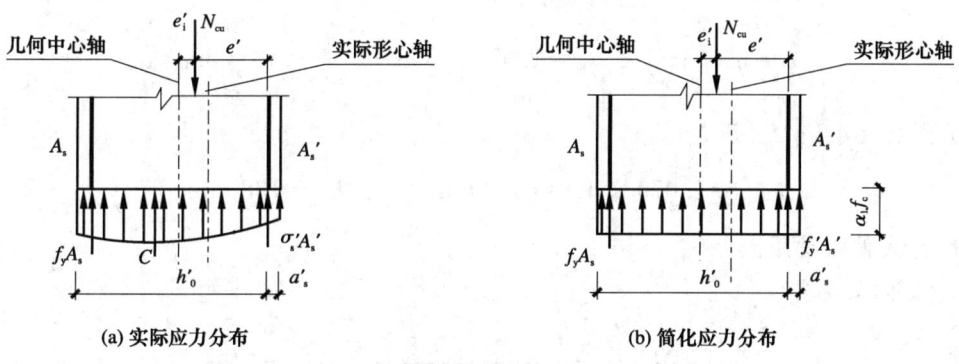

图 6-19 e_0 很小时截面的应力分布

为了避免此种情况发生，远离轴向力一侧的钢筋面积 A_s 不能太小。按图 6-19(b)，取 $e_i' = e_0 - e_a$，$\eta_s = 1.0$，对 A_s' 合力点取矩

$$N_{cu} e' = \alpha_1 f_c bh \left(h_0' - \frac{h}{2}\right) + f_y A_s (h_0' - a_s) \tag{6-54}$$

式中 h_0'——靠近轴向力一侧钢筋合力点至远离轴向力一侧边缘的距离；

e'——轴向力作用点至靠近轴向力一侧钢筋合力点的距离。

$$e' = \frac{h}{2} - e_i' - a_s' \tag{6-55}$$

为了保证在 N_c 作用下不至于 A_s 过少而先屈服，应满足式(6-56)的要求：

$$A_s \geqslant \frac{N_c e' - \alpha_1 f_c bh \left(h_0' - \frac{h}{2}\right)}{f_y (h_0' - a_s)} \tag{6-56}$$

(10) 根据已求得的配筋，对平面外(b 方向)的承载力按轴心受压构件进行复核。若不满足要求应增加配筋或扩大截面尺寸或提高混凝土的强度。

【例 6-5】 已知某矩形截面偏心受压柱，$N_c = 800$ kN，$M = 270$ kN·m，$b \times h = 300$ mm$\times 500$ mm，$a_s = a'_s = 40$ mm，$l_0 = 4.2$ m，混凝土的强度为 $f_c = 16.7$ N/mm^2，$\varepsilon_{cu} = 0.0033$，钢筋的强度为 $f'_y = f_y = 300$ N/mm^2，弹性模量为 $E_s = 2 \times 10^5$ N/mm^2。求 A'_s、A_s。

【解】 (1) 计算 e_i、η_s、e

$$h_0 = h - a_s = 500 - 40 = 460 \text{ mm}, \quad \frac{l_0}{h} = \frac{4\,200}{500} = 8.4 > 5, \text{ 需计算 } \eta_s \text{ 值}$$

$$e_0 = \frac{M}{N} = \frac{270}{800} = 0.338 \text{ m} = 338 \text{ mm}, \quad \frac{h}{30} = \frac{500}{30} = 16.7 \text{ mm}, \text{ 取 } e_a = 20 \text{ mm}$$

$$e_i = e_0 + e_a = 338 + 20 = 358 \text{ mm}, \quad \frac{e_i}{h_0} = \frac{358}{460} = 0.778$$

$$\zeta_c = \frac{0.5 f_c A}{N_c} = \frac{0.5 \times 16.7 \times 300 \times 500}{800\,000} = 1.566 > 1.0, \quad \text{取 } \zeta_c = 1.0$$

$$\eta_s = 1 + \frac{1}{1\,300 \times 0.778} \times 8.4^2 \times 1.0 = 1.070$$

$$e = \eta_s e_i + \frac{h}{2} - a_s = 1.070 \times 358 + \frac{500}{2} - 40 = 593$$

(2) 判别大小偏心受压

$$\eta_s e_i = 1.070 \times 358 = 383 \text{ mm} > 0.3 h_0 = 138 \text{ mm}$$

初步判断为大偏心受压。

(3) 计算 A'_s、A_s

$$\xi_b = \frac{0.8}{1 + \dfrac{f_y}{E_s \varepsilon_{cu}}} = \frac{0.8}{1 + \dfrac{300}{2 \times 10^5 \times 0.0033}} = 0.55$$

取 $\xi = \xi_b = 0.55$

$$A'_s = \frac{N_c e - \alpha_1 f_c b h_0^2 (\xi - 0.5 \xi^2)}{f'_y (h_0 - a'_s)}$$

$$= \frac{800 \times 10^3 \times 593 - 16.7 \times 300 \times 460^2 \times (0.55 - 0.5 \times 0.55^2)}{300 \times (460 - 40)} = 410 \text{ mm}^2$$

由附表 4-1 知 $\rho_{min} = 0.2\%$，$A'_s = 410$ mm^2 $> \rho'_{min} bh = 0.002 \times 300 \times 500 = 300$ mm^2，可以。

$$A_s = \frac{\alpha_1 f_c b h_0 \xi + f'_y A'_s - N_c}{f_y}$$

$$= \frac{16.7 \times 300 \times 460 \times 0.55 + 300 \times 410 - 800 \times 10^3}{300} = 1\,905 \text{ mm}^2$$

$A_s = 1\,905$ mm^2 $> \rho_{min} bh = 0.002 \times 300 \times 500 = 300$ mm^2，可以。

(4) 出平面方向（b 方向）的约束条件和偏心方向（h 方向）的约束条件相同，则 $l_0 = 4.2$ m

$$\frac{l_0}{b} = \frac{4\,200}{300} = 14, \text{ 由表 4-1 得 } \varphi = 0.92$$

故
$$\frac{A'_s}{bh} = \frac{410+1\,905}{300\times500} = 1.543\% < 3\%$$

$$N_{cu} = \varphi(Af_c + f'_y A'_s) = 0.92\times(300\times500\times16.7 + 2\,315\times300)$$
$$= 2\,943\,540\text{ N} \approx 2\,944\text{ kN} > N_c = 800\text{ kN，满足要求。}$$

【例 6-6】 同例 6-5，已知 $A'_s = 1\,140\text{ mm}^2$，求 A_s。

【解】 (1) $A'_s = 1\,140\text{ mm}^2 > \rho'_{\min}bh = 0.002\times300\times500 = 300\text{ mm}^2$ 可以。

(2) 计算 e_i、η_s、e

同例 6-5，$e_i = 358\text{ mm}$，$\eta_s = 1.070$，$e = 593\text{ mm}$。

(3) 判别大小偏心受压

$$\eta_s e_i = 1.070\times358 = 383\text{ mm} > 0.3h_0 = 138\text{ mm}$$

初步判断为大偏心受压。

(4) 计算 A_s

$$A'_s = 1\,140\text{ mm}^2$$

$$\xi = 1 - \sqrt{1 - 2\times\frac{N_c e - f'_y A'_s (h_0 - a'_s)}{\alpha_1 f_c b h_0^2}}$$
$$= 1 - \sqrt{1 - 2\times\frac{800\times10^3\times593 - 300\times1\,140(460-40)}{1.0\times16.7\times300\times460^2}} = 0.387 < \xi_b = 0.55$$

确为大偏心受压。且 $x = \xi h_0 = 0.387\times460 = 178.02\text{ mm} > 2a'_s = 70\text{ mm}$，于是

$$A_s = \frac{\alpha_1 f_c b h_0 \xi + f'_y A'_s - N_c}{f_y} = \frac{1.0\times16.7\times300\times460\times0.387 + 300\times1\,140 - 800\times10^3}{300}$$
$$= 1\,446\text{ mm}^2 > \rho_{\min}bh = 0.002\times300\times500 = 300\text{ mm}^2\text{，可以。}$$

(5) 出平面方向的验算（略）

在条件相同的情况下，与例 6-5 相比，例 6-6 中的钢筋面积多 271 mm²，约多用 12%，这是因为例 6-5 基本符合 $A_s + A'_s$ 值最小的条件，而例 6-6 中钢筋布置不当，造成浪费。

【例 6-7】 已知某矩形截面偏心受压柱，$N_c = 400\text{ kN}$，$M = 280\text{ kN·m}$，$b\times h = 300\text{ mm}\times500\text{ mm}$，$a_s = a'_s = 40\text{ mm}$，$l_0 = 3.9\text{ m}$，混凝土的强度为 $f_c = 16.7\text{ N/mm}^2$，极限应变为 $\varepsilon_{cu} = 0.003\,3$；钢筋的强度为 $f'_y = f_y = 300\text{ N/mm}^2$，弹性模量为 $E_s = 2\times10^5\text{ N/mm}^2$，求 A'_s、A_s。

【解】 (1) 计算 e_i、η_s、e

$$h_0 = h - a_s = 500 - 40 = 460\text{ mm，}\quad \frac{l_0}{h} = \frac{3\,900}{500} = 7.8 > 5\text{，需计算 }\eta_s\text{。}$$

$$e_0 = \frac{M}{N} = \frac{280}{400} = 0.70\text{ m} = 700\text{ mm，}\quad \frac{h}{30} = \frac{500}{30} = 16.7\text{ mm，取 }e_a = 20\text{ mm。}$$

$$e_i = e_0 + e_a = 700 + 20 = 720\text{ mm，}\quad \frac{e_i}{h_0} = \frac{720}{460} = 1.565$$

$$\zeta_c = \frac{0.5 f_c A}{N_c} = \frac{0.5\times16.7\times300\times500}{400\,000} > 1.0\text{，取 }\zeta_c = 1.0\text{。}$$

$$\eta_s = 1 + \frac{1}{1\,300\times1.565}\times7.8^2\times1.0 = 1.030$$

$$e = \eta_s e_i + \frac{h}{2} - a_s = 1.030 \times 720 + \frac{500}{2} - 40 = 951 \text{ mm}$$

(2) 判别大小偏心受压

$$\eta_s e_i = 1.030 \times 720 = 742 \text{ mm} > 0.3 h_0 = 138 \text{ mm}$$

初步判定为大偏心受压。

(3) 计算 A'_s、A_s

$$\xi_b = \frac{0.8}{1 + \frac{f_y}{E_s \varepsilon_{cu}}} = \frac{0.8}{1 + \frac{300}{2 \times 10^5 \times 0.0033}} = 0.55, \text{ 取 } \xi = \xi_b = 0.55。$$

$$A'_s = \frac{N_c e - \alpha_1 f_c b h_0^2 (\xi - 0.5 \xi^2)}{f'_y (h_0 - a'_s)}$$

$$= \frac{400 \times 10^3 \times 951 - 16.7 \times 300 \times 460^2 \times (0.55 - 0.5 \times 0.55^2)}{300 \times (460 - 40)}$$

$$= -336 \text{ mm}^2 < 0$$

取
$$A'_s = \rho'_{\min} b h = 0.002 \times 300 \times 500 = 300 \text{ mm}^2$$

$$\xi = 1 - \sqrt{1 - 2 \times \frac{N_c e - f'_y A'_s (h_0 - a'_s)}{\alpha_1 f_c b h_0^2}}$$

$$= 1 - \sqrt{1 - 2 \times \frac{400 \times 10^3 \times 951 - 300 \times 300 \times (460 - 40)}{16.7 \times 300 \times 460^2}} = 0.405 < \xi_b$$

确为大偏心受压。

$$A_s = \frac{\alpha_1 f_c b h_0 \xi + f'_y A'_s - N_c}{f_y} = \frac{16.7 \times 300 \times 460 \times 0.405 + 300 \times 300 - 400 \times 10^3}{300}$$

$$= 2078 \text{ mm}^2 > \rho_{\min} b h = 0.002 \times 300 \times 500 = 300 \text{ mm}^2, \text{ 可以。}$$

(4) 出平面方向的验算

$$\frac{l_0}{b} = \frac{3900}{300} = 13, \text{ 由表 4-1 得 } \varphi = 0.935$$

$$\frac{A'_s}{bh} = \frac{300 + 2078}{300 \times 500} = 1.585\% < 3\%$$

故 $N_{cu} = \varphi (A f_c + f'_y A'_s) = 0.935 \times (16.7 \times 300 \times 500 + 2378 \times 300)$

$$= 3009204 \text{ N} \approx 3009 \text{ kN} > N_c = 280 \text{ kN}, \text{满足要求。}$$

【例 6-8】 同例 6-7,轴向力 $N_c = 580$ kN,求 A'_s、A_s。

【解】 (1) 计算 e_i、η_s、e

$$h_0 = h - a_s = 500 - 40 = 460 \text{ mm}, \quad \frac{l_0}{h} = \frac{3900}{500} = 7.8 > 5, \text{ 需计算 } \eta_s。$$

$$e_0 = \frac{M}{N} = \frac{280}{580} = 0.483 \text{ m} = 483 \text{ mm}, \quad \frac{h}{30} = \frac{500}{30} = 16.7 \text{ mm}, \text{ 取 } e_a = 20 \text{ mm}。$$

$$e_i = e_0 + e_a = 483 + 20 = 503 \text{ mm}, \quad \frac{e_i}{h_0} = \frac{503}{460} = 1.093$$

$$\zeta_c = \frac{0.5 f_c A}{N_c} = \frac{0.5 \times 16.7 \times 300 \times 500}{580\,000} = 2.159 > 1.0, \text{ 取 } \zeta_c = 1.0。$$

$$\eta_s = 1 + \frac{1}{1\,300 \times 1.093} \times 7.8^2 \times 1.0 = 1.043$$

$$e = \eta_s e_i + \frac{h}{2} - a_s = 1.043 \times 503 + \frac{500}{2} - 40 = 735 \text{ mm}$$

(2) 判别大小偏心受压

$$\eta_s e_i = 1.043 \times 503 = 525 \text{ mm} > 0.3 h_0 = 0.3 \times 460 = 138 \text{ mm}$$

初步确定为大偏心受压。

(3) 计算 A_s'、A_s

$$\xi_b = \frac{0.8}{1 + \frac{f_y}{E_s \varepsilon_{cu}}} = \frac{0.8}{1 + \frac{300}{2 \times 10^5 \times 0.003\,3}} = 0.55$$

取 $\xi = \xi_b = 0.55$

$$A_s' = \frac{N_c e - \alpha_1 f_c b h_0^2 (\xi - 0.5\xi^2)}{f_y'(h_0 - a_s')}$$

$$= \frac{580 \times 10^3 \times 735 - 16.7 \times 300 \times 460^2 \times (0.55 - 0.5 \times 0.55^2)}{300 \times (460 - 40)} = 28 \text{ mm}^2$$

$A_s' < \rho_{\min}' b h = 0.002 \times 300 \times 500 = 300 \text{ mm}^2$，取 $A_s' = 300 \text{ mm}^2$。

$$\xi = 1 - \sqrt{1 - 2 \times \frac{N_c e - f_y' A_s'(h_0 - a_s')}{\alpha_1 f_c b h_0^2}}$$

$$= 1 - \sqrt{1 - 2 \times \frac{580 \times 10^3 \times 735 - 300 \times 300 \times (460 - 40)}{16.7 \times 300 \times 460^2}} = 0.483 < \xi_b$$

确为大偏心受压。

$$A_s = \frac{\alpha_1 f_c b h_0 \xi + f_y' A_s' - N_c}{f_y} = \frac{16.7 \times 300 \times 460 \times 0.481 + 300 \times 300 - 580 \times 10^3}{300}$$

$$= 2\,062 \text{ mm}^2 > \rho_{\min} b h = 0.002 \times 300 \times 500 = 300 \text{ mm}^2，可以。$$

(4) 出平面方向的验算

$$\frac{l_0}{b} = \frac{3\,900}{300} = 13，由表 4-1 得 \varphi = 0.935。$$

$$\frac{A_s'}{bh} = \frac{300 + 2\,062}{300 \times 500} = 1.575\% < 3\%$$

故 $$N_{cu} = \varphi(A f_c + f_y' A_s') = 0.935 \times (16.7 \times 300 \times 500 + 2\,362 \times 300)$$
$$= 3\,004\,716 \text{ N} \approx 3\,005 \text{ kN} > N_c = 580 \text{ kN}，满足要求。$$

与例 6-7 比较，本例轴向力增加 180 kN，而所需的钢筋总量反而减少。说明在大偏心受压状态下,轴向力在一定范围内反而能提高构件的承载力。这与前面在讨论 N_{cu}-M_u 相关曲线时的分析是吻合的。

【例 6-9】 已知某矩形截面偏心受压柱,$N_c = 2\,500$ kN,$M = 180$ kN·m,$b \times h = 300$ mm $\times 500$ mm,$a_s = a_s' = 40$ mm,$l_0 = 3.9$ m,混凝土的强度为 $f_c = 16.7$ N/mm^2,极限应变为 $\varepsilon_{cu} = 0.003\,3$,钢筋的强度为 $f_y' = f_y = 300$ N/mm^2,弹性模量为 $E_s = 2 \times 10^5$ N/mm^2,求 A_s'、A_s。

【解】 (1) 计算 e_i、η_s、e

$$h_0 = h - a_s = 500 - 40 = 460 \text{ mm}, \quad \frac{l_0}{h} = \frac{3\,900}{500} = 7.8 > 5, \text{需计算 } \eta_s。$$

$$e_0 = \frac{M}{N} = \frac{180}{2\,500} = 0.072 \text{ m} = 72 \text{ mm}, \quad \frac{h}{30} = \frac{500}{30} = 16.7 \text{ mm}, \text{取 } e_a = 20 \text{ mm}。$$

$$e_i = e_0 + e_a = 72 + 20 = 92 \text{ mm}, \quad \frac{e_i}{h_0} = \frac{92}{460} = 0.2$$

$$\zeta_c = \frac{0.5 f_c A}{N_c} = \frac{0.5 \times 16.7 \times 300 \times 500}{2\,500\,000} = 0.501$$

$$\eta_s = 1 + \frac{1}{1\,300 \times 0.2} \times 7.8^2 \times 0.501 = 1.117$$

$$e = \eta_s e_i + \frac{h}{2} - a_s = 1.117 \times 92 + \frac{500}{2} - 40 = 313 \text{ mm}$$

(2) 判别大小偏心受压

$$\eta_s e_i = 1.117 \times 92 = 103 \text{ mm} < 0.3 h_0 = 0.3 \times 460 = 138 \text{ mm}$$

初步判定为小偏心受压。

(3) 计算 A_s'、A_s

$$\xi_b = \frac{0.8}{1 + \dfrac{f_y}{E_s \varepsilon_{cu}}} = \frac{0.8}{1 + \dfrac{300}{2 \times 10^5 \times 0.003\,3}} = 0.55$$

取

$$A_s = \rho_{\min} b h = 0.002 \times 300 \times 500 = 300 \text{ mm}^2$$

$$\xi = -B_1 + \sqrt{B_1^2 - 2C_1}$$

$$B_1 = \frac{f_y A_s (h_0 - a_s')}{\alpha_1 f_c b h_0^2 (0.8 - \xi_b)} - \frac{a_s'}{h_0} = \frac{300 \times 300 \times (460 - 40)}{16.7 \times 300 \times 460^2 \times (0.8 - 0.55)} - \frac{40}{460} = 0.056$$

$$C_1 = \frac{N_c (e - h_0 + a_s')(0.8 - \xi_b) - 0.8 f_y A_s (h_0 - a_s')}{\alpha_1 f_c b h_0^2 (0.8 - \xi_b)}$$

$$= \frac{2\,500 \times 10^3 \times (313 - 460 + 40) \times (0.8 - 0.55) - 0.8 \times 300 \times 300 \times (460 - 40)}{16.7 \times 300 \times 460^2 \times (0.8 - 0.55)}$$

$$= -0.366$$

$$\xi = -0.056 + \sqrt{0.056^2 - 2 \times (-0.366)} = 0.801 > \xi_b = 0.55$$

确为小偏心受压,于是

$$A'_s = \frac{N_c e - \alpha_1 f_c b h_0^2 (\xi - 0.5\xi^2)}{f'_y(h_0 - a'_s)}$$

$$= \frac{2\,500 \times 10^3 \times 313 - 16.7 \times 300 \times 460^2 \times (0.801 - 0.5 \times 0.801^2)}{300 \times (460 - 40)}$$

$$= 2\,170 \text{ mm}^2 > \rho'_{\min} bh = 0.002 \times 300 \times 500 = 300 \text{ mm}^2\text{，可以}。$$

(4) 对 A_s 补充验算

$$e'_i = e_0 - e_a = 72 - 20 = 52 \text{ mm}，$$

$$e' = \frac{h}{2} - e'_i - a'_s = \frac{500}{2} - 52 - 40 = 158 \text{ mm}$$

$$h'_0 = h - a'_s = 500 - 40 = 460 \text{ mm}$$

$$A_s \geqslant \frac{N_c e' - \alpha_1 f_c bh\left(h'_0 - \dfrac{h}{2}\right)}{f_y(h'_0 - a_s)}$$

$$= \frac{2\,500 \times 10^3 \times 158 - 16.7 \times 300 \times 500 \times (460 - 250)}{300 \times (460 - 40)}$$

$$= -1\,040 \text{ mm}^2$$

因此，由第(3)步确定的 A_s 合适。

(5) 出平面方向的验算

$$\frac{l_0}{b} = \frac{3\,900}{300} = 13$$

由表 4-1 得 $\varphi = 0.935$

$$\frac{A'_s}{bh} = \frac{300 + 2\,170}{300 \times 500} = 1.647\% < 3\%$$

故 $\quad N_{cu} = \varphi(Af_c + f'_y A'_s) = 0.935 \times (16.7 \times 300 \times 500 + 2\,470 \times 300)$

$$= 3\,035\,010 \text{ N} \approx 3\,035 \text{ kN} > N_c = 2\,500 \text{ kN}\text{，满足要求}。$$

【例 6-10】 已知某矩形截面偏心受压柱，$N_c = 3\,220$ kN，$M = 48$ kN·m，截面尺寸及材料等级与例 6-9 相同，求 A'_s、A_s。

【解】 (1) 计算 e_i、η_s、e

$$h_0 = h - a_s = 500 - 40 = 460 \text{ mm}，\quad \frac{l_0}{h} = \frac{3\,900}{500} = 7.8 > 5\text{，需计算 }\eta_s。$$

$$e_0 = \frac{M}{N} = \frac{48}{3\,220} = 0.014\,9 \text{ m} = 15 \text{ mm}，\quad \frac{h}{30} = \frac{500}{30} = 16.7 \text{ mm}\text{，取 }e_a = 20 \text{ mm}。$$

$$e_i = e_0 + e_a = 15 + 20 = 35 \text{ mm}，\quad \frac{e_i}{h_0} = \frac{35}{460} = 0.076$$

$$\zeta_c = \frac{0.5 f_c A}{N_c} = \frac{0.5 \times 16.7 \times 300 \times 500}{3\,220\,000} = 0.389$$

$$\eta_s = 1 + \frac{1}{1\,300 \times 0.076} \times 7.8^2 \times 0.389 = 1.240$$

$$e = \eta_s e_i + \frac{h}{2} - a_s = 1.240 \times 35 + \frac{500}{2} - 40 = 253 \text{ mm}$$

(2) 判别大小偏心受压

$$\eta_s e_i = 1.240 \times 35 = 43 \text{ mm} < 0.3 h_0 = 0.3 \times 460 = 138 \text{ mm}$$

初步判定为小偏心受压。

(3) 计算 A'_s、A_s

$$\xi_b = \frac{0.8}{1 + \dfrac{f_y}{E_s \varepsilon_{cu}}} = \frac{0.8}{1 + \dfrac{300}{2 \times 10^5 \times 0.0033}} = 0.55$$

取

$$A_s = \rho_{\min} bh = 0.002 \times 300 \times 500 = 300 \text{ mm}^2$$

$$\xi = -B_1 + \sqrt{B_1^2 - 2C_1}$$

$$B_1 = \frac{f_y A_s (h_0 - a'_s)}{\alpha_1 f_c b h_0^2 (0.8 - \xi_b)} - \frac{a'_s}{h_0} = \frac{300 \times 300 \times (460 - 40)}{16.7 \times 300 \times 460^2 \times (0.8 - 0.55)} - \frac{40}{460} = 0.056$$

$$C_1 = \frac{N_c (e - h_0 + a'_s)(0.80 - \xi_b) - 0.8 f_y A_s (h_0 - a'_s)}{\alpha_1 f_c b h_0^2 (0.8 - \xi_b)}$$

$$= \frac{3220 \times 10^3 \times (253 - 460 + 40) \times (0.8 - 0.55) - 0.8 \times 300 \times 300 \times (460 - 40)}{16.7 \times 300 \times 460^2 \times (0.8 - 0.55)}$$

$$= -0.621$$

$$\xi = -0.056 + \sqrt{0.056^2 - 2 \times (-0.621)} = 1.060 > \xi_b,\text{确为小偏心受压。于是}$$

$$A'_s = \frac{N_c e - \alpha_1 f_c b h_0^2 (\xi - 0.5\xi^2)}{f'_y (h_0 - a'_s)}$$

$$= \frac{3220 \times 10^3 \times 253 - 16.7 \times 300 \times 460^2 \times (1.060 - 0.5 \times 1.060^2)}{300 \times (460 - 40)}$$

$$= 2273 \text{ mm}^2 > \rho_{\min} bh = 0.002 \times 300 \times 500 = 300 \text{ mm}^2,\text{可以。}$$

(4) 对 A_s 的补充验算

$$e' = \frac{h}{2} - e'_i - a'_s, \quad e'_i = e_0 - e_a = 15 - 20 = -5 \text{ mm}$$

$$e' = \frac{500}{2} - (-5) - 40 = 215 \text{ mm}, \quad h'_0 = 500 - 40 = 460 \text{ mm}$$

$$A_s \geq \frac{N_c e' - \alpha_1 f_c b h \left(h_0 - \dfrac{h}{2}\right)}{f_y (h'_0 - a_s)}$$

$$= \frac{3220 \times 10^3 \times 215 - 16.7 \times 300 \times 500 \times (460 - 0.5 \times 500)}{300 \times (460 - 40)} = 1319 \text{ mm}^2$$

显然,由第(3)步确定的 A_s 偏小。故取 $A_s = 1319 \text{ mm}^2$。

(5) 垂直弯矩平面承载力验算(按轴心受压验算)

$$N_c = 3220 \text{ kN}$$

$l_0/b = 13$,查表得 $\varphi = 0.935$

$$A'_s = 2273 + 1319 = 3592 \text{ mm}^2, \quad \rho' = \frac{3592}{300 \times 500} = 2.395\% < 3\%$$

$$N_{cu} = \varphi(Af_c + f'_y A'_s) = 0.935 \times (16.7 \times 300 \times 500 + 300 \times 3592)$$
$$= 3\,349\,731 \text{ N} \approx 3\,350 \text{ kN} > N_c = 3\,220 \text{ kN},满足要求。$$

6.6.2 既有不对称配筋偏心受压构件正截面承载力计算

1. 已知 e_0，求 N_{cu}

此类问题一般已知构件的计算长度 l_0，截面尺寸 $b \times h$，初始偏心距 e_0，材料的力学指标 f_c、f_y、f'_y、E_s，配筋 A_s 和 A'_s，求 N_{cu}。一般可按下列步骤进行：

(1) 若 $\dfrac{l_0}{h} \leqslant 5$，$\eta_s = 1.0$；否则，由式(6-14)求 η_s。

(2) 由式(6-4)求 e_i。

(3) 由式(6-40)求 ξ_b。

(4) 先假定为大偏心受压，由式(6-42)和式(6-43)求 ξ。

(5) 若 $\xi \leqslant \xi_b$ 且 $\xi h_0 \geqslant 2a'_s$，说明确为大偏心受压且 A'_s 能屈服，于是根据 ξ 由式(6-42)可求出 N_{cu}。

(6) 若 $\xi \leqslant \xi_b$ 且 $\xi h_0 < 2a'_s$，说明确为大偏心受压且 A'_s 不能屈服，于是可采取如下任一种方法求 N_{cu}：其一是将 $\sigma'_s = E_s \varepsilon_{cu} \left(\dfrac{\beta_1 a'_s}{\xi h_0} - 1 \right)$ 代入式(6-42)和式(6-43)，联立求解 ξ 和 N_{cu}；其二是令 $x = 2a'_s$，则 $N_{cu} = A_s f_y \dfrac{(h_0 - a'_s)}{e'}$。

(7) 若 $\xi > \xi_b$，说明第(4)步的假定不正确，为小偏心受压，由式(6-44)、式(6-45)和式(6-48)联立求解 ξ 和 N_{cu}。求解时应注意：按式(6-48)求出的 σ_s 有正负号。

(8) 按平面外的轴心受压构件，求轴压承载力 N_{cu}。

(9) 取平面内偏压承载力和平面外轴压承载力二者之间的小值作为柱的最终承载力。
例 6-3 和例 6-4 已给出了具体的计算。

2. 已知 N_c，求 M_u

此类问题一般已知构件的计算长度 l_0，截面尺寸 $b \times h$，材料的力学指标 f_c、f_y、f'_y、E_s，配筋 A'_s 和 A_s，作用在构件上的轴向力 N_c，求 M_u。

对式(6-42)和式(6-43)略作处理有

$$N_c = \alpha_1 f_c b x + f'_y A'_s - f_y A_s \tag{6-57}$$

$$M_u = N_c e_0 = \dfrac{-N_c \left(\eta_s e_a + \dfrac{h}{2} - a_s \right) + \alpha_1 f_c b x \left(h_0 - \dfrac{x}{2} \right) + f'_y A'_s (h_0 - a'_s)}{\eta_s} \tag{6-58}$$

对式(6-44)、式(6-45)略作处理有

$$N_c = \alpha_1 f_c b x + f'_y A'_s - \sigma_s A_s \tag{6-59}$$

$$M_u = N_c e_0 = \dfrac{\alpha_1 f_c b x \left(h_0 - \dfrac{x}{2} \right) + f'_y A'_s (h_0 - a'_s) - N_c \left(\eta_s e_a + \dfrac{h}{2} - a_s \right)}{\eta_s} \tag{6-60}$$

按下列步骤求 M_u：

(1) 验算 N_c 是否超过构件的轴压承载力，若超过了，$M_u = 0$，否则继续下面的计算。

(2) 若 $\dfrac{l_0}{h} \leqslant 5$，$\eta_s = 1.0$；否则，由式(6-14)求 η_s。

(3) 求 e_a。

(4) 由式(6-40)求 ξ_b。

(5) 先假定为大偏心受压，由式(6-57)求出 x(或 ξ)。

(6) 若 $\xi \leqslant \xi_b$ 且 $x = \xi h_0 \geqslant 2a'_s$，说明确为大偏心受压且 A'_s 能屈服，由式(6-58)求出 M_u。

(7) 若 $\xi \leqslant \xi_b$ 且 $x = \xi h_0 < 2a'_s$，说明确为大偏心受压但 A'_s 不能屈服，于是可采取如下任一种方法求 M_u：其一是将 $\sigma'_s = E_s \varepsilon_{cu} \left(\dfrac{\beta_1 a'_s}{\xi h_0} - 1 \right)$ 代入式(6-57)求 x(或 ξ)，再将 σ'_s 和 x(或 ξ)代入式(6-58)求 M_u；其二是令 $x = 2a'_s$，则

$$M_u = N_c e_0 = \dfrac{f_y A_s (h_0 - a'_s) - N_c \left(\eta_s e_a - \dfrac{h}{2} + a'_s \right)}{\eta_s} \tag{6-61}$$

(8) 若 $\xi > \xi_b$，说明第(5)步的假设不正确，应为小偏心受压，将式(6-48)代入式(6-59)求出 x(或 ξ)，再由式(6-60)求出 M_u。

6.6.3 对称配筋偏心受压构件基于承载力的截面设计

在实际工程中，有时偏心受压构件截面上会承受不同方向的弯矩。例如，框、排架柱及桥墩等在风载、地震等方向不定的水平荷载的作用下，截面上弯矩的作用方向会随着荷载方向的变化而改变。为了适应这种情况，这类偏心受压构件截面往往采用对称配筋的方法，即截面两侧采用规格相同、面积相等的钢筋。事实上，实际工程中的大多数偏心受压构件都是采用对称配筋的方式。与不对称配筋类似，对称配筋偏心受压构件的截面设计首先要涉及大小偏心受压的判别问题，然后应根据大小偏心受压的特点分别进行设计计算。

1. 大小偏心的判别

由于采用 $A'_s = A_s$，同时 $f'_y = f_y$，因而在截面设计时，大偏心受压基本公式(6-49)和式(6-50)中的未知量只有两个，可以直接联立解出，不再需要附加条件。且由于 $f'_y A'_s$ 与 $f_y A_s$ 大小相等、方向相反，刚好相互抵消，所以 ξ 值可直接得到

$$\xi = \dfrac{N_c}{\alpha_1 f_c b h_0} \tag{6-62}$$

显然，当 $\xi \leqslant \xi_b$ 时，属大偏心受压；当 $\xi > \xi_b$ 时，属小偏心受压。但若为小偏心受压，由式(6-62)求出的 ξ 不正确，应用小偏心受压的基本计算公式，重新计算 ξ。

在界限状态下，由于 $\xi = \xi_b$，利用式(6-49)还可得

$$N_{cb} = \alpha_1 f_c b h_0 \xi_b \tag{6-63}$$

当 $N_c \leqslant N_{cb}$ 时，属大偏心受压；当 $N_c > N_{cb}$ 时，属小偏心受压。

利用式(6-62)或式(6-63)均可直接判定截面的受力状态，在实际计算中可根据实际情况选用其中的一种。

2. 大偏心受压构件

已知 N_c、M、l_0、b、h、f_c、f_y、$f'_y(f'_y = f_y)$、E_s，求 A'_s、$A_s(A'_s = A_s)$。可按下列步骤进行：

(1) 若 $l_0/h \leqslant 5$，$\eta_s = 1.0$；否则，由式(6-14)求 η_s。

(2) 由式(6-4)求 e_i。

(3) 由式(6-40)求 ξ_b 或用式(6-63)计算 N_{cb}。

(4) 由式(6-62)计算 ξ。

(5) 若 $\xi \leqslant \xi_b$(或 $N_c \leqslant N_{cb}$)时,为大偏心受压,继续下面的计算;否则按小偏心受压进行计算分析。

(6) 若 $\xi h_0 \geqslant 2a'_s$,由式(6-50)求 $A'_s = A_s$。

(7) 若 $\xi h_0 < 2a'_s$,可采取如下任一种方法:其一是用 $\sigma'_s = E_s \varepsilon_{cu} \left(\dfrac{\beta_1 a'_s}{\xi h_0} - 1 \right)$ 替换式(6-49)和式(6-50)中的 f'_y,再求解 ξ 和 $A_s = A'_s$;其二是令 $x = 2a'_s$,按式(6-51)求 $A_s = A'_s$。

(8) 若 $A_s = A'_s < \rho_{\min} bh (\rho'_{\min} bh)$,取 $A_s = A'_s = \rho_{\min} bh$。

(9) 按轴心受压构件进行平面外承载力复核。

3. 小偏心受压构件

已知 N_c、M、l_0、b、h、f_c、f_y、$f'_y(f'_y = f_y)$、E_s,求 A'_s、$A_s(A'_s = A_s)$。

小偏心受压时,由于 $\sigma_s < f_y$,ξ 值需由式(6-52)与式(6-53)联立求解。按式(6-48)求得 σ_s 后代入式(6-52),由于有 $f'_y A'_s = f_y A_s$,可以得到[若 f_{cu} 超过 50 MPa 应将式(6-48)中的 0.8 换为 β_1]

$$f'_y A'_s = \frac{(N_c - \alpha_1 f_c b h_0 \xi)(0.8 - \xi_b)}{\xi - \xi_b} \tag{6-64}$$

代入式(6-53),得到一个三次方程,其表达式为

$$0.5\xi^3 - (1 + 0.5\xi_b)\xi^2 + \left[\frac{N_c e}{\alpha_1 f_c b h_0^2} + (0.8 - \xi_b)\left(1 - \frac{a'_s}{h_0}\right) + \xi_b \right]\xi - \alpha_1 \frac{N_c}{f_c b h_0} \left[\frac{e}{h_0} \xi_b + (0.8 - \xi_b)\left(1 - \frac{a'_s}{h_0}\right) \right] = 0 \tag{6-65}$$

解此方程就可以得到 ξ 值。

为了避免解三次方程,可对 ξ 值的计算进行简化。分析以上的变换过程发现,如将基本方程中的 $\xi - 0.5\xi^2$ 换为一个关于 ξ 的一次方程或为一常数,则可以将高次方程降阶。为此,先研究小偏心受压范围内($\xi > \xi_b$),$\xi - 0.5\xi^2$ 和 ξ 间的数值关系。图 6-20 表示了 $\xi - 0.5\xi^2$ 项与 ξ 之间的关系,该关系曲线为二次曲线,如图中实线所示。

由图可以看出,当 ξ 值在 0.5~1.0 的范围内变化时,$\xi - 0.5\xi^2$ 的值在 0.375~0.5 之间变化;当 $\xi = 1.0$ 时,该项的值最大;当 $\xi > 1.0$ 时,其值又开始下降。

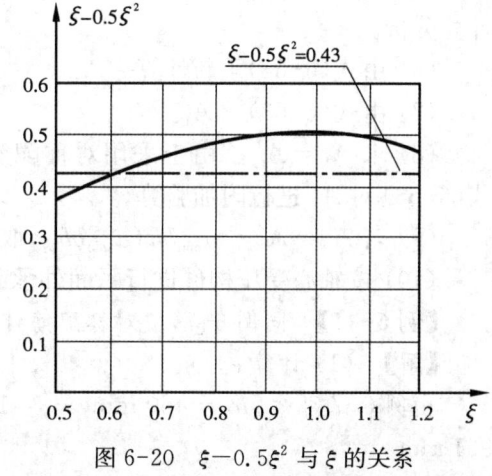

图 6-20 $\xi - 0.5\xi^2$ 与 ξ 的关系

还可以看出,在小偏心受压范围内,$\xi - 0.5\xi^2$ 的变化幅度并不大,为了简化 ξ 值的计算式,现近似取 $\xi - 0.5\xi^2 = 0.43$,即图中点划线所示,该值大致是在小偏心受压范围内 $\xi - 0.5\xi^2$ 的上、下限平均值。

代入式(6-53),得

$$N_c e = 0.43 \alpha_1 f_c b h_0^2 + f'_y A'_s (h_0 - a'_s) \tag{6-66}$$

所以
$$f'_y A'_s = \frac{N_c e - 0.43\alpha_1 f_c b h_0^2}{h_0 - a'_s}$$

将式(6-64)代入上式,得

$$\frac{(N_c - \alpha_1 f_c b h_0 \xi)(0.8 - \xi_b)}{\xi - \xi_b} = \frac{N_c e - 0.43\alpha_1 f_c b h_0^2}{h_0 - a'_s}$$

$$\frac{N_c e - 0.43\alpha_1 f_c b h_0^2}{(0.8 - \xi_b)(h_0 - a'_s)}(\xi - \xi_b) = N_c - \alpha_1 f_c b h_0 \xi$$

$$= N_c - \alpha_1 f_c b h_0 (\xi - \xi_b) - \alpha_1 f_c b h_0 \xi_b \quad (6\text{-}67\text{a})$$

移项,得

$$\left[\frac{N_c e - 0.43\alpha_1 f_c b h_0^2}{(0.8 - \xi_b)(h_0 - a'_s)} + \alpha_1 f_c b h_0\right](\xi - \xi_b) = N_c - \alpha_1 f_c b h_0 \xi_b \quad (6\text{-}67\text{b})$$

由此得到 ξ 的近似计算式

$$\xi = \frac{N_c - \alpha_1 f_c b h_0 \xi_b}{\dfrac{N_c e - 0.43\alpha_1 f_c b h_0^2}{(0.8 - \xi_b)(h_0 - a'_s)} + \alpha_1 f_c b h_0} + \xi_b \quad (6\text{-}68)$$

由式(6-68)可以直接得到 ξ,这样可以免去解三次方程的麻烦。根据以上分析,可知该近似计算式的误差不会很大,在工程设计中可以忽略。构件设计的具体计算步骤如下:

(1) 若 $l_0/h \leq 5$,$\eta_s = 1.0$;否则,由式(6-14)求 η_s。
(2) 由式(6-4)求 e_i。
(3) 由式(6-40)求 ξ_b 或用式(6-60)计算 N_{cb}。
(4) 由式(6-62)计算 ξ。
(5) 若 $\xi > \xi_b$(或 $N_c > N_{cb}$)时,为小偏心受压,继续下面的计算;否则按大偏心受压进行计算分析。
(6) 由式(6-68)重新计算 ξ。
(7) 由式(6-53)求 A'_s。
(8) 求 $A_s = A'_s$。由于采用对称配筋,一般不会出现 A_s 先受压屈服的现象,故可不按式(6-56)对 A_s 进行附加验算。
(9) 若 $A_s = A'_s < \rho_{\min} b h (\rho'_{\min} b h)$,取 $A_s = A'_s = \rho_{\min} b h$。
(10) 按轴心受压构件进行平面外承载力复核。

【例 6-11】 同例 6-7,按对称配筋计算。

【解】 (1) 计算 e_i、η_s、e

由例 6-7 可知,$h_0 = 460$ mm,$\eta_s = 1.030$;$e_0 = 700$ mm,$e_a = 20$ mm,$e_i = 720$ mm;$e = 951$ mm

(2) 判别大小偏心受压

$$\xi = \frac{N_c}{f_c b h_0} = \frac{400 \times 10^3}{16.7 \times 300 \times 460} = 0.174 < \xi_b = 0.55,属大偏心受压。$$

(3) 计算 A'_s、A_s

$$x = \xi h_0 = 0.174 \times 460 = 80 \text{ mm} = 2a'_s = 80 \text{ mm}$$

故 $$A'_s = \frac{N_c e - \alpha_1 f_c b h_0^2 (\xi - 0.5\xi^2)}{f'_y (h_0 - a'_s)}$$

$$= \frac{400 \times 10^3 \times 951 - 16.7 \times 300 \times 460^2 \times (0.174 - 0.5 \times 0.174^2)}{300 \times (460 - 40)}$$

$$= 1\,682 \text{ mm}^2 > \rho'_{\min} bh = 0.002 \times 300 \times 500 = 300 \text{ mm}^2,\text{可以。}$$

取 $A_s = A'_s = 1\,682 \text{ mm}^2 > \rho_{\min} bh = 0.002 \times 300 \times 500 = 300 \text{ mm}^2$，可以。

(4) 出平面方向的验算(略)。

【例 6-12】 同例 6-9，按对称配筋计算。

【解】 (1) 计算 e_i、η_s、e

由例 6-9 可知， $e_i = 92 \text{ mm}$，$\eta_s = 1.117$，$e = 313 \text{ mm}$

(2) 判别大小偏心受压

$$N_{cb} = f_c b h_0 \xi_b = 16.7 \times 300 \times 460 \times 0.55 = 1\,267.53 \text{ kN}$$

$N_c = 2\,500 \text{ kN} > N_{cb}$，属小偏心受压。

(3) 计算 ξ 值

先按式(6-65)计算，将已知参数代入，得到的三次方程为

$$\xi^3 - 2.55\xi^2 + 3.050\xi - 1.318 = 0$$

解得 $\xi = 0.797$

由式(6-68)计算

$$\xi = \frac{N_c - \alpha_1 f_c b h_0 \xi_b}{\dfrac{N_c e - 0.43 \alpha_1 f_c b h_0^2}{(0.8 - \xi_b)(h_0 - a'_s)} + \alpha_1 f_c b h_0} + \xi_b$$

$$= \frac{2\,500 \times 10^3 - 16.7 \times 300 \times 460 \times 0.55}{\dfrac{2\,500 \times 10^3 \times 313 - 0.43 \times 16.7 \times 300 \times 460^2}{(0.8 - 0.55) \times (460 - 40)} + 16.7 \times 300 \times 465} + 0.55$$

$$= 0.776$$

(4) 计算 A'_s

当 $\xi = 0.797$ 时

$$A'_s = \frac{N_c e - \alpha_1 f_c b h_0^2 (\xi - 0.5\xi^2)}{f'_y (h_0 - a'_s)}$$

$$= \frac{2\,500 \times 10^3 \times 313 - 16.7 \times 300 \times 460^2 \times (0.797 - 0.5 \times 0.797^2)}{300 \times (460 - 40)}$$

$$= 2\,177 \text{ mm}^2 > \rho'_{\min} bh = 0.002 \times 300 \times 500 = 300 \text{ mm}^2$$

当 $\xi = 0.776$ 时

$$A'_s = \frac{N_c e - \alpha_1 f_c b h_0^2 (\xi - 0.5\xi^2)}{f'_y (h_0 - a'_s)}$$

$$= \frac{2\,500 \times 10^3 \times 313 - 16.7 \times 300 \times 460^2 \times (0.776 - 0.5 \times 0.776^2)}{300 \times (460 - 40)}$$

$$= 2\,215 \text{ mm}^2 > \rho'_{\min} bh = 0.002 \times 300 \times 500 = 300 \text{ mm}^2$$

比较 ξ 值不同取值的钢筋用量,相差仅为 $\frac{2\,215-2\,177}{2\,177}=1.7\%$。同时,按近似公式计算配筋量稍大,是偏于安全的。

(5) 出平面方向的验算(略)。

对上述计算结果进行比较分析,可以得到以下两点看法:

(1) 一般来讲,采用对称配筋的截面钢筋用量总是比不对称配筋时大。因此,从节省钢筋角度看,对称配筋的方案并不好。

(2) 小偏心受压时,不管采用何种配筋方案,靠近轴向力一侧的钢筋用量均相差不大。如例 6-9 与例 6-12,条件相同,用两种方案计算的靠近轴向力一侧钢筋用量几乎相同。这主要是因为此时远离轴向力一侧的钢筋应力较小,对称配筋时,钢筋用量虽然增加,但对提高截面承载力所起的作用并不大。

6.6.4 既有对称配筋偏心受压构件正截面承载力的计算

既有对称配筋偏心受压构件承载力的计算方法和不对称配筋类似,读者可以自己归纳出计算步骤,不予赘述。

6.7 I 形截面偏心受压构件正截面受力分析

实际工程中,有的偏心受压构件采用 I 形截面,例如多数单层厂房的立柱采用 I 形截面。I 形截面偏心受压构件的受力特点与前述的矩形截面偏心受压构件基本相同。本节简要介绍这类截面承载力的简化分析方法。

6.7.1 大偏心受压构件正截面承载力的基本计算公式

大偏心受压时截面的应力分布有两种情形,即计算中和轴位于靠近轴向力一侧翼缘内或腹板内。用前述的简化方法将混凝土的应力图形简化为矩形,如图 6-21 所示。

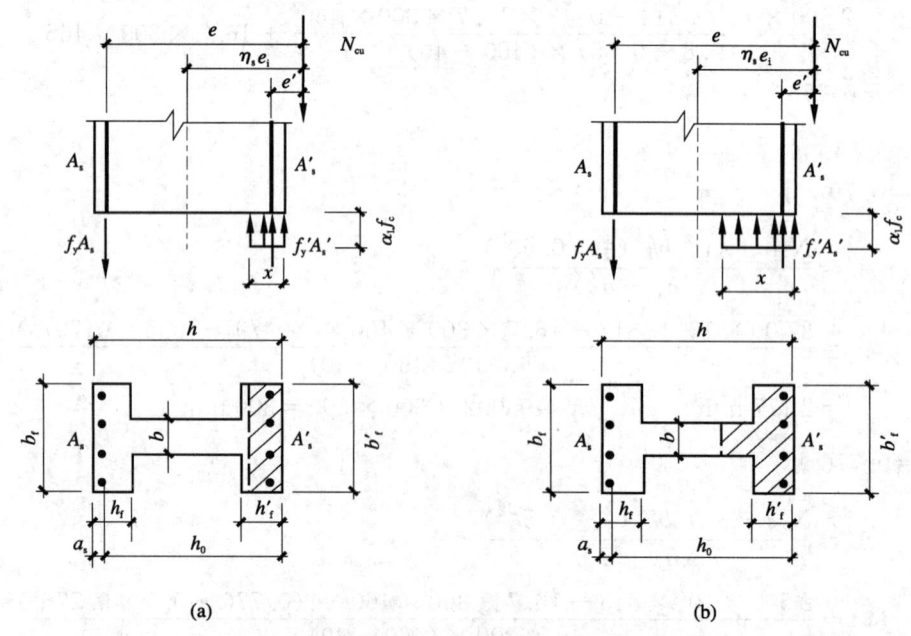

图 6-21 大偏心受压 I 形截面简化的应力分布图

1) 情形 I

如果 $x \leqslant h'_f$,受压区在受压翼缘内,截面受力实际上相当于一宽度为 b'_f 的矩形截面,如图 6-21(a)所示。其内力平衡方程为

$$N_{cu} = \alpha_1 f_c b'_f x + f'_y A'_s - f_y A_s \tag{6-69}$$

$$N_{cu} e = \alpha_1 f_c b'_f x \left(h_0 - \frac{x}{2}\right) + f'_y A'_s (h_0 - a'_s) \tag{6-70}$$

式中,$e = \eta_s e_i + \frac{h}{2} - a_s$。

2) 情形 II

如果 $x > h'_f$,有部分腹板在受压区,整个截面的受力与 T 形截面类似,如图 6-21(b)所示。根据平衡条件,可以写出其平衡方程:

$$N_{cu} = \alpha_1 f_c b x + \alpha_1 f_c (b'_f - b) h'_f + f'_y A'_s - f_y A_s \tag{6-71}$$

$$N_{cu} e = \alpha_1 f_c b x \left(h_0 - \frac{x}{2}\right) + \alpha_1 f_c (b'_f - b) h'_f \left(h_0 - \frac{h'_f}{2}\right) + f'_y A'_s (h_0 - a'_s) \tag{6-72}$$

式中,$e = \eta_s e_i + \frac{h}{2} - a_s$。

以上公式的适用条件为 $x \leqslant x_b$(或 $\xi \leqslant \xi_b$),$x \geqslant 2a'_s$。对于情形 II,$x \geqslant 2a'_s$ 的条件一般能自动满足。

6.7.2 小偏心受压构件正截面承载力的基本计算公式

小偏心受压时,一般受压区高度均延至腹板内,当偏心距很小时,受压区也可能延至远离轴向力一侧翼缘内,甚至全截面受压。因此,小偏心受压时截面的应力分布有三种情形,见图 6-22。

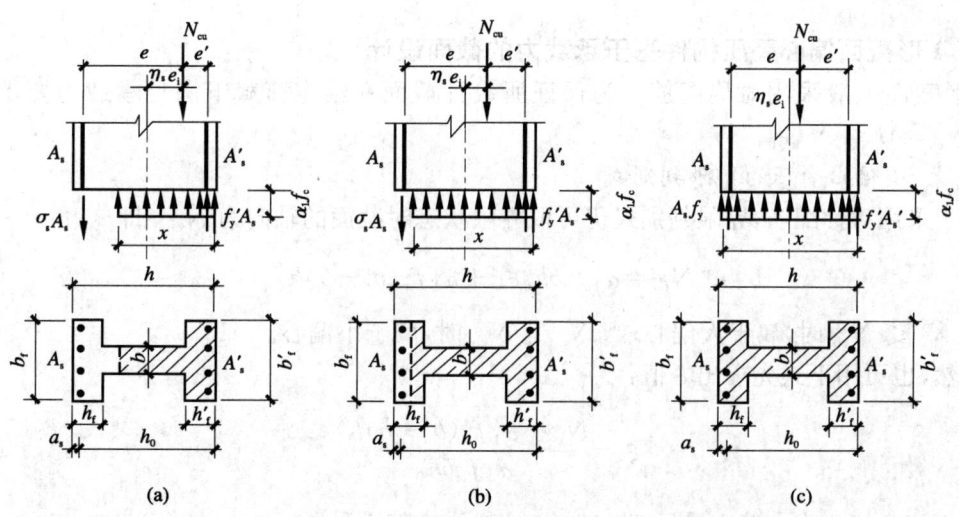

图 6-22 小偏心受压 I 形截面简化应力分布图

1) 情形 I

$x < h - h_f$,属受压区在腹板中的情形,见图 6-22(a)。平衡方程如下:

$$N_{cu}=\alpha_1 f_c bx+\alpha_1 f_c(b'_f-b)h'_f+f'_y A'_s-\sigma_s A_s \tag{6-73}$$

$$N_{cu}e=\alpha_1 f_c bx\left(h_0-\frac{x}{2}\right)+\alpha_1 f_c(b'_f-b)h'_f\left(h_0-\frac{h'_f}{2}\right)+f'_y A'_s(h_0-a'_s) \tag{6-74}$$

式中，$e=\eta_s e_i+\frac{h}{2}-a_s$，$\sigma_s$ 的计算公式见式(6-46)或式(6-48)(当 f_{cu} 超过 50 MPa 时，式中的 0.8 应换为 β_1，下同)。

2) 情形 II

$h-h_f<x<h$，见图 6-22(b)，受压区延伸至远离轴向力一侧翼缘内，此时的平衡方程为

$$N_{cu}=\alpha_1 f_c bx+\alpha_1 f_c(b'_f-b)h'_f+\alpha_1 f_c(b_f-b)(h_f-h+x)+f'_y A'_s-\sigma_s A_s \tag{6-75}$$

$$N_{cu}e=\alpha_1 f_c bx\left(h_0-\frac{x}{2}\right)+\alpha_1 f_c(b'_f-b)h'_f\left(h_0-\frac{h'_f}{2}\right)+$$
$$\alpha_1 f_c(b_f-b)(h_f-h+x)\left(\frac{2h_0+h_f-h-x}{2}\right)+f'_y A'_s(h_0-a'_s) \tag{6-76}$$

3) 情形 III

$x=h$，全截面受压，见图 6-22(c)，此时的平衡方程为

$$N_{cu}=\alpha_1 f_c bx+\alpha_1 f_c(b'_f-b)h'_f+\alpha_1 f_c(b_f-b)h_f+f'_y A'_s+f_y A_s \tag{6-77}$$

$$N_{cu}e=\alpha_1 f_c bh\left(h_0-\frac{h}{2}\right)+\alpha_1 f_c(b'_f-b)h'_f\left(h_0-\frac{h'_f}{2}\right)+$$
$$\alpha_1 f_c(b_f-b)h_f\left(\frac{h_f}{2}-a_s\right)+f'_y A'_s(h_0-a'_s) \tag{6-78}$$

6.8 I 形截面偏心受压构件正截面承载力计算公式的应用

6.8.1 I 形截面偏心受压构件基于承载力的截面设计

I 形截面一般采用对称配筋。为保证所设计截面在给定荷载下满足承载力要求，应有 $N_c \leqslant N_{cu}$，$M \leqslant N_{cu}e_0$。

1. 大、小偏心受压的界限判别式

由于采用对称配筋，界限判别式仍可取界限状态时截面的轴向力 N_{cb}，即

$$N_{cb}=\alpha_1 f_c bh_0 \xi_b+\alpha_1 f_c(b'_f-b)h'_f \tag{6-79}$$

当 $N_c \leqslant N_{cb}$ 时，属于大偏心；当 $N_c>N_{cb}$ 时，属于小偏心。

当然，也可用下式先求出 ξ 值：

$$\xi=\frac{N_c-\alpha_1 f_c(b'_f-b)h'_f}{\alpha_1 f_c bh_0} \tag{6-80}$$

当 $\xi \leqslant \xi_b$ 时，为大偏心受压；当 $\xi>\xi_b$ 时，为小偏心受压。

2. 大偏心受压构件

(1) 对于情形 I，可完全按矩形截面的计算方法，只需将矩形截面计算公式中的截面宽度 b 用 b'_f 替换。同时还应注意，当求得的受压区高度 $x<2a'_s$ 时，应取 $x=2a'_s$ 或求出 σ'_s 后再代入计算。

(2) 对于情形Ⅱ,分析式(6-71)和式(6-72),其中与矩形截面计算公式中不同的两项均为常数项,现取

$$\left.\begin{array}{l} C_1 = \alpha_1 f_c (b'_f - b) h'_f \\ M_1 = \alpha_1 f_c (b'_f - b) h'_f \left(h_0 - \dfrac{h'_f}{2}\right) \end{array}\right\} \quad (6\text{-}81)$$

注意到 $f'_y A'_s = f_y A_s$,式(6-71)和式(6-72)可写成

$$N_c = \alpha_1 f_c b x + C_1 \quad (6\text{-}82)$$

$$N_c e = \alpha_1 f_c b x \left(h_0 - \dfrac{x}{2}\right) + f'_y A'_s (h_0 - a'_s) + M_1 \quad (6\text{-}83)$$

因此,计算方法及计算步骤完全可以参照对称配筋矩形截面,计算 x(或 ξ)时,可用式(6-80)。可按下式计算钢筋面积,即

$$A'_s = \dfrac{N_c e - \alpha_1 f_c b h_0^2 (\xi - 0.5\xi^2) - M_1}{f'_y (h_0 - a'_s)} \quad (6\text{-}84)$$

$$A_s = A'_s \quad (6\text{-}85)$$

3. 小偏心受压构件

在小偏心受压时,远离轴向力一侧钢筋的应力可以用式(6-48)计算(当 f_{cu} 超过 50 MPa 时,式中的 0.8 应换为 β_1)。

1) 情形Ⅰ

同样可用 C_1、M_1 表示公式中的常数项。因而计算方法与矩形截面对称配筋时的情形相似,同样可以参照有关步骤进行。

可按下式近似计算 ξ 值

$$\xi = \dfrac{N_c - \alpha_1 f_c b h_0 \xi_b - C_1}{\dfrac{N_c e - 0.43 \alpha_1 f_c b h_0^2 - M_1}{(0.8 - \xi_b)(h_0 - a'_s)} + \alpha_1 f_c b h_0} + \xi_b \quad (6\text{-}86)$$

2) 情形Ⅱ

由于受拉翼缘在此种状态下处于中和轴附近,混凝土的应力较小,合力的总量也不大,因而可以不计远离轴向力一侧翼缘的作用,仍用情形Ⅰ的公式计算,这样不会引起大的误差,计算工作则可大为简化,计算结果偏于安全。

3) 情形Ⅲ

截面设计时,可直接应用式(6-78)求出 A'_s, $A_s = A'_s$。

对于非对称配筋,为防止远离轴向力一侧的钢筋首先屈服,致使该处翼缘首先被压坏,A_s 应同时满足式(6-87)的要求。

$$\begin{aligned} N_c e' = &\alpha_1 f_c b h \left(h_0 - \dfrac{h}{2}\right) + \alpha_1 f_c (b'_f - b) h'_f \left(\dfrac{h'_f}{2} - a'_s\right) + \\ &\alpha_1 f_c (b_f - b) h_f \left(h'_0 - \dfrac{h_f}{2}\right) + f_y A_s (h'_0 - a_s) \end{aligned} \quad (6\text{-}87)$$

具体的设计计算步骤可参照矩形截面偏心受压构件的设计计算步骤进行,不再一一列出。

【例 6-13】 某单层工业厂房的 I 形截面柱,已知下柱的计算高度 $l_0 = 7.56$ m, $N_c = 900$ kN, $M = 360$ kN·m, 截面尺寸如图 6-23 所示, 混凝土的强度为 $f_c = 16.7$ N/mm², 钢筋的力学指标为 $f'_y = f_y = 300$ N/mm², $E_s = 2 \times 10^5$ N/mm², 采用对称配筋, 求 A'_s, A_s。

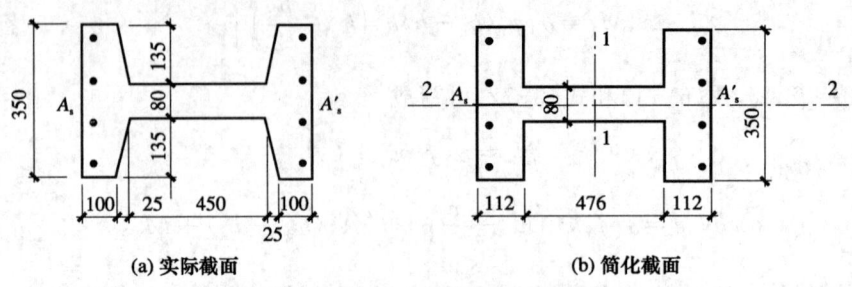

图 6-23 截面尺寸及钢筋布置(例 6-13)

【解】 按简化截面计算。取 $a_s = a'_s = 40$ mm, $\xi_b = 0.55$。

(1) 计算 e_i、η_s、e

$$h_0 = h - a_s = 700 - 40 = 660 \text{ mm}, \quad \frac{l_0}{h} = \frac{7\,560}{700} = 10.8 > 5, \text{需计算 } \eta_s \text{ 值}。$$

$$e_0 = \frac{M}{N} = \frac{360}{900} = 0.40 \text{ m} = 400 \text{ mm}, \quad \frac{h}{30} = \frac{700}{30} = 23.3 > 20, \text{取 } e_a = 23 \text{ mm}。$$

$$e_i = e_0 + e_a = 400 + 23 = 423 \text{ mm}, \quad \frac{e_i}{h_0} = \frac{423}{660} = 0.641。$$

$$\zeta_c = \frac{0.5 f_c A}{N_c} = \frac{0.5 \times 16.7 \times 116\,480}{900\,000} = 1.081 > 1.0, \text{取 } \zeta_c = 1.0。$$

$$\eta_s = 1 + \frac{1}{1\,300 \times 0.641} \times 10.8^2 \times 1.0 = 1.140。$$

$$e = \eta_s e_i + \frac{h}{2} - a_s = 1.140 \times 423 + \frac{700}{2} - 40 = 792。$$

(2) 判别大小偏心受压

$$C_1 = \alpha_1 f_c (b'_f - b) h'_f = 16.7 \times (350 - 80) \times 112 = 505\,008 \text{ N}$$

$$\xi = \frac{N_c - C_1}{\alpha_1 f_c b h_0} = \frac{900 \times 10^3 - 505\,008}{16.7 \times 80 \times 660} = 0.448 < \xi_b = 0.55, \text{属大偏心}。$$

$$x = \xi h_0 = 0.448 \times 660 = 296 \text{ mm} > 112 \text{ mm}, \text{中和轴位于腹板内}。$$

(3) 计算 A'_s、A_s

$$M_1 = \alpha_1 f_c (b'_f - b) h'_f \left(h_0 - \frac{h'_f}{2}\right) = 16.7 \times (350 - 80) \times 112 \times \left(660 - \frac{112}{2}\right)$$

$$= 305\,024\,832 \text{ N·mm}$$

$$A'_s = \frac{N_c e - \alpha_1 f_c b h_0^2 (\xi - 0.5\xi^2) - M_1}{f'_y (h_0 - a'_s)}$$

$$= \frac{900 \times 10^3 \times 792 - 16.7 \times 80 \times 660^2 \times (0.448 - 0.5 \times 0.448^2) - 305\,024\,832}{300 \times (660 - 40)}$$

$$= 1\,105 \text{ mm}^2 > \rho'_{\min} A = 0.002 \times (80 \times 700 + 2 \times 270 \times 112) = 233 \text{ mm}^2, \text{可以}$$

$$A_s = A'_s = 1\ 105\ \text{mm}^2$$

(4) 平面外承载力验算

由图 6-23(b)，可以算得截面面积及截面绕 2—2 轴惯性矩

$$A = 116\ 480\ \text{mm}^2,\ I = 8.206\ 4 \times 10^8\ \text{mm}^4$$

$$i = \sqrt{\frac{I}{A}} = \sqrt{\frac{8.206\ 4 \times 10^8}{116\ 480}} = 83.94\ \text{mm}$$

$\dfrac{l_0}{i} = 90.07$，查表 4-1 得 $\varphi = 0.60$。

$$\frac{A'_s}{A} = \frac{2 \times 1\ 105}{116\ 480} = 1.897\% < 3\%$$

$$N_{cu} = \varphi(f_c A + f'_y A'_s) = 0.6 \times (16.7 \times 116\ 480 + 300 \times 2\ 210) = 1\ 564\ 930\ \text{N}$$
$$\approx 1\ 565\ \text{kN} > N_c = 900\ \text{kN}，满足要求。$$

【例 6-14】 同上例，柱截面的控制内力改为 $N_c = 1\ 500\ \text{kN}$、$M = 260\ \text{kN} \cdot \text{m}$，采用对称配筋，求 A'_s、A_s。

【解】 按简化截面计算。取 $a_s = a'_s = 40\ \text{mm}$，$\xi_b = 0.55$。

(1) 计算 e_i、η_s、e

$$h_0 = h - a_s = 700 - 40 = 660\ \text{mm},\ \frac{l_0}{h} = \frac{7\ 560}{700} = 10.8 > 5，需计算 \eta_s 值。$$

$$e_0 = \frac{M}{N} = \frac{260}{1\ 500} = 0.173\ \text{m} = 173\ \text{mm},\ \frac{h}{30} = \frac{700}{30} = 23.3 > 20，取 e_a = 23\ \text{mm}。$$

$$e_i = e_0 + e_a = 173 + 23 = 196\ \text{mm},\ \frac{e_i}{h_0} = \frac{196}{660} = 0.298。$$

$$\zeta_c = \frac{0.5 f_c A}{N_c} = \frac{0.5 \times 16.7 \times 116\ 480}{1\ 500\ 000} = 0.648。$$

$$\eta_s = 1 + \frac{1}{1\ 300 \times 0.298} \times 10.8^2 \times 0.648 = 1.195。$$

$$e = \eta_s e_i + \frac{h}{2} - a_s = 1.195 \times 196 + \frac{700}{2} - 40 = 544\ \text{mm}。$$

(2) 判别大小偏心受压

$$C_1 = \alpha_1 f_c (b'_f - b) h'_f = 16.7 \times (350 - 80) \times 112 = 505\ 008\ \text{N}$$

$$\xi = \frac{N - C_1}{\alpha_1 f_c b h_0} = \frac{1\ 500 \times 10^3 - 505\ 008}{16.7 \times 80 \times 660} = 1.128 > \xi_b = 0.55，属小偏心。$$

(3) 计算 ξ

$$M_1 = f_c(b'_f - b)h'_f\left(h_0 - \frac{h'_f}{2}\right) = 16.7 \times (350 - 80) \times 112 \times \left(660 - \frac{112}{2}\right)$$
$$= 305\ 024\ 832\ \text{N} \cdot \text{mm}$$

利用近似公式

$$\xi = \frac{N_c - \alpha_1 f_c b h_0 \xi_b - C_1}{\dfrac{Ne - 0.43\alpha_1 f_c b h_0^2 - M_1}{(0.8-\xi_b)(h_0-a_s')} + \alpha_1 f_c b h_0} + \xi_b$$

$$= \frac{1\,500\times 10^3 - 16.7\times 80\times 660\times 0.55 - 505\,008}{\dfrac{1\,500\times 10^3\times 544 - 0.43\times 16.7\times 80\times 660 - 305\,024\,832}{(0.8-0.55)\times(660-40)} + 16.7\times 80\times 660} + 0.55$$

$$= 0.672$$

$x = \xi h_0 = 0.672\times 660 = 444\ \text{mm} < h - h_f = 700 - 112 = 588\ \text{mm}$，说明中和轴位于腹板内。

(4) 计算 A_s'

$$A_s' = \frac{N_c e - \alpha_1 f_c b h_0^2(\xi - 0.5\xi^2) - M_1}{f_y'(h_0 - a_s')}$$

$$= \frac{1\,500\times 10^3\times 544 - 16.7\times 80\times 660^2\times(0.672 - 0.5\times 0.672^2) - 305\,024\,832}{300\times(660-40)}$$

$$= 1\,351\ \text{mm}^2 > \rho_{\min}' A = 233\ \text{mm}^2\text{，可以。}$$

$$A_s = A_s' = 1\,351\ \text{mm}^2$$

(5) 平面外承载力验算（按轴心受压验算）

由图 6-23(b)，可以算得截面面积及截面绕 2—2 轴惯性矩

$$A = 116\,480\ \text{mm}^2,\ I = 8.206\,4\times 10^8\ \text{mm}^4$$

回转半径 $\quad i = \sqrt{\dfrac{I}{A}} = \sqrt{\dfrac{8.206\,4\times 10^8}{116\,480}} = 83.94\ \text{mm}$

$\dfrac{l_0}{i} = \dfrac{7\,560}{83.94} = 90.07$，查表得 $\varphi = 0.60$。

$$A_s' = 1\,351\times 2 = 2\,702\ \text{mm}^2$$

$$\frac{A_s'}{A} = \frac{2\,702}{116\,480} = 2.320\% < 3\%$$

$$N_{cu} = \varphi(f_c A + f_y' A_s') = 0.60(16.7\times 116\,480 + 300\times 2\,702) = 1\,653\,490\ \text{N}$$

$\approx 1\,653\ \text{kN} > 1\,500\ \text{kN}$，满足要求。

6.8.2　I 形截面偏心受压构件正截面承载力计算

可参照矩形截面的计算步骤进行，不再赘述。

6.9　双向偏心受压构件正截面受力分析

钢筋混凝土结构房屋中的角柱往往是双向偏心受压构件；由于地震作用方向的任意性，地震作用下钢筋混凝土柱往往同时受到轴向力 N_c 和两个主轴方向弯矩 M_x、M_y 的同时作用。可见双向偏心受压构件（图 6-24）是钢筋混凝土结构中常见的受力构件之一。

试验结果表明：在平均应变的意义上，双向偏心受压构件的正截面仍然符合平截面假定；

当受压区混凝土的应变达到极限应变时截面破坏。因此，根据截面的破坏条件和中和轴位置可以确定截面任一点处的应变，再由第2章中所述的钢筋、混凝土的应力-应变关系分别求钢筋和任一点处混凝土的应力，最终根据平衡条件可确定双向偏心受压构件正截面的承载力。但是，由任一点的应力求截面的内力时，需要进行积分运算，确定中和轴的位置时需要进行迭代运算，比较复杂，不便于应用。

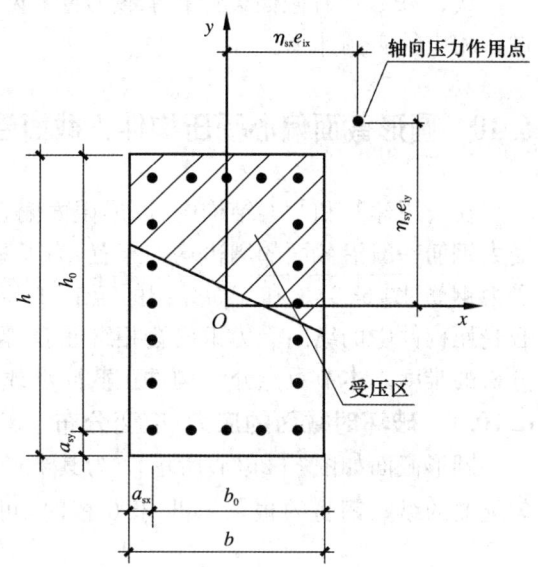

图 6-24 双向偏心受压构件

工程实践中，通常借用弹性理论中的应力叠加原理近似计算双向偏心受压构件正截面的承载力。

设 N_{cu0} 为不考虑稳定系数 φ 的截面轴心受压承载力；N_{cux}、N_{cuy} 分别为轴向力作用在 x 轴、y 轴上，考虑附加偏心距并将偏心距放大后 ($\eta_{sx}e_{ix}$、$\eta_{sy}e_{iy}$)，按全部纵向受力钢筋计算的构件正截面受压承载力；N_{cu} 为截面在 x、y 方向同时有偏心距 $\eta_{sx}e_{ix}$、$\eta_{sy}e_{iy}$ 时构件的正截面受压承载力；A_0 为截面的换算截面积；W_x、W_y 分别为绕 x 轴、y 轴的截面换算抵抗矩。弹性工作阶段，在轴向力 N_{cu0}、N_{cux}、N_{cuy} 和 N_{cu} 分别作用下，截面所能承受的最大应力均为 f_c，即

$$\frac{N_{cu0}}{A_0} = f_c \tag{6-88}$$

$$N_{cux}\left(\frac{1}{A_0} + \frac{\eta_{sx}e_{ix}}{W_y}\right) = f_c \tag{6-89}$$

$$N_{cuy}\left(\frac{1}{A_0} + \frac{\eta_{sy}e_{iy}}{W_x}\right) = f_c \tag{6-90}$$

$$N_{cu}\left(\frac{1}{A_0} + \frac{\eta_{sx}e_{ix}}{W_y} + \frac{\eta_{sy}e_{iy}}{W_x}\right) = f_c \tag{6-91}$$

消去上列各式中的 f_c、A_0、W_x 及 W_y，得

$$\frac{1}{N_{cu}} = \frac{1}{N_{cux}} + \frac{1}{N_{cuy}} - \frac{1}{N_{cu0}} \tag{6-92}$$

$$N_{cu} = \frac{1}{\dfrac{1}{N_{cux}} + \dfrac{1}{N_{cuy}} - \dfrac{1}{N_{cu0}}} \tag{6-93}$$

显然，只要求出 N_{cu0}、N_{cux} 和 N_{cuy}，便可方便地应用式(6-93)计算双向偏心受压构件正截面的承载力。应用前面所讲的知识，可以方便地求出 N_{cu0}。但是当计算 N_{cux}、N_{cuy} 时，需要考虑全部纵向钢筋。由图 6-24 可知，当截面承受单向偏心荷载而发生破坏时，部分钢筋不能屈服。因此，必须先根据式(5-62)求出截面破坏时每根钢筋的应力，再由单向偏心受压的相关公式计算 N_{cux} 和 N_{cuy}。

式(6-93)也有截面设计和承载力计算两方面的应用。读者可以自己总结出应用步骤,并进行相应的实例计算。

6.10 圆形截面偏心受压构件正截面受力分析

在公用建筑和桥梁结构中,圆形截面偏心受压构件有着广泛的应用。圆形截面中的纵向受力钢筋一般沿截面的周边均匀布置,为了避免构件绕弱轴破坏,构件中至少要配置6根纵向受力钢筋(图6-3)。和前面介绍的矩形、I形截面偏心受压构件不同,临近破坏时圆形截面偏心受压构件中的纵向受力钢筋会相继屈服,且截面的宽度不为定值。这些都会增加截面受力分析的难度。本节重点介绍构件正截面承载力的简化计算方法。

6.10.1 破坏时截面的应力-应变分布

圆形截面如图6-25(a)所示,r为其半径,r_s为纵向钢筋中心所在圆的半径。当沿周边均匀配筋的纵向钢筋的根数不少于6根时,可将纵向钢筋换算为总面积为A_s,半径为r_s的钢环。

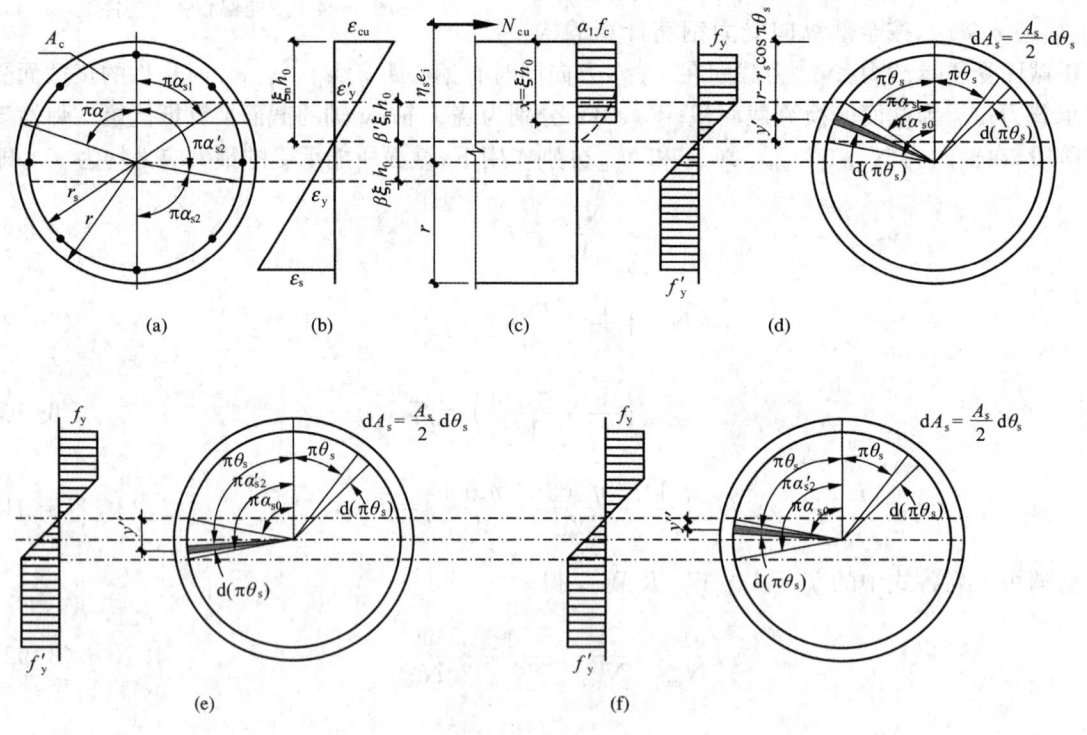

图6-25 圆形截面偏心受压柱截面应力-应变分布

由平截面假定得截面应变分布图如图6-25(b)所示,由材料的应力-应变关系得截面混凝土及钢环的应力分布如图6-25(c)、(d)所示。圆形截面混凝土受压区面积为弓形,混凝土计算受压区面积为A_c,其对应的圆心角为$2\pi\alpha$。圆形截面的有效高度$h_0=r+r_s$。设混凝土受压区高度为$\xi_n h_0=\xi_n(r+r_s)$。受压钢环对应的圆心角为$2\pi\alpha_{s0}$,α_{s0}即为受压钢环面积和钢环总面积的比值。设距受压区边缘距离为y且与中和轴平行的直线,和半径为r_s的圆的交点对应的圆心角为$2\pi\theta_s$。则有

$$y = r - r_s \cos \pi \theta_s \tag{6-94}$$

$$\theta_s = \frac{1}{\pi} \cos^{-1}\left[\frac{r}{r_s} - \frac{y}{r_s}\right] \tag{6-95}$$

由式(6-94)和式(6-95)可算出与中和轴高度、计算受压区高度、界限计算受压区高度、受压区及受拉区钢环应力等于 f_y 的点距受压边缘距离以及相应的 θ_s 值表达式如表6-1所示。表6-1中,α_{s1} 为钢环受压区进入塑性阶段的相对面积。$\alpha_{s2} = 1 - \alpha'_{s2}$ 为钢环受拉区进入塑性阶段的相对面积。显然,当 $\xi_n = \xi_{nb}$ 或 $\alpha_s = \alpha_{sb}$ 时,即 $(1+\beta)\xi_n = 1.0$ 时,$\alpha'_{s2} = 1.0$,$\alpha_{s2} = 0$。β、β' 分别为受压及受拉钢筋屈服应变与混凝土极限压应变的比值。由图6-25(b)、(c)可知,

$$\beta = \beta' = \frac{f_y}{\varepsilon_{cu} E_s} = \frac{f'_y}{\varepsilon_{cu} E_s} \tag{6-96}$$

表6-1 圆形截面的关键几何参数

定义	y	θ_s
中和轴高度	$\xi_n(r+r_s)$	$\alpha_{s0} = \frac{1}{\pi}\cos^{-1}\left[\frac{r}{r_s} - \xi_n\left(1+\frac{r}{r_s}\right)\right]$
计算受压区高度	$\beta_1 \xi_n (r+r_s)$	$\alpha_s = \frac{1}{\pi}\cos^{-1}\left[\frac{r}{r_s} - \beta_1 \xi_n\left(1+\frac{r}{r_s}\right)\right]$
界限计算受压区高度	$\beta_1 \xi_{nb}(r+r_s)$	$\alpha_{sb} = \frac{1}{\pi}\cos^{-1}\left[\frac{r}{r_s} - \beta_1 \xi_{nb}\left(1+\frac{r}{r_s}\right)\right]$
受压区钢环应力等于 f'_y 点到受压边缘	$(1-\beta')\xi_n(r+r_s)$	$\alpha_{s1} = \frac{1}{\pi}\cos^{-1}\left[\frac{r}{r_s} - (1-\beta')\xi_n\left(1+\frac{r}{r_s}\right)\right]$
受拉区钢环应力等于 f_y 点到受压边缘	$(1+\beta)\xi_n(r+r_s)$	$\alpha'_{s2} = \frac{1}{\pi}\cos^{-1}\left[\frac{r}{r_s} - (1+\beta)\xi_n\left(1+\frac{r}{r_s}\right)\right]$

6.10.2 正截面承载力的基本计算公式

1. 截面内力

假定压力为正,拉力为负,逆时针力矩为正,顺时针为负。

1) 受压区混凝土的合力 C 及内力矩 M_c

圆形截面的受压区等效矩形应力图的强度为 $\alpha_1 f_c$,混凝土计算受压面积 A_c 为

$$A_c = r^2(\pi\alpha - \sin\pi\alpha \cos\pi\alpha) = \alpha\left(1 - \frac{\sin 2\pi\alpha}{2\pi\alpha}\right)A \tag{6-97}$$

式中,$A = \pi r^2$ 为构件截面面积。

于是,受压区混凝土的压力合力 C 为

$$C = \alpha_1 f_c A_c = \alpha_1 f_c \alpha\left(1 - \frac{\sin 2\pi\alpha}{2\pi\alpha}\right)A \tag{6-98}$$

由图6-25(a)参考图6-25(d)可知混凝土压应力对截面中心的力矩 M_c 为

$$M_c = 2\int_0^\alpha \alpha_1 f_c r\cos\pi\theta \, dA_c = \frac{2}{3}\alpha_1 f_c A r \frac{\sin^3 \pi\alpha}{\pi} \tag{6-99}$$

2) 受压区钢环的内力及内力矩

塑性区矩形应力分布（$\sigma_s = f'_y$）的受压钢环的合力 C_1，及其对截面中心的力矩 M_{c1} 分别为

$$C_1 = \alpha_{s1} f'_y A_s \tag{6-100}$$

$$M_{c1} = f'_y A_s r_s \frac{\sin \pi \alpha_{s1}}{\pi} \tag{6-101}$$

设距中和轴为 y' 处的钢环应力为 σ'_s，对应的圆心角之半为 $\pi\theta_s$。由图 6-25(d)可知

$$\sigma'_s = \frac{f'_y y'}{\beta' \xi_n h_0} = \frac{f'_y}{\beta' \xi_n h_0}(\xi_n h_0 - r + r_s \cos \pi\theta_s) \tag{6-102}$$

则位于 $\alpha_s = \alpha_{s1}$ 至 $\alpha_s = \alpha_{s0}$ 之间的弹性区三角形应力图的合力 C_2 为

$$C_2 = 2\int_{\alpha_{s1}}^{\alpha_{s0}} \sigma'_s dA_s = \int_{\alpha_{s1}}^{\alpha_{s0}} \sigma'_s A_s d\theta_s = f'_y A_s k_c \tag{6-103}$$

式中

$$k_c = \frac{[\xi_n(1+r/r_s) - r/r_s]\pi(\alpha_{s0} - \alpha_{s1}) + \sin \pi\alpha_{s0} - \sin \pi\alpha_{s1}}{\pi \beta' \xi_n (1+r/r_s)} \tag{6-104}$$

内力矩 M_{c2} 为

$$M_{c2} = \int_{\alpha_{s1}}^{\alpha_{s0}} \sigma'_s A_s r_s \cos \pi\theta_s d\theta_s = f'_y A_s r_s \frac{m_c}{\pi} \tag{6-105}$$

式中

$$m_c = \frac{[\xi_n(1+r/r_s) - r/r_s](\sin \pi\alpha_{s0} - \sin \pi\alpha_{s1}) + \dfrac{\pi(\alpha_{s0} - \alpha_{s1})}{2} + \dfrac{\sin 2\pi\alpha_{s0} - \sin 2\pi\alpha_{s1}}{4}}{\beta' \xi_n (1+r/r_s)} \tag{6-106}$$

3) 受拉钢环内的应力及内力矩

塑性区矩形应力分布（$\sigma_s = f_y$）的受压钢环的合力 T_1，及其对截面中心的力矩 M_{t1} 分别为

$$T_1 = -\alpha_{s2} f_y A_s \tag{6-107}$$

$$M_{t1} = f_y A_s r_s \frac{\sin \pi\alpha_{s2}}{\pi} \tag{6-108}$$

设距中和轴为 y'' 处的钢环应力为 σ_s，对应的圆心角之半为 θ_s。由图 6-25(e)可知

$$\sigma_s = \frac{f_y y}{\beta \xi_n h_0} = \frac{f_y}{\beta \xi_n h_0}[r - \xi_n h_0 + r_s \cos(\pi - \pi\theta_s)]$$

$$= \frac{f_y}{\beta \xi_n h_0}(r - \xi_n h_0 - r_s \cos \pi\theta_s) \tag{6-109}$$

当 $\pi\theta_s$ 为锐角时，如图 6-25(f)所示，可以同样推得 $\sigma_s = \dfrac{f_y}{\beta \xi_n h_0}(r - \xi_n h_0 - r_s \cos \pi\theta_s)$。于是，位于 $\alpha_s = \alpha_{s0}$ 至 $\alpha_s = \alpha'_{s2}$ 之间弹性区三角形应力图的合力 T_2 为

$$T_2 = -\int_{\alpha_{s0}}^{\alpha'_{s2}} \sigma_s A_s d\theta_s = -f_y A_s k_t \quad (6-110)$$

式中
$$k_t = \frac{[\xi_n(1+r/r_s) - r/r_s]\pi(\alpha_{s0} - \alpha'_{s2}) + \sin\pi\alpha_{s0} - \sin\pi\alpha'_{s2}}{\pi\beta\xi_n(1+r/r_s)} \quad (6-111)$$

当 $\pi\theta_s$ 为钝角[图 6-25(e)]，力矩为正(逆时针)时，$M_{t2-1} = \int_{\alpha_{s0}}^{1/2} \sigma_s A_s r_s \cos(\pi - \pi\theta_s) d\theta_s$；

当 $\pi\theta_s$ 为锐角[图 6-25(f)]，力矩为负(顺时针)时，$M_{t2-2} = -\int_{1/2}^{\alpha'_{s2}} \sigma_s A_s r_s \cos\pi\theta_s d\theta_s$。

可以发现，表达式相同。因此内力矩 M_{t2} 可以统一写为

$$M_{t2} = \int_{\alpha_{s0}}^{\alpha'_{s2}} \sigma_s A_s r_s \cos(\pi - \pi\theta_s) d\theta_s = f_y A_s r_s \frac{m_t}{\pi} \quad (6-112)$$

式中
$$m_t = \frac{[\xi_n(1+r/r_s) - r/r_s](\sin\pi\alpha'_{s2} - \sin\pi\alpha_{s0}) + \frac{\pi(\alpha'_{s2} - \alpha_{s0})}{2} + \frac{\sin 2\pi\alpha'_{s2} - \sin 2\pi\alpha_{s0}}{4}}{\beta\xi_n(1+r/r_s)}$$
$$(6-113)$$

2. 承载力计算公式

根据平衡关系可得如下的承载力计算公式

$$N_{cu} = \alpha_1 f_c \alpha \left(1 - \frac{\sin 2\pi\alpha}{2\pi\alpha}\right) A + f'_y A_s (\alpha_{s1} + k_c) - f_y A_s (\alpha_{s2} + k_t) \quad (6-114)$$

$$N_{cu} \eta_s e_i = \frac{2}{3} \alpha_1 f_c A r \frac{\sin^3 \pi\alpha}{\pi} + f'_y A_s r_s \frac{\sin\pi\alpha_{s1} + m_c}{\pi} + f_y A_s r_s \frac{\sin\pi\alpha_{s2} + m_t}{\pi} \quad (6-115)$$

当 r/r_s、β' 和 β 为已知时，由表 6-1 可求得对应于不同 ξ_n 值的 α_{s0}、α_s、α_{s1} 及 α_{s2}，并由式(6-104)、式(6-106)、式(6-111)及式(6-113)可计算出相应的 k_c、m_c、k_t 及 m_t 值，进而可以确定截面的承载力。但是，式(6-114)和式(6-115)还是较复杂，还需作必要简化。

6.10.3 正截面承载力基本计算公式的简化

对于混凝土，当 $f_c \leq 50$ MPa 时，$\varepsilon_{cu} = 0.0033$；当 $f_c = 80$ MPa 时，$\varepsilon_{cu} = 0.0030$。对于钢筋 HRB335、HRB400、HRB500，$E_s = 2.0 \times 10^5$ MPa。由式(6-96)可算出：β' 及 β 值在 0.51～0.83 变化，如表 6-2 所示。表 6-2 中，同时按式(5-40)和式(5-41)算出了相应的 α_1 和 β_1 值。

表 6-2　　　　　对应不同强度钢筋和混凝土时的 β' 和 β 值、α_1 和 β_1 值

钢筋	混凝土	$\beta = \beta'$	β_1	α_1
HRB335	C30,C40,C50	0.51	0.8	1.0
HRB400	C30,C40,C50	0.61	0.8	1.0
HRB500	C30,C40,C50	0.76	0.8	1.0
HRB335	C60	0.52	0.78	0.98
HRB400	C60	0.63	0.78	0.98
HRB500	C60	0.78	0.78	0.98
HRB335	C70	0.54	0.76	0.96
HRB400	C70	0.65	0.76	0.96
HRB500	C70	0.81	0.76	0.96
HRB335	C80	0.56	0.74	0.94
HRB400	C80	0.67	0.74	0.94
HRB500	C80	0.83	0.74	0.94

设 $h/h_0 = \dfrac{2r}{r+r_s} = 1.05 \sim 1.10$，平均值为 1.075，则 $r/r_s = 1.16$。受压混凝土对应圆心角 2α 和受压钢环对应圆心角 $2\alpha_s$ 对应的关系为 $r\cos(\pi\alpha) = r_s\cos(\pi\alpha_s)$，如图 6-26 所示。图 6-27 给出了 $r/r_s = 1.16$，对应不同 β' 和 β 值、α_1 和 β_1 值时，$\alpha_{s1}+k_c$、$\alpha_{s2}+k_t$、$\sin\pi\alpha_{s1}+m_c$、$\sin\pi\alpha_{s2}+m_t$ 与 α 的相关关系。由图可见，β 值对 $\alpha_{s1}+k_c$ 的影响较大，对 $\alpha_{s2}+k_t$ 的影响很小；对 $\sin\pi\alpha_{s1}+m_c$ 的影响较大，对 $\sin\pi\alpha_{s2}+m_t$ 的影响很小。

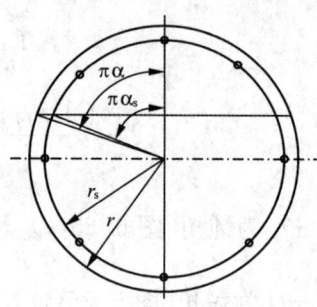

图 6-26 受压混凝土对应圆心角 2α 和受压钢环对应圆心角 $2\alpha_s$ 对应的关系

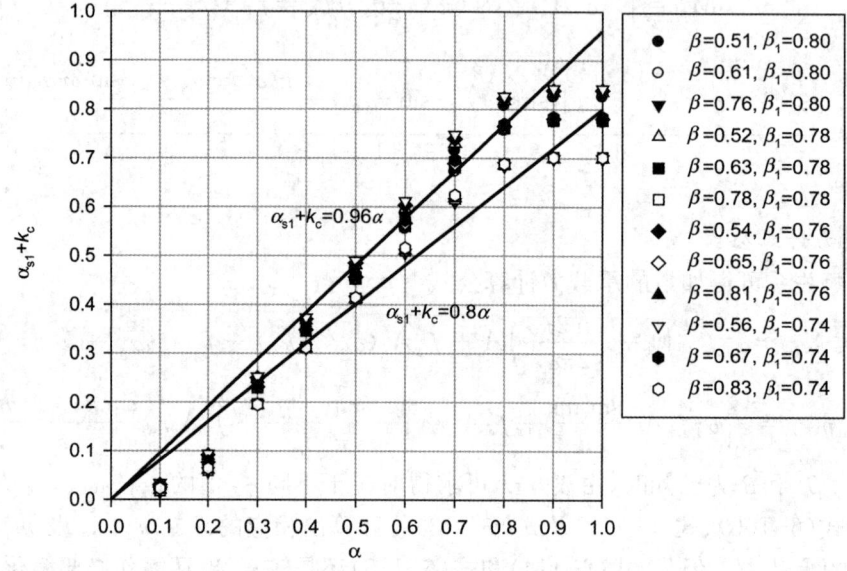

图 6-27(a) $\alpha_{s1}+k_c$ 与 α 的关系

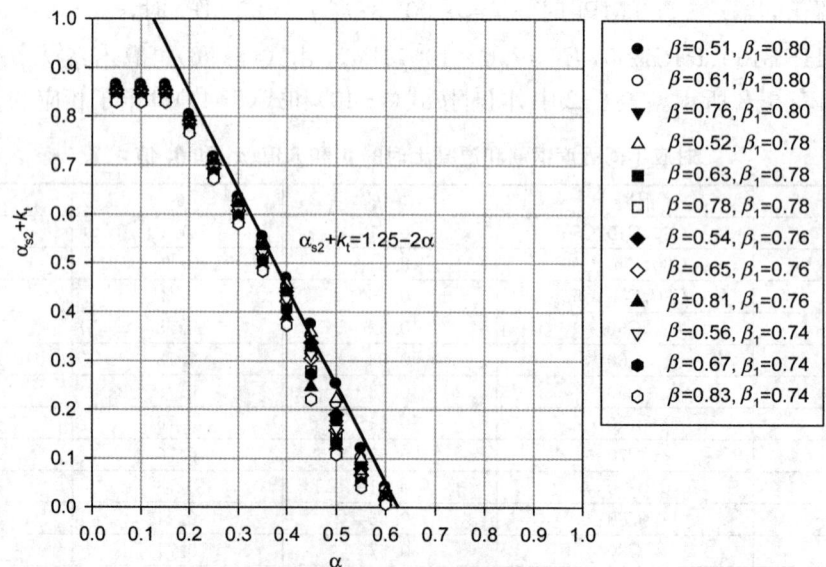

图 6-27(b) $\alpha_{s2}+k_t$ 与 α 的关系

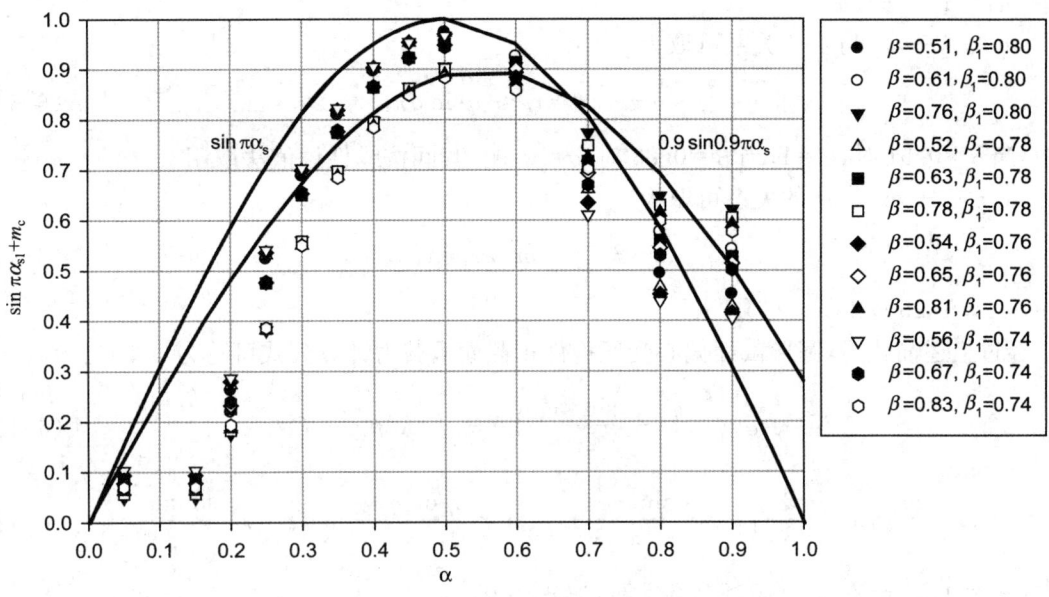

图 6-27(c)　$\sin \pi \alpha_{s1} + m_c$ 与 α 的关系

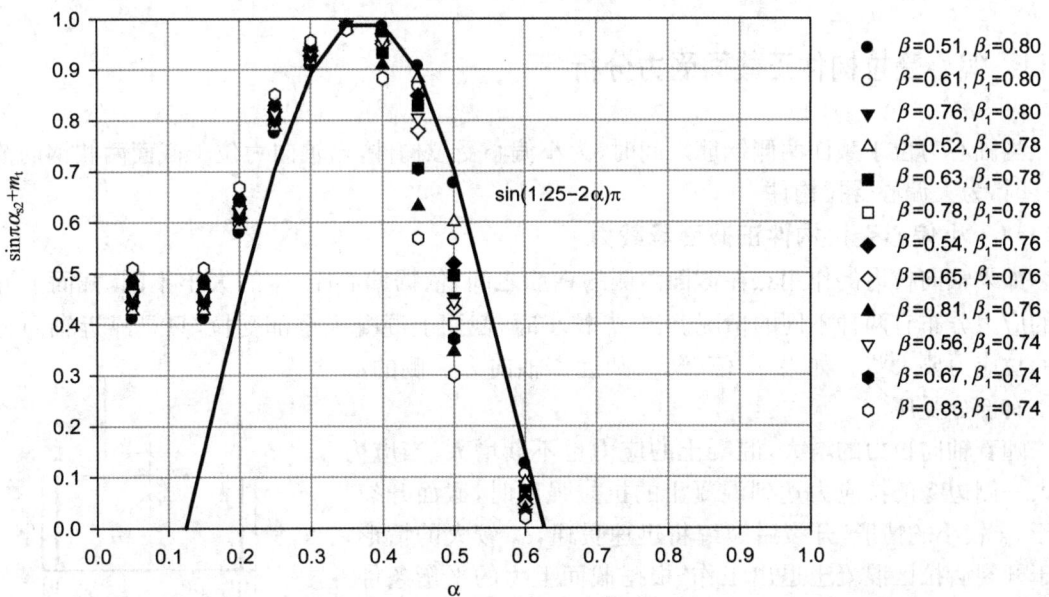

图 6-27(d)　$\sin \pi \alpha_{s2} + m_c$ 与 α 的关系

根据回归分析结果，$\alpha_{s1} + k_c$ 与 α 的关系可取为

$$\alpha_{s1} + k_c = p\alpha \tag{6-116}$$

式中，当 $\beta = 0.51$ 时，$p = 0.96 \approx 1$；当 $\beta = 0.83$ 时，$p = 0.8$。其间按线性插值法取用。

$\alpha_{s2} + k_t$ 与 α 的关系可取为

$$\alpha_{s2} + k_t = \alpha_t \tag{6-117}$$

式中，$\alpha_t = 1.25 - 2\alpha$。

$\sin \pi \alpha_{s1} + m_c$ 与 α 的关系可取为

$$\sin \pi \alpha_{s1} + m_c \approx q \sin q\pi\alpha \tag{6-118}$$

式中，当 $\beta = 0.51$ 时，$q = 1$；当 $\beta = 0.83$ 时，$q = 0.9$。其间按线性插值法取用。

$\sin \pi \alpha_{s2} + m_t$ 与 α 的关系可取为

$$\sin \pi \alpha_{s2} + m_t \approx \sin \alpha_t \tag{6-119}$$

式中，$\alpha_t = 1.25 - 2\alpha$。

经过上述简化后，圆形截面偏心受压构件正截面承载力计算公式可写为

$$N_{cu} = \alpha_1 f_c \alpha \left(1 - \frac{\sin 2\pi\alpha}{2\pi\alpha}\right) A + f'_y A_s p\alpha - f_y A_s \alpha_t \tag{6-120}$$

$$N_{cu} \eta_s e_i = \frac{2}{3} \alpha_1 f_c A r \frac{\sin^3 \pi\alpha}{\pi} + f'_y A_s r_s \frac{q \sin q\pi\alpha}{\pi} + f_y A_s r_s \frac{\sin \pi\alpha_t}{\pi} \tag{6-121}$$

式中，$\alpha_t = 1.25 - 2\alpha$。当 $\alpha > 0.625$ 时，取 $\alpha_t = 0$。

《混凝土结构设计规范》(GB 50010)就是采用这种简化方法计算圆形截面偏心受压构件正截面承载力的。读者可以自己总结出应用步骤，并进行相应的实例计算。

6.11 偏心受拉构件正截面受力分析

当轴心力位于截面两侧钢筋之间时，为小偏心受拉构件，当轴向力位于截面两侧钢筋范围之外时，为大偏心受拉构件。

6.11.1 小偏心受拉构件正截面承载力

如果轴向拉力的作用点在截面两侧的钢筋之间，依据偏心距 e_0 的大小不同，截面上混凝土的应力分布有两种不同的情况。当 e_0 较小时，截面上混凝土全部受拉，只是靠近轴向力一侧的拉应力要大些。如果 e_0 值较大，则远离轴向力一侧的混凝土有部分受压。

随着轴向拉力的增大，混凝土的应力也不断增大，当应力较大一侧边缘的拉应力达到混凝土的抗拉强度时，截面开裂。对于 e_0 较小的情形，开裂后裂缝将迅速贯通，e_0 较大的情形，由于开裂后拉区混凝土退出工作，根据截面上力的平衡条件，压区的压应力也随之消失，并且转换成拉应力。最终裂缝也会贯通。

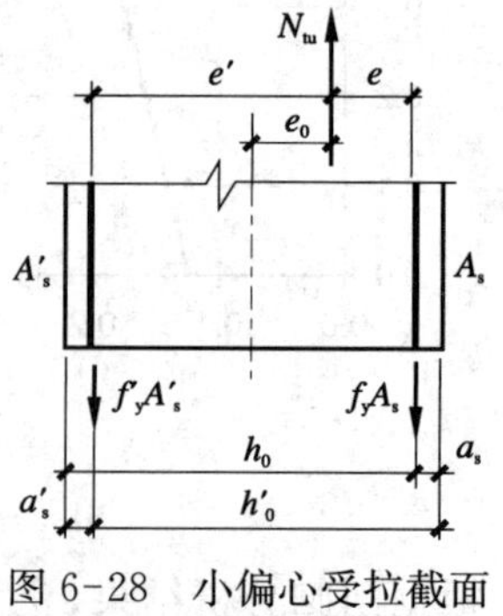

因此，小偏心受拉构件达到极限状态时，截面混凝土已退出工作，受拉钢筋应力均能达到屈服强度，如图 6-28 所示。

图 6-28 小偏心受拉截面应力分布

根据图 6-28 所示的力的平衡条件，可以写出平衡方程如下：

轴向力的平衡方程

$$N_{tu} = f_y A_s + f'_y A'_s \tag{6-122}$$

分别对 A_s，A'_s 的合力点取矩，得到

$$N_{tu}e = f'_y A'_s (h_0 - a'_s) \tag{6-123}$$

$$N_{tu}e' = f_y A_s (h'_0 - a_s) \tag{6-124}$$

式中 e——轴向拉力作用点至钢筋 A_s 合力点的距离；

$$e = \frac{h}{2} - e_0 - a_s \tag{6-125}$$

e'——轴向拉力作用点至钢筋 A'_s 合力点的距离；

$$e' = \frac{h}{2} + e_0 - a'_s \tag{6-126}$$

这里需要注意：在进行截面设计时，可以通过调整 A_s 和 A'_s 使得式(6-122)—式(6-124)同时满足。但对既有构件上述三式不一定同时满足。

6.11.2 大偏心受拉构件正截面承载力

如果轴向拉力作用在截面两侧的钢筋 A_s、A'_s 范围之外，截面混凝土在靠近轴向力一侧受拉，而远离轴向力一侧受压。随着轴向拉力的增大，靠近轴向力一侧混凝土拉应力增大至其抗拉强度时开裂，但截面上始终存在受压区，不然内外力不能保持平衡。

当轴向拉力增大至靠近轴向力一侧钢筋屈服时，裂缝的进一步延伸使受压区面积减小，压应力增大，直至远离轴向力一侧边缘混凝土应变达到 ε_{cu}，被压碎而破坏。可以看出，其破坏特点与大偏心受压的情形类似。

如果靠近轴向力一侧的钢筋配置过多，而远离轴向力一侧的钢筋又太少，也有可能远离轴向力一侧的混凝土先被压碎，而此时靠近轴向力一侧的钢筋并未屈服，类似受弯构件中的超筋截面。

图 6-29 为极限状态时大偏心受拉截面的简化应力分布图。根据平衡条件可以写出平衡方程。

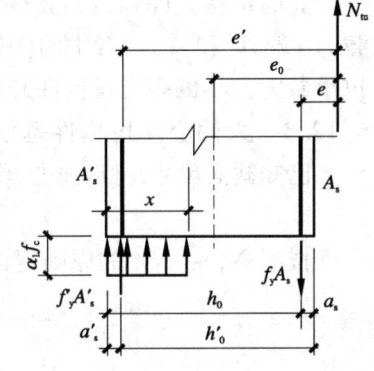

图 6-29 大偏心受拉截面应力分布

轴向力的平衡方程：

$$N_{tu} = f_y A_s - \alpha_1 f_c bx - f'_y A'_s \tag{6-127}$$

对 A_s 的合力点取矩，得到

$$N_{tu}e = \alpha_1 f_c bx \left(h_0 - \frac{x}{2}\right) + f'_y A'_s (h_0 - a'_s) \tag{6-128}$$

式中，e 为轴向拉力作用点至钢筋 A_s 合力点的距离。

$$e = e_0 - \frac{h}{2} + a_s \tag{6-129}$$

当 $x < 2a'_s$ 时，取 $x = 2a'_s$，对 A'_s 的合力点取矩，得到

$$N_{tu}e' = f_y A_s (h'_0 - a_s) \tag{6-130}$$

$$e' = \frac{h}{2} + e_0 - a'_s \tag{6-131}$$

当 $x > \xi_b h_0$ 时,钢筋 A_s 的应力 σ_s 应按式(6-48)计算。

6.12 偏心受拉构件正截面承载力计算公式的应用

6.12.1 小偏心受拉构件基于承载力的截面设计

已知截面尺寸、材料强度等级、作用的外力 N_t 及 e_0(弯矩 N_t 和 M),求截面的配筋面积 A_s'、A_s。

为保证截面有足够的承载力,应使 $N_t \leqslant N_{tu}$,于是有如下设计公式:

$$N_t e = f_y' A_s' (h_0 - a_s') \tag{6-132}$$

$$N_t e' = f_y A_s (h_0' - a_s) \tag{6-133}$$

可由式(6-132)、式(6-133)直接计算出 A_s'、A_s。

采用对称配筋时,可由式(6-132)计算得 A_s,再取 $A_s' = A_s$。此时,远离轴向力一侧的钢筋 A_s' 达不到屈服。求得 A_s 和 A_s' 后,应验算 $A_s \geqslant \rho_{\min} A$, $A_s' \geqslant \rho_{\min}' A$。$A$ 为构件的截面积。

6.12.2 既有小偏心受拉构件正截面承载力计算

已知截面尺寸、材料强度和截面配筋,求承载力 N_{tu}。

此时可按式(6-122)、式(6-123)、式(6-124)分别求出 N_{tu},其中最小者即为截面的实际承载力。若 A_s' 和 A_s 二者中的任何一个小于最小配筋量,则应取截面的开裂荷载作为截面的抗拉承载力。小偏心受拉构件开裂荷载的计算方法和轴心受拉构件类似,不再详述。

6.12.3 大偏心受拉构件基于承载力的截面设计

已知截面尺寸、材料强度、作用的外力 N_t 及 e_0(弯矩 N_t 和 M),求截面的配筋面积 A_s'、A_s。

根据 $N_t \leqslant N_{tu}$ 的原则得设计公式如下:

$$N_t = f_y A_s - \alpha_1 f_c b x - f_y' A_s' \tag{6-134}$$

$$N_t e = \alpha_1 f_c b x \left(h_0 - \frac{x}{2}\right) + f_y' A_s' (h_0 - a_s') \tag{6-135}$$

为了使钢筋总用量最少,可采用与大偏心受压构件相同的方法,取 $\xi = \xi_b$,由式(6-135)计算 A_s'。再由式(6-134)求出 A_s。

若计算得到的 $A_s' < \rho_{\min}' bh$,则取 $A_s' = \rho_{\min}' bh$,由式(6-135)解出 x。然后再由式(6-134)计算 A_s。当计算得到的 $x < 2a_s'$ 时,应取 $x = 2a_s'$,$A_s = \dfrac{N_t e'}{f_y (h_0' - a_s)}$。

若 $A_s < \rho_{\min} bh$,取 $A_s = \rho_{\min} bh$。

当采用对称配筋时,由于 $f_y' A_s' = f_y A_s$,由式(6-134)得 $x = -\dfrac{N_t}{\alpha_1 f_c b}$ 为负值,显然不合理,这时,可取 $x = 2a_s'$,则 $A_s = \dfrac{N_t e'}{f_y (h_0' - a_s)}$。

6.12.4 既有大偏心受拉构件正截面承载力计算

由于基本计算式(6-127)、式(6-128)中只有两个未知量,直接求解没有任何困难。但应注意,若 $A_s < \rho_{\min} bh$,则应取截面的开裂荷载作为截面的抗拉承载力。若 $x > \xi_b h_0$,应补充式(6-48),再求解。大偏心受拉构件开裂荷载的计算方法和受弯构件类似,不再赘述。

6 偏心受力构件正截面的性能与计算

【例 6-15】 已知某矩形截面偏心受拉杆，$N_t = 900$ kN，$M = 126$ kN·m，$b \times h = 300$ mm $\times$ 400 mm，$a_s = a_s' = 35$ mm，混凝土强度 $f_c = 14.3$ N/mm^2，$f_t = 1.50$ N/mm^2，钢筋强度 $f_y' = f_y = 300$ N/mm^2，弹性模量 $E_s = 2 \times 10^5$ N/mm^2，求 A_s'、A_s。

【解】 (1) 判别大小偏心受拉

$$e_0 = \frac{M}{N_t} = \frac{126}{900} = 0.14 \text{ m} = 140 \text{ mm} < \frac{h}{2} - a_s = 200 - 35 = 165 \text{ mm}$$

轴向力作用在两侧钢筋之间，属小偏心受拉。

(2) 计算 A_s'、A_s

$$e = \frac{h}{2} - e_0 - a_s = \frac{400}{2} - 140 - 35 = 25 \text{ mm}$$

$$e' = \frac{h}{2} + e_0 - a_s' = \frac{400}{2} + 140 - 35 = 305 \text{ mm}$$

$$A_s' = \frac{Ne}{f_y(h_0' - a_s')} = \frac{900 \times 10^3 \times 25}{300 \times (365 - 35)} = 227 \text{ mm}^2 < \rho_{\min}' bh = \max \begin{cases} 0.2bh = 240 \text{ mm}^2 \\ 0.45 \dfrac{f_t}{f_y} = 270 \text{ mm}^2 \end{cases}$$

取 $A_s' = 270$ mm^2。

$$A_s = \frac{Ne'}{f_y(h_0' - a_s)} = \frac{900 \times 10^3 \times 305}{300 \times (365 - 35)} = 2\,773 \text{ mm}^2 > \rho_{\min} bh = 0.45 \frac{f_t}{f_y} bh = 270 \text{ mm}^2$$

【例 6-16】 某矩形水池，壁厚 400 mm，$a_s = a_s' = 40$ mm，池壁跨中水平向每米宽度上最大弯矩 $M = 320$ kN·m，相应的轴向拉力 $N_t = 400$ kN，混凝土强度 $f_c = 14.3$ N/mm^2，$f_t = 1.50$ N/mm^2，钢筋强度 $f_y' = f_y = 300$ N/mm^2，弹性模量 $E_s = 2 \times 10^5$ N/mm^2，求 A_s'、A_s。

【解】 (1) 判别大小偏心受拉

$$e_0 = \frac{M}{N_t} = \frac{320}{400} = 0.8 \text{ m} = 800 \text{ mm} > \frac{h}{2} - a_s = \frac{400}{2} - 40 = 160 \text{ mm}$$

属大偏心受拉。

(2) 计算 A_s'、A_s

$$e = e_0 - \frac{h}{2} + a_s = 800 - \frac{400}{2} + 40 = 640 \text{ mm}$$

先取 $\xi = \xi_b = 0.55$，由式(6-135)得

$$A_s' = \frac{N_t e - \alpha_1 f_c b h_0^2(\xi - 0.5\xi^2)}{f_y'(h_0 - a_s')}$$

$$= \frac{400 \times 10^3 \times 640 - 14.3 \times 1\,000 \times 360^2 \times (0.55 - 0.5 \times 0.55^2)}{300 \times (360 - 40)} = -5\,031 \text{ mm}^2 < 0$$

取 $A_s' = \rho_{\min}' bh = 0.002 \times 1\,000 \times 400 = 800$ mm^2，选用 Φ 16@250 钢筋（$A_s' = 804$ mm^2）。

此时，该题变成已知 A_s' 求 A_s 的问题。由式(6-135)代入 A_s' 值，得

$$400 \times 10^3 \times 640 = 14.3 \times 1\,000 \times 360^2 \times (\xi - 0.5\xi^2) + 300 \times 804 \times (360 - 40)$$

整理后得到 $\xi^2 - 2\xi + 0.193 = 0$

解得 $\xi = 0.102, x = \xi h_0 = 36.7 \text{ mm} < 80 \text{ mm}$，取 $x = 80 \text{ mm}$

$$e' = \frac{h}{2} + e_0 - a'_s = \frac{400}{2} + 800 - 40 = 960 \text{ mm}$$

则
$$A_s = \frac{N_t e'}{f_y(h'_0 - a_s)} = \frac{400 \times 10^3 \times 960}{300 \times (360 - 40)} = 4\,000 \text{ mm}^2$$

$$> 0.45 \frac{f_t}{f_y} bh = 0.45 \frac{1.5}{300} \times 1\,000 \times 400 = 900 \text{ mm}^2，满足要求。$$

思考题

【6-1】 偏心受力构件截面上同时作用有轴向力和弯矩，除教材上列出的以外，再举出实际工程中的偏心受压构件和偏心受拉构件各 5 种。

【6-2】 对比偏心受压构件与受弯构件正截面的应力及应变分布，说明其相同之处与不同之处。

【6-3】 在极限状态时，小偏心受压构件与受弯构件中超筋截面均为受压脆性破坏，为什么不能采用限制配筋率的方法来避免小偏心受压破坏？

【6-4】 既然偏心受压构件截面采用对称配筋会多用钢筋，那么为何实际工程中还大量采用这种配筋方法？请作对比分析。

【6-5】 怎样区分大、小偏心受压破坏？

【6-6】 长细比对偏心受压构件的承载力有直接影响，请说明基本计算公式中是如何来考虑这一问题的。

【6-7】 请根据 N_{cu}-M_u 相关曲线说明大偏心受压及小偏心受压时轴向力与弯矩的关系。偏压构件在什么情况下的抗弯承载力最大？

【6-8】 N_{cu}-M_u 相关曲线有哪些用途？

【6-9】 考虑 P-Δ 效应的弯矩增大系数 $\eta_s = 1 + \dfrac{1}{1\,300 \dfrac{e_i}{h_0}} \left(\dfrac{l_0}{h}\right)^2 \zeta_c$，在其他条件相同的情况下，由此式可以看出，随着 e_i 值的增大，η_s 值反而减小，请分析说明原因。

【6-10】 矩形截面大、小偏心受压构件正截面受压承载力如何计算？

【6-11】 大偏心受拉构件截面上存在受压区，根据力的平衡说明其必然性。

【6-12】 偏心受压构件为什么会出现远离轴向力一侧的钢筋先屈服，进而混凝土被压碎的破坏形态？如何避免这种破坏形态？

【6-13】 为什么要引入附加偏心距 e_a？

练习题

【6-1】 某矩形截面偏心受压柱，$b \times h = 400 \text{ mm} \times 600 \text{ mm}$，$a_s = a'_s = 40 \text{ mm}$，$l_0 = 2.9 \text{ m}$，混凝土 C35，$f_c = 16.7 \text{ N/mm}^2$，纵向钢筋 HRB335，$f'_y = f_y = 300 \text{ N/mm}^2$，$E_s = 2 \times 10^5 \text{ N/mm}^2$，$A'_s = 603 \text{ mm}^2 (3 \Phi 16)$，$A_s = 1\,521 \text{ mm}^2 (4 \Phi 22)$。当 $e_0 = 50 \text{ mm}$，100 mm，

150 mm, 200 mm, 250 mm, 300 mm, 350 mm, 400 mm, 450 mm, 500 mm 时，分别按简化分析方式计算构件极限承载力 N_{cu} 与 M_u，并绘出 N_{cu}-M_u 的相关曲线。

【6-2】 同练习题 6-1，当 N_c=0,500 kN,1 000 kN,1 500 kN,2 000 kN,2 500 kN,3 000 kN,3 500 kN,4 000 kN 时，分别计算构件的极限承载力 M_u，并绘出 N_c-M_u 的相关关系曲线。

【6-3】 某矩形截面偏心受压柱，$b \times h$=400 mm×600 mm，$a_s=a_s'$=40 mm，l_0=4.6 m，混凝土 C35，f_c=16.7 N/mm^2，纵向钢筋 HRB335，$f_y'=f_y$=300 N/mm^2，E_s=2×10^5 N/mm^2，承受设计轴向力 N_c=1 200 kN，设计弯矩 M=600 kN·m，采用不对称配筋。试求

(1) 钢筋面积 A_s、A_s'。
(2) 如果受压钢筋已配置 4 Φ 20（A_s'=1 257 mm^2），计算所需受拉钢筋面积 A_s。
(3) 比较两种情形的计算结果，分析原因。

【6-4】 某矩形截面偏心受压柱，$b \times h$=500 mm×800 mm，$a_s=a_s'$=40 mm，l_0=12.5 m，混凝土 C30，f_c=14.3 N/mm^2，纵向钢筋 HRB335，$f_y'=f_y$=300 N/mm^2，E_s=2×10^5 N/mm^2，承受设计轴向力 N_c=1 800 kN，设计弯矩 M=1 080 kN·m，采用不对称配筋。试求 A_s 及 A_s'。

【6-5】 某矩形截面偏心受压柱，$b \times h$=400 mm×600 mm，$a_s=a_s'$=45 mm，l_0=5.6 m，混凝土 C30，f_c=14.3 N/mm^2，纵向钢筋 HRB335，$f_y'=f_y$=300 N/mm^2，E_s=2×10^5 N/mm^2，承受设计轴向力 N_c=3 200 kN，设计弯矩 M=100 kN·m，采用不对称配筋。试求

(1) 钢筋面积 A_s、A_s'。
(2) 如果压侧钢筋已配置 3 Φ 20（A_s'=942 mm^2），求 A_s。
(3) 比较计算结果并分析原因。

【6-6】 某矩形截面偏心受压柱，$b \times h$=500 mm×800 mm，$a_s=a_s'$=45 mm，l_0=4.6 m，混凝土 C30，f_c=14.3 N/mm^2，纵向钢筋 HRB335，$f_y'=f_y$=300 N/mm^2，E_s=2×10^5 N/mm^2，承受设计轴向力 N_c=7 000 kN，设计弯矩 M=175 kN·m，采用不对称配筋。试求 A_s 及 A_s'。

【6-7】 同练习题 6-4，采用对称配筋，求 $A_s=A_s'$。

【6-8】 同练习题 6-6，采用对称配筋，求 $A_s=A_s'$。

【6-9】 某结构试验室 I 形截面柱，b=120 mm，h=800 mm，$b_f'=b_f$=400 mm，$h_f'=h_f$=130 mm，$a_s=a_s'$=40 mm，l_0=6.8 m，对称配筋，混凝土 C20，f_c=14.3 N/mm^2，钢筋 HRB335，$f_y'=f_y$=300 N/mm^2。设计轴向力 N_c=1 000 kN，弯矩 M=400 kN·m，求截面钢筋 $A_s=A_s'$。

【6-10】 某单层工业厂房下柱，采用 I 形截面，对称配筋，l_0=6.8 m，截面尺寸如图 6-30 所示，$a_s=a_s'$=40 mm，混凝土 C30，f_c=14.3 N/mm^2，钢筋 HRB335，$f_y'=f_y$=300 N/mm^2。根据内力分析结果，该柱控制截面上作用有三组不利内力：① N_c=503.3 kN，M=246.0 kN·m；② N_c=740.0 kN，M=294 kN·m；③ N_c=1 040.0 kN，M=312 kN·m。

根据此三组内力，确定该柱截面配筋面积

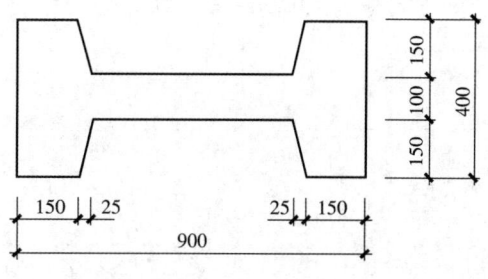

图 6-30 练习题 6-10 图

$A_s = A'_s$(取 $h'_f = h_f = 162$ mm)。

【6-11】 某污水处理厂方形污水涵管,壁厚 500 mm,$a_s = a'_s = 50$ mm,在管内水压力及管外覆土的共同作用下,管道沿长度方向每米宽截面上的设计轴向拉力 $N_t = 900$ kN,弯矩 $M = 900$ kN·m。混凝土 C35,$f_c = 16.7$ N/mm²,钢筋 HRB335,$f'_y = f_y = 300$ N/mm²。试计算该管管壁截面上所需的钢筋面积 A_s 及 A'_s。

【6-12】 请详细列出双向偏心受压构件基于承载力的正截面设计步骤。

【6-13】 请详细列出既有双向偏心受压构件正截面承载力的计算步骤。

【6-14】 请详细列出圆形截面偏心受压构件基于承载力的正截面设计步骤。

【6-15】 请详细列出圆形截面偏心受压构件正截面承载力的计算步骤。

【6-16】 以"混凝土压弯构件正截面受力性能"为题写一篇论文。要求:首先提出压弯构件正截面受力过程的分析方法;再分别变化截面尺寸、材料强度、钢筋用量、压力大小等参数进行相应的实例计算;根据计算结果,归纳总结出结论。论文中应给出相关的参考文献。

7 构件斜截面的性能与计算

7.1 工程应用实例及构件的配筋形式

混凝土结构构件,包括梁、柱、拉杆、墙体等,一般情况下其破坏形式有两类:正截面破坏和斜截面破坏。前者是由弯矩引起的;后者则主要是由剪力引起的。一般情况下,这两种内力均存在,究竟构件会发生哪种形式的破坏,取决于两种内力之中的哪一种先超过其相应的抗力。

为防止正截面破坏,一般需要对构件配置纵向钢筋,即与杆件轴线相平行的钢筋。构件正截面的性能与计算已在第 4 章至第 6 章中详细叙述过。

斜截面破坏包括斜截面受剪破坏和斜截面受弯破坏。为防止斜截面受剪破坏,一般需要对构件配置与杆件轴线相垂直的箍筋,有时还需要把纵筋弯起,使其与构件轴线成一定角度,如图 5-6(d)和图 5-6(e)所示。另外,还要通过构造或计算来避免斜截面受弯破坏。

箍筋有开口式和封闭式两种[图 7-1(a)和(b)]。封闭式箍筋可有效地约束受压区混凝土的横向变形并可用于抗扭,故在矩形截面中一般应采用封闭箍筋。对于现浇的 T 形截面梁,由于在翼缘顶面通常另有横向钢筋,故也可采用开口箍筋。箍筋的端部锚固应采用 135°弯钩而不宜用 90°弯钩,弯钩端头直线部分的长度不应小于 50 mm 及 $5d$(d 为箍筋的直径),如图 7-1(e)所示。

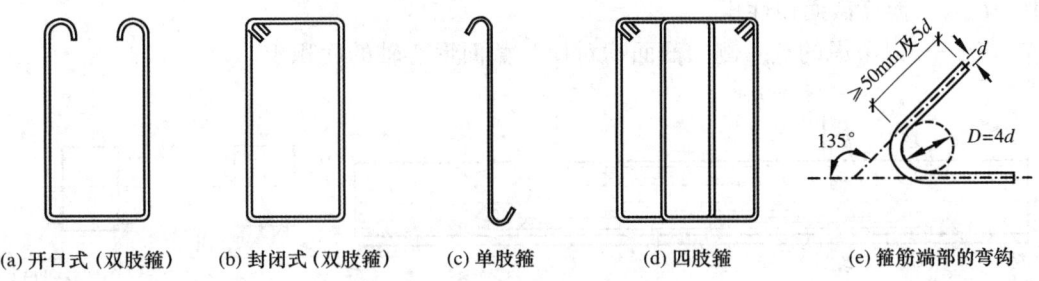

(a) 开口式(双肢箍)　　(b) 封闭式(双肢箍)　　(c) 单肢箍　　(d) 四肢箍　　(e) 箍筋端部的弯钩

图 7-1　箍筋的形式及端部弯钩

一个箍筋竖直部分的根数称为肢数。常用的箍筋有单肢箍[图 7-1(c)]、双肢箍[图 7-1(a)和(b)]和四肢箍[图 7-1(d)]等几种形式。

梁中的箍筋除了抗剪之外,还起着纵向钢筋支点的作用。因此,当梁中配有按计算需要的纵向受压钢筋时,箍筋应做成封闭式;此时,箍筋的间距不应大于 $15d$(d 为纵向受压钢筋的最小直径),同时不应大于 400 mm,且箍筋的直径不应小于纵向受压钢筋最大直径的 0.25 倍;当一层内的纵向受压钢筋多于 5 根且直径大于 18 mm 时,箍筋的间距不应大于 $10d$;当梁的宽度大于 400 mm 且一层内的纵向受压钢筋多于 3 根时,或当梁的宽度不大于 400 mm 但一层内的纵向受压钢筋多于 4 根时,应设置复合箍筋。

当梁宽小于 350 mm 时,通常用双肢箍;当梁宽不小于 350 mm 或纵向受拉钢筋在一排的根数多于 5 根时,应采用四肢箍;当梁配有受压钢筋时,应使受压钢筋至少每隔一根处于箍筋的转角处;只有当梁宽小于 150 mm 或作为腰筋的拉结筋时,才允许使用单肢箍。

当设置弯起钢筋时,弯起钢筋的弯终点外应留有平行于梁轴线方向的锚固长度,在受拉区不应小于 $20d$,在受压区不应小于 $10d$,此处,d 为弯起钢筋的直径。弯起钢筋的弯起角宜取 $45°$或 $60°$。梁底层钢筋中的角部钢筋不应弯起,顶层钢筋中的角部钢筋不应弯下。弯起钢筋不应采用浮筋。

7.2 钢筋混凝土受弯构件的抗剪性能

钢筋混凝土受弯构件中的箍筋和弯筋统称为腹筋。既有纵向钢筋又有腹筋的梁称为有腹筋梁,只有纵向钢筋而无腹筋的梁称为无腹筋梁。钢筋混凝土板一般总是先发生受弯破坏,故其中不配腹筋。为能深入了解钢筋混凝土受弯构件的抗剪性能,先讨论无腹筋梁的抗剪性能。

7.2.1 无腹筋梁的抗剪性能

1. 斜裂缝出现前的受力状态

当梁上荷载很小、裂缝尚未出现时,可以将钢筋混凝土视为匀质弹性体,但此时需将纵筋按钢筋与混凝土二者弹性模量之比,换算成为等效的混凝土。由材料力学不难得知,在一根承受对称集中荷载的简支梁(图 7-2)上的 AB、CD 剪弯区段内,任意截面上的任一点的正应力 σ 和剪应力 τ 分别为

$$\sigma = \frac{My}{I_0} \tag{7-1}$$

$$\tau = \frac{VS_0}{I_0 b} \tag{7-2}$$

式中 I_0——换算截面惯性矩;
  S_0——以考虑的点一侧的截面积对换算截面形心轴的面积矩。

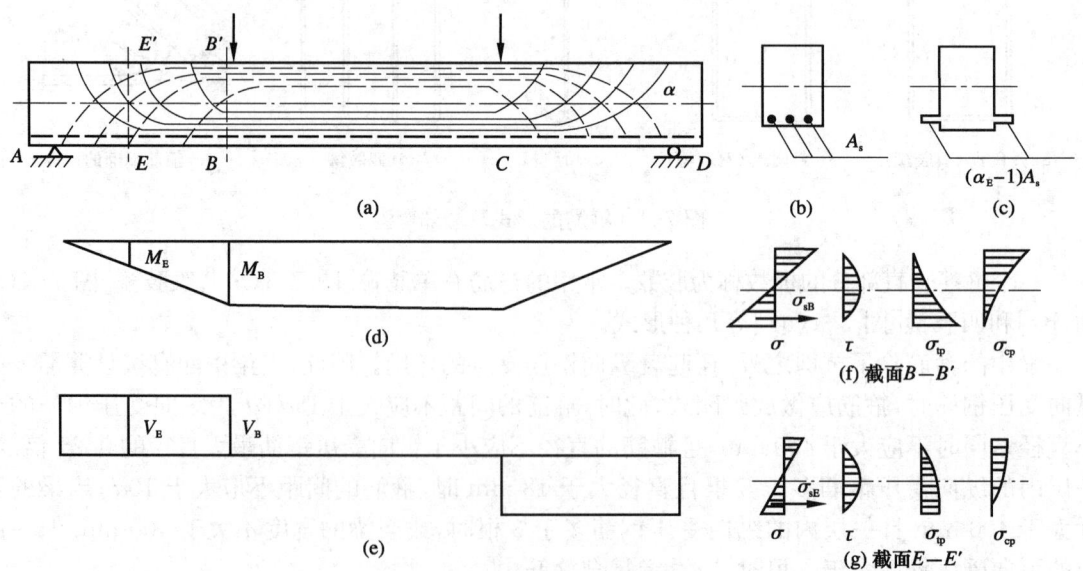

图 7-2 无腹筋梁斜裂缝出现前的应力状态

正应力与剪应力组合在一起,将产生主拉应力 σ_{tp} 和主压应力 σ_{cp},其值分别为

$$\sigma_{tp} = \frac{\sigma}{2} + \frac{1}{2}\sqrt{\sigma^2 + 4\tau^2} \tag{7-3}$$

$$\sigma_{cp} = \frac{\sigma}{2} - \frac{1}{2}\sqrt{\sigma^2 + 4\tau^2} \tag{7-4}$$

主应力作用的方向与梁纵轴的夹角为

$$\tan 2\alpha = -\frac{2\tau}{\sigma} \tag{7-5}$$

图 7-2(a)画出了梁的主应力轨迹线，它与中和轴相交成 45°。图 7-2(f)、(g)分别给出 BB' 及 EE' 两个截面的正应力、剪应力、主拉应力和主压应力图。对比图 7-2(f)、(g)两图可以看出，BB' 截面下边缘的主拉应力 σ_{tp} 比 EE' 截面相应处的 σ_{tp} 要大。它基本上是处于水平单向受拉状态，当其应力超过混凝土抗拉强度时，则产生垂直裂缝。随着荷载的增加，梁的剪弯区段内任一截面，其形心轴以下任一点的主拉应力超过混凝土二轴受力时的抗拉强度时，将引起开裂，因其主拉应力方向是倾斜的，所以裂缝为斜裂缝。斜裂缝可能是由垂直裂缝延伸出来的；也有可能在梁腹部中和轴附近首先出现。

2. 裂缝的发展与破坏形态

无腹筋梁的斜裂缝出现后，随着荷载的增大，裂缝的长度和宽度都会不断增大，且不断有新的裂缝出现，最终导致梁发生斜截面破坏。

为介绍无腹筋梁的破坏形态，先引入一个名词——剪跨比。

剪跨比是一个无量纲的参数，它反映截面所受的弯矩与剪力的相对大小，其表达式为

$$\lambda = \frac{M}{Vh_0} \tag{7-6}$$

式中 M, V ——截面所承受的弯矩和剪力；
h_0 ——截面的有效高度。

对如图 7-3 所示的集中荷载作用下的简支梁，截面 B 左的剪跨比为

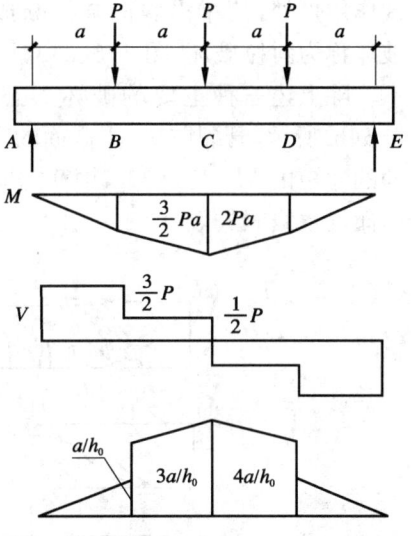

图 7-3 集中荷载下梁的剪跨比

$$\lambda_{B左} = \frac{M_B}{V_{B左}h_0} = \frac{V_A a}{V_A h_0} = \frac{a}{h_0} \tag{7-7}$$

式中，a 为第一个集中荷载作用点至支座的距离，即剪跨的长度。

式(7-7)表明，对第一个集中荷载作用点的截面，剪跨比既可按式(7-6)计算，也可按式(7-7)计算，二者的计算结果是相同的。但式(7-7)对第 2 个或第 3 个集中荷载作用点的截面并不适用，而应按式(7-6)计算。对于承受均布荷载的梁(图 7-4)，由于沿梁跨度方向各截面的弯矩和剪力都是变化的，式(7-7)也不适用，同样要用式(7-6)计算。

承受非对称集中荷载时，因集中荷载作用处截面的左右两边承受的弯矩和剪力比例不同，应分别考虑其剪跨比。由式(7-6)所定义的称为广义剪跨比，由式(7-7)所定义的称为计算剪跨比。

随着剪跨比 λ 的不同,无腹筋梁的斜截面会出现不同的破坏形态。现以两对称集中荷载作用下的无腹筋梁为例加以说明。

当 $\lambda<1$ 时,支座与集中荷载加载点之间的混凝土犹如一斜向短柱。斜裂缝起始于梁的腹部,并向集中荷载点和支座扩展。随着荷载的增加,斜裂缝增多,并相互平行。最后两主要斜裂缝间的混凝土类似短柱被压碎,使梁发生斜截面破坏。这种破坏称为斜压破坏[图7-5(a)]。

当 $1\leqslant\lambda\leqslant3$ 时,斜裂缝在梁底部出现后不断向集中荷载的作用点处延伸,且宽度不断增大,在众多斜裂缝中形成一条宽度和长度最大的临界裂缝指向荷载作用点。最终当临界裂缝上端剪压区的混凝土被压碎时,梁发生斜截面破坏。这种破坏称为剪压破坏[图7-5(b)]。

当 $\lambda>3$ 时,斜裂缝在梁底部一出现即迅速延伸到荷载作用点处,使梁沿斜向被拉断成两部分而破坏。这种破坏称为斜拉破坏[图7-5(c)]。

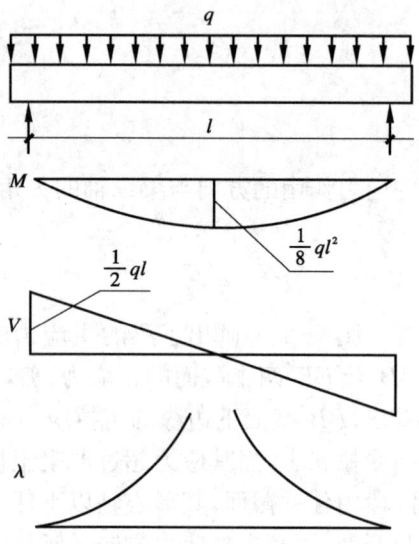

图 7-4 均布荷载下梁的剪跨比

除上述三种主要的破坏形态外,无腹筋梁的斜截面还会出现其他的破坏形式。如图 7-5(b)所示,开裂前 1—1 截面的弯矩 M_1 较小,纵向受力钢筋的应力很小;开裂后,1—1 截面处的弯矩由 M_1 变为 M_2,钢筋的应力大幅度增加,若纵筋伸入支座的锚固长度不够,则会被拔出而发生锚固失效。

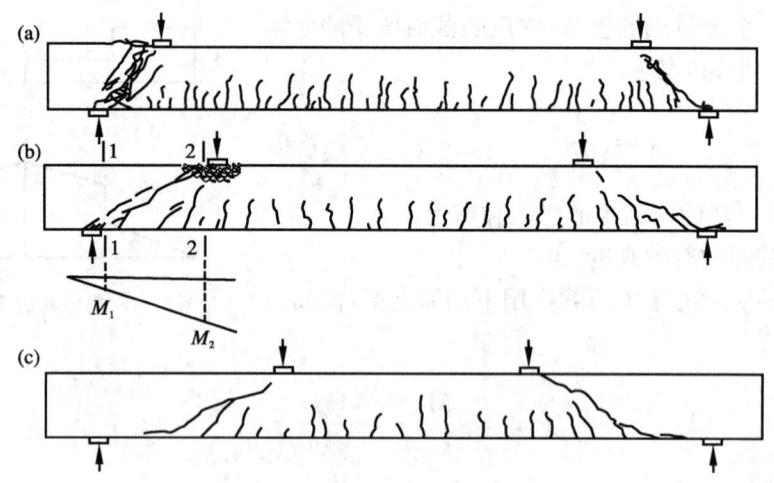

图 7-5 无腹筋梁斜截面的主要破坏形态

3. 无腹筋梁的抗剪机制

无腹筋梁斜裂缝出现后,梁的受力状态发生质的变化。以发生剪压破坏的无腹筋梁为例,纯弯区段的垂直裂缝和剪弯区段的斜裂缝,使梁形成一个梳状结构(图7-6),其下面由纵筋相连接。

试验表明,随着荷载的增加,在很多斜裂缝中将形成一条主要斜裂缝,它将梁划分成有联系的上下两部分。上面部分相当于一个带有拉杆的变截面两铰拱,纵筋为其拉杆,拱的支座就是梁的支座；下面部分被裂缝分割成若干个梳状齿，齿根与拱内圈相连，每个齿相当于一根悬臂梁。

以一个齿 $GHKJ$ 为例（图7-6），GH 端与梁上部拱相联系，相当于一个悬臂梁的固定端，JK 相当于自由端，J 和 K 处分别作用有纵筋的拉力，J 处拉力小，K 处拉力大。由 K 及 J 两个截面的弯矩差引起的拉力差，即是作用在自由端的水平力，相当于齿的外力，使悬臂梁既受弯又受剪。所以齿的

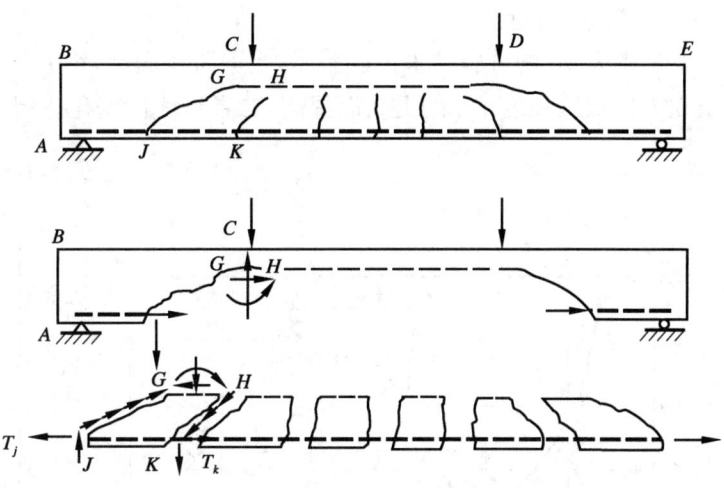

图 7-6　无腹筋梁开裂后的受力机制

受弯和受剪反映了梁中剪力的作用，即梁的剪力的一部分由齿的悬臂梁来承担。

在斜裂缝出现的初期，钢筋与混凝土的黏结性能好，拉力差较大，梁的剪力主要由齿的悬臂梁承受。在加载后期，接近剪压破坏时，黏结力破坏，拉力 T_j 接近拉力 T_k，拉力差减小，齿的受剪作用削弱，梁的剪力将主要由拱承担。

斜裂缝出现后，梁内的正截面的应变分布如图7-7所示。可见，平截面假定不再成立。从竖向力平衡的角度，可认为无腹筋梁的抗剪来自三方面的贡献（图7-8）：① 剪压区混凝土承受的剪力 V_c；② 斜裂缝交接面上骨料咬合与摩擦力 V_i 的竖向分量；③ 纵筋的销栓力 V_d。这三种抗力机制中，V_i 和 V_d 的数值很难估计。但是随着裂缝的发展，V_i 不断减小，V_d 不断增加。二者量值的变化有相互抵消的作用。因此，剪压区混凝土的抗剪贡献是主要的。

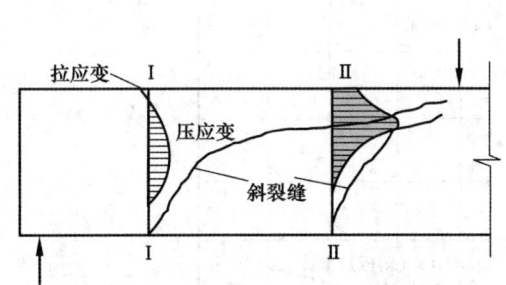

图 7-7　斜裂缝出现后正截面的应变分布

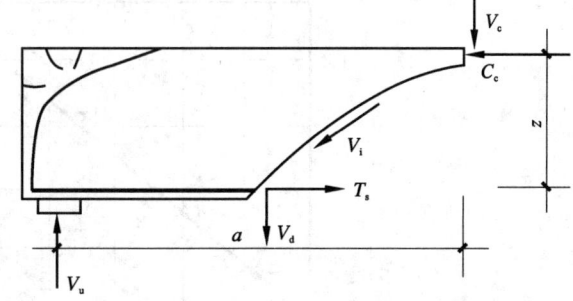

图 7-8　斜裂缝出现后隔离体的受力

4. 影响无腹筋梁抗剪承载力的因素

1）剪跨比

试验结果表明，集中荷载作用下无腹筋梁截面的剪跨比越大，其抗剪承载力越低（图7-9）。

从弯剪相互作用的关系可知，当剪跨比很大时，虽然梁的抗剪承载力较小，但梁的弯矩增长得更快，故梁实际上会发生弯曲破坏。

2) 混凝土强度

从图 7-10 的试验结果可以看出,当剪跨比固定、钢筋用量相同时,梁的抗剪承载力随混凝土立方体抗压强度 f_{cu} 的提高而提高,二者呈线性变化。但不同剪跨比下的增长率却不同。

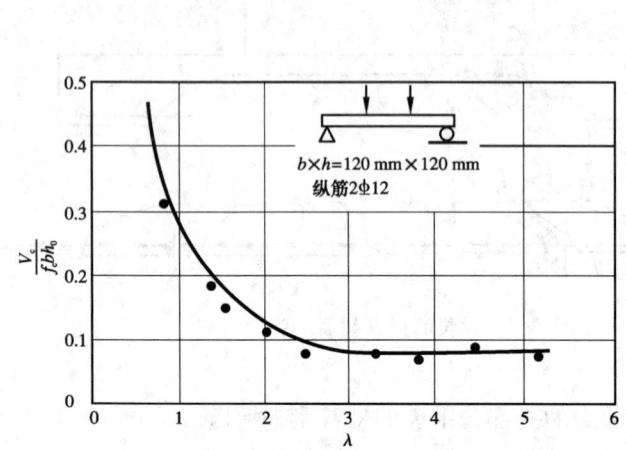
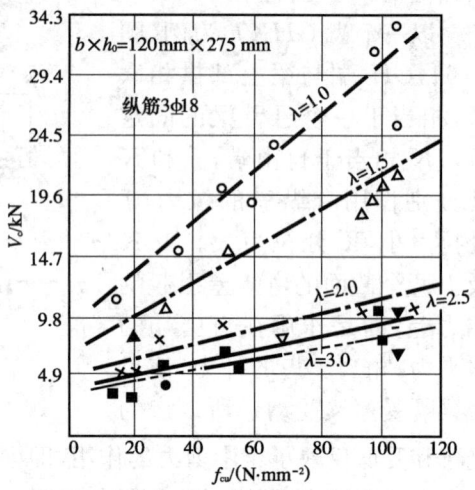

图 7-9 剪跨比对无腹筋梁抗剪承载力的影响　　图 7-10 混凝土强度对无腹筋梁抗剪承载力的影响

3) 纵筋配筋率

图 7-11 表示纵筋配筋率 ρ 对抗剪承载力的影响,二者大体呈线性关系。纵筋配筋量越大,梁的抗剪承载力也越大。这是因为纵筋能抑制斜裂缝的扩展,使斜裂缝上端的残留剪压区截面保留较大面积,从而增强抗剪能力。同时纵筋本身也有一定抗剪作用,即所谓"销栓作用"。剪跨比 λ 小时,销栓作用明显,ρ 对抗剪承载力影响较大;剪跨比 λ 大时,属斜拉破坏,ρ 的影响程度较弱。

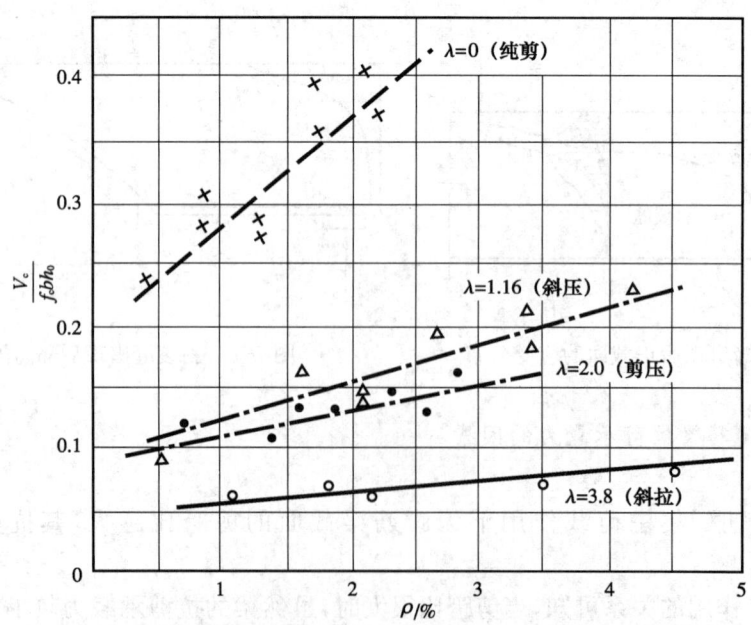

图 7-11 纵筋配筋率对无腹筋梁抗剪承载力的影响

除上述主要因素外,梁的截面形式、加载方式(梁顶或梁侧面加载)及构件类型(简支梁、连续梁)等,都会影响梁的抗剪承载力。

5. 无腹筋梁斜截面的分析

1) 计算简图与平衡方程

以通常遇到的剪压破坏为例。取主斜裂缝左边的部分 $ABCGJ$ 为隔离体(图 7-12)。其中,CG 面即为拱的一个截面,J 处为纵筋拉杆与拱脚连接处。因剪压区高度相对较小,可假定 CG 截面处的剪应力和压应力为均匀分布。忽略纵筋的销栓作用和斜截面上骨料的咬合作用,则作用在隔离体上的力有:支座反力 V_c,纵筋拉力 $\sigma_s A_s$,混凝土剪压区的压力 $\sigma_c b \xi_1 h_0$($\xi_1 h_0$ 为剪压区的高度)以及剪力 $\tau b \xi_1 h_0$。

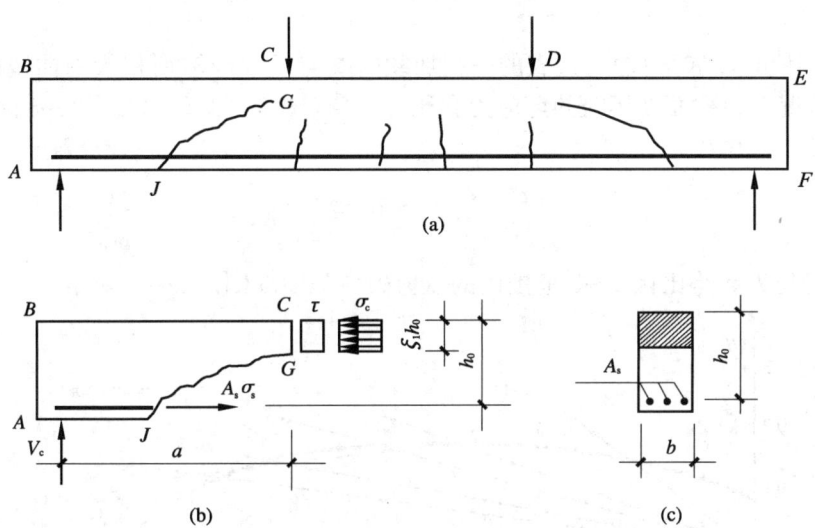

图 7-12 无腹筋梁抗剪承载力计算简图

考虑水平向、竖向力的平衡以及绕 CG 截面处受拉钢筋形心点的力矩平衡,可得

$$\sigma_c b \xi_1 h_0 = \sigma_s A_s \tag{7-8}$$

$$V_c = \tau b \xi_1 h_0 \tag{7-9}$$

$$V_c a = \sigma_c b \xi_1 h_0 \left(h_0 - \frac{\xi_1 h_0}{2} \right) \tag{7-10}$$

式中 V_c——无腹筋梁斜截面破坏时所能承受的极限剪力;

a——剪跨长度;

b, h_0——截面的宽度和有效高度;

σ_s, A_s——纵筋的拉应力和截面积;

ξ_1——截面剪压区的相对高度;

σ_c, τ——截面剪压区混凝土的压应力和剪应力。

2) 混凝土的强度准则

剪压区的混凝土处于压剪复合应力状态,应采用相应的强度准则。把式(7-9)代入式(7-10),整理得

$$\frac{\tau}{f_c} = \frac{1 - 0.5\xi_1}{\lambda} \cdot \frac{\sigma_c}{f_c} \tag{7-11}$$

由前面相关的分析可知,$\lambda<1$ 时多为斜压破坏,其剪压区高度很小,ξ_1 近似为零;当 λ 较大时,ξ_1 也增大,在适筋梁的范围内,其最大值可认为是 ξ_b。即可近似认为当 λ 在 $1\sim5$ 之间变化时,ξ_1 则在 $0\sim\xi_b$ 之间变化。按此线性插值,即可将 ξ_1 用 λ 表示。若取 $\xi_b=0.55$,则由线性插值得 $\xi_1=0.138\lambda-0.138$,将其代入式(7-11)得:

$$\frac{\tau}{f_c}=\left(\frac{1.069}{\lambda}-0.069\right)\frac{\sigma_c}{f_c} \tag{7-12}$$

混凝土压剪强度准则可采用坪井善胜的试验曲线:

$$\frac{\tau}{f_c}=\sqrt{0.0089+0.095\frac{\sigma_c}{f_c}-0.104\left(\frac{\sigma_c}{f_c}\right)^2} \tag{7-13}$$

显然,λ 取不同值时,式(7-12)所代表的一簇加载曲线与式(7-13)所代表的曲线的交点,代表不同剪跨比情况下斜截面破坏时的剪应力和压应力值(图 7-13)。对 $\lambda=2\sim5$ 之间的各交点进行线性回归,可得

$$\frac{\tau}{f_c}=0.24-0.12\frac{\sigma_c}{f_c} \tag{7-14}$$

式(7-14)即可作为剪跨比在 $2\sim5$ 范围内的压剪破坏强度准则。

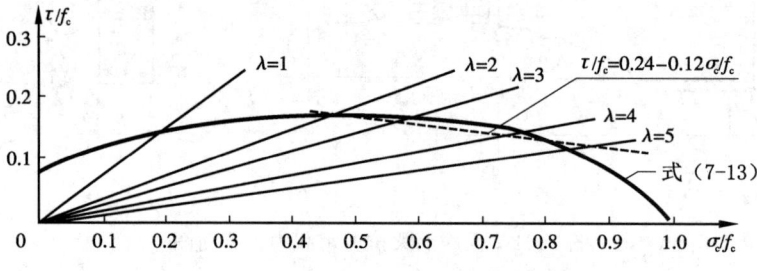

图 7-13　压剪应力关系与压剪强度准则

3) 截面的抗剪承载力

根据以上平衡条件和强度准则,即可推导出截面的抗剪承载力。由于 $\rho=A_s/(bh_0)$,则由式(7-8)可得

$$\xi_1=\frac{\sigma_s}{\sigma_c}\rho \tag{7-15}$$

把式(7-14)和式(7-15)代入式(7-9),得

$$V_c=(0.24f_c-0.12\sigma_c)b\frac{\sigma_s}{\sigma_c}\rho h_0$$

即

$$\frac{\sigma_c}{f_c}=\frac{0.24}{\dfrac{V_c}{\sigma_c bh_0}\cdot\dfrac{\sigma_c}{\sigma_s\rho}+0.12} \tag{7-16}$$

把式(7-15)代入式(7-10),得

$$V_c a=\sigma_c b\frac{\sigma_s}{\sigma_c}\rho h_0\left(h_0-\frac{\sigma_s\rho}{\sigma_c}\cdot\frac{h_0}{2}\right) \tag{7-17}$$

把式(7-16)代入式(7-17),消去 σ_c,得

$$V_c = \left(\frac{0.24 - 0.06 \dfrac{\sigma_s \rho}{f_c}}{0.5 + 0.24\lambda \dfrac{f_c}{\sigma_s \rho}} \right) f_c b h_0 \tag{7-18}$$

在纵筋达到屈服的情况下,$\sigma_s = f_y$,此时截面的抗剪承载力可由下式求得

$$V_c = \left(\frac{0.24 - 0.06 \dfrac{f_y \rho}{f_c}}{0.5 + 0.24\lambda \dfrac{f_c}{f_y \rho}} \right) f_c b h_0 \tag{7-19}$$

7.2.2 有腹筋梁的试验研究

有腹筋简支梁试件的截面尺寸、配筋以及加载示意如图 7-14 所示。纵筋的屈服强度为 340 N/mm², 箍筋的屈服强度为 377 N/mm²。实测混凝土棱柱体抗压强度为 17 N/mm²。

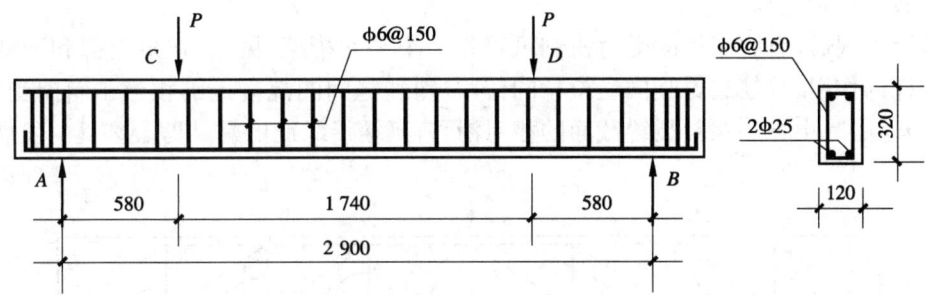

图 7-14 有腹筋梁试件

试件的受力过程可按裂缝出现前后划分为两个阶段。在第Ⅰ阶段,当荷载很小时,梁上无裂缝发生,纵筋和箍筋的应力都很小(图 7-15)。随着荷载的增加,先在纯弯区段(CD 段)出现竖直裂缝,随后在弯剪共同作用的区段(AC、DB 区段)出现斜裂缝。

在几条斜裂缝中形成一条主斜裂缝后,梁的受力过程进入第Ⅱ阶段。此时因开裂混凝土退出工作,与斜裂缝相交的箍筋的应力 σ_{sv} 急剧增加,出现明显的应力重分布现象,这在荷载-箍筋应力曲线图上表现为明显的转折(图 7-15)。随着荷载的增加,箍筋应力继续迅速

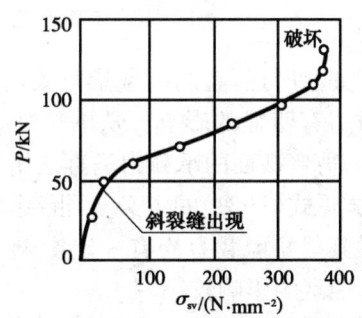

图 7-15 试件的荷载-箍筋应力曲线

增长,斜裂缝不断扩展并向加载点(通常是加载板的外侧)延伸,使斜裂缝上端接近加载点处的混凝土剪压区的截面面积不断减小。当箍筋应力达到 377 N/mm² 时,随着上述剪压区混凝土被剪压破坏,第Ⅱ阶段受力过程结束。这种破坏称为剪压破坏,梁的破坏形态与图 7-5(b)所示的无腹筋梁斜截面的破坏形态类似。当 $1 \leqslant \lambda \leqslant 3$,且配箍量适中时多发生这种破坏。

当剪跨比 $\lambda < 1$ 时,或虽剪跨比适中但配置的箍筋数量过多时,支座与集中荷载加载点之

间的混凝土犹如一个斜向短柱。斜裂缝起始于梁的腹部,并向集中荷载点和支座扩展。随着荷载的增加,斜裂缝增多,最后在梁腹部发生类似短柱的破坏,这种破坏称为斜压破坏。梁的破坏形态与图 7-5(a)所示的无腹筋梁斜压破坏形态类似。斜压破坏梁中的箍筋一般未屈服。

当剪跨比 $\lambda>3$ 且配箍率很小时,斜裂缝一出现即迅速延伸到集中荷载作用点处,使梁沿斜向被拉断成两部分而破坏,称为斜拉破坏。这种破坏形态与图 7-5(c)所示的无腹筋梁的斜拉破坏形态十分相似。无剪压区混凝土压碎现象。梁的抗剪能力取决于混凝土抗拉强度,其承载能力明显低于剪压破坏的梁。

除以上三种主要破坏形态外,在不同条件下,还可能出现局部挤压破坏,纵筋锚固破坏等其他破坏形态。

7.2.3 有腹筋梁的抗剪机制

当梁配置箍筋(有时也设置弯起钢筋)时,梁的受力状态和破坏形态将发生很大的变化。在斜裂缝出现前,箍筋应力很小,表明腹筋对开裂荷载影响不大。斜裂缝出现后,与斜裂缝相交的箍筋应力显著增大,限制了斜裂缝的开展,提高了裂缝间的骨料咬合力,使裂缝分散成多条细小裂缝。由于纵筋由封闭形的箍筋固定,纵筋承受的销栓力也相应地增大,从而使梁截面的剪弯承载力得到提高。

斜裂缝出现后,有腹筋梁的受力机制可看作一个平面桁架(图 7-16):上部和下部纵筋起着桁架弦杆的作用,箍筋起着竖向受拉杆的作用,斜裂缝间的混凝土则相当于斜向受压腹杆。此时,箍筋还能减小纵筋在斜裂缝截面的相对滑移,延缓沿纵筋的黏结劈裂裂缝的发展。

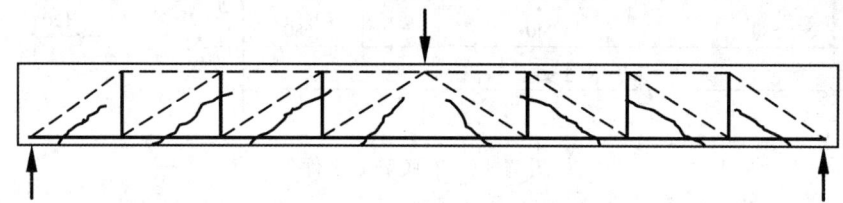

图 7-16 有腹筋梁开裂后的受力机制(虚线表示压杆,实线表示拉杆)

如前所述,箍筋的数量对梁的剪弯破坏形态和剪弯截面承载力有明显的影响。从图 7-17 可以看出,随配箍强度的增加,剪弯截面的承载力呈直线增长[图中 ρ_{sv} 为箍筋的配箍率,详见式(7-31)的定义]。混凝土强度、剪跨比和纵筋配筋率对其截面承载力均有一定影响,但相对无腹筋梁而言,后两个因素的影响较小。

箍筋量适当时,与斜裂缝相交的箍筋达到屈服后,截面剪压区的混凝土在剪压共同作用下达到极限强度,形成剪压破坏。

箍筋配置过多时,箍筋不屈服,斜裂缝间混凝土由于主压应力过大而发生斜压破坏。

箍筋配置过少时,斜裂缝一旦出现,箍筋由于无力承担原来由混凝土所负担的拉力而立即达到屈服,不能限制斜裂缝的开展;如同无腹筋梁一样,当剪跨比大时,同样产生斜拉破坏。

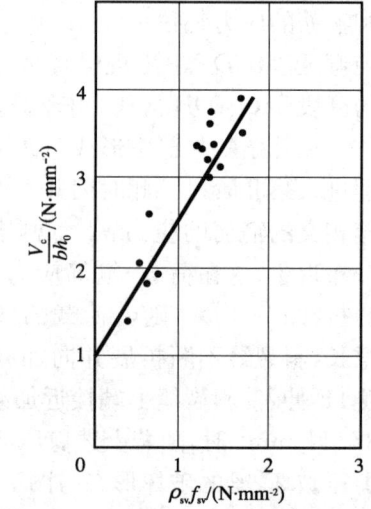

图 7-17 箍筋用量对有腹筋梁抗剪承载力的影响

7.2.4 有腹筋梁剪弯截面的分析

1. 计算简图

以跨中受一个集中荷载作用的简支梁为例,斜裂缝出现后,梁可取作为一个变角桁架模型(图 7-18)。假定梁中全部纵筋集中分布在梁的上部和底部,上下纵筋的间距为 h_{cor}。

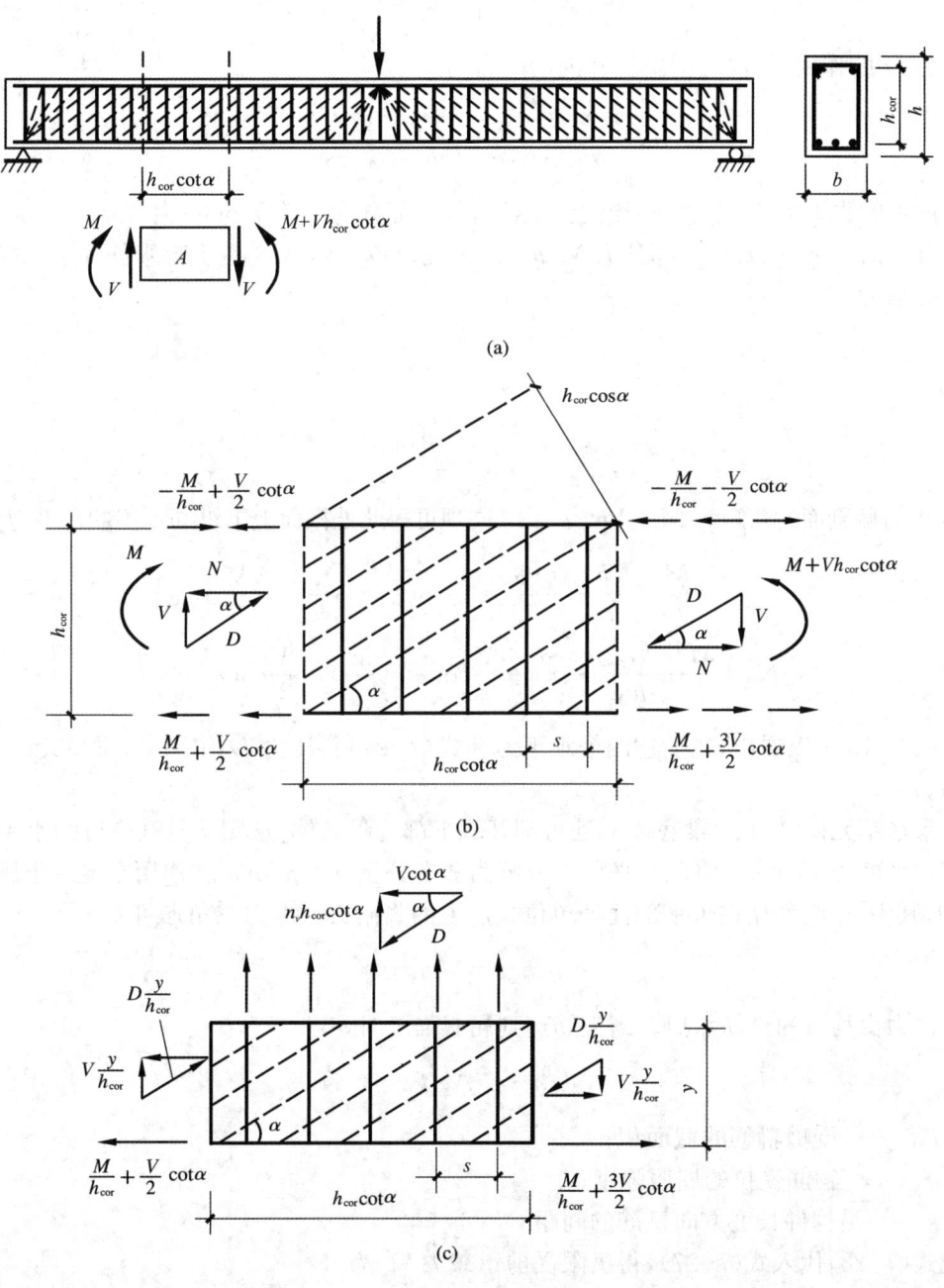

图 7-18 变角桁架模型

在梁的剪弯区段内截取含有一完整斜裂缝的单元体 A,其长度为 $h_{cor}\cot\alpha$,高度为 h_{cor},α 为斜裂缝倾角,单元体 A 的左侧表面承受剪力 V 和弯矩 M,在右侧剖面剪力保持不变,而弯矩增加 $Vh_{cor}\cot\alpha$。

2. 基本方程

如图 7-18 所示,在单元体 A 左侧剖面的剪力 V 可以分解为水平力 N 和斜压力 D:

$$N = V\cot\alpha \tag{7-20}$$

$$D = \frac{V}{\sin\alpha} \tag{7-21}$$

在斜压力 D 的作用下,混凝土斜压杆内的应力为

$$\sigma_d = \frac{D}{bh_{cor}\cos\alpha} = \frac{V}{bh_{cor}\cos\alpha\sin\alpha} \tag{7-22}$$

由剪力产生的水平力 N 等量分配给上下纵筋,每一部分为 $(V/2)\cot\alpha$;由弯矩产生水平分量,也等量分配给上下纵筋,每一部分为 M/h_{cor}。由此得单元体 A 左侧上部纵筋和下部纵筋承担的内力分别为

$$N_t = -\frac{M}{h_{cor}} + \frac{V}{2}\cot\alpha \tag{7-23}$$

$$N_b = \frac{M}{h_{cor}} + \frac{V}{2}\cot\alpha \tag{7-24}$$

单元体 A 右侧剖面的弯矩为 $M+Vh_{cor}\cot\alpha$,同理可得此处截面上下纵筋承担的水平力分别为

$$N_t' = -\frac{M+Vh_{cor}\cot\alpha}{h_{cor}} + \frac{V}{2}\cot\alpha = -\frac{M}{h_{cor}} - \frac{V}{2}\cot\alpha \tag{7-25}$$

$$N_b' = \frac{M+Vh_{cor}\cot\alpha}{h_{cor}} + \frac{V}{2}\cot\alpha = \frac{M}{h_{cor}} + \frac{3V}{2}\cot\alpha \tag{7-26}$$

由图 7-18 可以看出,在上述四个水平力和式(7-21)斜压力 D 作用下,梁单元 A 处于平衡状态。

如果在单元体 A 上距梁底边 y 处再剖开取下部为隔离体,从图 7-18(c)可知水平剖面处作用有水平剪力 $V\cot\alpha$。将此水平剪力分解为竖向分量 $n_v h_{cor}\cot\alpha$ 和作用在混凝土压杆上斜向力 D,其中 n_v 为作用在水平剖面处单位长度上的竖向力。由力三角形可知

$$n_v h_{cor} = V\tan\alpha \tag{7-27}$$

上述竖向力由均布的箍筋承担。当箍筋达到屈服强度时,有

$$n_v s = A_{sv} f_{yv} \tag{7-28}$$

式中 A_{sv} ——受剪箍筋的截面积;
f_{yv} ——箍筋受拉的屈服强度;
s ——沿构件长度方向箍筋的间距。

把式(7-28)代入式(7-27),得极限受剪承载力 V_u 为

$$V_u = f_{yv}\frac{A_{sv}}{s}h_{cor}\cot\alpha \tag{7-29}$$

当单位长度的箍筋力与单位长度上的纵筋力相等时,也即等强配筋时,$\alpha=45°$。而对剪弯截面,通常是非等强配筋。当单位长度上的箍筋力小于单位长度上的纵筋力时,$\alpha<45°$。

式(7-29)所表达的有箍筋梁的抗剪承载力是根据梁斜裂缝开展后的桁架机理推导得到。可认为主要是由钢筋部分承担的极限剪力。试验也表明按式(7-29)计算的抗剪承载力比试验结果低。因此,有腹筋梁的实际抗剪承载力,应计及混凝土及钢筋两部分的贡献。

7.2.5 受弯构件斜截面抗剪承载力实用计算公式

1. 根据试验结果的回归公式

由上节的分析可知,式(7-29)实际上仅仅反映了箍筋对梁抗剪承载力的贡献($V_u=V_s$)而式(7-19)反映的是混凝土对梁抗剪承载力的贡献($V_u=V_c$)。为了综合考虑混凝土和钢筋对梁的抗剪承载力的贡献,可将式(7-29)和式(7-19)综合起来按式(7-30)计算有腹筋梁的抗剪承载力

$$V_u = \alpha_c f_c b h_0 + \alpha_{sv} \frac{f_{yv} A_{sv}}{s} h_0 \tag{7-30}$$

式中,α_c,α_{sv} 为待定系数,可由试验结果回归得出。

定义箍筋配箍率 ρ_{sv} 如下:

$$\rho_{sv} = \frac{n A_{sv1}}{bs} \tag{7-31}$$

式中　n ——同一截面内箍筋的肢数;
　　　A_{sv1} ——单肢箍筋的截面积;
　　　s ——沿构件长度方向箍筋的间距;
　　　b ——梁截面的宽度。

对集中荷载作用下的简支梁,根据图 7-19 所示的不同剪跨比条件下无腹筋梁的试验结果,取图中的偏下限,可将 α_c 定为 $0.2/(\lambda+1.5)$,即

$$\frac{V_u}{f_c b h_0} = \frac{0.2}{\lambda + 1.5} \tag{7-32}$$

式(7-32)中,当 $\lambda < 1.4$ 时,取 $\lambda = 1.4$;当 $\lambda > 3$ 时,取 $\lambda = 3$。

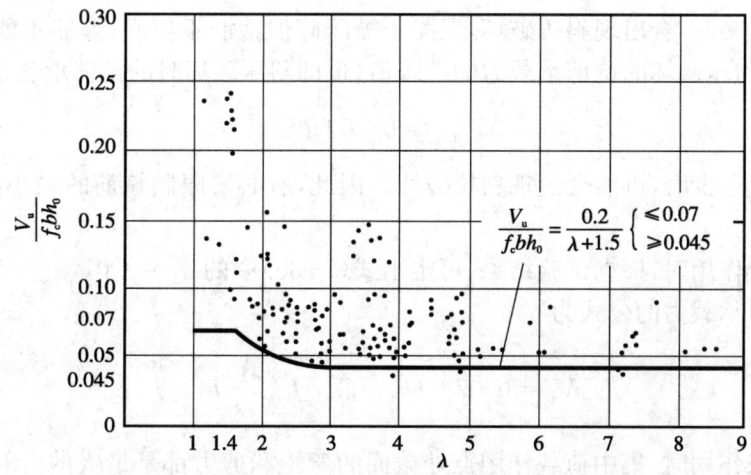

图 7-19　集中荷载下无腹筋简支梁抗剪承载力与剪跨比的关系

根据集中荷载下不同配箍系数的试验结果可选定 $\alpha_{sv}=1.25$。从而在集中荷载作用下，式(7-30)成为

$$V_u = \frac{0.2}{\lambda+1.5} f_c b h_0 + 1.25 f_{yv} \frac{A_{sv}}{s} h_0 \tag{7-33}$$

式中，A_{sv} 为配置在同一截面内箍筋的全部截面积，即

$$A_{sv} = n A_{sv1} \tag{7-34}$$

图 7-20 示出了集中荷载作用下的试验结果与式(7-33)的比较。

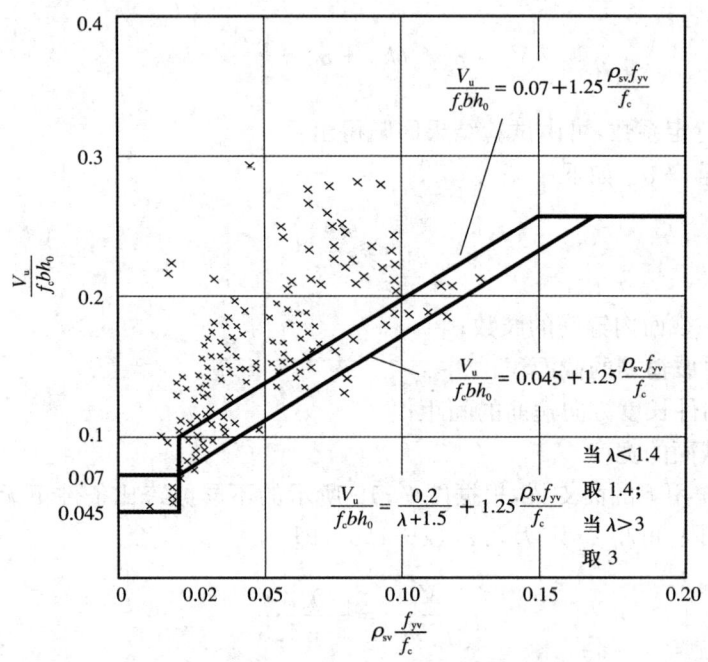

图 7-20 集中荷载作用下有箍筋梁的抗剪承载力与配箍率的关系

箍筋用量过多时，会出现斜压破坏，混凝土被压碎但箍筋不屈服，箍筋不能再充分发挥作用。因此，规定剪压破坏的抗剪承载力的上限值(也即斜压破坏时的抗剪承载力)为

$$V_{u,max} = 0.25 f_c b h_0 \tag{7-35}$$

当箍筋用量过少时，可能会出现斜拉破坏。因此，有必要限制箍筋的最小配箍率，即保证 $\rho_{sv} \geqslant \rho_{sv,min}$。

受均布荷载作用时，根据试验结果，可定出式(7-30)中的 $\alpha_c=0.07, \alpha_{sv}=1.5$。得受均布荷载作用时抗剪承载力的公式为

$$V_u = 0.07 f_c b h_0 + 1.5 f_{yv} \frac{A_{sv}}{s} h_0 \tag{7-36}$$

受集中荷载作用时，集中荷载作用点处截面的弯矩和剪力都是最大的(图 7-21)，此截面压区混凝土的正应力和剪应力都是最大，所以剪压破坏多发生在这个截面；而受均布荷载作用时，梁支座处截面剪力最大，跨中截面弯矩最大，因此，其剪切破坏的截面不是发生在剪力最大

的支座截面,而多是发生在剪力和弯矩都较大的截面,一般是离支座 1/4 跨长的位置处。梁的跨高比 l/h_0 较小时,破坏位置接近跨中,l/h_0 较大时,则靠近支座。

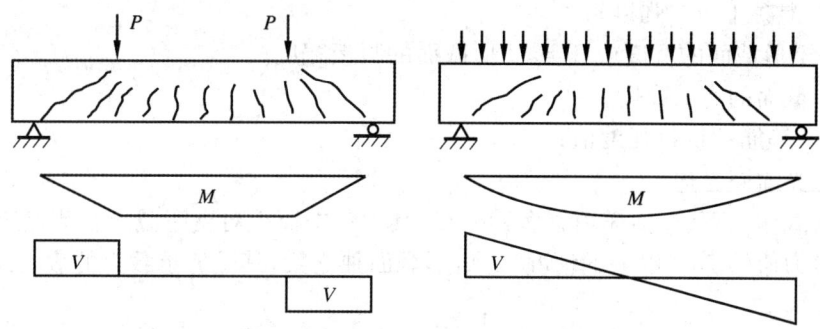

图 7-21 集中荷载和均布荷载下梁的受力特征比较

2. 连续梁受剪的特点

连续梁的特点是既有正弯矩,又有负弯矩。受集中荷载作用时的弯矩图如图 7-22 所示。按剪跨比的定义有

$$\lambda = \frac{M}{Vh_0} = \frac{Vx}{Vh_0} = \frac{x}{h_0} \quad (7\text{-}37)$$

由图 7-22 中三角形的相似关系得到

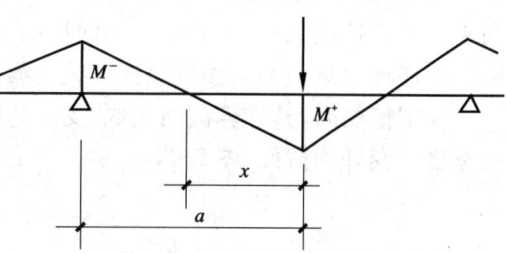

图 7-22 连续梁的剪跨比

$$x = \frac{|M^+|}{|M^-|+|M^+|}a = \frac{a}{1+n'} \quad (7\text{-}38)$$

式中,$n' = |M^-/M^+|$。把式(7-38)代入剪跨比的表达式,得广义剪跨比公式如下

$$\lambda = \frac{a}{h_0(1+n')} \quad (7\text{-}39)$$

可见,连续梁的剪跨比小于其计算剪跨比 a/h_0。由于剪跨比越大,抗剪能力越低,故用计算剪跨比来代替广义剪跨比。用式(7-33)来计算梁的抗剪承载力对连续梁来说是偏于安全的。

3.《混凝土结构设计规范》(GB 50010)中关于受弯构件抗剪承载力的计算公式

不同规范中关于受弯构件抗剪承载力的计算公式各不相同。下面以《混凝土结构设计规范》(GB 50010)为例作一介绍。

为提高抗剪设计时的安全度,将式(7-33)中箍筋项的系数 1.25 以及式(7-36)中的箍筋项的系数 1.5 统一改为 1.0。同时,考虑到采用高强混凝土,混凝土强度等级的变化范围更大了。这样,在混凝土项中的因子 f_c 就不能适应新情况了。事实上,现在趋向于认为混凝土的所有破坏均为受拉破坏。在抗剪问题中,更是由于受拉而破坏。因此,若在混凝土项中采用因子 f_t 来代替原来的 f_c,并对系数进行相应的调整,则发现这样得出的公式就会在较宽的混凝土强度范围内与试验结果相符合。下面根据不同情况逐项介绍。

1) 仅配箍筋时的抗剪承载力

矩形、T 形和 I 形截面的一般受弯构件,当仅配置箍筋时,其截面的受剪承载力的计算式为

$$V_u = V_{cs} = 0.7 f_t b h_0 + f_{yv} \frac{A_{sv}}{s} h_0 \qquad (7\text{-}40)$$

式中　f_t——混凝土抗拉强度；

　　　b——矩形截面的宽度或 T 形、I 形截面的腹板宽度；

　　　h_0——截面的有效高度；

　　　f_{yv}——箍筋的抗拉强度值；

其他符号的意义前面已述。

对集中荷载作用下(包括作用有多种荷载,其中集中荷载对支座截面或节点边缘所产生的剪力值占总剪力值的 75% 以上的情况)的矩形截面独立梁,其受剪承载力的表达式为

$$V_u = V_{cs} = \frac{1.75}{\lambda + 1} f_t b h_0 + f_{yv} \frac{A_{sv}}{s} h_0 \qquad (7\text{-}41)$$

式中,λ 为计算截面的剪跨比,可取 $\lambda = a/h_0$,a 为集中荷载作用点至支座或节点边缘的距离。当 $\lambda < 1.5$ 时,取 $\lambda = 1.5$；当 $\lambda > 3$ 时,取 $\lambda = 3$。集中荷载作用点至支座之间的箍筋应均匀配置。上述独立梁为不与楼板整体浇筑的梁。

仅配箍筋时,其计算截面应取：支座边缘处的截面；箍筋截面面积或间距改变处的截面；腹板宽度改变处的截面(图 7-23)。

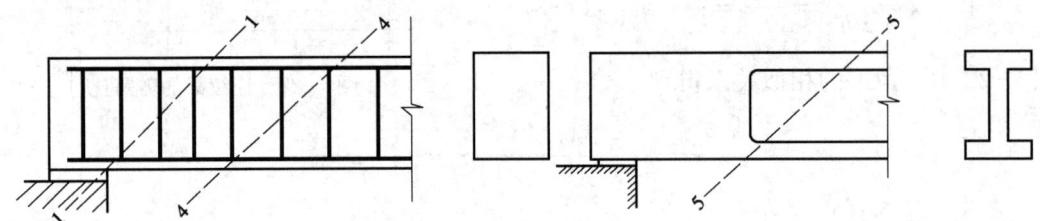

1—1 支座边缘处的斜截面；4—4 箍筋截面面积或间距改变处的斜截面；5—5 腹板宽度改变处的斜截面

图 7-23　仅配箍筋时的计算截面

2) 既配箍筋又配弯筋时的抗剪承载力

矩形、T 形和 I 形截面的受弯构件,当配置箍筋和弯起钢筋时,其截面的受剪承载力为

$$V_u = V_{cs} + V_b = V_{cs} + 0.8 f_y A_{sb} \sin\alpha \qquad (7\text{-}42)$$

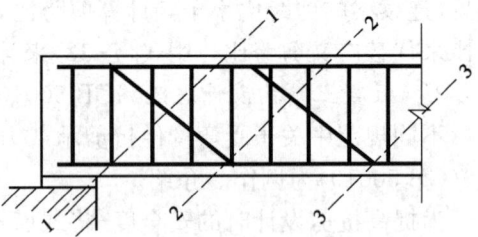

式中　A_{sb}——同一弯起平面内的弯起钢筋的截面面积；

　　　f_y——弯起钢筋的抗拉屈服强度；

　　　α——弯起钢筋与构件轴线间的夹角。

1—1　支座边缘处的斜截面；
2—2, 3—3　受拉区弯起钢筋弯起点处的斜截面

图 7-24　有弯起筋时的计算截面

有弯起钢筋时,取支座边缘处每一排弯起钢筋弯起点处的截面为计算截面(图 7-24)。

3) 板类受弯构件的抗剪承载力

不配置箍筋和弯起钢筋的一般板类受弯构件,其斜截面的抗剪承载力应符合下列规定：

$$V_u = 0.7\beta_h f_t b h_0 \tag{7-43}$$

$$\beta_h = \left(\frac{800}{h_0}\right)^{\frac{1}{4}} \tag{7-44}$$

式中 β_h——截面高度影响系数；

h_0——当 $h_0 < 800$ mm 时，取 $h_0 = 800$ mm；当 $h_0 > 2\,000$ mm 时，取 $h_0 = 2\,000$ mm。

4) 抗剪承载力的限值

上述梁受剪承载力的计算公式是依据斜截面发生剪压破坏的情况而得出的。为保证公式能正确应用，应设置上下限值。

矩形、T 形和 I 形截面的受弯构件，发生剪压破坏时斜截面的最大抗剪承载力为

当 $h_w/b \leqslant 4$ 时，

$$V_{u,\max} = 0.25\beta_c f_c b h_0 \tag{7-45}$$

当 $h_w/b \geqslant 6$ 时，

$$V_{u,\max} = 0.2\beta_c f_c b h_0 \tag{7-46}$$

式中 β_c——混凝土强度影响系数，β_c 的取值方法如下：当混凝土强度等级不超过 C50 时，取 $\beta_c = 1.0$；当混凝土强度等级为 C80 时，取 $\beta_c = 0.8$；其间按线性内插法确定。

f_c——混凝土轴心抗压强度。

b——矩形截面的宽度、T 形截面或 I 形截面的腹板宽度。

h_0——截面的有效高度。

h_w——截面的腹板高度，h_w 的取值方法如下：对矩形截面，取有效高度；对 T 形截面，取有效高度减去翼缘高度；对 I 形截面，取腹板净高。

当 $4 < h_w/b < 6$ 时，按线性插值法求 $V_{u,\max}$。

对 T 形或 I 形截面的简支受弯构件，当有实践经验时，式(7-45)中的系数可改用 0.3。对受拉边倾斜的构件，当有实践经验时，其受剪截面的控制条件可适当放宽。

抗剪承载力的下限值为

$$V_{u,\min} = V_c \tag{7-47}$$

式中，V_c 为无腹筋梁的抗剪承载力。

5) 最小配筋率和最大箍筋间距

无腹筋受弯构件的抗剪承载力可以被看作是受弯构件抗剪承载力的下限值，如式(7-47)所示。但无腹筋受弯构件中可能会出现斜拉破坏，另外，斜裂缝出现后与斜裂缝相交的箍筋会限制裂缝的发展。因此，在非板类受弯构件的设计中应限制箍筋的最小配箍率。

如图 7-25(a)所示的无腹筋梁，当 $\lambda = a/h_0 = 3$ 时发生斜拉破坏。由式(7-41)，可知

$$V_c = \frac{1.75}{\lambda + 1.0} f_t b h_0 = 0.44 f_t b h_0 \tag{7-48}$$

在梁中配置少量箍筋后，当梁中出现斜拉裂缝后，所有的剪力将由与斜裂缝相交的箍筋承担，如图 7-25(b)所示。与斜裂缝相交的所有箍筋的最大抗剪承载力为

$$V_s = f_{yv} \frac{A_{sv}}{s} k h_0 \tag{7-49}$$

式中,kh_0 为斜裂缝在水平方向上的投影长度。

为保证梁不发生斜拉破坏,至少应保证 $V_s = V_c$。于是,有

$$\rho_{sv,min} = \frac{A_{sv}}{bs} = \frac{0.44}{k} \cdot \frac{f_t}{f_{yv}} \tag{7-50}$$

当 k 取值在 1~3 范围内时,

$$\rho_{sv,min} = (0.11 \sim 0.44)\frac{f_t}{f_{yv}} \tag{7-51}$$

GB 50010 规范规定:非板类受弯构件截面设计时,为使得斜截面的抗剪承载力大于其下限值,应验算 $\rho_{sv} \geqslant \rho_{sv,min} = 0.24 f_t/f_{yv}$[相当于 k 略大于 2 时由式(7-50)计算的值]。

由图 7-25(b)还可以看出,要保证斜裂缝和箍筋相交,必须限制箍筋的间距。一般地,必须有 $s \leqslant h_0$,表 7-1 为 GB 50010 规范中根据不同情况规定的钢筋混凝土梁中箍筋的最大间距 s_{max}。

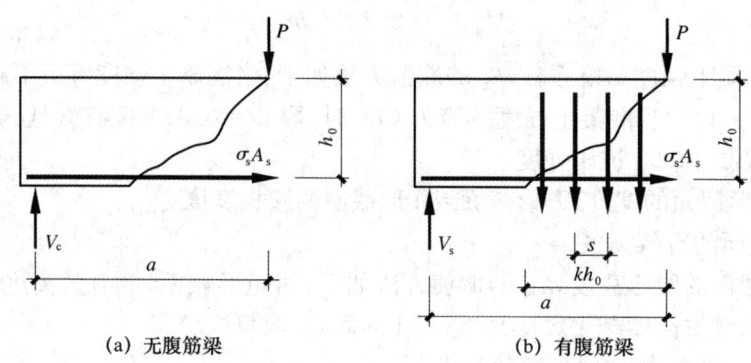

(a) 无腹筋梁　　　　　　　(b) 有腹筋梁

图 7-25　钢筋混凝土梁中的最小配箍率

7.3　钢筋混凝土受弯构件斜截面抗剪承载力计算公式的应用

7.3.1　基于承载力的构件斜截面的配筋设计

此类问题一般已知截面尺寸(b、h、h_0),梁的计算跨度 l_0 和净跨 l_n,材料强度(f_c、f_t、f_y),荷载作用情况,求 A_{sv}/s、A_{sb} 或 A_{sv1}、s、A_{sb}。为保证在已知荷载作用下不发生斜截面破坏,应使计算截面处的抗剪承载力不低于其所受的剪力,即 $V_u \geqslant V$。因此,按下列步骤进行分析:

(1) 根据荷载作用情况求图 7-23、图 7-24 所示计算截面的剪力 V。

(2) 验算 $V \leqslant V_c$,若满足说明不需要按计算进行配筋设计,只需要按有关构造要求选箍筋即可(此时一般不配弯筋);若不满足继续下面的计算。

(3) 验算 $V \leqslant V_{u,max} = (0.2 \sim 0.25)\beta_c f_c b h_0$[式(7-45)或式(7-46)],若不满足,应调整截面尺寸,否则继续下面的计算。

(4) 若既配箍筋又配弯筋,则先选定 A_{sb},再由式(7-42)根据 $V = V_u$ 求 A_{sv}/s;若只配箍筋,则可由式(7-40)或式(7-41)根据 $V = V_u$ 求 A_{sv}/s。

(5) 验算 $\rho_{sv} = \dfrac{A_{sv}}{bs} \geqslant \rho_{sv,min} = 0.24 f_t / f_{yv}$,若满足继续下面的计算,若不满足取 $\rho_{sv} = \rho_{sv,min}$,再继续下面的计算。

(6) 选取箍筋直径,得 A_{sv1},由 A_{sv}/s 求 s,但 s 必须满足表 7-1 所示的箍筋的最大间距要求,或根据表 7-1 所示的最大间距要求确定 s,再由 A_{sv}/s 求 A_{sv1}(单肢箍筋的截面积)。

按计算不需要箍筋的梁,当截面高度 $h > 300$ mm 时,应沿梁全长设置箍筋;当截面高度 $h = 150 \sim 300$ mm 时,可仅在构件端部各 1/4 跨度范围内设置箍筋;但梁构件中部 1/2 跨度范围内有集中荷载作用时,则应沿梁全长设置箍筋;当截面高度小于 150 mm 时,可不设箍筋。

表 7-1　　　　　　　　　　　梁中箍筋的最大间距 s_{max}　　　　　　　　　　　　　　mm

梁高 h	$V > 0.7 f_t b h_0$	$V \leqslant 0.7 f_t b h_0$
$150 < h \leqslant 300$	150	200
$300 < h \leqslant 500$	200	300
$500 < h \leqslant 800$	250	350
$h > 800$	300	400

对截面高度大于 800 mm 的梁,其箍筋直径不宜小于 8 mm;对截面高度不大于 800 mm 的梁,其箍筋直径不宜小于 6 mm。

当按计算需要设置弯起钢筋时,前一排的弯起点 a 与后一排弯终点 b 之间的在构件轴线方向的距离,不应大于表 7-1 中 $V > 0.7 f_t b h_0$ 情况下的最大箍筋间距,如图 7-26 所示。

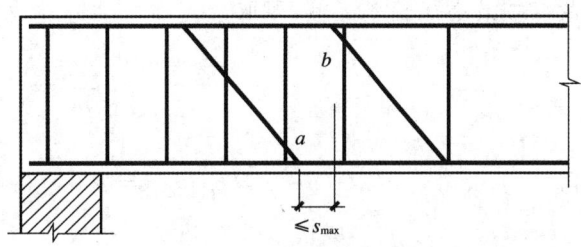

图 7-26　弯起钢筋的间距

【例 7-1】　一钢筋混凝土简支梁,其计算跨度为 6 m,净跨为 5 760 mm,截面为 $b \times h = 200$ mm $\times 500$ mm,承受均布荷载 $p = 25.5$ kN/m(包括自重)。混凝土强度等级为 C20($f_c = 9.6$ N/mm^2,$f_t = 1.10$ N/mm^2),箍筋采用 HPB300 钢筋($f_{yv} = 270$ N/mm^2)。试确定该梁的箍筋。

【解】　按题意,有 $f_c = 9.6$ N/mm^2,$f_t = 1.10$ N/mm^2,$f_{yv} = 270$ N/mm^2

截面有效高度　　　　$h_0 = h - 35$ mm $= 500 - 35 = 465$ mm

(1) 计算截面的剪力

取支座截面作为计算截面,净跨范围内最大剪力为

$$V = \dfrac{1}{2} \times 5.76 \times 25.5 = 73.44 \text{ kN}$$

(2) 验算是否需计算配箍

$$0.7 f_t b h_0 = 0.7 \times 1.1 \times 200 \times 465 = 71\,610 \text{ N} < V = 73.44 \text{ kN},$$

故需计算配箍。

(3) 验算截面条件

有 $h_w/b < h/b = 500/200 < 4$，故取式(7-45)验算：

$0.25\beta_c f_c b h_0 = 0.25 \times 1.0 \times 9.6 \times 200 \times 465 = 223\,200 \text{ N} = 223.2 \text{ kN} > V = 73.44 \text{ kN}$，可以。

(4) 计算箍筋用量

由式(7-40)，根据 $V = V_u$ 得

$$73.44 \times 10^3 = 71\,610 + 270 \times \frac{A_{sv}}{s} \times 465$$

解得

$$\frac{A_{sv}}{s} = 0.014\,6$$

相应的配箍率为

$$\rho_{sv} = \frac{A_{sv}}{bs} = \frac{0.014\,6}{200} = 0.000\,073$$

(5) 验算最小配箍率

$$\rho_{sv,\min} = 0.24 \times \frac{1.1}{270} = 0.000\,98 \geqslant \rho_{sv} = 0.000\,073$$

故应按最小配箍率配箍，即取

$$\frac{A_{sv}}{bs} = \rho_{sv,\min}$$

即

$$\frac{A_{sv}}{s} = b\rho_{sv,\min} = 200 \times 0.000\,98 = 0.195\,6 \text{ mm}$$

(6) 配箍筋

考虑对箍筋直径的构造要求，取箍筋直径为 6 mm，则 $A_{sv1} = \pi 6^2/4 = 28.27 \text{ mm}^2$。取箍筋的肢数为 2，则 $A_{sv} = 2A_{sv1} = 2 \times 28.27 = 56.54 \text{ mm}^2$。从而箍筋的计算间距 s 应满足

$$s = \frac{A_{sv}}{0.195\,6 \text{ mm}} = \frac{56.54 \text{ mm}^2}{0.195\,6 \text{ mm}} = 289 \text{ mm}$$

考虑对箍筋间距的构造要求，取 $s = 200$ mm。最终配箍为 $\phi 6@200$。

反过来先定 s，再定 A_{sv1} 也能得到相应的结果。

【例 7-2】 简支梁与例 7-1 相同，承受均布荷载(包括梁自重)$p = 43$ kN/m。若已按正截面抗弯承载力要求选用了主筋 $3 \Phi 25 (f_y = 300 \text{ N/mm}^2)$，混凝土强度等级为 C20，箍筋仍用 HPB300 钢筋 ($f_{yv} = 270 \text{ N/mm}^2$)。试根据斜截面承载力要求确定腹筋数量。

【解】 仍有 $f_c = 9.6 \text{ N/mm}^2$，$f_t = 1.10 \text{ N/mm}^2$，$f_{yv} = 270 \text{ N/mm}^2$。$h_0 = 465$ mm，且 $f_y = 300 \text{ N/mm}^2$。

(1) 计算剪力值

$$V = \frac{1}{2} \times 43 \times 5.76 = 123.84 \text{ kN}$$

由例 7-1 可知，截面条件显然满足。

(2) 弯起钢筋并配箍（Ⅰ—Ⅰ截面）

以 45°角弯起中间的一根 Φ 25 纵筋（$A_{sb}=490.9\ mm^2$），使弯终点距支座边 50 mm，如图 7-27 所示。

弯起钢筋与混凝土的抗剪承载力为

$$V_{cb}=0.7f_t bh_0+0.8f_y A_{sb}\sin\alpha_s$$
$$=0.7\times1.1\times200\times465+0.8\times300\times490.9\sin45°$$
$$=71\ 610+83\ 308=154\ 918\ N$$
$$=154.9\ kN>V=123.84\ kN$$

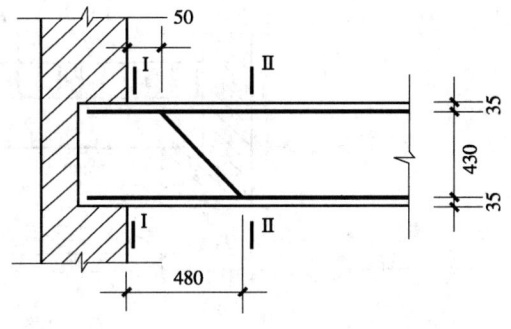

图 7-27　梁端纵筋的弯起及验算截面

所以，在弯起段内构造配箍即可。取

$$\frac{A_{sv}}{bs}=\rho_{sv,min}=0.24\frac{f_t}{f_{yv}}=0.24\times\frac{1.10}{270}=0.000\ 98$$

取 $\phi 6$，$A_{sv1}=28.27\ mm^2$，$A_{sv}=2\times28.27=56.54\ mm^2$

$$s=\frac{A_{sv}}{0.000\ 98b}=\frac{56.54}{0.195\ 6}=289\ mm$$

取 $\phi 6@200$ 即可。

(3) 钢筋弯起点以内截面的抗剪承载力验算（Ⅱ—Ⅱ截面）

弯起点处（Ⅱ—Ⅱ截面）的剪力值为

$$V_{Ⅱ}=\frac{\frac{5\ 760}{2}-480}{\frac{5\ 760}{2}}\times123.84\ kN=103.20\ kN$$

已有配箍截面的抗剪承载力为

$$V_{cs}=71\ 610\ N+270\times\frac{56.54}{200}\times465\ N=71\ 610+35\ 493=107\ 103\ N$$
$$=107.10\ kN>V_{Ⅱ}，满足要求。故可在梁的全长采用 \phi 6@200。$$

【例 7-3】　一简支梁承受均布荷载（包括自重），$p=13\ kN/m$，另外还承受两个集中荷载（每个集中荷载 $P=140\ kN$），如图 7-28 所示。该梁的截面尺寸为 $b\times h=200\ mm\times600\ mm$，采用 C30 混凝土（$f_c=14.3\ N/mm^2$，$f_t=1.43\ N/mm^2$）。纵筋用 HRB335 钢筋（$f_y=300\ N/mm^2$），箍筋用 HPB300 钢筋（$f_{yv}=270\ N/mm^2$）。试计算该梁的箍筋用量。

【解】　(1) 计算截面剪力值

均布荷载引起的支座边缘剪力　$V_p=13\times5.76/2=37.44\ kN$

集中荷载引起的支座边缘剪力　$V_P=140\ kN$

总剪力　$V=37.44+140=177.44\ kN$

集中荷载引起的剪力占总剪力的 $140/177.44=0.789=78.9\%>75\%$，故在支座边缘至集中荷载区段应按集中荷载作用时的受剪承载力计算公式计算。

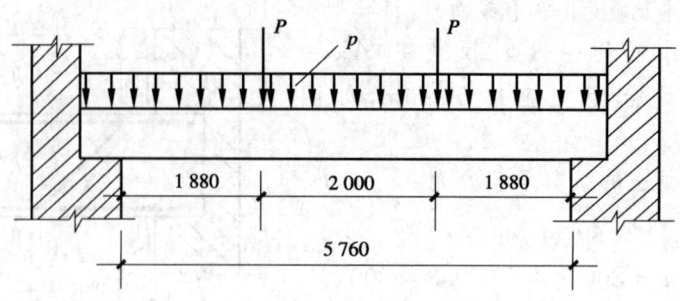

图 7-28 例 7-3 图

(2) 复核截面尺寸

考虑荷载较大纵向受力钢筋可能布置成两排，故取 $h_0=600-60=540$ mm。

$0.25f_cbh_0=0.25\times14.3\times200\times540=386\,100$ N $=386.1$ kN $>V=177.44$ kN，可以。

(3) 计算梁剪跨段的箍筋用量

剪跨比 $\lambda=\dfrac{a}{h_0}=\dfrac{1\,880}{540}=3.48>3.0$，故取 $\lambda=3.0$。

由式(7-41)，根据 $V=V_u$ 有

$$V=177.44\times10^3=\dfrac{1.75}{3+1}\times1.43\times200\times540+270\times\dfrac{A_{sv}}{s}\times540$$

即

$$\dfrac{A_{sv}}{s}=0.753\,6$$

相应的配箍率为 $A_{sv}/(bs)=0.753\,6/200=0.003\,768$。

最小配箍率

$$\rho_{sv,min}=0.24\dfrac{f_t}{f_{yv}}=0.24\times\dfrac{1.43}{270}=0.001\,271<0.003\,768，可以按计算配箍$$

取直径为 8 mm 的双肢箍，则 $A_{sv}=100.53$ mm^2，则有

$$s=\dfrac{A_{sv}}{0.753\,6}=\dfrac{100.53}{0.753\,6}=133.40\text{ mm}$$

可取 $s=120$ mm，即剪跨段的配箍为 ϕ8@120。

(4) 跨中区段的配箍

在两集中荷载之间的跨中区段，最大剪力(由均布荷载引起)为

$$V_1=\dfrac{1}{2}\times13\times2=13.00\text{ kN}$$

而 $0.7f_tbh_0=0.7\times1.43\times200\times540=108\,108$ N $=108.1$ kN $>V_1=13.00$ kN，故该区段按构造配箍即可。取 ϕ8@240。

【例 7-4】 一钢筋混凝土梁，其承受的荷载和相应的剪力图如图 7-29 所示。该梁的截面尺寸为 $b\times h=200$ mm $\times500$ mm，混凝土强度等级为 C30($f_c=14.3$ N/mm^2，$f_t=$

$1.43\ \text{N/mm}^2$),箍筋为 HPB300 级钢筋($f_{yv}=270\ \text{N/mm}^2$)。试求箍筋用量。

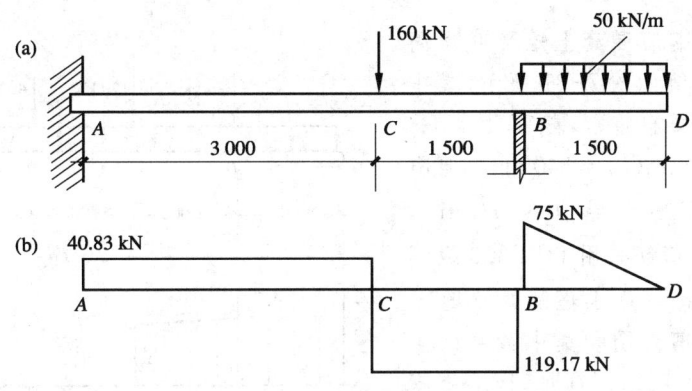

图 7-29 例 7-4 图

【解】 $f_c=14.3\ \text{N/mm}^2, f_t=1.43\ \text{N/mm}^2, f_{yv}=270\ \text{N/mm}^2$。
(1) 复核截面尺寸
$0.25 f_c b h_0 = 0.25 \times 14.3 \times 200 \times 465 = 332\ 475\ \text{N} = 332.48\ \text{kN} > 119.17\ \text{kN}$,可以。
(2) 各段的配箍
① BD 段
$0.7 f_t b h_0 = 0.7 \times 1.43 \times 200 \times 465 = 93\ 093\ \text{N} = 93.093\ \text{kN} > 75\ \text{kN} = B$ 支座右侧截面处的剪力值。故 BD 段只需按构造配箍即可。配 $\phi 6@300$。

由集中荷载产生的剪力图如图 7-30 所示。可见,在 A 支座和 B 支座左截面处,集中荷载产生的剪力均大于相应处总剪力的 75% 以上,故在相应截面处均应按集中荷载的抗剪公式计算。

② AC 段
剪跨比 $\lambda = \dfrac{a}{h_0} = \dfrac{3\ 000}{465} = 6.45 > 3.0$,取 $\lambda = 3.0$,

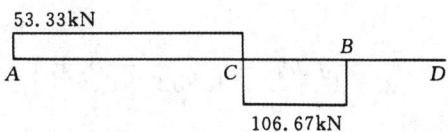

图 7-30 集中荷载产生的剪力(例 7-4)

$\dfrac{1.75}{\lambda+1} f_t b h_0 = \dfrac{1.75}{3+1} \times 1.43 \times 200 \times 465 = 58\ 183\ \text{N} = 58.183\ \text{kN} > 40.83\ \text{kN}$

故此段仅需按构造配箍即可,配 $\phi 6@300$。

③ CB 段
剪跨比 $\lambda = a/h_0 = 1\ 500/465 = 3.23 > 3.0$

$\dfrac{1.75}{\lambda+1} f_t b h_0 = 58\ 183\ \text{N} = 58.183\ \text{kN} < 119.17\ \text{kN}$,需计算配箍。

$$\dfrac{A_{sv}}{s} = \dfrac{V - V_c}{f_{yv} h_0} = \dfrac{119\ 170 - 58\ 183}{270 \times 465} = 0.485\ 8$$

相应的配箍率为

$$\rho_{sv} = \dfrac{A_{sv}}{bs} = \dfrac{0.485\ 8}{200} = 0.002\ 429 > \rho_{sv,\min} = 0.24 \dfrac{f_t}{f_{yv}} = 0.24 \times \dfrac{1.43}{270} = 0.001\ 271,\ \text{可以}。$$

取双肢 $\phi 6$，则 $A_{sv}=56.54 \text{ mm}^2$，从而 $s=\dfrac{56.54}{0.4858}=116.39 \text{ mm}$。取此段配箍为 $\phi 6@100$。

【例 7-5】 一钢筋混凝土矩形截面简支梁，其跨度、荷载值如图 7-31 所示（其中均布荷载中已包括梁自重）。截面尺寸 $b\times h=200 \text{ mm}\times 600 \text{ mm}(h_0=540 \text{ mm})$，混凝土强度等级采用 C20（$f_c=9.6 \text{ N/mm}^2$，$f_t=1.1 \text{ N/mm}^2$），箍筋采用 HPB300 级钢筋（$f_{yv}=270 \text{ N/mm}^2$）。求箍筋的数量。

【解】（1）总剪力图和集中荷载产生的剪力图如图 7-31 所示。可见，两端支座处集中荷载产生的剪力均占相应总剪力的 75% 以上，故用集中荷载的公式计算。

（2）验算截面条件

$0.25f_c bh_0=0.25\times 9.6\times 200\times 540=259\,200 \text{ N}=259.20 \text{ kN}>148 \text{ kN}$，可以。

（3）确定箍筋数量

② A 支座处（AB 段）

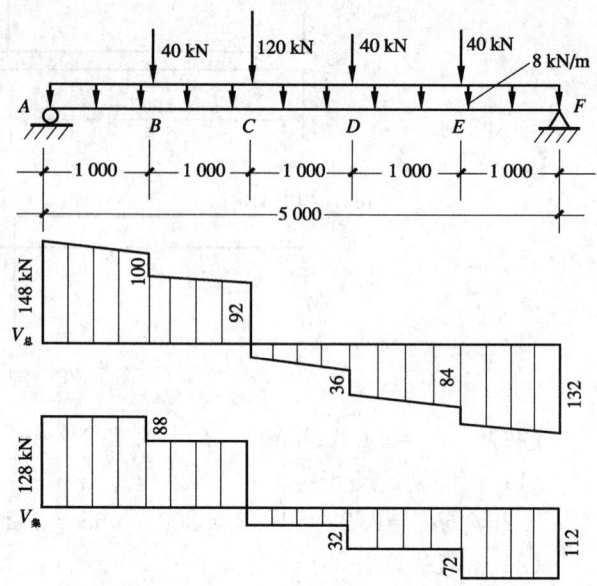

图 7-31 例 7-5 图

剪跨比 $\quad 1.5<\lambda=\dfrac{a}{h_0}=\dfrac{1\,000}{540}=1.852<3.0$

$\dfrac{1.75}{\lambda+1}f_t bh_0=\dfrac{1.75}{1.852+1}\times 1.1\times 200\times 540=72\,896 \text{ N}=72.896 \text{ kN}<148 \text{ kN}$，需计算配箍。

$\dfrac{A_{sv}}{s}=\dfrac{V-V_c}{f_{yv}h_0}=\dfrac{148\,000-72\,896}{270\times 540}=0.5151$

相应的配箍率为

$\rho_{sv}=\dfrac{A_{sv}}{bs}=\dfrac{0.5151}{200}=0.002576>\rho_{sv,\min}=0.24\dfrac{f_t}{f_{yv}}=0.24\times \dfrac{1.1}{270}=0.000978$，可以。

取双肢 $\phi 8$，则 $A_{sv}=100.53 \text{ mm}^2$，从而 $s=\dfrac{100.53}{0.5151}=195.17 \text{ mm}$。取 AB 段配箍为 $\phi 8@200$。虽然箍筋的实际间距大于计算间距，但相对误差小于 5%，认为可以。

② BC 段

剪跨比 $\quad \lambda=\dfrac{a}{h_0}=\dfrac{2\,000}{540}=3.704>3.0$，取 $\lambda=3.0$

$\dfrac{1.75}{\lambda+1}f_t bh_0=\dfrac{1.75}{3+1}\times 1.1\times 200\times 540=51\,975 \text{ N}=51.975 \text{ kN}<100 \text{ kN}$，需计算配箍。

$\dfrac{A_{sv}}{s}=\dfrac{V-V_c}{f_{yv}h_0}=\dfrac{100\,000-51\,975}{270\times 540}=0.3294$

相应的配箍率为

$$\rho_{sv}=\frac{A_{sv}}{bs}=\frac{0.3294}{200}=0.001\,647 > \rho_{sv,min}=0.24\frac{f_t}{f_{yv}}=0.24\times\frac{1.1}{270}=0.000\,978,\text{可以}。$$

取双肢 $\phi 8$,则 $A_{sv}=100.53\text{ mm}^2$,从而 $s=\dfrac{100.53}{0.3294}=305.19\text{ mm}$。按表 7-1 构造要求取 BC 段配箍为 $\phi 8@250$。

③ CD 段

剪跨比显然大于3,取 $\lambda=3$。$V_c=51.975\text{ kN}>36\text{ kN}$,故按构造配箍即可,取此段为 $\phi 8@250$。

④ DE 段

$\lambda=3.704>3.0$,取 $\lambda=3.0$。$V_c=51.975\text{ kN}<84\text{ kN}$,需计算配箍。

$$\frac{A_{sv}}{s}=\frac{V-V_c}{f_{yv}h_0}=\frac{84\,000-51\,975}{270\times 540}=0.219\,7$$

相应的配箍率为 $\rho_{sv}=\dfrac{A_{sv}}{bs}=\dfrac{0.219\,7}{200}=0.001\,098>\rho_{sv,min}=0.000\,978$,可以。

取双肢 $\phi 8$,则 $A_{sv}=100.53\text{ mm}^2$,从而 $s=\dfrac{100.53}{0.219\,7}=457.58\text{ mm}$。按表 7-1 构造要求取 DE 段配箍为 $\phi 8@250$。

⑤ EF 段

$$\lambda=1.852$$

$$\frac{A_{sv}}{s}=\frac{V-V_c}{f_{yv}h_0}=\frac{132\,000-72\,896}{270\times 540}=0.405\,4$$

取双肢 $\phi 8$,从而 $s=\dfrac{100.53}{0.405\,4}=247.99\text{ mm}$。取 EF 段配箍为 $\phi 8@250$(误差为 -0.8%,可以)。

7.3.2 既有构件斜截面抗剪承载力计算

此类问题一般已知截面尺寸(b、h、h_0),材料强度(f_c、f_t、f_y),配筋情况(A_{sv}/s、A_{sb})和荷载作用情况,求计算截面的抗剪承载力 V_u。一般按下列步骤进行计算:

(1) 根据荷载作用情况和计算截面的位置确定是否要考虑 λ。

(2) 当 $\rho_{sv}\leqslant\rho_{sv,min}$ 时,或虽然 $\rho_{sv}>\rho_{sv,min}$ 但 $s>s_{max}$(最大箍筋间距)时,$V_u=V_c$(即按无腹筋梁考虑),否则继续下面的计算。

(3) 计算截面的承载力按式(7-52)计算

$$V_u=\min[(0.2\sim 0.25)\beta_c f_c bh_0, V_{cs}+V_b] \tag{7-52}$$

限于篇幅不再给出算例。

7.3.3 关于截面剪力 V 的两点讨论

1) 支座处计算截面的剪力

图 7-23 和图 7-24 给出了不同情况下的计算截面。实际工程中,对 1—1 截面常用最大剪力即支座边缘处的剪力来进行截面设计或进行截面的安全性评定(在给定的荷载下评定结构

是否安全)。可是,对于如图 7-32(a)所示的在梁顶部施加荷载的梁,最靠近支座处出现斜裂缝后将不断向外扩展形成图 7-32(a)所示的扇形压力区。扇形压力区范围内的梁顶荷载将通过扇形压力区直接传给支座而不影响跨过斜裂缝的箍筋的受力。故若假定斜裂缝的倾角为 45°,则可以取离支座边缘距离为 h_0 或 h_0' 处的剪力来进行截面设计或进行安全评定。当然,在进行截面配筋设计时直接取支座边缘的剪力会带来偏于安全的结果。但在进行安全性评定时,分别采用支座边缘处和离支座 h_0 或 h_0' 处的剪力可能会带来截然相反的评定结论。需要注意的是:对如图 7-33 所示的情况,只能采用支座边缘处的剪力。

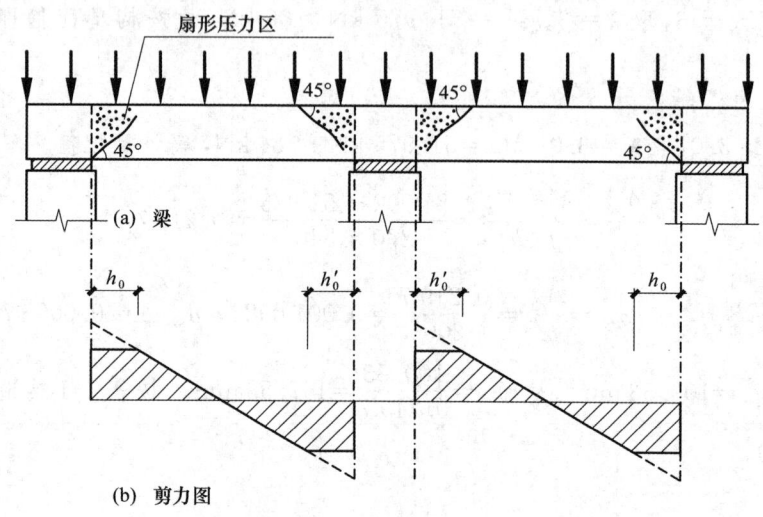

图 7-32 支座处计算截面的剪力

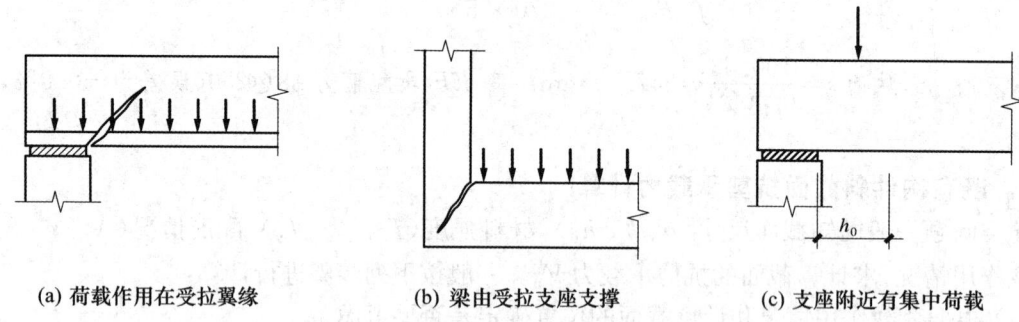

图 7-33 特殊支座处计算截面的剪力

2) 变截面梁的剪力

如图 7-34(a)所示的为从一变截面梁中取出的隔离体。有该隔离体中的内力可知,压区混凝土压力和受拉钢筋拉力的水平分量 C_1 和 T_1(或 C_2 和 T_2)抵抗弯矩(相应的力臂为 γh_{01} 或 γh_{02}):$M_1 = C_1 \gamma h_{01} = T_1 \gamma h_{01}$ $(M_2 = C_2 \gamma h_{02} = T_2 \gamma h_{02})$。当截面的高度随弯矩的增大而增大时,压区混凝土压力和受拉钢筋拉力的竖向分量会帮助截面抵抗部分剪力[图 7-34(b)],反之,则使截面的剪力加大[图 7-34(c)]。

由图 7-34(a)和(b)的左端截面的受力情况可知

$$V_1 = V - C_1 \tan \alpha_c - T_1 \tan \alpha_T \tag{7-53}$$

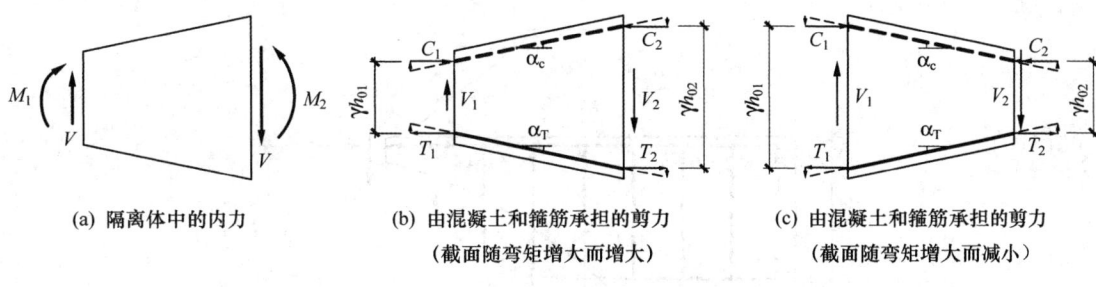

(a) 隔离体中的内力　　(b) 由混凝土和箍筋承担的剪力　　(c) 由混凝土和箍筋承担的剪力
　　　　　　　　　　　　（截面随弯矩增大而增大）　　　　（截面随弯矩增大而减小）

图 7-34　变截面梁隔离体的内力

因为 $C_1 = T_1 = \dfrac{M_1}{\gamma h_{01}}$，另 $\alpha = \alpha_c + \alpha_T$，一般地，则有

$$V_1 = V - \frac{|M|}{\gamma h_0} \tan \alpha \quad (7-54)$$

式中　V_1——变截面梁计算截面处由混凝土和腹筋所承担的剪力；

$|M|$——变截面梁计算截面处的弯矩绝对值；

γ——内力臂系数，详见第 11 章中的相关内容；

α——变截面梁混凝土压力中心连线、纵向受力钢筋与梁纵轴的夹角之和，当梁截面随 $|M|$ 的增大而增大时 α 取正值，反之为负值。

图 7-35 给出了两个变截面梁剪力的实例示意。

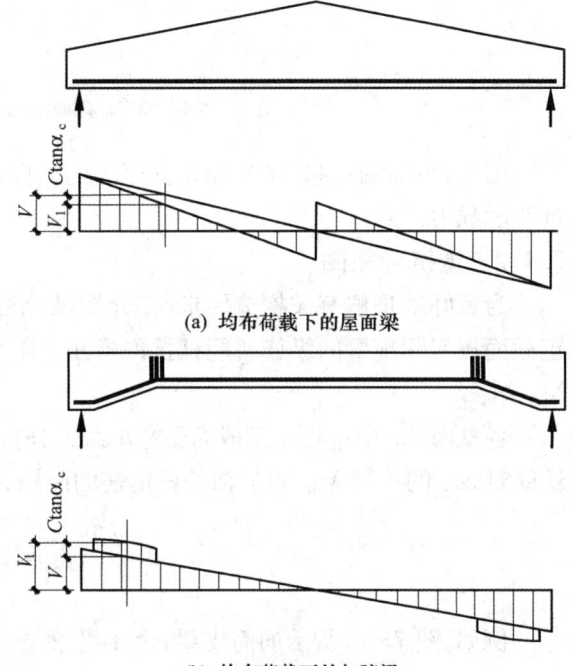

(a) 均布荷载下的屋面梁

(b) 均布荷载下的加腋梁

图 7-35　变截面梁剪力计算实例示意

7.4　保证钢筋混凝土受弯构件斜截面抗弯承载力的措施

7.4.1　受弯构件斜截面抗弯承载力

沿斜截面取隔离体如图 7-36 所示。对受压区合力作用点取矩，可得斜截面抗弯承载力的计算公式如下：

$$M_u^{斜} = f_y A_{s1} z + f_y A_{sb} z_{sb} + \sum f_{yv} A_{sv} z_{sv} \quad (7-55)$$

相应正截面抗弯承载力为

$$M_u^{正} = f_y A_{s1} z + f_y A_{sb} z \quad (7-56)$$

比较式 (7-55) 和式 (7-56) 可知，当 $z_{sb} \geq z$ 时，$M_u^{斜} > M_u^{正}$。即一般情况下，只要通过计算保证了正截面的抗弯承载力，则斜截面的抗弯承载力总能满足。但若支座处纵筋锚固不足，纵筋弯起、切断不当则会导致斜截面受弯破坏。

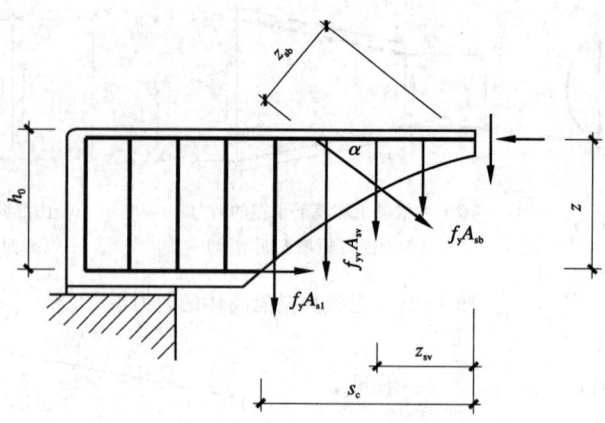

图 7-36 斜截面抗弯承载力计算简图

因此,当纵筋弯起、切断和在支座上的锚固满足以下有关构造要求时,可不进行斜截面的抗弯承载力计算。

7.4.2 抵抗弯矩图

为更好地理解有关构造要求,先介绍抵抗弯矩图。抵抗弯矩图又称材料图,它是沿梁长各正截面按实际配置的纵筋所能抵抗的弯矩 M_R 的图形。在确定纵筋的弯起和截断时,要用到 M_R 图。

各截面总的 M_R 可按正截面受弯承载力分析的方法确定。M_R 由各钢筋的贡献组成。第 i 根钢筋对 M_R 的贡献 M_{Ri} 可近似按该钢筋的面积 A_{si} 与总钢筋面积 A_s 的比值乘以 M_R 求得,即

$$M_{Ri}=\frac{A_{si}}{A_s}M_R \tag{7-57}$$

例如,图 7-37 所示的简支梁,由于沿梁全长纵筋相同,其抵抗弯矩图 M_R 就是梯形 abcd。在梁的中部,所有钢筋都能充分发挥作用,因此抵抗弯矩最大,且各截面抵抗弯矩相等。在梁的端部,钢筋需要有一定的锚固长度 l_a。因此,在钢筋端部 l_a 的长度范围内截面抵抗弯矩由中部向端部逐渐减小,达到 a 或 b 处抵抗弯矩为 0。假定钢筋和混凝土之间的黏结应力均匀分布,梁端部的抵抗弯矩便按线性变化。于是有图 7-37 所示的梯形抵抗弯矩图。图 7-37 中也示出了每根钢筋所能抵抗的弯矩。可以看出,在跨中 1 点处三根钢筋的强度被充分利用;在 2 点处①,②号钢筋的强度被充分利用,而③号钢筋在 2 点以外(向支座方向)理论上就不再需要了。同样,在 3 点处①号钢筋的强度被充分利用,②号钢筋在 3 点以外也就不再需要了。因此,点 1,2,3 分别称为③,②,①号钢筋的"充分利用点";点 2,3,a 则分别称为③,②,①号钢筋的"不需要点"。

有纵筋弯起时,抵抗弯矩图的画法如图 7-38 所示。图中③号筋在 E,F 截面处弯起。弯起筋对正截面承载力的影响可按下列假定计算:以梁左端的弯起筋为例,设弯起筋与梁轴线的交点为 G,则在 G 点及其左部,弯起筋对正弯矩承载力的贡献为零(如图中的 g 点及其左部);在 E 点,该筋对正弯矩承载力有全部贡献(如图中的 e 点);在 G 点和 E 点之间,该筋对正弯矩承载力的贡献可按线性插值确定(如图中的直线段 ge)。

结构设计时,应尽量使抵抗弯矩图包住弯矩图,且二者越近越经济。

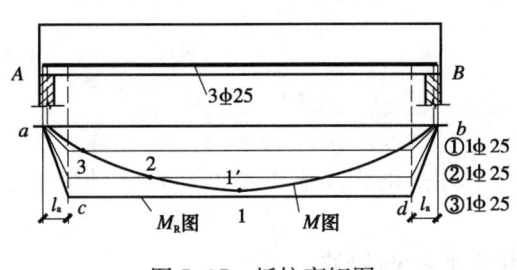

图 7-37 抵抗弯矩图

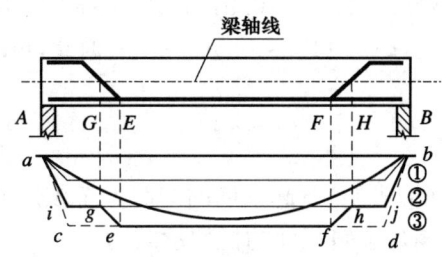

图 7-38 钢筋弯起时的抵抗弯矩图

7.4.3 纵筋弯起时保证斜截面抗弯承载力的构造措施

梁的纵筋弯起需满足以下三方面的要求：① 保证正截面的抗弯承载力，即满足 $M_R \geqslant M$；此时抵抗弯矩图应包住弯矩图。② 保证斜截面的抗剪承载力（一般通过计算保证）。③ 保证斜截面的抗弯承载力。

上述第③条是通过构造要求来保证的。考虑图 7-39 所示的梁，在截面 CC' 处，按正截面抗弯承载力需要配置纵筋 A_s，在 K 处弯起的一根（或一排）纵筋的面积为 A_{sb}；其余纵筋伸入支座，其面积为 $A_{s1} = A_s - A_{sb}$。可能的斜裂缝为图中的 JH。

以 $ABCC'$ 为脱离体，对截面 CC' 压力合力作用点 O 取矩，得正截面抗弯承载力：

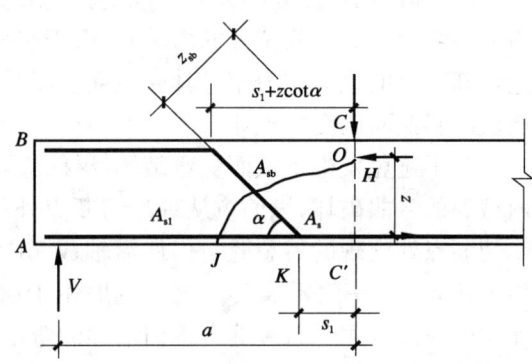

图 7-39 弯起钢筋对抗弯影响的分析

$$M_u^{正} = f_y A_s z = f_y A_{s1} z + f_y A_{sb} z \tag{7-58}$$

式中，f_y 为纵筋的屈服强度。

再以斜裂缝左边的 $ABCHJ$ 为脱离体，并仍对 O 点取矩，则得斜截面抗弯承载力

$$M_u^{斜} = f_y A_{s1} z + f_y A_b z_{sb} \tag{7-59}$$

若要使斜截面的抗弯承载力不低于正截面的抗弯承载力，需满足

$$z_{sb} \geqslant z \tag{7-60}$$

上述条件的满足可用控制图 7-39 中的水平距离 s_1 来实现。s_1 是钢筋弯起点至其充分利用点的距离。由图 7-39 的几何关系，可得

$$\frac{z_{sb}}{s_1 + z\cot\alpha} = \sin\alpha$$

即

$$z_{sb} = s_1 \sin\alpha + z\cos\alpha \tag{7-61}$$

将式(7-61)代入式(7-60)得

$$s_1 \sin\alpha + z\cos\alpha \geqslant z$$

即

$$s_1 \geqslant (\csc\alpha - \cot\alpha) z \tag{7-62}$$

取 $z=(0.77\sim 0.91)h_0$。当 $\alpha=45°$ 时,上式给出 $s_1\geqslant(0.319\sim 0.372)h_0$;当 $\alpha=60°$ 时,则为 $s_1\geqslant(0.445\sim 0.525)h_0$。据此,可统一取

$$s_1 \geqslant \frac{1}{2}h_0 \qquad (7\text{-}63)$$

式(7-63)表明,弯起钢筋的弯起点至该筋的充分利用点的距离需不小于 $h_0/2$。满足了这一条件,就满足了斜截面的抗弯承载力。

7.4.4 纵向钢筋切断时保证斜截面抗弯承载力的构造措施

抵抗弯矩图中钢筋的不需要点又称理论切断点。若纵筋在理论切断点处被切断,如图 7-40 所示,由于切断点处应力集中引起混凝土所承受的拉应力突增,往往会引起弯剪斜裂缝的出现。这时未切断的纵筋由于已被充分利用,仅能承受理论切断点截面处的弯矩。斜裂缝出现后,理论切断点处的纵筋将承受斜裂缝尖端处对应弯矩所产生的拉应力(这一现象反映了剪力对纵向受力钢筋拉力的影响)。由于裂缝尖端处的弯矩比理论切断点处的弯矩大,造成理论切断点处的纵筋应力超过其屈服强度而产生斜弯破坏。可见,在理论切断点处截断钢筋会造成沿斜截面的受弯破坏。

为了避免发生正截面受弯破坏,纵筋应该从充分利用点外伸 l_a 处切断。为了避免发生沿斜截面的弯曲破坏,纵筋应从理论切断点外伸一定长度 l_{s2} 后再切断,如图 7-41 所示。若实际切断点处出现的斜裂缝与构件纵轴成 $45°$ 夹角,则钢筋切断点到斜裂缝尖端的最大水平距离可达 h_0,故一般要求 $l_{s2}>h_0$。这时由于切断点处未切断的纵筋强度尚未被充分利用,故还能承受一部分由于斜裂缝出现而增加的弯矩。此外,与斜裂缝相交的箍筋也能抵抗部分由于斜裂缝出现而增加的弯矩。

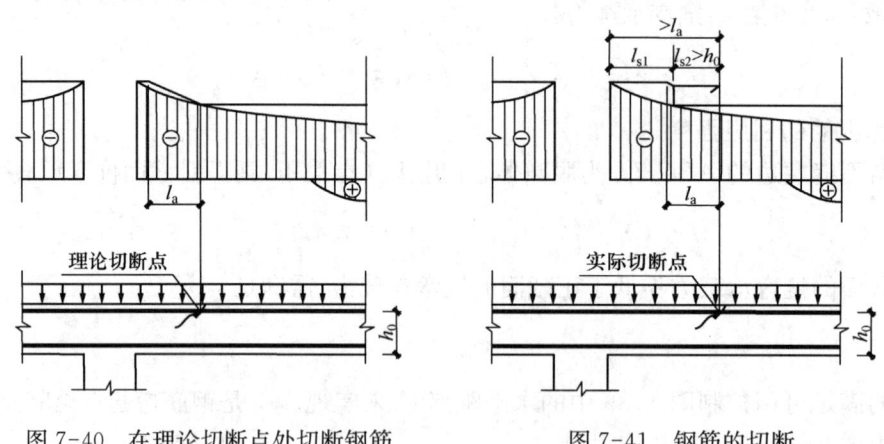

图 7-40 在理论切断点处切断钢筋　　图 7-41 钢筋的切断

不同规范对钢筋切断时的具体要求不尽相同,下面仅以《混凝土结构设计规范》(GB 50010)为例,略作说明。该规范规定,钢筋混凝土梁支座截面负弯矩纵向受拉钢筋不宜在受拉区截断。当必须截断时,应符合以下规定:① 当 $V\leqslant 0.7f_t bh_0$ 时,应延伸至按正截面受弯承载力计算不需要该钢筋的截面以外不小于 $20d$ 处切断,且从该钢筋强度充分利用截面伸出的长度 $l_{s1}+l_{s2}$ 不应小于 $1.2l_a$。② 当 $V>0.7f_t bh_0$ 时,应延伸至按正截面受弯承载力计算不需要该钢筋的截面以外不小于 h_0 且不小于 $20d$ 处切断,且从该钢筋强度充分利用截面伸出的长度 $l_{s1}+l_{s2}$ 不应小于 $1.2l_a+h_0$。③ 若按上述规定确定的切断点仍位于负弯矩受拉区

内,则应延伸至按正截面受弯承载力计算不需要该钢筋的截面以外不小于 $1.3h_0$ 且不小于 $20d$ 处切断,且从该钢筋强度充分利用截面伸出的延伸长度 $l_{s1}+l_{s2}$ 不应小于 $1.2l_a+1.7h_0$。当 $V \leqslant 0.7f_t bh_0$ 时,梁中一般不会出现斜裂缝,剪力对纵向受力钢筋拉力的影响可以忽略,故对切断点的要求适当放松。

在钢筋混凝土悬臂梁中,应有不少于两根上部钢筋伸至悬臂梁外端,并向下弯折不小于 $12d$;其余钢筋不应在梁的上部切断,只能向下按 45°或 60°角弯折,此时应符合弯起钢筋的要求。梁下部的纵筋一般只能弯起而不能切断。

7.4.5 钢筋弯起和切断的综合示例

如图 7-42 所示为一钢筋混凝土梁纵筋的弯起和切断的实例。注意图中的弯起钢筋同时作为负弯矩钢筋时,其对抵抗弯矩图的贡献。

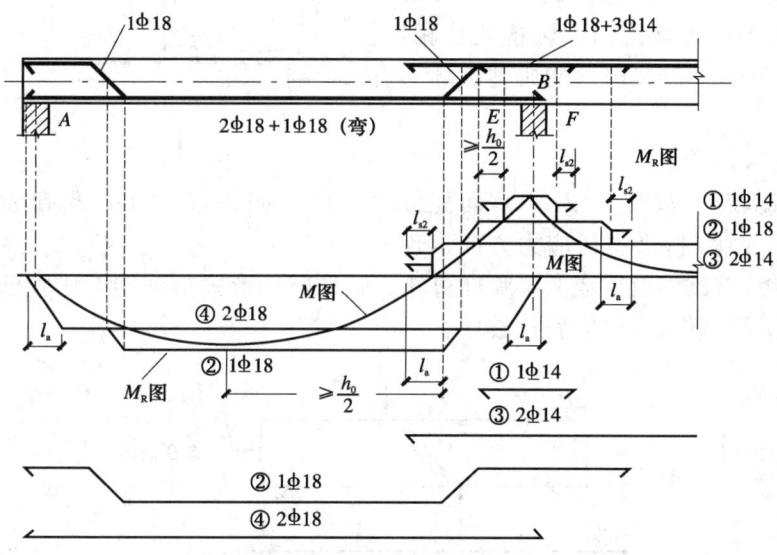

图 7-42 钢筋的弯起和切断的综合示例

7.4.6 纵向受力钢筋在支座处的锚固

由图 7-43 可知,斜裂缝出现前支座附近 A 截面处的弯矩为 M_A,开裂后截面的弯矩为 M_B。显然 $M_B > M_A$,开裂后钢筋的拉力明显增大。若纵筋在支座内的锚固长度 l_{as} 不够,则纵筋容易被拔出而发生锚固破坏,故应规定 l_{as} 的取值。下面仍以《混凝土结构设计规范》(GB 50010) 为例加以介绍。

简支板和连续板下部纵筋伸入支座的长度 l_{as} 不应小于 $5d$,且宜伸至支座中心线,d 为纵向受力钢筋的直径。

对简支梁和连续梁简支端下部纵筋,其伸入支座的长度 l_{as} 应符合下列要求:

当 $V \leqslant 0.7f_t bh_0$ 时,$l_{as} \geqslant 5d$;

当 $V > 0.7f_t bh_0$ 时,带肋钢筋 $l_{as} \geqslant 12d$,光圆钢筋 $l_{as} \geqslant 15d$。

此处,d 为纵向受力钢筋的最大直径。

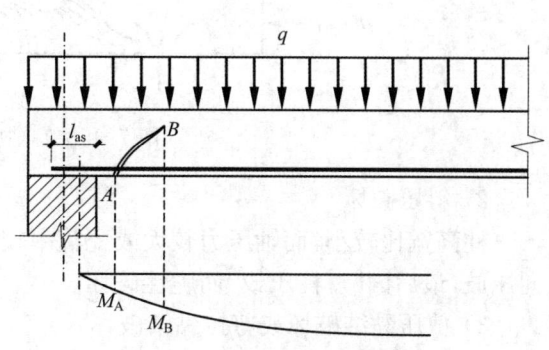

图 7-43 钢筋在支座处的锚固

如梁内支座处的锚固不能满足上述要求,应采取加焊锚固钢板或将钢筋端部焊接在梁端预埋件上等有效的锚固措施。

GB 50010 规范并未规定梁端的纵向受力钢筋是否应伸至支座中心线以外。但由图 7-43 可知,若梁端简支座的反力中心与支座中心重合,纵向受力钢筋不伸至支座中心线以外会由于支座处正截面承载力不足而引起锚固破坏。故作者建议梁简支座处的纵向受力钢筋应伸至支座中心线以外。

7.5 偏心受力构件的抗剪性能

7.5.1 试验研究结果

图 7-44 所示为反对称加载的连续梁式试件,它中间区段的受力状态与实际框架柱相似。试验结果如图 7-45 所示,构件的典型破坏形态有三种:

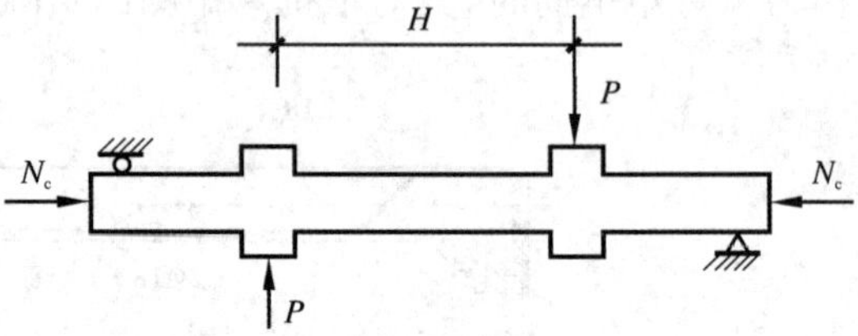

1) 斜拉破坏

当柱高宽比较大($H/h_0=2\sim3$),而配箍率较低,轴压力又不大时,沿主压应力方向出现一条完整的斜裂缝,将试件斜劈成两半脆性剪坏。此种破坏形式抗剪能力比较低。即使对于柱高宽比不大的无箍试件,也可能斜拉破坏。

图 7-44 有轴压力时的受剪试件

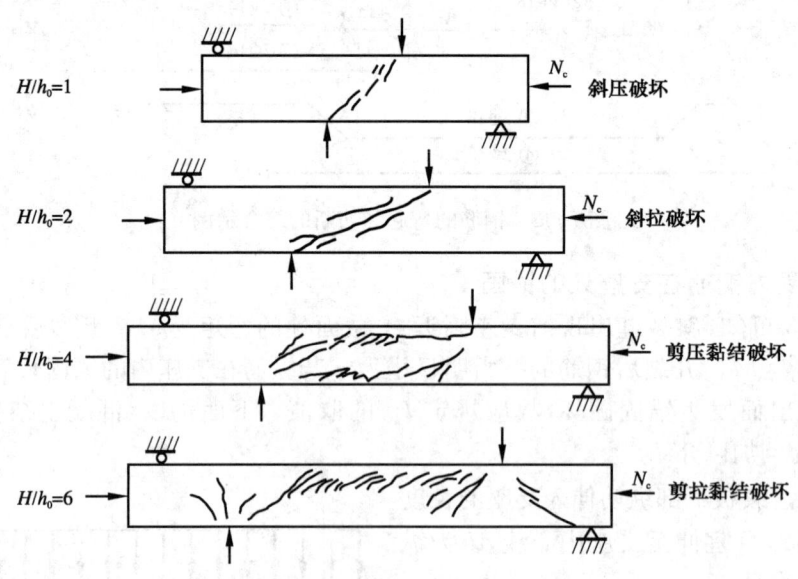

图 7-45 有轴压力时的受剪破坏

2) 斜压破坏

柱高宽比较小,而轴压力较大或配箍率较高时,在加载点处出现数条平行斜裂缝,形成斜向压肢,最后因"短柱压毁"而脆性破坏。

3) 剪压黏结破坏或剪拉黏结破坏

当 $H/h_0=3\sim5$ 时,大多数构件在两端先后出现两条近平行的腹剪斜裂缝,然后沿纵筋出现黏结破坏的撕裂裂缝,最后在斜裂缝末端出现混凝土压碎而破坏。如果配箍偏少,则可能在压区酥裂前,箍筋先达到屈服而导致剪拉破坏,它与斜拉破坏不同的是有一定延性,它与剪压破坏不同的是压区并未酥裂。

试验研究表明,轴向压力对构件的受剪承载力起有利作用,这主要是轴向压力能阻滞斜裂缝的出现和开展,增加了混凝土剪压区的高度,从而提高了混凝土所承担的剪力。

一般而言,轴压力使斜裂缝的倾角变小,轴拉力则使斜裂缝的倾角变大。因而,轴拉力对抗剪总是不利的;不大的轴压力对抗剪是有利的,但轴压力过大时,构件则主要由于受压而破坏,对抗剪不利。

对相同的试件,由试验结果可在 N-V 图上画出其受剪破坏的承载力线。然后,把构件正截面抗弯承载力 M 化成剪力的形式 $V=M/a$,其中,a 为剪跨,把此正截面承载力线也画在同一 N-V 图上。取上述斜截面承载力线和正截面承载力线的内包线即得构件的破坏荷载曲线,如图 7-46 所示。可见,随着轴力从拉到压的变化,构件的破坏形态经历偏拉、拉剪、弯剪、压剪和小偏压等五种类型。

偏心受拉构件的受力特点是:在轴向拉力作用下,构件上可能产生横贯全截面的初始垂直裂缝;施加横向荷载后,斜裂缝可能直接穿过初始垂直裂缝向上发展,也可能沿初始垂直裂缝延伸再斜向发展。其斜裂缝宽度较大、倾角也大,其末端剪压区高度减小,甚至没有剪压区,从而其受剪承载力有明显的降低。

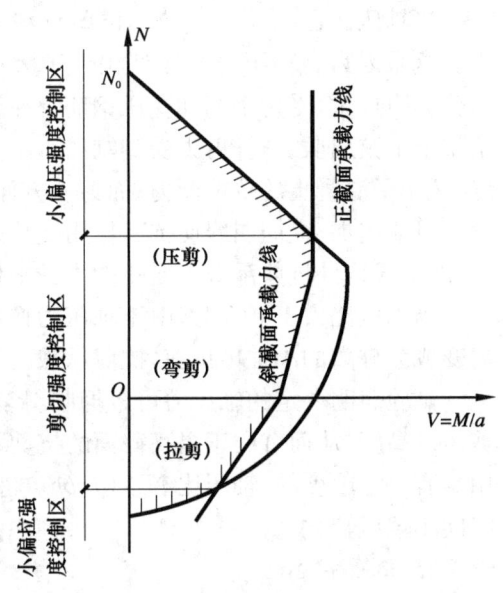

图 7-46 有轴力作用时受剪构件的破坏曲线

7.5.2 影响偏心受压构件斜截面抗剪承载力的因素

1. 高宽比

首先定义 N_c/f_cbh 为偏心受压构件的轴压比。当偏心受压构件轴压比、配箍率相同时,随柱高宽比 H/h_0 的增大其抗剪承载力明显减小(图 7-47);而构件的变形能力增大(图 7-48)。另外,高宽比对破坏形态的影响还与轴向力的大小有关。

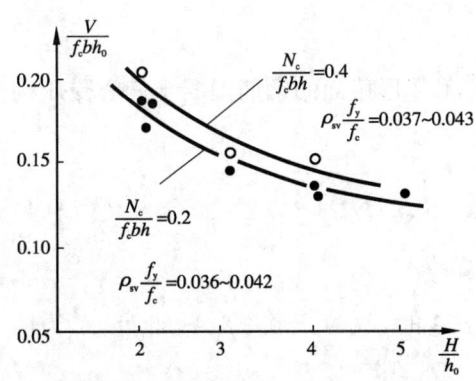

图 7-47 高宽比对构件抗剪承载力的影响

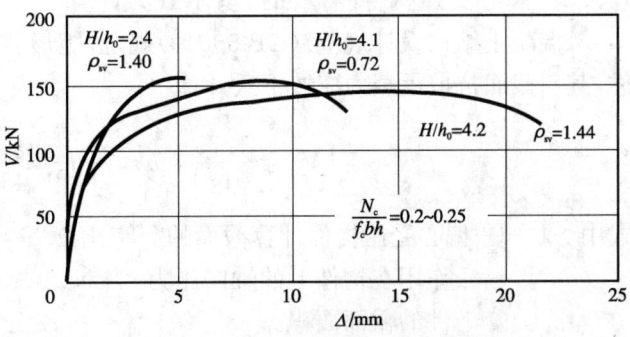

图 7-48 柱高宽比对构件变形的影响

2. 轴压比

构件抗剪承载力随轴压比 $N_c/(f_c bh)$ 的变化情况如图 7-49 所示。低轴压比[$N_c/(f_c bh)<0.5$]时，随轴压比增大，抗剪承载力上升。这是因为对高宽比较大的构件，随轴压比增加，混凝土受压面积增加，所以抗剪承载力增大；对高宽比较小的构件，随轴压比增大，混凝土主拉应力减小，所以抗剪承载力也提高。

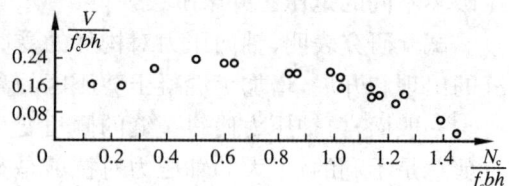

图 7-49 轴压比对构件受剪承载力的影响

当轴压比在 0.5~0.8 时，抗剪承载力变化很小。这是因为当轴压力增加到相当于大小偏心受压分界附近时，受拉钢筋和受压钢筋都屈服，这时箍筋的抗剪强度受纵筋屈服的制约（相当于桁架上下弦屈服、斜杆剪力受到制约），不能继续增大；而混凝土由于轴压力较大形成内部微裂缝，减小了混凝土的抗剪能力；而另一方面随轴压力增大，混凝土主拉应力减小，混凝土抗剪强度还可能增加；纵筋屈服使抗剪作用变化很小。综合箍筋、纵筋、混凝土的抗剪作用都变化很小，故形成构件抗剪承载力变化微小的平稳阶段。

当轴压比大于 0.8 时，由于轴压力作用，使混凝土内部纵向裂缝开展，这时整个构件的抗剪变成为分离的小柱体抗剪，抗剪承载力下降，因此，在图 7-49 中出现了曲线的下降段。

试验表明一定的轴压力可以抑制斜裂缝的出现和发展，增强骨料咬合作用，增大混凝土的剪压区高度，从而有利于提高截面的抗剪承载力。从图 7-49 可知轴压力对截面抗剪的有利作用是有一定限度的，轴压比 $N_c/(f_c bh)$ 超过 0.5 以后，截面的抗剪能力将逐渐降低，破坏形态将向小偏压转化。

3. 配箍率

在反弯点（所谓反弯点，即柱中弯矩为零的点也即正负弯矩变化点）区段内，与斜裂缝相交的箍筋的应力极不均匀。近加载点处由于垂直正应力 σ 的影响，使斜裂缝的宽度和箍筋应力均较小，反弯点附近的箍筋应力也较小。但加载点与反弯点之间的斜裂缝宽度和箍筋应力都较大。反弯点的存在使构件破坏时只有部分箍筋应力达到屈服，因此箍筋的抗剪作用要比无反弯点的构件要低。

当箍筋配置较多，且间距较密时，斜裂缝的宽度和间距就减小，构件的抗剪承载力和变形能力也较高。与受弯构件相似，当箍筋率 A_{sv}/bs 提高到一定数量后，破坏形式由箍筋屈服转为混凝土压碎，即由剪压转为斜压破坏。

7.5.3 偏心受压构件斜截面抗剪承载力计算

《混凝土结构设计规范》(GB 50010)规定，矩形、T 形和 I 形截面的钢筋混凝土偏心受压构件，其斜截面抗剪承载力应按下式计算：

$$V_u = \frac{1.75}{\lambda+1} f_t bh_0 + f_{yv}\frac{A_{sv}}{s}h_0 + 0.07 N_c \tag{7-64}$$

式中 λ ——偏心受压构件计算截面的剪跨比；

N_c ——作用在构件上的轴向压力，当 $N_c > 0.3 f_c A$ 时，取 $N_c = 0.3 f_c A$，此处，A 为构件的截面面积。

计算截面的剪跨比 λ 应按下列规定取用：

(1) 对各类结构的框架柱，宜取 $\lambda=M/(Vh_0)$；对框架结构中的框架柱，当其反弯点在层高范围内时,可取 $\lambda = H_n/(2h_0)$;当 $\lambda < 1$ 时,取 $\lambda = 1$;当 $\lambda > 3$ 时,取 $\lambda = 3$;此处,M 为计算截面上与剪力 V 相应的弯矩,H_n 为柱净高。

(2) 对其他偏心受压构件,当承受均布荷载时,取 $\lambda = 1.5$;当承受集中荷载时(包括作用有多种荷载,其中集中荷载对支座截面或节点边缘所产生的剪力值占总剪力值的 75% 以上的情况),取 $\lambda = a/h_0$,当 $\lambda < 1.5$ 时,取 $\lambda = 1.5$;当 $\lambda > 3$ 时,取 $\lambda = 3$;此处,a 为集中荷载至支座或节点边缘的距离。

偏心受压构件斜截面抗剪承载力的上限值仍可用式(7-45)或式(7-46)计算。偏心受压构件斜截面抗剪承载力的下限值为

$$V_{u,\min} = \frac{1.75}{\lambda+1} f_t b h_0 + 0.07 N_c \tag{7-65}$$

进行截面设计时,若剪力 V 符合

$$V \leqslant \frac{1.75}{\lambda+1} f_t b h_0 + 0.07 N_c \tag{7-66}$$

则可不进行斜截面受剪承载力计算,而仅需按构造要求配置箍筋。

7.5.4 偏心受拉构件斜截面受剪承载力计算

由于存在轴向拉力,构件中的主拉应力增大,斜裂缝与构件纵轴之间的夹角增大,使受剪破坏时的混凝土剪压区高度减小。当轴拉力较大时也可能不出现混凝土受压区。轴向拉力对抗剪不利,承载力降低的幅度随轴向拉力的增大而增加。

因此,矩形、T 形和 I 形截面的钢筋混凝土偏心受拉构件,其斜截面受剪承载力可按下式计算:

$$V_u = \frac{1.75}{\lambda+1} f_t b h_0 + f_{yv} \frac{A_{sv}}{s} h_0 - 0.2 N_t \tag{7-67}$$

式中 N_t——作用在构件上的轴向拉力;
λ——计算截面的剪跨比(其取法与偏心受压构件相同)。

当式(7-67)右边的计算值小于 $f_{yv} A_{sv} h_0/s$ 时,应取等于 $f_{yv} A_{sv} h_0/s$,且 $f_{yv} A_{sv} h_0/s$ 的值不得小于 $0.36 f_t b h_0$。

偏心受拉构件的斜截面抗剪承载力的上、下限值以及截面设计时的限制条件与偏心受压构件类似。

7.5.5 钢筋混凝土矩形截面双向受剪柱的抗剪承载力计算

图 7-50 所示为一钢筋混凝土双向受剪柱的截面。设 V_{ux0}、V_{uy0} 分别为偏心受压柱在 x 方向、y 方向单向受剪时的抗剪承载力,于是根据前节的内容有:

$$V_{ux0} = \frac{1.75}{\lambda_x+1} f_t b h_0 + f_{yv} \frac{A_{svx}}{s} h_0 + 0.07 N_c \tag{7-68}$$

$$V_{uy0} = \frac{1.75}{\lambda_y+1} f_t h b_0 + f_{yv} \frac{A_{svy}}{s} b_0 + 0.07 N_c \tag{7-69}$$

式中 λ_x, λ_y——柱在 x 轴和 y 轴方向的计算剪跨比,计算方法同式(7-64);
A_{svx}, A_{svy}——配置在同一截面内平行于 x 轴、y 轴的箍筋各肢截面面积的总和。

单向受剪时，两个方向的最大抗剪承载力为

$$V_{ux0,\max}=0.25\beta_c f_c b h_0 \quad (7\text{-}70)$$

$$V_{uy0,\max}=0.25\beta_c f_c h b_0 \quad (7\text{-}71)$$

柱单向受剪时和受剪方向垂直的箍筋肢基本不受力，柱双向受剪时各箍筋肢均受力。二者的受力性能存在着明显的差别。根据国外有关研究资料以及国内的部分试验结果可知，柱双向受剪时的承载力大致服从椭圆规律。设 V_u 为双向受剪柱的承载力，V_u 与 x 轴的夹角为 θ，V_u 在 x 轴和 y 轴上的分量分别为 V_{ux} 和 V_{uy}，于是有：

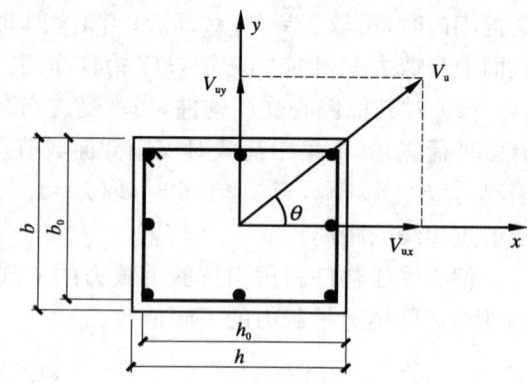

图 7-50　双向受剪柱的截面

$$\left(\frac{V_{ux}}{V_{ux0}}\right)^2+\left(\frac{V_{uy}}{V_{uy0}}\right)^2=1 \quad (7\text{-}72)$$

$$\begin{cases} V_{ux}=V_u\cos\theta \\ V_{uy}=V_u\sin\theta \end{cases} \quad (7\text{-}73)$$

将式(7-73)代入式(7-72)，经整理得

$$V_u=\frac{1}{\sqrt{\dfrac{\cos^2\theta}{V_{ux0}^2}+\dfrac{\sin^2\theta}{V_{uy0}^2}}} \quad (7\text{-}74)$$

同理，双向受剪柱的抗剪承载力也有上限和下限值，读者可通过思考分析自行给出。

7.5.6　钢筋混凝土圆形截面柱的抗剪承载力计算

当钢筋混凝土圆形截面柱采用图 7-51 所示的配筋时，其抗剪承载力仍然可以用如下的二项式表达：

$$V_u=V_c+V_s \quad (7\text{-}75)$$

式中　V_c——混凝土对柱抗剪承载力的贡献；

V_s——箍筋对柱抗剪承载力的贡献。

综合分析国内外的试验结果得：

$$V_c=\frac{1.0}{\lambda+1.5}f_t D^2+0.083N_c \quad (7\text{-}76)$$

当 $N_c>0.3f_c A$ 时，取 $N_c=0.3f_c A$，λ 的计算方式同式(7-64)。

如图 7-52 所示，假定：斜裂缝与圆柱纵轴的夹角为 $45°$；与斜裂缝相交的箍筋在极限状态下全达到屈服；箍筋的间距 s 与箍筋中心线所围成的圆周的直径 D' 比较，相对较小。将与斜裂缝相交的箍筋的拉力全部投影到水平面上，则所有拉力在水平方向的投影之和就是极限状态下圆柱箍

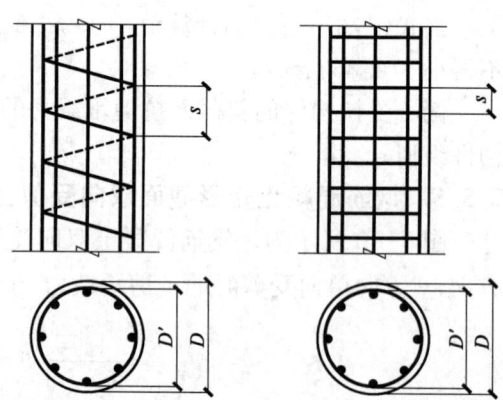

图 7-51　钢筋混凝土圆形截面柱的配筋形式

筋所承受的剪力。

$$V_s = \sum A_{sv1} f_{yv} \sin\theta_i \quad (7\text{-}77)$$

但是式中的 θ_i 计算复杂,为此作如下简化处理:当 s 较小时,$aa' \approx s$,a 点处水平力的集度 $q_a \approx \dfrac{A_{sv1} f_{yv}}{s}$;$b$ 点处水平力的集度 $q_b = 0$;假想将 1/4 圆周 ab 拉直并假定 ab 之间水平力的集度按线形分布[图 7-52(c)],则有

$$V'_s = \frac{1}{2} \frac{A_{sv1} f_{yv}}{s} \frac{D'\pi}{4} = \frac{\pi A_{sv1} f_{yv}}{8s} D' \quad (7\text{-}78)$$

对整个圆周有 $\quad V_s = \dfrac{\pi A_{sv1} f_{yv}}{2s} D' \quad (7\text{-}79)$

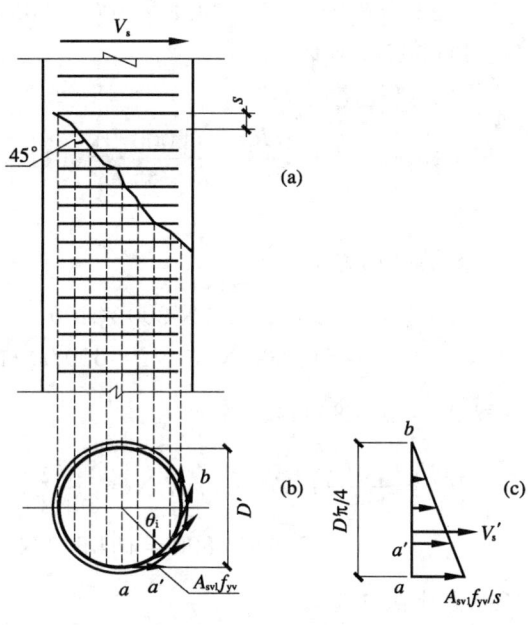

图 7-52 箍筋对柱抗剪承载力的贡献

将式(7-76)、式(7-79)代入式(7-75),则得钢筋混凝土圆形截面柱抗剪承载力的计算公式为

$$V_u = \frac{1.0}{\lambda + 1.5} f_t D^2 + \frac{\pi}{2} \frac{A_{sv1} f_{yv}}{s} D' + 0.083 N_c \quad (7\text{-}80)$$

式中 D'——箍筋中心线所围成的圆周的直径;
A_{sv1}——单根钢筋的截面积。

同理,柱斜截面抗剪承载力的上、下限值分别为

$$V_{u,\max} = 0.25 \beta_c f_c D^2 \quad (7\text{-}81)$$

$$V_{u,\min} = \frac{1.0}{\lambda + 1.5} f_t D^2 + 0.083 N_c \quad (7\text{-}82)$$

7.6 钢筋混凝土偏心受力构件斜截面抗剪承载力计算公式的应用

钢筋混凝土偏心受力构件基于承载力的斜截面配筋设计、既有构件截面的抗剪承载力计算与钢筋混凝土受弯构件类似,只是在应用相应公式时应考虑轴向力 N_c 或 N_t 的影响。故本节不再列出具体的计算步骤,直接给出两个算例。

【例 7-6】 一框架柱如图 7-53 所示,其截面尺寸 $b \times h = 300 \text{ mm} \times 400 \text{ mm}$,柱净高 $H_n = 3 \text{ m}$。混凝土强度等级为 C30($f_c = 14.3 \text{ N/mm}^2$,$f_t = 1.43 \text{ N/mm}^2$),箍筋为 HPB300 级钢筋($f_{yv} = 270 \text{ N/mm}^2$),纵向受力钢筋为 HRB335 级钢筋($f_y = 300 \text{ N/mm}^2$)。经内力组合,柱端的弯矩为 $M = 120 \text{ kN·m}$,轴向压力为 $N_c = 600 \text{ kN}$,剪力为 $V = 180 \text{ kN}$。求该框架柱的箍筋数量。

【解】 (1) 验算截面尺寸

$0.25f_c bh_0 = 0.25 \times 14.3 \times 300 \times 365 = 391\,463$ N
$> 180\,000$ N，可以。

(2) 配箍筋

剪跨比 $\quad \lambda = \dfrac{H_n}{2h_0} = \dfrac{3\,000}{2 \times 365} = 4.110 > 3.0$

故取 $\lambda = 3.0$。

检验轴压力上限

$0.3f_c bh = 0.3 \times 14.3 \times 300 \times 400$
$\qquad = 514\,800$ N $< N_c = 600\,000$ N

故取 $N_c = 514\,800$ N。从而

$V_{cN} = \dfrac{1.75}{\lambda + 1} f_t bh_0 + 0.07 N = \dfrac{1.75}{3+1} \times 1.43 \times 300 \times 365$
$\qquad + 0.07 \times 514\,800 = 104\,542$ N $< V = 180\,000$ N

所以需计算配箍。

$\dfrac{A_{sv}}{s} = \dfrac{V - V_{cN}}{f_{yv} h_0} = \dfrac{180\,000 - 104\,542}{270 \times 365} = 0.765\,7$

取双肢 $\phi 8$，$A_{sv} = 100.53$ mm²，从而

$s = \dfrac{100.53}{0.765\,7} = 131.29$ mm

取箍筋为 $\phi 8@125$。

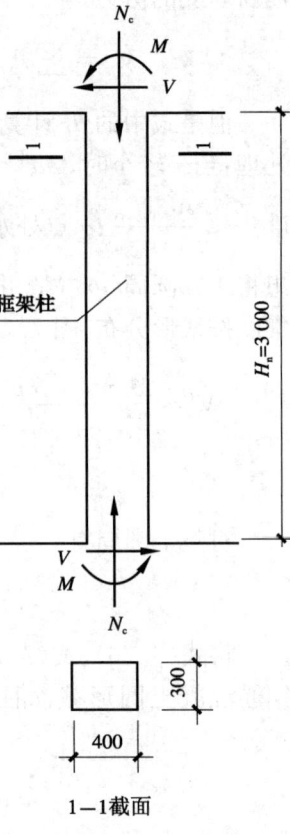

图 7-53 例 7-6 图

【例 7-7】 一钢筋混凝土桁架的下弦杆，截面为 $b \times h = 240$ mm $\times 300$ mm，在 6 m 的节间中部悬挂 100 kN 的荷载，并承受轴拉力 $N_t = 70$ kN。混凝土采用 C30（$f_c = 14.3$ N/mm²，$f_t = 1.43$ N/mm²），箍筋为 HPB300 级钢筋（$f_{yv} = 270$ N/mm²），纵向受力钢筋为 HRB335 级钢筋（$f_y = 300$ N/mm²）。求该桁架下弦杆中的箍筋数量。

【解】 (1) 求内力

最大弯矩 $\qquad M = \dfrac{1}{4} \times 100 \times 6 = 150$ kN·m

剪力 $\qquad V = 50$ kN

(2) 求箍筋

剪跨比 $\lambda = \dfrac{a}{h_0} = \dfrac{3\,000}{265} = 11.32 > 3.0$，取 $\lambda = 3.0$。

$V = 50\,000 = \dfrac{1.75}{\lambda + 1} f_t bh_0 + f_{yv} \dfrac{A_{sv}}{s} h_0 - 0.2 N_t$

$\qquad = \dfrac{1.75}{3+1} \times 1.43 \times 240 \times 265 + 270 \times 265 \times \dfrac{A_{sv}}{s} - 0.2 \times 70\,000 = 25\,790 + 71\,550 \dfrac{A_{sv}}{s}$

由上式解得 $\qquad \dfrac{A_{sv}}{s} = \dfrac{50\,000 - 25\,790}{71\,550} = 0.338\,4$ mm

检验箍筋的下限条件为

$$0.36f_tbh_0 = 0.36 \times 1.43 \times 240 \times 265 = 32\,741 \text{ N}$$

$$> f_{yv}\frac{A_{sv}}{s}h_0 = 71\,550 \times 0.338\,4 = 24\,213 \text{ N}$$

不可以。故应按 $f_{yv}\dfrac{A_{sv}}{s}h_0 \geqslant 0.36f_tbh_0$ 配置箍筋。应有

$$f_{yv}\frac{A_{sv}}{s}h_0 = 71\,550\frac{A_{sv}}{s} \geqslant 0.36f_tbh_0 = 32\,741 \text{ N}$$

即

$$\frac{A_{sv}}{s} \geqslant \frac{32\,741}{71\,550} = 0.457\,6 \text{ mm}^2/\text{mm}$$

取双肢 $\phi 6$，$A_{sv} = 56.55$ mm^2。从而，$s \leqslant \dfrac{56.55}{0.457\,6} = 123.58$ mm，取箍筋为 $\phi 6@125$，误差小于 5%。

7.7 钢筋混凝土深受弯构件及墙体的抗剪性能

7.7.1 钢筋混凝土深受弯构件的抗剪性能

1. 构造要求及受力特点

深受弯构件的配筋情况如图 5-42 所示。深梁的最小配筋率示于表 5-2。表中，纵向受拉钢筋配筋率 ρ、水平分布钢筋配筋率 ρ_{sh}、竖向分布钢筋配筋率 ρ_{sv} 的定义式分别为

$$\rho = \frac{A_s}{bh}, \quad \rho_{sh} = \frac{A_{sh}}{bs_v}, \quad \rho_{sv} = \frac{A_{sv}}{bs_h} \tag{7-83}$$

式中 A_{sv} ——配置在同一竖向截面内的竖向分布钢筋的全部截面面积；

s_h ——竖向分布钢筋的水平间距；

A_{sh} ——配置在同一水平截面内的水平分布钢筋的全部截面面积；

s_v ——水平分布钢筋的竖向间距。

随着 l_0/h 的减小，深受弯构件的剪切破坏模式由剪压型向斜压型过渡，且混凝土部分在受剪承载力中所占的比重不断增大。

关于抗剪钢筋的贡献，在 l_0/h 较大时（l_0/h 接近 5.0 时），与一般浅梁类似，只有竖向分布钢筋（箍筋）参与抗剪；而在 l_0/h 较小时，则只有水平分布钢筋能发挥有限的抗剪作用。当 l_0/h 由大变小时，这种变化则平滑过渡。

应注意的是，由于深梁中水平及竖向分布钢筋对受剪承载力的作用有限，当深梁受剪承载力不足时，应主要通过调整截面尺寸或提高混凝土强度等级来满足受剪承载力的要求。

2. 承载力计算

矩形、T 形和 I 形截面的深受弯构件，在均布荷载作用下，当配有竖向分布钢筋和水平分布钢筋时，其斜截面受剪承载力的计算公式为

$$V_u = 0.7\frac{(8-l_0/h)}{3}f_tbh_0 + 1.25\frac{(l_0/h-2)}{3}f_{yv}\frac{A_{sv}}{s_h}h_0 + \frac{(5-l_0/h)}{6}f_{yh}\frac{A_{sh}}{s_v}h_0 \tag{7-84}$$

受集中荷载作用的深受弯构件（包括作用有多种荷载且其中集中荷载对支座截面所产生

的剪力值占总剪力值的 75% 以上的情况),其斜截面的受剪承载力计算公式则为

$$V_u = \frac{1.75}{\lambda+1} f_t b h_0 + \frac{(l_0/h-2)}{3} f_{yv} \frac{A_{sv}}{s_h} h_0 + \frac{(5-l_0/h)}{6} f_{yh} \frac{A_{sh}}{s_v} h_0 \tag{7-85}$$

式中,λ 为计算剪跨比。

当 $l_0/h \leqslant 2.0$ 时,取 $\lambda = 0.25$;当 $2.0 < l_0/h < 5.0$ 时,取 $\lambda = a/h_0$。其中,a 为集中荷载到深受弯构件支座的水平距离;λ 的上限值为 $(0.92 l_0/h - 1.58)$,下限值为 $(0.42 l_0/h - 0.58)$。l_0/h 为跨高比,当 $l_0/h < 2.0$ 时,取 $l_0/h = 2.0$。

深受弯构件受剪截面的最大抗剪承载力为

当 $h_w/b \leqslant 4$ 时,
$$V_{u,max} = \frac{1}{60}(10+l_0/h)\beta_c f_c b h_0 \tag{7-86}$$

当 $h_w/b \geqslant 6$ 时,
$$V_{u,max} = \frac{1}{60}(7+l_0/h)\beta_c f_c b h_0 \tag{7-87}$$

当 $4 < h_w/b < 6$ 时,按线性插值。

7.7.2 钢筋混凝土剪力墙的抗剪性能

竖向的偏心受力构件,当其截面的长边(长度)大于其短边(厚度)的 4 倍时,就称其为剪力墙。

结构中的剪力墙(或墙肢)可处于偏心受压或偏心受拉状态,一般均承受(水平)剪力,故应进行斜截面受剪承载力计算。

带翼缘的剪力墙,翼缘的计算宽度可取下列四者中的最小值:①剪力墙的间距;②门窗洞间翼墙的宽度;③剪力墙厚度加两侧各 6 倍翼墙厚度;④剪力墙墙肢总高度的 1/10。

剪力墙受剪截面的最大抗剪承载能力为

$$V_{u,max} = 0.25 \beta_c f_c b h \tag{7-88}$$

式中 β_c——混凝土强度影响系数,其取值方法与前述相同;

b——矩形截面的宽度或 T 形、I 形截面的腹板宽度(墙的厚度);

h——截面高度(墙的长度)。

下面给出剪力墙抗剪承载力的计算方法。有抗震要求时,还应满足专门的规定。

1. 剪力墙偏心受压时抗剪承载力计算

钢筋混凝土剪力墙在偏心受压时的斜截面抗剪承载力应按下式计算:

$$V_u = \frac{1}{\lambda-0.5}\left(0.5 f_t b h_0 + 0.13 N_c \frac{A_w}{A}\right) + f_{yv} \frac{A_{sh}}{s_v} h_0 \tag{7-89}$$

式中 N_c——作用在剪力墙上的轴向压力,当 $N_c \geqslant 0.2 f_c b h$ 时,取 $N_c = 0.2 f_c b h$;

A——剪力墙的截面面积,有关的翼缘有效面积可按前述的翼缘计算宽度确定;

A_w——T 形、I 形截面剪力墙腹板的截面面积,对矩形截面剪力墙取 $A_w = A$;

A_{sh}——配置在同一水平截面内的水平分布钢筋的全部截面面积;

s_v——水平分布钢筋的竖向间距;

λ——计算截面的剪跨比,$\lambda = \frac{M}{Vh_0}$,当 $\lambda < 1.5$ 时,取 $\lambda = 1.5$;当 $\lambda > 2.2$ 时,取 $\lambda = 2.2$,当计算截面与墙底之间的距离小于 $h_0/2$ 时,λ 应按距墙底 $h_0/2$ 处的弯矩值与剪力值计算。

截面设计时,当剪力值不大于式(7-89)中右边第一项时,水平分布钢筋应按构造要求配置。

2. 剪力墙偏心受拉时受剪承载力计算

钢筋混凝土剪力墙在偏心受拉时的斜截面受剪承载力应按下式计算:

$$V_u = \frac{1}{\lambda - 0.5}\left(0.5 f_t b h_0 - 0.13 N_t \frac{A_w}{A}\right) + f_{yv}\frac{A_{sh}}{s_v} h_0 \tag{7-90}$$

式中,N_t 为作用在剪力墙上的轴向拉力;其余各量的定义与前述相同。

当式(7-90)右边的计算值小于 $\frac{f_{yv} A_{sh} h_0}{s_v}$ 时,取等于 $\frac{f_{yv} A_{sh} h_0}{s_v}$。

3. 构造要求

钢筋混凝土剪力墙的混凝土强度等级不宜低于C20,墙的厚度不应小于140 mm。对剪力墙结构,墙的厚度尚不宜小于楼层高度的1/25;对框架-剪力墙结构,墙的厚度尚不宜小于楼层高度的1/20。当采用预制楼板时,墙的厚度尚应考虑预制板在墙上的搁置长度及墙内竖向钢筋贯通的要求。

剪力墙水平分布钢筋的配筋率 ρ_{sh} 和竖向分布钢筋的配筋率 ρ_{sv} 的计算公式同式(7-83)。ρ_{sh} 和 ρ_{sv} 各自均不应小于0.2%。对重要的剪力墙,水平和竖向分布钢筋的配筋率宜适当提高。对温度、收缩应力较大的部位,水平分布钢筋的配筋率宜适当提高。

剪力墙水平及竖向分布钢筋的直径不应小于 8 mm,间距不应大于 300 mm。

厚度大于 160 mm 的剪力墙应配置双排分布钢筋网。结构中重要部位的剪力墙,当其厚度不大于 160 mm 时,也宜配置双排分布钢筋网。双排分布钢筋网应沿墙的两个侧面布置,且应采用拉筋连系;拉筋直径不宜小于 6 mm,间距不宜大于 600 mm。

7.8 新旧混凝土之间的剪力传递

实际工程中,考虑到施工等因素的影响会出现新旧混凝土之间的结合面。如图 7-54 所示的一简支构件,若先浇梁再浇板会出现新旧混凝土间的结合面(这类构件称作叠合构件)。在集中荷载 P 的作用下结合面上会产生剪应力[图 7-54(a)]。保证梁和板共同工作的前提就是新旧混凝土结合面不能被剪坏,也即新旧混凝土之间可以传递剪力。

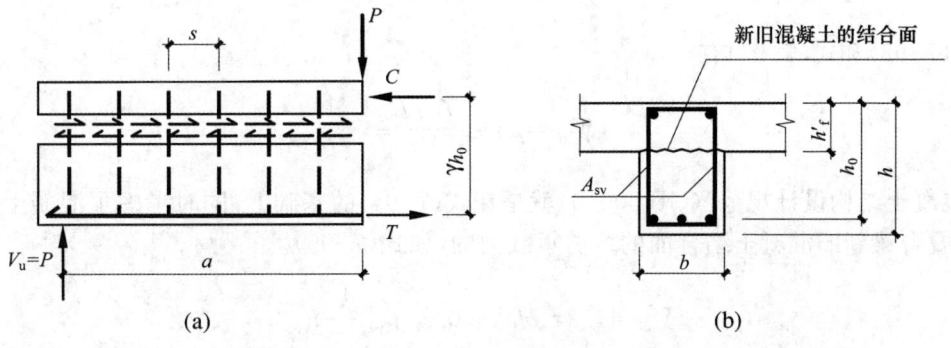

图 7-54 后浇钢筋混凝土板与先浇钢筋混凝土梁结合面上的剪力传递

如图 7-55 所示的剪-摩概念可以较好地描述类似图 7-54 所示的新旧混凝土结合面之间的剪力传递。如图 7-55(a)所示，当剪力 V_h 较小时，新旧混凝土之间的结合面完好，穿过结合面的横向受力钢筋的应力很小；随着 V_h 的增大，结合面会分开且新旧混凝土之间会产生相对滑动，横向钢筋的拉应力急增。受拉的横向钢筋会在结合面上施加一压力 T_v [图 7-55(b)]，于是结合面上会产生摩擦力。当横向钢筋屈服时，结合面受到的压力达最大值。设和结合面相交的所有横向钢筋的截面积为 A_{sv}，则根据摩擦力的基本概念可得结合面上可传递的最大剪力为

$$V_{hu} = \mu T_v = \mu A_{sv} f_{yv} \tag{7-91}$$

式中　μ —— 结合面上的摩擦系数，其值为 0.6~1.0；
　　　A_{sv} —— 结合面相交的所有横向钢筋的截面积；
　　　f_{yv} —— 横向钢筋的屈服强度。

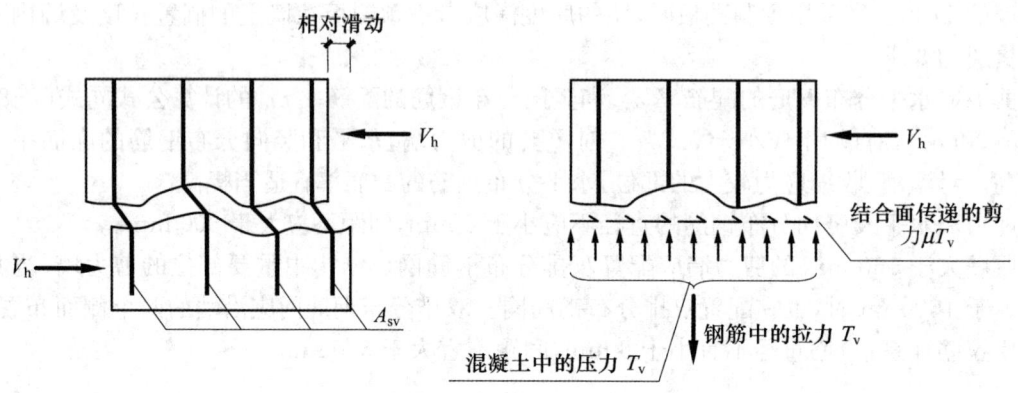

图 7-55　新旧混凝土之间的剪力传递

如图 7-54 所示的叠合梁，结合面所能传递的最大剪力 $V_{hu}=C$。由力的平衡条件可知

$$C = \frac{M}{\gamma h_0} = \frac{V_u a}{\gamma h_0} \tag{7-92}$$

$$C = V_{hu} = \mu \frac{A_{sv}}{s} \cdot a \cdot f_{yv} \tag{7-93}$$

综合式(7-92)和式(7-93)有

$$V_u = \mu \gamma h_0 \frac{A_{sv} f_{yv}}{s} \tag{7-94}$$

《混凝土结构设计规范》(GB 50010)就是在式(7-94)的基础上，同时考虑了混凝土的贡献来计算叠合梁新旧混凝土结合面的抗剪承载力的，如式(7-95)。

$$V_u = 1.2 f_t b h_0 + 0.85 f_{yv} \frac{A_{sv}}{s} h_0 \tag{7-95}$$

式中，f_t 为混凝土的抗拉强度，取新旧混凝土中的较低值。

思考题

【7-1】 图 7-56 所示的简支梁会产生哪些形式的裂缝？试简要画出各裂缝的大致形状。

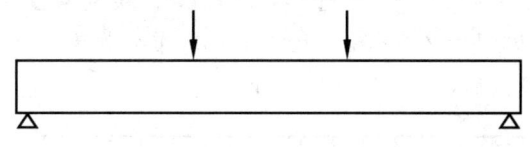

图 7-56 思考题 7-1 图

【7-2】 抗剪极限承载力公式采用混凝土项和钢筋项相叠加的形式，这是否表示二者互不影响？

【7-3】 钢筋混凝土梁在荷载作用下，为什么会出现斜裂缝？

【7-4】 对图 7-57 所示的外伸梁的悬臂梁，画出可能出现的斜裂缝及其发展方向。

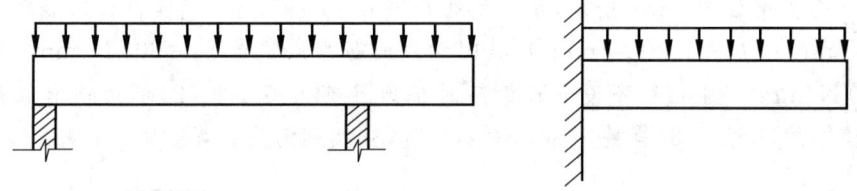

图 7-57 思考题 7-4 图

【7-5】 为什么会发生斜截面受弯破坏？在设计中应采取什么措施来保证不发生这种破坏？

【7-6】 无腹筋和有腹筋简支梁沿斜截面破坏的主要形态有哪几种？其形成的条件是什么？各有何破坏特征？

【7-7】 在什么情况下梁的抗剪设计需要用到剪跨比？

【7-8】 为什么要限制箍筋的最大间距？

【7-9】 广义剪跨比与计算剪跨比有何不同？为何在计算中可用计算剪跨比？

【7-10】 影响有腹筋梁斜截面承载力的主要因素有哪些？

【7-11】 什么叫抵抗弯矩图？其与设计弯矩图应有什么关系？

【7-12】 有腹筋简支梁在出现斜裂缝后的受力机理是什么？

【7-13】 多配箍筋是否一定能提高抗剪承载力？为什么？

【7-14】 在设计中如何避免出现斜截面的斜压破坏？

【7-15】 无腹筋简支梁出现斜裂缝后，其受力状态发生了哪些变化？

【7-16】 在构件斜截面抗剪承载力计算中如何考虑轴向力的影响？

【7-17】 柱双向受剪时的承载力为何不可以取作两个方向单向受剪承载力的简单合成？

【7-18】 深受弯构件中的抗剪钢筋和普通受弯构件有何不同？

【7-19】 除叠合梁外，能否举出其他新旧混凝土间剪力传递的工程实例？

练习题

【7-1】 钢筋混凝土梁截面尺寸为 $b \times h = 200 \text{ mm} \times 500 \text{ mm}$，$a_s = 35 \text{ mm}$，混凝土为 C20

级($f_c = 9.6 \text{ N/mm}^2, f_t = 1.10 \text{ N/mm}^2$),承受剪力 $V = 1.2 \times 10^5$ N。求所需的抗剪箍筋(假定箍筋的屈服强度为 $f_{yv} = 270 \text{ N/mm}^2$)。

【7-2】 同上题,但 $V = 6.2 \times 10^4$ N 及 $V = 2.8 \times 10^5$ N。分别求所需的抗剪箍筋。

【7-3】 钢筋混凝土梁如图 7-58 所示,采用 C20 级混凝土($f_c = 9.6 \text{ N/mm}^2, f_t = 1.10 \text{ N/mm}^2$),截面尺寸 $b \times h = 200 \text{ mm} \times 400 \text{ mm}$,均布荷载为 $q = 40$ kN/m(已含自重)。求 $A_右$、$B_左$ 和 $B_右$ 截面的抗剪钢筋($f_{yv} = 270 \text{ N/mm}^2$)。

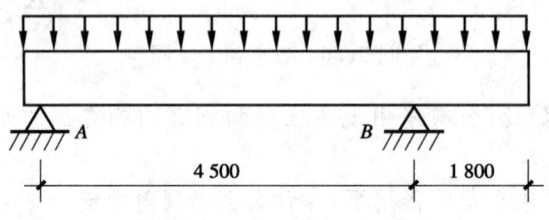

图 7-58 练习题 7-3 图

【7-4】 简支梁如图 7-59 所示,承受均布荷载 $q = 70$ kN/m(包括自重),混凝土为 C20 级($f_c = 9.6 \text{ N/mm}^2, f_t = 1.10 \text{ N/mm}^2$),纵向受力钢筋的强度为 $f_y = 300 \text{ N/mm}^2$,箍筋的强度为 $f_{yv} = 270 \text{ N/mm}^2$。求:(1)不设弯起钢筋时抗剪箍筋为多少?(2)利用现有纵筋为弯起钢筋时,试配该梁的箍筋。(3)当箍筋为 $\phi 8@200$ 时,弯起钢筋应为多少?

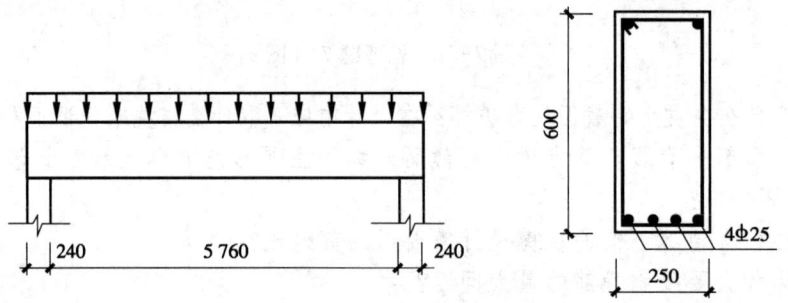

图 7-59 练习题 7-4 图

【7-5】 矩形截面简支梁如图 7-60 所示,截面尺寸 $b \times h = 200 \text{ mm} \times 400 \text{ mm}$,混凝土为 C20 级($f_c = 9.6 \text{ N/mm}^2, f_t = 1.10 \text{ N/mm}^2$),纵向受力钢筋的强度为 $f_y = 300 \text{ N/mm}^2$,箍筋的强度为 $f_{yv} = 270 \text{ N/mm}^2$,不计梁自重。求:(1)所需纵向受拉钢筋;(2)抗剪箍筋(无弯起钢筋);(3)利用受拉纵筋为弯起钢筋时,所需的箍筋。

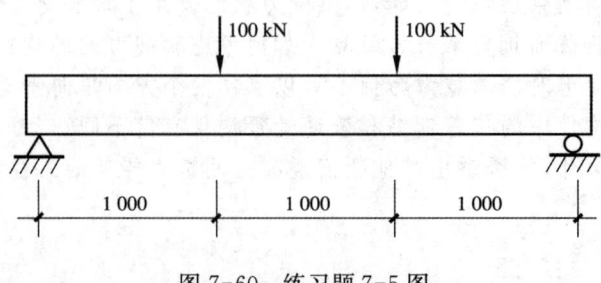

图 7-60 练习题 7-5 图

【7-6】 钢筋混凝土简支梁如图 7-61 所示,承受均布荷载 $q=88.8$ kN/m(包括自重),混凝土为 C20 级($f_c=9.6$ N/mm^2,$f_t=1.10$ N/mm^2),纵向受力钢筋的强度为 $f_y=300$ N/mm^2,箍筋的强度为 $f_{yv}=270$ N/mm^2,问此梁是否安全?

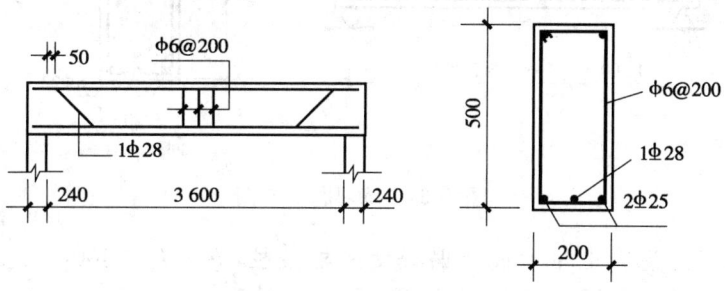

图 7-61　练习题 7-6 图

【7-7】 简支梁如图 7-62 所示,其中均布荷载已包含自重,混凝土为 C20 级($f_c=9.6$ N/mm^2,$f_t=1.10$ N/mm^2),纵向受力钢筋的强度为 $f_y=300$ N/mm^2,箍筋的强度为 $f_{yv}=270$ N/mm^2,求抗剪钢筋。

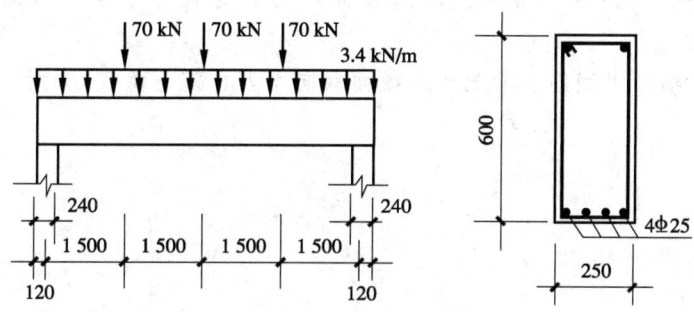

图 7-62　练习题 7-7 图

【7-8】 两跨连续梁如图 7-63 所示,截面 $b\times h=250$ mm$\times 500$ mm,混凝土为 C20 级($f_c=9.6$ N/mm^2,$f_t=1.10$ N/mm^2),纵向受力钢筋的强度为 $f_y=300$ N/mm^2,箍筋的强度为 $f_{yv}=270$ N/mm^2,求梁的抗弯及抗剪钢筋(不计自重)。

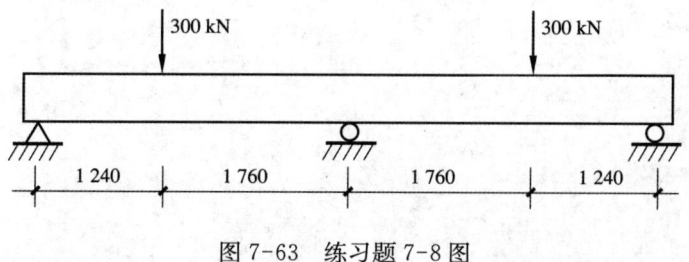

图 7-63　练习题 7-8 图

【7-9】 钢筋混凝土简支梁如图 7-64 所示,采用 C20 级混凝土($f_c=9.6$ N/mm^2,$f_t=1.10$ N/mm^2),纵向受力钢筋的强度为 $f_y=300$ N/mm^2,箍筋的强度为 $f_{yv}=270$ N/mm^2。如果不计梁自重和架立钢筋的作用,试求此梁所能承担的最大荷载 P_{max},此时为何种破坏形态?

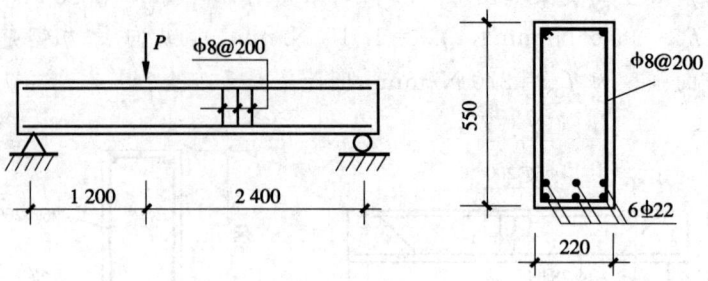

图 7-64 练习题 7-9 图

【7-10】 某钢筋混凝土矩形截面偏心受压框架柱，$b \times h = 400 \text{ mm} \times 600 \text{ mm}$，$H_n = 3.1 \text{ m}$，$a_s = a_s' = 40 \text{ mm}$。混凝土强度等级为 C30（$f_c = 14.3 \text{ N/mm}^2$，$f_t = 1.43 \text{ N/mm}^2$），箍筋为 HPB300 级钢筋（$f_{yv} = 270 \text{ N/mm}^2$），纵向受力钢筋用 HRB400 级（$f_y = 360 \text{ N/mm}^2$），承受轴向压力 $N_c = 1500 \text{ kN}$，剪力 $V = 282 \text{ kN}$，试求抗剪钢筋。

【7-11】 同题【7-10】，但采用相同截面积的圆形截面柱，试求抗剪钢筋，并和题【7-10】的结果进行比较分析。

【7-12】 请详细列出钢筋混凝土矩形截面双向受剪柱基于承载力的斜截面抗剪设计步骤。

【7-13】 请详细列出钢筋混凝土矩形截面双向受剪柱抗剪承载力的计算步骤。

8 构件扭曲截面的性能与计算

8.1 工程应用实例及构件的配筋形式

扭转是构件的基本受力方式之一。图 8-1(a)所示的框架边梁和图 8-1(b)所示的雨篷梁就是两个典型的构件受扭的例子。实际工程中纯扭构件很少,构件在承受扭矩的同时还会受到弯矩和剪力的作用,有的甚至还会受到轴力的作用(同时受扭矩和其他外力作用的构件称作复合受扭构件)。但是弄清纯扭构件的性能有助于进一步认识复合受扭构件的性能。因此,本章先介绍纯扭构件的性能,再介绍复合受扭构件的性能。

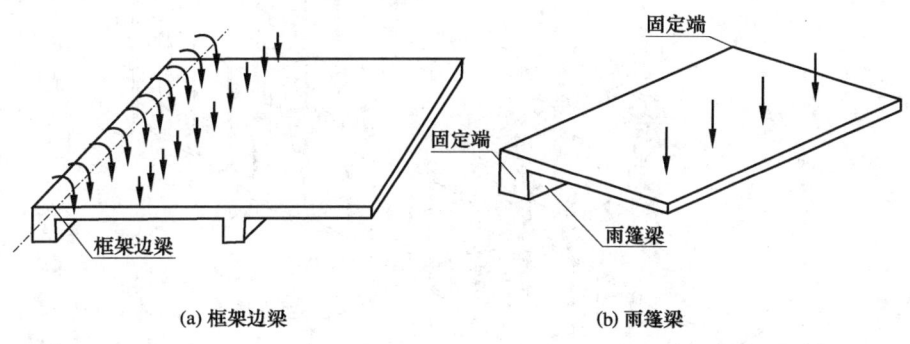

图 8-1 受扭构件典型实例

当构件所受扭矩的大小与该构件的扭转刚度无关只是用来保证结构平衡时,相应的扭转称为平衡扭转。例如图 8-1(b)所示的雨篷梁就是典型的平衡扭转情况。显然,无论该雨篷梁的抗扭刚度如何变化,其承受的扭矩是不变的,且可通过平衡关系求得(此处仅考虑等截面构件)。

当构件所受扭矩的大小取决于该构件的扭转刚度时,相应的扭转就称为协调扭转。如图 8-1(a)所示的框架边梁就是典型的协调扭转情况。在这种情况下,如果边梁因开裂而引起扭转刚度的降低,则其承受的扭矩也会降低。因此,边梁即使不进行受扭承载力设计,结构的承载力也可能满足,但要以构件的开裂和较大的变形为代价。

常见的矩形截面及由矩形组合而成的截面构件中的抗扭钢筋为箍筋和纵筋。箍筋必须封闭且沿矩形的外围设置,端部设 135°弯钩,弯钩端部平直段长度不应小于 10 倍箍筋直径,纵筋则应在箍筋的四角放置,并尽可能沿箍筋均匀布置,如图 8-2 所示。注意,图中四肢箍的中间两肢只能抗剪,而不能抗扭。

在超静定结构中,考虑协调扭转而配置的箍筋,其间距不宜大于 $0.75b$,其中,b 为梁腹板的宽度。

沿截面周边布置的受扭纵向钢筋的间距不应大于 200 mm 和截面短边长度;除应在梁截面四角设置受扭纵向钢筋外,其余受扭

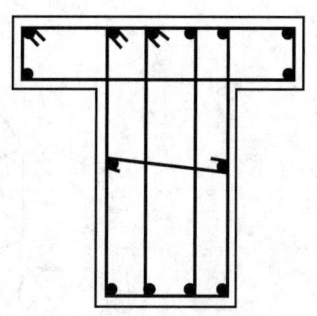

图 8-2 受扭构件截面的配筋

纵向钢筋宜沿截面周边均匀对称布置。受扭纵向钢筋应按受拉钢筋的要求锚固在支座内。

闭口薄壁构件如箱梁的抗扭钢筋的布置可参见相关的教材或著作。

8.2 纯扭构件的试验研究结果

虽然实际的受扭构件一般都是受弯剪扭复合作用的，但对受纯扭构件的研究仍是有意义的。首先，这种研究能在单纯扭转的状态下揭示构件的受扭特性，抓住主要特点。其次，复合受扭构件的计算分析方法是纯扭构件研究结果的拓展。

试件为矩形截面素混凝土构件及配有纵筋和箍筋的钢筋混凝土构件，两端加有扭矩，使其处于纯扭状态如图 8-3 所示。

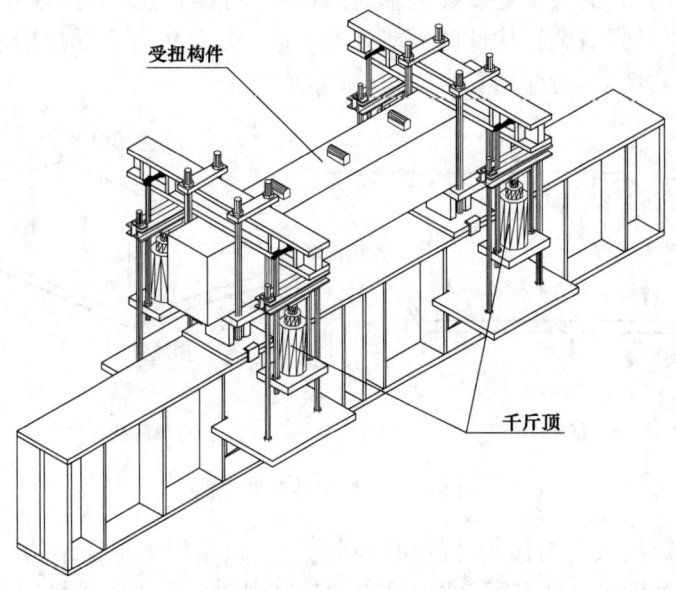

图 8-3 同济大学设计的纯扭构件试验装置

素混凝土试件在加载初期，扭矩与扭转角之间呈线性关系。随着荷载增加，首先在长边中点沿 45°方向斜向开裂，随即向两邻边斜向开展，形成一条螺旋形裂缝而破坏，如图 8-4 所示。

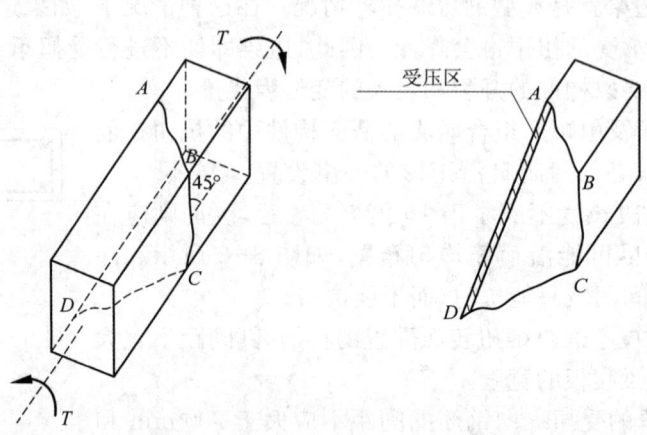

图 8-4 素混凝土纯扭构件的破坏形态

钢筋混凝土试件开裂前,钢筋的应力很小,扭矩与扭转角之间呈线性关系。

初始裂缝发生在截面长边的中点附近,其方向与构件轴线呈 45°角。此裂缝在后来的加载中向两端发展成螺旋状,同时出现许多新的螺旋形裂缝。

开裂后,试件还可以继续承受扭矩,但其抗扭刚度大幅下降,扭矩-扭转角曲线出现明显的转折。在开裂后的试件中,混凝土受压,纵筋和箍筋则均受拉,形成了新的受力机制。随着扭矩的继续增加,此受力机制基本保持不变,而混凝土和钢筋的应力则不断增加,最终试件因两相邻裂缝间的混凝土被斜向压碎而破坏。

钢筋混凝土试件典型的扭矩-扭转角曲线如图 8-5 所示,破坏后试件裂缝情况的表面展开图如图 8-6 所示。

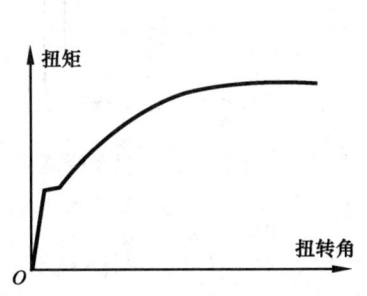

图 8-5 钢筋混凝土试件典型的扭矩-扭转角曲线

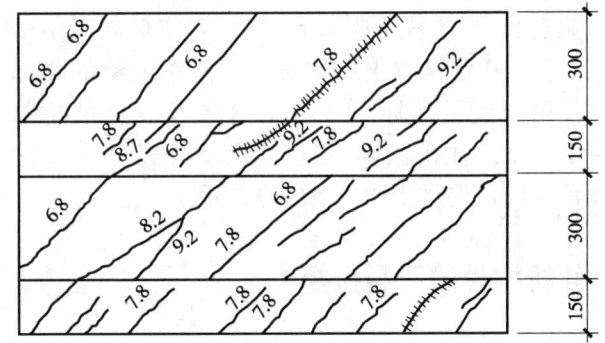

图中所注的数字是该裂缝出现时的扭矩(kN·m)值;
未注数字的裂缝是破坏时出现的裂缝;
线 ━━━━━━ 表示破坏时的主裂缝。

图 8-6 破坏后典型钢筋混凝土试件裂缝情况的表面展开图

由图 8-5 可见,在开裂时构件的扭矩-扭转角曲线有明显的转折并呈现"屈服平台"。这是因为在螺旋形裂缝出现而形成扭曲裂面之后,原来的平衡状态不再成立,代之的是在扭面平衡的机理上建立的新的平衡。这种新的平衡机理的建立必须在一定的变形过程中完成,这就形成了曲线上的屈服台阶。这说明受扭构件在开裂后其平衡机制有了根本的改变。

随着纵筋和箍筋配筋量的不同,试件呈不同的破坏模式。

当纵筋和箍筋的配置量适中时,纵筋和箍筋首先达到屈服强度,然后斜裂缝间的混凝土被斜向压碎而破坏。这种试件呈现较好的延性,与适筋梁类似,称为低配筋构件或适筋构件。

当纵筋配得较少、箍筋配得较多时,破坏时纵筋屈服而箍筋不屈服。反之,当箍筋配得较少、纵筋配得较多时,破坏时箍筋屈服而纵筋不屈服。这两种类型的构件统称为部分超配筋构件。部分超配筋构件也有一定的延性,但其延性比低配筋构件(或适筋构件)小。

当纵筋和箍筋均配得很多时,则破坏时二者均不会屈服。构件的破坏始于混凝土的斜向压碎,属脆性破坏。这种构件称为超配筋构件,与超筋梁相类似。

当纵筋和箍筋均配得过少时,一旦裂缝出现,构件随即破坏,破坏形态和素混凝土构件类似。这是因为纵筋和箍筋无法与混凝土一起形成开裂后新的承载机制。它们迅速屈服甚至进入强化段,但仍无力阻止构件的迅速开裂和破坏。这种构件称为少配筋构件,与少筋梁类似。

少配筋构件和超配筋构件在设计中应予以避免。

高强混凝土($f_{cu}=77.2 \sim 91.9 \text{ N/mm}^2$)构件受纯扭时,在未配抗扭腹筋的情况下,其破坏过程和破裂面形态基本上与普通混凝土构件一致,但斜裂缝比普通混凝土构件陡,破裂面较平整,骨料大部分被拉断。其开裂荷载比较接近破坏荷载,脆性破坏的特征比普通混凝土构件更明显。

配有抗扭钢筋的高强混凝土构件受纯扭时,其裂缝发展及破坏过程与普通混凝土构件基本一致,但斜裂缝的倾角比普通混凝土构件略大。

除了上述破坏形式之外,受扭构件还可能出现拐角脱落的破坏形式。根据 8.4 节将要介绍的空间桁架模型,受压腹杆在截面拐角处相交会产生一个把拐角推离截面的径向力 U(图 8-7)。如果没有密配的箍筋或刚性的角部纵筋来承受此径向力,则当此力足够大时,拐角就会脱落。对不同的箍筋间距进行试验表明,当扭转剪应力大时,只有使箍筋间距≤100 mm 才能可靠地防止这类破坏。使用较粗的角部纵筋也能防止此类破坏。另外,由于受扭构件的角部会出现混凝土的脱落破坏,箍筋端部必须设置 135° 的弯钩而锚入内部混凝土中,如图 8-2 所示。

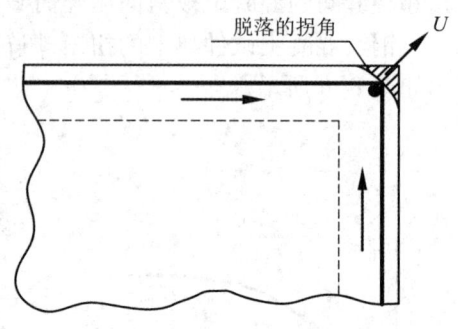

图 8-7 受扭构件的拐角脱落

8.3 纯扭构件的开裂扭矩

为避免形成少配筋构件,配筋构件的抗扭承载力至少应大于素混凝土构件的抗扭承载力。而素混凝土构件的抗扭承载力也就是它的开裂扭矩。因此,需要计算构件的开裂扭矩以作为确定最小抗扭配筋的依据。由于钢筋在构件开裂前的应力很小,故在开裂扭矩的计算中可不计钢筋的作用。建筑工程中的受扭构件常为实心截面构件,而桥梁工程中常用到箱形截面。本节重点讨论此两类构件的开裂扭矩。

8.3.1 实心截面构件的开裂扭矩

对于弹性材料,应按弹性理论计算开裂扭矩;对于塑性材料,则应按塑性理论计算开裂扭矩。混凝土在非均匀受拉破坏时,其应力-应变关系呈软化特性,并有一下降段,其性能介于弹性材料和塑性材料之间。因此,开裂扭矩的计算有两类方法。一类是基于弹性理论,得出结果后,再考虑混凝土的塑性,把弹性开裂扭矩予以适当放大。另一类是基于塑性理论,得出结果后,再考虑混凝土塑性的不足,把塑性极限扭矩予以适当折减。美国规范用的是前一类方法,我国规范用的则是后一类方法。

1. 基于弹性理论的方法

矩形截面纯扭构件截面的弹性扭剪应力分布如图 8-8(a)所示。截面角部的剪应力为 0,最大剪应力发生在长边中点(可用薄膜比拟来说明),其值为

$$\tau_{max} = \frac{T}{\alpha' b^2 h} \tag{8-1}$$

式中 b, h——截面的短边边长和长边边长;
α'——形状因子,其值约为 1/4。

从图 8-8(b)可以看出,截面长边中点处的混凝土处于纯剪应力状态,该点混凝土不但承受主拉应力 σ_1 的作用,还在与其垂直的方向受数值相等的主压应力 σ_2 作用。从图 2-31 所示

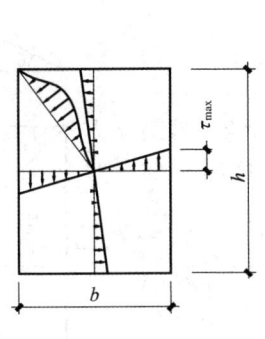 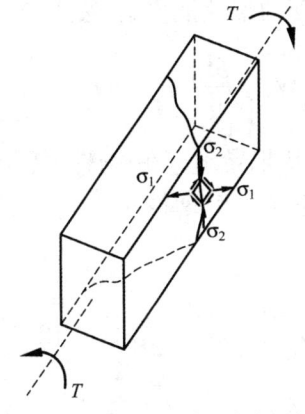

(a) 截面的弹性扭剪应力分布　　　　(b) 截面长边中点的主拉应力

图 8-8　矩形截面纯扭构件的扭剪应力

的混凝土在双向受力时的强度曲线可知，主拉应力和主压应力相等时混凝土的抗拉强度约降低 10%。即此时混凝土的表观抗拉强度为 $0.9f_t$，其中，f_t 为混凝土的单轴抗拉强度。根据以上分析，可得构件的开裂扭矩为

$$T_{cr,e} = 0.9 \frac{f_t b^2 h}{4} \tag{8-2}$$

由于混凝土并非理想弹性材料，故把式(8-2)中的形状因子 1/4 改为 1/3，使计算的开裂扭矩大于按弹性理论算出的结果如式(8-3)所示。

$$T_{cr} = 0.9 \frac{f_t b^2 h}{3} \tag{8-3}$$

对于 I 形和 T 形截面，其开裂扭矩可偏于保守地取为各矩形块的开裂扭矩之和。把截面划分成矩形块的方式应使得 $\sum b^2 h$ 达到最大值。相应的开裂扭矩为

$$T_{cr} = 0.9 f_t \frac{\sum b^2 h}{3} \tag{8-4}$$

2. 基于塑性理论的方法

假定一矩形截面纯扭构件完全进入塑性状态，截面各点应力均达 τ_{max}，按图 8-9 所示把截面划分成四个部分。每部分的内力组成了图示的两对力偶。两对力偶合成截面的开裂扭矩

$$T_{cr,p} = 2(F_1 d_1 + F_2 d_2) = \tau_{max} \frac{b^2}{6}(3h - b) \tag{8-5}$$

式中，h，b 分别表示截面的长边和短边长度。

对于理想塑性材料，取 τ_{max} 为相应情况的抗拉强度，则可得到塑性极限扭矩即开裂扭矩为

$$T_{cr,p} = f_t W_t \tag{8-6}$$

式中　f_t——混凝土的抗拉强度；

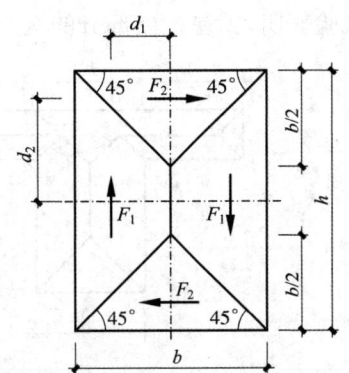

图 8-9　矩形截面的分区及塑性内力

W_t——矩形截面的塑性抵抗矩,按式(8-7)计算。

$$W_t = \frac{b^2}{6}(3h - b) \tag{8-7}$$

式(8-7)可由沙堆比拟导出。在构件的矩形断面上堆沙,最终的结果如图8-10所示。根据沙堆的几何形状可算出其体积为

$$V_R = \frac{1}{2}\theta \frac{b^2}{2}(h-b) + \frac{1}{3}b^2\theta\frac{b}{2} = \frac{b^2}{12}(3h-b)\theta \tag{8-8}$$

式中,θ为沙堆的倾角。

定义$W_t = 2V_R/\theta$,则可得式(8-7)。

混凝土并不是理想塑性材料,因此,构件的开裂扭矩应适当降低。试验表明,对高强混凝土,其降低系数为0.7;对低强混凝土,降低系数接近0.8。偏于安全,相应的开裂扭矩计算公式为

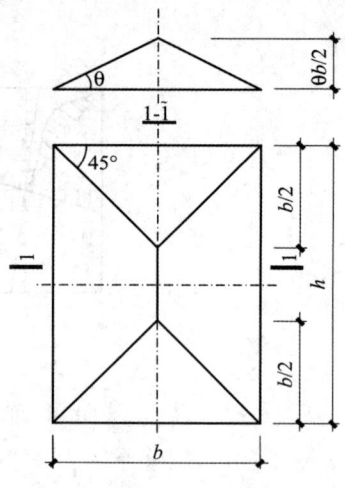

图8-10 矩形截面上堆沙示意

$$T_{cr} = 0.7f_t W_t \tag{8-9}$$

对于矩形截面,W_t按式(8-7)计算。

对于T形、I形这类组合截面,其截面塑性抵抗矩可通过沙堆比拟法得出。若把这类截面看成由若干个矩形截面组合而成,则从沙堆比拟可明显看出,这种组合截面的塑性抵抗矩大于其所包含的各矩形截面的塑性抵抗矩之和,因为在各矩形的连接处所能堆住的砂子显然多于各矩形分离时所能堆住的砂子。

由若干矩形组成的截面的沙堆比拟如图8-11(a)所示。显然,要计算这种沙堆的体积是很复杂的。为方便计算,采用图8-11(b)所示的简化图形,即用连接处的沙堆体积1'2'3'去补充端部所缺的沙堆体积123。由此可得翼缘上沙堆的体积为

$$V_f = \theta' \frac{h_f'^2}{4}(b_f' - b) \tag{8-10}$$

式中,θ'为翼缘上沙堆的倾角。于是,图8-11所示翼缘的塑性抵抗矩W_{tf}为

$$W_{tf} = \frac{2V_f}{\theta'} = \frac{h_f'^2}{2}(b_f' - b) \tag{8-11}$$

试验表明,翼缘挑出部分的有效长度不应超过翼缘厚度的3倍。

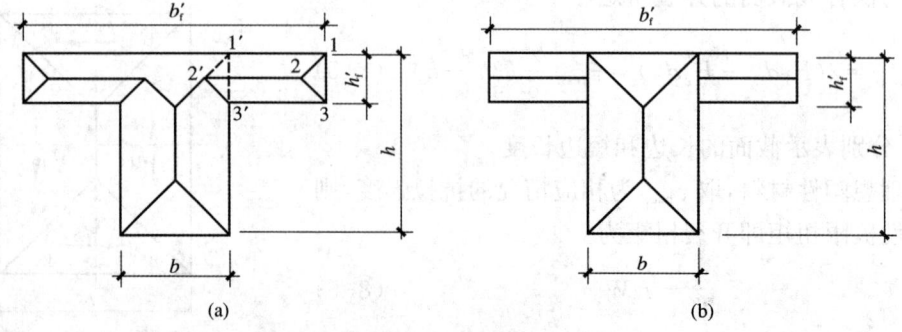

图8-11 复杂截面的简化沙堆比拟

由若干矩形组成的截面塑性抵抗矩为各矩形的塑性抵抗矩之和：

$$W_{t} = \sum W_{ti} \tag{8-12}$$

抗扭构造钢筋（最小抗扭钢筋量）的配置应保证截面的极限扭矩大于其开裂扭矩。

【例 8-1】 一 T 形截面梁的截面如图 8-12 所示，截面尺寸为 $b'_f = 650$ mm，$h'_f = 120$ mm，$b = 250$ mm，$h = 500$ mm。混凝土 $f_t = 1.5$ N/mm²。分别按弹性、塑性理论求其开裂扭矩。

【解】（1）按弹性理论，由式（8-4）得

$$\begin{aligned}
T_{cr} &= 0.9 f_t \frac{\sum x^2 y}{3} \\
&= 0.9 \times 1.5 \times \frac{2 \times 120^2 \times 200 + 250^2 \times 500}{3} \\
&= 1.665 \times 10^7 \text{ N} \cdot \text{mm}
\end{aligned}$$

(2) 按塑性理论，由式（8-12）可得

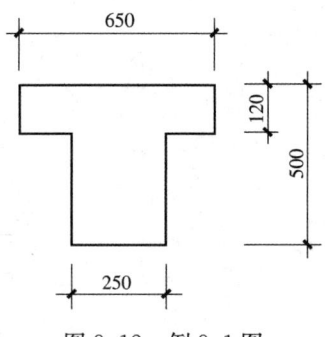

图 8-12 例 8-1 图

$$\begin{aligned}
W_t &= W_{tw} + W_{tf} = \frac{250^2}{6} \times (3 \times 500 - 250) + \frac{120^2}{2} \times (650 - 250) \\
&= 1.59 \times 10^7 \text{ mm}^3
\end{aligned}$$

由式（8-9）得开裂扭矩为

$$T_{cr} = 0.7 \times 1.5 \times 1.59 \times 10^7 = 1.670 \times 10^7 \text{ N} \cdot \text{mm}$$

比较两种方法的计算结果可知，分别对基于弹性和基于塑性的方法进行修正后，对本例的 T 形截面梁算出的开裂扭矩几乎相同。

8.3.2 箱形截面构件开裂扭矩

1. 基于闭口薄壁理论的方法

图 8-13(a) 为一承受扭矩 T 的闭口薄壁管。在其上取出一微元体 $ABCD$，如图 8-13(b) 所示。微元体在 AB 和 CD 两方向的厚度分别为 t_1 和 t_2。扭矩 T 在微元体四周产生的剪力分别为 V_{BA}、V_{BC}、V_{DC} 和 V_{DA}。由 $\sum F_x = 0$ 可知，$V_{BA} = V_{DC}$。因为 $V_{BA} = \tau_1 t_1 dx$，$V_{DC} = \tau_2 t_2 dx$，于是有 $\tau_1 t_1 = \tau_2 t_2$。这里，τ_1 和 τ_2 分别为作用在 AB 和 CD 边上的剪应力。剪应力与相应位置处壁厚的乘积定义为剪力流 $q = \tau t$。

分别在图 8-13(b) 的 B、C 处取出微元体如图 8-13(c)、(d) 所示。有微元体的平衡可知，$\tau_1 = \tau_3$，$\tau_2 = \tau_4$。于是有 $\tau_3 t_1 = \tau_4 t_2$，即对给定的扭矩 T，沿薄壁管的周长剪力流保持为常量。

在图 8-13(a) 示意的薄壁管断面上，扭矩 T 在微段 ds 上产生的剪力为 $q ds$。将该剪力对截面中心取矩并沿薄壁管周长积分，则有

$$T = \oint_{u_{cor}} q \cdot r \cdot ds = q \oint_{u_{cor}} r ds = 2q A_{cor} \tag{8-13}$$

式中 A_{cor}——剪力流所包围的面积；

u_{cor}——薄壁管截面的周长。

将 $q = \tau t$ 代入式（8-13）有

$$\tau = \frac{T}{2 A_{cor} t} \tag{8-14}$$

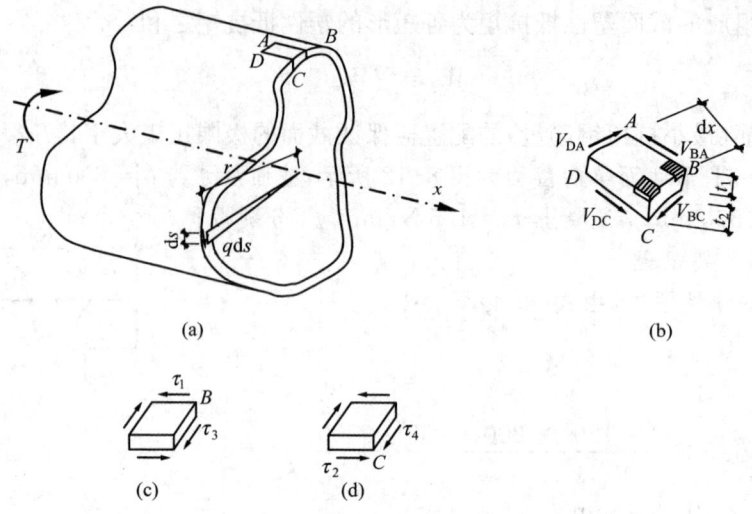

(a)

(b)

(c)　　(d)

图 8-13　闭口薄壁构件中的扭剪应力

由式(8-14)可知,薄壁管中的最大剪应力 τ_{max} 出现在最小壁厚 t_{min} 处。显然,在扭剪应力作用下,薄壁管任一点混凝土均处于双向拉、压状态。由图 2-31 所示的混凝土在双向受力时的强度曲线可知,当 $\tau_{max}=0.9f_t$ 时混凝土会开裂。于是有

$$T_{cr}=0.9f_t \times 2A_{cor}t_{min}=1.8f_t A_{cor} t_{min} \tag{8-15}$$

式中,t_{min} 为薄壁管的最小壁厚。

2. 基于塑性理论的方法

箱形截面考虑塑性性能开裂扭矩仍可按式(8-9)计算,但截面抗扭抵抗矩 W_t 的计算方法不同。和实心截面类似,仍可用沙堆比拟来确定 W_t,但不能直接在箱形截面上堆沙。

对图 8-14(a)的箱形截面,先在截面外包矩形范围内堆沙,如图 8-14(b)所示。沙堆体积为

$$V_h = \frac{b_h^2}{12}(3h_h - b_h)\theta \tag{8-16}$$

式中,b_h、h_h 分别为矩形截面短边和长边尺寸。

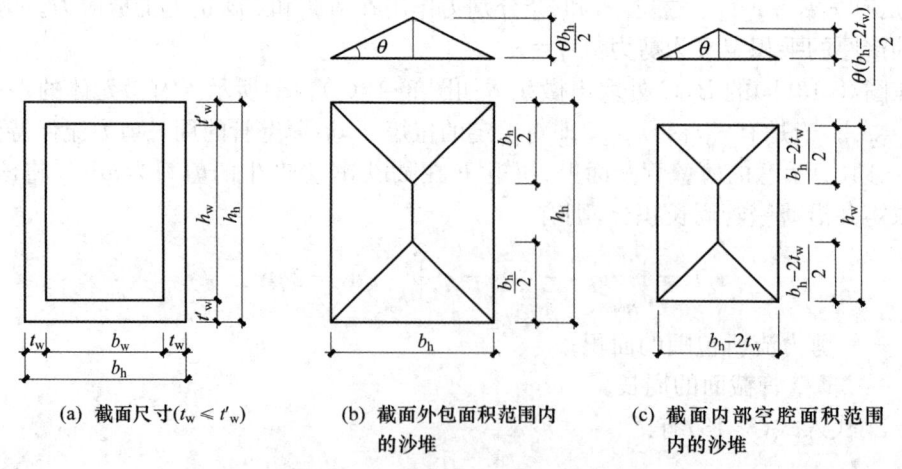

(a) 截面尺寸($t_w \leqslant t'_w$)　　(b) 截面外包面积范围内的沙堆　　(c) 截面内部空腔面积范围内的沙堆

图 8-14　箱形截面的沙堆比拟

再在截面内部空腔面积范围内堆沙,如图 8-14(c)所示。沙堆体积为

$$V_w = \frac{(b_h - 2t_w)^2}{12}[3h_w - (b_h - 2t_w)]\theta \tag{8-17}$$

箱形截面的塑性抵抗矩为

$$W_t = \frac{2(V_h - V_w)}{\theta} = \frac{b_h^2}{6}(3h_h - b_h) - \frac{(b_h - 2t_w)^2}{6}[3h_w - (b_h - 2t_w)] \tag{8-18}$$

式中 h_w——腹板的净高;

t_w——壁厚。

【例 8-2】 箱形截面梁的截面尺寸如图 8-15 所示。$f_t = 2.1$ MPa。当 t_w 取值为 300 mm,400 mm,500 mm,600 mm,700 mm,800 mm 和 900 mm 时,分别用基于闭口薄壁理论和基于塑性理论的方法计算梁的开裂扭矩。

【解】 (1) 基于闭口薄壁理论的计算

根据式(8-15)列表计算如表 8-1 所示。

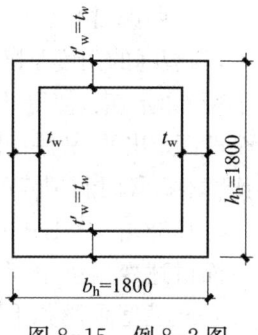

图 8-15 例 8-2 图

表 8-1   基于闭口薄壁理论的计算结果

$f_t/(\text{N} \cdot \text{mm}^{-2})$	t_w/mm	A_{cor}/mm^2	$T_{cr}/(\text{N} \cdot \text{mm})$
2.1	300	2.250×10^6	2.552×10^9
	400	1.960×10^6	2.964×10^9
	500	1.690×10^6	3.194×10^9
	600	1.440×10^6	3.266×10^9
	700	1.210×10^6	3.202×10^9
	800	1.000×10^6	3.204×10^9
	900	0.810×10^6	2.756×10^9

(2) 基于塑性理论的计算

根据式(8-9)和式(8-18),列表计算如表 8-2 所示。

表 8-2   基于塑性理论的计算结果

$f_t/(\text{N} \cdot \text{mm}^{-2})$	t_w/mm	W_t/mm^3	$T_{cr}/(\text{N} \cdot \text{mm})$
2.1	300	1.368×10^9	2.011×10^9
	400	1.611×10^9	2.368×10^9
	500	1.773×10^9	2.606×10^9
	600	1.872×10^9	2.752×10^9
	700	1.923×10^9	2.827×10^9
	800	1.941×10^9	2.853×10^9
	900	1.944×10^9	2.858×10^9

比较两种方法计算结果可知,基于闭口薄壁理论计算的结果偏大,这是因为当壁厚较大

时,假定沿壁厚方向的剪应力相等会高估构件的开裂扭矩。我国 GB 50010 规范采用式(8-9)和式(8-18)计算箱形截面的开裂扭矩。

8.4 矩形截面纯扭构件抗扭承载力计算

抗扭承载力或极限扭矩的计算模型,有空间桁架模型和基于极限平衡的斜弯破坏模型两大类。

8.4.1 空间桁架模型

早期提出的空间桁架模型是 E. Rausch 在 1929 年提出的定角(45°角)空间桁架模型。实际上,斜裂缝的角度是随纵筋和箍筋的比率而变化的。人为地把角度定在 45°,相当于给构件加上了额外的约束,使得计算结果偏于不安全。由于最终计算公式中的系数是根据实验结果并考虑安全性而定出的,故采用定角并不会导致明显的不安全。但由于定角的做法没有反映纵筋和箍筋的比率对破坏时斜裂缝角度的影响和对极限扭矩的影响,故定角的做法至少导致了安全度的不均匀。

1968 年,P. Lampert 和 B. Thuerlimann 提出了变角度空间桁架模型,克服了上述缺陷。下面讲述变角度空间桁架模型。

该模型采用如下基本假定:

(1) 极限状态下原实心截面构件简化为箱形截面构件,如图 8-16(a)所示。此时,箱形截面的混凝土被螺旋形裂缝分成一系列倾角为 α 的斜压杆,与纵筋和箍筋共同组成空间桁架。

(2) 纵筋和箍筋构成桁架的拉杆。

(3) 不计钢筋的销栓作用。

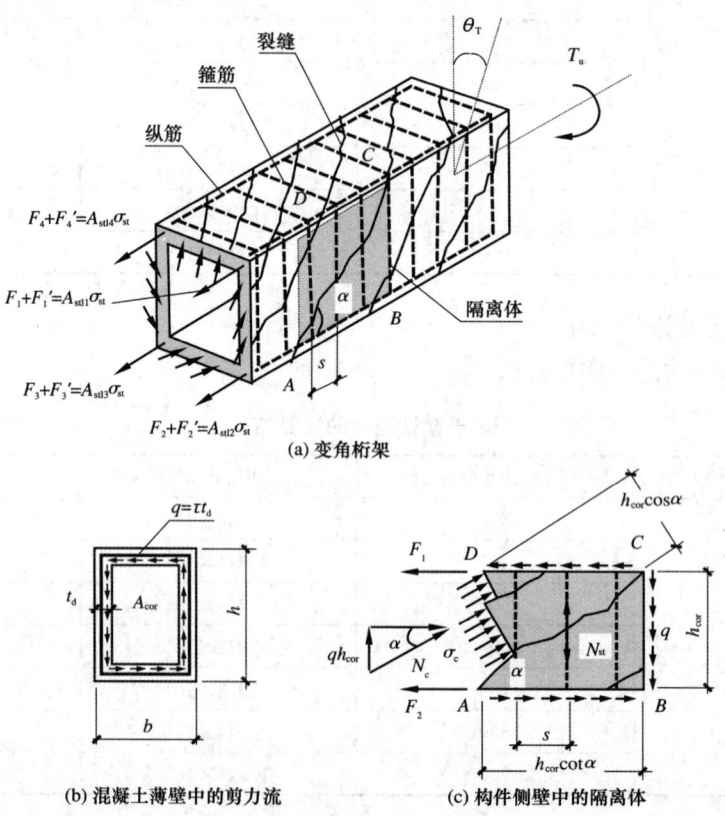

图 8-16 变角度空间桁架模型

在上述假定下,引入剪力流的概念,对混凝土斜压杆只考虑其平均压应力,则问题就变为静定的了。

根据式(8-13),由扭矩 T_u 在截面侧壁中产生的剪力流 q 可表示为

$$q = \tau t_d = \frac{T_u}{2A_{cor}} \tag{8-19}$$

式中　A_{cor}——由截面侧壁中线所围成的面积,此处取为由位于截面角部纵筋中心连线所围成的面积,即 $A_{cor} = b_{cor} h_{cor}$[图 8-16(b)];

　　　τ——扭剪应力;

　　　t_d——箱形截面侧壁的厚度。

取箱形截面侧壁含有一完整斜裂缝的侧板 ABCD 为隔离体如图 8-16(c)所示,图中示出了剪力流 q 所引起的桁架杆件的力。斜压杆的平均压应力为 σ_c,斜压杆的总压力为 N_c。N_c 的水平分量由钢筋的拉力平衡,N_c 的竖向分量由隔离体右侧的剪力平衡,于是有

$$F_1 + F_2 = q h_{cor} \cot\alpha \tag{8-20}$$

同样对其他三个侧板做类似的分析可得:

$$F'_1 + F'_4 = q b_{cor} \cot\alpha \tag{8-21}$$

$$F_4 + F_3 = q h_{cor} \cot\alpha \tag{8-22}$$

$$F'_3 + F'_2 = q b_{cor} \cot\alpha \tag{8-23}$$

对所有侧板求出的纵筋的拉力之和为

$$F_1 + F'_1 + F_2 + F'_2 + F_3 + F'_3 + F_4 + F'_4 = q \cot\alpha \cdot 2(b_{cor} + h_{cor}) = q u_{cor} \cot\alpha \tag{8-24}$$

式中,$u_{cor} = 2(b_{cor} + h_{cor})$ 为剪力流路线所围成面积 A_{cor} 的周长。

若纵筋用量适中,破坏前已屈服。于是有

$$A_{stl} f_y = q u_{cor} \cot\alpha \tag{8-25}$$

式中,A_{stl} = 所有纵向受力钢筋的总截面积。

把该隔离体 ABCD 沿斜裂缝切开,考虑上半部分的平衡,设 N_{st} 为单个箍筋的拉力,s 为箍筋间距,则有

$$\frac{N_{st} h_{cor} \cot\alpha}{s} = q h_{cor} \tag{8-26}$$

若箍筋用量适中,破坏前也已屈服,于是有

$$A_{st1} f_{yv} \frac{h_{cor} \cot\alpha}{s} = q h_{cor} \tag{8-27}$$

式中,A_{st1} 为单根抗扭箍筋的截面积。

从式(8-27)可见,若各侧壁的箍筋面积 A_{st1} 相同,间距 s 也相同,则各侧壁的斜压杆倾角 α 也相同。

在式(8-25)和式(8-27)中消去 q 得

$$\cot\alpha = \sqrt{\frac{f_y A_{stl} s}{f_{yv} A_{st1} u_{cor}}} = \sqrt{\zeta} \tag{8-28}$$

式中
$$\zeta = \frac{f_y A_{stl} s}{f_{yv} A_{st1} u_{cor}} \quad (8\text{-}29)$$

为受扭构件纵筋与箍筋的配筋强度比。当截面的纵筋配置不对称时,可按较少一侧配筋的对称截面计算。

由于开裂前钢筋基本上不起作用,故初始斜裂缝基本是呈 45°角的。但达到承载力极限状态时,临界斜裂缝的倾角 α 却是由配筋强度比 ζ 控制的。这说明当 $\zeta \neq 1$ 时,开裂后随着扭矩的增加,斜裂缝以及斜压杆的倾角都在不断变化,直至达到临界斜裂缝的倾角 α。在式(8-25)和式(8-27)中消去 α 有

$$q = \sqrt{\frac{A_{stl} f_y A_{st1} f_{yv}}{s u_{cor}}} \quad (8\text{-}30)$$

将其代入式(8-19)得

$$T_u = 2 A_{cor} \sqrt{\zeta} \, \frac{A_{st1} f_{yv}}{s} \quad (8\text{-}31)$$

式(8-31)反映了配筋对抗扭承载力的影响。对任意形状的薄壁构件可导出类似的公式。

上面的结论是假定在达到承载力极限状态时,纵筋和箍筋均屈服而得出的。当 ζ 过大或过小时,纵筋或箍筋就达不到屈服。试验结果表明,当 α 在 30°～60°时,也即按式(8-29)算得的 ζ 在 0.333～3 时,构件破坏时,若纵筋和箍筋用量适当,则两种钢筋均能达到屈服强度。为了进一步限制构件在使用荷载作用下的裂缝宽度,一般取 α 角满足下列条件:

$$3/5 \leqslant \tan\alpha \leqslant 5/3 \quad (8\text{-}32)$$

或
$$0.36 \leqslant \zeta \leqslant 2.778 \quad (8\text{-}33)$$

为避免形成超配筋构件,必须限制钢筋的最大用量。

8.4.2 斜弯破坏模型

1959 年 H. H. Лессиг 根据受弯、剪、扭作用的钢筋混凝土构件的试验结果,提出了受扭构件的斜弯破坏计算模型。此理论亦称扭曲破坏面极限平衡理论。

图 8-17 示出了破坏时由斜裂缝 $ABCD$ 界定的扭曲裂面,其中 AD 边为受压区。受压区通常很小,其厚度可近似取为纵筋保护层厚度的两倍。斜裂缝与杆轴线的夹角仍为 α。在配筋量适当的情况下,与斜裂缝相交的纵筋和箍筋均能达到屈服。

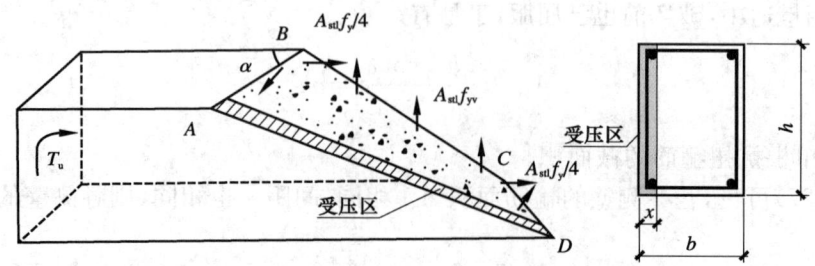

图 8-17 斜弯理论的计算图形

由静力平衡条件,可得出与前述相同的极限扭矩 T_u 的计算公式。

扭面平衡法的不足之处在于对非矩形截面不容易确定破坏扭面,而空间桁架模型则可以更容易地应用于异形截面构件的抗扭分析。

8.4.3 《混凝土结构设计规范》(GB 50010)的计算方法

《混凝土结构设计规范》(GB 50010)采用的矩形截面钢筋混凝土纯扭构件的抗扭承载力计算公式为

$$T_u = 0.35 f_t W_t + 1.2 \sqrt{\zeta} \frac{f_{yv} A_{st1} A_{cor}}{s} \tag{8-34}$$

式中,右边第一项为混凝土的抵抗扭矩,第二项为钢筋的抵抗扭矩。A_{cor} 取箍筋内皮所包围的面积,可用截面尺寸减去保护层厚度算得。

构件破坏时的最大抗扭承载力为

当 $h_0/b \leqslant 4$ 时, $$T_{u,max} = 0.2 \beta_c f_c W_t \tag{8-35}$$

当 $h_0/b = 6$ 时, $$T_{u,max} = 0.16 \beta_c f_c W_t \tag{8-36}$$

当 $4 < h_0/b < 6$ 时,按线性内插法确定。式中,β_c 为混凝土强度影响系数:当混凝土强度等级不超过 C50 时,取 $\beta_c = 1.0$;当混凝土强度等级为 C80 时,取 $\beta_c = 0.8$;其间按线性内插法确定。

受扭构件的最小抗扭承载力为

$$T_{u,min} = 0.7 f_t W_t \tag{8-37}$$

式(8-34)中假定构件的极限扭矩为混凝土的抵抗扭矩与钢筋的抵抗扭矩之和,由混凝土的塑性极限扭矩公式和变角空间桁架模型极限扭矩公式得出总极限扭矩公式的基本形式,再根据试验结果,定出混凝土项的系数 0.35 和钢筋项的系数 1.2。式(8-34)与试验结果的比较如图 8-18 所示。

式(8-34)中系数的取值还可作如下解释。钢筋项的系数按变角空间桁架模型应为 2,规范中却取此系数为 1.2。这是因为:①式(8-34)中已有第一项考虑了混凝土的抵抗扭矩;②规范公式中的 A_{cor} 是按箍筋内表面计算的,而变角空间桁架模型中的 A_{cor} 则是按截面四角纵筋中心的连线来计算的;③建立规范公式时,还考虑了少量的部分超配筋构件的试验结果。

式(8-9)是对未开裂构件导出的。在承载力极限状态时,构件已严重开裂,故取钢筋混凝土构件中混凝土部分的抗扭强度为开裂扭矩的一半,即取式(8-34)中混凝土项的系数为 0.35。

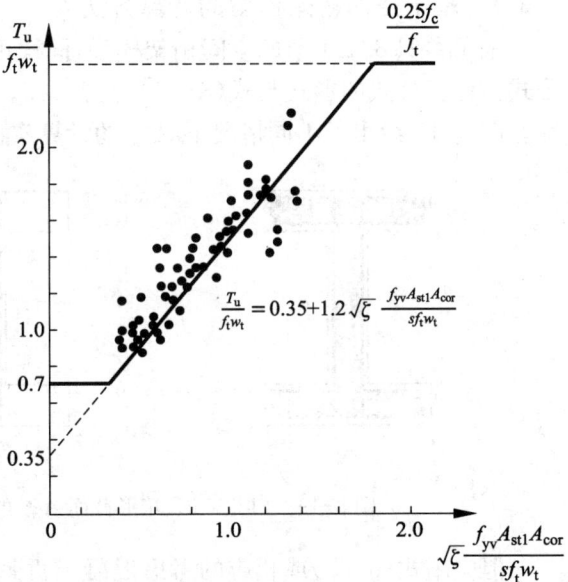

图 8-18 公式(8-34)与试验结果的比较

式(8-33)表明,配筋强度比 ζ 在 0.36~2.788 范围内时,纵筋和箍筋的应力在构件破坏时均可达到屈服强度,且能保证使用荷载下裂缝宽度不超过限值。规范则偏于安全地规定 ζ 的

取值范围为 $0.6 \leqslant \zeta \leqslant 1.7$。当 $\zeta > 1.7$ 时，按 $\zeta = 1.7$ 计算。

受扭构件纵向钢筋的配筋率 ρ_u 定义为

$$\rho_u = \frac{A_{stl}}{bh} \tag{8-38}$$

式中　b——矩形截面的宽度、T形或I形截面的腹板宽度；
　　　h——截面高度；
　　　A_{stl}——全部受扭纵筋的面积。

构件受纯扭时，为保证其极限抗扭承载力大于开裂荷载，其纵向钢筋的最小配筋率为

$$\rho_{tl,\min} = 0.85 \frac{f_t}{f_y} \tag{8-39}$$

箍筋的最小配箍率为

$$\rho_{st,\min} = \frac{A_{st}}{bs} = 0.28 \frac{f_t}{f_{yv}} \tag{8-40}$$

式中，$A_{st} = 2A_{st1}$。

8.5　I形、T形及箱形截面纯扭构件抗扭承载力计算

8.5.1　基于空间桁架模型的计算方法

采用类似 8.4.1 节的空间桁架模型，同样可以推导出 I 形、T 形和箱形截面的承载力计算公式。计算公式的形式与式(8-31)完全一样。只是在计算 A_{cor} 时应考虑具体的截面构造情况。图 8-19 给出了不同情况下 A_{cor} 的计算实例。

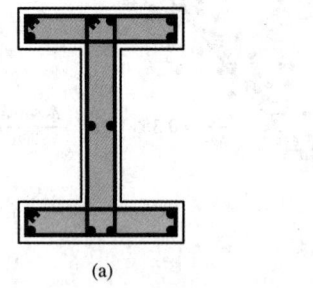
(a)
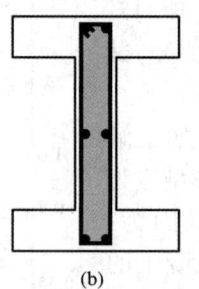
(b)

(c)

图 8-19　I形、T形、箱形截面 A_{cor} 的计算实例(A_{cor} 为阴影部分的面积)

但应用式(8-31)或相应的考虑混凝土贡献的承载力计算公式进行 I 形或 T 形截面纯扭构件的设计时，求出配筋后却面临着如何在翼缘和腹板间分配的难题。故需做相应的简化。

8.5.2　《混凝土结构设计规范》(GB 50010)的计算方法

和开裂扭矩的计算方法类似，一个保守的计算由若干个矩形组合而成的(开口)截面的抗扭承载力的方法，就是取组合截面的抗扭承载力为各矩形的抗扭承载力之和。即取

$$T_u = \sum_{\text{对各矩形求和}} T_{ui} \tag{8-41}$$

式中，T_{ui} 为第 i 个矩形的抗扭承载力。

显然,把一个组合截面分解为若干个矩形截面的方法是不唯一的。在各种可能的分解方法中,能使 T_u 取最大值的方法就是最优的方法。常见的最优分解方法如图 8-20 所示。

T 形和 I 形截面翼缘挑出部分的有效长度不应大于其厚度的 3 倍。

组合截面分解后,各部分所承担的扭矩与其抗扭刚度(受扭弹性或塑性抵抗矩)成正比。

T 形和 I 形截面分解为腹板、受压翼缘和受拉翼缘后,腹板、受压翼缘和受拉翼缘的受扭塑性抵抗矩 W_{tw},W'_{tf} 和 W_{tf} 可分别按式(8-7)和式(8-11)计算,即有

$$W_{tw} = \frac{b^2}{6}(3h-b) \tag{8-42}$$

$$W'_{tf} = \frac{h'^2_f}{2}(b'_f - b) \tag{8-43}$$

$$W_{tf} = \frac{h^2_f}{2}(b_f - b) \tag{8-44}$$

式中　h——截面高度;
　　　b——腹板宽度;
　　　h'_f, h_f——受压翼缘、受拉翼缘的高度;
　　　b'_f, b_f——受压翼缘、受拉翼缘的宽度,如图 8-20 所示。

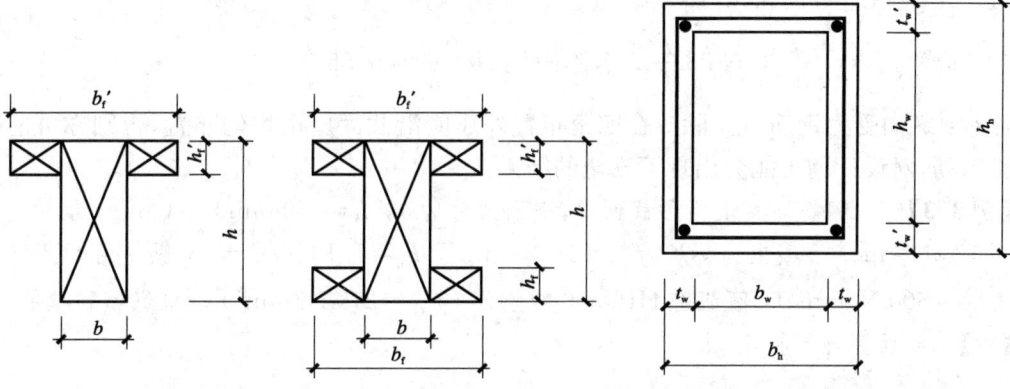

图 8-20　常见组合截面抗扭计算的最优分解方法　　图 8-21　箱形截面($t_w \leqslant t'_w$)

截面总的受扭塑性抵抗矩为

$$W_t = W_{tw} + W'_{tf} + W_{tf} \tag{8-45}$$

T 形和 I 形截面分解后,A_{cor} 和 u_{cor} 可按分解后的截面分别计算。

对图 8-21 所示的箱形截面,其抗扭承载力的计算方法和矩形截面类似,只需对混凝土的贡献项进行适当修正,承载力计算公式为

$$T_u = 0.35 W_t \left(\frac{2.5 t_w}{b_h}\right) f_t + 1.2 \sqrt{\zeta} \frac{A_{st1} f_{yv}}{s} A_{cor} \tag{8-46}$$

式中,$\frac{2.5 t_w}{b_h}$ 为对混凝土贡献项的修正系数,若 $\frac{2.5 t_w}{b_h} > 1.0$,取 $\frac{2.5 t_w}{b_h} = 1.0$;$W_t$ 按式(8-18)计算。

8.6 纯扭构件抗扭承载力计算公式的应用

8.6.1 基于承载力的构件截面设计

此类问题一般是已知截面尺寸(b、h、h_0 或 b、h、h_0、h_f'、b_f' 或 b、h、h_0、h_f、b_f、h_f'、b_f' 或 b_h、h_h、t_w、t_w'),材料强度(f_c、f_t、f_y、f_{yv})及作用在构件上的扭矩 T,求配筋 A_{stl}、A_{st1} 及 s。为保证构件在给定扭矩 T 的作用下不发生破坏,应要求扭曲截面的抗扭承载力不低于其所受到的扭矩,即 $T_u \geqslant T$。因此,按下列步骤进行分析:

(1) 验算截面尺寸 $T \leqslant (0.16 \sim 0.2)\beta_c W_t f_c$,以避免出现超筋破坏,若不满足应增大截面尺寸。

(2) 当 $T \leqslant T_{u,min}$ 时,可不进行受扭承载力计算,仅需按构造配置箍筋和纵筋。

(3) 若是 T 形或 I 形截面,将截面分成若干个矩形,求每个矩形所承担的扭矩。

(4) 选定 $\zeta = 1.0 \sim 1.3$。

(5) 由 $T = T_u$,根据相应的承载力计算公式求 A_{st1}/s。

(6) 验算 $\rho_{st} = \dfrac{A_{st}}{bs} \geqslant 0.28 \dfrac{f_t}{f_y}$。若不满足,取 $\dfrac{A_{st}}{bs} = 0.28 \dfrac{f_t}{f_y}$。

(7) 由 ζ,A_{st1} 根据式(8-29)求 A_{stl}。

(8) 验算 $\rho_{stl} = \dfrac{A_{stl}}{bh} \geqslant 0.85 \dfrac{f_t}{f_y}$。若不满足,取 $\dfrac{A_{stl}}{bh} = 0.85 \dfrac{f_t}{f_y}$。

注意:纵向受力钢筋 A_{stl} 除应在四角布置外还应沿截面周边均匀布置,否则亦可能会出现局部超筋,对设计题可能会出现不安全的结果。

【例 8-3】 一钢筋混凝土矩形截面梁,截面尺寸为 $b \times h = 250\,\text{mm} \times 500\,\text{mm}$,承受设计扭矩 $T = 12\,\text{kN} \cdot \text{m}$。混凝土为 C20($f_c = 9.6\,\text{N/mm}^2$,$f_t = 1.10\,\text{N/mm}^2$),纵筋用 HRB335 级钢筋($f_y = 300\,\text{N/mm}^2$),箍筋用 HPB300 级钢筋($f_{yv} = 270\,\text{N/mm}^2$)。求纵筋和箍筋用量。

【解】 截面塑性抵抗矩

$$W_t = \dfrac{250^2}{6} \times (3 \times 500 - 250) = 1.302 \times 10^7 \,\text{mm}^3$$

(1) 验算截面限制条件

按式(8-35),有

$$0.2 f_c W_t = 0.2 \times 9.6 \times 1.302 \times 10^7 = 2.500 \times 10^7 \,\text{N} \cdot \text{mm}$$
$$= 25.00\,\text{kN} \cdot \text{m} > T = 12\,\text{kN} \cdot \text{m},\text{可以。}$$

(2) 验算是否按计算配筋

按式(8-37),有

$$0.7 f_t W_t = 0.7 \times 1.10 \times 1.302 \times 10^7$$
$$= 1.003 \times 10^7 \,\text{N} \cdot \text{mm} = 10.03\,\text{kN} \cdot \text{m} < T$$

故需按计算配筋。

(3) 计算箍筋

取配筋强度比 $\zeta = 1.0$。$A_{cor} = 450 \times 200 = 90\,000\,\text{mm}^2$。由 $T = T_u$,根据式(8-34)得

$$\frac{A_{st1}}{s} = \frac{T - 0.35 f_t W_t}{1.2\sqrt{\zeta} f_{yv} A_{cor}} = \frac{12\times 10^6 - 0.35\times 1.10\times 1.302\times 10^7}{1.2\times 1\times 270\times 90\,000} = 0.240 \text{ mm}$$

采用 $\phi 6$, $A_{st1} = 28.27 \text{ mm}^2$, 则

$$s = \frac{28.27}{0.240} = 117.79 \text{ mm}。$$

取 $\phi 6@100$。

检验最小配箍率

由式(8-40),有

$$\rho_{st} = \frac{56.54}{250\times 100} = 0.002\,26 > 0.28\times \frac{1.1}{270} = 0.001\,14, 可以。$$

(4) 计算纵筋

按式(8-29)配筋强度比 ζ 的定义,再由 $u_{cor} = 2\times(450+200) = 1\,300$ mm,得

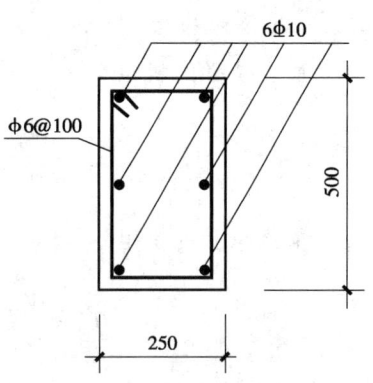

图 8-22 配筋图(例 8-3)

$$A_{stl} = \frac{\zeta f_{yv} u_{cor}}{f_y} \cdot \frac{A_{st1}}{s} = \frac{1.0\times 270\times 1\,300}{300}\times 0.240 = 280.80 \text{ mm}^2$$

考虑到构造要求,用 $6\,\phi\,10 (A_{stl} = 471 \text{ mm}^2)$。构件的截面配筋如图 8-22 所示。

【例 8-4】 一钢筋混凝土 T 形截面梁如图 8-23 所示,$b = 250$ mm, $h = 500$ mm, $b'_f = 500$ mm, $h'_f = 150$ mm, 承受扭矩 $T = 14.59$ kN·m。混凝土为 C20 ($f_c = 9.6$ N/mm², $f_t = 1.10$ N/mm²), 纵筋用 HRB335 级钢筋 ($f_y = 300$ N/mm²), 箍筋用 HPB300 级钢筋 ($f_{yv} = 270$ N/mm²)。求纵筋和箍筋用量。

【解】 (1) 求截面塑性抵抗矩

腹板部分 $W_{tw} = \dfrac{b^2}{6}(3h - b)$

$= \dfrac{250^2}{6}\times(3\times 500 - 250)$

$= 1.302\times 10^7 \text{ mm}^3$

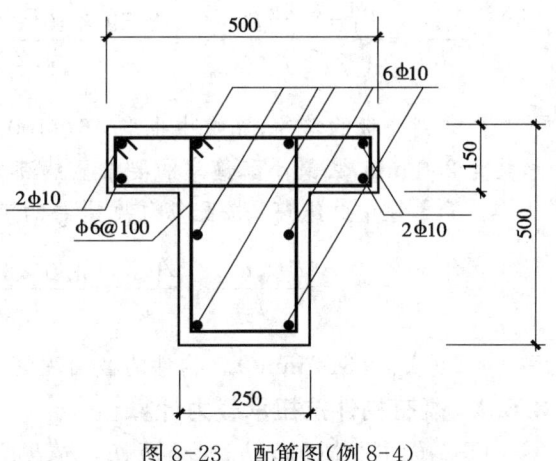

图 8-23 配筋图(例 8-4)

翼缘部分 $W'_{tf} = \dfrac{h'^2_f}{2}(b'_f - b) = \dfrac{150^2}{2}\times(500-250) = 2.813\times 10^6 \text{ mm}^3$

所以

$$W_t = W_{tw} + W'_{tf} = 1.302\times 10^7 + 2.813\times 10^6 = 1.583\times 10^7 \text{ mm}^3$$

(2) 验算截面限制条件

$0.2 f_c W_t = 0.2\times 9.6\times 1.583\times 10^7 = 3.040\times 10^7$ N·mm

$= 30.40$ kN·m $> T = 14.59$ kN·m, 可以。

(3) 验算是否按计算配筋

$0.7f_t W_t = 0.7 \times 1.10 \times 1.583 \times 10^7 = 1.219 \times 10^7 \text{ N·mm} = 12.19 \text{ kN·m} < T = 14.59 \text{ kN·m}$，故需按计算配筋。

(4) 分配扭矩

腹板承受的扭矩

$$T_w = \frac{W_{tw}}{W_t} T = \frac{1.302 \times 10^7}{1.583 \times 10^7} \times 14.59 = 12.00 \text{ kN·m}$$

翼缘承受的扭矩

$$T'_f = \frac{W'_{tf}}{W_t} T = \frac{2.813 \times 10^6}{1.583 \times 10^7} \times 14.59 = 2.59 \text{ kN·m}$$

(5) 腹板箍筋和纵筋的计算

与例 8-3 相同。配筋也相同。

(6) 翼缘箍筋和纵筋的计算

取配筋强度比 $\zeta = 1.0$。

$$A'_{cor} = 100 \times 200 = 20\,000 \text{ mm}^2$$

由 $T = T_u$，根据式(8-34)得

$$\frac{A'_{st1}}{s} = \frac{T'_f - 0.35 f_t W'_{tf}}{1.2\sqrt{\zeta} f_{yv} A'_{cor}} = \frac{2.59 \times 10^6 - 0.35 \times 1.10 \times 2.813 \times 10^6}{1.2 \times 1 \times 270 \times 20\,000} = 0.233 \text{ mm}$$

考虑到腹板的箍筋，翼缘中也取 φ6@100。由于翼缘的短边长为 150 mm，两侧伸出长度总共为 250 mm，故最小配箍率的要求显然满足。

计算翼缘中的纵筋：按配筋强度比 ζ 的定义，再由 $u'_{cor} = 2 \times (100 + 200) = 600 \text{ mm}$，得

$$A'_{stl} = \frac{\zeta f_{yv} u'_{cor}}{f_y} \cdot \frac{A'_{st1}}{s} = \frac{1.0 \times 270 \times 600}{300} \times 0.233 = 125.82 \text{ mm}^2$$

用 4Φ10 ($A'_{stl} = 314 \text{ mm}^2$)。构件的截面配筋如图 8-23 所示。

8.6.2 既有构件抗扭承载力计算

已知截面尺寸($b、h、h_0$ 或 $b、h、h_0、h'_f、b'_f$ 或 $b、h、h_0、h_f、b_f、h'_f、b'_f$ 或 $b_h、h_h、t_w、t'_w$)，材料强度($f_c、f_t、f_y、f_{yv}$)，求 T_u。分两种情况考虑：

1. 矩形或箱形截面

按下列步骤进行：

① 按纵筋均匀布置或按双轴对称布置的原则，确定抗扭纵筋的截面积。

② 验算 $\frac{A_{st}}{bs} \geqslant 0.28 \frac{f_t}{f_{yv}}$，$\frac{A_{stl}}{bh} \geqslant 0.85 \frac{f_t}{f_y}$。若不满足其中的一项，取 $T_u = 0.7 f_t W_t$。若两项均能满足，继续下面的计算。

③ 求 ζ，若 $\zeta > 1.7$，取 $\zeta = 1.7$。

④ 由承载力计算公式求 T_u，且应满足 $T_u \leqslant (0.16 \sim 0.2)\beta_c W_t f_c$。

2. I形和T形截面

将截面分成若干矩形，求 T_{ui}，则 $T_u = \sum T_{ui}$。具体步骤和矩形截面类似，不予赘述。

【例 8-5】 已知：T形截面构件如图 8-24 所示，其截面尺寸为 $b'_f = 400 \text{ mm}$，$h'_f = 120 \text{ mm}$，$b = 250 \text{ mm}$，$h = 500 \text{ mm}$。混凝土 $f_c = 13.5 \text{ N/mm}^2$，$f_t = 1.5 \text{ N/mm}^2$，HRB335 纵筋 $f_y = 335 \text{ N/mm}^2$，箍筋和部分纵筋采用 HPB300 钢筋 $f_y(f_{yv}) = 300 \text{ N/mm}^2$。求该截面受纯扭时的承载力。

【解】 腹板的受扭塑性抵抗矩：

$$W_{tw} = \frac{b^2}{6}(3h - b) = \frac{250^2}{6}(3 \times 500 - 250)$$
$$= 1\,302.1 \times 10^4 \text{ mm}^3$$

翼缘的受扭塑性抵抗矩：

$$W'_{tf} = \frac{h'^2_f}{2}(b'_f - b) = \frac{120^2}{2}(400 - 250) = 108 \times 10^4 \text{ mm}^3$$

所以，截面总的受扭塑性抵抗矩为

$$W_t = W_{tw} + W'_{tf} = (1\,302.1 + 108) \times 10^4$$
$$= 1\,410.1 \times 10^4 \text{ mm}^3$$

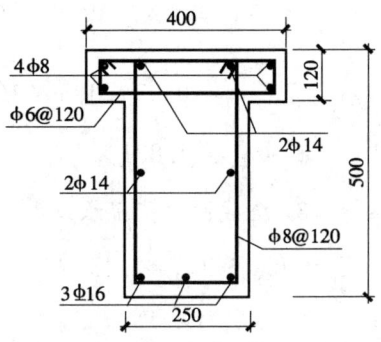

图 8-24 例 8-5 图

(1) 腹板的抗扭承载力 T_{wu}

腹板部分的纵筋配置是不均匀的，只有其均匀的部分才对受纯扭起贡献。故纵筋为 6φ14，纵筋面积为 $A_{stl} = 923 \text{ mm}^2$。单肢箍筋的面积为 $A_{st1} = 50.3 \text{ mm}^2$。箍筋间距为 $s = 120 \text{ mm}$。$b_{cor} = 200 \text{ mm}$，$h_{cor} = 450 \text{ mm}$，所以 $A_{cor} = 200 \times 450 = 90\,000 \text{ mm}^2$，$u_{cor} = 2 \times (200 + 450) = 1\,300 \text{ mm}$。得

$$\frac{A_{st}}{bs} = \frac{2 \times 50.3}{250 \times 120} = 0.003\,4 > 0.28\frac{f_t}{f_{yv}} = 0.28 \times \frac{1.5}{300} = 0.001\,4$$

$$\frac{A_{stl}}{bh} = \frac{923}{250 \times 500} = 0.007\,4 > 0.85\frac{f_t}{f_y} = 0.85 \times \frac{1.5}{300} = 0.004\,3$$

$$\zeta = \frac{f_y A_{stl} s}{f_{yv} A_{st1} u_{cor}} = \frac{300 \times 923 \times 120}{300 \times 50.3 \times 1\,300} = 1.694 < 1.7$$

$$T_{wu} = 0.35 f_t W_{tw} + 1.2\sqrt{\zeta_w}\frac{f_{yv} A_{st1} A_{cor}}{s}$$

$$= 0.35 \times 1.5 \times 1\,302.1 \times 10^4 + 1.2 \times \sqrt{1.694} \times \frac{300 \times 50.3 \times 90\,000}{120}$$

$$= 2.451\,1 \times 10^7 \text{ N} \cdot \text{mm}$$

(2) 翼缘的抗扭承载力 T_{fu}

纵筋为 4φ8，纵筋面积为 $A'_{stl} = 201 \text{ mm}^2$。单肢箍筋的面积为 $A'_{st1} = 50.3 \text{ mm}^2$。箍筋间距为 $s' = 120 \text{ mm}$。$b'_{cor} = 100 \text{ mm}$，$h'_{cor} = 70 \text{ mm}$，所以 $A'_{cor} = 70 \times 100 = 7\,000 \text{ mm}^2$，$u'_{cor} = 2(100 + 70) = 340 \text{ mm}$。得

$$\frac{A_{st}}{b's'} = \frac{2 \times 50.3}{150 \times 120} = 0.005\,6 > 0.28\frac{f_t}{f_{yv}} = 0.28 \times \frac{1.5}{300} = 0.001\,4$$

$$\frac{A'_{stl}}{b'h'} = \frac{201}{150 \times 120} = 0.011\,2 > 0.85\frac{f_t}{f_y} = 0.85 \times \frac{1.5}{300} = 0.004\,3$$

$$\zeta' = \frac{f_y A'_{stl} s'}{f_{yv} A'_{st1} u'_{cor}} = \frac{300 \times 201 \times 120}{300 \times 50.3 \times 340} = 1.410 < 1.7$$

得

$$T_{fu} = 0.35 f_t W'_{tf} + 1.2\sqrt{\zeta'}\,\frac{f_{yv} A'_{st1}}{s'} A'_{cor}$$

$$= 0.35 \times 1.5 \times 108 \times 10^4 + 1.2 \times \sqrt{1.410} \times \frac{300 \times 50.3}{120} \times 7\,000$$

$$= 1.821 \times 10^6 \text{ N} \cdot \text{mm}$$

(3) 全截面的抗扭承载力

$$T_u = T_{wu} + T_{fu} = 2.451\,1 \times 10^7 + 1.821 \times 10^6 = 2.633\,2 \times 10^7 \text{ N} \cdot \text{mm} = 26.332 \text{ kN} \cdot \text{m}$$

8.7 弯剪扭构件的试验研究结果

受扭构件一般是受弯、剪、扭复合作用的。受复合内力作用的截面，其分析是较复杂的。截面受弯矩 M，剪力 V 和扭矩 T 作用时，对 M、V 和 T 的任一组合比例，都会得到一个独特的截面破坏结果。因此，一个截面的所有破坏情况的总和，在 M、V、T 三维空间中描绘出一个该截面的破坏曲面。这是一个封闭曲面。曲面内部的点代表未达到破坏的状态；曲面上的点代表破坏状态。曲面外部的点一般是不可达到的。

通过试验研究，可得到破坏曲面的形状。对相同的一组试件，以不同的 M、V、T 的比例加载至破坏。每做一个试件，就得到破坏曲面上的一点。试验点足够多时，就得到破坏曲面的大致形状。

试验中，通常以扭弯比 $\psi = T/M$ 和扭剪比 $\chi = T/(Vb)$ 来控制构件的受力状态，其中 b 是截面的宽度。

对不同的扭弯比和扭剪比，截面表现出 3 种破坏形态，分别称为第 I，II，III 类型破坏。

第 I 类型破坏发生在扭弯比 ψ 较小且剪力不起控制的条件下。此时弯矩是主要的，且配筋量适当，扭转斜裂缝首先在弯曲受拉的底面出现，然后发展到两侧面。弯曲受压的顶面无裂缝。构件破坏时与螺旋形裂缝相交的纵筋和箍筋均受拉，并达到屈服强度，构件顶部受压，如图 8-25(a) 所示。

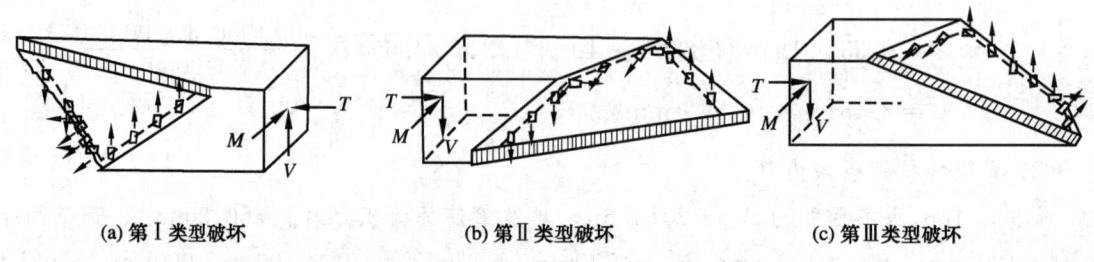

(a) 第 I 类型破坏　　(b) 第 II 类型破坏　　(c) 第 III 类型破坏

图 8-25　弯剪扭构件的破坏类型

第Ⅱ类型破坏发生在扭弯比ψ和扭剪比χ均较大并且构件顶部纵筋少于底部纵筋的条件下。此时由于弯矩较小，其在构件顶部引起的压应力也较小，而构件顶部的纵筋也少于底部。综合作用的结果，使得在构件顶部，弯矩引起的压应力不足以抵消由于配筋较少而造成的较大的钢筋拉应力，并且这种构件顶部"受压"钢筋的拉应力比构件底部"受拉"钢筋的拉应力还要大。这使得扭转斜裂缝首先出现在构件顶部，并向两侧面扩展，而构件底部则受压。破坏情况如图 8-25(b)所示。

第Ⅲ类型破坏发生在弯矩较小而由剪力和扭矩起控制的条件下。此时剪力和扭矩均引起截面的剪应力。这两种剪应力叠加的结果，使得截面一侧的剪应力增大，而截面另一侧的剪应力减小。因此，扭转斜裂缝首先在剪应力较大的侧面出现，然后向顶面和底面扩展，构件的另一侧面则受压。破坏时与螺旋形裂缝相交的纵筋和箍筋均受拉并达到屈服强度。破坏情况如图 8-25(c)所示。

除上述三种破坏形态外，当剪力很大且扭矩较小时，则会发生剪切型破坏形态，与剪压破坏相近。

8.8 弯剪扭构件截面的承载力

计算模型仍可采用变角度空间桁架模型和斜弯破坏模型，但较繁琐。实用中则采用根据试验结果和变角度空间桁架模型分析得出的半经验半理论公式。

8.8.1 弯扭构件的承载力

对此情况可用空间桁架模型和斜弯破坏模型进行分析。在计算抗弯承载力时，假定内力臂沿杆件为常量并等于桁架弦杆间的距离，并且此内力臂不随配筋量而变化。采用桁架模型和斜弯破坏模型都导出了抛物线型的弯扭相关曲线。桁架模型能准确地计算扭矩，因为该模型采用了正确的扭转内力臂；斜弯破坏模型中若采用合适的内力臂则对于纯弯情况是准确的。在此基础上可导出与试验结果符合较好的下列相关曲线。

当纵筋的屈服发生在弯曲受拉边时，相关曲线为

$$\left(\frac{T_u}{T_{u0}}\right)^2 = r\left(1 - \frac{M_u}{M_{u0}}\right) \quad (8-47)$$

当纵筋的屈服发生在弯曲受压边时，相关曲线为

$$\left(\frac{T_u}{T_{u0}}\right)^2 = 1 + r\frac{M_u}{M_{u0}} \quad (8-48)$$

式中　T_u，M_u——极限扭矩和极限弯矩；

　　　T_{u0}，M_{u0}——纯扭时的极限扭矩和纯弯时的极限弯矩；

　　　r——受拉筋屈服力与受压筋屈服力之比；按式(8-49)计算。

$$r = \frac{A_s f_y}{A'_s f'_y} \quad (8-49)$$

弯扭构件承载力相关曲线如图 8-26 所示。在受

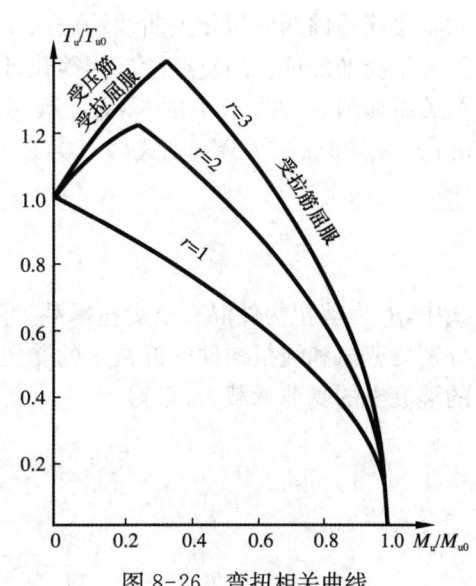

图 8-26　弯扭相关曲线

压钢筋受拉屈服的区段,弯矩的增加能减小受压钢筋所受的拉力,从而能延缓受压钢筋的受拉屈服,使抗扭承载力得到提高。在受拉钢筋屈服的区段,弯矩的增加会加速受拉筋的屈服,从而减小受扭承载力。显然,这些关系都是在破坏始于钢筋屈服的条件下导出的。因此,构件的截面不能太小或者配筋不能太多,以保证钢筋屈服前混凝土不至于压坏。

当剪力很小时,我国《混凝土结构设计规范》(GB 50010)规定:确定弯扭钢筋后,分别按纯弯矩和纯扭作用计算其抗弯和抗扭承载力。

8.8.2 剪扭构件的承载力

由前面的分析可知,受剪和受扭承载力计算公式的形式分别为

$$V_u = V_c + V_s \tag{8-50}$$

$$T_u = T_c + T_s \tag{8-51}$$

式中 V_s, T_s——钢筋对抗剪和抗扭的贡献;

V_c, T_c——混凝土对抗剪和抗扭的贡献。

如果简单地把受扭和受剪分别计算,则截面混凝土的作用就被重复考虑了。为避免这种显然的不合理性,应考虑混凝土受剪扭复合作用时的相关性。在此基础上,受剪承载力和受扭承载力的计算公式中仍可取混凝土项和钢筋项相叠加的形式。下面作详细讨论。

1. 分布荷载为主的情况

矩形截面梁受均布荷载作用,以及I形和T形截面梁受任意荷载作用都属于这种情况。此时式(8-50)和式(8-51)中的钢筋对抗剪的贡献V_s和钢筋对抗扭的贡献T_s分别取前面抗剪和抗扭公式中的相应项,其计算公式为

$$V_s = f_{yv} \frac{A_{sv}}{s} h_0 \tag{8-52}$$

$$T_s = 1.2 \sqrt{\zeta} \frac{f_{yv} A_{st1} A_{cor}}{s} \tag{8-53}$$

式(8-50)和式(8-51)中V_c和T_c的表达式中则应考虑剪扭相关。试验研究表明,无腹筋构件和有腹筋构件的剪扭相关曲线均服从1/4圆的规律[图8-27(a)、(b)]。但是采用1/4圆的相关关系会增加计算的复杂性。为简化计算且与1/4圆较为符合,假定混凝土承载力的剪扭相关关系如图8-27(c)中的折线所示,并取单独受剪和单独受扭时混凝土的承载力分别为$0.7f_t bh_0$ 和$0.35f_t W_t$,则式(8-50)和式(8-51)中V_c和T_c可分别表示为

$$V_c = 0.7(1.5 - \beta_t) f_t b h_0 \tag{8-54}$$

$$T_c = 0.35 \beta_t f_t W_t \tag{8-55}$$

式中,β_t为剪扭构件混凝土受扭承载力降低系数。由图8-27所示的三折线关系,记T_c和T_{c0}分别为剪扭和纯扭构件的混凝土的受扭承载力,记V_c和V_{c0}分别为剪扭和无扭矩作用时构件的混凝土的受剪承载力,可得

$$\frac{V_c}{V_{c0}} \leqslant 0.5 \text{ 时,} \quad \frac{T_c}{T_{c0}} = 1.0 \tag{8-56}$$

$$\frac{T_c}{T_{c0}} \leqslant 0.5 \text{ 时,} \quad \frac{V_c}{V_{c0}} = 1.0 \tag{8-57}$$

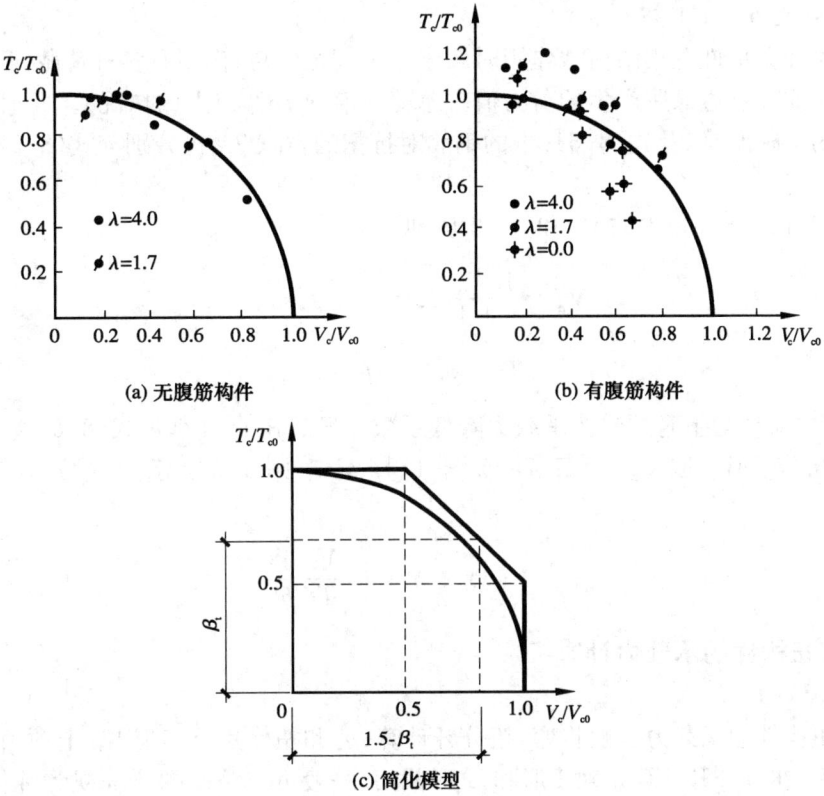

图 8-27 混凝土承载力的剪扭相关曲线

$$\frac{V_c}{V_{c0}} > 0.5 \text{ 且 } \frac{T_c}{T_{c0}} > 0.5 \text{ 时}, \quad \frac{T_c}{T_{c0}} + \frac{V_c}{V_{c0}} = 1.5 \tag{8-58}$$

在式(8-58)中,记

$$\beta_t = \frac{T_c}{T_{c0}} \tag{8-59}$$

则有

$$\frac{V_c}{V_{c0}} = 1.5 - \beta_t \tag{8-60}$$

对式(8-60)略作处理,并引入式(8-59)可得

$$\beta_t = \frac{1.5}{1 + \dfrac{V_c/V_{c0}}{T_c/T_{c0}}} \tag{8-61}$$

在式(8-61)中,取 $T_{c0} = 0.35 f_t W_t$,取 $V_{c0} = 0.7 f_t b h_0$,则得 β_t 的计算公式为

$$\beta_t = \frac{1.5}{1 + 0.5 \dfrac{V_c W_t}{T_c b h_0}} \tag{8-62}$$

按上述公式算出的混凝土受扭承载力降低系数 β_t 的值若小于 0.5 时,则取 $\beta_t = 0.5$,即不考虑扭矩对混凝土受剪承载力的影响。若算出的 β_t 的值大于 1.0 时,则取 $\beta_t = 1.0$,即不考虑剪力对混凝土受扭承载力的影响。

2. 集中荷载为主的情况

矩形截面独立构件受集中荷载作用时属于这种情况（包括作用有多种荷载，且其中集中荷载对支座截面或节点边缘所产生的剪力值占总剪力值的75%以上的情况）。此时式(8-50)中钢筋对抗剪的贡献 V_s 以及式(8-51)中的钢筋对抗扭的贡献 T_s 仍分别与式(8-52)、式(8-53)相同。

式(8-50)和式(8-51)中的 V_c 和 T_c 相应地取

$$V_c = \frac{1.75}{\lambda+1}(1.5-\beta_t)f_t b h_0 \tag{8-63}$$

$$T_c = 0.35\beta_t f_t W_t \tag{8-64}$$

式中，β_t 为集中荷载为主时的受扭承载力降低系数。显然 β_t 同样满足式(8-61)。在式(8-61)中，取 $T_{c0}=0.35 f_t W_t$，取 $V_{c0}=[1.75/(\lambda+1)]f_t b h_0$，则 β_t 的计算公式为

$$\beta_t = \frac{1.5}{1+0.2(\lambda+1)\dfrac{V_c}{T_c}\dfrac{W_t}{bh_0}} \tag{8-65}$$

8.8.3 弯剪扭构件的承载力计算

1. 计算原则

对弯剪扭构件的承载力一般将弯、扭分开计算；剪和扭作用下，当混凝土项引入抗扭承载力降低系数后，亦可分开计算。对 I 形和 T 形截面，一般可将截面的翼缘视为纯扭构件，截面的腹板视为剪扭构件。

2. 最小配箍率

从理论上讲，弯剪扭构件的最小配箍率应考虑剪扭相互作用的影响，例如可取如下的表达式：

$$\rho_{svt,min} = 0.02[1+1.75(2\beta_t-1)]\frac{f_c}{f_{yv}} \geqslant 0.28\frac{f_t}{f_{yv}} \tag{8-66}$$

当 $\beta_t < 0.5$ 时，取 $\beta_t = 0.5$，此时式(8-66)给出受剪构件的最小配箍率。当 $\beta_t > 1$ 时，取 $\beta_t = 1$，此时式(8-66)给出受纯扭构件的最小配箍率。

为了简化，并根据实践经验，最小配箍率也可按式(8-67)取用：

$$\rho_{svt,min} = 0.28\frac{f_t}{f_{yv}} \tag{8-67}$$

3. 纵筋最小配筋率

弯剪扭构件的纵筋最小配筋率取受弯构件纵筋最小配筋率与受扭构件纵筋最小配筋率之和。其中，受扭构件纵筋最小配筋率取为

$$\rho_{tl,min} = \frac{A_{stl,min}}{bh} = 0.6\sqrt{\frac{T_u}{V_u b}} \cdot \frac{f_t}{f_y} \tag{8-68}$$

式中，当 $T_u/(V_u b) > 2.0$ 时，取 $T_u/(V_u b) = 2.0$；b 为梁截面的腹板宽度。

4. 截面的最大剪扭承载力

弯剪扭构件在破坏时混凝土不首先被压碎，其剪扭承载力应满足：

当 $h_w/b \leqslant 4$ 时,
$$\frac{V_u}{bh_0} + \frac{T_u}{0.8W_t} \leqslant 0.25\beta_c f_c \qquad (8-69)$$

当 $h_w/b = 6$ 时,
$$\frac{V_u}{bh_0} + \frac{T_u}{0.8W_t} \leqslant 0.2\beta_c f_c \qquad (8-70)$$

当 $4 < h_w/b < 6$ 时,按线性内插法确定。

式中 b ——截面的腹板宽度;

h_w ——截面的腹板高度:对矩形截面取有效高度;对 T 形截面取有效高度减去翼缘高度;对 I 形截面取腹板净高。

5. 截面的最小剪扭承载力

当剪扭钢筋小于最小钢筋用量时,截面的剪扭承载力为

$$\frac{V_u}{bh_0} + \frac{T_u}{W_t} = 0.7f_t \qquad (8-71)$$

8.9 弯剪扭构件承载力计算公式的应用

8.9.1 基于承载力的构件截面设计

此类问题一般是已知截面尺寸(b、h、h_0 或 b、h、h_0、h'_f、b'_f 或 b、h、h_0、h_f、b_f、h'_f、b'_f 或 b_h、h_h、t_w、t'_w),材料强度(f_c、f_t、f_y、f_{yv})及作用在构件上的弯矩 M、剪力 V 和扭矩 T,求纵筋和箍筋的用量。为保证构件在给定的外力作用下不发生破坏,应要求截面的抗弯、抗剪、抗扭承载力大于相应的内力,即 $M_u \geqslant M$,$V_u \geqslant V$,$T_u \geqslant T$。根据弯剪扭构件承载力的计算原则,对受弯单独进行计算,对扭剪应考虑混凝土部分的相关性。下面以矩形截面弯、剪、扭构件为例,介绍截面设计的步骤:

(1) 验算截面尺寸:若 $\dfrac{V}{bh_0} + \dfrac{T}{0.8W_t} \leqslant (0.2 \sim 0.25)\beta_c f_c$,截面尺寸满足要求,否则应增大截面尺寸。

(2) 验算是否需要计算配置扭剪钢筋:若 $\dfrac{V}{bh_0} + \dfrac{T}{W_t} \leqslant 0.7f_t$,可按构造要求(最小配筋率、最小配箍率)配筋,否则应按计算要求配置钢筋。

(3) 计算 β_t。设计时可用 V 和 T 代替式(8-62)和式(8-65)中的 V_c 和 T_c,于是,可用该二式求 β_t。

(4) 分别按照扭、剪的承载力计算公式,按 $T = T_u$ 及 $V = V_u$ 的原则求相应的配筋。

(5) 按照单筋矩形截面的设计方法求受弯纵筋的数量。

(6) 分别验算受弯纵筋、受扭纵筋和扭剪箍筋是否大于最小配筋(箍)率。若不满足应按最小配筋(箍)率进行配筋。

(7) 进行截面配筋。这里应特别注意:受弯纵筋应布置在弯曲受拉区,受扭纵筋应沿截面周边均匀布置。

【例 8-6】 构件截面同例 8-3。构件承受扭矩 $T = 12$ kN·m,弯矩 $M = 90$ kN·m 以及均布荷载的剪力 $V = 90$ kN。求纵筋和箍筋的配置。

【解】 (1) 验算截面限制条件

$$\frac{V}{bh_0} + \frac{T}{0.8W_t} = \frac{90\,000}{250 \times 465} + \frac{12 \times 10^6}{0.8 \times 1.302 \times 10^7} = 1.926 \text{ N/mm}^2$$

$$< 0.25\beta_c f_c = 0.25 \times 1.0 \times 9.6 = 2.4 \text{ N/mm}^2, 可以。$$

(2) 验算是否需计算配置剪扭钢筋

$$\frac{V}{bh_0} + \frac{T}{W_t} = 1.696 \text{ N/mm}^2 > 0.7 f_t = 0.7 \times 1.1 = 0.77 \text{ N/mm}^2, 故需计算配置剪扭钢筋。$$

(3) 计算抗扭钢筋

$$\beta_t = \frac{1.5}{1 + 0.5 \dfrac{VW_t}{Tbh_0}} = \frac{1.5}{1 + 0.5 \times \dfrac{90\,000 \times 1.302 \times 10^7}{12 \times 10^6 \times 250 \times 465}} = 1.056 > 1.0$$

故取 $\beta_t = 1.0$,即不考虑剪力对混凝土受扭承载力的影响。取 $\zeta = 1.0$,于是由例 8-3 的结果,则有

$$\frac{A_{stl}}{s} = 0.240 \text{ mm}; \quad A_{stl} = 280.80 \text{ mm}^2$$

(4) 计算抗剪钢筋

由式(8-50)、式(8-52)和式(8-54),根据 $V = V_u$ 有

$$V = 0.7(1.5 - \beta_t) f_t b h_0 + f_{yv} \frac{A_{sv}}{s} h_0$$

从而

$$\frac{A_{sv}}{s} = \frac{nA_{sv1}}{s} = \frac{V - 0.7(1.5 - \beta_t) f_t b h_0}{f_{yv} h_0}$$

$$= \frac{90\,000 - 0.7 \times (1.5 - 1.0) \times 1.1 \times 250 \times 465}{270 \times 465} = 0.360$$

取 $n = 2$,则有

$$\frac{A_{sv1}}{s} = \frac{0.360}{2} = 0.180$$

(5) 计算抗弯纵向钢筋

按单筋矩形截面,有 $f_c bx = f_y A_s$, $M = f_c bx \left(h_0 - \dfrac{1}{2}x\right)$

代入数据,得

$$9.6 \times 250 x = 300 A_s$$
$$90 \times 10^6 = 9.6 \times 250 x \times (465 - 0.5x)$$

解得

$$x = 89.20 \text{ mm}, \quad A_s = 713.61 \text{ mm}^2$$

(6) 总的纵筋和箍筋用量

① 总的纵筋和箍筋用量计算值

顶部纵筋截面积 $= \dfrac{1}{3} A_{stl} = \dfrac{280.80}{3} = 93.60 \text{ mm}^2$

中部纵筋截面积 $= 93.60 \text{ mm}^2$

底部纵筋截面积 $= \dfrac{1}{3} A_{stl} + A_s = 93.60 + 713.61 = 807.21 \text{ mm}^2$

箍筋的用量 $=\dfrac{A_{stl}}{s}+\dfrac{A_{svl}}{s}=0.240+0.180=0.420$ mm

② 验算最小配筋率

$A_{s,\min}=0.002bh=0.002\times 250\times 500=250$ mm²

$$\dfrac{45f_t}{100f_y}bh=\dfrac{45\times 1.1}{100\times 300}\times 250\times 500=206.3 \text{ mm}^2$$

所以,受弯纵筋最小配筋面积为 250 mm² $< A_s=713.61$ mm² 可以。

在式(8-68)中分别用 T 和 V 代替 T_u 和 V_u 有

$$A_{stl,\min}=0.6\sqrt{\dfrac{T}{Vb}}\cdot\dfrac{f_t}{f_y}\cdot bh=0.6\times\sqrt{\dfrac{12}{90\times 0.25}}\times\dfrac{1.1}{300}\times 250\times 500=200.83 \text{ mm}^2$$

此受扭纵筋分三层配置,每层为 200.83/3=66.94 mm² < 93.60 mm²,可以。

验算剪扭箍筋最小配箍率:

$$\dfrac{A_{sv}}{bs}=\dfrac{2}{b}\left(\dfrac{A_{stl}}{s}+\dfrac{A_{svl}}{s}\right)=\dfrac{2}{250}\times 0.420=0.00336$$

$$>0.28\dfrac{f_t}{f_{yv}}=0.28\times\dfrac{1.1}{270}=0.00114,\text{可以。}$$

最小配筋率全部满足,可按计算和构造要求配筋。

③ 配筋

顶部纵筋取 2 Φ 10(面积为 157 mm²),中部纵筋也取 2 Φ 10,底部纵筋取 4 Φ 16(面积为 804 mm²,误差小于 5%)。箍筋用 φ8(单肢面积 50.3 mm²),间距 $s=\dfrac{50.3}{0.420}=119.76$ mm,取 $s=120$ mm,即箍筋为 φ8@120。截面的配筋如图 8-28 所示。

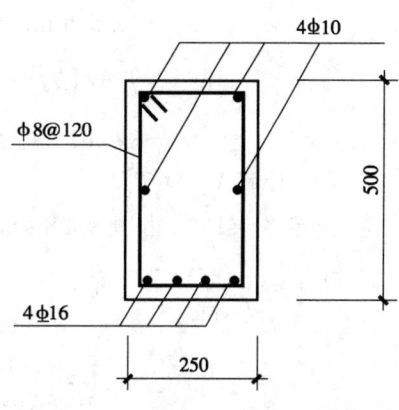

图 8-28 配筋图(例 8-6)

8.9.2 既有弯剪扭构件的承载力计算

此类问题一般是已知截面尺寸(b、h、h_0 或 b、h、h_0、h'_f、b'_f 或 b、h、h_0、h_f、b_f、h'_f、b'_f 或 b_h、h_h、t_w、t'_w),配筋及材料强度(f_c、f_t、f_y、f_{yv}),荷载的作用方式,求 M_u、V_u、T_u。下面以矩形截面构件为例,给出计算步骤:

(1) 根据配筋情况确定抗弯和抗扭纵筋:A_s 和 A_{stl}。

(2) 根据抗弯纵筋 A_s 确定截面的抗弯承载力 M_u。

(3) 选定 ζ 值。由 ζ 的计算公式确定抗扭箍筋 A_{stl}。

(4) 根据总的箍筋用量和已确定的 A_{stl} 确定抗剪箍筋 A_{svl}。

(5) 假定 β_t:$0.5\leqslant\beta_t\leqslant 1.0$。

(6) 由式(8-54)和式(8-55)初步求 V_c 和 T_c。

(7) 由式(8-50)和式(8-51)求 V_u 和 T_u。

(8) 验算 $\dfrac{V_u}{bh_0}+\dfrac{T_u}{0.8W_t}\leqslant(0.2\sim 0.25)\beta_c f_c$。若不满足应调整计算结果,重新计算。

(9) 验算 $A_{stl} \geqslant 0.6\sqrt{\dfrac{T_u}{V_u b}}\dfrac{f_t}{f_y}bh$。若不满足,不考虑纵筋对抗扭承载力的贡献,重新计算。

(10) 验算 $A_{svt} \geqslant 0.28\dfrac{f_t}{f_{yv}}bs$。若不满足,不考虑箍筋对扭剪承载力的贡献,重新计算。

【**例 8-7**】 截面尺寸、材料强度和配筋均同例 8-6,剪力主要由均布荷载引起,求该构件的抗弯、抗扭和抗剪承载力 M_u、T_u 和 V_u。

【**解**】(1) 计算 M_u

由图 8-28 知 $A_s = 804 - 157 = 647 \text{ mm}^2 > 0.2\%bh = 250 \text{ mm}^2$

$$A_s = 804 - 157 = 647 \text{ mm}^2 > 0.45\dfrac{f_t}{f_y}bh = 206.3 \text{ mm}^2,可以。$$

$$9.6 \times 250x = 300 \times 647$$
$$x = 80.875 \text{ mm}$$

$$\xi_b = \dfrac{0.8}{1+\dfrac{f_y}{0.0033E_s}} = \dfrac{0.8}{1+\dfrac{300}{0.0033 \times 2.0 \times 10^5}} = 0.55$$

$x = 80.875 \text{ mm} < \xi_b h_0 = 0.55 \times 465 = 255.75 \text{ mm}$,可以。

$$M_u = f_c bx\left(h_0 - \dfrac{x}{2}\right) = 9.6 \times 250 \times 80.875 \times \left(465 - \dfrac{80.875}{2}\right)$$
$$= 82\,407\,581 \text{ N·mm} = 82.408 \text{ kN·m}$$

(2) 计算 V_c 和 T_c

选定 $\zeta = 1.3$,由图 8-28 知,$A_{stl} = 3 \times 157 = 471 \text{ mm}^2$

由 $\zeta = \dfrac{f_y A_{stl} s}{f_{yv} A_{stl1} u_{cor}}$,得

$$A_{stl1} = \dfrac{f_y A_{stl} s}{f_{yv} u_{cor} \zeta} = \dfrac{300 \times 471 \times 120}{270 \times 1\,300 \times 1.3} = 37.160 \text{ mm}^2$$

$A_{sv1} = 50.3 - 37.160 = 13.140 \text{ mm}^2$,$A_{sv} = 2 \times 13.140 = 26.280 \text{ mm}^2$

假定 $\beta_t = 1.0$

$$V_c = 0.7(1.5 - \beta_t)f_t bh_0 = 0.7 \times 0.5 \times 1.1 \times 250 \times 465 = 4.476 \times 10^4 \text{ N}$$
$$T_c = 0.35\beta_t f_t W_t = 0.35 \times 1.0 \times 1.1 \times 1.302 \times 10^7 = 5.013 \times 10^6 \text{ N·mm}$$

(3) 求 V_u,T_u

$$V_u = V_c + V_s = 4.476 \times 10^4 + 270 \times \dfrac{26.280}{120} \times 465 = 72\,255 \text{ N} = 72.255 \text{ kN}$$

$$T_u = T_c + T_s = 5.013 \times 10^6 + 1.2 \times \sqrt{1.3} \times \dfrac{270 \times 37.160 \times 90\,000}{120}$$
$$= 15\,308\,647 \text{ N·mm} = 15.309 \text{ kN·mm}$$

(4) 最大承载力和最小配筋(箍)率验算

$$\dfrac{V_u}{bh_0} + \dfrac{T_u}{0.8W_t} = \dfrac{72\,255}{250 \times 465} + \dfrac{15.309 \times 10^6}{0.8 \times 1.302 \times 10^7} = 2.091 \text{ N/mm}^2$$
$$< 0.25\beta_c f_c = 0.25 \times 1.0 \times 9.6 = 2.4 \text{ N/mm}^2,可以。$$

$$\frac{T_u}{V_u b} = \frac{15.309 \times 10^6}{72\,255 \times 250} = 0.847$$

$$A_{stl} = 471 \text{ mm}^2 > 0.6 \times \sqrt{0.847} \times \frac{1.1}{300} \times 250 \times 500 = 253 \text{ mm}^2，可以。$$

$$A_{svt} = 100.6 \text{ mm}^2 > 0.28 \times \frac{1.1}{270} \times 250 \times 120 = 34.2 \text{ mm}^2，可以。$$

与例 8-6 的结果进行比较发现，由于例 8-6 中的实际抗扭纵筋的用量大于计算抗扭纵筋的用量，因此本例中计算获得的实际配筋构件的抗扭承载力大于例 8-6 中的扭矩。相应的抗剪承载力低于例 8-6 中的剪力。另外，由于 ζ 和 β_t 的值均是任意选定的，因此本例求出的 V_u 和 T_u 不是唯一解。

8.10 有轴向力作用时构件扭曲截面的承载力计算

8.10.1 轴向压力、弯矩、剪力和扭矩共同作用下矩形截面构件受剪扭承载力

由图 8-6 所示的受扭构件的裂缝发展情况可知，受扭构件的破坏源于扭剪应力过大而产生的斜裂缝。和受剪构件类似，轴向压力在一定程度上可抑制斜裂缝的发生与发展，但压力过大又会使构件的破坏形态发生变化。试验研究表明，轴向压力对纵筋的应变的影响显著；轴向压力能使混凝土较好地参加工作，同时又能改善裂缝处混凝土的咬合作用和纵向钢筋的销栓作用。因此，在一定程度上，轴向力能提高构件的抗剪承载力。《混凝土结构设计规范》(GB 50010) 考虑了这一有利因素，提出了如下的有轴向压力 N_c 作用时复合受力状态下矩形截面构件受剪扭承载力的计算公式：

$$V_u = (1.5 - \beta_t)\left(\frac{1.75}{\lambda+1} f_t b h_0 + 0.07 N_c\right) + f_{yv} \frac{A_{sv}}{s} h_0 \tag{8-72}$$

$$T_u = \beta_t \left(0.35 f_t + 0.07 \frac{N_c}{A}\right) W_t + 1.2\sqrt{\zeta} f_{yv} \frac{A_{stl} A_{cor}}{s} \tag{8-73}$$

式中　λ——计算截面的剪跨比，取值方法同式(7-41)中的 λ；
　　　β_t——按式(8-62)计算，不考虑轴向力的影响；
　　　N_c——构件所受的轴向压力，若 $N_c > 0.3 f_c A$，取 $N_c = 0.3 f_c A$。

截面设计时，当 $T \leqslant (0.175 f_t + 0.035 N_c/A) W_t$ 时，可以不考虑扭矩的影响。

8.10.2 轴向拉力、弯矩、剪力和扭矩共同作用下矩形截面构件受剪扭承载力

和轴向压力的影响效果相反，轴向拉力会削弱构件的受剪扭承载力。考虑到轴向拉力的不利影响，《混凝土结构设计规范》(GB 50010) 提出了如下的有轴向拉力 N_t 作用时复合受力状态下矩形截面构件受剪扭承载力的计算公式：

$$V_u = (1.5 - \beta_t)\left(\frac{1.75}{\lambda+1} f_t b h_0 - 0.2 N_t\right) + f_{yv} \frac{A_{sv}}{s} h_0 \tag{8-74}$$

$$T_u = \beta_t \left(0.35 f_t - 0.2 \frac{N_t}{A}\right) W_t + 1.2 \sqrt{\zeta} f_{yv} \frac{A_{stl} A_{cor}}{s} \tag{8-75}$$

计算 β_t 时不考虑轴向拉力的影响。当式(8-74)右边的计算值小于 $f_{yv} \frac{A_{sv}}{s} h_0$ 时，取

$f_{yv}\dfrac{A_{sv}}{s}h_0$；当式(8-75)右边的计算值小于 $1.2\sqrt{\zeta}f_{yv}\dfrac{A_{stl}A_{cor}}{s}$ 时，取 $1.2\sqrt{\zeta}f_{yv}\dfrac{A_{stl}A_{cor}}{s}$。

限于篇幅，不再给出具体的应用实例。读者可参照弯剪扭构件自行列出上述公式的应用步骤。

思考题

【8-1】 在实际工程中哪些构件中有扭矩作用？
【8-2】 矩形截面纯扭构件从加荷直至破坏的过程分哪几个阶段？各有什么特点？
【8-3】 矩形截面纯扭构件的裂缝与同一构件的剪切裂缝有哪些相同点和不同点？
【8-4】 矩形截面纯扭构件的裂缝方向与作用扭矩的方向有什么对应关系？
【8-5】 纯扭构件的破坏形态和破坏特征是什么？
【8-6】 什么是平衡扭转？什么是协调扭转？试举出各自的实际例子。
【8-7】 矩形截面受扭塑性抵抗矩 W_t 是如何导出的？对 T 形和 I 形截面如何计算 W_t？
【8-8】 什么是配筋强度比？配筋强度比的范围为什么要加以限制？配筋强度比不同时对破坏形式有何影响？
【8-9】 矩形截面纯扭构件的第 1 条裂缝出现在什么位置？
【8-10】 高强混凝土纯扭构件的破坏形式与普通混凝土纯扭构件的破坏形式相比有何不同？
【8-11】 拐角脱落破坏形式的机理是什么？如何防止出现这种破坏形式？
【8-12】 什么是部分超配筋构件？
【8-13】 最小抗扭钢筋量应依据什么确定？
【8-14】 变角空间桁架模型的基本假定有哪些？
【8-15】 弯扭构件的抗弯——抗扭承载力相关曲线是怎样的？它随纵筋配置的不同如何变化？
【8-16】 抗扭承载力计算公式中的 β_t 的物理意义是什么？其表达式表示了什么关系？此表达式的取值考虑了哪些因素？
【8-17】 受扭构件中纵向钢筋和箍筋的布置应注意什么？
【8-18】 受扭箍筋和受剪箍筋的受力情况和构造要求是否相同？为什么？
【8-19】 轴向压力和轴向拉力对复合受力构件的剪扭承载力各有何影响？为什么？

练习题

【8-1】 有一矩形截面纯扭构件，已知截面尺寸为 $b\times h=300\text{ mm}\times 500\text{ mm}$，配有纵筋 $4\Phi 14(f_y=300\text{ N/mm}^2)$，箍筋为 $\phi 8@150(f_{yv}=270\text{ N/mm}^2)$，混凝土为 C25($f_c=11.9\text{ N/mm}^2$, $f_t=1.27\text{ N/mm}^2$)，试求该截面所能承受的扭矩值。

【8-2】 已知某钢筋混凝土构件截面尺寸 $b\times h=200\text{ mm}\times 400\text{ mm}$，受纯扭荷载作用，经计算知作用于其上的扭矩值为 4 940 N·m，混凝土采用 C30($f_c=14.3\text{ N/mm}^2$, $f_t=1.43\text{ N/mm}^2$)，钢筋用 I 级钢筋($f_y=270\text{ N/mm}^2$, $f_{yv}=270\text{ N/mm}^2$)，试计算其配筋。

【8-3】 已知钢筋混凝土弯扭构件，截面尺寸为 $b\times h=200\text{ mm}\times 400\text{ mm}$，弯矩值 $M=$

55 kN·m，扭矩值 $T=9$ kN·m，采用 C25 级混凝土（$f_c=11.9$ N/mm², $f_t=1.27$ N/mm²），箍筋用Ⅰ级（$f_{yv}=270$ N/mm²），纵筋用Ⅱ级（$f_y=300$ N/mm²），试计算其配筋。

【8-4】 已知某构件截面尺寸为 $b \times h = 250$ mm $\times 600$ mm，经计算求得作用于其上的弯矩值 $M=142$ kN·m，剪力值 $V=97$ kN，扭矩值 $T=12$ kN·m，采用 C30 级混凝土（$f_c=14.3$ N/mm², $f_t=1.43$ N/mm²），箍筋用Ⅰ级（$f_{yv}=270$ N/mm²），纵筋用Ⅱ级（$f_y=300$ N/mm²），试计算其配筋（剪力主要由均布荷载产生）。

【8-5】 已知某均布荷载作用下的弯剪扭构件，截面为T形，尺寸为 $b'_f=400$ mm，$h'_f=80$ mm，$b=200$ mm，$h=450$ mm，其配筋如图 8-29 所示，构件所承受的弯矩值 $M=54$ kN·m，剪力值 $V=42$ kN，扭矩值 $T=8$ kN·m。混凝土为 C20 级（$f_c=9.6$ N/mm², $f_t=1.10$ N/mm²），钢筋为Ⅰ级钢（$f_y=270$ N/mm², $f_{yv}=270$ N/mm²），验算截面是否能承受上述给定的内力（$a_s=35$ mm）。

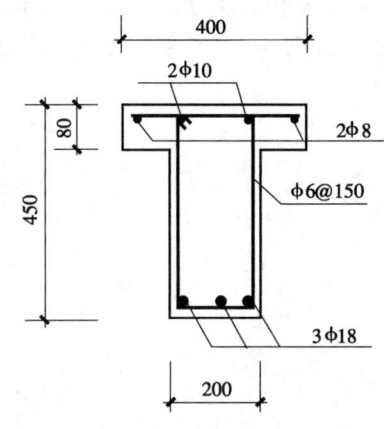

图 8-29 练习题 8-5 图

【8-6】 已知钢筋混凝土剪扭构件，截面尺寸 $b \times h = 250$ mm $\times 500$ mm，截面上的剪力值 $V=80$ kN，扭矩值 $T=8$ kN·m，采用 C30 混凝土（$f_c=14.3$ N/mm², $f_t=1.43$ N/mm²），Ⅰ级钢筋（$f_y=270$ N/mm², $f_{yv}=270$ N/mm²），试计算能够承受上述内力的配筋（剪力主要由均布荷载引起）。

【8-7】 已知钢筋混凝土弯扭构件，截面尺寸 $b \times h = 200$ mm $\times 400$ mm，作用于其上的弯矩值 $M=54$ kN·m，扭矩值 $T=9.7$ kN·m，混凝土采用 C20 级（$f_c=9.6$ N/mm², $f_t=1.10$ N/mm²），Ⅰ级钢筋（$f_y=270$ N/mm², $f_{yv}=270$ N/mm²），配筋如图 8-30 所示，试验算该构件能否承受上述内力（$a_s=35$ mm）。

【8-8】 某工形截面钢筋混凝土纯扭构件，截面尺寸如图 8-31 所示，承受扭矩值 $T=8.5$ kN·m，混凝土采用 C20（$f_c=9.6$ N/mm², $f_t=1.10$ N/mm²），钢筋采用Ⅰ级（$f_y=270$ N/mm², $f_{yv}=270$ N/mm²）。试计算腹板、受压翼缘和受拉翼缘各承受扭矩多少？并计算腹板所需的抗扭箍筋和纵筋。

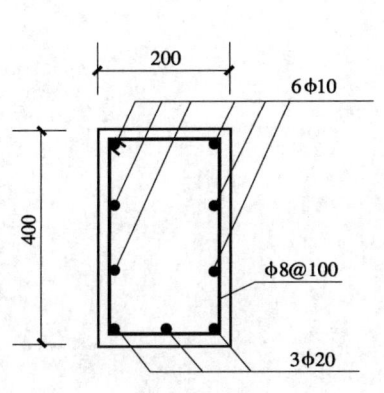

图 8-30 练习题 8-7 图

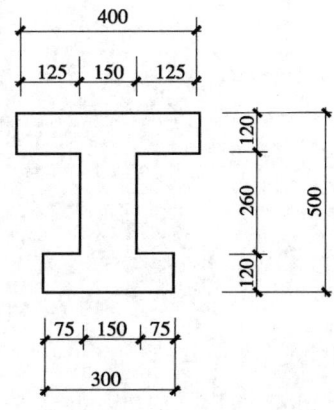

图 8-31 练习题 8-8 图

【8-9】 一钢筋混凝土框架纵向边梁,梁上承受均布荷载,截面尺寸 $b \times h = 250 \text{ mm} \times 400 \text{ mm}$,经内力计算,支座处截面承受扭矩值 $T = 8 \text{ kN} \cdot \text{m}$,弯矩值 $M = 45 \text{ kN} \cdot \text{m}$(截面上边受拉)及剪力值 $V = 46 \text{ kN}$,混凝土采用 C20($f_c = 9.6 \text{ N/mm}^2$, $f_t = 1.10 \text{ N/mm}^2$),钢筋采用Ⅰ级($f_y = 270 \text{ N/mm}^2$, $f_{yv} = 270 \text{ N/mm}^2$)。试按弯剪扭构件计算该截面配筋,并画出截面配筋图。

【8-10】 矩形截面纯扭构件,截面尺寸及配筋如图 8-32 所示,混凝土为 C30 级($f_c = 14.3 \text{ N/mm}^2$, $f_t = 1.43 \text{ N/mm}^2$),纵筋采用 6 根直径为 16 mm 的Ⅲ级钢筋($f_y = 400 \text{ N/mm}^2$),箍筋采用Ⅰ级钢($f_{yv} = 270 \text{ N/mm}^2$)。求此构件所能承受的最大扭矩值。

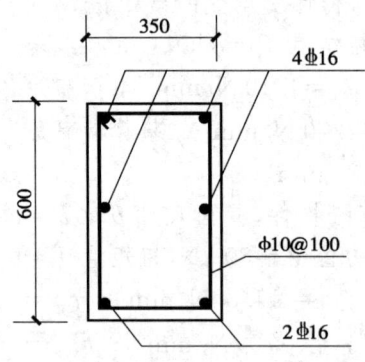

图 8-32 练习题 8-10 图

【8-11】 分别列出轴向压力、轴向拉力作用下钢筋混凝土矩形截面复合受力构件(轴向力、弯矩、剪力和扭矩共同作用)基于承载力的截面设计步骤。

【8-12】 分别列出轴向压力、轴向拉力作用下钢筋混凝土矩形截面复合受力构件(轴向力、弯矩、剪力和扭矩共同作用)截面承载力的计算步骤。

9 构件的冲切及局部受压性能与计算

9.1 构件冲切性能与计算

9.1.1 板的冲切破坏及影响因素

1. 冲切破坏特征

混凝土结构中的平板、基础、承台等板状构件(图 1-4),在垂直于板面的、数值较高的局部压力作用下,可能会发生如图 9-1 所示的破坏形态。破坏时,在板上、下表面的局部范围内存在环状的裂缝,环状裂缝内部的锥台状块体在荷载作用方向相对于其外围部分的板向板面外脱落(或有这样的趋势)。这种破坏称为冲切破坏,引起这种破坏的局部荷载称为冲切荷载,在局部荷载下形成的锥台状块体称为冲切破坏锥体。

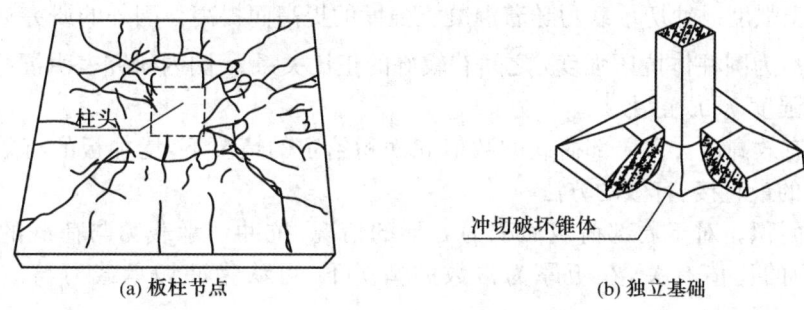

图 9-1 冲切破坏形态

试验观察到,在不同类型的板状构件中,冲切破坏的形态有所不同。根据板面或板底环形裂缝离冲切荷载边缘的距离推算,板柱连接试件冲切破坏锥体斜面的倾角(简称冲切角)可能达到 90°,即沿柱边破坏;对基础则在 40°~60°之间。承台的冲切破坏形态比较复杂,受桩、柱平面布置方式的影响很大。

2. 冲切破坏过程

冲切破坏与弯曲现象有天然的联系。发生冲切破坏的构件,按其整体受力和变形特点也可纳入通常的受弯构件范畴。在发生冲切破坏的区域内,弯矩和剪力一般都很不利。混凝土板在发生冲切破坏的过程中,往往有垂直于板面的弯曲裂缝伴随着冲切破坏裂缝而出现。

图 9-2 所示为板柱节点试件受拉面的裂缝开展过程:在极限荷载的 20% 左右时,首先在柱的周边出现弯曲裂缝,然后在柱的四角出现放射状的裂缝并向板的外边延伸;在极限荷载的 70% 左右时,弯曲裂缝已基本出齐。试件内部的应变测试结果表明,与冲切破坏有关的斜裂缝首先出现在板的中部,随着荷载增加,斜裂缝逐渐向斜面两端发展。冲切破坏的迹象显现得较晚,当在板的受拉表面看到环状裂缝时,标志着板已发生冲切破坏,因此冲切破坏直观上像是突然发生的。由于弯曲裂缝总是先于冲切裂缝而被观察到,故也将弯曲裂缝称为"主裂缝"、将冲切裂缝称为"次裂缝"。

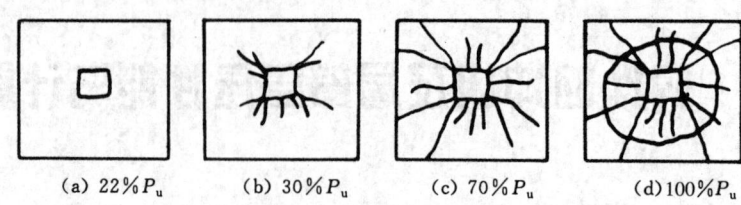

图 9-2　板柱节点的冲切破坏过程（P_u 为节点试件的极限荷载）

与发生弯曲破坏的情况相比，冲切破坏试件的极限挠度较小，一旦发生冲切破坏，承载力急剧下降，破坏呈脆性特点。试验结果表明，当发生冲切破坏时锥面附近的纵筋一般不会普遍屈服，即此时板的受弯承载力尚未耗尽。

冲切破坏在本质上属于剪切型破坏，与平面内受力构件梁中受剪破坏不同的是，冲切破坏具有明显的三维受力特点，因此国外文献中也有将冲切称为"双向剪切"的。其破坏形态也有类似梁受剪破坏时的斜压破坏、剪压破坏和斜拉破坏等不同形式。

3. 抗冲切承载力的影响因素

国内外大量的试验研究发现影响混凝土板抗冲切承载力的因素主要有以下几种：

(1) 混凝土强度。冲切承载力随着混凝土强度的提高而提高。国外的研究认为抗冲切承载力与 $\sqrt{f'_c}$（f'_c 为圆柱体抗压强度）之间有较好的正比关系。国内研究表明抗冲切承载力与混凝土的抗拉强度 f_t 成正比。

(2) 板的有效高度。在局部荷载的数值和面积给定的情况下，增加板的有效高度是提高抗冲切承载力的最直接、有效的方法。

(3) 荷载面积。对于局部荷载面积为方形的情况，抗冲切承载力与荷载的边长和板的有效高度之间的比值有关，在板厚为常数的情况下，可认为冲切承载力与该比值呈线性关系。

荷载面积的形状对受冲切承载力也有一定的影响。当周长相同时，圆形局部荷载下板的抗冲切承载力高于方形局部荷载的情况。有资料表明，方形荷载与直径为其边长 1.2 倍的圆形荷载作用下板的冲切承载力相等效。而对正方形的荷载面积，板的受冲切承载力又高于具有同样周长的矩形荷载面积的情况。其原因是板内沿矩形或正方形局部荷载周边剪应力分布的不均匀性所致（图 9-3）。

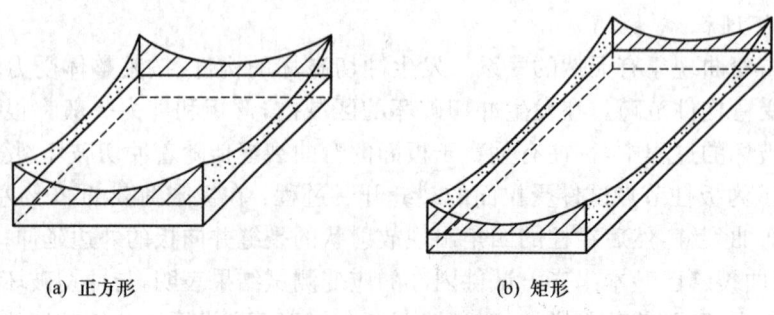

(a) 正方形　　　　　　　　(b) 矩形

图 9-3　板内沿局部荷载周边剪应力的分布

(4) 尺寸效应。研究表明，对具有相同混凝土级配但尺寸按比例变化的系列试件，相对而言，受冲切承载力随试件尺寸的减小而提高，即存在所谓的"尺寸效应"。

(5) 抗弯钢筋。国外的研究表明,混凝土板内配置的抗弯钢筋对受冲切承载力也有贡献。从配置环筋的圆板的试验结果来看,冲切承载力随环筋配筋量的增大而提高。抗弯钢筋的布置形式对冲切承载力也有影响,若在通过柱子的板带中加密钢筋,与具有相同数量的钢筋且均匀分布在板中的情况相比,冲切承载力有所降低。

(6) 边界条件。国外的一些研究表明,增大边界约束能提高板的受冲切承载力。将边界有刚性约束的板与边界自由的板的试验结果进行比较,发现边界的约束能提高板的受冲切承载力,配筋率越低的试件,提高的幅度越大,但是约束使试件的延性降低。

由于在完整的结构体系中对板进行冲切试验非常昂贵,甚至不可能,因此已有的冲切试验大多采用单独的板柱节点试件,但是这种试件的边界条件与板柱结构体系中的实际情况存在差异。为了得到更好的冲切破坏试验研究结果,有些研究者仍在继续努力。

(7) 冲跨比。定义冲跨比 λ 为冲切荷载边缘至周边支承的净距 a 与板的有效厚度 h_0 的比值。国内外的试验研究表明,冲跨比对抗冲切承载力有明显的影响。图 9-4 所示为轴对称板的冲切试验资料。可以看到,冲切承载力随冲跨比的减小而显著提高(因冲切锥范围内未配筋,图中冲跨比采用 a/h)。

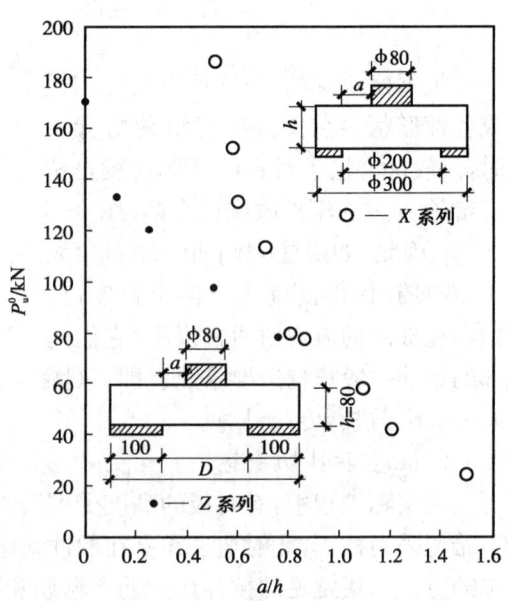

图 9-4 冲跨比对受冲切承载力的影响

根据对不同冲跨比试件观察到的冲切破坏形态,可以假定冲切破坏锥体随冲跨比的变化情况如图 9-5 所示,即当冲跨比较小($\lambda<1$)时,冲切破坏锥体的形状由冲跨比限定,其坡面的倾角随冲跨比而变化且大于 45°;当冲跨比足够大($\lambda\geqslant1$)时,冲切破坏锥体的形状不再受冲跨比的影响,其坡面倾角为 45°。

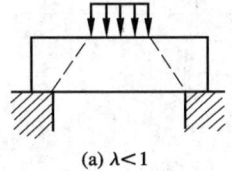 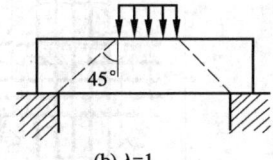 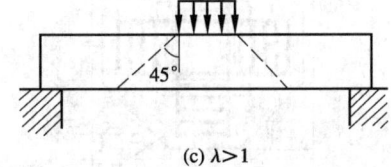

(a) $\lambda<1$ (b) $\lambda=1$ (c) $\lambda>1$

图 9-5 不同冲跨比下的冲切破坏锥体

试验结果表明,对小冲跨比的情况,抗冲切钢筋对板抗冲切承载力的提高作用不明显。

9.1.2 提高构件抗冲切承载力的措施

1. 设置柱帽或托板

对无梁结构中的板柱节点(图 1-4 中上层楼板),若受冲切承载力不满足时,增加局部荷载的作用面积或增大冲切破坏区域的板的厚度,都是提高受冲切承载力的有效方法,二者可分别通过设置柱帽(图 9-6)和托板(图 9-7)的方法来实现。还可以同时设置柱帽和托板。

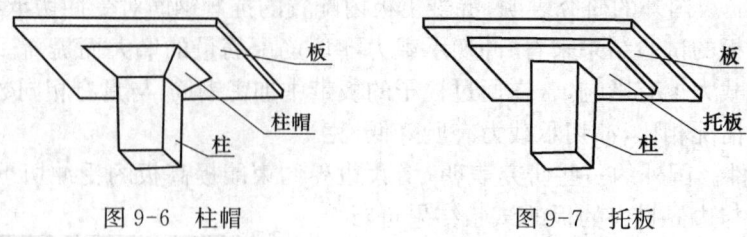

图 9-6 柱帽　　　　　　图 9-7 托板

根据建筑师的要求,可以将柱帽做成各种形状。在作抗冲切承载力计算时,一般认为柱子对板的局部荷载是按45°锥台通过柱帽扩散到板上的[图9-5(c)]。因此,如果柱帽侧面的倾斜角大于45°或托板的高度大于伸出长度,柱帽和托板内的应力值通常很小,它们内部的钢筋一般按构造要求配置即可(图9-8),不需进行专门计算。

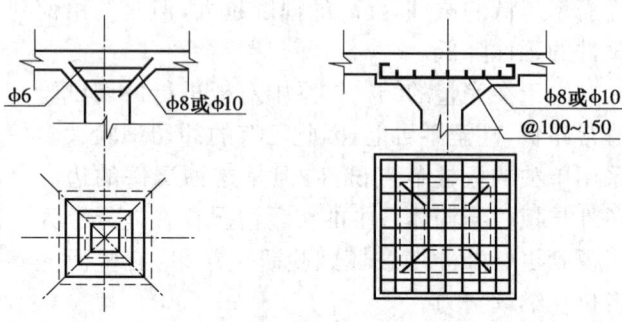

图 9-8 柱帽和托板的配筋构造

2. 配置抗冲切钢筋

在实际工程中,有时板的高度受到限制,而基于建筑效果和有效利用空间等方面的考虑又不希望采用柱帽,此时通过在潜在的冲切破坏区域配置抗冲切钢筋来提高受冲切承载力是首选的方法。最常见的抗冲切钢筋有箍筋和弯起钢筋两种形式,如图9-9所示。

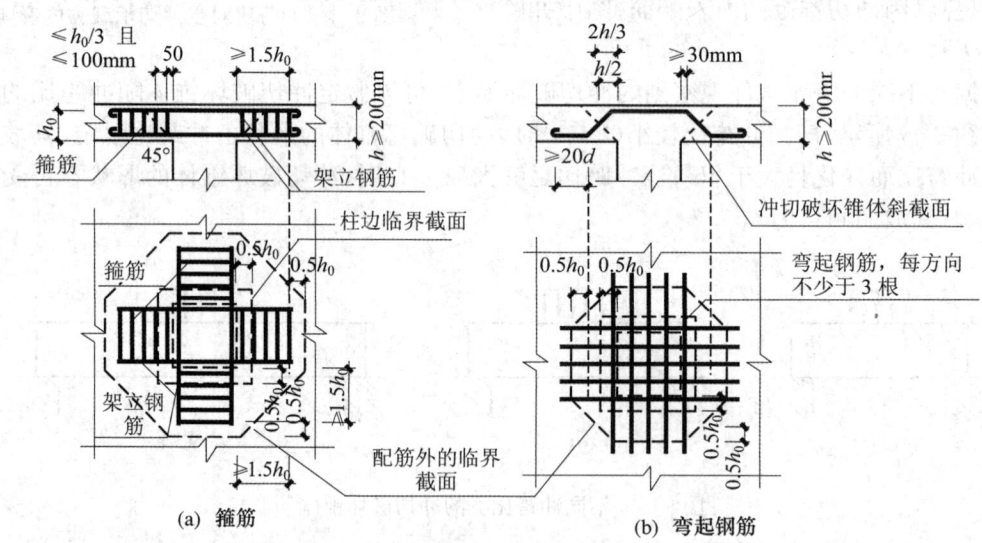

图 9-9 GB 50010 规范规定的抗冲切钢筋形式与构造

根据国内外大量有关配置抗冲切钢筋板的冲切试验研究报道,可以得到以下结论:

(1) 配抗冲切钢筋板的受冲切承载力随抗冲切钢筋数量的增加而提高。

(2) 抗冲切钢筋的配筋形式和构造对受冲切承载力有明显的影响。只要构造合理,弯起钢筋、箍筋对于提高抗冲切承载力都是有效的。抗冲切钢筋宜配置在冲切荷载附近,并穿过可能出现的斜裂缝,这样才能发挥作用。抗冲切钢筋的锚固非常重要,锚固不良将影响其强度的充分发挥。

(3) 合理配置抗冲切钢筋的板在破坏时显示出较好的延性,极限挠度比不配置抗冲切钢筋的板大,挠度增大的程度与抗冲切钢筋的数量成正比。

为了便于施工时放置纵向钢筋,减轻从箍筋内穿过的麻烦,国内外学者对改进抗冲切钢筋的形式进行了探讨,图 9-10 列举了两种据称是有效抗冲切的钢筋形式,但目前尚未被普遍推广。

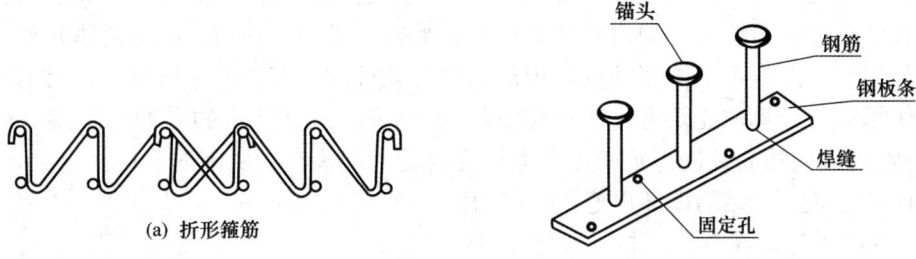

(a) 折形箍筋

(b) 剪切钉

图 9-10 两种新型抗冲切钢筋

9.1.3 抗冲切承载力的计算

不同规范规定的抗冲切承载力的计算方法可能不同,本节仅以《混凝土结构设计规范》(GB 50010)为例介绍构件抗冲切承载力的计算。

1. 无抗冲切钢筋混凝土板的抗冲切承载力

钢筋混凝土板的冲切问题实际上是板的"双向剪切"问题。参照式(7-43)所示的一般板类构件斜截面抗剪承载力的计算方法,假定不配置受冲切箍筋或弯起钢筋的混凝土板破坏时冲切锥体斜面的倾角为 45°(图 9-11),则其受冲切承载力可按下列公式计算:

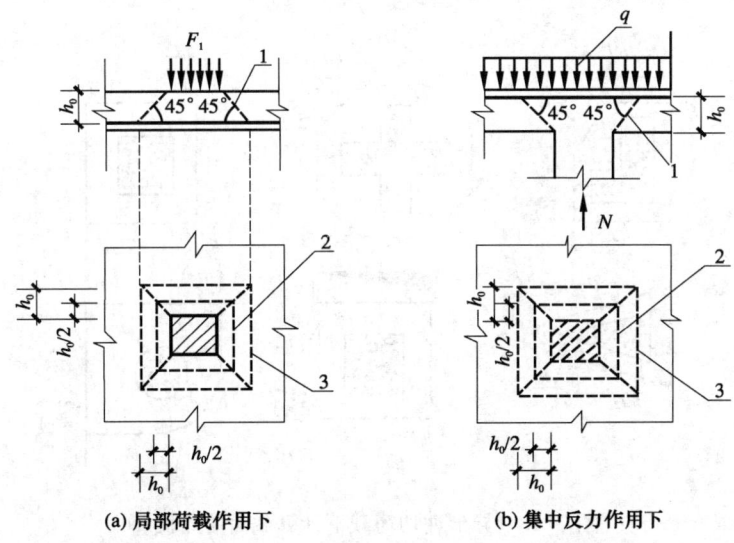

(a) 局部荷载作用下 (b) 集中反力作用下

1—冲切破坏锥体的斜截面;2—距荷载面积周边 $h_0/2$ 处板垂直截面;
3—冲切破坏锥体的底面或顶面线

图 9-11 GB 50010 规范采用的假想冲切锥

$$F_{lu} = 0.7\beta_h f_t u_m h_0 \tag{9-1}$$

式中 f_t——混凝土抗拉强度；

u_m——临界截面或计算截面的周长，即距局部荷载或集中反力作用面积 $h_0/2$ 处板垂直截面的周长（图 9-11）；

h_0——截面有效高度；

β_h——截面高度影响系数，当 $h \leqslant 800$ mm 时，取 $\beta_h = 1.0$；当 $h \geqslant 2\,000$ mm 时，取 $\beta_h = 0.9$，其间按直线内插法取用。

有时为了满足设置各种管道的需要，必须在柱边或柱附近开设孔洞，这些孔洞的存在会降低混凝土板的受冲切承载力。国内外学者对开孔混凝土板的受冲切承载力的影响作了试验研究，并建议了计算方法，不少国家的设计规范已对开孔板的冲切计算作出规定。目前有关开孔板的受冲切承载力计算的建议方法比较相似，一般仍采用未开孔板的受冲切承载力公式进行计算，但对临界截面的周长进行折减以考虑开孔对受冲切承载力的削弱作用。

根据我国的《混凝土结构设计规范》（GB 50010），当以式（9-1）为基本公式计算板的抗冲切承载力时，如果板中开孔位于距集中荷载或反力作用面积边缘的距离不大于 6 倍板有效高度，从集中荷载或反力作用面积中心至开孔外边上下两条切线之间所包含的计算截面长度应予以扣除（图 9-12）；如果 $l_1 > l_2$，孔洞边长 l_2 应用 $\sqrt{l_1 l_2}$ 代替；如果单个孔洞中心靠近柱边且孔洞最大宽度小于 1/4 柱宽或 1/2 板厚中的较小者，该孔洞对周长 u_m 的影响可略去不计。

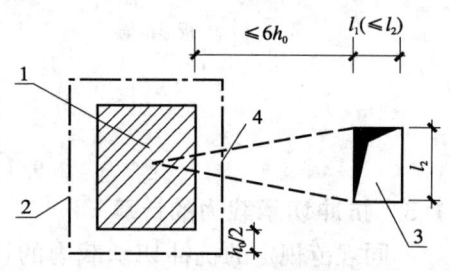

1—柱截面；2—计算截面周长；
3—孔洞；4—应扣除的长度

图 9-12 邻近开孔的计算截面周长

在实际工程中，有时与钢筋混凝土板相联系并传递冲切荷载的构件（柱、桩等）为异形截面，如 L 形、十字形、三角形等；有时局部荷载作用在板的自由边缘附近。对这些情况，计算截面的周长可参考图 9-13 的取法。

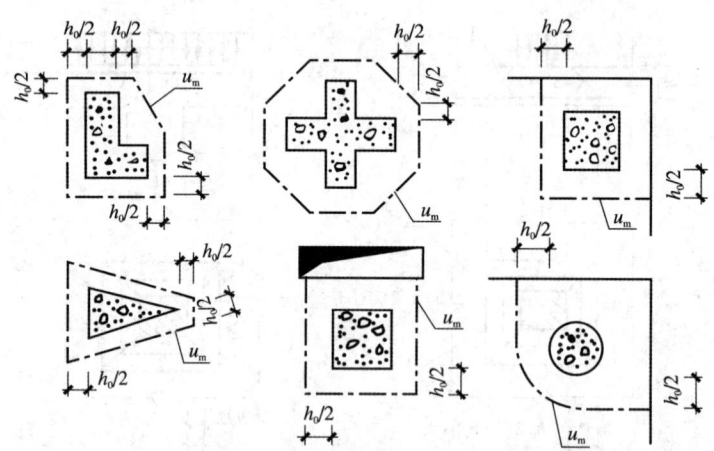

图 9-13 异形冲切荷载下计算截面的周长

由图 9-3 可知，板内沿方形或矩形局部荷载周边呈不均匀分布，角部应力大，任一边中部应力小。对矩形截面的长边，这种不均匀分布更加明显。为考虑应力不均匀分布对抗冲切承载力的影响，引入局部荷载或集中反力作用面积形状系数 η_1 对式（9-1）进行修正，η_1 按式

(9-2)计算

$$\eta_1 = 0.4 + 1.2/\beta_s \quad (9-2)$$

式中,β_s 为局部荷载或集中反力作用面积为矩形时的长边与短边尺寸的比值,β_s 不宜大于 4;当 $\beta_s < 2$ 时,取 $\beta_s = 2$;当面积为圆形时 $\beta_s = 2$;对其他异形截面按图 9-14 计算 β_s。

若局部荷载或集中反力的作用面积非常大,则沿矩形或方形局部面积周边的剪应力分布的不均匀性还要明显。为考虑剪应力不均匀分布的不利影响,当 $\mu_m/h_0 \geq 20$ 时,引入临界截面周长与截面有效高度比值的影响系数 η_2 对式(9-1)进行修正。η_2 按式(9-3)计算。

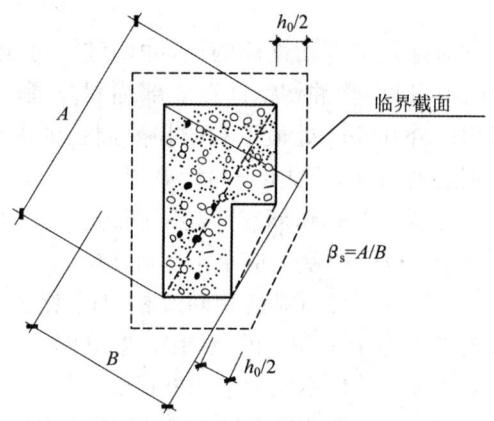

图 9-14 局部荷载作用面积为异形时 β_s 的计算

$$\eta_2 = 0.5 + \frac{\alpha_s h_0}{4\mu_m} \quad (9-3)$$

式中,α_s 为板柱结构中柱类型的影响系数:对中柱,取 $\alpha_s = 40$;对边柱,取 $\alpha_s = 30$;对角柱,取 $\alpha_s = 20$。

由于 η_1 和 η_2 均是对剪应力不均匀的不利影响进行修正,故引入综合修正系数 $\eta = \min(\eta_1, \eta_2)$,则式(9-1)变为

$$F_{lu} = 0.7\beta_h f_t \eta \mu_m h_0 \quad (9-4)$$

2. 配置抗冲切钢筋混凝土板的抗冲切承载力

对配置抗冲切钢筋的混凝土板,受冲切承载力可按下列公式计算:

当配置箍筋时

$$F_{lu} = 0.5 f_t \eta u_m h_0 + 0.8 f_{yv} A_{svu} \quad (9-5)$$

当配置弯起钢筋时

$$F_{lu} = 0.5 f_t \eta u_m h_0 + 0.8 f_y A_{sbu} \sin\alpha \quad (9-6)$$

式中 A_{svu}——与呈 45°冲切破坏锥体斜截面相交的全部箍筋截面面积;
A_{sbu}——与呈 45°冲切破坏锥体斜截面相交的全部弯起钢筋截面面积;
f_{yv}——箍筋抗拉强度,取值不应大于 360 N/mm²;
f_y——弯起钢筋抗拉强度;
α——弯起钢筋与板底面的夹角。

在式(9-5)和式(9-6)中,混凝土对承载力的贡献项中的系数 0.5 为不配置抗冲切钢筋板的受冲切承载力计算公式(9-4)中相应项系数 0.7 倍。这是考虑到当抗冲切钢筋发挥其极限强度时,混凝土已开裂较严重,其对承载力的贡献是靠骨料间的咬合力和与钢筋间的销栓力提供,因此要下降。另外,由于配置抗冲切钢筋的板一般不会很厚,所以式(9-5)和式(9-6)中未考虑板厚影响系数 β_h。

配置抗冲切钢筋的板,其最大抗冲切承载力为

$$F_{lu,\max}=1.2f_t\eta u_m h_0 \qquad (9-7)$$

对配置抗冲切钢筋的板，冲切破坏可能发生在抗冲切钢筋外围的无抗冲切钢筋的区域内。此时，可以将受冲切钢筋在底部锚固范围内的面积视作局部荷载或集中反力作用面积，并取该面积以外 $0.5h_0$ 处最不利的临界周长即配筋外临界截面的周长如图 9-9 所示，按不配置受冲切钢筋的情况，用式(9-4)计算受冲切承载力。

配置受冲切箍筋或弯起钢筋的混凝土板，应符合下列构造要求：

(1) 板的厚度不应小于 200 mm。

(2) 按计算所需的箍筋及相应的架立钢筋应布置在冲切破坏锥体范围内，并布置在从柱边向外不小于 $1.5h_0$ 的范围内，参见图 9-9(a)；箍筋宜为封闭式，直径不应小于 6 mm，间距不应大于 $h_0/3$，且不应大于 100 mm。

(3) 按计算所需的弯起钢筋应配置在冲切破坏锥体范围内，弯起角度可根据板的厚度在 30°～45°之间选取，参见图 9-9(b)；弯起钢筋的倾斜段应与冲切破坏斜截面相交，其交点应在离柱边以外 $(1/2\sim2/3)h$ 的范围内，弯起钢筋直径不应小于 12 mm，且每一方向不应少于 3 根。

读者可以仿照前面各章的方法列出基于承载力的截面设计步骤及既有构件承载力的计算步骤。下面用算例予以说明。

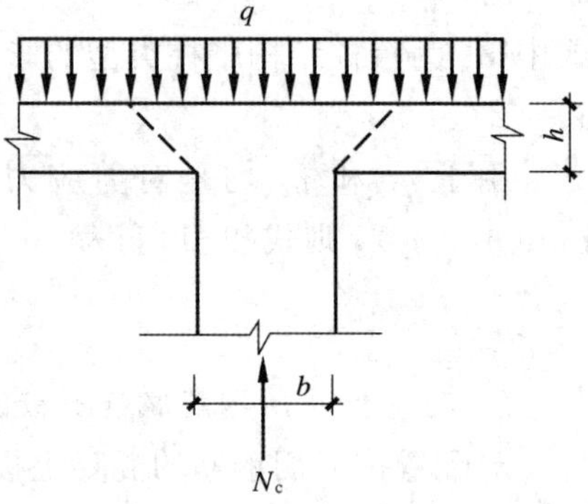

【**例 9-1**】 如图 9-15 所示的中柱板柱节点，柱的截面是边长为 $b=400$ mm 的正方形，板厚为 $h=200$ mm，有效厚度为 $h_0=175$ mm，混凝土强度等级为 C30（$f_t=1.43$ N/mm²），楼面上总的均布荷载（包括自重）为 $q=12$ kN/m²，柱中的轴向压力为 $N_c=700$ kN。试对板柱节点的受冲切承载力进行验算。

图 9-15 例 9-1 图

【**解**】 (1) 无抗冲切钢筋的情况

破坏锥体如图 9-15 中的虚线所示。局部荷载为

$$F_l=N_c-q(b+2h_0)^2=700-12\times(0.4+2\times0.175)^2=693.3\text{ kN}$$

计算截面的周长　　$u_m=4(b+h_0)=4\times(400+175)=2\,300$ mm

$$\beta_s=\frac{400}{400}=1<2,\text{取}\beta_s=2$$

$$\alpha_s=40$$

$$\eta_1=0.4+\frac{1.2}{\beta_s}=1.0$$

$$\eta_2=0.5+\frac{\alpha_s h_0}{4u_m}=0.5+\frac{40\times175}{4\times2\,300}=1.261$$

$$\eta=\min(\eta_1,\eta_2)=1.0$$

板的冲切抗力

$$F_{lu}=0.7f_t\eta u_m h_0=0.7\times1.43\times1.0\times2\,300\times175=4.029\times10^5\text{ N}$$
$$=402.9\text{ kN}<F_l$$

所以,板的受冲切承载力不满足要求。

(2) 考虑配置抗冲切钢筋的情况

$$F_{lu,\max}=1.2f_t\eta u_m h_0=1.2\times1.43\times1.0\times2\,300\times175=6.907\times10^5\,\text{N}$$
$$=690.7\,\text{kN}<F_l=693.3\,\text{kN}$$

所以,不能通过配置抗冲切钢筋来满足受冲切承载力。或换种说法,受冲切截面不符合配置抗冲切钢筋的条件。

(3) 设置柱帽的情况

设柱帽的边长为 $B=750\,\text{mm}$,根据图 9-16 中虚线所示的冲切破坏锥体,有

$$F_l=N_c-q(B+2h_0)^2$$
$$=700\times10^3-12\times10^{-3}\times(750+2\times175)^2$$
$$=685\,500\,\text{N}$$

$u_m=4\times(750+175)=3\,700\,\text{mm}$

$\beta_s=\dfrac{750}{750}=1<2$,取 $\beta_s=2$

$\alpha_s=40$

$\eta_1=0.4+\dfrac{1.2}{\beta_s}=1.0$

$\eta_2=0.5+\dfrac{\alpha_s h_0}{4u_m}=0.5+\dfrac{40\times175}{4\times3\,700}=0.973$

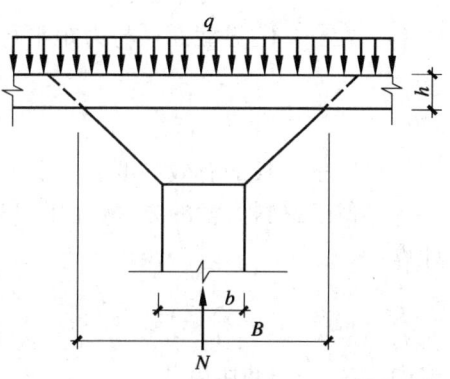

图 9-16 设置柱帽的板柱节点(例 9-1)

$\eta=\min(\eta_1,\eta_2)=0.973$

$F_{lu}=0.7f_t\eta u_m h_0=0.7\times1.43\times0.973\times3\,700\times175=630\,648\,\text{N}<F_l$

仍然不能满足要求。将柱帽的边长扩大为 $B=900\,\text{mm}$,则有

$F_l=N_c-q(B+2h_0)^2=700\times10^3-12\times10^{-3}\times(900+2\times175)^2=681\,300\,\text{N}$

$u_m=4\times(900+175)=4\,300\,\text{mm}$

$\beta_s=\dfrac{900}{900}=1<2$,取 $\beta_s=2$

$\alpha_s=40$

$\eta_1=0.4+\dfrac{1.2}{\beta_s}=1.0$

$\eta_2=0.5+\dfrac{\alpha_s h_0}{4u_m}=0.5+\dfrac{40\times175}{4\times4\,300}=0.907$

$\eta=\min(\eta_1,\eta_2)=0.907$

$F_{lu}=0.7f_t\eta u_m h_0=0.7\times1.43\times0.907\times4\,300\times175=683\,200\,\text{N}>F_l$ 　可以。

9.1.4 偏心冲切问题

前面所介绍的冲切问题,冲切荷载为轴心压力,它引起的冲切破坏面上的应力呈对称分布。当局部荷载为偏心荷载时,为了与偏心距引起的力矩相平衡,冲切破坏面上的应力必然呈不对称分布,由这种不对称的应力分布抵抗的那部分力矩称"不平衡力矩"。实际工程中,偏心荷载下的冲切情况可能更为常见。

1960 年,Di Stasio 和 Van Buren 针对偏心冲切问题提出了偏心剪应力模型,该模型假定

在局部面积上的轴力和力矩的共同作用下，板的临界截面上的剪应力呈线性分布（图 9-17）。对板柱结构，假定柱传递给板的力矩，由临界截面上的偏心剪应力承担的比例为 γ_v，其余的 $(1-\gamma_v)$ 部分力矩由包括柱及两侧各 1.5 倍板厚的配筋板带的弯曲来抵抗。γ_v 按下式确定：

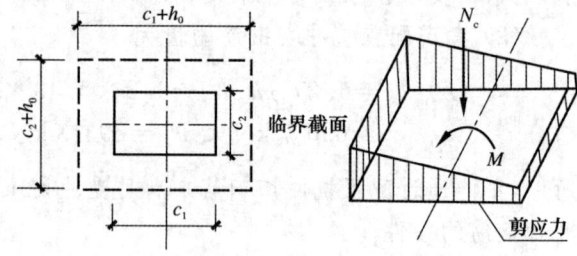

$$\gamma_v = 1 - \frac{1}{1 + 2/3\sqrt{\beta_{cr}}} \quad (9\text{-}8)$$

图 9-17 偏心剪应力模型

式中 β_{cr}——临界截面在与力矩平行和垂直方向尺寸的比值（图 9-17），即

$$\beta_{cr} = \frac{c_1 + h_0}{c_2 + h_0} \quad (9\text{-}9)$$

h_0——板的有效厚度。

类似于材料力学的方法，在压力和力矩的复合作用下，临界截面上任意处的剪应力按下式计算：

$$v_c = \frac{N_c}{A_c} \pm \frac{\gamma_v M c_v}{J_c} \quad (9\text{-}10)$$

式中 N_c——冲切荷载；

M——在临界截面几何中心的传递力矩；

A_c——临界截面的面积为

$$A_c = 2h_0(c_1 + c_2 + 2h_0); \quad (9\text{-}11)$$

c_v——临界截面几何中心至剪应力计算点的距离（平行于传递力矩方向）；

J_c——临界截面关于它的几何中心的极惯性矩

$$J_c = \frac{2h_0(c_1 + h_0)^3}{12} + \frac{2(c_1 + h_0)h_0^3}{12} + 2h_0(c_2 + h_0)\left(\frac{c_1 + h_0}{2}\right)^2 \quad (9\text{-}12)$$

当由偏心剪应力模型算得的最大剪应力达到中心冲切破坏临界截面上剪应力的限值时，或当有效宽度为 $c_2 + 3h$ 的配筋板带达到弯曲承载力时，即达到了偏心冲切的极限承载力。

偏心剪应力模型已被美国的 ACI318 规范采纳。

对于板柱连接中的偏心冲切问题，《混凝土结构设计规范》（GB 50010）借鉴了美国 ACI318 规范的方法。对于通过板柱节点冲切破坏面上的剪应力传递部分不平衡弯矩的情况，当采用式（9-3）及式（9-5）和式（9-6）进行冲切承载力验算时，局部荷载用等效集中反力值 $F_{l\text{eq}}$ 代替。$F_{l\text{eq}}$ 的计算方法可参阅《混凝土结构设计规范》（GB 50010）的附录——"板柱节点计算用等效集中反力设计值"，本书不作详细介绍。

对于基础中的偏心冲切问题，GB 50010 规范给出了较简单、实用的计算方法。对图 9-18 所示的矩形截面柱下的矩形基础，GB 50010 规范规定在柱与基础交接处以及基础变阶处的抗冲切承载力可按下式计算：

$$F_{lu} = 0.7\beta_h f_t b_m h_0 \quad (9\text{-}13a)$$

$$F_l = p_s A \quad (9\text{-}13b)$$

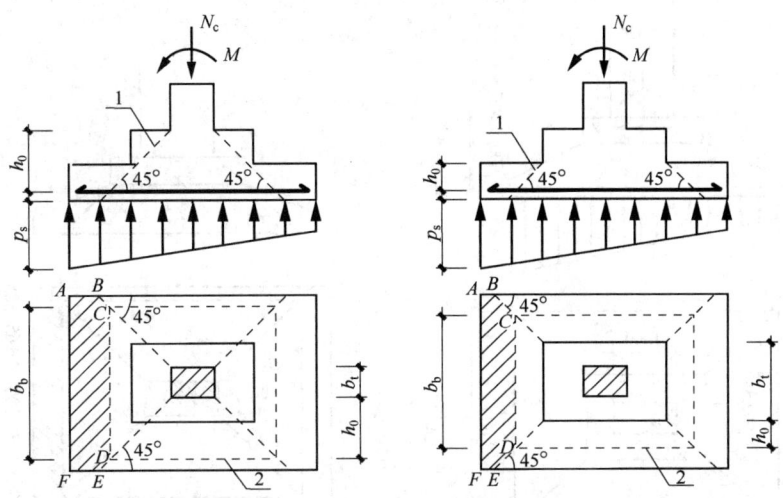

1—冲切破坏锥体最不利一侧的斜截面；2—冲切破坏锥体的地面线

图 9-18　阶形基础抗冲切承载力计算截面位置

$$b_m = \frac{b_t + b_b}{2} \tag{9-13c}$$

式中　h_0——基础冲切破坏锥体的有效高度，取两个方向配筋的截面有效高度平均值；

　　　β_h——截面高度影响系数，其值的取用方法与式(9-1)中相同；

　　　p_s——荷载作用下基础底面单位面积上的地基反力，当为偏心荷载时，可取用最大的单位反力，由基础自重及其上填土重所产生的反力可以扣除；

　　　A——考虑冲切荷载时取用的多边形面积(图 9-18 中的阴影面积 $ABCDEF$)；

　　　b_t——冲切破坏锥体最不利一侧斜截面的上边长：当计算柱与基础交接处的受冲切承载力时，取柱宽；当计算基础变阶处的受冲切承载力时，取上阶宽；

　　　b_b——冲切破坏锥体最不利一侧斜截面的下边长：当计算柱与基础交接处的受冲切承载力时，取柱宽加两倍基础有效高度；当计算基础变阶处的受冲切承载力时，取上阶宽加两倍该处的基础有效高度。

【例 9-2】　如图 9-19 所示的柱下单独基础，作用在基础顶面的轴力 $N_{c1} = 1\,647$ kN，弯矩 $M_1 = 616.6$ kN·m，剪力 $V_1 = 79.36$ kN，基础采用 C30 混凝土，HPB300 钢筋，柱边基础板有效高度 $h_0 = 1\,165$ mm，在变阶处的有效高度 $h_0 = 765$ mm。基础底面上土层厚度为 1.8 m，土及基础的平均重度 $\gamma_m = 20$ kN/m²，验算该基础的抗冲切承载力。

【解】　作用在基础底面的弯矩为

$$M = 616.6 + 79.36 \times 1.2 = 711.8 \text{ kN·m}$$

扣除基础自重及其上的土重后，$N_c = 1\,647 - 4.8 \times 3.6 \times 1.8 \times 20 = 1\,025$ kN

基础底面上单位面积的土反力为

$$\genfrac{}{}{0pt}{}{p_{s,\max}}{p_{s,\min}} = \frac{N_c}{A} \pm \frac{M}{W} = \frac{1\,025}{4.8 \times 3.6} \pm \frac{711.8}{\frac{1}{6} \times 3.6 \times 4.8^2} = \begin{cases} 110.8 \text{ kN/m}^2 \\ 7.812 \text{ kN/m}^2 \end{cases}$$

对柱边的抗冲切承载力计算：由图 9-20，冲切荷载面积(图中阴影部分)为

$$A = 3\,600 \times 735 - 385 \times 385 = 2.498 \times 10^6 \text{ mm}^2 = 2.498 \text{ m}^2$$

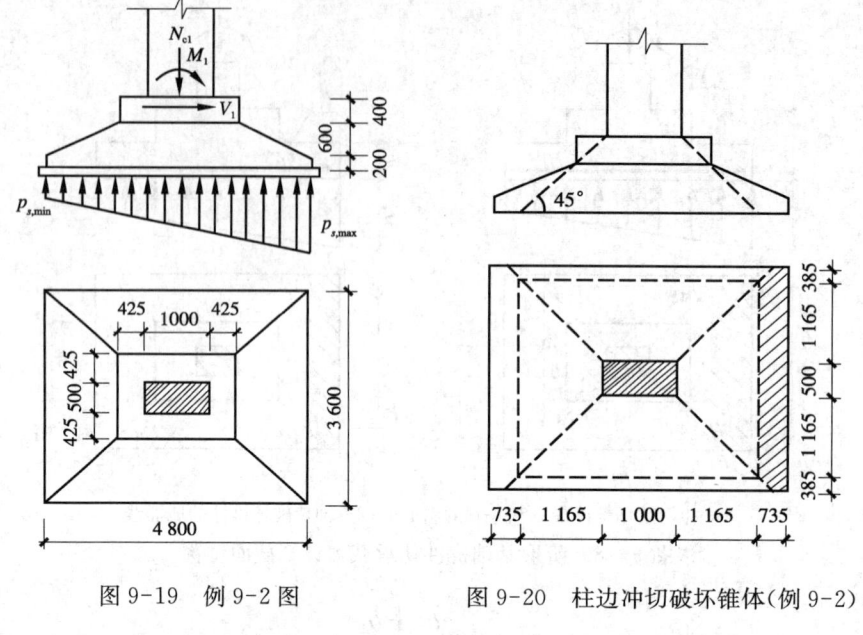

图 9-19 例 9-2 图　　图 9-20 柱边冲切破坏锥体(例 9-2)

则
$$F_l = p_{s,\max} A = 110.8 \times 2.498 = 276.8 \text{ kN}$$

$$\beta_h = 1.0 - \frac{1\,200 - 800}{2\,000 - 800} \times (1.0 - 0.9) = 0.966\,7$$

$$0.7\beta_h f_t b_m h_0 = 0.7 \times 0.966\,7 \times 1.43 \times \frac{500 + (3\,600 - 2 \times 385)}{2} \times 1\,165$$
$$= 1.877 \times 10^6 \text{ N} = 1\,877 \text{ kN} > F_l$$

所以,柱边的受冲切承载力满足。类似地,可以证明在变阶处的受冲切承载力也能满足,详细计算过程略。

9.2　构件局部受压性能与计算

局部受压也是混凝土结构中一种常见的受力情况。如屋架、梁、板等构件直接或通过垫板传递给柱子、墙、桥墩等的荷载,后张法预应力混凝土构件的张拉锚具对构件端部施加的压力(将在第 10 章中介绍)等,都属于局部受压的情况。

9.2.1　局部受压破坏的机理

构件在局部荷载附近区段的应力状态比较复杂,如图 9-21 所示为一局部受压杆件在端部区域的纵向应力 σ_z 和横向应力 σ_r 的分布情况。可以看到,在局部受压面上纵向(z 向)压应力 σ_z 的数值较大,经过一定长度的过渡区段后(这个过渡区段的长度约等于构件截面的宽度 $2b$),σ_z 在整个截面中变成均匀分布。在端部的区段内,还存在横向应力 σ_r。在局部受压荷载的表面附近,横向应力 σ_r 为压应力,往下逐渐转为拉压力,且在 $(0.5 \sim 1.0)b$ 处出现最大拉应力,再往下趋近于零。

构件局部受压端范围内的这种应力状态可以分为三个区域:荷载面积下的混凝土在竖向压应力作用下产生横向膨胀变形,受到周围混凝土的约束而处于三轴受压状态(区域Ⅰ);周围混凝土则因受向外挤压力而产生沿周边的水平拉应力,处于二轴或三轴拉压状态(区域Ⅱ);在主应力轨迹线和水平拉应力范围内则为三轴拉压状态(区域Ⅲ)。各区域的具体划分和应力值的大小主要取决于构件截面面积 A_c 和局部受压面积 A_l 的比值(A_c/A_l),并因此决定了构件的局部受压破坏形态。当 A_c/A_l 较小(一般小于9)时,劈裂破坏的特征较明显;当 A_c/A_l 很大(一般大于36)时,局部荷载下混凝土的陷落现象较明显。

1968年,Hawkins 所做的试验更能直观地说明局部受压的破坏机理。如图9-22所示,随着局部受压荷载 F_l 的增加,由于 σ_r 的作用,局部受压面积下部会首先出现1号裂缝。然后1号裂缝向表面发展形成2号裂缝。2号裂缝形成后,裂缝间楔块会向外挤压外围混凝土。若 A_c 较小,会出现3号裂缝而破坏;若 A_c 较大,2号裂缝间的楔块可能被直接压酥而破坏。

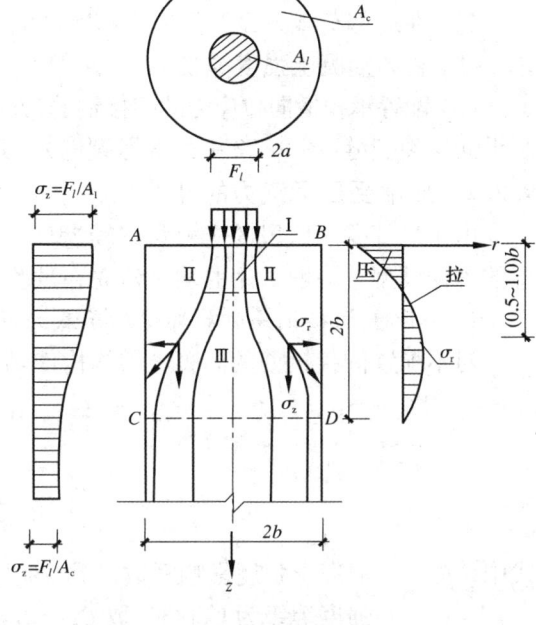

图9-21 局部受压区段的应力状态

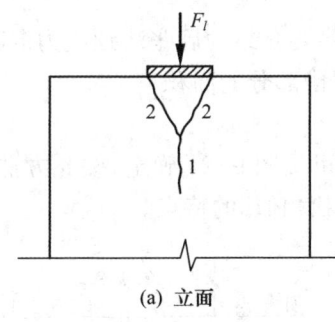
(a) 立面

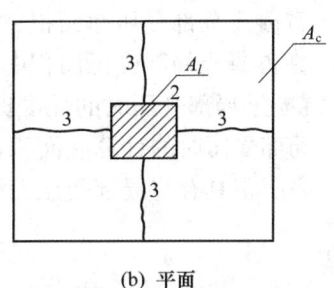
(b) 平面

图9-22 局部受压试验件的破坏形态

由于周围混凝土对局部受压区域的约束(图9-21中Ⅱ区对Ⅰ区的约束),混凝土在局部承压时的强度比全截面受压时的轴心抗压强度要高。若不区分局部受压破坏的具体形态,定义破坏时局部受压区域内(A_l 区域内)的最大压应力为混凝土的局部受压强度且将混凝土的局部受压强度与轴心抗压强度的比值定义为混凝土局部受压时的强度提高系数 β_l,试验结果证明,β_l 值随 A_c/A_l 的增大而提高,近似地与 $\sqrt{A_c/A_l}$ 成正比关系(图9-23)。

混凝土局部受压时的强度提高系数 β_l,还与局部受压面积 A_l 在构件截面 A_c 中的相对位置有关。当承压区不是处于截面的中央部位,而是偏于截面的边角部位时,则混凝土局部受压强度相对于单轴受压强度提高得较少甚至几乎不提高。

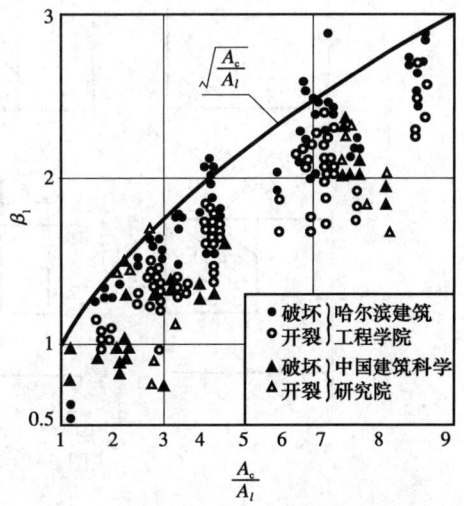

图9-23 中心局部受压强度提高系数 β_l 与 A_c/A_l 的关系

提高混凝土局部受压承载力的有效措施有：
(1) 在局部荷载下设置具有足够刚度的钢垫板，以扩大局部受压面积。
(2) 提高混凝土强度等级。
(3) 配置承担横向拉应力的间接钢筋（方格网间接钢筋或螺旋形间接钢筋，参见图9-25），限制纵向劈裂裂缝（图9-22中的3号裂缝）的开展，发挥局部受压区段混凝土的三向受压能力。

9.2.2 局部受压承载力的计算

由于局部受压区段的应力状态较为复杂，对局部受压承载力计算，目前还没有公认的较理想的理论模型。一般采用的均是建立在试验基础上的半理论半经验公式。

1. 不配置间接钢筋时局部受压承载力计算

对不配置间接钢筋的混凝土结构构件，局部受压承载力可按下式计算

$$F_{lu} = 0.9\beta_c \beta_l f_c A_{ln} \tag{9-14}$$

$$\beta_l = \sqrt{\frac{A_b}{A_l}} \tag{9-15}$$

式中 β_c——混凝土强度影响系数；当混凝土强度等级不超过C50时，取$\beta_c=1.0$；当混凝土强度等级为C80时，取$\beta_c=0.8$，其间按线性内插法取用；

A_l——混凝土局部受压面积；

A_{ln}——混凝土局部受压净面积；对第10章中将要介绍的后张法预应力混凝土构件，应在混凝土局部受压面积中扣除孔道、凹槽部分的面积；

β_l——混凝土局部受压时的强度提高系数；

A_b——局部受压时的计算底面积，一般的情况可按图9-24确定，按此方法确定的计算底面积具有与局部受压面积"同心且形状相似"的特点。

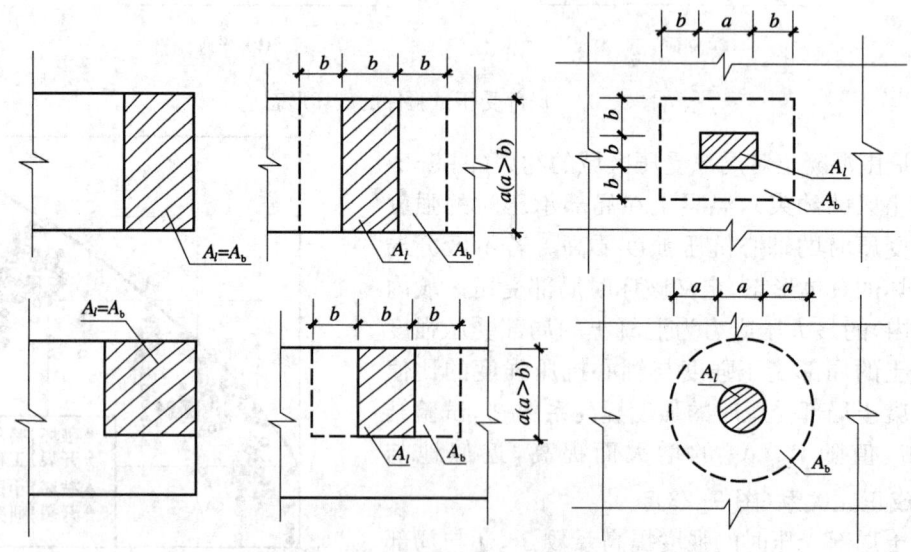

图 9-24 局部受压的计算底面积 A_b

2. 配置间接钢筋时局部受压承载力计算

当局部受压承载力不满足式(9-14)要求时，可配置间接钢筋来提高局部受压承载力。

(1) 间接钢筋的构造。间接钢筋的构造一般有螺旋式和方格网两种形式,如图 9-25 所示。间接钢筋应配置在图示长度为 h 的区段范围内。对柱接头,h 尚不应小于 15 倍纵向钢筋直径。配置方格网钢筋不应少于 4 片,配置螺旋式钢筋不应少于 4 圈。

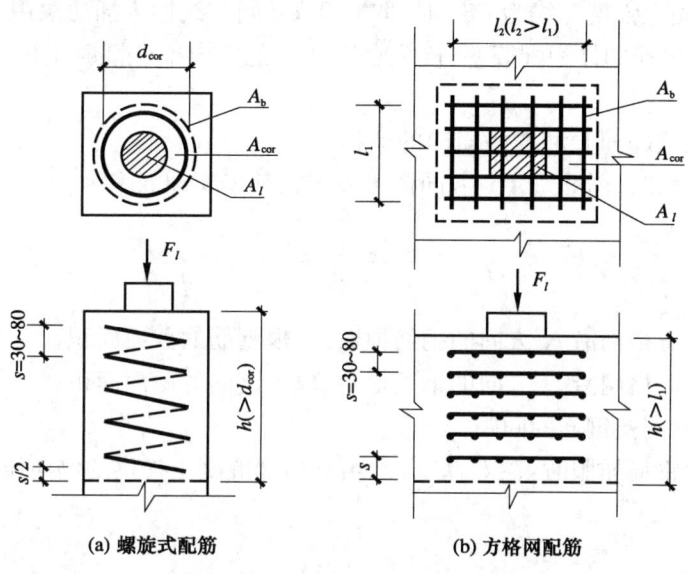

(a) 螺旋式配筋　　　　(b) 方格网配筋

图 9-25　局部受压区的间接钢筋

(2) 最大局部受压承载力。配置间接钢筋的混凝土结构构件,其局部受压区的最大承载力为

$$F_{lu}=1.35\beta_c\beta_l f_c A_{ln} \tag{9-16}$$

式中各符号的意义同式(9-14)和式(9-15)。

(3) 局部受压承载力计算。间接钢筋是通过自身受拉而对其内部的混凝土提供一侧向压力 σ_r 来提高混凝土的抗压性能的。由式(4-34)可知,由于 σ_r 的作用混凝土的抗压强度可提高 $4\sigma_r$。

对螺旋式配筋(图 9-25)定义其体积配筋率为

$$\rho_v=\frac{4A_{ss1}}{d_{cor}s} \tag{9-17}$$

式中　A_{ss1}——螺旋式单根间接钢筋的截面积;
　　　d_{cor}——配置螺旋式间接钢筋范围以内的混凝土直径;
　　　s——螺旋式钢筋的间距。

则由式(4-37)可知,螺旋式间接钢筋范围以内混凝土的强度可提高 $2\alpha f_{yv}\rho_v$。即螺旋式间接钢筋范围以内混凝土的强度由 f_c 提高至 $f_c+2\alpha f_{yv}\rho_v$。应用式(9-14)得配置螺旋式间接钢筋且核芯面积 $A_{cor}\geqslant A_l$ 时(图 9-25),局部受压承载力为

$$F_{lu}=0.9(\beta_c\beta_l f_c+2\alpha\rho_v\beta_{cor}f_{yv})A_{ln} \tag{9-18}$$

式中　β_{cor}——配置间接钢筋的局部受压承载力提高系数,仍按式(9-15)计算,但应以 A_{cor} 代替 A_b,且当 $A_{cor}>A_b$ 时,取 $A_{cor}=A_b$。

A_{cor}——配置螺旋式间接钢筋内表面范围以内的混凝土核芯面积,其重心应与 A_l 的重心重合,计算中仍按同心、对称的原则取值。

α——间接钢筋对混凝土约束的折减系数。当混凝土强度等级不超过 C50 时,取 1.0;当混凝土强度等级为 C80 时,取 0.85;其间按线性内插法取用。

ρ_v——间接钢筋的体积配筋率(核芯面积 A_{cor} 范围内单位混凝土体积所含间接钢筋体积)。

其余符号的意义见式(9-14)和式(9-15)的解释。

当为方格网配筋时[图 9-25(b)],同样可以定义其体积配筋率为

$$\rho_v = \frac{n_1 A_{s1} l_1 + n_2 A_{s2} l_2}{A_{cor} s} \tag{9-19}$$

式中 n_1, A_{s1}——方格网沿 l_1 方向的钢筋根数、单根钢筋的截面面积;

n_2, A_{s2}——方格网沿 l_2 方向的钢筋根数、单根钢筋的截面面积;

s——方格网间接钢筋的间距。

当方格网间接钢筋屈服时,在 l_1, l_2 方向给其内部混凝土提供的侧向压应力分别是

$$\sigma_1 = \frac{n_1 A_{s1} f_{yv}}{l_2 s} \tag{9-20}$$

$$\sigma_2 = \frac{n_2 A_{s2} f_{yv}}{l_1 s} \tag{9-21}$$

若钢筋网在两个方向单位长度内的钢筋截面积相差不大(不应大于 1.5 倍),可近似认为钢筋网在两个方向给其内部混凝土提供一相等的侧向压应力 σ_r,且有

$$\sigma_r = \frac{\sigma_1 + \sigma_2}{2} = \frac{n_1 A_{s1} l_1 + n_2 A_{s2} l_2}{2 A_{cor} s} f_{yv} = \frac{1}{2} \rho_v f_{yv} \tag{9-22}$$

考虑混凝土强度的影响引入折减系数 α,则由式(4-37)可知,方格网间接钢筋范围以内混凝土的强度由 f_c 提高至 $f_c + 2\alpha f_{yv} \rho_v$。应用式(9-14)同样可以得出式(9-18),其中,A_{cor} 为方格网间接钢筋表面范围以内的混凝土核芯面积。

《混凝土结构设计规范》(GB 50010)采用的就是上述计算方法。下面以一算例说明局部受压承载力计算公式的应用。

【例 9-3】 如图 9-26 所示,有一预应力混凝土屋架的下弦为后张法预应力拉杆,两根预应力钢筋分别穿过直径为 52 mm 的孔道,通过直径为 100 mm 的锚具锚固在构件的端部,锚具下钢垫板的厚度为 11 mm,屋架混凝土为 C40 级($f_c = 19.1$ N/mm²)。每个锚具作用在端部的荷载值为 360 kN,试验算构件端部的局部受压承载力(有关预应力混凝土结构将在第 10 章中详细介绍)。

【解】 该例中两个锚具为圆形,它们靠得较近,而且周围混凝土的面积又有限,若按前述"同心、对称"的原则确定局部受压时的计算底面积,较难处理。为了简化计算,将锚具按面积相等的原则等效为方形。

由于锚具不是直接作用在混凝土上,考虑局部荷载在钢垫板中按 45°刚性角放大。因此,锚具的等效边长为

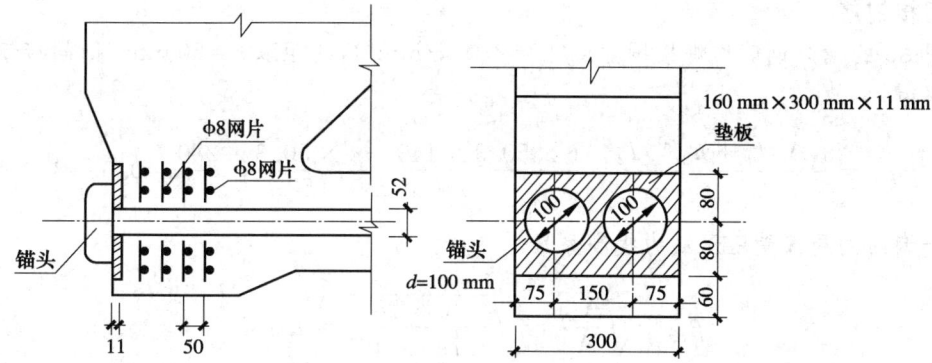

图 9-26　例 9-3 图

$$b=\sqrt{\frac{\pi}{4}(100+2\times 11)^2}=108.1 \text{ mm}$$

若对每个锚具分别确定计算底面积,会出现两个计算底面积部分重叠的情况。因此,取如图 9-27 所示的两个局部受压面积的包络线围成的面积作为局部受压面积,即

$$A_l=(108.1+150)\times 108.1=2.790\times 10^4 \text{ mm}^2$$

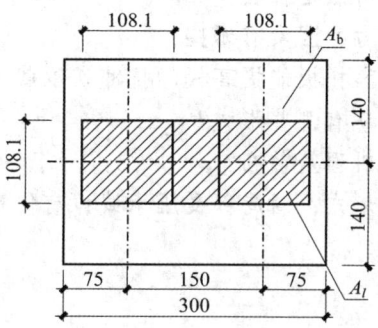

图 9-27　A_l 和 A_b 计算(例 9-3)

限于构件的实际尺寸,局部受压时的计算底面积为

$$A_b=300\times(160+2\times 60)=8.4\times 10^4 \text{ mm}^2$$

局部受压承载力的提高系数　$\beta_l=\sqrt{\dfrac{A_b}{A_l}}=\sqrt{\dfrac{8.4\times 10^4}{2.790\times 10^4}}=1.735$

扣除孔道面积后的局部受压净面积为

$$A_{ln}=2.790\times 10^4-2\times \frac{\pi}{4}\times 52^2=2.365\times 10^4 \text{ mm}^2$$

$$\begin{aligned}F_{lu,\max}&=1.35\beta_l f_c A_{ln}=1.35\times 1.735\times 19.1\times 2.365\times 10^4=1.058\times 10^6 \text{ N}\\&=1\,058 \text{ kN}>F_l=2\times 360=720 \text{ kN}\end{aligned}$$

截面尺寸符合要求。

$$F_{lu}=0.9\beta_l f_c A_{ln}=0.9\times 1.735\times 19.1\times 2.365\times 10^4=7.054\times 10^5 \text{ N}=705.4 \text{ kN}<F_l$$

需配置间接钢筋。

采用 $\phi 8$ 的横向钢筋作焊接网片（$f_{yv}=270\,\text{N/mm}^2$），间距取 $s=50\,\text{mm}$，则间接钢筋的体积配筋率为

$$\rho_v = \frac{n_1 A_{s1} l_1 + n_2 A_{s2} l_2}{A_{cor} s} = \frac{6 \times 50.3 \times 140 + 4 \times 50.3 \times 280}{140 \times 280 \times 50} = 0.050\,3$$

配置间接钢筋的局部受压承载力提高系数

$$\beta_{cor} = \sqrt{\frac{A_{cor}}{A_l}} = \sqrt{\frac{140 \times 280}{2.790 \times 10^4}} = 1.185$$

$$\begin{aligned}F_{lu} &= 0.9(\beta_l f_c + 2\rho_v \alpha \beta_{cor} f_{yv}) A_{ln} \\ &= 0.9 \times (1.735 \times 19.1 + 2 \times 0.050\,3 \times 1.0 \times 1.185 \times 270) \times 2.365 \times 10^4 \\ &= 13.905 \times 10^5\,\text{N} = 1\,390.5\,\text{kN} > F_l\end{aligned}$$

配置间接钢筋后，局部受压承载力满足要求。

思考题

【9-1】 冲切破坏的主要特点是什么？

【9-2】 影响抗冲切承载力的因素有哪些？

【9-3】 为什么设置柱帽和托板能提高板的抗冲切承载力？

【9-4】 常用的抗冲切钢筋有哪些形式？

【9-5】 局部受压破坏的机理是什么？

【9-6】 间接钢筋有哪些形式？对局部受压承载力有何影响？

练习题

【9-1】 板柱节点的情况同例 9-1，但柱子的轴压力为 $N_c = 600\,\text{kN}$。如果抗冲切钢筋分别采用配置箍筋和弯起钢筋两种方案，试确定所需的抗冲切钢筋面积各为多少，并画出配筋构造图。

【9-2】 板柱节点的情况同例 9-1，但柱子的轴压力为 $N_c = 350\,\text{kN}$。现在柱边开了一个 $200\,\text{mm} \times 200\,\text{mm}$ 的洞口，见图 9-28，试验算受冲切承载力是否满足。

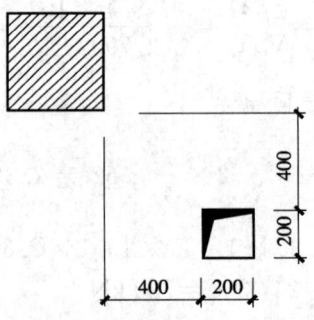

图 9-28 练习题 9-2 图

【9-3】 如图 9-29 所示的柱下单独基础,作用在基础顶面的轴力 $N_c=750\,\text{kN}$,弯矩 $M=100\,\text{kN}\cdot\text{m}$,剪力 $V=25\,\text{kN}$。基础顶面在地下水位以上。基础底面上部土体与基础的平均重度为 $20\,\text{kN/m}^3$。基础采用 C25 级混凝土($f_c=11.9\,\text{N/mm}^2$,$f_t=1.27\,\text{N/mm}^2$)。基础在柱边的有效高度 $h_0=865\,\text{mm}$,试验算基础高度是否满足要求?

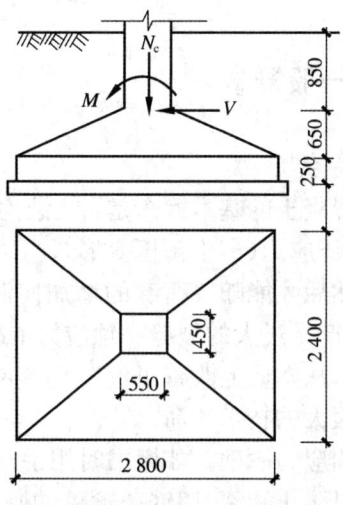

图 9-29 练习题 9-3 图

【9-4】 如图 9-30 所示,局部荷载作用在混凝土结构的不同位置,试对每种情况画出局部受压承载力计算底面积 A_b,并计算局部受压承载力提高系数 β_l。

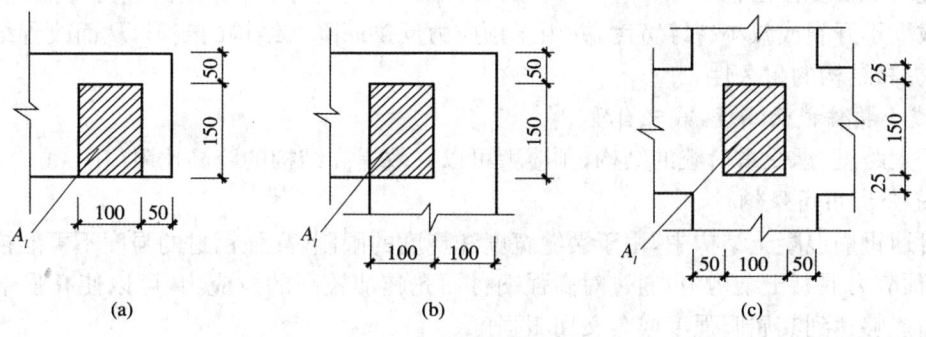

图 9-30 练习题 9-4 图

10 预应力混凝土结构的性能与计算

10.1 预应力混凝土结构的一般概念

10.1.1 预应力混凝土结构的特点

正如第1章中所述,预应力混凝土的基本概念是:在结构承载时发生拉应力的地方,对混凝土用某种方法预先施加一定的压应力(产生预压变形),当结构承受由荷载产生的拉应力时,必须先抵消混凝土的预压应力,然后才能随着荷载的增加使混凝土受拉,进而出现裂缝,使结构在使用荷载作用下不至开裂或产生过大的裂缝。预应力混凝土的实质是采用预先加压的手段以间接提高混凝土的抗拉强度,从本质上改善了混凝土容易开裂的特性。这是工程结构设计的一个飞跃发展,是一项意义很大的技术革命。

在日常生活中,人们也常用预应力原理。如搬书时用手挤着书以增加书之间的摩擦力,可不使中间的书掉下来,水缸加箍以防止破裂,用铁条箍束的圆木桶就是一种预应力木结构,而自行车的轮箍则是一种预应力钢结构。

与普通混凝土结构相比,预应力混凝土结构具有如下的一些特点:

1. 改善结构使用性能

通过对截面受拉区施加预压应力,可以均匀结构内力分布,降低截面应力峰值,使结构在使用荷载下不开裂或减小裂缝宽度,并由于预应力反拱而降低结构的变形,从而改善结构的使用性能,提高结构的耐久性。

2. 减小构件截面高度,减轻自重

对于大跨度、承受重荷载的结构,预应力可以有效提高结构的跨高比限值。

3. 充分利用高强钢材

在普通钢筋混凝土结构中,由于裂缝宽度和挠度的限制,高强钢材的强度不可能被充分利用;而在预应力混凝土结构中,通过对高强钢材预先施加较高的拉应力,可以使高强钢材在结构破坏前能够达到其屈服强度或名义屈服强度。

4. 具有良好的裂缝闭合性能与变形恢复性能

当作用在结构上的活荷载部分或全部卸载时,预应力混凝土结构具有良好的裂缝闭合性能与变形恢复性能,从而提高了截面刚度,进一步改善结构的耐久性。

5. 提高抗剪承载力

由于预压应力延缓了截面斜裂缝的产生,增加了截面剪压区面积,从而提高了构件的抗剪承载力;另一方面,预应力混凝土梁的腹板宽度也可以做得薄些,以进一步减轻自重。

6. 提高抗疲劳强度

预压应力可以有效降低钢筋的应力循环幅度,增加疲劳寿命。这对于以承受动力荷载为主的桥梁结构是很有利的。

7. 具有良好的经济性

对适合采用预应力技术的混凝土结构来说,预应力混凝土结构比普通钢筋混凝土结构节省20%~40%的混凝土和30%~60%的纵筋钢材,而与钢结构相比,则可节省一半以上的造价。

预应力混凝土结构所用材料单价较高,相应的设计、施工等比较复杂,而且针对预应力结构的研究工作也有待进一步深入与完善。

10.1.2 预应力混凝土结构的等级与分类

由于预应力技术及其应用的不断发展,国际上对预应力混凝土迄今还没有一个统一的定义。一个概括性较强、由美国混凝土学会(ACI)作出的广义的定义是:"预应力混凝土是根据需要人为地引入某一分布与数值的内应力,用以全部或部分抵消外荷载应力的一种加筋混凝土"。

以钢材为配筋和施加预应力的预应力混凝土,实际上与普通钢筋混凝土同属于一个统一的加筋混凝土系列。国际上对整个加筋混凝土系列按照其受力性能及变形情况分为若干个等级。

1. 国外对加筋混凝土的分类

1970年国际预应力协会(FIP)、欧洲混凝土委员会(CEB)根据预应力程度大小的不同,建议将加筋混凝土分为四个等级:

(1) Ⅰ级——全预应力,在全部荷载最不利组合作用下,混凝土不出现拉应力。

(2) Ⅱ级——有限预应力,在全部荷载最不利组合作用下,混凝土允许出现拉应力,但不超过其强度容许值;在长期持续荷载作用下,混凝土不出现拉应力。

(3) Ⅲ级——部分预应力,在全部荷载最不利组合作用下,混凝土允许出现裂缝,但裂缝的宽度不超过规定值。

(4) Ⅳ级——普通钢筋混凝土不施加预应力。

以上分类是以全预应力混凝土与普通钢筋混凝土为两个边界,设计者可以根据对结构功能的要求和结构所处的环境条件,合理选用预应力等级,以求最优的结构设计方案。

2. 中国对加筋混凝土的分类

中国土木工程学会《部分预应力混凝土结构设计建议》(1986年,以下简称《PPC建议》),根据预应力程度的不同,把加筋混凝土分为全预应力、部分预应力和钢筋混凝土三类。其中部分预应力包括国际分类法中Ⅱ级的有限预应力和Ⅲ级的部分预应力。对于部分预应力混凝土,我国又将其分为A类和B类。A类指在正常使用极限荷载状态下,构件预压区混凝土正截面的拉应力不超过规定的容许值;B类则指在正常使用极限荷载状态下,构件预压区混凝土正截面的拉应力允许超过规定的限值,但当裂缝出现时,其宽度不超过容许值。

3. 预应力度的定义及表达方式

不管对预应力混凝土如何进行分类,它都与预应力混凝土构件被施加的预应力程度有关,因此,近年来国际上逐步统一采用预应力度进行分类的方法。

1) 预应力比率及预应力指标

在极限状态下,由预应力筋所提供的抵抗弯矩与由预应力和非预应力筋共同提供的抵抗弯矩的比值,称为预应力比率PPR。这是美国的内曼(A. E. Naaman)教授首先提出的,即:

$$\text{PPR} = \frac{M_{u,p}}{M_{u,p+s}} \tag{10-1}$$

式中 $M_{u,p}$——由预应力筋提供的抵抗弯矩;

$M_{u,p+s}$——由预应力和非预应力筋共同提供的抵抗弯矩。

根据混凝土构件正截面抗弯承载力的计算理论,当材料充分发挥其强度时,式(10-1)可表示成如下的形式:

$$\text{PPR} = \frac{A_p f_{py}\left(h_{p0} - \dfrac{x}{2}\right)}{A_p f_{py}\left(h_{p0} - \dfrac{x}{2}\right) + A_s f_y\left(h_0 - \dfrac{x}{2}\right)} \tag{10-2}$$

式中 A_p, A_s——预应力和非预应力筋的截面面积;
$\quad\quad f_{py}, f_y$——预应力和非预应力筋的抗拉强度;
$\quad\quad h_{p0}, h_0$——预应力和非预应力筋截面形心至混凝土受压区最外边缘的距离;
$\quad\quad x$——混凝土受压区高度。

如果 $h_{p0} = h_0$,则式(10-2)简化为

$$\text{PPR} = \frac{A_p f_{py}}{A_p f_{py} + A_s f_y} \tag{10-3}$$

高强预应力钢材没有明显的屈服点和流幅,瑞士的瑟尔利曼(Thürliman)建议采用预应力指标为

$$i_p = \frac{A_p f_{0.2}}{A_p f_{0.2} + A_s f_y} \tag{10-4}$$

式中,$f_{0.2}$ 为预应力筋的条件屈服强度;其余符号意义同前。

2) 预应力度

印度学者拉曼斯瓦迈(C. S. Ramaswamy)在他的著作中提出了预应力度(D.P.)的新概念,他认为 D.P. 应定义为

$$\text{D.P.} = \frac{M_0}{M} \tag{10-5}$$

式中 M_0——消压弯矩,即使构件控制截面受拉边缘预加应力抵消至零时的弯矩;
$\quad\quad M$——使用荷载(不包括预加力)标准组合作用下控制截面的弯矩。

式(10-5)把预应力度和预压受拉区是否出现拉应力或开裂联系了起来,当 $M_0/M \geqslant 1$ 时,构件不出现拉应力;当 $M_0/M < 1$ 时,则构件出现拉应力,甚至可能开裂。

我国的《PPC 建议》将式(10-5)定义为受弯构件的预应力度,用 λ_p 表示,并将轴向受拉构件的预应力度定义为

$$\lambda_p = \frac{N_{t0}}{N_t} \tag{10-6}$$

式中 N_{t0}——消压轴向力,即把构件控制截面预应力抵消到零时的轴向拉力;
$\quad\quad N_t$——使用荷载(不包括预加力)短期组合作用下控制截面的轴向拉力。

预应力度的范围可以从全预应力混凝土变化到普通钢筋混凝土。《PPC 建议》认为:当预应力度 $\lambda_p \geqslant 1.0$ 时为全预应力混凝土,当预应力度 $\lambda_p = 0.0$ 时为普通钢筋混凝土,预应力度在 $0 < \lambda_p < 1.0$ 时为部分预应力混凝土。

用应力比 $K_{f\sigma}$ 表达预应力度,是一种不仅适用于受弯构件同时可推广到偏心受力构件和

轴心受力构件的方法,即

$$K_{f0} = \frac{\sigma_{pc}}{\sigma_t} \tag{10-7}$$

式中　σ_{pc}——混凝土的有效预压应力;

　　　σ_t——使用荷载在混凝土中产生的拉应力。

10.1.3　预应力混凝土结构的类型

1. 按预应力施加工艺分类

预应力混凝土结构根据其预应力施加工艺可分为先张法和后张法两种。

先张法的主要工序是:在台座或钢模上张拉预应力筋至预定值并作临时固定;然后浇灌混凝土,待混凝土达到一定强度(为设计强度的70%以上)后,切断预应力筋,其在回缩时对混凝土施加预压力[图10-1(a)]。先张法时预应力的传递主要依靠预应力筋与混凝土间的握裹力,有时也补充设置特殊的锚具。

当前我国常用的先张法有台座法和钢模机组流水法。前者有直线和折线配筋两种形式,而折线配筋又分水平折线张拉和竖向折线张拉两种工艺。

台座法(长线法)的台座长度一般为80～100 m或更长,由于设备简单并采用自然养护,所以各类预制厂都普遍采用。钢模机组流水法的特点是用钢模代替台座承受张拉反力。其优点是机械化程度和生产效率高,劳动强度小,占用厂房面积少,生产成本低。

先张法和后张法相比,主要优点是生产工艺简单、工序少、效率高、质量易保证,且由于省去锚具和减少预埋件,生产成本也较低。它是当前我国生产小型预应力混凝土结构构件的主要方法。

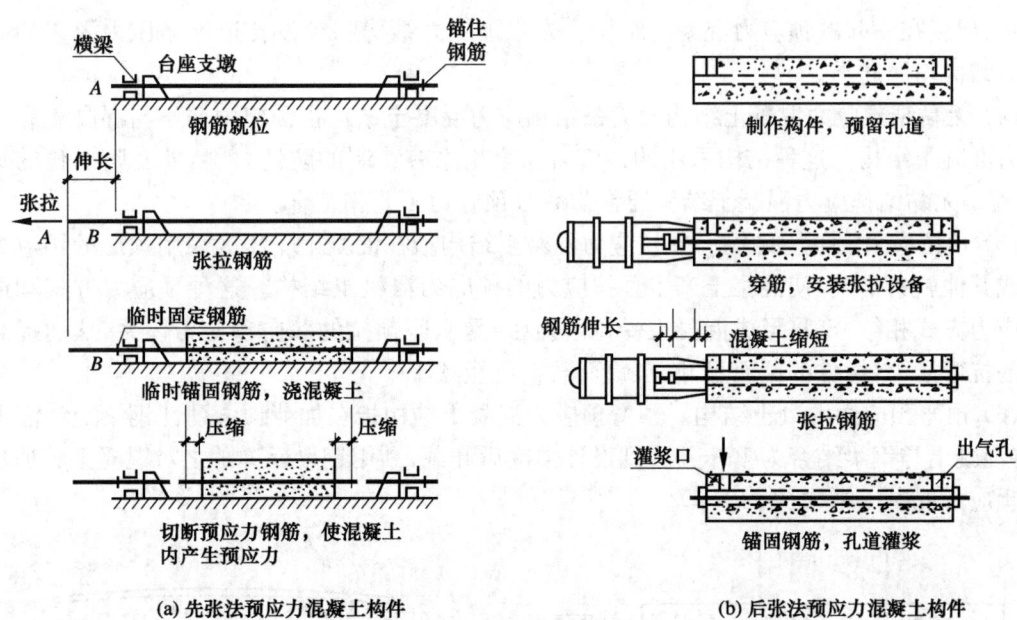

图10-1　先张法及后张法预应力混凝土构件

后张法的主要工序是:先浇灌构件并在混凝土中预留孔道,待混凝土达到一定强度(一般不低于设计强度的70%)后,在孔道内穿筋和安装张拉设备;张拉预应力筋(一端锚固,另端张拉或两端同时张拉)同时挤压混凝土;张拉完毕后将张拉端预应力筋用工作锚具锚紧(锚具留在构件中不再取出);然后往孔道内压力灌浆[图 10-1(b)]。后张法的特点是混凝土的预压应力靠设置在构件两端的锚固装置获得。

后张法是我国当前生产大型构件的主要方法;其优点是不需台座,便于在现场施工,但需锚具,成本较高。

2. 按预应力度分类

根据预应力程度的不同,预应力混凝土结构被分为全预应力、部分预应力两类。

(1) 全预应力混凝土结构。全预应力混凝土结构是指沿预应力筋方向正截面,在最不利荷载作用下,混凝土不出现拉应力。

(2) 部分预应力混凝土结构。部分预应力混凝土结构指沿预应力筋方向正截面,在最不利荷载作用下,混凝土出现拉应力或出现不超出规定宽度的裂缝。

3. 按预应力体系分类

根据预应力体系的特点,预应力混凝土结构可分为体内预应力、体外预应力、有黏结和无黏结预应力、预拉应力及预弯预应力等几类。

(1) 体内预应力混凝土结构。预应力筋布置在混凝土构件体内的称为体内预应力结构。先张预应力结构和预设孔道穿筋的后张预应力结构等均属此类。

(2) 体外预应力混凝土结构。为预应力筋(称为体外索)布置在混凝土构件体外的预应力结构(图 10-2)。混凝土斜拉桥属此类结构的特例。

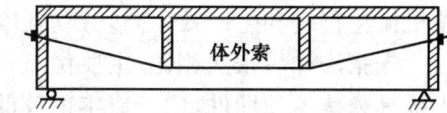

图 10-2 体外预应力混凝土结构

(3) 有黏结预应力混凝土结构。有黏结预应力混凝土结构指沿预应力筋全长预应力筋周围完全与混凝土黏结、握裹在一起的预应力结构。先张预应力结构和预设孔道穿筋压力灌浆的后张预应力结构均属此类。

(4) 无黏结预应力混凝土结构。无黏结预应力混凝土结构指预应力筋不与混凝土黏结的预应力混凝土结构。这种结构采用的预应力筋全长涂有特制的防锈材料,外套防老化的塑料(PE)管。无黏结预应力混凝土结构通常与后张预应力工艺相结合。

(5) 预拉应力混凝土结构。预拉应力混凝土结构指在混凝土受压区采用预压的预应力筋(件)或其他施力措施,使混凝土产生预拉应力的预应力混凝土结构。这种预应力方式和通常的预应力方式相结合,将形成混凝土受拉区预压、受压区预拉的双向预应力体系,从而提高了构件的抗弯能力,构件的截面尺寸、自重荷载将可能减小。

(6) 预弯预应力混凝土结构。预弯预应力混凝土结构指在加荷预弯劲性钢梁上浇灌混凝土,待混凝土与钢梁结合为整体并达到设计强度后卸载,利用钢梁反弹随之对混凝土施加预应力的预应力混凝土结构(图 10-3)。

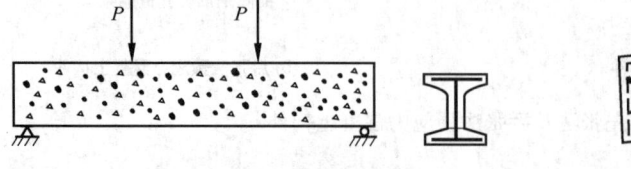
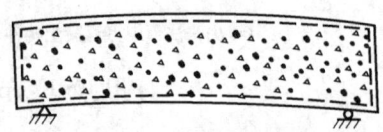

(a) 加载预弯钢梁,浇筑混凝土　　　　　　(b) 卸载反弹、预应力作用

图 10-3 预弯预应力混凝土结构

10.1.4 预应力混凝土结构材料

1. 混凝土

预应力混凝土结构构件所用的混凝土,需满足下列要求：

(1) 强度高。因为采用高强度混凝土配合采用高强度钢筋可以有效地减小构件的截面尺寸和减轻自重,可以获得较高和理想的有效预压应力,提高构件的抗裂能力。对于先张法构件,随混凝土强度等级的提高可增大混凝土的黏结强度。对后张法构件,采用高强度混凝土,可承受构件端部强大的预压力。

(2) 收缩、徐变小。这样可减少收缩、徐变引起的预应力损失。

(3) 快硬、早强。这样可以尽早施加预应力,加快台座、张拉设备、夹具的周转率,以利加速施工进度。

选择混凝土强度等级时,应综合考虑施工方法(先张或后张)、构件跨度、使用情况(如有无振动荷载)以及钢筋种类等因素。《混凝土结构设计规范》(GB 50010)规定预应力混凝土构件的混凝土强度等级不宜低于C40,且不应低于C30。

2. 预应力筋

为了达到良好的预应力效果,要求预应力筋具有很高的强度,以保证在预应力筋中能建立较高的张拉应力,提高预应力混凝土构件的抗裂能力,此外,预应力筋还应具有一定的塑性,以及良好的可焊性、镦头加工性能等。对先张法构件的预应力筋,要求与混凝土之间具有良好的黏结性能。用于预应力混凝土构件中的预应力钢材主要有钢绞线、预应力钢丝和预应力螺纹钢筋。非预应力钢筋宜采用HRB400级和HRB335级钢筋。也可采用HPB300级钢筋和RRB400级钢筋。但需注意,RRB400级钢筋不宜用作重要部位的受力钢筋,不应用于直接承受疲劳荷载的构件。近年来为防止预应力筋的锈蚀,采用FRP(Fiber Reinforced Polymer)预应力筋代替预应力钢筋的研究正在世界各地进行,有的已在试点工程中应用。但是大范围的工程应用还需要一个过程。有关FRP预应力筋及预应力混凝土结构的性能可参考有关专门的著作,本书不作详述。

(1) 预应力螺纹钢筋。预应力螺纹筋系精轧螺纹钢筋。其抗拉强度标准值可达1 230 N/mm^2。

(2) 消除应力钢丝。消除应力钢丝是用高碳钢轧制成盘圆,经过冷拔消除应力而成。按外形可分为刻痕钢丝、螺旋肋钢丝和光圆钢丝。预应力钢丝含碳量较高,极限伸长率较小,为2%~6%。预应力钢丝抗拉强度标准值可达1 860 N/mm^2,多用于大型构件中。

(3) 钢绞线。钢绞线是把多根高强钢丝捻制在一起而成的,例如用七根钢丝捻制的钢绞线,钢绞线的抗拉强度标准值可达1 960 N/mm^2,它的优点是施工方便,多用于后张法大型构件中。

预应力螺纹热处理钢筋、消除应力钢丝和钢绞线各有特点,应根据实际情况综合考虑,合理地选用材料。

10.2 施加预应力的方法、夹具和锚具

10.2.1 施加预应力的方法

使混凝土获得预压应力的方法有多种,最常用的是张拉钢筋。受张拉的钢筋既是使混凝土获得预压应力的工具,又可承受拉力。下面简述几种主要的预加应力的方法。

1. 直接张拉预应力筋法

直接张拉预应力筋法又分为上一节介绍的先张法和后张法。其中，无黏结后张法工艺及其做法是把预应力筋预先浸渍隔离剂（沥青或油脂），外包牛皮纸或塑料薄膜，埋入构件模板中，然后浇灌混凝土并于达到强度后按一般方法进行张拉。其优点是由于省去留孔、穿筋和灌浆等工序，可降低造价，也便于以后进行再次张拉或更换预应力钢筋。

对于某些大跨度构件，可以采用先张和后张混合预应力筋方法。先张预应力主要是为了平衡构件自重和运输吊装过程中的应力；后张预应力主要是为了平衡以后增加的恒载和活载。

还有一种后张自锚法，其特点是在构件上张拉钢筋，利用构件端部预留锥形自锚孔的后浇混凝土锚固预应力筋，和普通后张法不同的是不需要特制的工作锚具。

后张自锚法的主要工序是：同普通后张法一样制作构件，不同的是在构件端部留有锥形自锚孔，通过承力架和张拉夹具利用张拉设备张拉钢筋对构件施加预应力；浇灌自锚头混凝土；当混凝土强度达到不低于设计强度的70%后，切断预应力筋，使其拉力由承力架传递给自锚头（通过结硬的混凝土对预应力筋的锚固作用保持张拉时已建立的预压应力），即可取下承力架和张拉夹具（图10-4）。

后张自锚法已被用于跨度为15～30 m屋架和跨度为6～12 m、起重量2 000 kN以下的吊车梁以及屋面梁等构件。试验和使用结果表明，自锚头性能良好、工作正常。缺点是工序较多，工期较长。此外，对

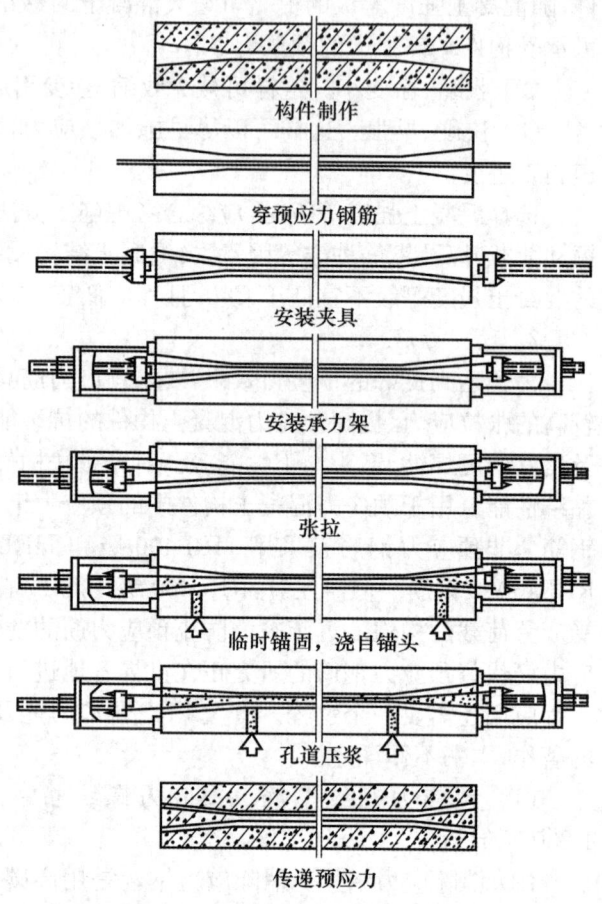

图 10-4　后张自锚固法示意图

于预应力筋较多的构件，端部构造复杂，如处理不当，张拉时易出现裂缝。近年来改用早强、高强、黏结力强的环氧树脂砂浆灌注自锚头，可缩短生产周期。

2. 电热法

电热法张拉是利用钢材热胀冷缩的原理来完成的。电热张拉时用低压强电流通过预应力筋，由于钢材电阻较大（$0.11\sim0.15\ \Omega\cdot mm^2/m$），致使预应力筋发热，其长度随温度的升高而成正比例伸长，待伸长值达到预定长度时，立即进行锚固并切断电流。由于预应力筋的冷缩而建立预应力。

电热张拉与机械张拉相比，主要优点是设备简单、操作方便、速度快、效率高，可用于曲线配筋的结构构件（如圆水池、油罐等）以及高空作业的框架结构。但是往往由于对预应力筋的材性掌握不好而不易控制准确（故对抗裂度要求高的构件，除确有把握外，不宜采用）。因此在成批生产前，尚应在构件上用千斤顶加以校核，摸索出预应力筋伸长与应力间的规律，作为成

批生产的依据,以确保质量。

3. 连续配筋法

通过旋转工作台将钢丝缠绕于特制的模板套管上或预先制好的混凝土芯块上,前者属先张法,后者属后张法。缠绕的钢丝根据需要施加一定的预应力值,其大小一般用控制重量或拉紧设备来调整。

对于圆形结构如压力水管和水池,通常采用连续配筋法,即将钢筋连续缠绕在已结硬的管芯或池壁上。当压力水管管芯旋转时钢丝即缠绕其上。由于水池尺寸太大,不可能旋转,所以钢丝需用特制的绕丝机沿池壁行走而绕上。

4. 自张法(自应力混凝土)

用自应力水泥配制的混凝土,在结硬过程中,混凝土膨胀而产生的膨胀力,带动配置在其中的钢筋一起伸长受拉,而混凝土本身则受到钢筋弹性回缩给予的压力,二者同时获得预应力。目前我国一些地区用此法生产自应力混凝土管。

5. 直接加压法

用千斤顶直接加力于构件的两端而获得预应力。这种方法的应用是受到限制的,因为必须有外支座。此外还可以在浇好的混凝土节段之间采用由薄圆钢板做成的扁千斤顶(图10-5)来预加应力。扁千斤顶在施加预应力后取出(可重复使用),也可留在结构中。国外曾采用这种方法对飞机跑道和预制壳板的圆形贮液池(池壁装配好并配置外圆环筋后)施加预应力。

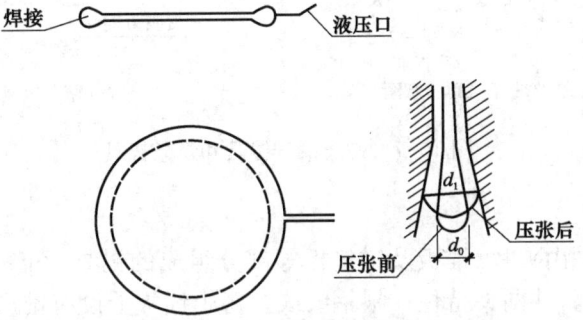

图 10-5 扁千斤顶示意图

10.2.2 夹具和锚具

夹具和锚具是在制作预应力构件时锚固预应力筋的工具。一般说来,构件制成后能够取下重复使用的称夹具;留在构件上不再取下的称锚具(图10-6)。夹具和锚具所以能夹住或锚住预应力筋,主要是依靠摩阻、握裹和承压锚固。在一般后张法中,预应力筋不论是采用粗钢筋或钢丝束,都要依靠设置在其两端的锚具来传递预应力;在先张法中,如预应力筋与混凝土

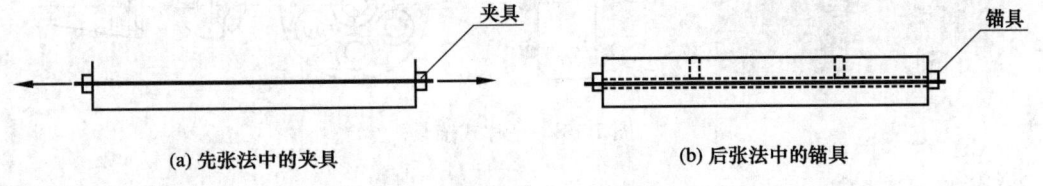

(a) 先张法中的夹具　　　　　(b) 后张法中的锚具

图 10-6 夹具和锚具的示意图

之间的握裹力达不到自锚要求时,也要设置附加锚具。对锚具的要求,首先是安全可靠,其本身应有足够的强度和刚度,以确保预应力构件能发挥其设计强度;其次,锚具应使预应力筋尽可能不产生滑移,以保证预应力可靠传递;此外,还要求制作简单、使用方便,节省钢材和造价经济。

下面简略介绍几种国内常用的锚具。

1. 螺丝端杆锚具和帮条锚具

这是单根预应力粗钢筋的常用锚具,一般在张拉端采用螺丝端杆锚具,非张拉端采用帮条锚具。螺丝端杆锚具由端杆和螺母两部分组成[图10-7(a)]。预应力钢筋张拉端通过对焊与一根螺丝端杆连接。张拉端的螺丝端杆连在张拉设备上,张拉后预应力钢筋通过螺帽和钢垫板将预压力传到构件上。帮条锚具由三根按120°分布在预应力筋端部,长度为50~60 mm的短钢筋帮条和厚度为15~20 mm的钢垫板组成[图10-7(b)]。帮条一般采用与预应力筋同级的钢筋,垫板采用普通低碳钢板。螺丝端杆锚具,帮条锚具适用于直径12~40 mm的钢筋。

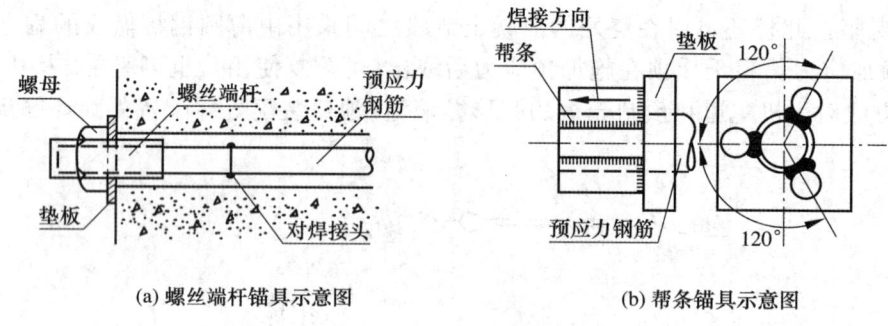

(a) 螺丝端杆锚具示意图　　(b) 帮条锚具示意图

图10-7　螺丝端杆锚具和帮条锚具

2. 夹片式锚具

夹片式锚具是一种由夹片、锚板及锚垫板等部分组成的锚具(图10-8),由两分式或三分式夹片构成的一副锚塞,共同夹持住一根钢绞线。每个锚板上设有锥形的孔洞,夹持钢绞线的夹片按楔块作用的原理,在钢绞线回缩过程中将其拉紧,从而达到锚固的目的。夹片的接缝有平行钢绞线轴向的直接缝和呈一定角度的斜接缝两种。国内目前常用的夹片锚具有OVM、HVM、QM、STM、XM、XYM、YM等,这些锚具主要用于锚固7股ϕ4和7股ϕ5的预应力钢绞线,锚固的钢绞线根数从一根至几十根。配套的还有固定端锚具及连接器等。

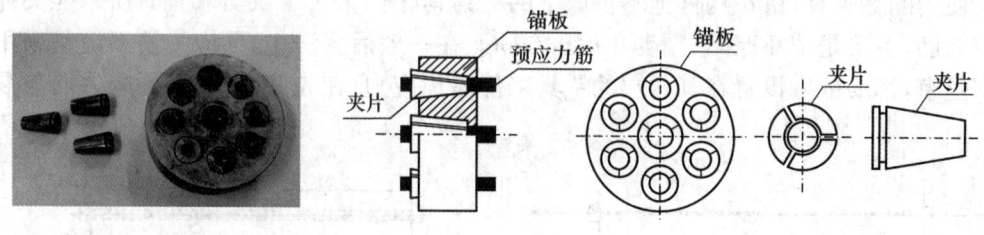

图10-8　夹片式锚具

3. 锥形锚塞锚具

这种锚具又称锥形锚塞或弗列西涅锚具。适用于由12~24根直径为5 mm的碳素钢丝组成的钢丝束。它由锚环和锚塞组成(图 10-9)。张拉时,需用专门的双作用千斤顶,在张拉钢丝束的同时,将锚塞压入锚环顶紧,使钢丝夹紧在锚环和锚塞之间,依靠摩阻力锚固。

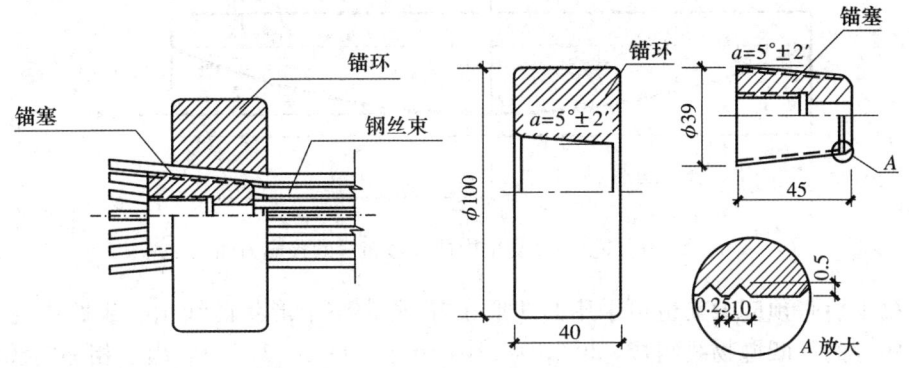

图 10-9 锥形锚塞锚具

4. 钢丝束镦头锚具

这种锚具由被镦粗的钢丝头、锚杯或锚板和螺母组成(图 10-10),借镦粗头将许多单根钢丝锚定在锚杯或锚板上,组合成束,张拉后依靠螺帽把整个预应力束锚固在结构上。它具有锚固性能可靠,锚固吨位大,张拉操作方便,便于重复张拉,用钢量较省等优点。但也有其特殊要求,如钢丝下料长度要求精度高,管道端部要求扩孔,需要专用的液压冷镦器等。钢丝镦头锚具定型图适用于锚固 12~54 根直径 5 mm 的碳素钢丝组成的钢丝束。

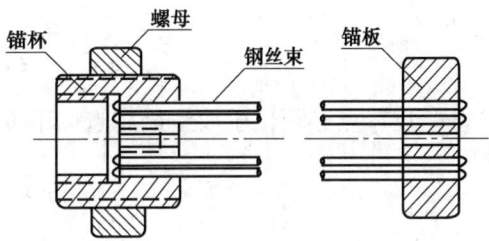

图 10-10 钢丝束镦头锚具

10.3 后张法预应力混凝土构件中预应力筋的布置

根据均布荷载下简支梁的弯矩图,后张预应力筋通常布置成抛物线形,如图 10-11 所示。以图 10-11 中右半部抛物线为对象,在 xOy 坐标系中曲线的方程是

$$y = e_0 \left(\frac{x}{l_0}\right)^2 \tag{10-8}$$

式中 e_0——预应力筋的最大偏心距;
l_0——半部分曲线的长度。

在 $x=0$ 处,曲线的曲率半径为

$$r = \frac{l_0^2}{2e_0} \tag{10-9}$$

在预应力筋的右端,曲线的斜率为

$$y' = \frac{2e_0}{l_0} \tag{10-10}$$

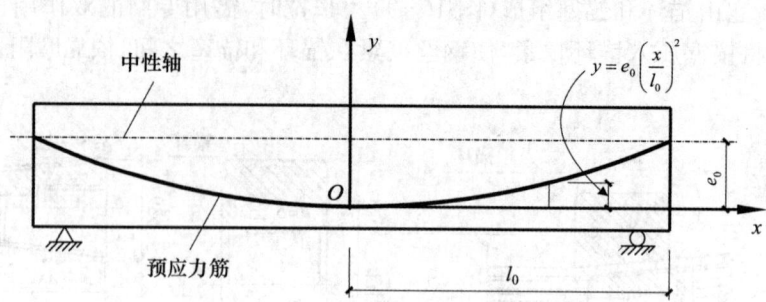

图 10-11 一简支梁中曲线形布置的预应力筋

连续梁中后张预应力筋也可采用曲线形布置,通常整个形状曲线由一组跨中处的上凹抛物线和支座处的下凹抛物线组成,如图 10-12(a)所示。图 10-12(b)给出了相邻曲线段间的连接情况。在最大偏心距 e_1 处,抛物线 1 和抛物线 2 的斜率均为 0,因此二者相容。为保证抛物线 2 和抛物线 3 也同样相容,在反弯点处二者的斜率也必须相等,即应有

$$\frac{2(e_1+e_2-h_2)}{(\lambda-\beta)l_1}=\frac{2h_2}{\beta l_1} \tag{10-11}$$

这样,反弯点必须位于曲线最高点以下 h_2 处,即

$$h_2=\frac{\beta}{\lambda}(e_1+e_2) \tag{10-12}$$

且反弯点必须位于两最大偏心距(e_1 和 e_2)点的连线上如图 10-12(b)所示。

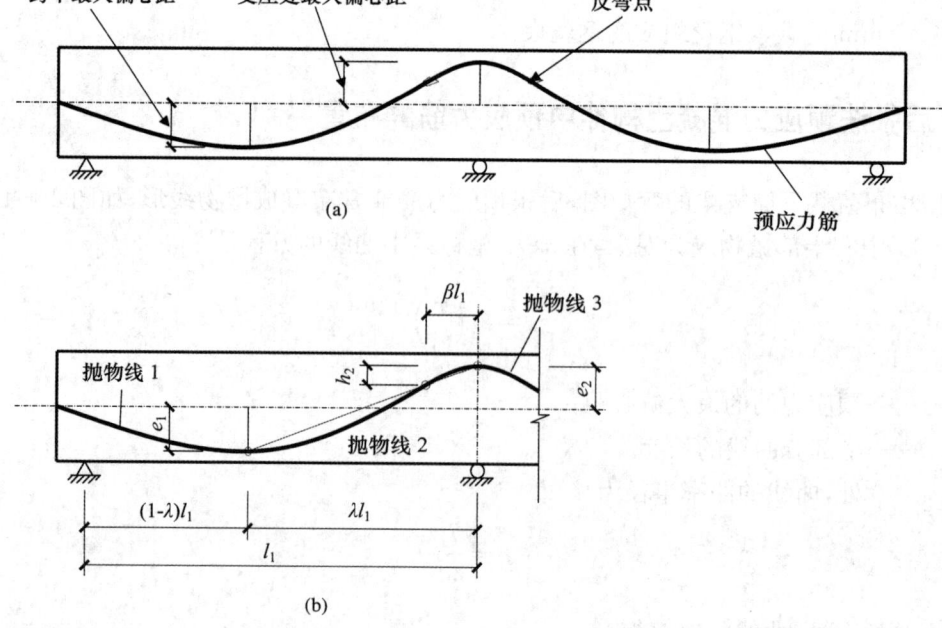

图 10-12 连续梁中预应力筋的布置

10.4 张拉控制应力 σ_{con}

张拉控制应力是指预应力筋在进行张拉时所控制达到的最大应力值。其值为张拉设备（如千斤顶油压表）所指示的总张拉力除以预应力筋面积得到的应力值，以 σ_{con} 表示。

张拉控制应力的取值大小，直接影响预应力混凝土构件优越性的发挥，如果控制应力取值过低，则预应力筋在经历各种损失后，对混凝土产生的预压应力过小，不能有效地提高预应力混凝土构件的抗裂度和刚度。如果控制应力取值过高，则可能引起以下的问题：

(1) 在施工阶段会使构件的某些部位受到拉力（称为预拉力），甚至开裂，对后张法构件则可能造成端部混凝土局部受压破坏。

(2) 构件出现裂缝时的荷载与极限荷载很接近，使构件在破坏前无明显的预兆，构件的延性较差。

(3) 为了要减少预应力损失，往往要进行超张拉，由于钢材材质的不均匀，预应力筋强度有一定的离散性，有可能在超张拉过程中使个别预应力筋的应力超过它的实际屈服强度，而使预应力筋产生塑性变形或脆断。

(4) 增加预应力筋的应力松弛损失。

张拉控制应力大小的确定，与预应力筋的钢种有关。塑性较好的预应力筋，σ_{con} 可定得高些。塑性相对较差的预应力筋，σ_{con} 就定得低些。

表 10-1 张拉控制应力允许值 $[\sigma_{con}]$

钢 种	$[\sigma_{con}]$
钢丝、钢绞线	$0.75 f_{ptk}$
预应力螺纹钢筋	$0.85 f_{pyk}$

注：① 表中 f_{ptk} 表示预应力筋的极限强度标准值，f_{pyk} 表示预应力螺纹钢筋的屈服强度标准值；
② 表中所列 $[\sigma_{con}]$ 值，在下列情况下允许提高 $0.05 f_{ptk}$ 或 $0.05 f_{pyk}$：
a. 为了提高构件在施工阶段的抗裂性能而在使用阶段受压区内设置的预应力筋；
b. 为了部分抵消由于应力松弛、摩擦、钢筋分批张拉以及预应力筋与张拉台座间的温差因素产生的预应力损失。

以《混凝土结构设计规范》（GB 50010）为例，该规范规定：在一般情况下，张拉控制应力不宜超过表 10-1 所示的张拉控制应力允许值 $[\sigma_{con}]$。

为了获得必要的预应力效果，避免将 σ_{con} 定得过低，《混凝土结构设计规范》（GB 50010）还规定张拉控制应力 σ_{con} 不宜小于 $0.4 f_{ptk}$。

10.5 预应力损失及预应力损失值的组合

10.5.1 预应力损失

预应力筋的张拉应力在预应力混凝土构件施工及使用过程中，由于张拉工艺和材料特性等原因是在不断降低的，这种预应力筋应力的降低，称为预应力损失。引起这种应力损失的因素很多，如由于混凝土收缩、徐变、钢筋松弛等引起的损失还随时间的增长和环境的变化而不断变化，而许多因素又相互影响、相互依存。因此，要精确计算及确定预应力损失值是一项非常复杂的工作。工程中为了简化起见，一般认为预应力混凝土构件的总预应力损失值可以采用将各种因素产生的预应力损失值进行叠加的办法来求得。下面将分项讨论引起预应力损失的原因、损失值的计算方法以及减少预应力损失值的措施。

1. 直线预应力筋由于锚具变形和预应力筋内缩引起的预应力损失 σ_{l1}

直线预应力筋当张拉到 σ_{con} 后锚固在台座或构件上时，由于锚具、垫板与构件之间的缝隙被挤紧,或由于预应力筋和楔块在锚具内的滑移,使得被拉紧的预应力筋松动回缩 $a(\text{mm})$,使张拉程度降低,应力减小,从而引起预应力损失 $\sigma_{l1}(\text{N/mm}^2)$。其值可按下列公式计算:

$$\sigma_{l1} = \frac{a}{l} E_p \tag{10-13}$$

式中 a——张拉端锚具变形和预应力筋内缩值,可按表 10-2 取用;
l——张拉端至锚固端之间的距离;
E_p——预应力筋的弹性模量。

表 10-2　　　　　　　锚具变形和预应力筋内缩值 a　　　　　　　mm

锚具类别		a
支承式锚具(钢丝束镦头锚具等)	螺帽缝隙	1
	每块后加垫板的缝隙	1
锥塞式锚具(钢丝束的钢质锥形锚具等)		5
夹片式锚具	有顶压时	5
	无顶压时	6~8

注:① 表中的锚具变形和钢筋内缩值也可根据实测数据确定;
② 其他类型的锚具变形和钢筋内缩值应根据实测数据确定。

锚具损失只考虑张拉端,对于锚固端,由于锚具在张拉过程中已被挤紧,故不考虑其所引起的应力损失。

对块体拼成的结构,预应力损失尚应考虑块体间填缝的预压变形,当采用混凝土或砂浆为填缝材料时,每条填缝的预压变形值取 1 mm。

式(10-13)只适用于计算直线预应力钢筋由于锚具变形和钢筋内缩引起的预应力损失。对于后张法构件预应力曲线钢筋的 σ_{l1} 见后面计算公式(10-33)。

减少此项损失的措施有:

(1) 选择变形小或使预应力筋内缩小的锚具、夹具,尽量少用垫板,每增加一块垫板,a 值就增加 1 mm。

(2) 增加台座长度。因为 σ_{l1} 值与台座长度 l 成反比。采用先张法生产的构件,当台座长度为 100 m 以上时,σ_{l1} 可以忽略不计。

2. 预应力筋与孔道壁之间的摩擦引起的预应力损失 σ_{l2}

后张法张拉直线预应力筋时,由于孔道不直、孔道尺寸偏差、孔壁粗糙、钢筋不直(如对焊接头偏心、弯折等)、预应力筋表面粗糙等原因,使预应力筋在张拉时与孔壁接触而产生摩擦阻力,这种摩擦阻力距离预应力筋张拉端越远,影响越大。如果是曲线孔道,预应力筋张拉时还得更贴紧孔道壁,摩擦阻力更大。因而使构件每一截面上的实际预应力有所减小(图 10-13),这种现象称为因摩擦引起的预应力损失,以 σ_{l2} 表示。

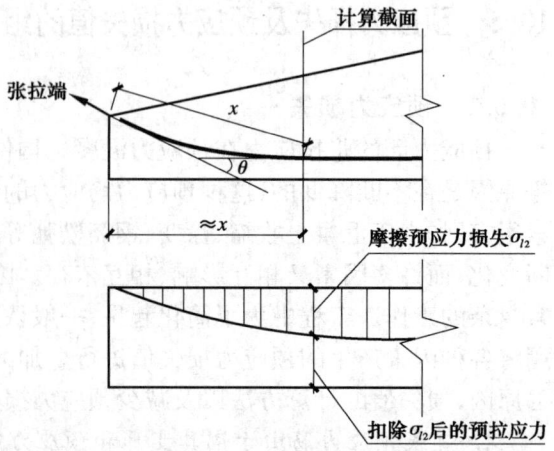

图 10-13　摩擦引起预应力损失

为了计算孔道摩擦引起的预应力损失值 σ_{l2}。取距张拉端为 x 处的一微小增量 $\mathrm{d}x$ 来分析,如图 10-14 所示。图 10-14 中摩擦阻力由下述两个原因所引起:

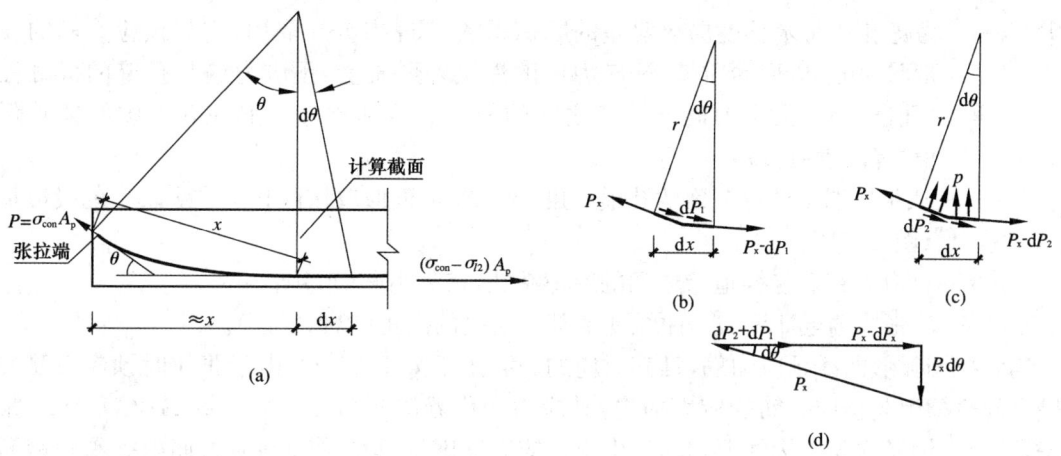

图 10-14　预留孔道中张拉预应力筋与孔道壁的摩擦力

(1) 预留孔道因施工中某些原因发生凹凸,偏离设计位置,张拉钢筋时,预应力钢筋和孔道壁之间将产生摩擦阻力[图 10-14(b)]。

设 κ 为孔道单位长度局部偏差的摩擦系数(按表 10-3 取用),对图 10-14(b)所示的微元体有

$$\mathrm{d}P_1 = -\kappa P_x r \mathrm{d}\theta \approx -\kappa P_x \mathrm{d}x \tag{10-14}$$

(2) 因钢筋曲线布置,张拉钢筋时,预应力筋和孔道壁之间会产生附加法向力而引起的摩阻力。由图 10-14(c)及(d)可知,$\mathrm{d}x$ 两端预拉力对孔壁所产生的附加法向力为

$$p = -P_x \mathrm{d}\theta \tag{10-15}$$

设预应力筋与管道间的摩擦系数为 μ,则 $\mathrm{d}x$ 段所产生的摩擦阻力 $\mathrm{d}P_2$ 为

$$\mathrm{d}P_2 = -\mu P_x \mathrm{d}\theta \tag{10-16}$$

将式(10-14)和式(10-15)相加,并从张拉端到计算截面进行积分,得

$$\mathrm{d}P_x = \mathrm{d}P_1 + \mathrm{d}P_2 = -\kappa P_x \mathrm{d}x - \mu P_x \mathrm{d}\theta \tag{10-17}$$

$$\int_P^{P_x} \frac{\mathrm{d}P_x}{P_x} = -\int_0^x \kappa \mathrm{d}x - \int_0^\theta \mu \mathrm{d}\theta \tag{10-18}$$

$$\ln \frac{P_x}{P} = -\kappa x - \mu \theta \tag{10-19}$$

$$P_x = \frac{P}{\mathrm{e}^{\kappa x + \mu \theta}} \tag{10-20}$$

故有

$$P - P_x = P\left(1 - \frac{1}{\mathrm{e}^{\kappa x + \mu \theta}}\right) \tag{10-21}$$

以预应力筋面积除以上式,即可得预应力筋与孔道壁之间的摩擦引起的预应力损失 σ_{l2}。

$$\sigma_{l2} = \sigma_{\mathrm{con}}\left(1 - \frac{1}{\mathrm{e}^{\kappa x + \mu \theta}}\right) \tag{10-22}$$

当 $\kappa x + \mu\theta \leqslant 0.3$ 时，σ_{l2} 可按下列近似公式计算：

$$\sigma_{l2} = \sigma_{con}(\kappa x + \mu\theta) \tag{10-23}$$

式中 κ——考虑孔道每米长度局部偏差的摩擦系数，按表 10-3 取用，它与预应力筋的表面形状、孔道成型的质量、预应力筋的焊接外形质量、预应力筋与孔壁的接触程度（孔道尺寸、预应力筋与孔壁之间的间隙数值和预应力筋在孔道中的偏心距数值）等因素有关；

x——从张拉端至计算截面的孔道长度（m），亦可近似取该段孔道在纵轴上的投影长度（图 10-13）；

μ——预应力钢筋与孔道壁之间的摩擦系数，按表 10-3 取用；

θ——从张拉端至计算截面曲线孔道部分切线的夹角（以弧度计）。

当张拉圆弧形曲线预应力筋，且其对应的圆心角不大于 30°时，由于张拉时预应力筋与孔道壁之间摩擦引起预应力筋的应力损失，其应力变化近似如图 10-15 直线 ABC 所示。张拉完毕，预应力钢筋锚固于构件上，此时，由于预应力筋因锚具变形和预应力筋内缩受到钢筋与孔道壁之间反摩擦力（与张拉钢筋时，预应力筋与孔道壁之间产生的摩擦力方向相反）的影响，张拉力将有所下降。离张拉端越远，张拉力下降值越小，离张拉端某一距离 l_f 处，锚具变形和钢筋内缩所引起的预应力损失值为零，该长度 l_f 称为反向摩擦影响长度。在反向摩擦长度范围内的预应力筋的应力变化如图 10-15 直线 $A'B$ 所示。

表 10-3　　摩擦系数 κ 和 μ 值

孔道成型方式	κ	μ	
		钢绞线、钢丝束	预应力螺纹钢筋
预埋金属波纹管	0.0015	0.25	0.50
预埋塑料波纹管	0.0015	0.15	—
预埋钢管	0.0010	0.30	—
抽芯成型	0.0014	0.55	0.60
无黏结预应力筋	0.0040	0.09	—

注：摩擦系数也可根据实测数据确定。

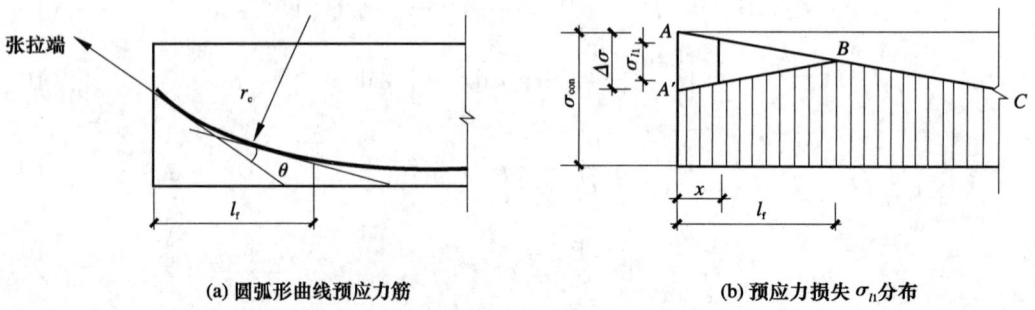

(a) 圆弧形曲线预应力筋　　(b) 预应力损失 σ_{l1} 分布

图 10-15　圆弧曲线形预应力筋因锚具变形和预应力筋内缩引起的损失值

现计算反向摩擦影响长度 l_f 及在 l_f 范围内由于锚具变形和预应力筋内缩引起的预应力损失值 σ_{l1}。

由摩擦引起的预应力损失值 $\sigma_{l2} = \sigma_{con}(\kappa x + \mu\theta)$。由于 θ 随 x 的增大而增大，可近似取为

x 的线性函数。因此,可取

$$\lambda x = \kappa x + \mu \theta, \quad \lambda = \frac{\kappa x + \mu \theta}{x} = \kappa + \mu \frac{\theta}{x} \tag{10-24}$$

由于锚具变形及预应力筋内缩,锚固端预应力筋的张拉力将下降,由 A 点下降到 A' 点(图 10-15),其差值为 $\Delta\sigma$。直线 AB 上任意点的预应力筋的应力可由张拉控制应力 σ_{con} 扣除孔道摩擦损失值得到,即

$$\sigma = \sigma_{con}[1-(\kappa x + \mu \theta)] = \sigma_{con}(1-\lambda x) = \sigma_{con} - \lambda x \sigma_{con} \tag{10-25}$$

取上述正反两个方向的摩擦系数近似相等,且具有对称性。则直线 $A'B$ 上任意点的预应力筋的应力可由 A' 的应力值($\sigma_{con}-\Delta\sigma$)再增加与上述孔道摩擦损失相等的值而得到。即

$$\sigma = \sigma_{con} - \Delta\sigma + \lambda x \sigma_{con} \tag{10-26}$$

在 B 点,上两式所得之预应力筋的应力值相等,即 $x = l_f$ 时,有

$$\sigma_{con} - \lambda l_f \sigma_{con} = \sigma_{con} - \Delta\sigma + \lambda l_f \sigma_{con} \tag{10-27}$$

$$l_f = \frac{\Delta\sigma}{2\lambda\sigma_{con}} \tag{10-28}$$

$\Delta\sigma$ 可由下述方法求得:

锚具变形和预应力筋内缩值 a,使预应力筋在 l_f 区段内产生的平均内缩应变为 a/l_f,则平均预应力损失值为 $(a/l_f)E_p$。预应力筋损失值在锚固端为最大,而在 B 点处为零。在二者之间的中点处即为平均预应力损失,即 $(a/l_f)E_p$。由此可见,$\Delta\sigma = 2(a/l_f)E_p$,代入式(10-28),得

$$l_f = \frac{\Delta\sigma}{2\lambda\sigma_{con}} = \frac{2\dfrac{a}{l_f}E_p}{2\lambda\sigma_{con}}$$

所以

$$l_f = \sqrt{\frac{aE_p}{\lambda\sigma_{con}}} = \sqrt{\frac{aE_p}{\sigma_{con}\left(\kappa + \dfrac{\mu\theta}{x}\right)}} \tag{10-29}$$

当预应力筋为圆弧形曲线,且其对应的圆心角 θ 不大于 30°时,则

$$\frac{\theta}{x} = \frac{1}{r_c} \tag{10-30}$$

式中,r_c 为圆弧形曲线预应力筋的曲率半径(m)。将式(10-30)代入式(10-29),并将长度单位均转化为 m 计算,则

$$l_f = \sqrt{\frac{aE_p}{1\,000\sigma_{con}\left(\dfrac{\mu}{r_c}+\kappa\right)}} \tag{10-31}$$

再由式(10-28)得

$$\Delta\sigma = 2\sigma_{con}\lambda l_f = 2\sigma_{con}l_f\left(\frac{\mu}{r_c}+\kappa\right) \tag{10-32}$$

距锚固端的距离为 x 的任意截面处因锚具变形和钢筋内缩而引起的预应力损失值 σ_{l1}，可按线性关系求出，即

$$\sigma_{l1} = 2\sigma_{\text{con}} l_{\text{f}} \left(\frac{\mu}{r_{\text{c}}} + \kappa \right) \left(1 - \frac{x}{l_{\text{f}}} \right) \tag{10-33}$$

式中，x 为张拉端至计算截面的距离（m），且应符合 $x \leqslant l_{\text{f}}$ 的规定；其余符号同前说明。

减少摩擦损失的措施有：

（1）对于较长的构件可在两端进行张拉，则计算中孔道长度可按构件的一半长度计算。比较图 10-16(a) 及图 10-16(b)，两端张拉可减少摩擦损失是显而易见的，但这个措施将引起 σ_{l1} 的增加，应用时需加以注意。

（2）采用超张拉，如图 10-16(c) 所示，若张拉程序为：$0 \xrightarrow{} 1.1\sigma_{\text{con}} \xrightarrow{\text{停 2 min}} 0.85\sigma_{\text{con}} \xrightarrow{\text{停 2 min}} \sigma_{\text{con}}$。当张拉端 A 超张拉 10% 时，预应力筋中的预拉应力将沿 EHD 分布。当张拉端的张拉应力降低至 $0.85\sigma_{\text{con}}$ 时，由于孔道与预应力筋之间产生反向摩擦，预应力将沿 $FGHD$ 分布。当张拉端 A 再次张拉至 σ_{con} 时，则预应力筋中的应力将沿 $CGHD$ 分布，显然比图 10-16(a) 所建立的预拉应力要均匀些，预应力损失要小一些。

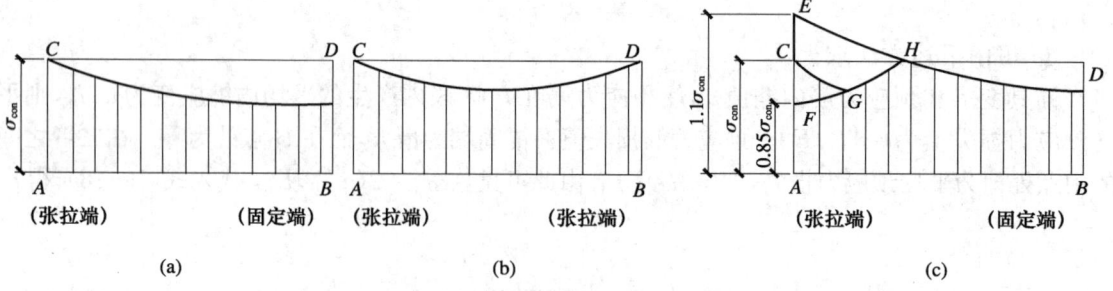

图 10-16 一端张拉、两端张拉及超张拉对减少摩擦损失的影响

3. 混凝土加热养护时，受张拉的预应力筋与承受拉力的设备之间温差引起的预应力损失 σ_{l3}

为了缩短先张法构件的生产周期，浇灌混凝土后常采用蒸汽养护的办法加速混凝土的硬结。如图 10-17 所示，由 t_0 升温至 t_1 时，新浇的混凝土尚未结硬，预应力筋受热自由膨胀，但两端的台座是固定不动的，亦即距离保持不变，因而，张拉后的预应力筋就松了，使预应力筋的应力降为 σ'_{con}。降温时，混凝土已结硬并和钢筋之间具有了黏结作用。由于二者具有相同的温度膨胀系数，所以随温度降低而产生相同的收缩，构件端部混凝土内预应力筋的应力为 $\sigma''_{\text{con}} < \sigma_{\text{con}}$，从而产生预应力损失 $\sigma_{l3} = \sigma_{\text{con}} - \sigma''_{\text{con}}$。

设混凝土加热养护时，受张拉的预应力筋与承受拉力的设备（台座）之间的温差为 Δt（℃），预应力筋的线膨胀系数为 $0.00001(1/℃)$，则 σ_{l3} 可按下式计算：

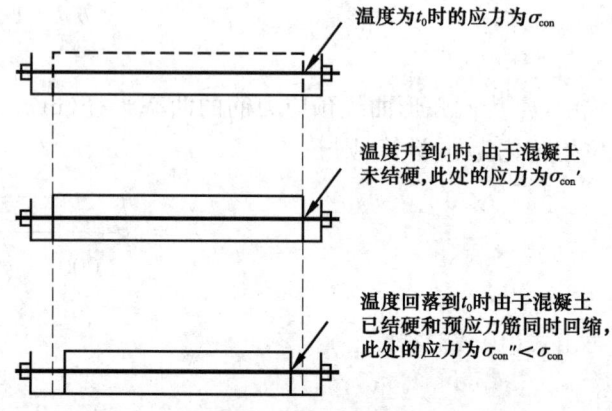

图 10-17 温差引起的预应力损失示意图

$$\sigma_{l3} = \varepsilon_s E_p = \frac{\Delta l}{l} E_p = \frac{\Delta l}{l} E_p = \frac{0.00001 l \Delta t}{l} E_p = 0.00001 E_p \Delta t$$
$$= 0.00001 \times 2.0 \times 10^5 \Delta t = 2\Delta t \ (\text{N/mm}^2) \tag{10-34}$$

减少此项损失的措施有

1) 采用两次升温养护

先在常温下养护,待混凝土强度达到一定强度等级,例如,立方体抗压强度 f_{cu} 达 7.5~10 N/mm² 时,再逐渐升温至规定的养护温度,这时可认为钢筋与混凝土已结成整体,能够一起胀缩而不引起应力损失。

2) 钢模上张拉预应力筋

由于预应力筋是锚固在钢模上的,升温时二者温度相同,可以不考虑此项损失。

4. 预应力筋应力松弛引起的预应力损失 σ_{l4}

预应力筋在高应力作用下其塑性变形具有随时间而增长的性质,在长度保持不变的条件下预应力筋的应力会随时间的增长而逐渐降低,这种现象称为预应力筋的应力松弛。预应力筋的松弛会引起预应力钢筋中的应力损失,这种损失称为预应力筋应力松弛损失 σ_{l4}。

《混凝土结构设计规范》(GB 50010)根据试验结果,提出 σ_{l4} 的计算方法如下:

预应力螺纹钢筋按式(10-35)或式(10-36)计算

一次张拉 $$\sigma_{l4} = 0.04\sigma_{con} \tag{10-35}$$

超张拉 $$\sigma_{l4} = 0.03\sigma_{con} \tag{10-36}$$

对普通松弛预应力钢丝、钢绞线、中强度预应力钢丝,按式(10-37)计算。

$$\sigma_{l4} = 0.4\psi\left(\frac{\sigma_{con}}{f_{ptk}} - 0.5\right)\sigma_{con} \tag{10-37}$$

一次张拉 $\psi = 1$

超张拉 $\psi = 0.9$

对低松弛预应力钢丝、钢绞线、中强度预应力钢丝,按式(10-38)或式(10-39)计算。

当 $\sigma \leqslant 0.7 f_{ptk}$ 时, $$\sigma_{l4} = 0.125\left(\frac{\sigma_{con}}{f_{ptk}} - 0.5\right)\sigma_{con} \tag{10-38}$$

当 $0.7 f_{ptk} < \sigma_{con} < 0.8 f_{ptk}$ 时, $$\sigma_{l4} = 0.2\left(\frac{\sigma_{con}}{f_{ptk}} - 0.575\right)\sigma_{con} \tag{10-39}$$

当取用上述超张拉的应力松弛损失值时,张拉程序应符合现行国家标准《混凝土结构工程施工质量验收规范》(GB 50204)的要求。当 $\sigma_{con}/f_{ptk} \leqslant 0.5$ 时,预应力筋的应力松弛损失值可取为零。

当需要考虑与时间有关的预应力筋应力松弛产生的预应力损失时,可将按前述计算方法得到的预应力损失值乘以表 10-4 中相应的系数。

表 10-4 随时间变化的预应力松弛损失系数

时间/d	2	10	20	30	≥40
松弛损失系数	0.50	0.77	0.88	0.95	1.0

试验表明,预应力筋应力松弛与下列因素有关:

(1) 应力松弛与时间有关。开始阶段发展较快,前两天松弛损失可达全部松弛损失的50%左右,以后发展缓慢。

(2) 应力松弛与钢材品种有关。预应力螺纹钢筋的应力松弛值比预应力钢丝、钢绞线的小。

(3) 张拉控制应力值高,应力松弛大;反之,则小。

减少此项损失的措施有:

进行超张拉,先控制张拉应力达$(1.05\sim 1.1)\sigma_{con}$,持荷 2~5 min,然后卸荷,再施加张拉应力至σ_{con},这样可以减少松弛引起的预应力损失。因为在高应力下短时间所产生的松弛损失可达到在低应力下需经过较长时间才能完成的松弛损失,所以,经过超张拉部分松弛损失业已完成。钢筋松弛还与初应力有关,当初应力小于$0.7f_{py}$时,松弛与初应力呈线性关系,初应力高于$0.7f_{py}$时,松弛显著增大。

5. 混凝土收缩、徐变引起受拉区和受压区预应力筋的预应力损失σ_{l5},σ'_{l5}

混凝土在一般温度条件下结硬时会发生体积收缩,而在预应力作用下,沿压力方向混凝土会发生徐变。二者均使构件的长度缩短,预应力筋也随之内缩,造成预应力损失。收缩与徐变虽是两种性质完全不同的现象,但它们的影响因素、变化规律较为相似,故一般将这两项预应力损失合在一起考虑。

混凝土收缩、徐变引起受拉区和受压区预应力筋的预应力损失σ_{l5}和σ'_{l5},可分别按式(10-40)—式(10-43)计算。

对先张法构件,有

$$\sigma_{l5} = \frac{60 + 340 \dfrac{\sigma_{pc}}{f'_{cu}}}{1 + 15\rho} \qquad (10\text{-}40)$$

$$\sigma'_{l5} = \frac{60 + 340 \dfrac{\sigma'_{pc}}{f'_{cu}}}{1 + 15\rho'} \qquad (10\text{-}41)$$

对后张法构件,有

$$\sigma_{l5} = \frac{55 + 300 \dfrac{\sigma_{pc}}{f'_{cu}}}{1 + 15\rho} \qquad (10\text{-}42)$$

$$\sigma'_{l5} = \frac{55 + 300 \dfrac{\sigma'_{pc}}{f'_{cu}}}{1 + 15\rho'} \qquad (10\text{-}43)$$

式中 σ_{pc},σ'_{pc}——受拉区、受压区预应力钢筋在各自合力点处混凝土法向压应力,此时,预应力损失值仅考虑混凝土预压前(第一批)的损失,其非预应力钢筋中的应力σ_{l5},σ'_{l5}值应取为零;σ_{pc},σ'_{pc}值不得大于$0.5f'_{cu}$;当σ'_{pc}为拉应力时,则公式(10-41)、式(10-43)中σ'_{pc}应取为零;计算混凝土法向应力σ_{pc},σ'_{pc}时可根据构件制作情况考虑自重的影响。

f'_{cu}——施加预应力时混凝土的立方体抗压强度。

ρ,ρ'——受拉区、受压区预应力钢筋和非预应力钢筋的配筋率。

对先张法构件,有 $\qquad \rho = \dfrac{A_p + A_s}{A_0} \qquad \rho' = \dfrac{A'_p + A'_s}{A_0} \qquad (10\text{-}44a)$

对后张法构件,有
$$\rho=\frac{A_p+A_s}{A_n} \quad \rho'=\frac{A'_p+A'_s}{A_n} \tag{10-44b}$$

式中　A_0——混凝土换算截面面积;
　　　A_n——混凝土净截面面积。

对于对称配置预应力筋和非预应力钢筋的构件,取 $\rho=\rho'$,此时配筋率应按钢筋总截面面积的一半进行计算。

由式(10-40)—式(10-43)可以看出

(1) σ_{l5} 与相对初应力 σ_{pc}/f'_{cu} 为线性关系,公式所给出的是线性徐变条件下的应力损失,因此要求符合 $\sigma_{pc}<0.5f'_{cu}$ 的条件。否则,导致预应力损失值显著增大。由此可见,过大的预加应力以及过低的放张时混凝土的抗压强度均是不妥的。

(2) 后张法构件 σ_{l5} 的取值比先张法构件低,因为后张法构件在施加预应力时,混凝土的收缩已完成了一部分。

上述公式是在一般相对湿度环境下给出的经验公式,对处于干燥环境(年平均相对湿度低于 40% 的环境)的结构,σ_{l5},σ'_{l5} 值应增加 30%。

对于重要的结构构件,由混凝土收缩、徐变引起的预应力损失终极值 σ_{l5},σ'_{l5} 可按下面的方法计算:

对受拉区纵向预应力筋,有

$$\sigma_{l5}=\frac{0.9\alpha_{Ep}\sigma_{pc}\varphi_\infty+E_p\varepsilon_\infty}{1+15\rho} \tag{10-45a}$$

式中　σ_{pc}——受拉区预应力钢筋合力点处由预应力(扣除相应阶段预应力损失)和梁自重产生的混凝土法向压应力,其值不得大于 $0.5f'_{cu}$;对简支梁可取跨中截面与 1/4 跨度处截面的平均值;对连续梁和框架可取若干代表性截面的平均值。
　　　φ_∞——混凝土徐变系数终极值。
　　　ε_∞——混凝土收缩应变终极值。
　　　α_{Ep}——预应力筋弹性模量与混凝土弹性模量的比值。

当无可靠资料时,φ_∞ 和 ε_∞ 值可按表 10-5 和表 10-6 取用。

表 10-5　　　　　　　　混凝土收缩应变终极值 ε_∞ ($\times 10^{-4}$)

年平均相对湿度 RH		40%≤RH≤70%				70%≤RH≤99%			
理论厚度 $2A/\mu$/mm		100	200	300	≥600	100	200	300	≥600
预加应力时的混凝土龄期 t_0/d	3	4.83	4.09	3.57	3.09	3.47	2.95	2.60	2.26
	7	4.35	3.89	3.44	3.01	3.12	2.80	2.49	2.18
	10	4.06	3.77	3.37	2.96	2.91	2.70	2.42	2.14
	14	3.73	3.62	3.27	2.91	2.67	2.59	2.35	2.10
	28	2.90	3.20	3.01	2.77	2.07	2.28	2.15	1.98
	60	1.92	2.54	2.58	2.54	1.37	1.80	1.82	1.80
	90	1.45	2.12	2.27	2.38	1.03	1.50	1.60	1.68

注:① 预加力时的混凝土龄期,先张法构件可取 3~7 d,后张法构件可取 7~28 d。
　　② A 为构件截面积,μ 为该截面与大气接触的周边长度;当构件为变截面时,A 和 μ 均可取平均值。
　　③ 本表适用于一般的硅酸盐类水泥或快硬水泥配置而成的混凝土;表中数值系按强度等级为 C40 混凝土计算而得,对 C50 及以上混凝土,表列数值应乘以 $\sqrt{\frac{32.4}{f_c}}$。
　　④ 本表适用于季节性变化的平均温度 $-20℃\sim+40℃$。
　　⑤ 当实际构件的理论厚度和预加力时的混凝土龄期为表列数值的中间值时,可按线性内插法确定。

表 10-6　　混凝土徐变系数终极值 φ_∞

年平均相对湿度 RH	40%≤RH≤70%				70%≤RH≤99%			
理论厚度 $2A/\mu$/mm	100	200	300	≥600	100	200	300	≥600
预加应力时的混凝土龄期 t_0/d　　3	3.51	3.14	2.94	2.63	2.78	2.55	2.43	2.23
7	3.00	2.68	2.51	2.25	2.37	2.18	2.08	1.91
10	2.80	2.51	2.35	2.10	2.22	2.04	1.94	1.78
14	2.63	2.35	2.21	1.97	2.08	1.91	1.82	1.67
28	2.31	2.06	1.93	1.73	1.82	1.68	1.60	1.47
60	1.99	1.78	1.67	1.49	1.58	1.45	1.38	1.27
≥90	1.85	1.65	1.55	1.38	1.46	1.34	1.28	1.17

注：同表 10-5 中表下注。

对受压区纵向预应力筋，有

$$\sigma'_{l5} = \frac{0.9\alpha_{Ep}\sigma'_{pc}\varphi_\infty + E_p\varepsilon_\infty}{1+15\rho'} \tag{10-45b}$$

式中　σ'_{pc}——受压区预应力筋合力点处由预应力（扣除相应阶段预应力损失）和梁自重产生的混凝土法向压应力，其值不得大于 $0.5f'_{cu}$，当 σ'_{pc} 为拉应力时，取 $\sigma'_{pc}=0$。

ρ'——受压区预应力筋和非预应力筋的配筋率：对先张法构件，$\rho'=(A'_p+A'_s)/A_0$；对后张法构件，$\rho'=(A'_p+A'_s)/A_n$。

需要注意的是，对受压区配置预应力筋 A'_p 和非预应力筋 A'_s 的构件，在计算公式（10-45）中的 σ_{pc}，σ'_{pc} 应按截面全部预应力进行计算。

当需要考虑与时间有关的混凝土收缩、徐变及产生的预应力损失时，可将按前述计算方法得到的预应力损失终极值 σ_{l5}，σ'_{l5}，乘以表 10-7 中相应的系数确定。

表 10-7　　随时间变化的由收缩和徐变产生的预应力损失系数

时间/d	收缩徐变损失系数	时间/d	收缩徐变损失系数
2	—	60	0.50
10	0.33	90	0.60
20	0.37	180	0.75
30	0.40	365	0.85
40	0.43	1 095	1.00

减少此项损失的措施有：

（1）采用高标号水泥，减少水泥用量，降低水灰比，采用干硬性混凝土；

（2）采用级配较好的骨料，加强振捣，提高混凝土的密实性；

（3）加强养护，以减少混凝土的收缩。

6. 用螺旋式预应力筋作配筋的环形构件，由于混凝土的局部挤压引起的预应力损失 σ_{l6}

采用螺旋式预应力筋作配筋的环形构件，由于预应力筋对混凝土的挤压，使环形构件的直径有所减小，预应力筋中的拉应力就会降低，从而引起预应力筋的应力损失 σ_{l6}。

σ_{l6} 的大小与环形构件的直径 d 成反比，直径越小，损失越大，可按下列规定取值：

当 $d \leqslant 3$ m 时，　　　　　　$\sigma_{l6} = 30\text{ N/mm}^2$ 　　　　　　　　　　　　　　　　（10-46a）

当 $d > 3$ m 时，　　　　　　　$\sigma_{l6} = 0$ 　　　　　　　　　　　　　　　　　　　　（10-46b）

10.5.2 预应力损失值的组合

10.5.1 节所述的 6 项预应力损失,它们有的只发生在先张法构件中,有的只发生于后张法构件中,有的两种构件均有,而且是分批产生的。为了便于分析和计算,预应力构件在各阶段的预应力损失值应按一定的规则进行组合。作为应用实例,表 10-8 给出了《混凝土结构设计规范》(GB 50010)中关于预应力损失值组合的相关规定。

表 10-8　　　　　　　　　　　各阶段预应力损失值的组合

预应力损失值的组合	先张法构件	后张法构件
混凝土预压前(第Ⅰ批)的损失 σ_{lI}	$\sigma_{l1}+\sigma_{l2}+\sigma_{l3}+\sigma_{l4}$	$\sigma_{l1}+\sigma_{l2}$
混凝土预压后(第Ⅱ批)的损失 σ_{lII}	σ_{l5}	$\sigma_{l4}+\sigma_{l5}+\sigma_{l6}$

注:先张法构件由于预应力筋应力松弛引起的损失值 σ_{l4} 在第Ⅰ批和第Ⅱ批损失中所占的比例如需区分,可根据实际情况确定。

考虑到各项预应力损失的离散性,实际损失值有可能比按规范计算的值高。所以如果求得的预应力总损失值小于下列数值时,则按下列数值取用:

先张法构件　　$\sigma_{l\min}=100\ \text{N/mm}^2$

后张法构件　　$\sigma_{l\min}=80\ \text{N/mm}^2$

10.6 预应力筋锚固区受力性能

10.6.1 先张法构件预应力筋的传递长度及锚固长度

先张法预应力混凝土构件的预应力,是靠构件两端一定距离内预应力筋和混凝土间的黏结力由预应力筋传给混凝土的。

取离构件端部长度为 x 的预应力筋作为脱离体进行分析(图 10-18)。当放张钢筋时,钢筋在构件端部要发生内缩或滑移,在端面 a 处预应力筋的预拉应力为零,而在构件端面以内,钢筋的内缩受到周围混凝土的阻止,引起纵向压应力,并主要由此形成的摩擦力在钢筋和混凝土之间产生黏结应力。随距端部截面距离 x 的增大,由于黏结应力的积累,预应力筋的预拉

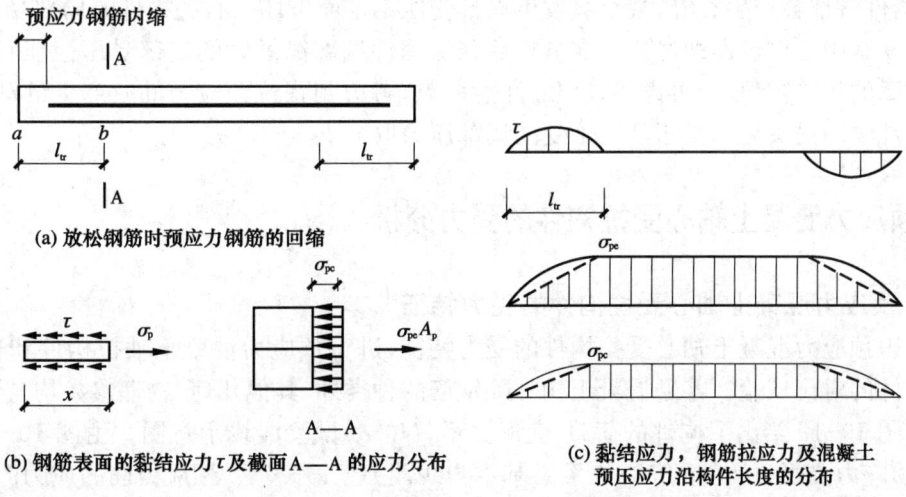

图 10-18　放松钢筋时脱离体的受力分析

应力 σ_p 将增大,相应混凝土中的预压应力 σ_c 也将增大,当 x 达到一定长度 l_{tr}[图 10-18(a)中,a 截面与 b 截面之间的距离]时,在 l_{tr} 长度内的黏结力与预拉力 $\sigma_{pe}A_p$ 平衡,自 l_{tr} 长度以外,即自 b 截面起,预应力筋才建立起稳定的预拉应力 σ_{pe},相应的混凝土建立起有效的预压应力 σ_{pc}。长度 l_{tr} 称为先张法构件预应力钢筋的传递长度,ab 段称为先张法构件的自锚区。由于在自锚区的预应力值较小,所以对先张法预应力混凝土构件端部进行斜截面受剪承载力计算以及正截面、斜截面抗裂验算时,应考虑预应力筋在其传递长度 l_{tr} 范围内实际应力值的变化[图 10-18(c)]。在计算时,该预应力筋的实际预应力均可简化为按线性变化[图 10-18(c)虚线所示],即在构件端部为零,在其预应力传递长度的末端取有效预应力值 σ_{pe}。预应力筋的预应力传递长度 l_{tr} 值按下式计算:

$$l_{tr} = \alpha \frac{\sigma_{pe}}{f'_t} d \tag{10-47}$$

式中 σ_{pe}——放张时预应力钢筋的有效预应力;
d——预应力筋的公称直径;
α——预应力筋的外形系数,按表 3-1 取用;
f'_t——放张时混凝土的轴心抗拉强度。

当采用骤然放松预应力钢筋的施工工艺时,l_{tr} 的起点应从距构件末端 $0.25l_{tr}$ 处开始计算。

预应力筋的锚固长度 l_a 可按式(3-14)计算。计算时只需将式(3-14)中的 f_y 换成预应力筋的抗拉强度 f_{py} 即可。

在计算先张法预应力混凝土构件端部锚固区的正截面和斜截面受弯承载力时,由于考虑到锚固区附近预应力筋的锚固长度较短,其强度不能充分发挥。因此,锚固区内的预应力筋拉应力在锚固起点处一般取零,在锚固终点处取 f_{py},在两点之间可按直线内插法取值。

10.6.2 后张法构件端部锚固区的局部受压性能

后张法构件的预压力是通过锚具经垫板传递给混凝土的。由于预压力很大,而锚具下的垫板与混凝土的传力接触面积往往很小,锚具下的混凝土将承受较大的局部压力,在局部压力作用下,构件端部会产生裂缝,甚至会发生局部受压不足而破坏。有关构件的局部受压性能与计算在第 9 章中已作过详细讨论。在分析后张法构件端部锚固区的局部受压性能时,可直接应用第 9 章的相关知识,不再详述。但需注意一点,考虑到张拉预应力筋时产生的动力效应,后张法构件中的锚头局部受压区所承受的局部压力取为 $F_l = 1.2\sigma_{con}A_p$。

10.7 预应力混凝土轴心受拉构件的受力分析

10.7.1 预应力混凝土轴心受拉构件的受力特征

为认识预应力混凝土轴心受拉构件的受力特征,进行预应力混凝土轴拉构件和普通混凝土轴拉构件的对比试验。普通混凝土构件除钢筋的种类外,其他几何、物理参数均与预应力构件相同。图 10-19 给出了构件的荷载-变形关系(N_t-δ)试验曲线示意图。由图 10-19 可知,开裂前,预应力混凝土构件的 N_t-δ 关系基本为线性关系;开裂后,预应力筋的应力激增,构件进入非线性阶段;构件的极限抗拉承载力取决于预应力筋的用量和强度;预应力混凝土构件的初始刚度和普通混凝土构件的初始刚度基本相同,但开裂荷载明显高于普通混凝土构件。上述试验反映了预应力混凝土构件使用阶段的受力特征。实际上,预应力混凝土轴心受拉构件从张拉钢筋开始到构件破坏,截面中混凝土和预应力筋应力的变化可以分为两个阶段:施工阶段和使用阶段。每个阶段又包括若干特征受力过程。下面按照施工到使用的顺序对整个受力过程进行分析。为了叙述简便,以下受力分析中均未引入非预应力筋,仅讨论有预应力筋的情况。

10.7.2 先张法预应力混凝土轴心受拉构件的受力分析

1. 施工阶段的受力分析

预加力首先加在台座上,释放预应力筋时,释放的力直接加在混凝土换算截面上,该力不仅在混凝土上产生预压应力,并且使预应力筋的应力减少(又称弹性压缩损失);通过截面自平衡条件可以计算预应力筋和混凝土的应力。

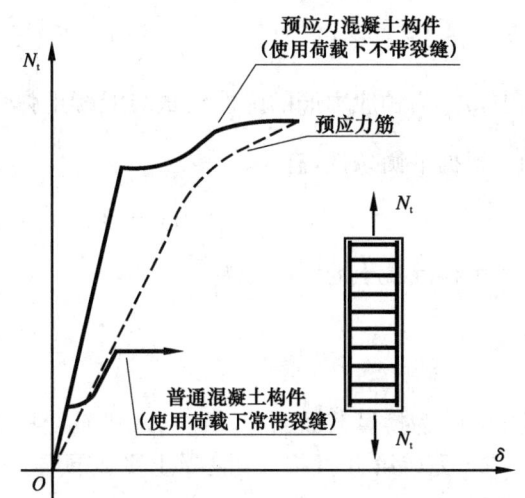

图 10-19 预应力混凝土轴心受拉构件和普通混凝土轴心受拉构件 N_t-δ 曲线

1) 张拉预应力筋

在台座上张拉预应力筋(截面面积为 A_p)到张拉控制应力为 σ_{con}(图 10-20)。此时,预应力筋应力和混凝土应力分别为

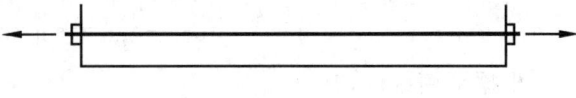

图 10-20 张拉预应力筋示意图

$$\sigma_p = \sigma_{con} \quad (10\text{-}48a)$$
$$\sigma_c = 0 \quad (10\text{-}48b)$$

2) 完成第 I 批损失(混凝土受到预压应力之前)

张拉完毕,将预应力筋锚固在台座上,浇灌混凝土,蒸养构件(图 10-21)。由锚具变形、温差和部分钢筋松弛而产生第 I 批预应力损失 σ_{lI}。而预应力筋仍未放松,混凝土未受力。此时,预应力筋应力和混凝土应力分别为

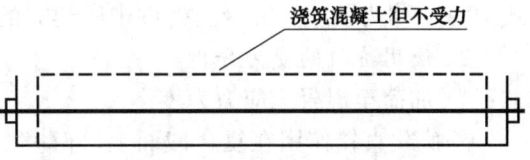

图 10-21 完成第 I 批损失后构件示意图

$$\sigma_p = \sigma_{con} - \sigma_{lI} \quad (10\text{-}49a)$$
$$\sigma_c = 0 \quad (10\text{-}49b)$$

3) 放松预应力筋

当混凝土达到 75% 以上设计强度后,放松预应力筋,预应力筋要回缩,依靠钢筋与混凝土之间的黏结力挤压混凝土,使混凝土受压而缩短,在这过程中,钢筋也随之缩短,其拉应力也随之减少(图 10-22)。此时,预应力筋的应力为

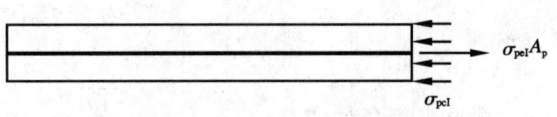

图 10-22 放松预应力钢筋后构件受力示意图

$$\sigma_{peI} = \sigma_{con} - \sigma_{lI} - \alpha_{Ep}\sigma_{pcI} \qquad (10\text{-}50)$$

式中，α_{Ep} 为预应力筋的弹性模量与混凝土弹性模量的比值 $\alpha_{Ep} = \dfrac{E_p}{E_c}$。

根据平衡条件，有

$$\sigma_{pcI}(A - A_p) = (\sigma_{con} - \sigma_{lI} - \alpha_{Ep}\sigma_{pcI})A_p \qquad (10\text{-}51)$$

解得混凝土的压应力为

$$\sigma_{pcI} = \dfrac{(\sigma_{con} - \sigma_{lI})A_p}{A_0} \qquad (10\text{-}52)$$

式中，A_0 为换算截面面积，$A_0 = A + (\alpha_{Ep} - 1)A_p$。

4) 完成第 Ⅱ 批损失（混凝土受到预压应力之后）

随着时间的增长，因预应力筋进一步松弛、混凝土发生收缩徐变而产生第 Ⅱ 批预应力损失 $\sigma_{l\text{Ⅱ}}$。这时混凝土和预应力筋将进一步缩短（图 10-23）。此时，预应力筋应力为

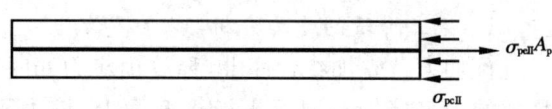

图 10-23 完成第 Ⅱ 批损失后构件受力示意图

$$\sigma_{peⅡ} = \sigma_{con} - \sigma_{lI} - \sigma_{lⅡ} - \alpha_{Ep}\sigma_{pcⅡ} \qquad (10\text{-}53)$$

根据平衡条件，有

$$\sigma_{pcⅡ}(A - A_p) = (\sigma_{con} - \sigma_{lI} - \sigma_{lⅡ} - \alpha_{Ep}\sigma_{pcⅡ})A_p \qquad (10\text{-}54)$$

解得混凝土的压应力为

$$\sigma_{pcⅡ} = \dfrac{(\sigma_{con} - \sigma_{lI} - \sigma_{lⅡ})A_p}{A_0} \qquad (10\text{-}55)$$

式中，$\sigma_{pcⅡ}$ 称为预应力混凝土构件中所建立的"有效预压应力"。

2. 使用阶段的受力分析

1) 加荷至混凝土应力为零

外荷载直接作用在复合截面上，外荷载（例如施加轴向拉力 N_{t0}）引起的截面拉应力大小恰好将混凝土的有效预压应力 $\sigma_{pcⅡ}$ 全部抵消（即截面处于消压状态），即 $\sigma_c = 0$（图 10-24）。此时，预应力筋的应力和混凝土的应力分别为

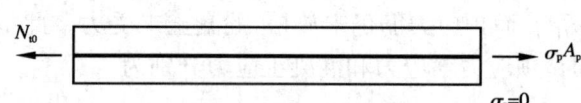

图 10-24 消压状态下构件受力示意图

$$\sigma_p = \sigma_{con} - \sigma_{lI} - \sigma_{lⅡ} \qquad (10\text{-}56a)$$
$$\sigma_c = 0 \qquad (10\text{-}56b)$$

根据平衡条件，有

$$N_{t0} = (\sigma_{con} - \sigma_{lI} - \sigma_{lⅡ})A_p \qquad (10\text{-}57)$$

式中，N_{t0} 为预应力混凝土轴心受拉构件的消压荷载。

2) 加载至裂缝即将出现

当轴向拉力超过 N_{t0} 后，混凝土开始受拉，随着荷载的增加，其拉应力不断增长，当荷载加到 N_{tcr}，即混凝土拉应力达到混凝土抗拉强度 f_t 时，混凝土即将出现裂缝（图 10-25）。此时，预应力筋应力和混凝土应力分别为

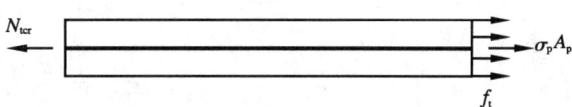

图 10-25　临界开裂状态下构件受力示意图

$$\sigma_p = \sigma_{con} - \sigma_{lI} - \sigma_{lII} + \alpha_{Ep} f_t \quad (10\text{-}58a)$$

$$\sigma_c = f_t \quad (10\text{-}58b)$$

根据平衡条件，有

$$N_{tcr} = (\sigma_{con} - \sigma_{lI} - \sigma_{lII} + \alpha_{Ep} f_t) A_p + f_t (A - A_p) \quad (10\text{-}59)$$

3) 加载至破坏

当轴向拉力超过 N_{tcr} 后，混凝土开裂，在裂缝截面上混凝土不再承受拉力。随着荷载继续增大，当裂缝截面上预应力筋拉应力达到屈服强度 f_{py} 时，贯通裂缝骤然加宽，构件破坏（图 10-26）。此时，预应力筋应力和混凝土应力分别为

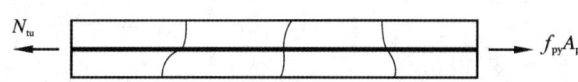

图 10-26　临界破坏状态下构件受力示意图

$$\sigma_p = f_{py} \quad (10\text{-}60a)$$

$$\sigma_c = 0 \quad (10\text{-}60b)$$

根据平衡条件，有

$$N_{tu} = f_{py} A_p \quad (10\text{-}61)$$

10.7.3　后张法预应力混凝土轴心受拉构件的受力分析

1. 施工阶段的受力分析

1) 穿预应力筋

浇筑混凝土，穿预应力筋，养护至钢筋张拉前，可以认为截面中不产生任何应力（图 10-27）。此时，钢筋应力和混凝土应力分别为

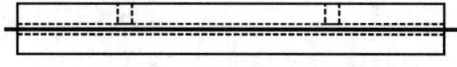

图 10-27　穿预应力钢筋示意图

$$\sigma_p = 0 \quad (10\text{-}62a)$$

$$\sigma_c = 0 \quad (10\text{-}62b)$$

2) 张拉预应力筋完成第 I 批损失

在张拉预应力筋过程中，产生摩擦损失 σ_{l2}，张拉完毕后，用锚具在构件上锚住预应力筋。锚具变形引起的应力损失为 σ_{l1}，至此，后张法第 I 批损失结束（图 10-28）。此时，预应力筋应力和混凝土应力分别为

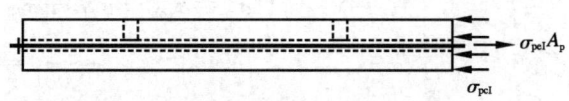

图 10-28　完成第一批损失后构件受力示意图

$$\sigma_{peI} = \sigma_{con} - \sigma_{lI} \tag{10-63a}$$

$$\sigma_{pcI} = \frac{(\sigma_{con} - \sigma_{lI})A_p}{A_n} \tag{10-63b}$$

式中，A_n 为扣除预留孔道面积后的混凝土截面面积。

3) 完成第Ⅱ批损失

随着时间的增长，将发生由于预应力筋松弛、混凝土的收缩和徐变（对于环形构件还有挤压变形）而引起的应力损失 σ_{l4} 及 σ_{l5}（以及 σ_{l6}），同时，一般有黏结预应力混凝土构件已灌浆（图 10-29）。此时，预应力筋应力和混凝土应力分别为

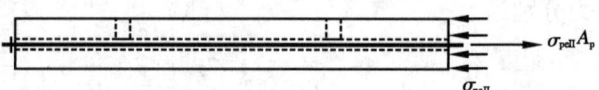

图 10-29 完成第二批损失后构件受力示意图

$$\sigma_{peII} = \sigma_{con} - \sigma_{lI} - \sigma_{lII} \tag{10-64a}$$

$$\sigma_{pcII} = \frac{(\sigma_{con} - \sigma_{lI} - \sigma_{lII})A_p}{A - A_p} \tag{10-64b}$$

2. 使用阶段的受力分析

1) 加载至混凝土应力为零

外荷载直接作用在换算截面上，外力作用使截面处于消压状态，即在轴向压力 N_{t0} 作用下，荷载产生的拉应力与预压应力 σ_{pcII} 互相抵消，也即 $\sigma_c = 0$（图 10-30）。轴向拉力 N_{t0} 可按截面上内外平衡条件求得。此时，预应力筋应力和混凝土应力分别为

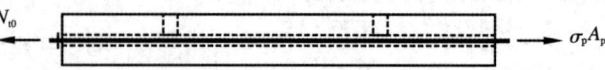

图 10-30 消压状态下构件受力示意图

$$\sigma_p = \sigma_{con} - \sigma_{lI} - \sigma_{lII} + \alpha_{Ep}\sigma_{pcII} \tag{10-65a}$$

$$\sigma_c = 0 \tag{10-65b}$$

根据平衡条件，有

$$N_{t0} = (\sigma_{con} - \sigma_{lI} - \sigma_{lII} + \alpha_{Ep}\sigma_{pcII})A_p \tag{10-66}$$

2) 加载至裂缝即将出现

外荷载直接作用于换算截面上，外力作用使混凝土受拉。当拉应力达到 f_t 时截面开裂，对应的轴向拉力为 N_{tcr}（图 10-31）。此时，预应力筋应力和混凝土应力分别为

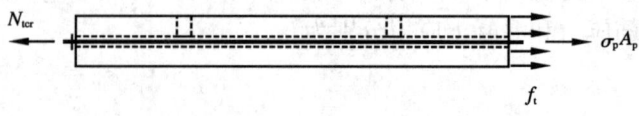

图 10-31 临界开裂状态下构件受力示意图

$$\sigma_p = \sigma_{con} - \sigma_{lI} - \sigma_{lII} + \alpha_{Ep}\sigma_{pcII} + \alpha_{Ep}f_t \tag{10-67a}$$

$$\sigma_c = f_t \tag{10-67b}$$

根据平衡条件，有

$$N_{tcr} = (\sigma_{con} - \sigma_{lI} - \sigma_{lII} + \alpha_{Ep}\sigma_{pcII} + \alpha_{Ep}f_t)A_p + f_t(A - A_p) \tag{10-68}$$

3) 加载至破坏

与先张法相同,破坏时预应力钢筋达到 f_{py}(图 10-32)。此时,预应力筋的应力和混凝土的应力分别为

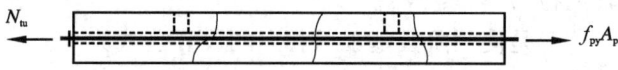

图 10-32 临界破坏状态下构件受力示意图

$$\sigma_p = f_{py} \quad (10\text{-}69a)$$

$$\sigma_c = 0 \quad (10\text{-}69b)$$

根据平衡条件,有

$$N_{tu} = f_{py} A_p \quad (10\text{-}70)$$

10.7.4 预应力混凝土轴心受拉构件的受力分析总结

(1) 使用阶段 N_{t0} 及 N_{tcr},N_{tu} 的三个计算公式,不论先张法或后张法,公式的形式都相同,但计算 N_{t0} 和 N_{tcr} 时两种方法的 σ_{pcII} 是不相同的。

(2) 先张法和后张法的张拉控制应力 σ_{con} 符号相同,但物理意义不同,先张法预应力筋张拉是在混凝土浇灌之前进行的(即先施加在台座上),后张法预应力筋的张拉是在混凝土构件上进行的(即直接施加于构件上)。

(3) 预应力钢筋从张拉至破坏始终处于高拉应力状态,而混凝土在荷载达到 N_{t0} 以前始终处于受压状态,发挥了两种工程材料各自的特长。

(4) 预应力混凝土构件出现裂缝比普通钢筋混凝土构件迟得多,故构件抗裂度大大提高了,但裂缝出现荷载与构件破坏荷载比较接近(图 10-19)。

(5) 当材料强度等级和截面尺寸相同时,预应力混凝土轴心受拉构件与普通钢筋混凝土轴心受拉构件的承载力相同。

10.8 预应力混凝土轴心受拉构件的设计计算

与普通钢筋混凝土结构类似,预应力混凝土结构的基本理论也有两方面的应用:即拟建结构的设计和既有结构的性能评估。二者比较而言,新结构的设计包括施工阶段和使用阶段两方面的计算分析,相对较复杂。因此,本章在介绍预应力混凝土结构基本理论的应用时,以结构设计计算为主,有关既有预应力混凝土结构的性能评估,可根据预应力混凝土结构的受力性能,参照普通混凝土结构的分析方法进行。

预应力轴心受拉构件的设计计算分为使用阶段承载力计算、抗裂度验算、裂缝宽度验算、施工阶段张拉(或放松)预应力筋时构件的承载力和端部锚固区局部受压验算(对采用锚具的后张法构件)等内容。下面分述之。

10.8.1 轴心受拉构件使用阶段的计算

1. 使用阶段的承载力计算

由前节的分析可知,当加荷至构件破坏时,全部荷载由预应力筋和非预应力筋承担,破坏时截面的计算图式如图 10-33 所示。其正截面受拉承载力可按式(10-61)或式(10-70)计算,但要考虑非预应力筋的作用。

进行构件设计时,为了保证构件不至因为承载力不足而破坏,应使外荷载在构件中产生的

轴向拉力 $N_t \leqslant N_{tu}$。

于是使用阶段基于承载力的设计公式为

$$N_t = N_{tu} = f_y A_s + f_{py} A_p \qquad (10\text{-}71)$$

2. 抗裂度验算

对混凝土中施加预应力的主要目的是提高混凝土的抗裂度,因此,抗裂度验算是预应力混凝土轴心受拉构件设计计算的主要内容之一。详见第 11 章的相关内容。

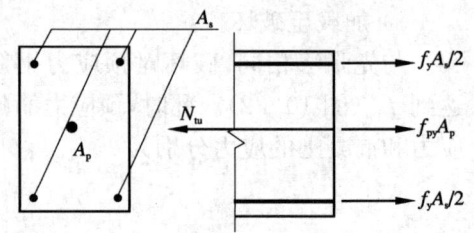

图 10-33　预应力构件轴心受拉使用阶段承载力计算图

10.8.2　轴心受拉构件施工阶段的验算

当放松预应力钢筋(先张法)或张拉预应力钢筋完毕(后张法)时,混凝土将受到最大的预压应力 σ_{cc},而这时混凝土强度通常仅达到设计强度的 75%,构件强度是否足够,应给予验算。包括两个方面:

1. 张拉(或放松)预应力筋时,构件的承载力验算

混凝土的预压应力应符合下列条件:

$$\sigma_{cc} \leqslant 0.8 f'_c \qquad (10\text{-}72)$$

式中　f'_c——放松预应力筋或张拉完毕时混凝土的轴心抗压强度;

σ_{cc}——放松预应力筋或张拉完毕时混凝土承受的预压应力。

先张法构件按第 Ⅰ 批损失出现后计算 σ_{cc},即

$$\sigma_{cc} = \frac{(\sigma_{con} - \sigma_{l1}) A_p}{A_0} \qquad (10\text{-}73a)$$

后张法构件按不考虑损失值计算 σ_{cc},即

$$\sigma_{cc} = \frac{\sigma_{con} A_p}{A_n} \qquad (10\text{-}73b)$$

2. 构件端部锚固区的局部受压验算

参照第 9 章中的相关公式进行验算,但应注意,$F_l = 1.2 \sigma_{con} A_p$。另外,当采用普通垫板时,应配置间接钢筋,其体积配筋率不应小于 0.5%,垫板的刚性扩散角可取为 45°。

10.8.3　预应力轴心受拉构件的设计步骤

(1) 确定截面尺寸、混凝土、预应力筋和非预应力筋的强度及弹性模量、放张时混凝土强度、预应力筋的张拉控制应力、施工方法(先张法、后张法)、外荷载引起的内力、结构重要性系数。

(2) 根据使用阶段承载力,计算确定 A_p 和 A_s。

(3) 计算预应力损失值 σ_l。

(4) 计算混凝土有效预压应力值 σ_{pcII}。

(5) 使用阶段抗裂度验算或裂缝宽度验算(详见第 11 章的相关内容)。如不满足要求,回到第(1)步调整初始参数,重新计算。

(6) 施工阶段的验算。对先张法应验算放松预应力筋时混凝土的强度;对后张法应验算

张拉预应力筋时混凝土的强度,还应进行构件端部的局部受压验算。如不满足应回到第(1)步,调整初始参数,重新计算。

【例 10-1】 对跨长 24 m 的预应力混凝土屋架下弦杆进行设计计算。设计条件如表 10-9 所示。

表 10-9　　　　　　　　　　例 10-1 中的设计条件

材料	混凝土	预应力筋	非预应力筋
品种和强度等级	C40	$\phi^P 5$	HRB335 级钢筋
下弦杆截面	250 mm×160 mm 孔道 2ϕ50		按构造要求配置 4 $\underline{\Phi}$ 12(A_s=452 mm²)
材料强度/(N·mm⁻²)	$f_c = 19.1$, $f_t = 1.71$, $f_{tk} = 2.39$	$f_{py} = 1110$, $f_{ptk} = 1570$	$f_y = 300$, $f_{yk} = 335$
弹性模量/(N·mm⁻²)	$E_c = 3.25 \times 10^4$	$E_p = 2.05 \times 10^5$	$E_s = 2 \times 10^5$
张拉工艺	后张法,一端张拉,采用镦头锚具,孔道为充压橡皮管抽芯成型,超张拉		
张拉控制应力	$\sigma_{con} = 1000$ N/mm² < $0.75 f_{ptk} = 0.75 \times 1570 = 1177.5$ N/mm²		
张拉时混凝土强度	$f'_{cu} = 40$ N/mm², $f'_c = 26.8$ N/mm²		
下弦杆内力	永久荷载标准值产生的轴向拉力标准值 $N_{tk} = 340$ kN,设计值 $N_t = 408$ kN 可变荷载标准值产生的轴向拉力标准值 $N_{tk} = 140$ kN,设计值 $N_t = 196$ kN 可变荷载的准永久值系数为 0(不上人屋面,准永久值系数 $\psi_q = 0$)		
*结构重要性系数	$\gamma_0 = 1.1$,一般要求不出现裂缝的构件		

注: 不同的规范,在应用式(10-71)时,考虑到安全度的要求,除强度参数和荷载值取设计值外,还要对公式进行必要的调整。以《混凝土结构设计规范》(GB 50010)为例,其基于承载力的设计公式前还应加一重要性系数 γ_0。于是,式(10-71)变为: $\gamma_0 N_t = N_{tu} = f_y A_s + f_{py} A_p$。

【解】 (1) 使用阶段承载力计算

由式(10-71)

$$A_p = \frac{\gamma_0 N_t - f_y A_s}{f_{py}} = \frac{1.1 \times (408\,000 + 196\,000) - 300 \times 452}{1\,110} = 476 \text{ mm}^2$$

选用 24ϕ^P5($A_p = 471$ mm²) 见图 10-34(c)。

(2) 计算预应力损失及混凝土中的有效预压应力

① 截面几何特征(图 10-34)

$$\alpha_E = \frac{E_s}{E_c} = \frac{2.0 \times 10^5}{3.25 \times 10^4} = 6.15, \quad \alpha_{Ep} = \frac{E_p}{E_c} = \frac{2.05 \times 10^5}{3.25 \times 10^4} = 6.31$$

$$A_n = A_c + \alpha_E A_s = 250 \times 160 - 2 \times \frac{3.14}{4} \times 50^2 - 452 + 6.15 \times 452 = 38\,401 \text{ mm}^2$$

$$A_0 = A_n + \alpha_{Ep} A_p = 38\,401 + 6.31 \times 471 = 41\,373 \text{ mm}^2$$

② 计算预应力损失

取张拉控制应力　　　　　　$\sigma_{con} = 1\,000$ N/mm²

锚具变形和预应力筋内缩损失 $a = 1$ mm(螺帽缝隙)+ 1 mm(一块垫板的缝隙),则

$$\sigma_{l1} = \frac{a}{l}E_p = \frac{2}{24\,000} \times 2.05 \times 10^5 = 17.1 \text{ N/mm}^2$$

孔道摩擦损失　按锚固端计算该项损失，故 $l = 24$ m，直线配筋 $\theta = 0°$，$\kappa x + \mu\theta = 0.001\,4 \times 24 + 0 = 0.033\,6 < 0.3$，故有

$$\sigma_{l2} = \sigma_{con}(\kappa x + \mu\theta) = 1\,000 \times (0.001\,4 \times 24 + 0) = 33.6 \text{ N/mm}^2$$

则第 I 批损失为

$$\sigma_{lI} = \sigma_{l1} + \sigma_{l2} = 17.1 + 33.6 = 50.7 \text{ N/mm}^2$$

预应力钢筋的松弛损失

$$\sigma_{l4} = 0.4\psi\left(\frac{\sigma_{con}}{f_{ptk}} - 0.5\right)\sigma_{con} = 0.4 \times 0.9 \times \left(\frac{1\,000}{1\,570} - 0.5\right) \times 1\,000 = 49.3 \text{ N/mm}^2$$

混凝土的收缩、徐变损失　完成第 I 批损失后截面上的混凝土预应力为

$$\sigma_{pcI} = \frac{(\sigma_{con} - \sigma_{lI})A_p}{A_n} = \frac{(1\,000 - 50.7) \times 471}{38\,401} = 11.64 \text{ N/mm}^2$$

$$\frac{\sigma_{pc}}{f'_{cu}} = \frac{11.64}{40} = 0.29 < 0.5$$

$$\rho = \frac{A_s + A_p}{A_n} = \frac{452 + 471}{38\,403} = 0.024$$

$$\sigma_{l5} = \frac{55 + 300\left(\dfrac{\sigma_{pc}}{f'_{cu}}\right)}{1 + 15\rho} = \frac{55 + 300 \times 0.29}{1 + 15 \times 0.024} = 104.4 \text{ N/mm}^2$$

则第 II 批损失为

$$\sigma_{lII} = \sigma_{l4} + \sigma_{l5} = 49.3 + 104.4 = 153.7 \text{ N/mm}^2$$

总损失则为

$$\sigma_l = \sigma_{lI} + \sigma_{lII} = 50.7 + 153.7 = 204.4 \text{ N/mm}^2 > 80 \text{ N/mm}^2$$

混凝土有效预应力：

$$\sigma_{pcII} = \frac{(\sigma_{con} - \sigma_l)A_p}{A_n} = \frac{(1\,000 - 204.4) \times 471}{38\,401} = 9.76 \text{ N/mm}^2$$

③ 验算抗裂度

详见第 11 章例题 11-2。

④ 施工阶段的验算

采用超张拉 5%，故最大张拉力为

$$N_p = 1.05\sigma_{con}A_p = 1.05 \times 1\,000 \times 471 = 494\,550 \text{ N}$$

截面上混凝土压应力为

$$\sigma_{cc}=\frac{N_p}{A_n}=\frac{494\,550}{38\,401}=12.88\text{ N/mm}^2<0.8f'_c=0.8\times26.8=21.44\text{ N/mm}^2$$

(3) 锚具下局部受压验算

镦头锚具的直径为 100 mm，锚具下垫板厚 20 mm，局部受压面积可按压力 F_l 从锚具边缘在垫板中按 45°扩散的面积计算，在计算局部受压计算底面积时，近似地按图 10-34(a) 两实线所围的矩形面积代替两个圆面积。

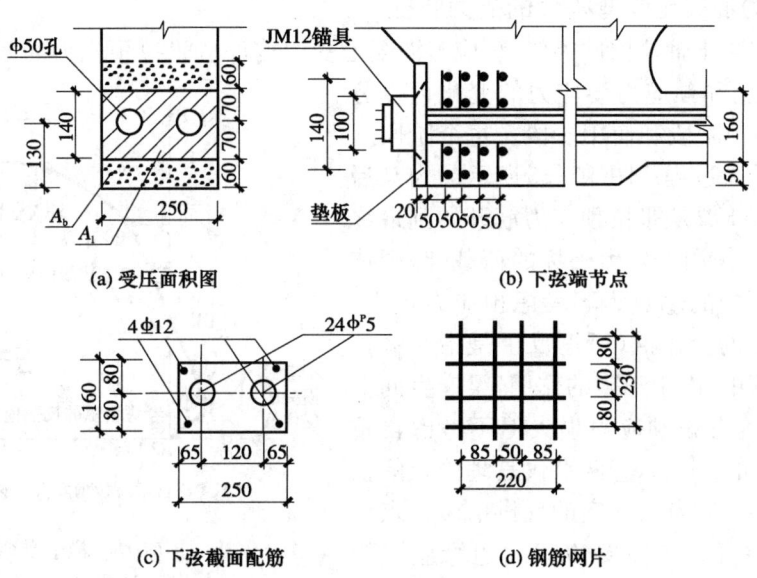

图 10-34 屋架下弦杆

锚具下局部受压面积

$$A_l=250\times(100+2\times20)=35\,000\text{ mm}^2$$

$$A_b=250\times(140+2\times60)=65\,000\text{ mm}^2$$

$$\beta_l=\sqrt{\frac{A_b}{A_l}}=\sqrt{\frac{65\,000}{35\,000}}=1.36$$

$$F_l=1.2\sigma_{con}A_p=1.2\times1\,000\times471=565\,200\text{ N}\approx565\text{ kN}$$

$$A_{ln}=35\,000-2\times\frac{\pi}{4}\times50^2=31\,075\text{ mm}^2$$

$$F_{lu}=0.9\beta_c\beta_lf_cA_{ln}=0.9\times1.0\times1.36\times19.1\times31\,075=726\,484\text{ N}\approx726\text{ kN}>F_l\approx565\text{ kN}$$

满足要求。

按构造要求，横向钢筋（间接钢筋）采用 4 片 ϕ6 方格焊接网片，间距 $s=50$ mm，网片尺寸如图 10-34(d) 所示

$$A_{cor}=220\times230=50\,600\text{ mm}^2<A_b=65\,000\text{ mm}^2$$

横向钢筋的体积配筋率为

$$\rho_v = \frac{n_1 A_{s1} l_1 + n_2 A_{s2} l_2}{A_{cor} s} = \frac{4 \times 28.3 \times 220 + 4 \times 28.3 \times 230}{50\,600 \times 50} = 2\% > 0.5\%$$

满足要求。

10.9 预应力混凝土受弯构件的受力分析

10.9.1 预应力混凝土受弯构件的受力特征

同预应力混凝土轴拉构件类似,预应力混凝土受弯构件从张拉预应力筋开始直到构件破坏,截面中混凝土和预应力筋应力的变化可以分为两个阶段:施工阶段和使用阶段。每个阶段又包括若干特征受力过程。图10-35所示的为某后张法预应力混凝土梁从张拉预应力筋开始到最终在两集中荷载 P 作用下发生破坏的荷载-跨中挠度变化曲线。图中的①点为不考虑预应力损失、不考虑自重影响的反拱值(所谓反拱是指在张拉预应力筋的过程中,由于弯矩的作用,梁产生向上的挠度)。②点为考虑预应力损失但不考虑自重影响的反拱值(实际上①,②两点仅是理论上的估算值,并不真实)。③点为真实的反拱值。④点对应梁的全截面受压。⑤点对应梁的边缘应力为零。⑥点为梁开裂点。⑧点对应梁的极限承载力。由图10-35可以看出,预应力混凝土梁的开

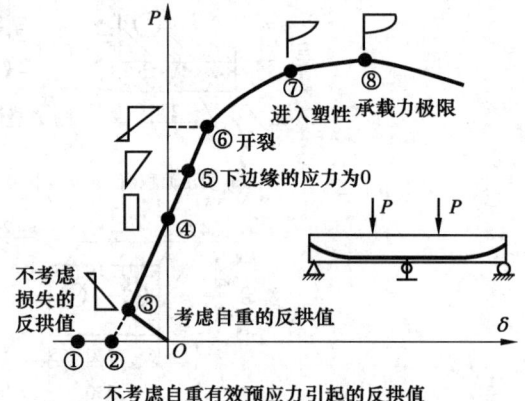

图 10-35 预应力混凝土受弯构件荷载-挠度 $(P\text{-}\delta)$ 曲线

裂弯矩接近梁的极限承载力;由于反拱的存在,梁的极限承载力对应的挠度明显减小。下面按照施工到使用的顺序对整个受力过程进行分析。为了叙述简便,以下受力分析均未引入非预应力筋,仅讨论有预应力筋的情况,并设受拉区预应力筋的截面积为 A_p,受压区预应力筋的截面积为 A'_p。

10.9.2 先张法预应力混凝土受弯构件的受力分析

1. 施工阶段的受力分析

1) 放松钢筋出现第Ⅰ批损失

预应力先施加在台座上,等混凝土达到一定强度(设计强度的75%以上)时再释放。释放的预加力为 $N_{pI} = (\sigma_{con} - \sigma_{lI})A_p + (\sigma'_{con} - \sigma'_{lI})A'_p$,加在一个换算截面上(由混凝土、预应力筋组成),此预应力使混凝土的应力(一般情况下)由零变为受压,而预应力筋的应力减小(有些书中称为预应力筋的弹性压缩损失 σ_{el}),形成一个内力平衡体系,如图10-36所示。此时,预应力筋合力和合力位置分别为

$$N_{pI} = (\sigma_{con} - \sigma_{lI})A_p + (\sigma'_{con} - \sigma'_{lI})A'_p \tag{10-74a}$$

$$e_{0I} = \frac{(\sigma_{con} - \sigma_{lI})A_p y_p - (\sigma'_{con} - \sigma'_{lI})A'_p y'_p}{N_{pI}} \tag{10-74b}$$

式中,y_p,y_p' 分别是拉区预应力筋合力点、压区预应力筋合力点到换算截面形心的距离。

预应力筋的合力 N_{pI} 作用于换算截面上。依据材料力学的基本概念,任一点处混凝土的应力为

$$\sigma_{pcI} = \frac{N_{pI}}{A_0} \pm \frac{N_{pI} e_{0I} y}{I_0} \tag{10-75}$$

式中　A_0,I_0——换算截面的截面积和惯性矩;

　　　y——所求混凝土应力处到换算截面形心的距离。

预应力筋的应力为

$$\sigma'_{peI} = \sigma'_{con} - \sigma'_{lI} - \alpha_{Ep} \sigma'_{pcI} \tag{10-76a}$$

$$\sigma_{peI} = \sigma_{con} - \sigma_{lI} - \alpha_{Ep} \sigma_{pcI} \tag{10-76b}$$

式中,σ_{pcII},σ'_{pcII} 分别为第 I 批预应力损失发生后,预压区、预拉区预应力筋合力点处混凝土的法向应力。

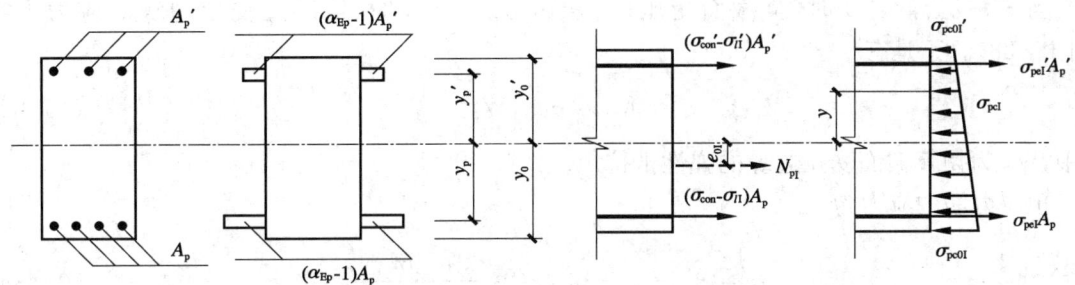

图 10-36　构件换算截面和完成第 I 批损失后受力示意图

2) 出现第 II 批损失

由于混凝土的收缩徐变及钢筋的应力松弛引起预应力筋产生预应力损失,使 N_{pI} 下降到 $N_{pII} = (\sigma_{con} - \sigma_l) A_p + (\sigma'_{con} - \sigma'_l) A'_p$,截面应力一直在自行调节平衡(图 10-37)。此时,钢筋合力和合力位置分别为

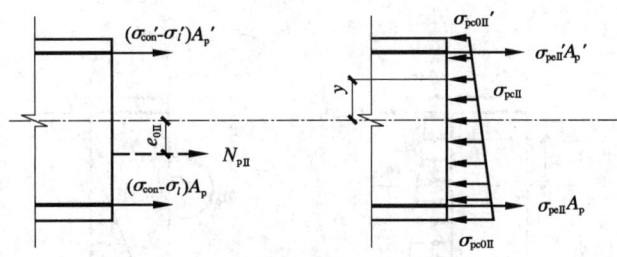

图 10-37　完成第 II 批损失后先张法受弯构件受力示意图

$$N_{pII} = (\sigma_{con} - \sigma_l) A_p + (\sigma'_{con} - \sigma'_l) A'_p \tag{10-77a}$$

$$e_{0II} = \frac{(\sigma_{con} - \sigma_l) A_p y_p - (\sigma'_{con} - \sigma'_l) A'_p y'_p}{N_{pII}} \tag{10-77b}$$

根据截面内力平衡条件,可得任一点处混凝土的应力为

$$\sigma_{pcII} = \frac{N_{pII}}{A_0} \pm \frac{N_{pII} e_{0II} y}{I_0} \tag{10-78}$$

预应力钢筋的应力为

$$\sigma'_{peII} = \sigma'_{con} - \sigma'_l - \alpha_{Ep} \sigma'_{pcII} \tag{10-79a}$$

$$\sigma_{peII} = \sigma_{con} - \sigma_l - \alpha_{Ep}\sigma_{pcII} \qquad (10\text{-}79b)$$

式中，σ_{pcII}，σ'_{pcII} 分别是第 II 批预应力损失发生后，预压区预应力筋合力点处混凝土的法向应力，预拉区预应力筋合力点处混凝土的法向应力。

2. 使用阶段的受力分析

1) 加载至受拉边缘混凝土应力为零时的截面弯矩 M_0

外荷载作用引起的截面外弯矩由换算截面承受。外荷载引起的混凝土截面应力为

$$\sigma_{cm} = \frac{My}{I_0} \qquad (10\text{-}80)$$

外荷载引起的预应力筋应力为

$$\sigma'_{pm} = \alpha_{Ep}\frac{My'_p}{I_0} \qquad (10\text{-}81a)$$

$$\sigma_{pm} = \alpha_{Ep}\frac{My_p}{I_0} \qquad (10\text{-}81b)$$

当 $\sigma_t - \sigma_{pc0II} < 0$ 时，全截面受压；当 $\sigma_t - \sigma_{pc0II} = 0$ 时，混凝土受拉边缘的应力为零（图 10-38）。于是有

$$M_0 = \sigma_{pc0II}W_0 \qquad (10\text{-}82)$$

式中，W_0 为换算截面受拉边缘的弹性抵抗矩。

预应力筋的应力为

$$\sigma'_p = \sigma'_{con} - \sigma'_l - \alpha_{Ep}\sigma'_{pcII} - \frac{\alpha_{Ep}M_0 y'_p}{I_0} \qquad (10\text{-}83a)$$

$$\sigma_p = \sigma_{con} - \sigma_l - \alpha_{Ep}\sigma_{pcII} + \frac{\alpha_{Ep}M_0 y_p}{I_0} \approx \sigma_{con} - \sigma_l \qquad (10\text{-}83b)$$

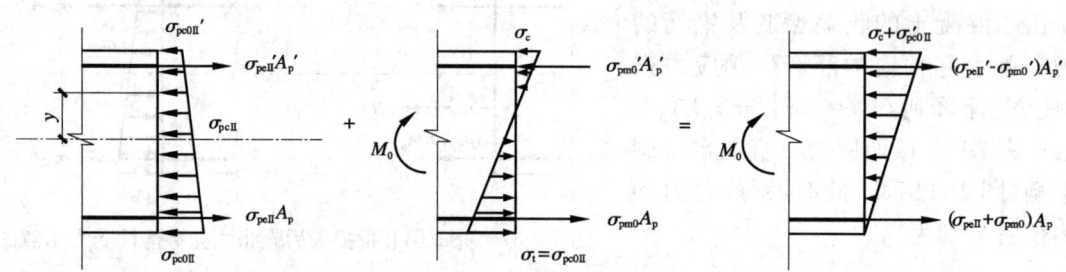

图 10-38 消压状态下先张法受弯构件受力示意图

2) 加载至受拉区裂缝即将出现时截面的弯矩 M_{cr}

当混凝土受拉区的拉应力达到混凝土抗拉强度 f_t，且最大拉应变达到混凝土的极限抗拉应变时，梁即开裂。设此时截面上受到的弯矩为 M_{cr}，在外荷载和预应力作用下，梁截面应力分布如图 10-39 所示。

根据图 10-39 的截面应力分布图，应用材料力学知识和式(5-16)可得：

$$M_{cr} = \sigma_t W_0 = (\sigma_{pc0II} + \gamma f_t)W_0 \qquad (10\text{-}84)$$

式中，γ 为受拉区混凝土的塑性影响系数。

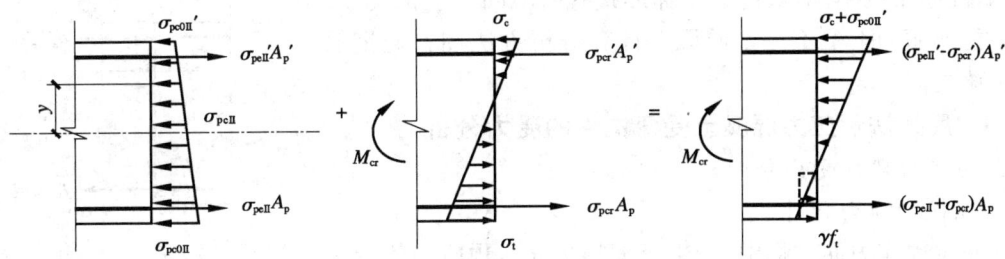

图 10-39 临近开裂状态下先张法受弯构件受力示意图

实际上,令式(5-16)和式(5-14)的右端相等,可求出 γ。但要求出 γ 的一般计算方法却非常复杂。

《混凝土结构设计规范》(GB 50010)参照水工结构行业规范的规定并校核后,给出了常用截面形状的 γ 值的计算方法如下:

$$\gamma = (0.7 + 120/h)\gamma_m \tag{10-85}$$

式中 γ_m——混凝土构件的截面抵抗矩塑性影响系数基本值,按表 10-10 取用。

h——截面高度(mm),当 $h < 400$ 时,取 $h = 400$;当 $h > 1\,600$ 时,取 $h = 1\,600$;对圆形、环形截面,取 $h = 2r$,此处,r 为圆形截面半径或环形截面的外环半径。

表 10-10 截面抵抗矩塑性影响系数基本值 γ_m

项次	①	②	③		④		⑤
截面形状	矩形截面	翼缘位于受压区的 T 形截面	对称 I 形截面或箱形截面		翼缘位于受拉区的倒 T 形截面		圆形和环形截面
			$b_f/b \leqslant 2$,h_f/h 为任意值	$b_f/b > 2$,$h_f/h < 0.2$	$b_f/b \leqslant 2$,h_f/h 为任意值	$b_f/b > 2$,$h_f/h < 0.2$	
γ_m	1.55	1.50	1.45	1.35	1.50	1.40	$1.6 - 0.24 r_1/r$

注:① 对 $b_f' > b_f$ 的 I 形截面,可按项次②与项次③之间的数值采用;对 $b_f' < b_f$ 的 I 形截面,可按项次③与项次④之间的数值采用。
② 对于箱形截面,b 系指各肋宽度的总和。
③ r_1 为环形截面的内环半径,对圆形截面,r_1 取值为零。

《公路钢筋混凝土及预应力混凝土桥涵设计规范》(JTG D62—2004)建议按式(10-86)计算 γ。

$$\gamma = \frac{2S_0}{W_0} \tag{10-86}$$

式中,S_0 为全截面换算截面重心轴以上(或以下)部分面积对重心轴的面积矩。

预应力筋的应力为

$$\sigma_p' = \sigma_{con}' - \sigma_l' - \alpha_{Ep}\sigma_{pcII}' - \alpha_{Ep}M_{cr}y_p'/I_0 \tag{10-87a}$$

$$\sigma_p = \sigma_{con} - \sigma_l - \alpha_{Ep}\sigma_{pcII} + \alpha_{Ep}M_0 y_p/I_0 + \alpha_{Ep}\gamma f_t \approx \sigma_{con} - \sigma_l + \alpha_{Ep}\gamma f_t \tag{10-87b}$$

3) 加载至截面破坏时的弯矩 M_u

临界破坏时梁截面的内力分布情况如图 10-40 所示。与其他普通钢筋混凝土受弯构件类似,随着配筋量的不同,最终的破坏形式有所不同。当 $x \leqslant x_b$ 时,A_p 能屈服,但 A_p' 不一定屈服。计算分析方法和普通钢筋混凝土梁类似。

10.9.3 后张法预应力混凝土受弯构件的受力分析

1. 施工阶段的受力分析

1) 张拉预应力筋时

在张拉预应力筋过程中,产生摩擦损失 σ_{l2},预应力筋的拉力 $(\sigma_{con}-\sigma_{l2})$ 和 $(\sigma_{con}'-\sigma_{l2}')$ 相当于作用在混凝土净截面的外荷载(图 10-41)。此时预应力筋合力和合力位置分别为

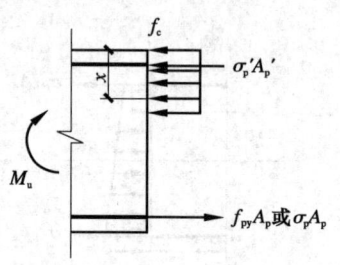

图 10-40 破坏状态下先张法受弯构件受力示意图

$$N_p = (\sigma_{con}-\sigma_{l2})A_p + (\sigma_{con}'-\sigma_{l2}')A_p' \tag{10-88a}$$

$$e_0 = \frac{(\sigma_{con}-\sigma_{l2})A_p y_p - (\sigma_{con}'-\sigma_{l2}')A_p' y_p'}{N_p} \tag{10-88b}$$

任一点处混凝土的应力为

$$\sigma_{pc} = \frac{N_p}{A_n} \pm \frac{N_p e_0 y}{I_n} \tag{10-89}$$

式中 A_n, I_n ——分别是净截面的截面积和惯性矩(扣除孔道后的截面积和惯性矩);

y_p, y_p' ——分别是拉区预应力筋合力点、压区预应力筋合力点到净截面形心距离。

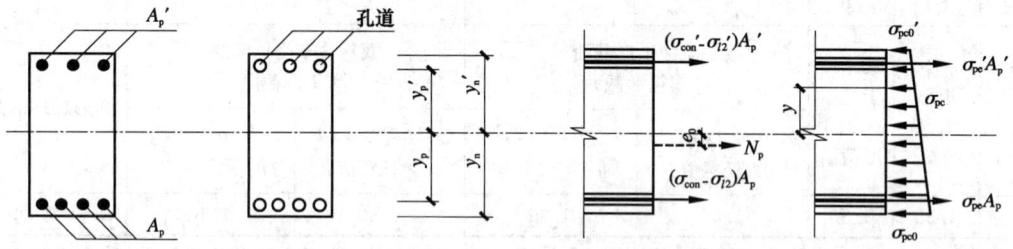

图 10-41 张拉钢筋时后张法受弯构件受力示意图

2) 完成第 I 批损失

预应力筋张拉完毕,用锚具在构件上锚住钢筋,锚具变形引起的应力损失为 σ_{l1}。此时,预应力筋合力和合力位置分别为(图 10-42)

$$N_{pI} = (\sigma_{con}-\sigma_{lI})A_p + (\sigma_{con}'-\sigma_{lI}')A_p' \tag{10-90a}$$

$$e_{0I} = \frac{(\sigma_{con}-\sigma_{lI})A_p y_p - (\sigma_{con}'-\sigma_{lI}')A_p' y_p'}{N_{pI}} \tag{10-90b}$$

根据截面内力平衡条件,得任一点处的混凝土应力为

$$\sigma_{pcI} = \frac{N_{pI}}{A_n} \pm \frac{N_{pI} e_{0I} y}{I_n} \tag{10-91}$$

式中,y 为所求混凝土应力作用处到净截面形心的距离。

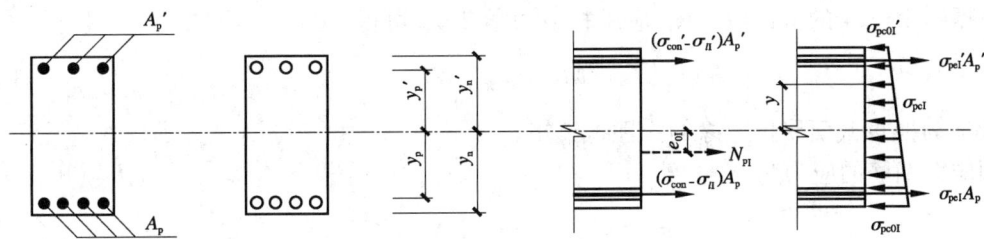

图 10-42　完成第Ⅰ批损失后张法受弯构件受力示意图

3) 完成第Ⅱ批损失

随着时间的增长,将发生由于预应力筋松弛、混凝土的收缩和徐变而引起的应力损失 σ_{l4} 及 σ_{l5}(以及 σ_{l6})。同时,一般有黏结预应力混凝土构件已灌浆,预应力筋和混凝土共同作用。此时,预应力筋合力和合力位置分别为(图 10-43):

$$N_{\mathrm{pII}} = (\sigma_{\mathrm{con}} - \sigma_l)A_{\mathrm{p}} + (\sigma'_{\mathrm{con}} - \sigma'_l)A'_{\mathrm{p}} \tag{10-92a}$$

$$e_{0\mathrm{II}} = \frac{(\sigma_{\mathrm{con}} - \sigma_l)A_{\mathrm{p}}y_{\mathrm{p}} - (\sigma'_{\mathrm{con}} - \sigma'_l)A'_{\mathrm{p}}y'_{\mathrm{p}}}{N_{\mathrm{pII}}} \tag{10-92b}$$

任一点处混凝土的应力为

$$\sigma_{\mathrm{pcII}} = \frac{N_{\mathrm{pII}}}{A'_{\mathrm{n}}} \pm \frac{N_{\mathrm{pII}} e_{0\mathrm{II}} y}{I'_{\mathrm{n}}} \tag{10-93}$$

式中,A'_{n},I'_{n} 分别是扣除预应力筋截面积后净截面的截面积和惯性矩。

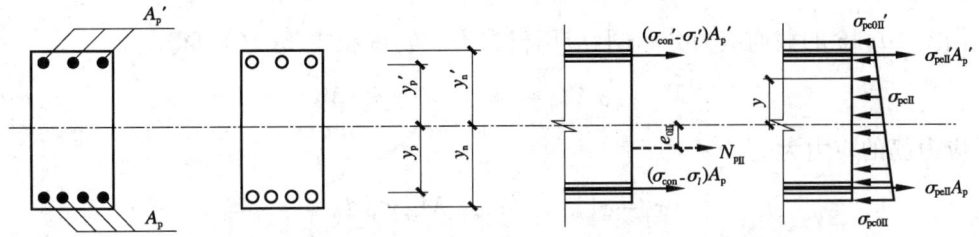

图 10-43　完成第二批损失后构件受力示意图

2. 使用阶段的受力分析

1) 加载至受拉边缘混凝土应力为零时的截面外弯矩 M_0

在外荷载和预应力平衡内力作用下,构件受拉边缘混凝土应力为零,截面应力分布如图 10-44 所示。

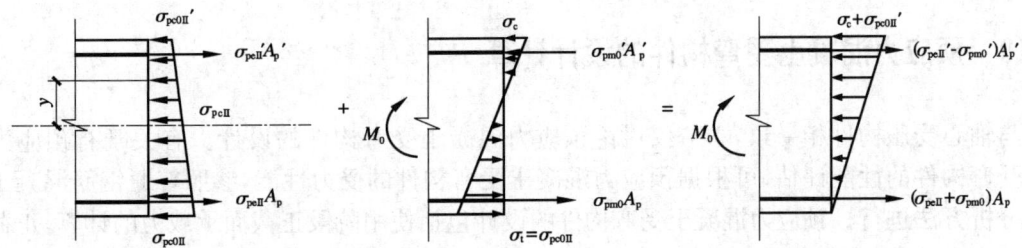

图 10-44　消压状态下后张法受弯构件受力示意图

根据图 10-44 的截面应力图,应用材料力学知识,可得

$$M_0 = \sigma_{pc0\mathrm{II}} W_0 \tag{10-94}$$

式中,W_0 为换算截面受拉边缘的弹性抵抗矩。

预应力钢筋的应力为

$$\sigma'_p = \sigma'_{con} - \sigma'_l - \alpha_{Ep} M_0 y'_p / I_0 \tag{10-95a}$$

$$\sigma_p = \sigma_{con} - \sigma_l + \alpha_{Ep} M_0 y_p / I_0 \approx \sigma_{con} - \sigma_l + \alpha_{Ep} \sigma_{pc\mathrm{II}} \tag{10-95b}$$

式中,$\sigma_{pc\mathrm{II}}$ 为第 II 批预应力损失发生后,预压区预应力筋合力点处混凝土的法向应力。

2) 加载至受拉区裂缝即将出现时截面的外弯矩 M_{cr}

混凝土受拉区的拉应力达到混凝土抗拉强度 f_t,且最大拉应变达到混凝土的极限抗拉应变时,梁即开裂。设此时截面上受到的外弯矩为 M_{cr},在外荷载和预应力作用下,梁截面应力分布如图 10-45 所示。

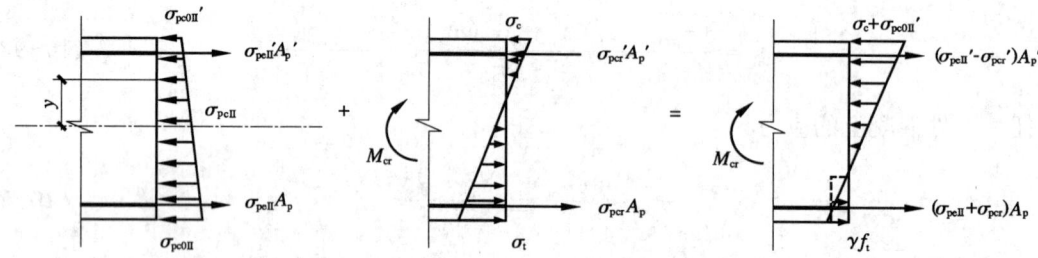

图 10-45 即将开裂状态下后张法受弯构件受力示意图

根据图 10-45 的截面应力分布图,应用材料力学知识和式(5-16)可得

$$M_{cr} = \sigma_t W_0 = (\sigma_{pc0\mathrm{II}} + \gamma f_t) W_0 \tag{10-96}$$

预应力筋的应力为

$$\sigma'_p = \sigma'_{con} - \sigma'_l - \alpha_{Ep} M_{cr} y'_p / I_0 \tag{10-97a}$$

$$\sigma_p = \sigma_{con} - \sigma_l + \alpha_{Ep} M_0 y_p / I_0 + \alpha_{Ep} \gamma f_t \tag{10-97b}$$
$$\approx \sigma_{con} - \sigma_l + \alpha_{Ep} \sigma_{pc\mathrm{II}} + \alpha_{Ep} \gamma f_t$$

3) 加载至截面破坏时的弯矩 M_u

和先张法预应力混凝土受弯构件相同。不再叙述。

另需注意对后张法预应力混凝土受弯构件,当采用分批张拉预应力筋时,需考虑混凝土回缩引起的损失。

10.10 预应力混凝土受弯构件的设计计算

与轴心受压构件相一致,本节仅讨论预应力混凝土受弯构件的设计。有关既有预应力混凝土受弯构件的性能评估,可根据预应力混凝土受弯构件的受力性能,参照普通钢筋混凝土结构的分析方法进行。预应力混凝土受弯构件的设计包括使用阶段正截面承载力的计算,正截面抗裂度验算,斜截面受剪承载力计算,斜截面抗裂度验算及施工阶段验算等内容。下面分述之。

10.10.1 预应力混凝土受弯构件使用阶段正截面承载力计算

1. 界限破坏时截面相对受压区高度 ξ_b 的计算

对于预应力混凝土受弯构件,当受拉区预应力钢筋合力点处混凝土预压应力为零时,预应力筋中的应力为 σ_{p0}(先张法 $\sigma_{p0}=\sigma_{con}-\sigma_l$,后张法 $\sigma_{p0}=\sigma_{con}-\sigma_l+\alpha_{Ep}\sigma_{pcII}$),相应的受拉区预应力筋的预拉应变为 $\varepsilon_{p0}=\dfrac{\sigma_{p0}}{E_p}$。对于有明显屈服点的预应力筋,界限破坏时,预应力筋达到屈服强度 f_{py},因而截面上受拉区预应力筋的应力增量为 $f_{py}-\sigma_{p0}$,相应的应变增量为 $(f_{py}-\sigma_{p0})/E_p$。相同于普通钢筋混凝土受弯构件相对界限受压区高度 ξ_b 的定义,当截面上的受拉钢筋达到屈服强度的同时受压边缘混凝土达到抗压极限应变 ε_{cu} 为界限受弯破坏。根据平截面假定、等效矩形应力图形受压区高度 x 与平截面假定的中和轴高度 x_n 的比值 β_1,相对界限受压区高度 ξ_b 可按图 10-46 所示几何关系确定,如式(10-98)所示。

$$\xi_b=\frac{\beta_1}{1.0+\dfrac{f_{py}-\sigma_{p0}}{E_p\varepsilon_{cu}}} \tag{10-98}$$

式中,σ_{p0} 为受拉区纵向预应力钢筋合力点处,混凝土法向应力等于零时预应力钢筋中的应力。

对无屈服点的预应力钢筋,根据条件屈服点的定义,钢筋到达条件屈服点时的拉应变为(图 10-47)

$$\varepsilon_{py}=0.002+\frac{f_{py}}{E_p} \tag{10-99}$$

于是,

$$\xi_b=\frac{\beta_1}{1+\dfrac{\varepsilon_{py}-\dfrac{\sigma_{p0}}{E_p}}{\varepsilon_{cu}}}=\frac{\beta_1}{1+\dfrac{0.002}{\varepsilon_{cu}}+\dfrac{f_{py}-\sigma_{p0}}{E_p\varepsilon_{cu}}} \tag{10-100}$$

如果在受弯构件的截面受拉区内配置不同钢筋种类或不同的预应力值,其相对界限受压区高度应分别计算,并取其较小值。

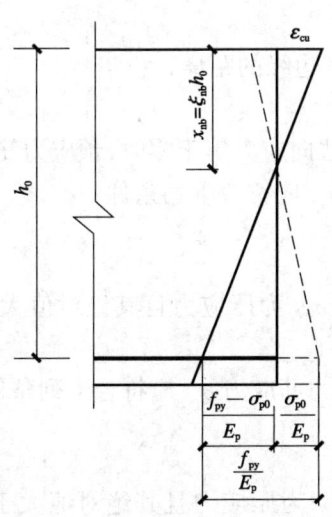

图 10-46 相对受压区高度

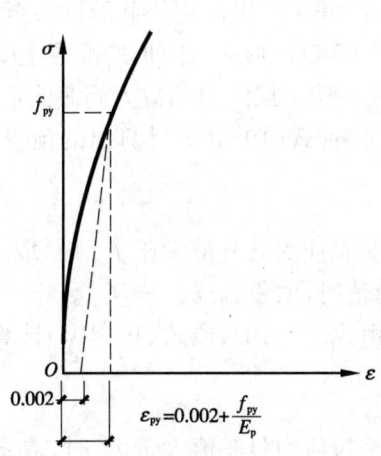

图 10-47 钢筋条件屈服的拉应变

2. 任意位置处预应力筋及非预应力筋的应力

在预应力混凝土构件正截面承载力计算中，常需计算在外荷载作用下受压区预应力筋及非预应力筋的应力，有时，还需求出截面任意位置处的预应力筋应力 σ_{pi} 以及非预应力筋的应力 σ_{si} 的值。

设预应力筋的预拉应力为 σ_{p0i}，根据平截面假定，对于距混凝土受压边缘为 h_{0i} 的预应力筋的应力为 σ_{pi}，由图 10-48 可得出

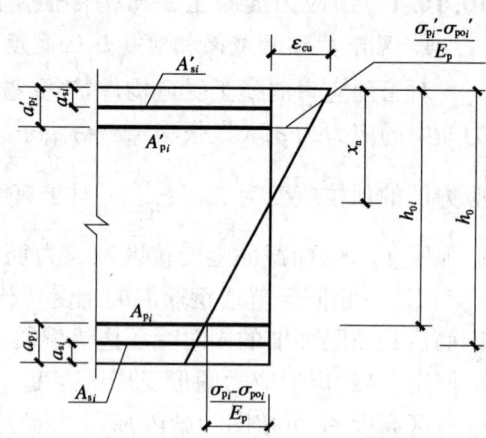

图 10-48 预应力混凝土受弯构件正截面应变分布

$$\frac{\varepsilon_{cu}+\dfrac{\sigma_{pi}-\sigma_{p0i}}{E_p}}{h_{0i}}=\frac{\varepsilon_{cu}}{x_n} \qquad (10\text{-}101)$$

以 $x=\beta_1 x_n$ 代入式(10-101)得

$$\sigma_{pi}=\varepsilon_{cu}E_p\left(\frac{\beta_1 h_{0i}}{x}-1\right)+\sigma_{p0i} \qquad (10\text{-}102)$$

如配置了非预应力筋，则其应力为

$$\sigma_{si}=\varepsilon_{cu}E_s\left(\frac{\beta_1 h_{0i}}{x}-1\right) \qquad (10\text{-}103)$$

也可采用近似计算方法

$$\sigma_{si}=\frac{f_y}{\xi_b-\beta_1}\left(\frac{x}{h_{0i}}-\beta_1\right) \qquad (10\text{-}104)$$

$$\sigma_{pi}=\frac{f_{py}-\sigma_{p0i}}{\xi_b-\beta_1}\left(\frac{x}{h_{0i}}-\beta_1\right)+\sigma_{p0i} \qquad (10\text{-}105)$$

式中 σ_{pi}，σ_{si}——第 i 层纵向预应力筋、非预应力筋的应力。正值代表拉应力，负值代表压应力；

h_{0i}——第 i 层纵向钢筋截面重心至混凝土受压区边缘的距离；

x——等效矩形应力图形的混凝土受压区高度；

σ_{p0i}——第 i 层纵向预应力筋截面重心处混凝土法向应力等于零时，预应力筋的应力。

由式(10-102)或式(10-105)计算出的预应力筋的应力 σ_{pi} 应符合下列条件：

$$\sigma_{p0i}-f'_{py}\leqslant\sigma_{pi}\leqslant f_{py} \qquad (10\text{-}106)$$

当 σ_{pi} 为拉应力且其值大于 f_{py} 时，取 $\sigma_{pi}=f_{py}$；当 σ_{pi} 为压应力且其绝对值大于 $(\sigma_{p0i}-f'_{py})$ 的绝对值时，取 $\sigma_{pi}=\sigma_{p0i}-f'_{py}$。

同理，由式(10-103)或式(10-104)计算出的非预应力筋应力 σ_{si} 应符合下列条件：

$$-f'_y\leqslant\sigma_{si}\leqslant f_y \qquad (10\text{-}107)$$

当 σ_{si} 为拉应力且其值大于 f_y 时，取 $\sigma_{si}=f_y$；当 σ_{si} 为压应力且其绝对值大于 f'_y 时，取 $\sigma_{si}=f'_y$。

3. 正截面受弯承载力的基本设计计算公式

一般情况下,预应力受弯构件在荷载作用下发生破坏时,预应力筋先达到屈服,然后受压区混凝土达到抗压强度而破坏。如果在截面上还有非预应力筋 A_s 和 A'_s,破坏时其应力均能达到屈服强度。而受压区预应力筋 A'_p 在施工阶段是受拉,进入使用阶段后随着外荷载的增加,其拉应力逐渐减小,在破坏时 A'_p 的应力可能仍为拉应力,也可能变为压应力,但其应力值 σ'_p 达不到抗压强度 f'_{py}。和第 5 章中双筋矩形截面梁类似,若 x_n 足够大,截面破坏时,A'_p 的应力能达到最小值。于是由式(10-106)可知,$\sigma'_p = \sigma'_{p0} - f'_{py}$。对先张法,$\sigma'_{p0} = \sigma'_{con} - \sigma'_l$;对后张法,$\sigma'_{p0} = \sigma'_{con} - \sigma'_l + \alpha_{Ep}\sigma'_{pcl\mathrm{II}}$。

矩形截面或翼缘位于受拉边的 T 形截面受弯构件(图 10-49),其正截面受弯承载力设计计算的基本公式为

$$\sum X = 0 \qquad \alpha_1 f_c b x = f_y A_s - f'_y A'_s + f_{py} A_p + \sigma'_p A'_p \qquad (10\text{-}108)$$

$$\sum M = 0 \quad M \leqslant M_u = \alpha_1 f_c b x \left(h_0 - \frac{x}{2}\right) + f'_y A'_s (h_0 - a'_s) - \sigma'_p A'_p (h_0 - a'_p) \qquad (10\text{-}109)$$

混凝土受压区高度应符合下列条件:

$$x \leqslant \xi_b h_0 \qquad (10\text{-}110)$$

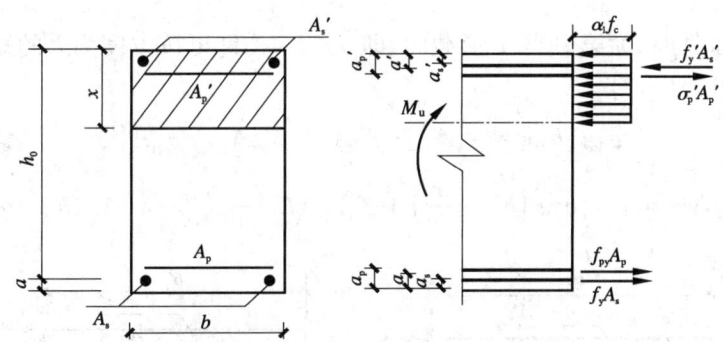

图 10-49 矩形截面预应力混凝土受弯构件正截面承载力计算

$$x \geqslant 2a' \qquad (10\text{-}111)$$

式中 M——作用在截面上的弯矩值;

a'——纵向受压钢筋合力点至受压区边缘的距离,当受压区未配置纵向预应力筋或受压区纵向预应力筋的应力 σ'_p 为拉应力时,则式(10-111)中的 a' 用 a'_s 代替;

a'_s, a'_p——受压区纵向非预应力筋合力点、受压区纵向预应力筋合力点至受压区边缘的距离;

σ'_p——受压区纵向预应力筋的应力,按 $\sigma'_p = \sigma'_{p0} - f'_{py}$ 确定。

当 $x < 2a'$ 时,则正截面受弯承载力可按下列公式计算:

当 σ'_p 为压应力时,取 $x = 2a'$ [图 10-50(a)]

$$M \leqslant M_u = f_{py} A_p (h - a_p - a') + f_y A_s (h - a_s - a') \qquad (10\text{-}112)$$

当 σ'_p 为拉应力时,取 $x = 2a'_s$ [图 10-50(b)]

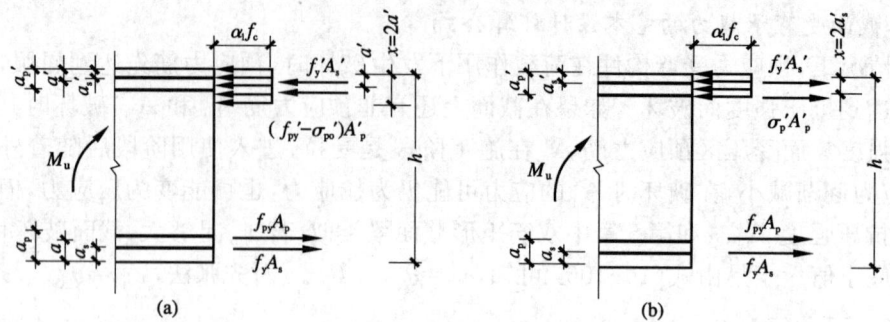

图 10-50 矩形截面预应力混凝土受弯构件正截面当 $x<2a'$ 时的计算简图

$$M \leqslant M_u = f_{py}A_p(h-a_p-a_s') + f_yA_s(h-a_s-a_s') + \sigma_p'A_p'(a_p'-a_s') \quad (10\text{-}113)$$

式中，a_s，a_p 分别为受拉区纵向非预应力筋及受拉区纵向预应力筋至受拉边缘的距离。

翼缘位于受压区的 T 形截面以及 I 形截面受弯构件，正截面受弯承载力计算同普通钢筋混凝土受弯构件一样，先按下列条件判别属于哪一类 T 形截面（图 10-51）：

$$f_yA_s + f_{py}A_p \leqslant \alpha_1 f_c b_f' h_f' + f_y'A_s' - \sigma_p'A_p' \quad (10\text{-}114)$$

或

$$M \leqslant M_u = \alpha_1 f_c b_f' h_f' \left(h_0 - \frac{h_f'}{2}\right) + f_y'A_s'(h_0-a_s') - \sigma_p'A_p'(h_0-a_p') \quad (10\text{-}115)$$

当符合上述条件时，为第一类 T 形截面，即 $x \leqslant h_f'$，构件可按宽度为 b_f' 的矩形截面计算，其计算公式为[图 10-51(a)]

$$\alpha_1 f_c b_f' x = f_yA_s - f_y'A_s' + f_{py}A_p + \sigma_p'A_p' \quad (10\text{-}116)$$

$$M \leqslant M_u = \alpha_1 f_c b_f' x \left(h_0 - \frac{x}{2}\right) + f_y'A_s'(h_0-a_s') - \sigma_p'A_p'(h_0-a_p') \quad (10\text{-}117)$$

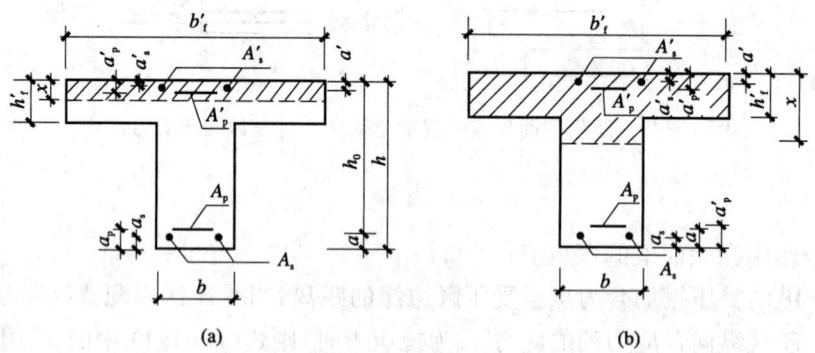

图 10-51 T 形截面受弯构件受压区高度位置

当不符合上述条件时，说明中和轴通过肋部，即 $x > h_f'$，为第二类 T 形截面，其计算公式为[图 10-51(b)]

$$\alpha_1 f_c [bx + (b_f'-b)h_f'] = f_yA_s - f_y'A_s' + f_{py}A_p + \sigma_p'A_p' \quad (10\text{-}118)$$

$$M \leqslant M_u = \alpha_1 f_c bx \left(h_0-\frac{x}{2}\right) + \alpha_1 f_c (b_f'-b)\left(h_0-\frac{h_f'}{2}\right)h_f' + f_y'A_s'(h_0-a_s')$$
$$- \sigma_p'A_p'(h_0-a_p') \quad (10\text{-}119)$$

式中 h'_f——T形截面受压区翼缘高度;

b'_f——T形截面受压区翼缘计算宽度,同普通混凝土受弯构件的取值。

与矩形截面预应力混凝土构件一样,混凝土受压区高度应符合下列适用条件:

$$x \leqslant \xi_b h_0 \quad (10\text{-}120)$$

$$x \geqslant 2a' \quad (10\text{-}121)$$

在矩形和T形截面构件的平衡方程中,由于 σ'_p 可能是正,也可能是负,故 A'_p 对承载力的影响可能为提高构件承载力,也可能为减少构件承载力,所以,从承载力的角度看,只要满足施工阶段抗裂度或裂缝开展的要求,尽量少在使用时的受压区设置预应力筋。

除上述设计计算公式略有差别外,预应力混凝土受弯构件正截面承载力的设计计算方法和普通钢筋混凝土受弯构件基本相同。

10.10.2 预应力混凝土受弯构件使用阶段正截面抗裂度验算

参见第11章的相关内容。

10.10.3 预应力混凝土受弯构件使用阶段斜截面受剪承载力计算

预应力混凝土梁比相应的非预应力混凝土梁具有较高的受剪能力,主要在于预应力的作用阻滞了斜裂缝的出现和发展,增加了混凝土剪压区高度,从而提高混凝土剪压区所承担的剪力。

根据试验分析,预应力混凝土梁比非预应力混凝土梁受剪能力的提高程度主要与预应力的大小有关,其次是预应力合力作用点的位置。此外,试验还表明,预应力对提高梁的受剪承载力的作用也不是无限的(图10-52,图中 V_u 为预应力梁受剪承载力试验值)。当换算截面重心处的混凝土预压应力 σ_{pc0} 与混凝土抗压强度 f_c 之比值超过0.3~0.4后,预应力的有利作用就有下降趋势。所以,在设计中应用预应力对受剪承载力的有利作用时,要考虑预应力的上限问题。《混凝土结构设计规范》(GB 50010)将这个上限定为 $\sigma_{pc0}/f_c \leqslant 0.3$,即当计算截面上混凝土法向预应力被抵消到零时的预应力筋和非预应力筋的合力 $N_{p0} > 0.3 f_c A_0$ 时,取 $N_{p0} = 0.3 f_c A_0$。

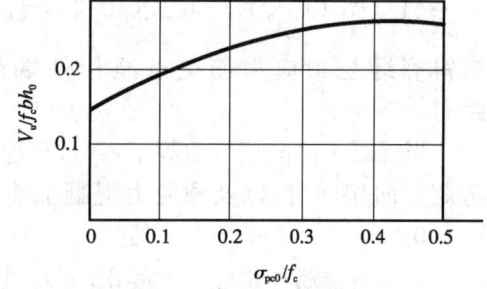

图10-52 预应力对梁抗剪承载力的影响

截面中配有非预应力钢筋时,N_{p0} 分别按式(10-122)和式(10-123)计算,式中的非预应力筋项主要是考虑非预应力筋对混凝土徐变的抑制作用。

先张法:

$$N_{p0} = (\sigma_{con} - \sigma_l) A_p + (\sigma'_{con} - \sigma'_l) A'_p - \sigma_{l5} A_s - \sigma'_{l5} A'_s \quad (10\text{-}122)$$

后张法:

$$N_{p0} = (\sigma_{con} - \sigma_l + \alpha_{Ep} \sigma_{pcII}) A_p + (\sigma'_{con} - \sigma'_l + \alpha_{Ep} \sigma'_{pcII}) A'_p - \sigma_{l5} A_s - \sigma'_{l5} A'_s$$

$$(10\text{-}123)$$

预应力混凝土梁受剪承载力的计算方法,可在钢筋混凝土梁计算公式的基础上加上一项施加预应力所提高的构件受剪承载力设计值 V_p,根据矩形截面有箍筋预应力混凝土梁的试验

结果,V_p 的计算公式为

$$V_p = 0.05N_{p0} \tag{10-124}$$

所以,对矩形、T 形、I 形截面的受弯构件,当仅配有箍筋时,其斜截面的受剪承载力设计计算公式为

$$V \leqslant V_u = V_{cs} + V_p = 0.7f_t bh_0 + f_{yv}\frac{A_{sv}}{s}h_0 + 0.05N_{p0} \tag{10-125}$$

式中 A_{sv}——配置在同一截面内箍筋各肢的全部截面面积,$A_{sv} = nA_{sv1}$(其中,n 为在同一个截面内的箍筋肢数,A_{sv1} 为单肢箍筋的截面面积);

f_{yv}——箍筋抗拉强度。

对于先张法预应力混凝土构件,如果斜截面受拉区始端在预应力传递长度 l_{tr} 范围内,应考虑预应力钢筋在其预应力传递长度范围内实际应力值的变化,预应力钢筋的实际应力可认为按线性规律增大,在杆件端部为零,在其预应力传递长度的末端取有效预应力值 σ_{pe}。以只有一根预应力筋的构件为例,斜截面的计算时预应力筋的合力 $N_{p0} = \sigma_{pe}\frac{l_0}{l_{tr}}A_p$(图 10-53),$l_{tr}$ 按式(10-47)计算,l_0 为斜裂缝与预应力筋交点至构件端部的距离。

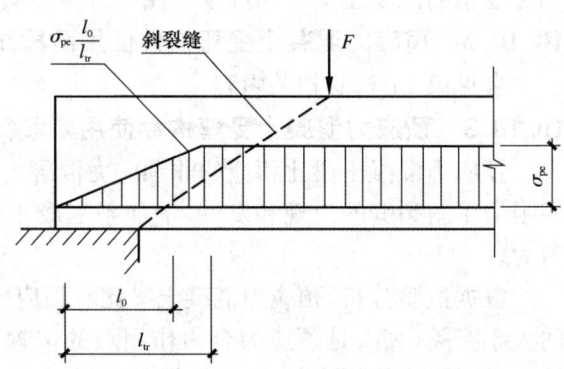

图 10-53 预应力钢筋在预应力传递长度范围内有效预应力值的变化

当混凝土法向预应力等于零时,预应力筋及非预应力筋的合力 N_{p0} 引起的截面弯矩与外弯矩方向相同时,以及预应力混凝土连续梁和允许出现裂缝的预应力混凝土简支梁,均取 $V_p = 0$

当配有箍筋和预应力弯起钢筋时,其斜截面受剪承载力按下列公式计算:

$$V \leqslant V_u = V_{cs} + V_p + 0.8f_y A_{sb}\sin\alpha_s + 0.8f_{py}A_{pb}\sin\alpha_p \tag{10-126}$$

式中 A_{sb}, A_{pb}——同一弯起平面内非预应力弯起筋,预应力弯起筋的截面面积;

α_s, α_p——斜截面上非预应力弯起筋,预应力弯起筋的切线和构件纵向轴线的夹角。

对集中荷载作用下的独立梁(包括作用有多种荷载,且其中集中荷载对支座截面所产生的剪力值占总剪力值 75% 以上的情况),则 V_{cs} 应改为

$$V_{cs} = \frac{1.75}{\lambda + 1.0}f_t bh_0 + f_{yv}\frac{A_{sv}}{s}h_0 \tag{10-127}$$

式中,λ 为剪跨比。

为防止斜压破坏,截面尺寸应符合

$$当 \frac{h_w}{b} \leqslant 4.0 \text{ 时} \quad V \leqslant 0.25\beta_c f_c bh_0 \tag{10-128}$$

$$当 \frac{h_w}{b} \geqslant 6.0 \text{ 时} \quad V \leqslant 0.2\beta_c f_c bh_0 \tag{10-129}$$

当 $4.0 \leqslant \dfrac{h_w}{b} \leqslant 6.0$ 时,按直线内插法取用。

矩形、T 形和 I 形截面的预应力混凝土一般受弯构件,当符合下列要求时

$$V \leqslant 0.7 f_t b h_0 + 0.05 N_{p0} \tag{10-130}$$

或集中荷载下的独立梁,符合下列要求时

$$V \leqslant \dfrac{1.75}{\lambda + 1.0} f_t b h_0 + 0.05 N_{p0} \tag{10-131}$$

则不需要进行斜截面受剪承载力计算,仅需按构造配置箍筋。

上述斜截面受剪承载力计算公式的适用范围、计算位置以及计算分析步骤与钢筋混凝土受弯构件相同。

10.10.4 预应力混凝土受弯构件使用阶段斜截面抗裂度验算

参见第 11 章的相关内容。

10.10.5 预应力混凝土受弯构件使用阶段的变形验算

参见第 11 章的相关内容。

10.10.6 预应力混凝土受弯构件施工阶段的验算

当放松预应力筋(先张法)或张拉预应力筋完毕(后张法)时,混凝土将受到最大的预压应力,而这时混凝土强度通常仅达到设计强度的 75%;后张法中锚具处有局部受压问题;构件在吊装运输过程中会受到动力作用。所有这些环节都应保证构件安全,应予验算。下面分述之。

1. 放松(或张拉并锚固)预应力筋阶段

(1) 预应力受弯构件在制作中截面受偏心压力,在放松(或张拉并锚固)预应力筋阶段,不允许出现裂缝的构件,截面边缘的混凝土法向应力应满足下列条件:

$$\sigma_{cc} \leqslant 0.8 f'_c \tag{10-132a}$$

$$\sigma_{ct} \leqslant f'_t \tag{10-132b}$$

在先张法中,有

$$\sigma_{cc} = \sigma_{pc0\,\mathrm{I}} + \dfrac{N}{A_0} + \dfrac{M}{W_0} = \dfrac{N_{p\mathrm{I}}}{A_0} + \dfrac{N_{p\mathrm{I}} e_{0\mathrm{I}}}{I_0} y_0 + \dfrac{N}{A_0} + \dfrac{M}{W_0} \tag{10-133a}$$

$$\sigma_{ct} = \left| \sigma'_{pc0\,\mathrm{I}} + \dfrac{N}{A_0} - \dfrac{M}{W_0} \right| = \left| \dfrac{N_{p\mathrm{I}}}{A_0} - \dfrac{N_{p\mathrm{I}} e_{0\mathrm{I}}}{I_0} y'_0 + \dfrac{N}{A_0} - \dfrac{M}{W_0} \right| \tag{10-133b}$$

在后张法中,有

$$\sigma_{cc} = \sigma_{pc0\,\mathrm{I}} + \dfrac{N}{A_n} + \dfrac{M}{W_n} = \dfrac{N_{p\mathrm{I}}}{A_n} + \dfrac{N_{p\mathrm{I}} e_{0\mathrm{I}}}{I_n} y_n + \dfrac{N}{A_n} + \dfrac{M}{W_n} \tag{10-134a}$$

$$\sigma_{ct} = \left| \sigma'_{pc0\,\mathrm{I}} + \dfrac{N}{A_n} - \dfrac{M}{W_n} \right| = \left| \dfrac{N_{p\mathrm{I}}}{A_n} - \dfrac{N_{p\mathrm{I}} e_{0\mathrm{I}}}{I_n} y'_n + \dfrac{N}{A_n} - \dfrac{M}{W_n} \right| \tag{10-134b}$$

式中　f'_c, f'_t——放松(或张拉并锚固)预应力筋时对应的混凝土轴心抗压和抗拉强度;
　　　N, M——构件自重及施工荷载在计算截面上产生的轴向力和弯矩,N 在压力时取正值,拉力时取负值;

W_0、W_n——验算边缘的换算截面和净面积的弹性抵抗矩。

(2) 在放松(或张拉并锚固)预应力筋阶段,预拉区允许开裂,且无 A_p' 的构件,当有可靠工程经验时,截面边缘的混凝土法向应力应满足:

$$\sigma_{pc0\text{I}} \leqslant 0.8 f_c' \tag{10-135a}$$

$$\sigma_{pc0\text{I}}' \leqslant 2.0 f_t' \tag{10-135b}$$

2. 后张法锚具处的局部受压计算

预应力受弯构件后张法锚具处的局部受压计算,同轴心受拉构件,此处不再陈述。

3. 吊装或运输阶段

预应力受弯构件在运输安装时,因自重引起的负弯矩,会使预拉区(截面上边缘)混凝土开裂,降低构件刚度,影响使用阶段抗裂度,故必须对制造阶段进行验算。

(1) 吊装或运输阶段不允许出现裂缝的构件,截面边缘的混凝土法向应力应满足下列条件:

$$\sigma_{cc} \leqslant 0.8 f_c' \tag{10-136a}$$

$$\sigma_{ct} \leqslant f_t' \tag{10-136b}$$

在先张法中,有

$$\sigma_{cc} = \frac{N_{p\text{I}}}{A_0} + \frac{N_{p\text{I}} e_{0\text{I}}}{I_0} y_0 + \frac{1.5 M_q}{I_0} y_0 \tag{10-137a}$$

$$\sigma_{ct} = \left| \frac{N_{p\text{I}}}{A_0} - \frac{N_{p\text{I}} e_{0\text{I}}}{I_0} y_0' - \frac{1.5 M_q}{I_0} y_0' \right| \tag{10-137b}$$

在后张法中,有

$$\sigma_{cc} = \frac{N_{p\text{I}}}{A_n} + \frac{N_{p\text{I}} e_{0\text{I}}}{I_n} y_n + \frac{1.5 M_q}{I_0(I_n)} y_0(y_n) \tag{10-138a}$$

$$\sigma_{ct} = \left| \frac{N_{p\text{I}}}{A_n} - \frac{N_{p\text{I}} e_{0\text{I}}}{I_n} y_n' - \frac{1.5 M_q}{I_0(I_n)} y_0'(y_n') \right| \tag{10-138b}$$

式中　1.5——动力系数;

M_q——自重引起计算截面的弯矩。

注意:对后张法若吊装或运输时尚未灌浆,则式(10-138)中的后一项应采用 I_n、y_n 和 y_n',否则用 I_0、y_0 和 y_0'。

(2) 吊装或运输阶段允许出现裂缝的构件,在有可靠工程经验时,截面边缘的混凝土法向应力应满足下列条件:

$$\sigma_{cc} \leqslant 0.8 f_c' \tag{10-139a}$$

$$\sigma_{ct} \leqslant 2.0 f_t' \tag{10-139b}$$

10.10.7　预应力混凝土受弯构件设计步骤

(1) 确定截面尺寸、混凝土、预应力筋和非预应力筋的强度及弹性模量、放张时混凝土的强度、预应力筋的张拉控制应力、施工方法(先张法、后张法)、初定预应力筋及非预应力筋的截面面积、外荷载引起的内力、结构重要性系数。

(2) 计算预应力损失值 σ_l。

(3) 计算混凝土有效预压应力值 σ_{pcII}。

(4) 使用阶段正截面承载力计算。若不满足,回到第(1)步,调整参数,重新计算。

(5) 使用阶段正截面抗裂度验算及裂缝宽度验算。若不满足,回到第(1)步,调整参数,重新计算。

(6) 使用阶段斜截面受剪承载力验算。若不满足,调整参数,重新计算。

(7) 使用阶段斜截面抗裂度验算。若不满足,调整参数,重新计算。

(8) 变形验算。若不满足,调整参数,重新计算。

(9) 施工阶段(制作、运输、吊装)的验算。若不满足,调整参数,重新计算。

【例 10-2】 某预应力混凝土梁,净跨度为 8.5 m,截面尺寸及配筋如图 10-54 所示,采用先张法在 100 m 长线台座上张拉钢筋,并采用超张拉。混凝土强度等级为 C40。当混凝土达到设计强度的 90% 后,放松钢筋。现已知该梁承受均布荷载 $q=38.6\,\text{kN/m}$,试验算此梁各阶段的承载力。

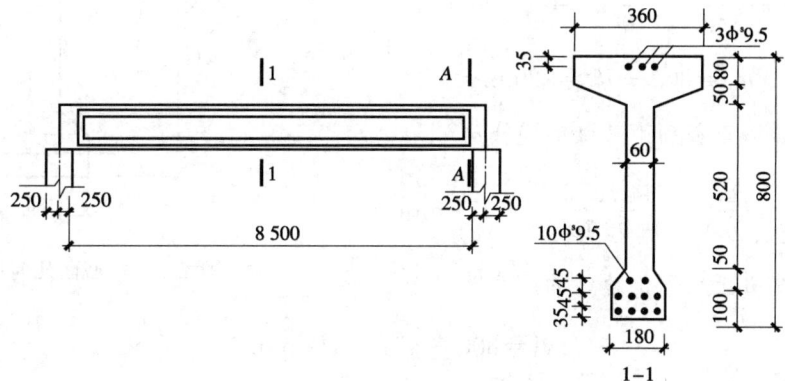

图 10-54 例题 10-2 图

【解】 (1) 计算数据

① 混凝土

$f_{cu}=40\,\text{N/mm}^2$, $\quad f'_{cu}=0.9\times40=36\,\text{N/mm}^2$

$f_c=26.8\,\text{N/mm}^2$ $\quad f'_c=0.9\times26.8=24.12\,\text{N/mm}^2$

$f_t=2.39\,\text{N/mm}^2$ $\quad f'_t=0.9\times2.39=2.15\,\text{N/mm}^2$

$E_c=3.25\times10^4\,\text{N/mm}^2$

② 钢筋

预应力筋:采用 $\phi^s 9.5$ 钢绞线

$f_{py}=1\,220\,\text{N/mm}^2 \quad f_{ptk}=1\,720\,\text{N/mm}^2 \quad f'_{py}=390\,\text{N/mm}^2$

$E_p=1.95\times10^5\,\text{N/mm}^2 \quad A'_p=212.5\,\text{mm}^2(3\phi^s 9.5) \quad A_p=708.5\,\text{mm}^2(10\phi^s 9.5)$

箍筋采用 HPB300 级钢:$f_y=270\,\text{N/mm}^2$

③ 张拉控制应力

$\sigma_{con}=0.7f_{pyk}=0.7\times1\,720=1\,204\,\text{N/mm}^2$,取 $\sigma_{con}=\sigma'_{con}=880\,\text{N/mm}^2$

④ 其他

100 m 长线台座生产,不考虑锚具损失,养护温差 $\Delta t=20℃$。

(2) 内力计算

计算跨度

$$l_0 = l_n + a = 8.5 + 0.25 = 8.75 \text{ m}$$

弯矩和剪力计算

$$M_{max} = \frac{1}{8} \times 38.6 \times 8.75^2 = 369.414 \text{ kN·m}$$

$$V_{max} = \frac{1}{2} \times 38.6 \times 8.50 \approx 164 \text{ kN}$$

(3) 截面的几何特征

截面的划分及编号如图 10-55 所示。

钢筋与混凝土弹性模量之比为 $\alpha_{Ep} = \dfrac{E_p}{E_c} = 6.0$

下部预应力筋重心至混凝土下边缘距离为

$$a_p = \frac{4 \times 35 + 4 \times 80 + 2 \times 125}{10} = 71 \text{ mm}$$

$$h_0 = 800 - 71 = 729 \text{ mm}$$

复合截面重心至截面下边缘的距离为

$$y_0 = \frac{\sum S_i}{\sum A_i} = \frac{44\,728\,748}{99\,106} = 451 \text{ mm}$$

复合截面重心至截面上边缘的距离为

$$y_0' = 800 - 451 = 349 \text{ mm}$$

复合截面惯性矩(具体见表 10-11)为

$$I_0 = \sum A_i y_i^2 + \sum I_i = 835\,780 \times 10^4 \text{ mm}^4$$

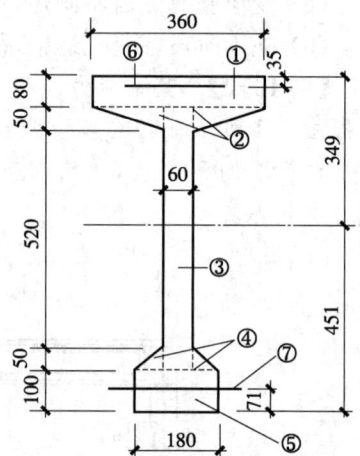

图 10-55 截面几何特性(例 10-2)

表 10-11　　　　　　截面几何参数

编号	A_i/ mm²	a_i/ mm	$S_i = A_i a_i$ /mm³	y_i/ mm	$A_i y_i^2$/ mm³	I_i/ mm⁴
①	28 800	760	21 888 000	310	276 768×10⁴	1 536×10⁴
②	7 500	703	5 273 000	253	48 006.8×10⁴	104×10⁴
③	37 200	410	15 252 000	40	5 952×10⁴	119 164×10⁴
④	3 000	117	351 000	333	33 266.7×10⁴	42×10⁴
⑤	18 000	50	900 000	400	288 000×10⁴	1 500×10⁴
⑥	1 063	765	813 195	315	10 548×10⁴	
⑦	3 543	71	251 553	379	50 892×10⁴	
	99 106		44 728 748		713 434×10⁴	122 346×10⁴

注:a_i——各面积 A_i 的重心至底边的距离;
　　y_i——各面积 A_i 的重心至复合截面中心的距离;
　　I_i——各面积对其自身重心的惯性矩。

(4) 预应力损失
① 锚具损失
$$\sigma_{l1} = \sigma'_{l1} = 0 \text{(因为 100 m 长台座,可忽略锚具变形损失)}$$

② 温差损失
$$\sigma_{l3} = \sigma'_{l3} = 2\Delta t = 2 \times 20 = 40 \text{ N/mm}^2$$

③ 钢筋松弛损失(采用超张拉)
$$\sigma_{l4} = 0.035\sigma_{con} = 0.035 \times 880 = 30.8 \text{ N/mm}^2 = \sigma'_{l4}$$

第 I 批损失(考虑放松钢筋前,钢筋松弛损失完成 50%)为
$$\sigma_{lI} = \sigma_{l3} + 0.5\sigma_{l4} = 40 + 0.5 \times 30.8 = 55.4 \text{ N/mm}^2 = \sigma'_{lI}$$

第 I 批损失出现后的预应力钢筋的合力为
$$N_{pI} = (\sigma_{con} - \sigma_{lI})A_p + (\sigma'_{con} - \sigma'_{lI})A'_p = (880 - 55.4) \times 708.5 + (880 - 55.4) \times 212.5$$
$$= 759\ 457 \text{ N}$$

预应力钢筋的合力点至复合截面重心的距离为
$$e_{0I} = \frac{(\sigma_{con} - \sigma_{lI})A_p y_p - (\sigma'_{con} - \sigma'_{lI})A'_p y'_p}{N_{pI}}$$
$$= \frac{(880 - 55.4) \times 708.5 \times 379 - (880 - 55.4) \times 212.5 \times 315}{759\ 457} = 218.9 \text{ mm}$$

预应力钢筋 A_p 及 A'_p 重心处混凝土预压应力为
$$\sigma_{pcII} = \frac{N_{pI}}{A_0} + \frac{N_{pI}e_{0I}}{I_0}y_p = \frac{759\ 457}{99\ 106} + \frac{759\ 457 \times 218.9}{835\ 780 \times 10^4} \times 380 = 15.22 \text{ N/mm}^2$$

$$\sigma'_{pcII} = \frac{N_{pI}}{A_0} - \frac{N_{pI}e_{0I}}{I_0}y'_p = \frac{759\ 457}{99\ 106} - \frac{759\ 457 \times 218.9}{835\ 780 \times 10^4} \times 314 = 1.42 \text{ N/mm}^2$$

第 II 批预应力损失计算为
$$\rho = \frac{A_p}{A_0} = \frac{708.5}{99\ 106} = 0.007\ 15 \qquad \rho' = \frac{A'_p}{A_0} = \frac{212.5}{99\ 106} = 0.002\ 14$$

$$\frac{\sigma_{pcII}}{f'_{cu}} = \frac{15.22}{0.9 \times 40} = 0.423 \qquad \frac{\sigma'_{pcII}}{f'_{cu}} = \frac{1.42}{0.9 \times 40} = 0.039$$

$$\sigma_{l5} = \frac{60 + 340\dfrac{\sigma_{pcII}}{f'_{cu}}}{1 + 15\rho} = \frac{60 + 340 \times 0.423}{1 + 15 \times 0.007\ 15} = 184.08 \text{ N/mm}^2$$

$$\sigma'_{l5} = \frac{60 + 340\dfrac{\sigma'_{pcII}}{f'_{cu}}}{1 + 15\rho'} = \frac{60 + 340 \times 0.039}{1 + 15 \times 0.002\ 14} = 70.98 \text{ N/mm}^2$$

$$\sigma_{l\text{II}} = 0.5\sigma_{l4} + \sigma_{l5} = 0.5 \times 30.8 + 184.08 = 199.48 \text{ N/mm}^2$$

$$\sigma'_{l\text{II}} = 0.5\sigma'_{l4} + \sigma'_{l5} = 0.5 \times 30.8 + 70.98 = 86.38 \text{ N/mm}^2$$

总的预应力损失为

$$\sigma_l = \sigma_{l\text{I}} + \sigma_{l\text{II}} = 55.4 + 199.17 = 254.88 \text{ N/mm}^2 > 100 \text{ N/mm}^2$$

$$\sigma'_l = \sigma'_{l\text{I}} + \sigma'_{l\text{II}} = 55.4 + 86.38 = 141.78 \text{ N/mm}^2 > 100 \text{ N/mm}^2$$

(5) 使用阶段正截面承载力计算

$$\sigma_{p0} = \sigma_{\text{con}} - \sigma_l = 880 - 254.88 = 625.12 \text{ N/mm}^2$$

$$\sigma'_{p0} = \sigma'_{\text{con}} - \sigma'_l = 880 - 141.78 = 738.22 \text{ N/mm}^2$$

$$\sigma'_p = \sigma'_{p0} - f'_{py} = 738.22 - 390 = 348.22 \text{ N/mm}^2 \quad \text{(拉应力)}$$

$$x = \frac{f_{py}A_p + \sigma'_p A'_p}{f_c b'_f} = \frac{1\,220 \times 708.5 + 348.22 \times 212.5}{26.8 \times 360} = 97.26 \text{ mm} < h'_f$$

$$= 80 + \frac{50}{2} = 105 \text{ mm}$$

中性轴在翼缘内,属于第一类 T 形截面。

$$\xi = \frac{x}{h_0} = \frac{97.26}{729} = 0.133 \leqslant \xi_b = \frac{0.8}{1 + \dfrac{0.002}{\varepsilon_{cu}} + \dfrac{f_{py} - \sigma_{p0}}{0.003\,3 E_p}}$$

$$= \frac{0.8}{1 + \dfrac{0.002}{0.003\,3} + \dfrac{1\,220 - 625.43}{0.003\,3 \times 1.95 \times 10^5}} = 0.316$$

$$M_u = 594.149 \text{ kN} \cdot \text{m} \geqslant M_{\max} = 369.414 \text{ kN} \cdot \text{m} \quad \text{(满足要求)}$$

(6) 使用阶段斜截面承载力计算

复核截面尺寸为

$$h_w = 520 \text{ mm} \quad \frac{h_w}{b} = \frac{520}{60} = 8.67 > 6.0$$

$$0.2\beta_c f_c b h_0 = 0.2 \times 26.8 \times 60 \times (800 - 71) = 234\,446 \text{ N} \approx 235 \text{ kN} > V_{\max} \approx 164 \text{ kN}$$

截面尺寸符合要求。

计算抗剪钢筋为

$$0.7 f_t b h_0 + \min\{0.05 N_{p0}, 0.05(0.3 f_c A_0)\} = 0.7 \times 2.39 \times 60 \times 729 + 29\,989$$

$$= 103\,166 \text{ N} \approx 103 \text{ kN} < 164\,050 \text{ N}$$

需按计算配置抗剪钢筋。采用双肢箍筋 $\phi 8 @ 150$,则斜截面受剪承载力为

$$V = 0.7 f_t b h_0 + f_{yv} \frac{A_{sv}}{s} h_0 + V_p = 103\,166 + 270 \times \frac{2 \times 50.24}{150} \times 729$$

$$= 235\,016 \text{ N} \approx 235 \text{ kN} > V_{\max} \approx 164 \text{ kN}$$

斜截面受剪承载力满足要求。

(7) 施工阶段承载力及抗裂度验算

① 放松钢筋时的验算为

$$N_{pI} = 759.457 \text{ kN} \quad e_{0I} = 218.9 \text{ mm}$$

截面上边缘混凝土应力：

$$\sigma_{ct} = \frac{N_{pI}}{A_0} - \frac{N_{pI} e_{0I}}{I_0} y_0' = \frac{759\,457}{99\,106} - \frac{759\,457 \times 218.9}{835\,780 \times 10^4} \times 349 = 0.80 \text{ N/mm}^2 (\text{压应力}) < f_t'$$
$$= 2.15 \text{ N/mm}^2$$

满足要求。

截面下边缘混凝土应力为

$$\sigma_{cc} = \frac{N_{pI}}{A_0} + \frac{N_{pI} e_{0I}}{I_0} y_0 = \frac{759\,457}{99\,106} + \frac{759\,457 \times 218.9}{835\,780 \times 10^4} \times 451 = 16.63 \text{ N/mm}^2 < 0.8 f_c'$$
$$= 19.30 \text{ N/mm}^2$$

满足要求。

② 吊装时的验算

预应力梁的自重，由表 10-11 得

$$g = (0.028\,8 + 0.007\,5 + 0.037\,2 + 0.000\,3 + 0.018) \times 25 = 2.36 \text{ kN/m}$$

设吊点离梁端 0.7 m，则

$$M_q = \frac{1}{2} g l^2 = \frac{1}{2} \times 2.36 \times 0.7^2 = 0.578 \text{ kN} \cdot \text{m}$$

截面上边缘混凝土应力为

$$\sigma_{ct} = \frac{N_{pI}}{A_0} - \frac{N_{pI} e_{0I}}{I_0} y_0' - \frac{1.5 M_q}{I_0} y_0'$$
$$= \frac{759\,457}{99\,106} - \frac{759\,457}{835\,780 \times 10^4} \times 349 - \frac{1.5 \times 0.578 \times 10^6}{835\,780 \times 10^4} \times 349$$
$$= 0.68 \text{ N/mm}^2 (\text{压应力}) < f_t'$$

满足要求。

(说明：此处的系数 1.5 是考虑吊装时动力效应而引入的动力系数。)

截面下边缘混凝土应力为

$$\sigma_{cc} = \frac{N_{pI}}{A_0} + \frac{N_{pI} e_{0I}}{I_0} y_0 + \frac{1.5 M_q}{I_0} y_0$$
$$= \frac{759\,457}{99\,106} + \frac{759\,457}{835\,780 \times 10^4} \times 451 + \frac{1.5 \times 0.578 \times 10^6}{835\,780 \times 10^4} \times 451$$
$$= 16.68 \text{ N/mm}^2 < 0.8 f_c' = 19.30 \text{ N/mm}^2$$

满足要求。

10.11 超静定预应力混凝土结构

对静定预应力混凝土结构，结构中的预应力中可以由预应力筋的拉力及其偏心距确定。可是，对后张超静定预应力混凝土结构，结构中的预应力除取决于预应力筋的拉力和偏心距外，还受到多余约束处的强制变形（约束作用）的影响。图 10-56 给出了一直线形孔道的两跨后张预应力混凝土连续梁的实例。梁中仅由预应力筋中拉力产生的弯矩如图 10-56(b) 所示。预应力筋中的拉力使梁试图向上拉中间支座，于是，支座约束反力[图 10-56(c)]会在梁中产生如图 10-56(d) 所示的弯矩。这种在支座间线性变化的弯矩称作"二次弯矩"。最终，梁中的弯矩如图 10-56(e) 所示，两跨后张预应力混凝土梁（超静定预应力混凝土结构）的分析或设计应以此作为基本的受力依据。

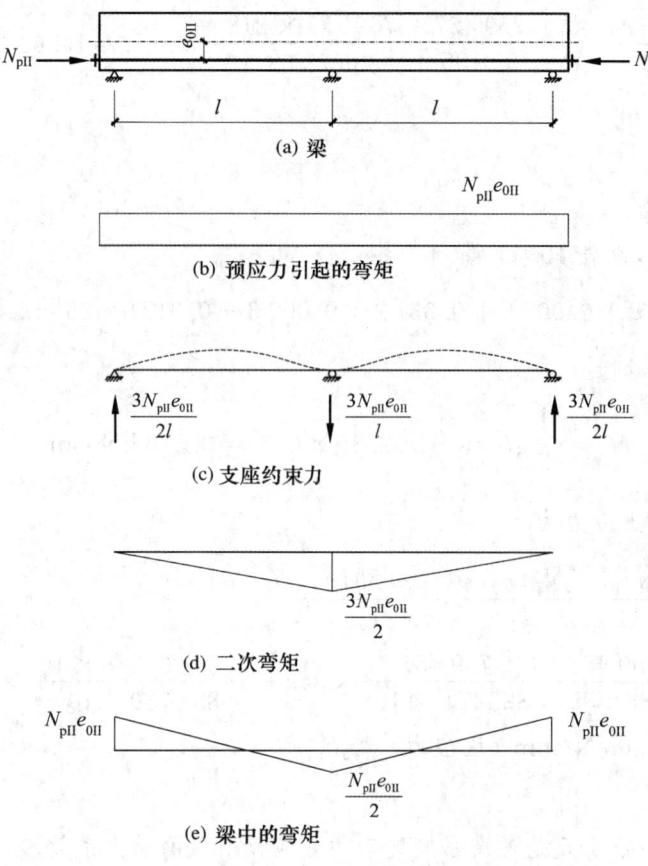

图 10-56 后张预应力两跨连续梁中的约束作用

10.12 预应力混凝土构件的构造

10.12.1 先张法预应力混凝土构件的构造措施

1. 先张法预应力筋的间距及保护层厚度

先张法预应力筋靠自身与混凝土的黏结锚固而建立预应力，因此，握裹层混凝土的厚度十分重要,表现为对混凝土保护层和钢筋间距的要求。

预应力筋的最小保护层厚度与普通钢筋的最小保护层厚度相同。

先张法预应力筋之间的净间距(相邻钢筋外轮廓之间的最小距离)不宜小于其公称直径的2.5倍和混凝土粗骨料最大粒径的1.25倍,且应符合如下规定:预应力筋丝不应小于15 mm;三股钢绞线不应小于20 mm;七股钢绞线不应小于25 mm。

2. 先张法预应力混凝土构件端部的构造措施

先张法构件端部应采取配筋措施予以加强。这一方面是为了保证在预应力巨大的局部压力下构件不致开裂;另一方面是为使端部混凝土受到约束,能够完成传递预应力,建立起受力所必须的预压应力值。具体的构造措施因构件类型的不同而互有差别,简介如下:

1) 螺旋配筋

对于单根预应力钢筋或钢筋束,可以在构件端部设置螺旋钢筋圈。其一般由细钢筋(丝)缠绕而成,长度不小于150 mm,圈数不少于4圈(图10-57)。由于螺旋钢筋圈对混凝土的约束作用,可以保证其在预应力钢筋放张时承受巨大的压力而不致发生裂缝或局部受压破坏。

2) 支座垫板插筋

在支座处布置螺旋钢筋有时有困难,而由于预制构件与搁置支座连接的需要,在构件端部预埋了支座垫板,在支座垫板上设置锚筋(插筋)代替螺旋筋约束预应力钢筋。条件是预应力钢筋必须从两排插筋中穿过,并且插筋数量不少于4根,长度不少于120 m(图10-58)。在我国预制的屋面板端部多采用这种措施,实践证明是有效的。

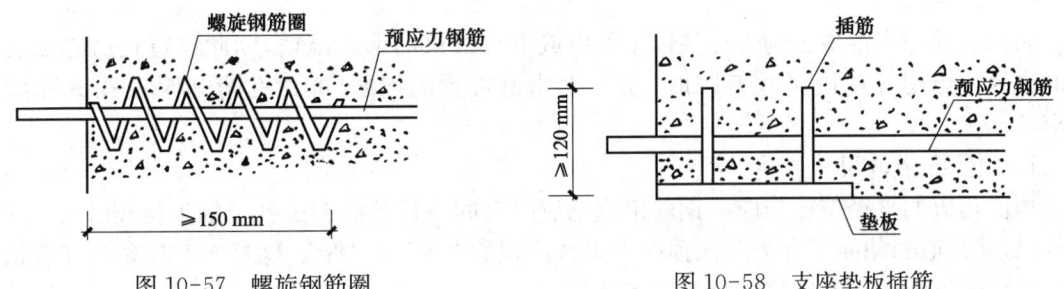

图10-57 螺旋钢筋圈　　　　图10-58 支座垫板插筋

3) 钢筋网片

当构件端截面较大,预应力钢筋较多时,每根钢筋都加螺旋钢筋圈有困难,则可以用在构件端部加钢筋网片的方法来解决。提高构件端部混凝土局部受压强度的钢筋网片一般用细直径钢筋焊接或绑扎,应设置3~5片,宽度能够覆盖预应力筋端部局部承压的范围,深度不小于预应力筋直径的10倍($10d_p$)。钢筋网片的布置如图10-59所示。

4) 横向构造配筋

对预制的预应力板类构件,由于端面尺寸有限,前述局部加强配筋的措施均难以执行时,可以在板端适当加密横向钢筋,设置不少于2根的横向附加钢筋,其范围可在板端100 mm内,这些构造筋同样可以起到避免局压破坏,控制板端裂缝的作用(图10-60)。

3. 先张法预应力放张工艺

先张法预应力混凝土构件端部的构造问题,固然可以用局部加强配筋的形式加以解决,但施工工艺也起着重大的作用,表现为预应力放张方式的影响。

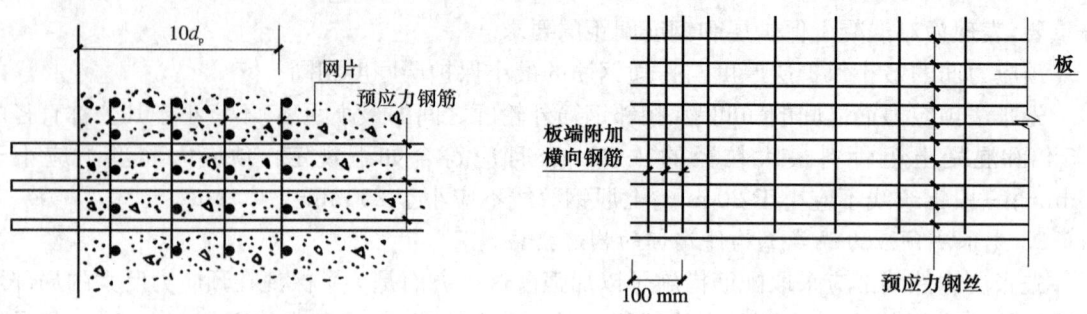

图 10-59 钢筋网片　　　　图 10-60 薄板端部构造配筋

一般采用剪断钢丝或锯断钢绞线的形式放张预应力。这种骤然放张的工艺引起预应力筋的冲击作用，往往造成构件端部混凝土的裂缝，影响预应力钢筋的锚固和应力传递，故在设计中考虑的应力起点为内移传递长度的 25%（$0.25l_{tr}$，图 10-18）。此外，断筋放张的次序也有很大影响：如不对称地顺次剪筋，将由于偏压而引起次应力裂缝；先在薄弱处剪筋放张往往会引起局部裂缝等，因此应严格规定剪筋放张的次序。

如果采取缓慢放张预应力的措施，则先张法构件端部的受力状态将大为改善。缓慢放张的方法很多，一般是先使预应力钢筋端部锚固支座位移，使张拉应力得以降低，然后在低应力条件下剪断预应力钢筋。缓慢放张能使局部承压和端部裂缝问题大为缓解。

10.12.2　后张法预应力混凝土构件的构造措施

1. 预留孔道

后张法预应力混凝土构件往往以钢丝束或钢绞线束的形式配筋，因此预留孔道必须有相当的直径。当构件截面尺寸有限时，就发生孔道布置的问题，亦即孔道间距及孔壁厚度的要求：

1) 预留孔道的尺寸

预留孔道的直径应比预应力钢丝束或钢绞线束的外径及需穿过孔道的连接器外径大 6～15 mm，且孔道的截面积宜为穿入预应力束截面积的 3.0～4.0 倍。这是施工时穿筋布置预应力钢丝束或钢绞线束及连接器的起码条件。

2) 构件端面孔道的布置

端面孔道的相对位置应综合考虑锚夹具的尺寸，张拉设备压头的尺寸，端面混凝土的局部承压能力等因素而妥善布置。必要时应适当加大端面尺寸，以避免施工误差等意外因素造成张拉施工的困难。

3) 预制构件孔道的间距及壁厚

构件孔道间的水平方向净间距不宜小于 50 mm 且不宜小于粗骨料粒径的 1.25 倍；孔道至构件边缘的净距不宜小于 30 mm 且不应小于孔道直径之半。

4) 框架梁中孔道的间距及壁厚

框架梁在支座处承受负弯矩而在跨中承受正弯矩，因此预应力钢筋往往作曲线配置。曲线的预留孔道的净间距在水平方向不应小于 1.5 倍孔道直径而竖直方向不应小于 1 倍孔道直径且不宜小于粗骨料粒径的 1.25 倍；混凝土保护层的厚度在梁侧不宜小于 40 mm 而在梁底不宜小于 50 mm。

5) 孔道起拱的处理

大跨度受弯构件往往在制作时预先起拱以抵消正常使用时产生的过大挠度。相应的预留孔道也应同时起拱,以免引起计算以外的次应力。

6) 灌浆及排气孔的位置

后张法预应力混凝土构件在张拉锚固后应在孔道内灌浆以保护预应力钢筋免受锈蚀并具备一定的黏结锚固作用。为此应在构件的两端及跨中设置灌浆孔及排气孔,其间距不宜大于20 m。

2. 构件端部的形状及配筋

为避免预应力钢筋在构件端面过分集中而造成局部受压破坏及裂缝,往往要采取以下构造措施:

1) 弯起部分预应力筋

对预应力屋面梁、吊车梁等构件,宜在靠近支座的区域弯起部分预应力筋。这样不仅减小了梁底部预应力筋密集造成的应力集中和施工困难,也减少了支座附近的主拉应力以及由此而引起开裂的可能性,而且对于弯矩不大的支座截面,承载能力也基本不受影响[图 10-61(a)]。

2) 端部转折处的构造配筋

出于构件安装的需要,预制构件端部预应力筋锚固处往往有局部凹进。此时应增设折线形的构造钢筋,连同支座垫板上的竖向构造钢筋(插筋或埋件的锚筋)共同构成对锚固区域的约束[图 10-61(b)]。

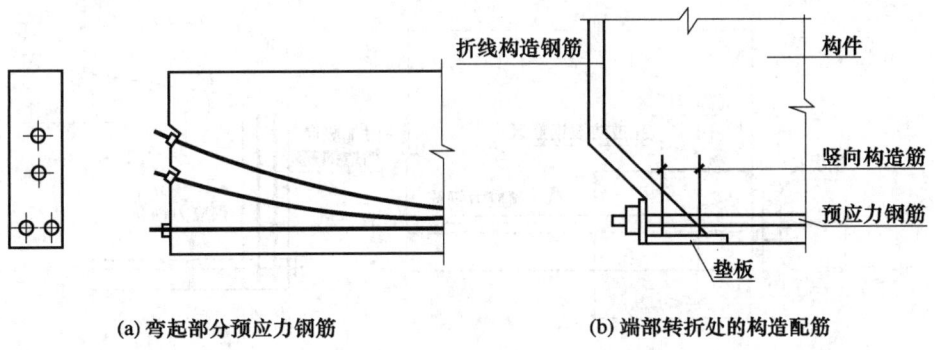

(a) 弯起部分预应力钢筋   (b) 端部转折处的构造配筋

图 10-61 构件端面的钢筋布置

3) 支座焊接时的构造配筋

预制构件安装就位后,往往以焊接形式与下部支承结构相连。如构件长度较大时,混凝土收缩、徐变及温度变化可能引起纵向的约束应力,在构件端部引起裂缝。为此,应在相应部位配置足够的非预应力纵向构造钢筋防裂。

3. 端部加强配筋的措施

在后张预应力混凝土构件的端部,由于要承受巨大的预压应力,故必须采取构造措施并进行复核计算。主要内容如下:

1) 预埋钢垫板的设置

在预应力筋的锚夹具下及张拉设备压头的支承处,应有事先预埋的钢垫板以避免巨大的预压应力直接作用在混凝土上。其尺寸由构造布置确定。

2) 局部承压计算

应根据局部受压承载力计算的有关公式,对预应力端部局部承压区进行承载力验算,并按规定配置间接钢筋。其体积配箍率 ρ_v 不应小于 0.5%。

3) 防止孔道壁劈裂的配筋

由于构件端部尺寸有限,集中的应力来不及扩散,端部局部承压区以外的孔道仍可能劈裂。因此,还应在局压的间接配筋区以外加配附加箍筋或网片。其范围为高度 $2e$,长度 $3e$ 且不大于 $1.2h$ 的区域(e 为预应力钢筋合力点距构件边缘的距离,h 为构件端部截面高度)。该处的体积配筋率 ρ_v 同样不小于 0.5% [图 10-62(a)]。配筋面积可按式(10-140)计算。

$$A_{sb} \geqslant 0.18\left(1-\frac{l_l}{l_b}\right)\frac{F_l}{f_{yv}} \tag{10-140}$$

式中　F_l——作用在构件端部局部压力的合力;

l_l, l_b——分别为沿构件高度方向 A_l, A_b 的边长或直径,A_l, A_b 按图 9-24 的规定计算;

f_{yv}——附加防劈裂钢筋的抗拉强度。

4) 附加竖向钢筋

如果构件端部预应力筋无法均匀布置而需集中布置在截面下部或集中布置在上部和下部时,由于预加力的偏心,容易在截面中部引起拉应力而开裂。因此,应在构件端部 $0.2h$ 厚的范围内设置附加的竖向钢筋。其形式可为封闭式箍筋,焊接网片或其他形式的构造钢筋,且宜采用带肋钢筋[图 10-62(b)]。附加竖向钢筋截面面积按下列公式计算。

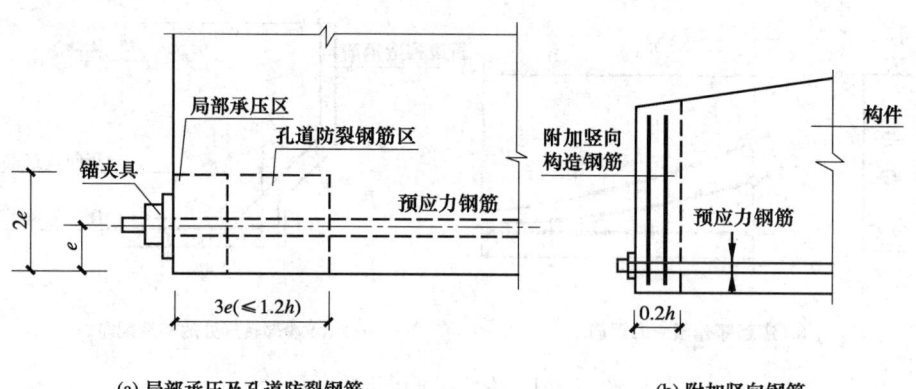

(a) 局部承压及孔道防裂钢筋　　　(b) 附加竖向钢筋

图 10-62　构件端面的附加配筋

$$A_{sv} \geqslant \left(0.25-\frac{e}{h}\right)F_l/f_{yv} \tag{10-141}$$

当 $e > 0.2h$ 时,应根据实际情况适当配筋。

当端部截面上部和下部均有预应力筋时,附加竖向钢筋的总截面面积应按上部和下部的预应力合力分别计算的数值叠加后采用。

4. 其他措施

除上述构造措施以外,还应注意下列问题:

1) 反弯矩配筋

受弯构件往往在端面的一侧施加预应力,预应力放张或张拉时,会因偏心压力引起构件上的反向弯矩。当混凝土强度较低或使用荷载尚未建立时,往往引起反弯矩裂缝。因此,除应注意放张时的混凝土强度和及时加载外,在设计时还应考虑加配适当的反弯矩钢筋,以控制这类裂缝。

2) 构件端部的有限元分析

对于应力分布有严格要求的重要结构构件，其后张法预应力混凝土的端部应按有限元分析方法进行设计。有必要时还可进行试验验证。

3) 锚夹具的选择与处理

后张法预应力混凝土构件的预应力钢筋全靠锚夹具将预压应力传递给混凝土构件，因此锚夹具的质量及可靠性是整个结构安危的关键。因此，设计中应选取可靠的锚夹具，其形式和质量要求应符合现行标准《预应力筋用锚具、夹具和连接器》(GB/T 14370—2015)的规定。此外，锚固以后锚夹具的处理也不可忽视，外露的金属锚具应采用可靠的防锈措施，或者浇筑混凝土加以封闭。

思考题

【10-1】 什么是预应力混凝土结构？

【10-2】 预应力混凝土结构的优点是什么？为什么预应力混凝土结构中必须使用较高强度等级的混凝土和较高强度的钢筋作为预应力钢筋？

【10-3】 什么叫全预应力混凝土结构？什么叫部分预应力混凝土结构？什么叫预应力度？

【10-4】 什么叫先张法预应力混凝土结构和后张法预应力混凝土结构？

【10-5】 各种锚具的传力方法是什么？

【10-6】 对预应力混凝土结构所用材料的要求是什么？

【10-7】 张拉控制允许应力值与哪些因素有关，为什么？

【10-8】 预应力混凝土结构中，有哪几种预应力损失，如何计算？如何降低这些损失？

【10-9】 什么叫预应力传递长度？如何进行后张法预应力混凝土构件端部区的局部受压验算？

【10-10】 试画出先张法、后张法预应力混凝土轴拉构件的内力自平衡体系的截面内力图，消压状态、临界开裂状态、抗拉极限状态下的截面应力图。

【10-11】 一般情况下，在受弯构件中预应力筋应设置在什么部位？用简图画出简支、简支外伸和一两跨连续的预应力混凝土梁的预应力筋设置的部位图。

【10-12】 试画出先张法、后张法预应力混凝土受弯构件的内力自平衡体系的截面内力图以及受拉边缘混凝土应力为零状态、临界开裂状态、抗弯极限状态下的截面应力图。

【10-13】 预应力混凝土受弯构件的界限相对受压区高度计算公式的推导过程与普通钢筋混凝土受弯构件的界限相对受压区高度计算公式推导过程的不同点是什么？

【10-14】 为什么预应力混凝土结构的抗剪能力比普通钢筋混凝土梁的抗剪能力高？

【10-15】 在预应力混凝土受弯构件中，为什么要进行斜截面抗裂度验算？具体步骤是什么？

【10-16】 预应力混凝土结构的构造措施与普通混凝土结构的构造措施的主要异同点是什么？

练习题

【10-1】 先张法预应力轴心受拉杆,截面尺寸 200 mm×200 mm,混凝土 C40,已配置 9ϕ^H9 预应力筋,张拉控制应力 $\sigma_{con}=1\,000$ N/mm²,$f_{py}=1\,110$ N/mm²,无非预应力筋,第 Ⅰ 批预应力损失 $\sigma_{lI}=68$ N/mm²,第 Ⅱ 批预应力损失 $\sigma_{lII}=52$ N/mm²,试计算:(1) 施工时混凝土的预应力 σ_c;(2) 使用荷载加至多少时使混凝土的法向压应力为零;(3) 使用荷载加至多少时构件即将出现裂缝;(4) 构件的极限承载能力是多少?

【10-2】 已知预应力混凝土轴心受拉构件,用后张法施加预应力,截面尺寸 $b\times h=250$ mm×200 mm,已配非预应力钢筋 4ϕ12,构件长为 21 m,混凝土为 C40,预应力钢筋采用 ϕ^T,采用螺丝端杆锚具,当混凝土强度达到设计强度时张拉预应力钢筋,超张拉,一端张拉,孔道直径为 ϕ50,充压橡皮管抽芯成型,承受轴向拉力 $N_t=700$ kN。求:(1) 预应力筋数量;(2) 校核施工阶段混凝土抗压能力;(3) 验算施工阶段锚固区局部承压能力。

【10-3】 有一后张法预应力混凝土梁,采用直线配筋,截面为 I 形,不考虑非预应力筋的存在,假定上下预应力筋同时张拉,求张拉时该截面不出现拉应力的上部预应力钢筋截面面积的表达式。

【10-4】 一先张法预应力混凝土受弯构件,截面尺寸 $b\times h=150$ mm×300 mm。已知:承受弯矩 $M=10$ kN·m,已配有预应力筋(仅在受拉区)3ϕ^{HM}9,张拉控制应力 $\sigma_{con}=0.7f_{ptk}$,$f_{ptk}=1\,270$ N/mm²,预应力损失 $\sigma_{l1}=10.5$ N/mm²,$\sigma_{l3}=0$,$\sigma_{l4}=19$ N/mm²,$\sigma_{l5}=53$ N/mm²,混凝土 C40。要求进行:(1) 承载能力验算;(2) 放松钢筋时(此时混凝土的强度已达到设计强度的 85%)的施工验算。

11 混凝土构件的使用性能与计算

11.1 工程应用背景与需求

设计混凝土结构或评价既有混凝土结构的性能时,为保证结构安全,对所有受力构件都要进行承载能力计算,因为构件可能由于强度不足或失稳等原因而达到承载能力极限状态。此外,为了保证结构能被正常使用,还应对结构构件的抗开裂性能和变形性能进行计算,因为结构构件还可能由于开裂或裂缝宽度、变形过大,而达到正常使用极限状态。过宽的裂缝还会影响结构的耐久性。

抗开裂性能计算含两方面的内容:一是构件在使用荷载下是否会开裂;二是构件在使用荷载下的裂缝宽度。其中的计算难点主要在第二方面。在拉、压、弯、剪、扭五种不同的外部荷载作用下,结构构件均会产生变形甚至开裂。但五种变形、不同荷载下构件开裂的表现形式不同,且弯曲变形最容易出现、正截面最容易受拉开裂。故只要限制了弯曲变形,就能保证结构不产生过大的变形;只要保证构件正截面不开裂或不产生过宽的裂缝,就能控制构件的开裂状况。而计算弯曲变形的关键是要了解构件的抗弯刚度。因此,要认识混凝土构件的使用性能,必须掌握构件正截面裂缝宽度和抗弯刚度的计算方法。

11.2 构件正截面裂缝宽度计算

11.2.1 混凝土结构裂缝的分类和成因

混凝土是由水泥石和砂、石骨料等组成的材料。在硬化过程中,就已存在气穴、微孔和微观裂缝。微观裂缝可分为砂浆内部的砂浆裂缝、砂浆和骨料界面上的黏结裂缝和骨料内部的骨料裂缝。一般情况下,在构件受力以前混凝土中的微观裂缝主要是前两种;受力以后,微观裂缝和微孔连通、扩展,形成宏观裂缝;再继续扩展,将可能导致混凝土丧失承载能力。从工程实际应用角度研究的裂缝,主要是指对工程结构物的使用性和耐久性等结构功能有不利影响的宏观裂缝。

混凝土结构中的裂缝有多种类型,其产生的原因、特点不同,对结构功能的影响也不同。而且,一条裂缝可能由一种或几种原因同时引起,也并不是所有的裂缝都会影响结构的使用性能和承载能力。因此,必须区别裂缝类型,以探究裂缝所反映的结构问题,并采取相应的措施。

1. 混凝土裂缝的分类方法

(1) 根据裂缝产生的时间可分为施工期间产生的裂缝和使用期间产生的裂缝。

(2) 根据裂缝产生的原因可分为因材料选用不当、施工不当、混凝土塑性作用、静力荷载作用、温度变化、混凝土收缩、钢筋锈蚀、冻融作用、地基不均匀沉降、地震作用、火灾(烧伤裂缝)以及其他原因等引起的裂缝。

(3) 根据裂缝的形态、分布情况和规律性等可分为龟裂、横向(正截面)裂缝、纵向裂缝、斜裂缝、X 形交叉裂缝,等等。

2. 裂缝的成因与特点

1) 施工期间产生的裂缝

(1) 塑性混凝土裂缝发生于混凝土硬化前最初几小时,通常在浇筑混凝土后 24 h 内即可观察到。一种是塑性下沉裂缝,是由于重力作用下混凝土中固体的下沉受到模板、钢筋等的阻挡、混凝土表面出现大量泌水现象而引起的(图 11-1),通常比较宽、深。沿钢筋纵向出现的这类裂缝,是引起钢筋锈蚀的主要原因之一,对结构有一定的危害。另一种是塑性收缩裂缝,由于大风、高温等原因,水分从混凝土表面(例如,大面积路面和楼板)以极快的速度蒸发而引起,如图 11-2 所示,当结构的混凝土保护层厚度过小时,常常发生。

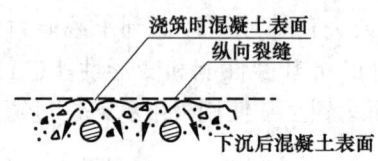

图 11-1 塑性下沉裂缝

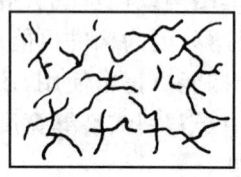

图 11-2 板的塑性收缩裂缝

(2) 温度裂缝常发生于水坝、水闸等大体积混凝土结构中,在混凝土硬化过程中产生大量的水化热,内部温度升高,当与外部环境温度相差很大、温度应变超过当时混凝土的极限拉应变时即形成裂缝。例如,闸墩、闸墙等混凝土结构拆模后恰遇大幅度降温也会产生这类裂缝。对一般尺寸的构件,这类裂缝通常垂直于构件轴向。有时仅位于构件表面,有时贯穿于整个截面。

(3) 普通混凝土硬化过程中由于收缩引起的体积变化受到约束,如两端固定梁、高配筋率梁以及浇筑在老混凝土上、坚硬基础上的新混凝土,或混凝土养护不当时,都可能产生约束收缩裂缝。裂缝一般与轴向垂直,宽度有时很大,甚至会贯穿整个构件。

(4) 施工质量问题引起的裂缝主要系因配筋不足、构件上部钢筋被踩踏下移、支撑拆除过早、预应力张拉错误等引起的。另外,混凝土施工时若无合理的整修和养护,可能在初凝时发生龟裂,但裂缝很浅。

(5) 早期冻融作用引起的裂缝在结构构件表面沿主筋、箍筋方向出现,宽窄不一,深度一般可到达主筋。

2) 使用期间随时间发展的裂缝

这类裂缝也称耐久性裂缝。

(1) 钢筋锈蚀引起的纵向裂缝。处于不利环境中的混凝土结构(如在含有氯离子环境中的海滨建筑物、海洋结构以及在湿度过高、气温较高大气环境中的结构),当混凝土保护层过薄,特别是密实性不良时,钢筋极宜锈蚀,锈蚀物质体积膨胀而致混凝土胀裂,即所谓先锈后裂(图 11-3)。裂缝沿钢筋方向发生后,更加速了钢筋的锈蚀过程,最后可导致保护层成片剥落。这种裂缝对结构的耐久性和安全性危害极大。

(2) 温度变化和收缩作用引起的裂缝。如现浇框架梁、板和桥面结构,由于其温度和收缩变形受到刚度较大构件的约束而开裂。混

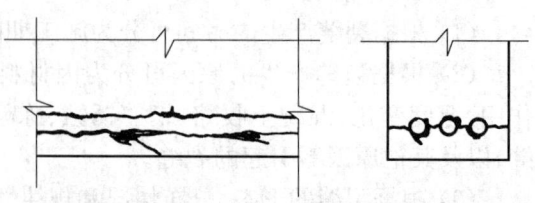

图 11-3 钢筋锈蚀引起的纵向裂缝

凝土烟囱、核反应堆容器等承受高温的结构,也会产生温度裂缝。实践表明,公路箱形梁板的横向温差应力较大,如在横向没有施加预应力和设置足够的温度钢筋,势必导致顶板的混凝土开裂(图 11-4),且随时间而发展。当现浇屋面混凝土结构上部因低温或干燥而收缩时,会发生中部或角部裂缝等。

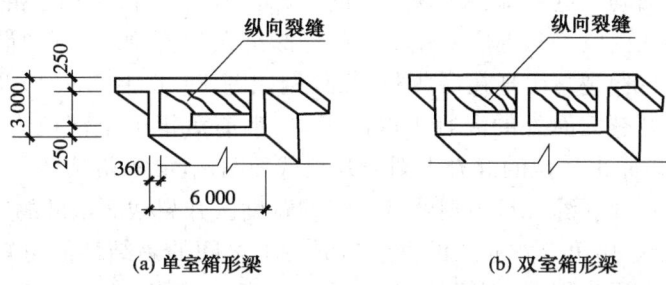

图 11-4 公路箱形梁桥顶板的纵向温度裂缝

(3) 地基不均匀沉降引起的裂缝。超静定结构下部的地基沉降不均匀时,会引起结构构件的约束变形而开裂,在房屋建筑结构中这种情况较为常见。随着不均匀沉降的发展,裂缝将进一步扩大。

(4) 冻融循环作用、混凝土中碱-骨料反应、盐类和酸类物质侵蚀等都能引起混凝土结构构件开裂。碱-骨料反应是指混凝土内部的碱和碱活性骨料在混凝土浇筑后反应,当反应物积累到一定程度时吸水膨胀而使混凝土开裂。

3) 荷载作用引起的裂缝

构件在荷载作用下都可能发生裂缝,受力状态不同(如受拉、受弯、受剪、受弯剪扭组合作用、局部荷载作用等),其裂缝形状和分布也不同,前述各有关章节中已予说明。

综上所述,混凝土出现裂缝有多种可能的原因,主要包括荷载、外加变形和约束变形以及施工等方面。工程实践表明,很多裂缝是几种原因组合作用的结果。由地基不均匀沉降、温度变化和收缩作用等外加变形和约束变形引起的裂缝往往发生在结构中的某些部位,而不是个别构件受拉区的开裂,对这类裂缝应通过合理的结构布置及相应的构造措施加以控制。混凝土的抗拉强度远低于抗压强度,构件在不大的拉应力下就可能开裂。由前述各相关章节的分析可知,和斜向受拉开裂相比,正常设计的混凝土结构构件正截面受拉开裂后,还要经历一个相当长的受力过程才会达到其最大承载力,如混凝土轴向受拉构件和受弯构件。因此,对普通混凝土结构构件来说,要充分发挥其承载力,一般其正截面在使用阶段会开裂。为定量评估裂缝的影响必须能算出不同荷载作用下构件正截面的裂缝宽度。

11.2.2 裂缝宽度的计算理论

1. 黏结滑移理论

黏结滑移理论是根据轴心受拉构件的试验结果提出的,认为裂缝的开展主要取决于钢筋与混凝土之间的黏结性能。当裂缝出现后,裂缝截面处钢筋与混凝土之间发生局部黏结破坏,钢筋伸长、混凝土回缩,其相对滑移值就是裂缝的宽度。实际上,它是假设混凝土应力沿轴拉构件截面均匀分布,应变服从平截面假定,构件表面的裂缝宽度与钢筋处相等,如图 11-5 中的虚线。因而,可根据黏结应力

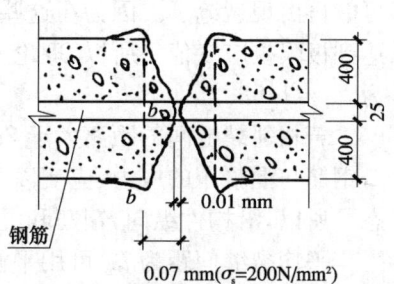

图 11-5 轴心受拉构件裂缝出现后的混凝土回缩变形

的传递规律,先确定裂缝的间距,进而得到与裂缝间距成比例的裂缝宽度计算公式。

1) 裂缝间距

在使用阶段,构件的裂缝经历了从出现到开展、稳定的过程(图 11-6)。裂缝出现以前,沿构件的纵向,混凝土和钢筋的拉应力和应变基本上是均匀分布的。当混凝土的拉应变接近其极限拉应变时,各截面均应进入即将出现裂缝的状态。但是,实际上由于混凝土力学性能的局部差异、混凝土中存在由收缩和温度变化引起的微裂缝及局部削弱(例如设置箍筋处)等偶然因素的影响,第一条(批)裂缝出现在最薄弱截面(例如图 11-6 中截面 1),所以开裂位置是随机的。裂缝出现后,开裂截面处的混凝土退出工作、钢筋负担了全部拉力,应力 σ_s 突然增大(增量为 $\Delta\sigma_s$)。同时,原来受拉的混凝土则向开裂截面两侧回缩,混凝土与钢筋表面出现了黏结应力 τ 和相对滑移,故裂缝一旦出现就有一定的宽度。开裂截面钢筋的应力,又通过黏结应力逐步传递给混凝土。由第 3 章介绍的钢筋与混凝土之间的黏结性能可知,随着离开裂截面距离的增大,黏结应力逐步积累,钢筋的应力 σ_s 和应变 ε_s 则相应地逐步减小,混凝土的拉应力及应变逐渐增大,直到在离开开裂截面一定的距离 l_{tr} 处(这段距离称为传递长度),二者的应变相等,黏结应力和相对滑移消失,钢筋和混凝土的应力又恢复到未开裂状态。

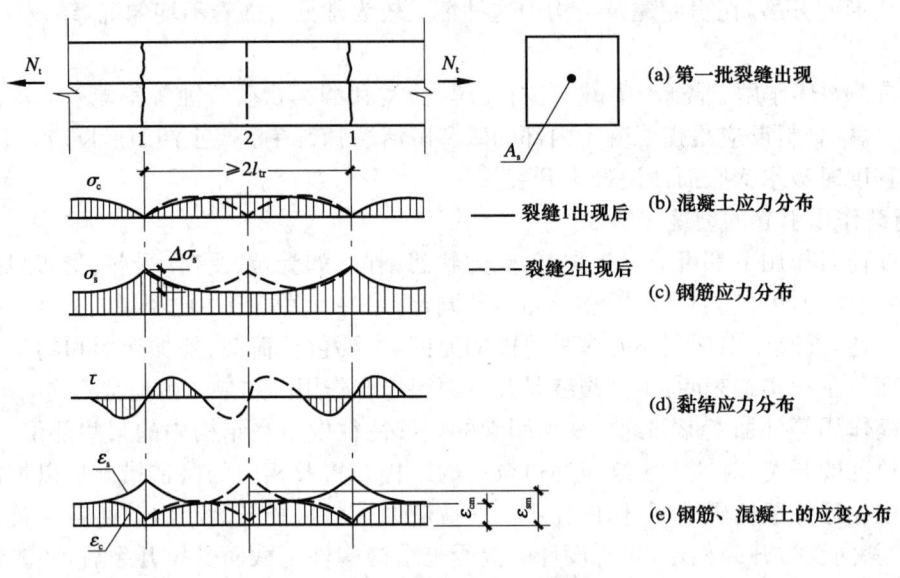

图 11-6 裂缝发展过程

显然,在距第一批开裂截面的两侧 l_{tr} 或间距小于 $2l_{tr}$ 的第一批裂缝之间的范围内,都不可能再出现裂缝了。因为在这些范围内,通过黏结作用的积累,混凝土的拉应变值再也不可能达到极限拉应变值。所以,理论上的最小裂缝间距为 l_{tr},最大裂缝间距为 $2l_{tr}$,平均裂缝间距为 $l_m = 1.5 l_{tr}$。

若相邻裂缝间的距离大于 $2l_{tr}$,随着荷载的继续增大,裂缝将不断出现,如图 11-6 中截面 2,钢筋与混凝土的应力、应变以及黏结应力的变化重复上述规律,直到裂缝的间距处于稳定状态。所以,沿构件纵向,钢筋和混凝土的应变都是不均匀的。

平均裂缝间距为 l_m 可用平衡条件求得。若构件的截面积为 A,钢筋截面积为 A_s,直径为 d,在 l_{tr} 长度内的平均黏结应力为 τ_m,则由图 11-7 中隔离体力的平衡条件得到

$$\Delta\sigma_s A_s = f_t A \tag{11-1}$$

及
$$\Delta\sigma_s A_s = \tau_m \pi d l_{tr} \tag{11-2}$$

于是
$$l_{tr} = f_t A / \tau_m \pi d \tag{11-3}$$

$A_s = \pi d^2/4$，配筋率 $\rho = A_s/A$，平均裂缝间距表达为

$$l_m = 1.5 l_{tr} = \frac{1.5}{4} \cdot \frac{f_t}{\tau_m} \cdot \frac{d}{\rho} = k_2' \frac{d}{\rho} \tag{11-4}$$

k_2' 值与 τ_m、f_t 有关。试验研究表明，黏结应力平均值 τ_m 与混凝土的抗拉强度 f_t 成正比，他们的比值可取为常数，故 k_2' 为一常数。所以，按照黏结滑移理论，平均裂缝间距 l_m 与混凝土的强度无关。当钢筋种类和钢筋应力一定时，确定 l_m 值的主要变量是钢筋的直径和配筋率之比 d/ρ，且 l_m 与之呈线性关系。

试验和计算表明，式(11-4)也适用于受弯、偏心受压和偏心受拉构件。考虑到受弯、偏心受压和偏心受拉构件开裂时截面混凝土并非全截面受拉，为便于表达，可统一把配筋率 ρ 改用以有效受拉混凝土截面面积 A_{te} 计算的有效配筋率 ρ_{te} 表示，则式(11-4)可写成

$$l_m = k_2 \frac{d}{\rho_{te}} \tag{11-5}$$

对钢筋混凝土构件
$$\rho_{te} = \frac{A_s}{A_{te}} \tag{11-6}$$

对预应力混凝土构件
$$\rho_{te} = \frac{A_s + A_p}{A_{te}} \tag{11-7}$$

式中 A_s——受拉纵向非预应力钢筋截面面积；

A_p——受拉纵向预应力钢筋截面面积；

A_{te}——有效受拉混凝土截面面积，即图 11-8 中阴影部分的面积。

对轴心受拉构件
$$A_{te} = A = bh \tag{11-8}$$

对受弯、偏心受压和偏心受拉构件
$$A_{te} = 0.5bh + (b_f - b)h_f \tag{11-9}$$

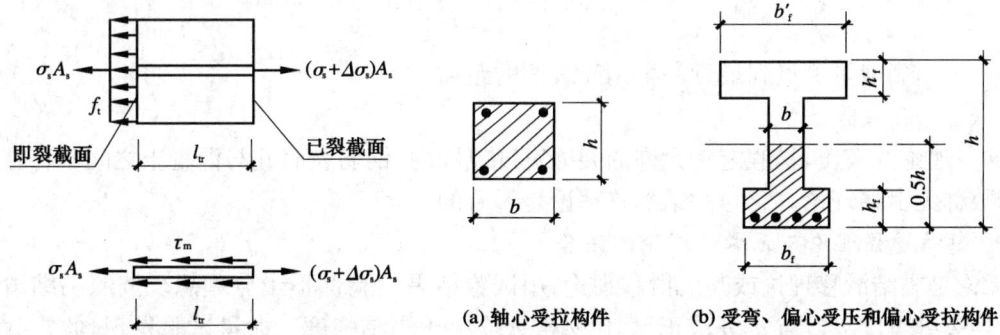

图 11-7 传递长度为 l_{tr} 的隔离体　　　图 11-8 有效受拉混凝土截面面积

2) 裂缝宽度

裂缝宽度指纵向受拉钢筋重心水平线处构件侧表面上的裂缝宽度。

按黏结滑移理论，裂缝宽度等于裂缝之间钢筋与外围混凝土相对滑移的总和，即二者伸长

的差值。设平均裂缝间距 l_m 范围内钢筋的平均应变为 ε_{sm}，混凝土的平均应变为 ε_{cm}（图 11-6），则平均裂缝宽度为

$$w_m = (\varepsilon_{sm} - \varepsilon_{cm}) l_m = k'_{w2} \varepsilon_{sm} l_m \tag{11-10}$$

式中，$k'_{w2} = 1 - \varepsilon_{cm}/\varepsilon_{sm}$。

令 $\psi = \varepsilon_{sm}/\varepsilon_s$，并称为裂缝之间钢筋应变不均匀系数。其中，$\varepsilon_s$ 为开裂截面处钢筋的应变。又由于 $\varepsilon_s = \sigma_s/E_s$（$\sigma_s$ 为开裂截面处钢筋的应力，E_s 为钢筋的弹性模量），则平均裂缝宽度 w_m 可表达为

$$w_m = k'_{w2} \varepsilon_{sm} l_m = k'_{w2} \psi \varepsilon_s l_m = k'_{w2} \psi \frac{\sigma_s}{E_s} l_m = k_{w2} \psi \frac{\sigma_s}{E_s} \frac{d}{\rho_{te}} \tag{11-11}$$

最后，在确定了构件的裂缝宽度频率分布类型后，根据要求的裂缝宽度保证率并考虑荷载长期作用的影响，就可以在平均裂缝宽度的基础上求得最大裂缝宽度 w_{max} 值。

2. 无滑移理论

大量试验结果指出，黏结滑移理论对开裂截面应变分布和裂缝形状的假定与实际情况不甚相符。试验量测显示，裂缝出现后，混凝土的回缩变形分布如图 11-5 中的 b—b 曲线（轴心受拉构件）以及图 11-9（受弯构件）所示。裂缝宽度随与钢筋表面距离的增大而增大，钢筋处的裂缝宽度比构件表面处小得多。说明由于相互之间良好的黏结性能，钢筋对混凝土的回缩有约束作用，使截面上的混凝土的回缩不可能保持平面。因而认为，在使用阶段的钢筋应力水平下（一般 $\sigma_s = 160 \sim 210 \text{ N/mm}^2$），钢筋与混凝土之间的滑移很小，可以假定钢筋表面处的混凝土回缩值为零；构件的裂缝宽度则是由于混凝土回缩的不均匀引起，主要取决于裂缝量测点到最近钢筋的距离。因而，混凝土保护层厚度是影响裂缝宽度的主要因素，与钢筋直径和配筋率的比值 d/ρ 无关。

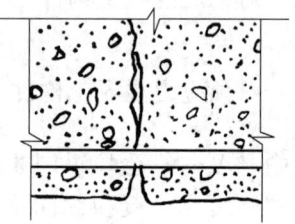

图 11-9 受弯构件裂缝出现后的混凝土回缩变形

依照以上分析和对试验数据的整理，平均裂缝宽度 w_m 可用下式表示：

$$w_m = k_{w1} c \frac{\sigma_s}{E_s} \tag{11-12}$$

式中 c——裂缝量测点到最近一根钢筋表面的距离；

k_{w1}——系数。

这一理论的实质，是假定在允许的裂缝宽度范围内，钢筋表面处与混凝土之间不存在相对滑移，故称无滑移理论。它与黏结滑移理论是矛盾的。

3. 黏结滑移理论与无滑移理论的结合

无论是黏结滑移理论或是无滑移理论，用试验结果检验都不十分理想。按照黏结滑移理论，平均裂缝宽度 w_m 与 d/ρ 成正比，比例常数取决于黏结强度。大量试验发现，此常数值与黏结强度并不成比例关系，例如配置带肋钢筋时的黏结强度是配置光面钢筋时的 2~3 倍，但相对的平均裂缝宽度 w_m 仅为 1.2~1.3 倍；另外，由式(11-16)绘出的 l_m 与 d/ρ 关系是一条通过原点的直线，试验表明，当配筋率 ρ 很大即 d/ρ 趋近于零时，平均裂缝间距 l_m 趋近于某一定值而不趋于零，此定值与混凝土保护层厚度有关。无滑移理论指出了混凝土保护层厚度是影响裂缝宽度的主要因素，而实际上钢筋表面处仍有一定的裂缝宽度。因而，可把两种理论结

合起来计算裂缝宽度。

在建立结合两种理论的裂缝宽度表达式之前,先分析混凝土保护层厚度和钢筋有效约束区的影响。

1) 混凝土保护层厚度对裂缝宽度的影响

如前所述,试验研究表明裂缝截面处混凝土的回缩变形是不均匀的,钢筋表面处的裂缝宽度比构件表面的小得多。这一变形分布说明,保护层厚度(更准确地说是构件表面至最近钢筋的距离)是影响表面裂缝宽度的主要因素。

图 11-10 所示的 4 个轴心受拉构件中,配置的钢筋直径 d 和配筋率 ρ 都相同,区别仅在于保护层厚度不同。实测结构表明,平均裂缝宽度 w_m(图中▼处的数值,单位 mm)基本上与裂缝量测点到最近钢筋的距离(即图中括号内数值,单位 mm)成正比。

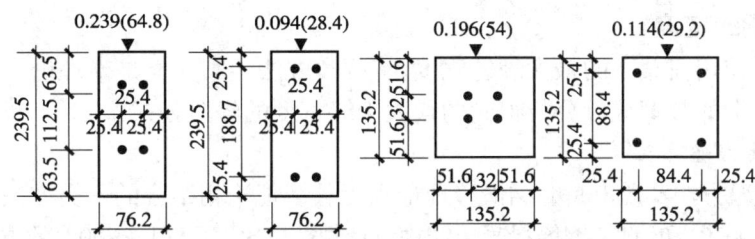

图 11-10　不同保护层厚度的裂缝宽度量测数据对比

2) 钢筋有效约束区对裂缝宽度的影响

裂缝的开展由钢筋外围的混凝土的回缩引起,钢筋通过黏结应力把拉应力扩散到混凝土上,因而混凝土的回缩必然受到钢筋的约束。这一约束作用是有一定的范围的,此范围称为钢筋有效约束区。随着钢筋有效约束作用的逐渐减弱乃至丧失,裂缝间距增大,裂缝宽度也增大。如图 11-11 中钢筋间距较大的单向板,在荷载作用下的最大裂缝宽度不在钢筋位置处而是在相邻钢筋之间的部分,钢

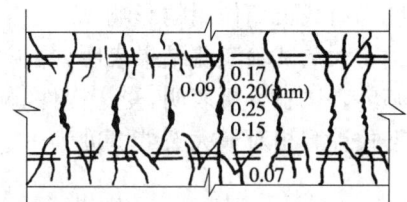

图 11-11　单向板板底裂缝

筋附近的裂缝较密较细;又如图 11-12 中高度较大的 T 形梁中,最大裂缝宽度在梁腹处而不是在钢筋水平处或梁底,钢筋附近的裂缝也较密较细。上述的裂缝都呈树枝状。裂缝开展的这一规律很好地说明了钢筋对混凝土的约束作用只局限在一定的范围内。所以,如果减小板中钢筋间距、在 T 形梁的腹板部分设置纵向钢筋(图 11-13),则可避免这种树枝状裂缝,而使裂缝间距、裂缝宽度减小。试验证实,梁纵筋对裂缝的控制效果与钢筋间距也有密切关系,当纵向钢筋间距大于 15 倍纵筋直径时,钢筋的有效约束作用显著降低。

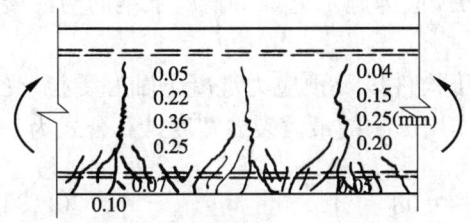

图 11-12　高度较大 T 形梁的裂缝

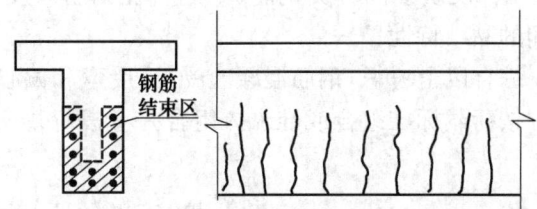

图 11-13　T 形梁梁腹设置纵向钢筋时的裂缝

钢筋有效约束区的概念与黏结滑移理论中的混凝土有效受拉区的概念类似。在实用计算中，钢筋有效约束区的面积可以采用混凝土的有效受拉面积 A_{te} [式(11-8)和式(11-9)]。

3) 计算模式

裂缝出现后，无滑移理论指出的混凝土回缩变形分布是必然发生的，而混凝土与钢筋表面之间的黏结滑移也是存在的。所以，计算裂缝宽度时可认为它与保护层厚度 c 有关，也与 d/ρ 值有关。再考虑到钢筋有效约束区对裂缝开展的影响，构件的平均裂缝宽度 w_m 可用下列公式表示为

$$w_m = k_w k_l \psi \frac{\sigma_s}{E_s}\left(k_1 c + k_2 \frac{d}{\rho_{te}}\right) \tag{11-13}$$

式中各项系数 k 的值，都与前述有关表达式中的不同，应根据理论分析和试验研究结果确定。

11.2.3 最大裂缝宽度

计算构件在使用荷载下的最大裂缝宽度，有两类方法。第一类是半理论半经验方法，第二类是根据试验数据的数理统计分析得到的最大裂缝宽度的经验公式。

1. 半理论半经验方法

半理论半经验方法实质上是黏结滑移理论和无黏结理论相结合的一类方法。《混凝土结构设计规范》(GB 50010)和《水工钢筋混凝土结构设计规范》(SL/T 191—2008)的方法属于这一类。

1) 最大裂缝宽度计算公式

最大裂缝宽度由平均裂缝宽度乘以扩大系数得到。扩大系数反映实际裂缝分布的不均匀性和荷载长期作用的影响。

大量试验实测结果表明，裂缝宽度的不均匀程度很显著，通常取计算控制值的保证率为95%。试验分析表明，受弯构件、偏心受压构件裂缝宽度的频率基本上呈正态分布，因此，可由下式计算相对最大裂缝宽度为

$$w_{max} = w_m(1 + 1.645\delta) \tag{11-14}$$

式中 w_m——平均裂缝宽度；

δ——裂缝宽度的变异系数。

对于受弯构件、偏心受压构件 δ 可取平均值 0.4，故 $w_{max} = 1.66 w_m$。轴心受拉、偏心受拉构件裂缝宽度的频率呈偏态分布，w_{max}/w_m 值较大，取 $w_{max} = 1.90 w_m$。

在荷载的长期作用下，由于混凝土的进一步收缩、徐变以及钢筋与混凝土之间滑移徐变等原因，裂缝宽度将随时间而增大。经分析，取此项影响的裂缝宽度扩大系数为 1.5。

另外，根据试验结果并参照使用经验，可确定式(11-13)中的 $k_w = 0.77$(受弯、偏心受压)或 0.85(轴心、偏心受拉)，$k_l = 1.1$(轴心受拉)或 1.0(其他)，$k_1 = 1.9$，$k_2 = 0.08$。并采用等效直径 d_{eq} 反映不同种类钢筋、不同直径钢筋以及不同预应力施工方法等情况下钢筋与混凝土之间的黏结特性。

综合以上考虑，钢筋混凝土受拉、受弯和偏心受压构件以及预应力混凝土轴心受拉、受弯构件按荷载标准组合或准永久组合并考虑荷载长期作用影响的最大裂缝宽度计算公式为

$$w_{max} = \alpha_{cr} \psi \frac{\sigma_s}{E_s}\left(1.9c + 0.08\frac{d_{eq}}{\rho_{te}}\right) \tag{11-15}$$

式中 α_{cr}——构件受力特征系数，钢筋混凝土轴心受拉构件 $\alpha_{cr} = 1.5 \times 1.90 \times 0.85 \times 1.1 =$

2.7，钢筋混凝土偏心受拉构件 $\alpha_{cr}=1.5\times1.90\times0.85\times1.0=2.4$，钢筋混凝土受弯构件或偏心受压构件 $\alpha_{cr}=1.5\times1.66\times0.77\times1.0=1.9$，预应力混凝土构件的 α_{cr} 值略有不同，详见表 11-1；

ψ——裂缝间纵向受拉钢筋应变不均匀系数；

σ_s——考虑荷载短期作用时裂缝截面处钢筋的拉应力，具体计算方法将在 11.3 节中讨论；

E_s——纵向受拉钢筋的弹性模量，对预应力混凝土构件取 E_p；

c——最外层纵向受拉钢筋外边缘至受拉区底边的距离(mm)。当 $c<20$ 时，取 $c=20$；当 $c>65$ 时，取 $c=65$；

d_{eq}——纵向受拉钢筋的等效直径(mm)，按下式计算

$$d_{eq}=\frac{\sum n_i d_i^2}{\sum n_i \nu_i d_i}$$

d_i——第 i 种纵向受拉钢筋的直径(mm)；

n_i——第 i 种纵向受拉钢筋的根数；

ν_i——第 i 种纵向受拉钢筋的相对黏结特性系数(表 11-2)；

ρ_{te}——按有效受拉混凝土截面面积 A_{te} 计算的纵向受拉钢筋配筋率，当 $\rho_{te}<0.01$ 时，取 $\rho_{te}=0.01$。

表 11-1　　　　　　　　　　构件受力特征系数

类型	α_{cr}	
	钢筋混凝土构件	预应力混凝土构件
受弯、偏心受压	1.9	1.5
偏心受拉	2.4	—
轴心受拉	2.7	2.2

表 11-2　　　　　　　　　　钢筋的相对黏结特性系数

钢筋类别	钢筋		先张法预应力钢筋			后张法预应力钢筋		
	光面钢筋	带肋钢筋	带肋钢筋	螺旋肋钢筋	刻痕钢丝、钢绞线	带肋钢筋	钢绞线	光面钢筋
ν_i	0.7	1.0	1.0	0.8	0.6	0.8	0.5	0.4

注：环氧树脂涂层带肋钢筋的相对黏结特性系数应按表中系数乘以 0.8 取用。

2) 裂缝间纵向受拉钢筋应变不均匀系数 ψ

系数 ψ 为裂缝间钢筋平均应变 ε_{sm} 与裂缝截面处钢筋应变 ε_s 之比。实际上它也反映了裂缝截面之间混凝土参与受拉的程度。分析试验研究数据后发现，ψ 值与混凝土强度等级、截面配筋率以及裂缝截面的钢筋应力值有关，可按下式计算：

$$\psi=1.1-0.65\frac{f_{tk}}{\rho_{te}\sigma_s} \tag{11-16}$$

按 ψ 的定义，$\psi>1$ 是没有物理意义的，当求得的 $\psi>1.0$ 时，取 $\psi=1.0$；同时经分析表明，当 ψ 计算值较小时会过高地估计混凝土的作用，因而规定当求得的 $\psi<0.2$ 时，取 $\psi=0.2$。

式(11-16)对轴心受拉构件、偏心受拉构件、受弯构件和偏心受压构件都适用。

2. 以数理统计分析为基础的计算方法

近年来裂缝宽度计算方法的发展趋势是应用数理统计方法。主要是基于两方面的考虑：一是半理论半经验方法比较复杂，计算值与试验结果的符合性也不是很理想；二是目前对裂缝宽度限值的规定还相当粗糙，即使计算值十分精确，作为裂缝宽度限值的整体验算仍然是粗糙的。

这一类方法的基础是积累相当数量试件的裂缝宽度量测数据，以每个试件的最大裂缝宽度为观测值，然后进行数理统计分析，在确定影响裂缝宽度的主要因素后，归纳得到最大裂缝宽度的计算公式。我国《公路钢筋混凝土及预应力混凝土桥涵设计规范》(JTG 3362—2018)以及《水运工程混凝土结构设计规范》(JTS 151—2011)采用的计算方法均属于这一类。但两本规范中计算公式的系数略有不同。下面以 JTG 3362—2018 规范为例，介绍具体的计算方法。

1) 影响裂缝宽度的主要因素

试验数据分析表明，影响裂缝宽度的主要因素有：

(1) 受拉钢筋应力 σ_s 的值大时，裂缝宽度也大。

(2) 钢筋直径 d，当其他条件相同时，裂缝宽度随 d 的增大而增大。

(3) 配筋率 ρ 值，随 ρ 值的增大裂缝宽度有所减小。

(4) 混凝土保护层厚度 c，当其他条件相同时，保护层厚度值越大，裂缝宽度也越大，因而增大保护层厚度对表面裂缝宽度是不利的。而另一方面，有研究表明，保护层越厚，在使用荷载下钢筋腐蚀的程度越轻。实际上，由于一般构件的保护层厚度的变化范围不大，在裂缝宽度的计算公式中可以不考虑保护层厚度的影响。

(5) 钢筋的表面形状，其他条件相同时，配置带肋钢筋时的裂缝宽度比光面钢筋时小。

(6) 荷载作用性质，荷载长期作用下的裂缝宽度较大；反复荷载作用下裂缝宽度有所增大。

(7) 构件受力性质（受弯、受拉等）。

研究还表明，混凝土强度等级（或抗拉强度）对裂缝宽度的影响不大。

2) 裂缝宽度计算公式

综合主要影响因素的分析，经数理统计得到的一种最大裂缝宽度计算公式如下：

$$w_{\max}=C_1C_2C_3\frac{\sigma_s}{E_s}\left(\frac{30+d}{0.28+10\rho}\right) \quad (\mathrm{mm}) \tag{11-17}$$

式中 C_1——考虑钢筋表面形状的系数，对带肋钢筋，$C_1=1.0$，对光圆钢筋，$C_1=1.4$；

C_2——作用（或荷载）长期效应影响系数，$C_2=1+0.5\dfrac{N_l}{N_s}$，其中 N_l 和 N_s 分别为按作用（或荷载）长期效应组合和短期效应组合计算的内力值（弯矩或轴向力）；

C_3——与构件形式有关的系数：对板式受弯构件，$C_3=1.15$；对有腹板的受弯构件，$C_3=1.0$；

σ_s——由作用（或荷载）短期效应组合引起的开裂截面纵向受拉钢筋的应力。具体计算方法可参考 11.3 节中的相关公式。

d——纵向受拉钢筋直径(mm)；当选用不同直径的钢筋时，式中的 d 改用换算直径

$$d_e = \frac{\sum n_i d_i^2}{\sum n_i d_i}$$，其中，n_i 为受拉区第 i 种钢筋的根数，d_i 为第 i 种普通钢筋的公称直径或钢丝束、钢绞线的等代直径 $d_{pe} = \sqrt{n}d$，此外，n 为钢丝表中钢丝根数或钢绞线表中钢绞线根数，d 为单根钢丝或钢绞线束的公称直径；

ρ——受弯构件纵向受拉钢筋配筋率为

$$\rho = \frac{A_s + A_p}{bh_0 + (b_f - b)h_f} \tag{11-18}$$

当 $\rho > 0.02$ 时，取 $\rho = 0.02$；当 $\rho < 0.006$ 时，取 $\rho = 0.006$。

11.3 使用阶段构件的抗裂验算

11.3.1 荷载效应组合

由于本章主要讨论荷载作用下结构的使用性能问题，因此，在讨论使用阶段构件的抗裂验算之前首先介绍荷载效应的组合问题。不同规范对荷载效应的组合有着不同的规定。以《建筑结构荷载规范》(GB 50009)为例。该规范考虑到活载在时间上的不确定性及工程结构材料(如混凝土)的徐变性能，给出了验算结构使用性能时的两种荷载效应组合。

1. 标准组合

标准组合荷载效应的组合值 S 按下式计算：

$$S = S_{Gk} + S_{Q1k} + \sum_{i=2}^{n} \psi_{ci} S_{Qik} \tag{11-19}$$

式中　S_{Gk}——按永久荷载标准值 G_k 计算的荷载效应。

S_{Qik}——按可变荷载标准值 Q_{ik} 计算的荷载效应，其中，S_{Q1k} 为诸可变荷载效应中起控制作用者。

ψ_{ci}——可变荷载的组合值系数，按《建筑结构荷载规范》(GB 50009)的规定取用。

2. 准永久值组合

准永久值组合荷载效应的组合值 S 按下式计算：

$$S = S_{Gk} + \sum_{i=1}^{n} \psi_{qi} S_{Qik} \tag{11-20}$$

式中，ψ_{qi} 为活荷载的准永久值系数。

实际上，前一种组合考虑的是荷载的短期效应，而后一种组合考虑的是荷载的长期效应。对公路桥梁进行使用性能计算分析时，通常也考虑荷载的短期效应和长期效应两种效应组合的影响。为便于叙述，本章后面如不特别说明，所述的荷载效应均为《建筑结构荷载规范》(GB 50009)所规定的荷载效应组合值。

11.3.2 裂缝控制等级和要求

构件控制等级的划分，主要根据结构的功能要求、环境条件对钢筋的腐蚀影响、钢筋种类对腐蚀的敏感性、荷载作用的时间等因素考虑。

1. 正截面裂缝控制等级和要求

混凝土结构构件正截面裂缝控制等级一般分为三级。等级反映裂缝控制的严格程度。下面以《混凝土结构设计规范》(GB 50010)为例，详细介绍裂缝的控制要求。

表 11-3　　　　　　　　　　　混凝土结构的环境类别

环境类别		条件
一		室内干燥环境；无侵蚀性静水浸没环境
二	a	室内潮湿环境；非严寒和非寒冷地区的露天环境；非严寒和非寒冷地区与无侵蚀性的水或土壤直接接触的环境；严寒和寒冷地区冰冻线以下与无侵蚀性的水或土壤直接接触的环境
	b	干湿交替环境；水位频繁变动环境；严寒和寒冷地区的露天环境；严寒和寒冷地区冰冻线以上与无侵蚀性的水或土壤直接接触的环境
三	a	严寒和寒冷地区冬季水位变动区环境；受除冰盐影响的环境；海风环境
	b	盐渍土环境；受除冰盐作用环境；海岸环境
四		海水环境
五		受人为或自然的侵蚀性物质影响的环境

注：① 室内潮湿环境是指构件表面经常处于结露或湿润状态的环境。
② 严寒和寒冷地区的划分应符合国家现行标准《民用建筑热工设计规范》(GB 50176)的有关规定。
③ 海岸环境和海风环境宜根据当地情况，考虑主导风向及结构所处迎风、背风部位等因素的影响，由调查研究和工程经验确定。
④ 受除冰盐的影响环境为受到除冰盐盐雾影响的环境；受除冰盐作用环境是指被除冰盐溶液溅射的环境以及使用除冰盐地区的洗车房、停车楼等建筑。

1) 一级——严格要求不出现裂缝的构件

按荷载效应标准组合计算。要求在荷载标准组合下，构件受拉边缘混凝土应不产生拉应力，即满足：

$$\sigma_{ck} - \sigma_{pcII} \leqslant 0 \tag{11-21}$$

式中　σ_{ck}——荷载效应标准组合下抗裂验算截面受拉边缘的混凝土法向应力；

σ_{pcII}——扣除全部预应力损失后抗裂验算截面受拉边缘混凝土的预压应力。

2) 二级——一般要求不出现裂缝的构件

按荷载效应标准组合计算，即在荷载标准组合下，构件受拉边缘混凝土应不开裂（混凝土拉应力应不大于混凝土抗拉强度标准值）：

$$\sigma_{ck} - \sigma_{pcII} \leqslant f_{tk} \tag{11-22}$$

3) 三级——允许出现裂缝的构件

钢筋混凝土构件的最大裂缝宽度 w_{max} 按荷载准永久组合并考虑长期作用影响的效应计算，预应力混凝土构件的最大裂缝宽度 w_{max} 按荷载标准组合并考虑长期作用影响的效应计算。要求其值不应超过规定的最大裂缝宽度限值 w_{lim}。

对环境类别为二 a 类的预应力混凝土构件（混凝土结构的环境类别详见表 11-3），在荷载准永久组合下，受拉边缘应力尚应符合下列规定：

$$\sigma_{cq} - \sigma_{pcII} \leqslant f_{tk} \tag{11-23}$$

式中，σ_{cq} 为荷载准永久组合下抗裂验算边缘的混凝土法向应力。

《混凝土结构设计规范》(GB 50010)规定的荷载引起的最大裂缝宽度限值 w_{lim} 如表 11-4 所列。表中规定的预应力混凝土构件的裂缝控制等级和最大裂缝宽度限值仅适用于正截面验算。对允许出现裂缝的混凝土结构构件，控制裂缝宽度的重要理由和依据是考虑到对建筑物的观瞻、对人的心理和使用者不安全程度的影响。为此有专题研究对公众的反应做过调查，结果发现大多数人对宽度超过 0.3 mm 的裂缝明显感到有心理压力。对烟囱、筒仓和处于液体压力下的结构构件的裂缝控制要求应符合有关专门标准的规定。

表 11-4　　　　　　　　　　　结构构件的最大裂缝宽度限值

环境类别	钢筋混凝土结构		预应力混凝土结构	
	裂缝控制等级	w_{lim}/mm	裂缝控制等级	w_{lim}/mm
一	三	0.3(0.4)	三	0.2
二$_a$	三	0.2	三	0.1
二$_b$	三	0.2	二	—
三$_a$、三$_b$	三	0.2	一	—

注：① 表中规定适用于采用热轧钢筋的钢筋混凝土构件和采用预应力钢丝、钢绞线和预应力螺纹钢筋的预应力混凝土构件，当采用其他类别的钢丝或钢筋时，其裂缝宽度控制要求可按专门标准确定。
② 对处于年平均湿度小于60%地区一类环境条件下的受弯构件，其最大裂缝宽度限值可采用括号内的数值。
③ 在一类环境下，对于钢筋混凝土屋架、托架及需作疲劳验算的吊车梁，最大裂缝宽度限值应取为0.2 mm。对钢筋混凝土屋面梁或托梁，最大裂缝宽度限值取为0.3 mm。
④ 在一类环境下，对预应力混凝土屋面梁、托梁、屋架、托架和双向板体系，应按二级裂缝控制等级验算；对一类环境下混凝土屋面梁、托梁、单向板，按表中二$_a$级环境的要求进行验算；在一类和二类环境下，对需要疲劳验算的预应力混凝土吊车梁，应按一级裂缝控制等级验算。
⑤ 对处于四、五类环境下的结构构件裂缝控制要求，应符合专门标准的有关规定。
⑥ 保护层厚度较大的构件，可根据实践经验对表中最大裂缝宽度限值适当放宽。

相对于建筑结构，公路桥梁中混凝土构件的裂缝宽度的限值要小，具体数值可参见《公路钢筋混凝土及预应力混凝土桥涵设计规范》(JTG 3362—2018)。

2. 斜截面裂缝控制等级与要求

预应力混凝土受弯构件在弯矩和剪力的共同作用下，可能由于主拉应力达到混凝土的抗拉强度而形成斜裂缝。其斜截面抗裂性能，是以验算在荷载效应标准组合下构件斜截面的主拉应力和主压应力体现的。除了主拉应力外，还要验算主压应力的理由是，由于在双向应力状态下，混凝土一向的压应力对另一向的抗拉强度有影响，一向压应力过大时，将使另一向的抗拉强度下降。

抗裂验算时应选择跨度内不利位置的截面(如弯矩和剪力较大的截面、外形突变的截面)，并对该截面的换算截面重心纤维处以及截面宽度改变处(如I形截面上、下翼缘和腹板相交纤维处)进行验算。

1) 混凝土主拉应力 σ_{tp}

一级——严格要求不出现裂缝的构件，应符合下式要求：

$$\sigma_{tp} \leqslant 0.85 f_{tk} \tag{11-24}$$

二级——一般要求不出现裂缝的构件，应符合下式要求：

$$\sigma_{tp} \leqslant 0.95 f_{tk} \tag{11-25}$$

2) 混凝土主压应力 σ_{cp}

裂缝控制等级为一级、二级的构件，均应符合下式的要求：

$$\sigma_{cp} \leqslant 0.60 f_{ck} \tag{11-26}$$

11.3.3　正截面抗裂验算

正截面抗裂验算主要是针对预应力混凝土构件，抗裂验算按式(11-21)—式(11-23)进行计算。应用这些公式前，先求混凝土的法向应力 σ_{ck} 或 σ_{cq}，以及预压应力 σ_{pcII}。

1. 混凝土的法向应力

开裂前,预应力混凝土构件基本上处于弹性工作阶段,所以混凝土法向应力可用材料力学公式计算。计算时采用换算截面 A_0 及相应惯性矩 W_0。

(1) 轴心受拉构件

$$\sigma_{ck} = \frac{N_k}{A_0} \tag{11-27}$$

$$\sigma_{cq} = \frac{N_q}{A_0} \tag{11-28}$$

(2) 受弯构件

$$\sigma_{ck} = \frac{M_k}{W_0} \tag{11-29}$$

$$\sigma_{cq} = \frac{M_q}{W_0} \tag{11-30}$$

式中 N_k, M_k——按荷载效应标准组合计算的轴向力值、弯矩值;

N_q, M_q——按荷载效应准永久组合计算的轴向力值、弯矩值;

A_0, W_0——抗裂验算截面的换算面积、换算截面的受拉边缘弹性抵抗矩。

2. 预压应力

预压应力 σ_{pcII} 为扣除全部预应力损失后,抗裂验算截面受拉边缘的混凝土预压应力,按第 10 章中有关公式计算。

【例 11-1】 试对图 11-14 所示后张法预应力 I 形截面梁进行抗裂验算(裂缝控制等级二级)。混凝土强度等级 C55,配置 $\phi^P 5$ 光面消除应力钢丝为预应力钢筋。已知梁跨中截面承受弯矩 $M_k = 2\,600$ kN·m。并已计算得到其他数据如下:

$A_n = 3\,184.7 \times 10^2$ mm², $I_n = 7\,041\,714 \times 10^4$ mm⁴, $y_n = 821.1$ mm

$A_0 = 3\,394.7 \times 10^2$ mm², $I_0 = 7\,847\,869 \times 10^4$ mm⁴, $y_0 = 790.5$ mm

$\sigma_{con} = \sigma'_{con} = 1\,177.5$ N/mm²

1 号筋:$\sigma_l = 405.2$ N/mm²;2,3 号筋:$\sigma_l = 378.4$ N/mm²;4,5 号筋:$\sigma_l = 364.0$ N/mm²;8~11 号筋:$\sigma_l = 385.8$ N/mm²;6,7 号筋:$\sigma_l = 248.0$ N/mm²。

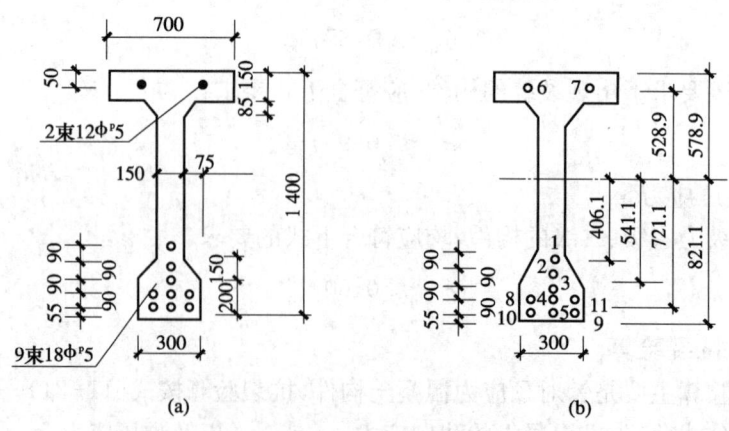

图 11-14 例 11-1 图

【解】 (1) N_{pII}, e_{0II} 计算

钢丝束编号	A_{pi}/mm^2	$\sigma_{con}-\sigma_l/(\text{N}\cdot\text{mm}^{-2})$	$N_p=(\sigma_{con}-\sigma_l)A_{pi}/\text{N}$
1	353	772.3	272 622
2,3	706	799.1	564 165
4,5	706	813.5	574 331
8~11	1413	791.7	1 118 672
6,7	471	929.5	437 795

$$N_{pII}=\sum N_{pIIi}=2\,947\,585\text{ N}=2\,948\text{ kN}$$

$$\begin{aligned}e_{0II}&=\sum N_{pIIi}y_{pni}/N_{pII}\\&=(272.6\times406.1+564.2\times541.1+574.3\times721.1+1\,118.7\times721.1\\&\quad-437.8\times528.9)/2\,948=477\text{ mm}\end{aligned}$$

(2) σ_{pcII} 计算

$$\begin{aligned}\sigma_{pcII}&=\frac{N_{pII}}{A_n}+\frac{N_{pII}e_{0II}}{I_n}y_n=\frac{2\,948\times10^3}{3\,184.7\times10^2}+\frac{2\,948\times10^3\times477}{7\,041\,714\times10^4}\times821.1\\&=25.7\text{ N/mm}^2(\text{压})\end{aligned}$$

(3) σ_{ck} 计算

$$\sigma_{ck}=\frac{M_k}{W_0}=\frac{M_k}{I_0}y_0=\frac{2\,600\times10^6}{7\,847\,869\times10^4}\times790.5=26.2\text{ N/mm}^2$$

(4) 抗裂验算

$$\sigma_{ck}-\sigma_{pcII}=26.2-25.7=0.5\text{ N/mm}^2\leqslant f_{tk}=2.74\text{ N/mm}^2$$

满足要求。

【例 11-2】 试验算例 10-1 中屋架下弦杆的抗裂度。

【解】
$$N_k=340+140=480\text{ kN}$$

$$\sigma_{ck}=\frac{N_k}{A_0}=\frac{480\times10^3}{41\,373}=11.60\text{ N/mm}^2$$

$$\sigma_{ck}-\sigma_{pcII}=11.60-9.76=1.84\text{ N/mm}^2<f_{tk}=2.39\text{ N/mm}^2$$

满足要求。

【例 11-3】 试验算例 10-2 中预应力混凝土梁正截面的抗裂度(梁承受的均布荷载标准值为 $q_k=30\text{ kN/m}$,要求一般不出现裂缝,为方便计算,仍取 $f_{tk}=2.39\text{ MPa}$)。

【解】 扣除全部损失后预应力钢筋的合力:

$$\begin{aligned}N_{pII}&=(\sigma_{con}-\sigma_l)A_p+(\sigma'_{con}-\sigma'_l)A'_p\\&=(880-254.57)\times708.5+(880-141.65)\times212.5=600\,017\text{ N}\end{aligned}$$

预应力钢筋的合力点至复合截面重心的距离:

$$e_{0II}=\frac{(\sigma_{con}-\sigma_l)A_py_p-(\sigma'_{con}-\sigma'_l)A'_py'_p}{N_{pII}}=197.5\text{ mm}$$

混凝土下边缘的预压应力为

$$\sigma_{pcII} = \frac{N_{pII}}{A_0} + \frac{N_{pII} e_{0II}}{I_0} y = \frac{600\ 017}{99\ 106} + \frac{600\ 017 \times 197.5}{835\ 780 \times 10^4} \times 450$$
$$= 12.43\ \text{N/mm}^2$$

在荷载效应的标准组合下的截面边缘拉应力的计算为

$$M_k = \frac{1}{8} \times 30 \times 8.75^2 = 287.11\ \text{kN} \cdot \text{m}$$

$$\sigma_{ck} = \frac{M_k}{I_0} y = \frac{287.11 \times 10^6}{835\ 780 \times 10^4} \times 450 = 15.46\ \text{N/mm}^2$$

$$\sigma_{ck} - \sigma_{pcII} = 15.46 - 12.43 = 3.03 > f_{tk} = 2.39\ \text{N/mm}^2$$

不满足一般不出现裂缝要求,应对设计方案作相应修改。如提高张拉控制应力、提高混凝土强度等。

11.3.4 受弯构件斜截面抗裂验算

按式(11-24)—式(11-26)进行相应验算。开裂前的混凝土可作为匀质弹性材料对待,其主拉应力和主压应力按材料力学公式计算:

$$\genfrac{}{}{0pt}{}{\sigma_{tp}}{\sigma_{cp}} = \frac{\sigma_x + \sigma_y}{2} \pm \sqrt{\left(\frac{\sigma_x - \sigma_y}{2}\right)^2 + \tau^2} \qquad (11\text{-}31)$$

$$\sigma_x = \sigma_{pcII} + \frac{M_k y_0}{I_0} \qquad (11\text{-}32)$$

$$\tau = \frac{(V_k - \sum \sigma_{pe} A_{pb} \sin \alpha_p) S_0}{I_0 b} \qquad (11\text{-}33)$$

式中 σ_x——由预加力和荷载弯矩值 M_k 在计算纤维处产生的混凝土法向应力;

σ_y——由集中荷载标准值 F_k 产生的混凝土竖向压应力;

τ——由剪力值 V_k 和预应力弯起钢筋的预加力在计算纤维处产生的混凝土剪应力;

σ_{pcII}——扣除全部预应力损失后,在计算纤维处由预加力产生的混凝土法向应力;

y_0——换算截面重心至计算纤维处的距离;

I_0——换算截面惯性矩;

V_k——按荷载效应标准组合计算的剪力值;

S_0——计算纤维以上部分的换算截面面积对构件换算截面重心的面积矩;

σ_{pe}——预应力弯起钢筋的有效预应力;

A_{pb}——计算截面上同一弯起平面内的预应力弯起钢筋的截面面积;

α_p——计算截面上预应力弯起钢筋的切线与构件纵向轴线的夹角。

式(11-31)及式(11-32)中的 σ_x、σ_y、σ_{pcII} 和 $\frac{M_k y_0}{I_0}$ 为拉应力时,以正值代入;它们为压应力时,以负值代入。

对于先张法预应力构件,若其验算截面靠近构件的端部并在预应力传递长度 l_{tr} 范围内时,则在 σ_{pe} 及 σ_{pcII} 计算中所用到的 N_{pII} 和 e_{0II},应考虑在 l_{tr} 范围内的预应力钢筋实际应力值的变化(第10章图10-53)。

【**例 11-4**】 试验算例 10-2 中预应力混凝土斜截面的抗裂度(为方便计算,取 $q_k = 30 \text{ kN/m}$, $f_{ck} = 26.8 \text{ MPa}$)。

【**解**】 沿构件长度方向,均布荷载作用下的简支梁,支座边缘处剪力最大(图10-54中A—A截面处),并且,沿截面高度,其主应力在1—1截面、2—2截面、3—3截面处较大(图11-15),因而,必须对以上截面作主应力验算。

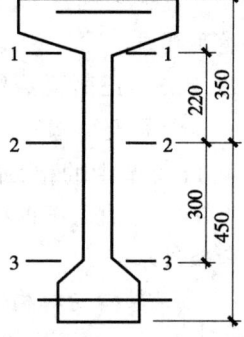

图 11-15 例 11-4 图

(1) 正应力计算

在支座 A—A 截面处由荷载产生的 $M \approx 0$,所以,其正应力 $\sigma = 0$,而由预应力产生的正应力 σ_{pcII} 为

$$\sigma_{pcII} = \frac{N_{pII}}{A_0} \pm \frac{N_{pII} e_{0II}}{I_0} y = 6.05 \pm 0.014\,2y$$

截面 1—1 处 $\sigma_{pcII} = 6.05 - 0.014\,2 \times (350 - 130) = 2.93 \text{ N/mm}^2$
截面 2—2 处 $\sigma_{pcII} = 6.05 \text{ N/mm}^2$
截面 3—3 处 $\sigma_{pcII} = 6.05 + 0.014\,2 \times (450 - 150) = 10.31 \text{ N/mm}^2$

(2) 剪应力的计算

$$V_k = \frac{1}{2} \times 30 \times 8.50 = 127.5 \text{ kN}$$

$$\tau_{xy} = \frac{V_k S_0}{b I_0} = \frac{127.5 \times 10^3 S_0}{60 \times 835\,780 \times 10^4} = 2.54 \times 10^{-7} S_0$$

截面 1—1 处有

$$S_{1-1} = 28\,800 \times (350 - 40) + 7\,500\left(350 - 80 - \frac{50}{3}\right) + 60 \times 50\left(350 - 80 - \frac{50}{2}\right)$$
$$+ 1\,063(350 - 35) = 11\,897\,595 \text{ mm}^3$$

$\tau_{1-1} = 3.02 \text{ N/mm}^2$

截面 2—2 处有

$$S_{2-2} = 11\,897\,595 + 60 \times (350 - 130) \times \frac{(350 - 130)}{2} = 13\,349\,595 \text{ mm}^3$$

$\tau_{2-2} = 3.39 \text{ N/mm}^2$

截面 3—3 处有

$S_{3-3} = 11\,897\,595 - 60 \times 300 \times 300/2 = 9\,197\,595 \text{ mm}^2$

$\tau_{3-3} = 2.34 \text{ N/mm}^2$

(3) 主应力的计算

$$\sigma_{tp} = \frac{\sigma_{pcII}}{2} + \sqrt{\left(\frac{\sigma_{pcII}}{2}\right)^2 + \tau^2} \qquad \sigma_{cp} = \frac{\sigma_{pcII}}{2} - \sqrt{\left(\frac{\sigma_{pcII}}{2}\right)^2 + \tau^2}$$

在截面 1—1 处,有 $\sigma_{tp} = 1.90 \text{ N/mm}^2$ (拉) $\sigma_{cp} = -4.83 \text{ N/mm}^2$ (压)
在截面 2—2 处,有 $\sigma_{tp} = 1.52 \text{ N/mm}^2$ (拉) $\sigma_{cp} = -7.57 \text{ N/mm}^2$ (压)

在截面 3—3 处，有　　$\sigma_{tp} = 0.51 \text{ N/mm}^2$ （拉）　　　$\sigma_{cp} = -10.82 \text{ N/mm}^2$ （压）

最大主拉应力为　　$\sigma_{tp,max} = 1.90 \text{ N/mm}^2 < 0.95 f_{tk} = 0.95 \times 2.39 = 2.27 \text{ N/mm}^2$

最大主压应力为　　$\sigma_{cp,max} = 10.82 \text{ N/mm}^2 < 0.6 f_{ck} = 0.6 \times 26.8 = 16.08 \text{ N/mm}^2$

满足要求。

11.3.5　正截面裂缝宽度验算

混凝土结构构件正截面裂缝的最大宽度 w_{max} 不能超过最大裂缝宽度的限值（表 11-4）。由 11.2 节中的相关内容可知，给定混凝土结构构件，其最大裂缝宽度取决于裂缝处钢筋的应力 σ_s。σ_s 值可根据按荷载效应标准组合或准永久组合计算的轴力或弯矩下裂缝截面处的平衡条件求得。

1. 轴心受拉构件

$$\sigma_s = \frac{N - N_{p0}}{A_p + A_s} \tag{11-34}$$

式中　N_{p0}——混凝土法向应力等于零时预应力钢筋和非预应力钢筋的合力 $N_{p0} = N_{t0}$，对钢筋混凝土受拉构件，取 $A_p = 0, N_{p0} = 0$；

N——为加于构件上的轴力值，对钢筋混凝土构件按荷载准永久组合计算：$N = N_q$，对预应力混凝土构件按荷载标准组合计算：$N = N_k$。

2. 受弯构件

对钢筋混凝土受弯构件（图 11-16）有

$$\sigma_s = \frac{M_q}{A_s \gamma_s h_0} \tag{11-35}$$

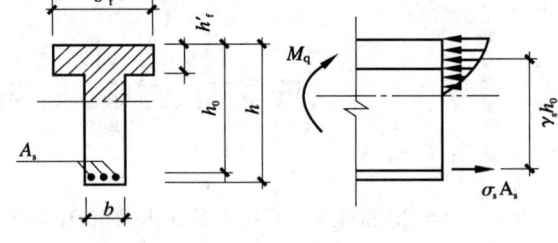

图 11-16　受弯构件开裂截面的应力图形

式中　M_q——按荷载准永久组合计算的弯矩值；

γ_s——开裂截面内力臂长度系数，其值与构件的混凝土强度、配筋率以及受压区的截面形式等因素有关。根据试验结果，可按下列公式计算：

$$\gamma_s = 1 - 0.4 \frac{\sqrt{\alpha_E \rho}}{1 + 2\gamma'_f} \tag{11-36}$$

式中　ρ——纵向受拉钢筋配筋率；

α_E——钢筋弹性模量 E_s 与混凝土弹性模量 E_c 之比值；

γ'_f——受压区翼缘加强系数，按下式计算

$$\gamma'_f = \frac{(b'_f - b) h'_f}{b h_0} \tag{11-37}$$

在使用荷载下，$M = (0.6 \sim 0.8) M_u$，构件的受力状态处于第Ⅱ阶段。试验和理论分析表明，在常用混凝土强度等级、配筋率的情况下，截面相对受压区高度 $\xi = x/h_0$ 值的变化很小，γ_s 值在 0.83～0.93 之间波动，可近似取 $\gamma_s = 0.87$。

对预应力混凝土受弯构件有

$$\sigma_s = \frac{M_k - N_{p0}(z - e_p)}{(\alpha_p A_p + A_s)z} \tag{11-38}$$

式中 M_k——按荷载标准组合的弯矩值;

N_{p0}——计算截面上混凝土法向预应力等于零时的预加力值或全部纵向预应力筋和非预应力钢筋的合力,按式(10-122)或式(10-123)计算;

α_p——无黏结预应力筋的等效折减系数,取 $\alpha_p = 0.3$;对灌浆的后张预应力筋,取 $\alpha_p = 1.0$;

e_p——N_{p0} 的作用点至受拉区纵向预应力和非预应力钢筋合力点的距离;

z——受拉区纵向非预应力钢筋和预应力钢筋合力点至截面受压区合力点的距离,可采用如下经拟合回归后的公式进行计算。

$$z = \left[0.87 - 0.12(1 - \gamma'_f)\left(\frac{h_0}{e}\right)^2\right]h_0 \tag{11-39}$$

$$e = e_p + \frac{M_k}{N_{p0}} \tag{11-40}$$

3. 钢筋混凝土偏心受拉构件

对钢筋混凝土偏心受拉构件有

$$\sigma_s = \frac{N_q e'}{A_s(h_0 - a'_s)} \tag{11-41}$$

式中,e' 为轴向拉力作用点至受压区或受拉较小边纵向受力钢筋合力点的距离。

4. 钢筋混凝土偏心受压构件

对钢筋混凝土偏心受压构件有

$$\sigma_s = \frac{N_q(e - z)}{A_s z} \tag{11-42}$$

$$e = \eta_s e_0 + y_s \tag{11-43}$$

$$\eta_s = 1 + \frac{1}{4000 e_0/h_0}\left(\frac{l_0}{h}\right)^2 \tag{11-44}$$

式中 z——纵向受拉钢筋合力点至截面受压区合力点的距离,按式(11-39)计算,且不大于 $0.87h_0$;

e_0——荷载准永久组合下的初始偏心距,$e_0 = M_q/N_q$;

y_s——截面重心至纵向受拉钢筋合力点的距离;

η_s——使用阶段轴向压力偏心增大系数,认为使用阶段截面的曲率约为承载能力极限状态下的曲率的 1/3,则可用 6.4 节中类似的方法推导出式(11-44),当 l_0/h 不大于 14 时,取 $\eta_s = 1.0$。

【**例 11-5**】 某屋架下弦按轴心受拉构件,截面尺寸为 200 mm×160 mm,保护层厚度 $c = 20$ mm,配置 4⌀16 纵向受力钢筋($A_s = 804$ mm²),混凝土强度等级 C25($f_{tk} = 1.78$ N/mm²)。荷载准永久组合下的轴向力 $N_q = 142$ kN,裂缝宽度限值 $w_{lim} = 0.2$ mm。试按半理论半经验方法进行裂缝宽度控制验算。

【解】

$$\rho_{te} = \frac{A_s}{bh} = \frac{804}{200 \times 160} = 0.0251$$

$$\sigma_s = \frac{N_q}{A_s} = \frac{142\,000}{804} = 177 \text{ N/mm}^2$$

$$\psi = 1.1 - 0.65 \frac{f_{tk}}{\rho_{te} \sigma_s} = 1.1 - 0.65 \times \frac{1.78}{0.0251 \times 177} = 0.84$$

$$w_{max} = \alpha_{cr} \psi \frac{\sigma_s}{E_s} \left(1.9c + 0.08 \frac{d_{eq}}{\rho_{te}}\right)$$

$$= 2.7 \times 0.84 \times \frac{177}{2.0 \times 10^5} \times \left(1.9 \times 20 + 0.08 \frac{16}{0.0251}\right)$$

$$= 0.18 \text{ mm} < w_{lim} = 0.2 \text{ mm}$$

满足要求。

【例 11-6】 已知一 T 形截面梁的尺寸如图 11-17 所示。承受弯矩 $M_q = 440$ kN·m。混凝土抗拉强度标准值 $f_{tk} = 1.54$ N/mm², 受拉钢筋 6Φ25($A_s = 2\,945$ mm²),$E_s = 2.0 \times 10^5$ N/mm²,保护层厚度 $c = 25$ mm。按半理论半经验方法验算最大裂缝宽度值($w_{lim} = 0.3$ mm)。

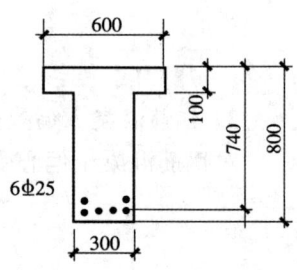

图 11-17 例 11-6 图

【解】

$$\rho_{te} = \frac{A_s}{0.5bh} = \frac{2\,945}{0.5 \times 300 \times 800} = 0.0245$$

$$\sigma_s = \frac{M_q}{0.87 A_s h_0} = \frac{440 \times 10^6}{0.87 \times 2\,945 \times 740} = 232 \text{ N/mm}^2$$

$$\psi = 1.1 - 0.65 \frac{f_{tk}}{\rho_{te} \sigma_s} = 1.1 - 0.65 \times \frac{1.54}{0.0245 \times 232} = 0.917$$

$$w_{max} = \alpha_{cr} \psi \frac{\sigma_s}{E_s} \left(1.9c + 0.08 \frac{d_{eq}}{\rho_{te}}\right)$$

$$= 1.9 \times 0.917 \times \frac{232}{2.0 \times 10^5} \times \left(1.9 \times 25 + 0.08 \frac{25}{0.0245}\right)$$

$$= 0.26 \text{ mm} < W_{lim} = 0.3 \text{ mm}$$

满足要求。

【例 11-7】 某计算跨度为 19.5m 的简支装配式钢筋混凝土 T 形梁桥,其截面如图 11-18。选用 C25 混凝土;Ⅱ 级钢筋焊接骨架,纵向受拉钢筋 8Φ32+2Φ16,$E_s = 2.0 \times 10^5$ N/mm²。承受均布荷载引起的跨中弯矩为:恒载弯矩 $M_G = 751$ kN·m,汽车荷载弯矩 $M_{Q1} = 596.04$ kN·m(冲击系数 $\mu = 1.191$),人群荷载弯矩 $M_{Q2} = 55.30$ kN·m。$w_{lim} = 0.2$ mm。试用以数理统计为基础的方法计算长期荷载作用下的最大裂缝宽度,问此梁设计是否满足裂缝控制要求?

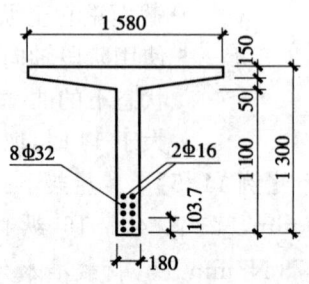

图 11-18 例 11-7 图

【解】
$$C_1 = 1.0$$
$$M_S = M_G + \frac{M_{Q1}}{1.191} + M_{Q2} = 751 + \frac{596.04}{1.191} + 55.30 = 1306.75 \text{ kN} \cdot \text{m}$$
$$C_2 = 1 + 0.5\frac{M_G}{M_S} = 1 + 0.5\frac{751}{1306.75} = 1.287$$
$$C_3 = 1.0$$
$$A_s = 804 \times 8 + 201 \times 2 = 6834 \text{ mm}^2$$
$$a_s = \frac{804 \times 8 \times 99 + 201 \times 2 \times 179}{6834} = 103.7 \text{ mm}$$
$$h_0 = h - a_s = 1300 - 103.7 = 1196.3 \text{ mm}$$
$$\sigma_s = \frac{M_S}{\gamma_s h_0 A_s} = \frac{1306.75 \times 10^6}{0.87 \times 1196.3 \times 6834} = 183.7 \text{ N/mm}^2$$
$$d_e = \frac{2 \times 16^2 + 8 \times 32^2}{2 \times 16 + 8 \times 32} = 30.2 \text{ mm}$$
$$b = 180 \text{ mm}, \ h_0 = 1196.3 \text{ mm}, \ b_f = 0, \ h_f = 0$$
$$\rho = \frac{A_s}{bh_0 + (b_f - b)h_f} = \frac{6834}{180 \times 1196.3} = 0.0317 > 0.02$$

取 $\rho = 0.02$

$$w_{\max} = C_1 C_2 C_3 \frac{\sigma_s}{E_s}\left(\frac{30 + d}{0.28 + 10\rho}\right)$$
$$= 1.0 \times 1.287 \times 1.0 \times \frac{183.7}{2.0 \times 10^5} \times \left(\frac{30 + 30.2}{0.28 + 10 \times 0.02}\right)$$
$$= 0.15 \text{ mm} < w_{\lim} = 0.2 \text{ mm}$$

满足要求。

注：如计算短期荷载作用下的最大裂缝宽度，取 $C_2 = 1.0$。

【例 11-8】 若 $M_k = 600 \text{ kN} \cdot \text{m}$，试用以数理统计为基础的方法计算例 11-6 梁的最大裂缝宽度。

【解】 $C_1 = 1.0$, $C_3 = 1.0$
$$C_2 = 1 + 0.5\frac{M_q}{M_k} = 1 + 0.5 \times \frac{440}{600} = 1.37$$
$$\sigma_s = 232 \text{ N/mm}^2$$
$$\rho = \frac{A_s}{bh_0} = \frac{2945}{300 \times 740} = 0.0133$$
$$w_{\max} = C_1 C_2 C_3 \frac{\sigma_s}{E_s}\left(\frac{30 + d}{0.28 + 10\rho}\right)$$
$$= 1.0 \times 1.37 \times 1.0 \times \frac{232}{2.0 \times 10^5} \times \left(\frac{30 + 25}{0.28 + 10 \times 0.0133}\right)$$
$$= 0.21 \text{ mm}$$

值得指出的是，例 11-6 和例 11-8 的计算结果表明，用不同的方法计算所得的最大裂缝宽度值不同，同时应注意到他们相应的裂缝宽度限值也不同，所以，必须以各种方法的整体验算结果（$w_{max} \leqslant w_{lim}$）来评价构件是否满足裂缝宽度的控制要求。

11.4 钢筋混凝土受弯构件的抗弯刚度

钢筋混凝土受弯构件的挠度，可以利用材料力学的有关公式计算，关键在于如何确定其截面抗弯刚度，如式(11-45)所示。刚度的计算要合理反映构件开裂后的塑性性质。

$$f = S \frac{M l_0^2}{EI} \tag{11-45}$$

式中 M——梁的最大弯矩；

S——与荷载形式、支承条件有关的系数。例如均布荷载下的简支梁，$S=5/48$；

l_0——计算跨度；

EI——截面的抗弯刚度，后文统一将其表示为 B。

由材料力学可知，根据平截面假定，弹性匀质材料梁的挠曲线微分方程为

$$\frac{d^2 y(x)}{dx^2} = \phi(x) = -\frac{M(x)}{EI} \tag{11-46}$$

式中 $y(x)$——梁各截面的挠度值；

$\phi(x)$——梁截面的曲率。

由式(11-46)可得

$$EI = -\frac{M(x)}{\phi(x)} \tag{11-47}$$

式(11-47)表明，梁的抗弯刚度可用弯矩和曲率的比值来计算。对弹性匀质材料梁，弯矩 M 和曲率 ϕ 成直线关系，如图 11-19 中的虚线 OA 所示。因此，梁的抗弯刚度 EI 为一常量。

如第 5 章所述，钢筋混凝土适筋受弯构件从开始承载到破坏，其刚度发展经历了三个阶段（图 11-19 中的实线）。开裂前（$M \leqslant M_{cr}$），梁处于弹性工作阶段，弯矩 M 和曲率 ϕ 成直线关系，且此直线关系与图中的虚线 OA 基本重合；受拉区混凝土一旦开裂（$M \geqslant M_{cr}$），梁即进入带裂缝工作阶段，刚度有明显的降低；当梁的受拉钢筋屈服以后（$M \geqslant M_y$），刚度则急剧降低。

上述规律说明，与弹性匀质材料梁不同，钢筋混凝土受弯构件的刚度并不是一个常值，裂缝的出现与开展对它有很显著的影响。由于受弯构件在正常使用极限状态下是带裂缝工作的，因而它的变形计算是针对裂缝稳定后的构件而言，应以第 II 阶段作为其计算依据。

钢筋混凝土受弯构件的刚度计算，有三类方法。第一类是考虑裂缝之间受拉混凝土仍参与受力，采用半理论半经验方法；

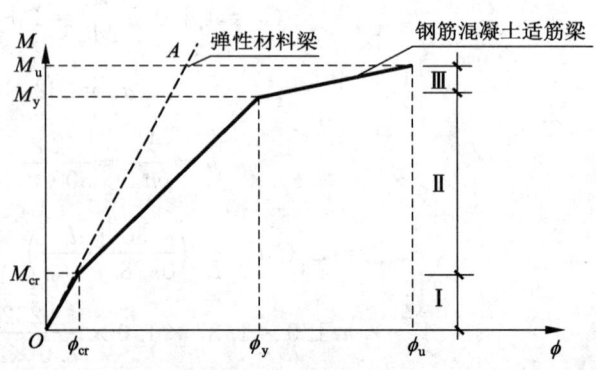

图 11-19　钢筋混凝土受弯构件正截面 M-ϕ 关系曲线

第二类是忽略裂缝之间受拉混凝土的作用,采用以开裂截面的换算截面惯性矩为基础的计算方法,实质上是基于弹性刚度计算的一类方法;第三类是基于开裂截面刚度－弯矩关系的计算方法。

11.4.1 半理论半经验方法

这一方法与裂缝宽度计算的半经验半理论方法相应。

1. 使用阶段受弯构件的应变特点

由试验研究可知,裂缝稳定以后,受弯构件的应变特点是(图 11-20):沿构件长度方向纵向钢筋的应变分布、受压区混凝土的应变分布都不均匀,开裂截面处较大,裂缝之间较小。所以,截面中和轴高度 x_n 连线呈波浪形,即使在纯弯段内,x_n 值也是变化的,开裂截面处较小,裂缝之间较大。

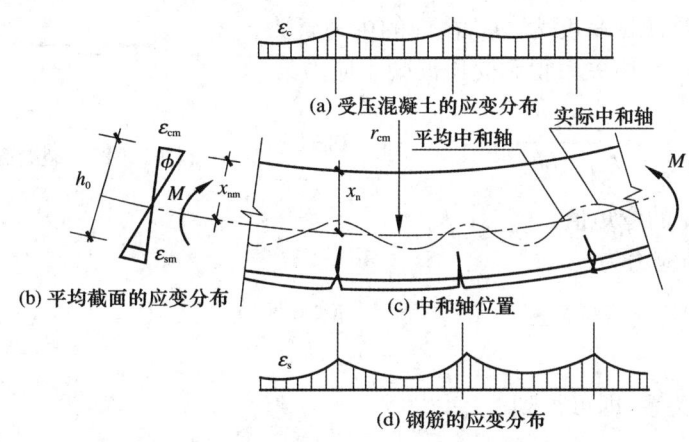

图 11-20 钢筋混凝土受弯构件使用阶段纯弯段的应变分布和中和轴位置

受弯构件纯弯段截面刚度计算的思路是:先以"平均"概念建立表达式,再考虑其不均匀性及长期荷载的影响。用裂缝间钢筋应变不均匀系数 $\psi = \varepsilon_{sm}/\varepsilon_s$ 反映不均匀程度。实际上,ψ 也反映了受拉区混凝土参与工作的程度。与 ε_{sm} 相应的钢筋平均应力为 σ_{sm}。受压混凝土应变值的波动幅度比钢筋应变小得多,其最大值与平均应变 ε_{cm} 值相差不大。中和轴高度的平均值 x_{nm} 称为平均中和轴高度,相应的中和轴称为"平均中和轴",截面则称为"平均截面",曲率称为"平均曲率",平均曲率半径记为 r_{cm}。

研究表明,钢筋平均应变 ε_{sm},受压混凝土平均应变 ε_{cm} 符合平均应变平截面假定。

2. 受弯构件的短期刚度 B_s

建立短期刚度表达式的途径,与材料力学建立弯矩 M 与曲率 ϕ 关系的途径是相同的,即综合应用截面应变的几何关系、材料应变与应力的物理关系以及截面内力的平衡关系。

(1) 几何关系:在纯弯段内,平均应变 ε_{sm},ε_{cm} 符合平截面假定。故截面曲率为

$$\phi = \frac{1}{r_{cm}} = \frac{\varepsilon_{sm} + \varepsilon_{cm}}{h_0} \tag{11-48}$$

式中,r_{cm} 为平均曲率半径。

(2) 物理关系:在使用阶段,钢筋的平均应变 ε_{sm} 与平均应力 σ_{sm} 的关系符合虎克定律,即 $\varepsilon_{sm} = \dfrac{\sigma_{sm}}{E_s}$。又 $\varepsilon_{sm} = \psi \varepsilon_s$,则钢筋平均应变 ε_{sm} 与裂缝截面钢筋应力 ε_s 的关系为

$$\varepsilon_{sm} = \psi \varepsilon_s = \psi \frac{\sigma_s}{E_s} \tag{11-49}$$

另外,由于受压区混凝土的平均应变 ε_{cm} 与裂缝截面的应变 ε_c 相差很小,再考虑到混凝土的塑性变形而采用变形模量 E'_c($E'_c = \nu E_c$, ν 为弹性系数),则

$$\varepsilon_{cm} \approx \varepsilon_c = \frac{\sigma_c}{E'_c} = \frac{\sigma_c}{\nu E_c} \tag{11-50}$$

(3) 平衡关系:裂缝截面的实际应力分布如图 11-21(a)所示,计算时可把混凝土受压应力图形取作等效矩形应力图形,如图 11-21(b)所示,并取平均应力为 $\omega\sigma_c$, ω 为压应力图形系数。

设裂缝截面的受压区高度为 ξh_0,截面的内力臂为 $\gamma_s h_0$。由截面内力的平衡关系得到受压混凝土应力为

$$\sigma_c = \frac{M}{\xi\omega\gamma_s b h_0^2} \tag{11-51}$$

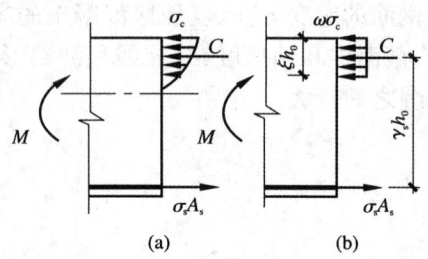

图 11-21 裂缝截面计算图形

式中,M 为截面所受的弯矩值。

同理,受拉钢筋应力为

$$\sigma_s = \frac{M}{A_s \gamma_s h_0} \tag{11-52}$$

综合上述三项关系,即可得到

$$\phi = \frac{\varepsilon_{sm} + \varepsilon_{cm}}{h_0} = \frac{\psi\dfrac{\sigma_s}{E_s} + \dfrac{\sigma_c}{\nu E_c}}{h_0} = \frac{\psi\dfrac{M}{E_s A_s \gamma_s h_0} + \dfrac{M}{\nu E_c \xi\omega\gamma_s b h_0^2}}{h_0}$$

$$= M\left(\frac{\psi}{E_s A_s \gamma_s h_0^2} + \frac{1}{\nu E_c \xi\omega\gamma_s b h_0^3}\right) \tag{11-53}$$

式(11-53)即为 M 与曲率 ϕ 的关系式。设 $\zeta = \nu\xi\omega\gamma_s$,并称 ζ 为混凝土受压边缘平均应变综合系数。经整理,可得短期刚度的表达式为

$$B_s = \frac{M}{\phi} = \frac{1}{\dfrac{\psi}{E_s A_s \gamma_s h_0^2} + \dfrac{1}{\zeta E_c b h_0^3}} = \frac{E_s A_s h_0^2}{\dfrac{\psi}{\gamma_s} + \dfrac{\alpha_E \rho}{\zeta}} \tag{11-54}$$

式(11-54)中,裂缝间受拉钢筋平均应变不均匀系数 ψ 可按式(11-16)计算,α_E 为钢筋与混凝土的弹性模量比,ρ 为纵向受拉钢筋配筋率。显然,当构件的截面尺寸和配筋率已定时,式(11-54)中分母的第一项反映了钢筋应变不均匀程度(或受拉区混凝土参与受力的程度)对刚度的影响:当 M 较小时,σ_s 也较小,钢筋与混凝土之间具有较强的黏结作用,钢筋应变不均匀程度较小,受拉混凝土参与受力的程度较大,ψ 值较小,短期刚度 B_s 较大;当 M 较大时,短期刚度 B_s 值减小。分母的第二项则反映了受压区混凝土变形对刚度的影响。

受压边缘混凝土平均应变综合系数 ζ 反映了 ν、ξ、ω、γ_s 四个参数的综合效果。当 M 较小时,弹性系数 ν 和截面相对受压区高度 ξ 值较大,而内力臂系数 γ_s 和应力图形系数 ω 值较小;

当 M 较大时,则 γ_s、ζ 值较大。因而在使用荷载值的范围内,弯矩值的变化对 ζ 值的影响并不显著,可以认为 ζ 值与弯矩值无关,而是取决于构件的混凝土强度等级、配筋率以及截面形式。由式(11-51),可得

$$M=\sigma_c\xi\omega\gamma_s bh_0^2=\nu E_c\varepsilon_c\xi\omega\gamma_s bh_0^2=\zeta\varepsilon_{cm}E_c bh_0^2 \tag{11-55}$$

所以 ζ 值是可以通过试验求得的,因为试件的 E_c、b、h_0 为已知值,M、ε_{cm} 可由试验量测得到。根据试验分析结果,可得

$$\frac{\alpha_E\rho}{\zeta}=0.2+\frac{6\alpha_E\rho}{1+3.5\gamma_f'} \tag{11-56}$$

式中,γ_f' 为受压区翼缘加强系数[式(11-37)],当 $h_f'>0.2h_0$ 时,应取 $h_f'=0.2h_0$。矩形截面 $\gamma_f'=0$;式(11-56)即为短期刚度 B_s 计算表达式分母中的第二项。混凝土强度等级和配筋率确定后,它是一个常值。将该式以及 $\gamma_s=0.87$ 代入式(11-54),则得短期刚度 B_s 的计算公式为

$$B_s=\frac{E_s A_s h_0^2}{1.15\psi+0.2+\dfrac{6\alpha_E\rho}{1+3.5\gamma_f'}} \tag{11-57}$$

3. 受弯构件刚度 B

受弯构件刚度 B 是在短期刚度的基础上考虑荷载长期作用的影响后确定的。

在长期荷载作用下,钢筋混凝土受弯构件的刚度随时间而降低,挠度增大。试验表明,梁的挠度在前半年时间内增加较快,此后增加的速度逐渐缓慢,大约一年后渐趋稳定,但仍有很微小的增加。挠度增加的原因主要是受压混凝土徐变引起平均应变 ε_{cm} 的增大。此外,钢筋与混凝土之间的滑移徐变(特别是配筋率不高的梁中)使部分受拉混凝土退出工作、受压混凝土塑性变形的发展、受拉混凝土与受压混凝土收缩不一致等都会导致刚度的降低。所以,凡是影响混凝土徐变和收缩的因素,如混凝土的组成成分和比例、受压钢筋的配筋率、荷载作用时间、使用环境的因素(温度、湿度)等都会引起构件刚度的降低。

长期荷载作用下受弯构件挠度的增大,可用长期荷载对挠度增大的影响系数 θ 来反映。设 f、f_s 分别是构件的长期挠度和短期挠度,则

$$\theta=\frac{f}{f_s} \tag{11-58}$$

θ 值根据实验结果分析后确定,其中,考虑了长期荷载下受压钢筋对混凝土受压徐变及收缩所起的约束作用使长期挠度有所减少的影响。当受弯构件受压钢筋配筋率 $\rho'=\dfrac{A_s'}{bh_0}=0$ 时,$\theta=2.0$;当 $\rho'=\rho$ 时,$\theta=1.6$;当 ρ' 为中间数值时,按直线内插法取用。对翼缘位于受拉区的 T 形截面,θ 值应增加 20%。

按荷载的准永久组合计算获得的弯矩 M_q 属于长期荷载效应。因此,若按荷载的准永久组合计算构件的变形时,有

$$B=B_s/\theta \tag{11-59}$$

按荷载标准组合计算获得的弯矩 M_k 中包括两个效应:一是由恒载和活载中的"恒载"产生的长期弯矩 M_q;二是由活载中的"活载"部分产生的短期弯矩 M_k-M_q。此二效应产生的梁的挠度示意图如图 11-22 所示。若按荷载的标准组合计算构件的变形,则梁的挠度应该是如图 11-22 中 f_1' 和 f_s' 的叠加。即

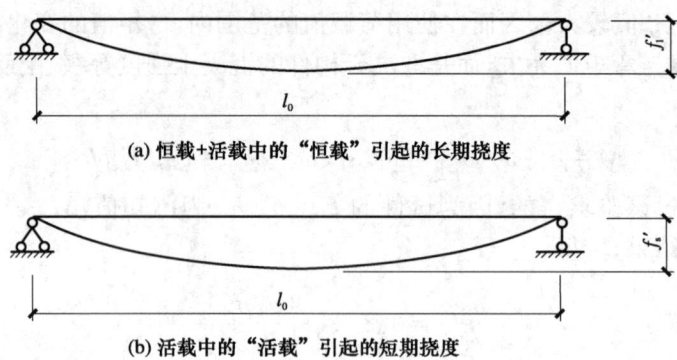

图 11-22　不同荷载下梁的挠度示意图

$$f = f'_1 + f'_s = \theta S \frac{M_q l_0^2}{B_s} + S \frac{M_k - M_q}{B_s} l_0^2 = S \frac{M_k}{B} l_0^2 \quad (11\text{-}60)$$

于是有

$$B = \frac{M_k}{M_q(\theta - 1) + M_k} B_s \quad (11\text{-}61)$$

式(11-61)即为按荷载标准组合计算构件变形且考虑荷载长期作用影响时的刚度。

《混凝土结构设计规范》(GB 50010)采用的就是半理论半经验的刚度计算方法,并规定：钢筋混凝土受弯构件的最大挠度按荷载的准永久组合,预应力混凝土受弯构件的最大挠度按荷载的标准组合,并均考虑荷载长期作用的影响进行计算。其抗弯刚度 B 分别按式(11-59)和式(11-61)计算。有关预应力混凝土受弯构件的短期抗弯刚度 B_s 的计算将在 11.5 节中介绍。

11.4.2　基于弹性刚度的简化计算方法

按半理论半经验方法计算刚度,受弯构件的短期刚度 B_s 与 $\alpha_E \rho$ 呈双曲线函数关系,计算较为繁杂。为简便计算并偏于安全,还可采用一类在弹性刚度的基础上乘以折算系数的计算方法。《公路钢筋混凝土及预应力混凝土桥涵设计规范》(JTG 3362—2018)和《水运工程混凝土结构设计规范》(JTS 151—2011)等采用的就是这一类方法。但不同规范的计算公式略有不同。此处仅介绍 JTG 3362—2018 规范中的方法。

短期刚度计算公式如下：

$$B_s = \frac{0.95 E_c I_0}{\left(\dfrac{M_{cr}}{M_s}\right)^2 + \left(1 - \dfrac{M_{cr}}{M_s}\right)^2 \cdot \dfrac{0.95 I_0}{I_{0cr}}} \quad (11\text{-}62)$$

式中　I_0——全截面换算惯性矩；

I_{0cr}——开裂截面换算惯性矩；

M_s——按荷载短期效应组合计算的弯矩值；

M_{cr}——截面的开裂弯矩,可按式(5-16)计算。

若考虑长期荷载对构件挠度的影响,则可按荷载短期效应组合由式(11-62)所示的短期刚度计算出构件的短期挠度,再乘以长期挠度增长系数 η_θ。η_θ 和前文中的 θ 有着相同的物理意义,但二者的量值不同。《公路钢筋混凝土及预应力混凝土桥涵设计规范》(JTG 3362—

2018)规定:当采用 C40 以下混凝土时,$\eta_\theta=1.60$;当采用 C40~C80 混凝土时,$\eta_\theta=1.45\sim1.35$,中间强度等级可按线性插值取用。

单筋矩形受弯构件截面的换算面积及相应截面惯性矩计算可见第 5 章中相关内容。开裂截面的换算面积为(图 11-23)

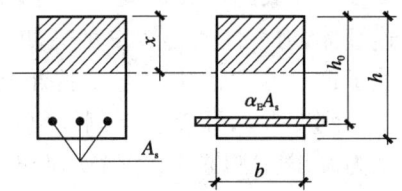

图 11-23 开裂截面的换算截面

$$A_{0cr} = bx + \alpha_E A_s \qquad (11-63)$$

其中,截面受压区高度可按下式计算,即

$$x = \frac{\alpha_E A_s}{b}\left(\sqrt{1+\frac{2bh_0}{\alpha_E A_s}}-1\right) \qquad (11-64)$$

相应的开裂截面换算惯性矩为

$$I_{0cr} = \frac{1}{3}bx^3 + \alpha_E A_s (h_0 - x)^2 \qquad (11-65)$$

11.4.3 基于开裂截面刚度-弯矩关系的计算方法

顾祥林等对不同截面尺寸、不同混凝土强度、不同配筋率(钢筋型号相同,均为 HRB335)的钢筋混凝土单筋矩形截面进行了大量的数值模拟分析。结果发现(图 11-24):混凝土开裂

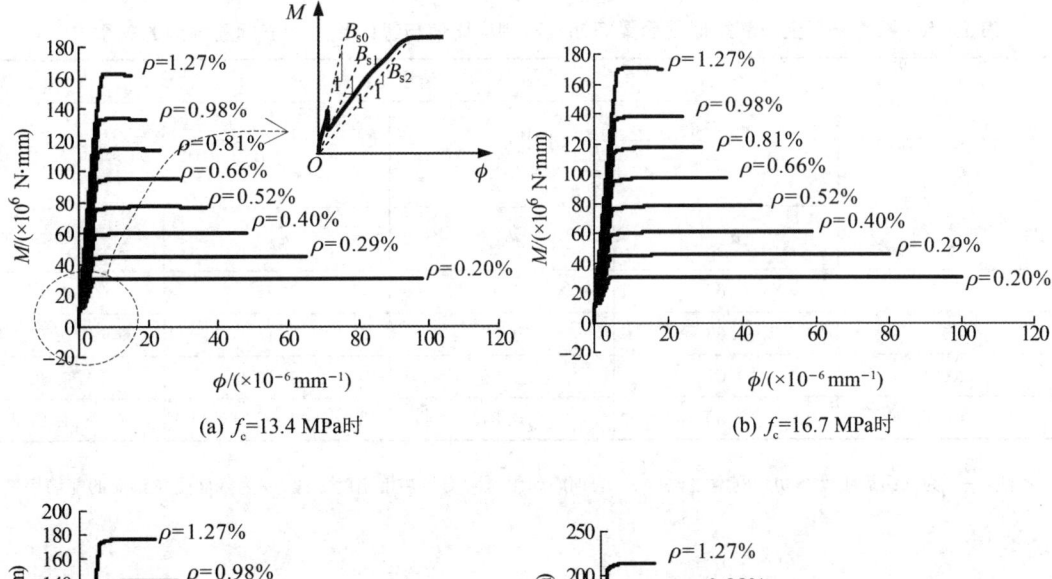

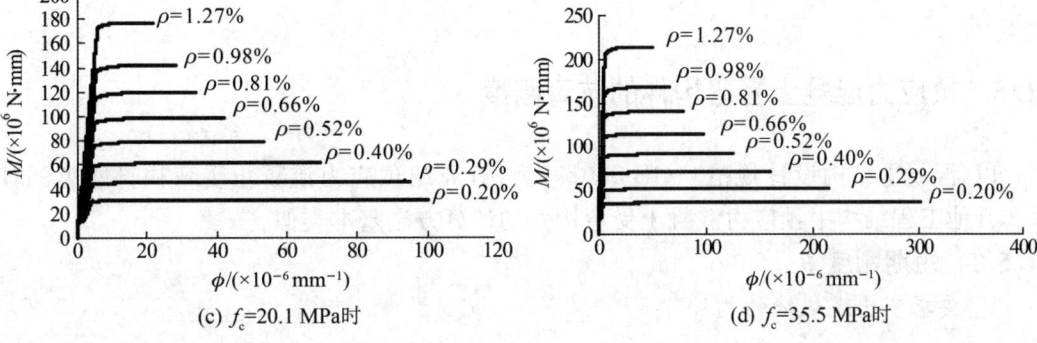

图 11-24 尺寸为 250 mm×500 mm 截面的 M-ϕ 关系曲线

后，梁截面的抗弯割线刚度发生突变，且混凝土强度越高，配筋率越小，拉区混凝土开裂后截面割线刚度发生突变的现象越明显。梁开裂后由原来的连续体变为非连续体，力学性能必然发生突变。开裂前后刚度突变反映了这一力学特征。定义混凝土开裂前的截面刚度为初始刚度 B_{s0}，开裂后至割线刚度突变结束时的割线刚度为开裂后刚度 B_{s1}，钢筋屈服时的割线刚度为 B_{s2}，如图11-24(a)所示。经回归分析提出钢筋混凝土受弯构件短期抗弯刚度的计算方法如图11-25和表11-5所示。

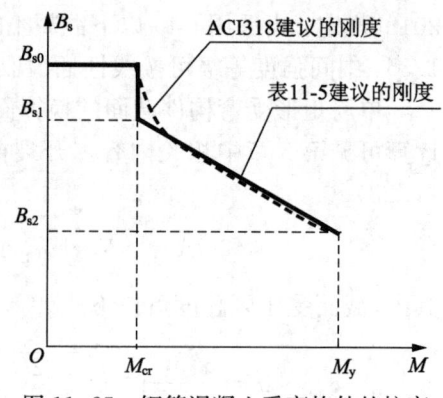

图 11-25　钢筋混凝土受弯构件的抗弯刚度随弯矩的变化规律

已知梁截面的几何物理特征，应用材料力学的方法可算出 $B_{s0}=EI_0$（I_0 为换算截面的惯性矩），运用表11-5中的公式可算出 B_{s1} 和 B_{s2}。于是，可以得出梁截面抗弯刚度 B_s 随弯矩的变化情况：开裂后由 B_{s0} 变为 B_{s1}，钢筋屈服前在 B_{s1} 和 B_{s2} 之间线性变化，如图11-25所示。上述受弯构件短期抗弯刚度的计算方法和美国混凝土结构规范 ACI318 规范建议的方法很接近（图11-25），但在开裂后刚度突变这一点上比美国混凝土结构规范 ACI318 规范更能反映实际情况。

应用表11-5时应注意：(1) 当 $\dfrac{B_{s1}}{B_{s0}}>1$ 时，取 $\dfrac{B_{s1}}{B_{s0}}=1$；(2) 当 $\dfrac{B_{s2}}{B_{s0}}>0.6$ 时，取 $\dfrac{B_{s2}}{B_{s0}}=0.6$。

表 11-5　钢筋混凝土单筋矩形截面梁短期抗弯刚度比值与纵向受力钢筋配筋率间的关系式

混凝土抗压强度 /MPa	函数关系式			
	$\dfrac{B_{s1}}{B_{s0}}=\dfrac{1}{a_1+\dfrac{b_1}{\rho}}$（上限）		$\dfrac{B_{s2}}{B_{s0}}=\dfrac{1}{a_2+\dfrac{b_2}{\rho}}$（下限）	
	a_1	b_1	a_2	b_2
13.7	0.65	0.49	1.27	0.65
16.7	0.63	0.56	1.15	0.77
20.1	0.61	0.65	1.10	0.88
35.5	0.59	0.84	1.06	1.15

注：$\dfrac{B_{s1}}{B_{s0}}$ 为开裂后刚度与初始刚度之比；$\dfrac{B_{s2}}{B_{s0}}$ 为钢筋屈服时刚度与初始刚度之比；ρ 为截面受拉钢筋的配筋率(%)。

11.5　预应力混凝土受弯构件的抗弯刚度

以《混凝土结构设计规范》(GB 50010)为例，介绍预应力混凝土受弯构件刚度的计算方法。其他工程结构中预应力混凝土受弯构件的计算方法基本类似。

11.5.1　短期刚度 B_s

1. 要求不出现裂缝的构件

$$B_s=0.85E_cI_0 \tag{11-66}$$

2. 允许出现裂缝的构件

对使用阶段已经出现裂缝的预应力混凝土受弯构件，假定弯矩与曲率关系曲线是由双折线组成，双折线的交点位于开裂弯矩 M_{cr} 处，如图 11-26 所示。

根据图 11-26 可求得短期刚度的基本公式为

$$B_s = \frac{E_c I_0}{\dfrac{1}{\beta_{0.4}} + \dfrac{\dfrac{M_{cr}}{M_k} - 0.4}{1 - 0.4}\left(\dfrac{1}{\beta_{cr}} - \dfrac{1}{\beta_{0.4}}\right)} \quad (11\text{-}67)$$

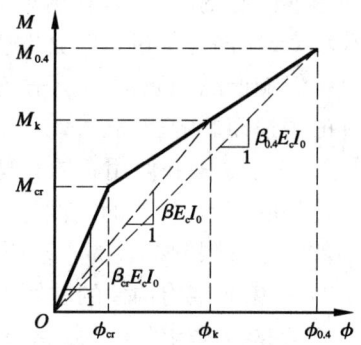

图 11-26 有黏结预应力混凝土梁双折线弯矩-曲率关系

式中，$\beta_{0.4}$ 和 β_{cr} 分别为 $\dfrac{M_{cr}}{M_k} = 0.4$ 和 1.0 时的刚度降低系数。对 β_{cr}，取 $\beta_{cr} = 0.85$；对 $\dfrac{1}{\beta_{0.4}}$，根据试验资料分析，取拟合的近似值：

$$\frac{1}{\beta_{0.4}} = \left(0.8 + \frac{0.15}{\alpha_E \rho}\right)(1 + 0.45\gamma_f) \quad (11\text{-}68)$$

将 β_{cr} 和 $\dfrac{1}{\beta_{0.4}}$ 代入式(11-67)，可得

$$B_s = \frac{0.85 E_c I_0}{\kappa_{cr} + (1 - \kappa_{cr})\omega} \quad (11\text{-}69)$$

$$\omega = \left(1.0 + \frac{0.21}{\alpha_E \rho}\right)(1 + 0.45\gamma_f) - 0.7 \quad (11\text{-}70)$$

式中 ρ——预应力混凝土受弯构件纵向受拉钢筋配筋率，$\rho = (A_s + A_p)/(bh_0)$；

γ_f——受拉翼缘截面面积与腹板有效截面面积的比值，$\gamma_f = \dfrac{(b_f - b)h_f}{bh_0}$；

κ_{cr}——预应力受弯构件正截面开裂弯矩 M_{cr} 与弯矩 M_k 的比值，当 $\kappa_{cr} > 1.0$ 时，取 $\kappa_{cr} = 1.0$，M_{cr} 按式(10-84)或式(10-96)计算。

对预压时预拉区出现裂缝的构件，B_s 取值应比式(11-69)计算值降低 10%。

11.5.2 刚度 B

要求不出现裂缝和允许出现裂缝的构件按式(11-61)计算，只是 B_s 不同。考虑荷载长期作用对挠度增大的影响系数 θ 值取 2.0。

11.6 使用阶段受弯构件的变形验算

11.6.1 变形验算的目的和要求

1. 变形验算的目的

1) 保证结构的使用功能要求

结构构件的变形过大时，会严重影响其使用功能。例如桥梁上部结构过大的挠曲变形使

桥面形成凹凸的波浪形,影响车辆高速、平稳行驶,严重时将致桥面结构的破坏;露天楼面(如停车场)或屋面挠度过大时会发生积水,增加渗漏的可能;精密仪器生产车间楼板的过大变形,将直接影响产品的质量;厂房吊车梁的挠度过大时不仅妨碍吊车的正常运行,也增加了对轨道构件的磨损而影响使用。

2) 满足观瞻和使用者的心理要求

构件的变形(如梁的挠度等)过大,不仅有碍观瞻,还引起使用者明显的不安全感,所以应把构件的变形限制在人的心理所能承受的范围内。

3) 避免非结构构件的破坏

所谓非结构构件主要是指自承重构件或建筑构造构件等,其支承构件的过大变形会导致这类构件的破坏,例如,房屋中的隔墙一般采用半砖厚的空心砖、石膏板等脆性材料,如果它的承重构件挠度过大,则很容易引起它的开裂和损坏(图 11-27),当支承梁的跨度较大时,裂缝宽度甚至可达数毫米;又如过梁的挠度过大会损坏门窗等。避免非结构构件的破坏也是确定变形限值时着重考虑的重要因素。

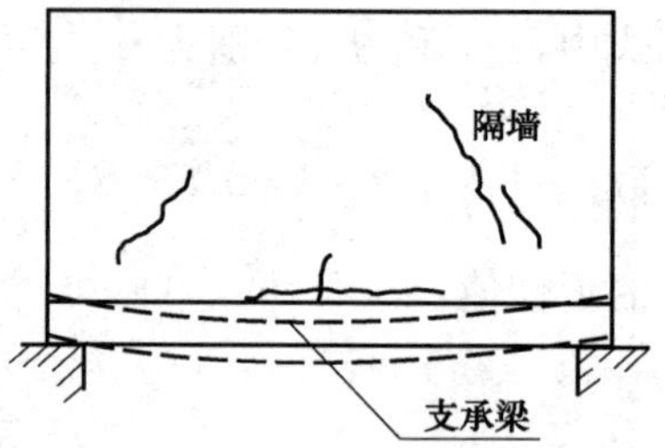

4) 避免对其他结构构件的不利影响

如果某构件的变形过大,会导致结构构件的实际受力与计算假定不相符,并影响到与它连接的其他构件也发生过大变形,有时甚至会改变荷载的传递路线、大小和性质。例如吊车在变形过大的吊车梁上行驶会引起厂房的振动等。

图 11-27 支承梁挠度过大引起的隔墙裂缝

2. 变形控制的要求

由于弯曲变形最容易发生,有关结构构件变形控制主要是针对受弯构件以及公路桥梁的桁架、拱等构件进行挠度控制。总的来说,是要求最大挠度计算值不大于挠度限值,即

$$f \leqslant f_{\text{lim}} \tag{11-71}$$

挠度限值主要依据上述控制目的和工程经验的总结确定。一般工业与民用建筑的中钢筋混凝土受弯构件的挠度限值如表 11-6 所列,公路钢筋混凝土桥涵构件的挠度限值如表 11-7 所列。对其他土木工程结构构件也各有相应的规定。

表 11-6　　　　　　　　　建筑中受弯构件的挠度限值

构件类型	挠度限值(以计算跨度 l_0 计算)
吊车梁 　手动吊车 　电动吊车	$l_0/500$ $l_0/600$
屋盖、楼盖及楼梯构件 　当 $l_0 \leqslant 7$ m 时 　当 7 m $\leqslant l_0 \leqslant 9$ m 时 　当 $l_0 \geqslant 9$ m 时	$l_0/200(l_0/250)$ $l_0/250(l_0/300)$ $l_0/300(l_0/400)$

注：① 如果构件制作时预先起拱,且使用上也允许,则在验算挠度时可将计算所得的挠度值减去起拱值,预应力混凝土构件尚可减去预加力所产生的反拱值。
② 表中括号中的数值适用于使用上对挠度有较高要求的构件。
③ 悬臂构件的挠度限值按表中相应数值乘以系数 2.0 取用。

表 11-7　　公路钢筋混凝土桥涵构件最大竖向挠度的限值

构件类型	挠度限值
梁式桥主梁跨中	$l/600$
梁式桥主梁悬臂端	$l_1/300$
桁架、拱	$l/800$

注：① l 为计算跨径，l_1 为悬臂长度。
　　② 车或履带荷载试验时，上述挠度限值可增加 20%。
　　③ 在一个桥跨范围内移动产生正负不同的挠度时，计算挠度应为其正负挠度的最大绝对值之和。

11.6.2　钢筋混凝土受弯构件的变形验算

求得刚度后，以刚度值替换式(11-45)中的 EI，即可求得受弯构件的挠度 f，再以式(11-71)验算构件的变形是否达到控制要求。

1. 半经验半理论方法

式(11-57)、式(11-59)和式(11-61)所表达的刚度是沿受弯构件纯弯段的刚度平均值。实际上，钢筋混凝土受弯构件在剪跨范围内各截面的弯矩值是不相等的，而且，一般情况下，截面尺寸、材料已经确定的构件，在使用荷载作用下各截面受拉区的开裂情况也不同。如图 11-28 所示，构件在靠近支座的截面处，因 $M<M_{cr}$ 将不出现正截面裂缝，截面刚度比跨中已开裂截面大得多；沿构件长度方向，各截面的抗弯刚度随钢筋截面面积 A_s 的多少以及钢筋应力 σ_s 的大小不同而变化，弯矩最大的跨中截面的刚度最小（$B_{s,\min}$）。所以，从理论上讲，应按变刚度受弯构件计算构件的挠度，但其计算非常复杂。为简化起见，对于等截面受弯构件，在工程设计中可假定各同号弯矩

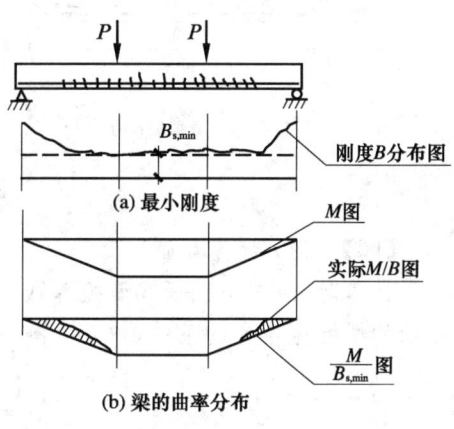

图 11-28　最小刚度原则的应用

区段内各截面的刚度相等，并取该区段内最大弯矩 $M_{\max}$ 处的刚度 $B_{s,\min}$ 计算挠度，如图 11-28(a)中的虚线。这就是计算受弯构件变形的最小刚度原则。

按最小刚度原则计算，近支座处的曲率计算值 $M/B_{s,\min}$ 比实际值大[图 11-28(b)]。实际上，一方面，上述刚度计算仅考虑了正截面的弯曲变形，而对于剪跨内已出现斜裂缝的钢筋混凝土梁，剪切变形也使挠度增大影响不应忽略；另外，试验实测结果表明，与正截面受弯比较，斜裂缝出现后剪跨内沿斜截面弯曲时的钢筋应力有所增大。一般情况下，这些使挠度增大的影响与用刚度最小原则计算时的偏差大致可以相抵。经对国内外约 350 根试验梁的验算，试验值与计算值符合良好，说明按最小刚度原则计算受弯构件的变形是合理的。

2. 基于弹性刚度的简化方法

当采用简化方法[式(11-62)或表 11-5 建议的方法]计算抗弯刚度时，也认为全构件的截面刚度相等。钢筋混凝土桥梁的挠度由两部分组成，一部分是由结构重力(恒载)产生的挠度，另一部分是由静力活载(不计冲击力的活载)产生的挠度。有关规范还规定，当结构重力和汽车荷载(不计冲击力)产生的向下的挠度之和超过 $l_0/1600$ 时，都需设置预拱度，其值等于结构重力和半个汽车荷载(不计冲击力)计算获得的长期挠度。验算公路桥梁的变形控制要求时，若汽车荷载在一个桥跨内移动使构件产生正负两种挠度，则最大挠度值应为正负挠度的最大绝对值之和。

3. 提高受弯构件刚度的措施

无论采用何种方法计算构件的刚度,从计算公式都可看出,提高刚度的最有效措施是增大截面高度 h。所以在工程实践中,一般都是根据受弯构件高跨比 (h/l) 的合适取值范围预先予以变形控制,这一高跨比范围是通过总结工程实践经验而得到的。如果计算中发现刚度相差不大而构件的截面尺寸难以改变时,也可采取增加受拉钢筋配筋率、采用双筋截面等措施。此外,采用高性能混凝土、对构件施加预应力等都是提高混凝土构件刚度的有效手段。

【**例 11-9**】 图 11-29(a)所示简支多孔板的计算跨度 $l_0 = 3.04$ m,混凝土等级 C20,配置 9ϕ6。保护层厚度 $c = 10$ mm。按均布荷载准永久值组合计算的弯矩值 $M_q = 3.53$ kN·m。试按半理论半经验方法验算变形控制要求。

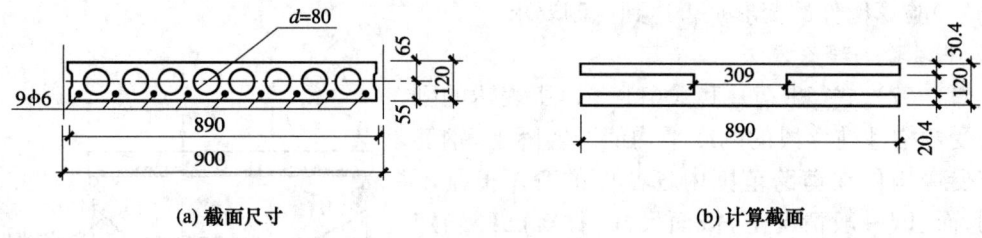

图 11-29 例 11-9 图

【**解**】 (1) 计算截面

计算时,应把多孔板截面换算成 I 形计算截面。此时应按截面面积、形心位置和截面对形心轴的惯性矩不变的条件,把圆孔换算成 $b_a h_a$ 的矩形孔。即

$$\frac{\pi d^2}{4} = b_a h_a, \qquad \frac{\pi d^4}{64} = \frac{b_a h_a^3}{12}$$

求得:$b_a = 72.6$ mm,$h_a = 69.2$ mm。换算后的 I 形截面尺寸为[图 11-29(b)]:

$$b = 890 - 72.6 \times 8 = 309 \text{ mm}, \quad h'_f = 65 - \frac{69.2}{2} = 30.4 \text{ mm}, \quad h_f = 55 - \frac{69.2}{2} = 20.4 \text{ mm}$$

(2) 挠度验算

$$\alpha_E \rho = \frac{E_s}{E_c} \frac{A_s}{bh_0} = \frac{2.1 \times 10^5}{2.55 \times 10^4} \times \frac{28.3 \times 9}{309 \times 107} = 0.0634$$

$$\gamma'_f = \frac{(b'_f - b) h'_f}{bh_0} = \frac{(890 - 309) \times 30.4}{309 \times 107} = 0.534$$

$$\rho_{te} = \frac{A_s}{0.5bh + (b_f - b) h_f} = \frac{28.3 \times 9}{0.5 \times 309 \times 120 + (890 - 309) \times 20.4} = 0.00838$$

$$\sigma_{sq} = \frac{M_q}{0.87 h_0 A_s} = \frac{3.53 \times 10^6}{0.87 \times 107 \times 28.3 \times 9} = 148.9 \text{ N/mm}^2$$

$$f_{tk} = 1.5 \text{ N/mm}^2$$

$$\psi = 1.1 - 0.65 \frac{f_{tk}}{\rho_{te} \sigma_{sq}} = 1.1 - 0.65 \times \frac{1.5}{0.00838 \times 148.9} = 0.319$$

$$B_s = \frac{E_s A_s h_0^2}{1.15\psi + 0.2 + \dfrac{6\alpha_E \rho}{1+3.5\gamma_f'}}$$

$$= \frac{2.1\times 10^5 \times 28.3 \times 9\times 10^{7^2}}{1.15\times 0.319 + 0.2 + \dfrac{6\times 0.063\ 4}{1+3.5\times 0.534}} = 8.76\times 10^{11}\ \text{N}\cdot\text{mm}^2$$

$$B = \frac{B_s}{\theta} = \frac{8.76\times 10^{11}}{2} = 4.38\times 10^{11}\ \text{N}\cdot\text{mm}^2$$

$$f = \frac{5}{48}\frac{M_q l_0^2}{B} = \frac{5}{48}\times \frac{3.53\times 10^6 \times 3\ 040^2}{4.38\times 10^{11}} = 7.76\ \text{mm} < \frac{l_0}{200} = \frac{3\ 040}{200} = 15.2\ \text{mm}$$

满足要求。

【例 11-10】 已知I形截面简支受弯构件如图11-30所示。混凝土强度等级C30,钢筋Ⅱ级。计算跨度$l_0 = 11.7$ m。均布荷载引起的弯矩$M_q = 550$ kN·m。构件的挠度限值$l_0/300$。试按半理论半经验方法验算构件的变形控制要求。

【解】 $A_s = 2\ 945\ \text{mm}^2$, $h_0 = 1\ 290 - 65 = 1\ 225\ \text{mm}$

$$A_{te} = 0.5bh + (b_f - b)h_f$$
$$= 0.5\times 80\times 1\ 290 + (200 - 80)\times 130$$
$$= 67\ 200\ \text{mm}^2$$

$$\rho_{te} = \frac{A_s}{A_{te}} = \frac{2\ 945}{67\ 200} = 0.043\ 8$$

$$\rho = \frac{A_s}{bh_0} = \frac{2\ 945}{80\times 1\ 225} = 0.030\ 1$$

$$\alpha_E \rho = \frac{E_s}{E_c}\rho = \frac{2.0\times 10^5}{3.0\times 10^4}\times 0.030\ 1 = 0.201$$

$$\sigma_{sq} = \frac{M_q}{0.87 h_0 A_s} = \frac{550\times 10^6}{0.87\times 1\ 225\times 2\ 945} = 175\ \text{N/mm}^2$$

$$f_{tk} = 2\ \text{N/mm}^2$$

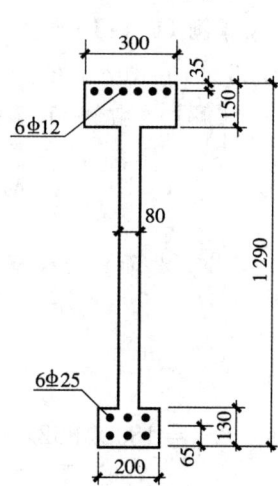

图 11-30 例 11-10 图

$$\psi = 1.1 - 0.65\frac{f_{tk}}{\rho_{te}\sigma_{sq}} = 1.1 - 0.65\times \frac{2}{0.043\ 8\times 175} = 0.93$$

$$\gamma_f' = \frac{(b_f' - b)h_f'}{bh_0} = \frac{(300 - 80)\times 150}{80\times 1\ 225} = 0.337$$

$$B_s = \frac{E_s A_s h_0^2}{1.15\psi + 0.2 + \dfrac{6\alpha_E \rho}{1+3.5\gamma_f'}}$$

$$= \frac{2.0\times 10^5 \times 2\ 945\times 1\ 225^2}{1.15\times 0.93 + 0.2 + \dfrac{6\times 0.201}{1+3.5\times 0.337}} = 485\times 10^{12}\ \text{N}\cdot\text{mm}^2$$

$$A'_s = 678 \text{ mm}^2$$

$$\rho' = \frac{A'_s}{bh_0} = \frac{678}{80 \times 1\,225} = 0.006\,9$$

$$\frac{\rho'}{\rho} = \frac{0.006\,9}{0.030\,1} = 0.229$$

$$\theta = 2.0 - 0.4\frac{\rho'}{\rho} = 2.0 - 0.4 \times 0.229 = 1.91$$

$$B = \frac{B_s}{\theta} = \frac{485 \times 10^{12}}{1.91} = 254 \times 10^{12} \text{ N} \cdot \text{mm}^2$$

$$f = \frac{5}{48}\frac{M_q l_0^2}{B} = \frac{5}{48} \times \frac{550 \times 10^6 \times 11\,700^2}{254 \times 10^{12}} = 29.6 \text{ mm} < \frac{l_0}{300} = \frac{11\,700}{300} = 39 \text{ mm}$$

满足要求。

【例 11-11】 已知条件同例 11-7。$I_0 = 64.35 \times 10^9 \text{ mm}^4$,$I_{0cr} = 50.71 \times 10^9 \text{ mm}^4$,$W_0 = 7.55 \times 10^7 \text{ mm}^3$,$E_c = 2.85 \times 10^4 \text{ N/mm}^2$。试进行挠度验算。

【解】 由例 11-7 知

$$M_s = 1\,306.75 \text{ kN} \cdot \text{m}, \quad \alpha_E = \frac{2.0 \times 10^5}{2.85 \times 10^4} = 7.02$$

换算截面重心轴至截面底部的距离为

$$y_0 = \frac{I_0}{W_0} = \frac{64.35 \times 10^9}{7.55 \times 10^7} = 852.3 \text{ mm}$$

$$S_0 = 180 \times 852.3 \times \frac{852.3}{2} + 7.02 \times 6\,834 \times (852.3 - 103.7) = 1.013 \times 10^8 \text{ mm}^3$$

$$\gamma = 2S_0/W_0 = 2 \times 1.013 \times 10^8 / 7.55 \times 10^7 = 2.683$$

$$M_{cr} = \gamma f_{tk} W_0 = 2.683 \times 1.78 \times 7.55 \times 10^7 = 360.568 \times 10^6 \text{ N} \cdot \text{mm}$$

$$B_s = \frac{0.95 E_c I_0}{\left(\frac{M_{cr}}{M_s}\right)^2 + \left(1 - \frac{M_{cr}}{M_s}\right)^2 \cdot \frac{0.95 I_0}{I_{0cr}}}$$

$$= \frac{0.95 \times 2.85 \times 10^4 \times 64.35 \times 10^9}{\left(\frac{360.568 \times 10^6}{1\,306.75 \times 10^6}\right)^2 + \left(1 - \frac{360.568 \times 10^6}{1\,306.75 \times 10^6}\right)^2 \times \frac{0.95 \times 64.35 \times 10^9}{50.71 \times 10^9}}$$

$$= 2.452 \times 10^{15} \text{ N} \cdot \text{mm}^2$$

$$f = \eta_\theta \frac{5}{48} \frac{M_s l_0^2}{B_s} = 1.6 \times \frac{5}{48} \times \frac{1\,306.75 \times 10^6 \times 19.5^2 \times 10^6}{2.452 \times 10^{15}}$$

$$= 33.78 \text{ mm} > \frac{l_0}{600} = \frac{19.5 \times 10^3}{600} = 32.5 \text{ mm}$$

不满足要求,需修改设计。另外还必须设置预拱度。计算略。

11.6.3 预应力混凝土受弯构件的变形验算

预应力混凝土受弯构件的挠度由两部分叠加而得：荷载产生的挠度 f_1 和预加力产生的反拱 f_2。

1. 荷载作用下构件的挠度 f_1

可按材料力学公式计算，即

$$f_1 = S \frac{M_k l_0^2}{B} \tag{11-72}$$

2. 使用阶段预加力引起的反拱 f_2

反拱 f_2 是由偏心距为 $e_{0\mathrm{II}}$ 的总预加压力 N_{pII} 产生的，其值可按材料力学公式计算，并取刚度 $B = E_c I_0$。由于预加力的长期作用，使用阶段预压区混凝土的徐变变形使反拱值增大。为此，应将计算求得的反拱值乘以增大系数 2.0。此时 N_{pII} 和 $e_{0\mathrm{II}}$ 应按扣除预应力钢筋的全部预应力损失后的情况计算。

f_2 可按两端有弯矩（等于 $N_{\mathrm{pII}} e_{0\mathrm{II}}$）作用的简支梁计算，设跨度为 l_0，则

$$f_2 = 2.0 \times \frac{N_{\mathrm{pII}} e_{0\mathrm{II}} l_0^2}{8B} \tag{11-73}$$

3. 挠度验算

预应力混凝土的受弯构件的挠度等于由荷载效应标准组合值产生的挠度减去预加力引起的反拱，即

$$f = f_1 - f_2 \tag{11-74}$$

并满足 $f \leqslant f_{\lim}$ 的要求。

【例 11-12】 试验算例 10-2 所示梁的变形（梁承受的均布荷载标准值为 $q_k = 30$ kN/m，其中永久荷载为 17 kN/m，可变荷载为 13 kN/m，准永久值系数为 0.65，要求一般不出现裂缝）。

【解】 对使用阶段一般要求不出现裂缝的构件为

$$B_s = 0.85 E_c I_0 = 23.33 \times 10^{13} \text{ N} \cdot \text{mm}^2$$

$$B = \frac{M_k}{M_q(\theta - 1) + M_k} B_s = 12.62 \times 10^{13} \text{ N} \cdot \text{mm}^2$$

由荷载产生的挠度

$$f_1 = \frac{5}{384} \times \frac{q l_0^4}{B} = \frac{5}{384} \times \frac{30 \times 8.75^4 \times 10^{12}}{12.62 \times 10^3} = 18.14 \text{ mm}$$

$$N_{\mathrm{pII}} = (\sigma_{\mathrm{con}} - \sigma_l) A_p + (\sigma'_{\mathrm{con}} - \sigma'_l) A'_p$$
$$= (880 - 254.88) \times 708.5 + (880 - 141.76) \times 212.5 = 599\,774 \text{ N}$$

$$e_{0\mathrm{II}} = \frac{(\sigma_{\mathrm{con}} - \sigma_l) A_p y_p + (\sigma'_{\mathrm{con}} - \sigma'_l) A'_p y'_p}{N_{\mathrm{pII}}}$$
$$= \frac{(880 - 254.88) \times 708.5 \times 379 - (880 - 141.76) \times 212.5 \times 315}{599\,774}$$
$$= 197 \text{ mm}$$

由预应力引起的反拱

$$f_2 = 2 \times \frac{N_{pII} e_{0II} l_0^2}{8 E_c I_0} = 2 \times \frac{599\,774 \times 197 \times 8.75^2 \times 10^6}{8 \times 3.25 \times 10^4 \times 835\,780 \times 10^4} = 8.33 \text{ mm}$$

总的长期挠度　　　$f_l = f_1 - f_2 = 18.14 - 8.33 = 9.81 \text{ mm}$

$$\frac{f_l}{l_0} = \frac{9.81}{8.75 \times 10^3} = \frac{1}{892} < [f] = \frac{1}{250} \quad \text{满足要求。}$$

思考题

【11-1】 设计结构构件时,为什么要控制裂缝宽度和变形? 受弯构件的裂缝宽度和变形计算应以哪一受力阶段为依据?

【11-2】 半理论半经验方法建立裂缝宽度计算公式的思路是怎样的? 其中,参数 ψ 的物理意义如何?

【11-3】 为什么说混凝土保护层厚度是影响构件表面裂缝宽度的一项主要因素? 试验统计和分析表明,影响构件裂缝宽度的主要因素还有哪些?

【11-4】 试说明钢筋有效约束区的概念和实际意义,应用时如何计算?

【11-5】 是否可以说限制了 $w_{\max}$ 就等于限制了钢筋混凝土受弯构件中钢筋的受拉应力? 为什么?

【11-6】 预应力混凝土受弯构件正截面抗裂验算要求如何? 为什么在其斜截面抗裂验算中要验算主拉应力和主压应力?

【11-7】 与匀质弹性材料梁相比,半理论半经验方法建立受弯构件短期刚度计算公式的思路和方法如何? 它是如何反映钢筋混凝土的特点的?

【11-8】 试简要分析弯矩 M,受拉钢筋配筋率 ρ,截面形状,混凝土强度等级,截面高度 h 等对受弯构件截面刚度 B 的影响。

【11-9】 预应力混凝土受弯构件挠度计算方法的特点是什么? 计算使用阶段的反拱时有哪些要点?

练习题

【11-1】 用于多层厂房楼盖的简支预制槽形板截面尺寸如图 11-31 所示,计算跨度 $l_0 = 5.8$ m。 混凝土强度等级 C25,配置受拉钢筋 2Φ16(带肋钢筋)。 板的均布荷载标准组合和均布荷载准永久值组合引起的弯矩值分别为 $M_k = 18$ kN·m,$M_q = 14$ kN·m。 试用半理论半经验方法验算其裂缝宽度。

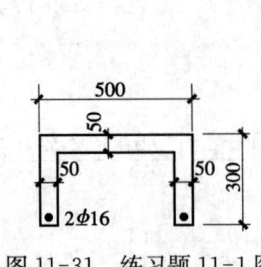

图 11-31　练习题 11-1 图

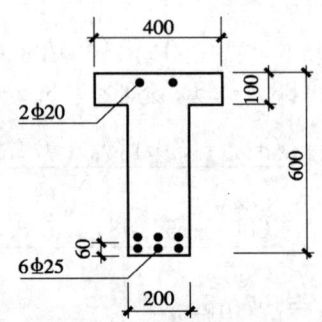

图 11-32　练习题 11-2 图

【11-2】 一承受均布荷载的T形截面简支梁(图11-32)计算跨度 $l_0=6$ m。混凝土强度等级 C30，配置带肋钢筋，受拉区为 6 Φ 25($A_s=2\,945$ mm²)，受压区为 2 Φ 20($A'_s=628$ mm²)。承受按荷载标准组合值计算的弯矩 $M_k=315.5$ kN·m，按荷载准永久值计算的弯矩 $M_q=301.5$ kN·m，用半理论半经验法验算此梁的裂缝宽度是否满足要求？

【11-3】 某一标准跨径为 20 m 的公路装配式钢筋混凝土T形梁桥，配置带肋受拉钢筋 4Φ16+8Φ32($A_s=7\,238$ mm²)，截面有效高度 $h_0=1\,250$ mm，梁肋宽度 $b=130$ mm。已知在短期静荷载（不计冲击力）下的钢筋应力 $\sigma_s=197$ N/mm²。恒载弯矩与总弯矩的比值为 0.545。最大裂缝宽度限值 $\omega_{\lim}=0.25$ mm。试用数理统计法计算短期荷载作用下的裂缝宽度，并验算长期荷载作用下的裂缝宽度是否满足要求。

【11-4】 试验算练习题11-2梁的最大挠度是否满足挠度限值 $l_0/200$ 的要求？

【11-5】 试求练习题11-1槽形板在长期荷载作用下的挠度值。

【11-6】 某悬挑板如图11-33所示，计算跨度 $l_0=3$ m，板厚 $h=200$ mm。混凝土等级为 C30，配置带肋钢筋Φ16@200。承受均布荷载引起的弯矩 $M_k=M_q=38.25$ kN·m。试用半理论半经验法验算此板的最大挠度。

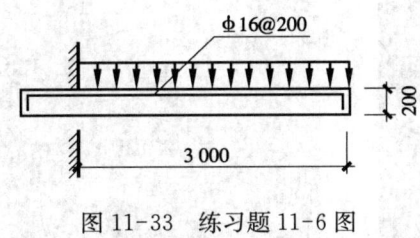

图 11-33 练习题 11-6 图

【11-7】 条件同练习题10-1，若该构件为一般不允许出现裂缝构件，问该构件可承担的最大荷载效应标准值是多少？

【11-8】 条件同练习题10-2，若该构件属于一般要求不出现裂缝构件，且荷载效应标准组合下的轴向拉力值 $N_k=600$ kN，试验算使用阶段正截面抗裂度。

【11-9】 条件同练习题10-4，构件为严格要求不出现裂缝构件，若荷载效应标准组合值 $M_k=8$ kN·m，试验算使用阶段正截面抗裂能力。

12 混凝土构件的时变性能与计算

12.1 工程应用实例

由第 2 章中的相关内容可知：环境作用下，混凝土材料和钢筋的力学性能都会发生变化。混凝土材料性能的变化会导致结构构件的性能随之变化，结构构件表现出时变性。要准确评定结构的耐久性，必须能对混凝土构件的时变性能进行定量计算。一般大气环境下以及海洋环境下，混凝土中钢筋的性能变化主要表现为锈蚀，如图 12-1 所示。钢筋锈蚀会导致混凝土构件的承载力和抗弯刚度随时间发生退化。故有必要重点关注锈蚀混凝土构件正截面和斜截面承载力以及抗弯刚度的实用计算分析方法。

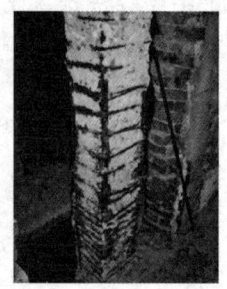

（a）一般大气环境下钢筋混凝土构件

（b）海洋环境下钢筋混凝土构件

图 12-1 锈蚀钢筋混凝土结构构件

12.2 锈蚀钢筋混凝土构件轴心受压性能

12.2.1 锈蚀钢筋混凝土构件轴心受压试验研究

采用图 12-2(a) 所示的加载示意图进行锈蚀钢筋混凝土柱的轴心受压试验，试验结果表明当混凝土被压碎时构件破坏。图 12-2(b)、(c) 给出了试验中测得的锈蚀钢筋混凝土柱的轴向荷载-应变关系曲线。由图 12-2(b)、(c) 可知，锈蚀钢筋混凝土柱轴心抗压承载力随着钢筋锈蚀程度的增加而下降；在加载至极限承载力前，部分钢筋混凝土柱的轴向刚度也随着钢筋锈蚀程度的增加而降低。

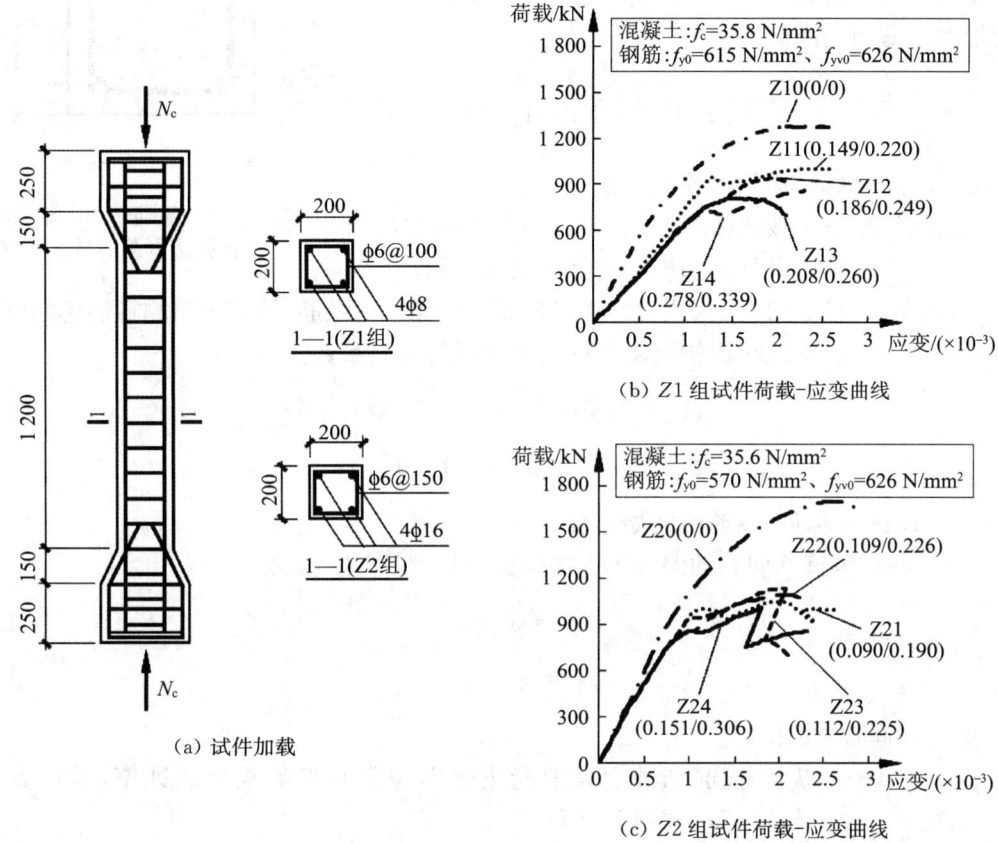

图12-2 锈蚀钢筋混凝土柱轴心受压试验结果(括号中数据为纵筋/箍筋的平均锈蚀率)

12.2.2 锈蚀钢筋混凝土构件轴心抗压承载力

1. 基本方程及参数

当矩形截面轴心受压混凝土短构件出现混凝土压碎时正截面破坏。此时,混凝土压应变达到峰值压应力时的应变,即 $\varepsilon_c = \varepsilon_0$;混凝土压应力 σ_c 达到其抗压强度 f_c。锈蚀钢筋混凝土构件的轴心抗压承载力为

$$N_{cu} = f_c A_{0c} + \sigma'_{sc} A'_{s0}(1 - \eta'_s) \tag{12-1}$$

式中 N_{cu} ——轴心受压短构件承载力;

A_{0c} ——锈损后混凝土截面的净面积;

A'_{s0} ——受压纵筋初始截面积;

σ'_{sc} ——受压锈蚀纵筋的应力;

η'_s ——受压纵筋锈蚀率。

2. 锈蚀致混凝土截面损伤

当轴心受压混凝土构件中钢筋锈蚀时,随着锈蚀的发展,纵筋、箍筋锈蚀共同引起混凝土保护层锈胀开裂甚至剥落。纵筋、箍筋锈蚀引起混凝土保护层剥落的最大面积如图12-3所示。图12-3中,b、h 分别为截面初始宽度和截面初始高度,c' 为箍筋保护层厚度;i、j 分别为纵筋、单侧箍筋的编号,$A_{cs,i}$、$A_{cv,j}$ 分别为第 i 根纵筋、第 j 个单侧箍筋锈蚀可能引起混凝土保

护层剥落的最大面积。$A_{cs,i}$两侧锈胀裂缝与相应纵筋-混凝土对角线的夹角取为 70°。由此可得轴心受压构件锈蚀损伤后混凝土截面的净面积为

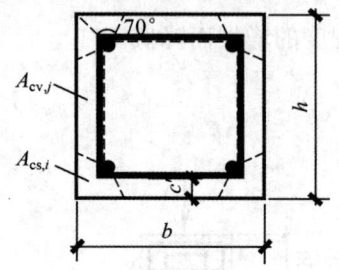

图 12-3 纵筋、箍筋锈蚀引起混凝土保护层剥落的最大面积

$$A_{0c} = bh - A'_{s0} - \sum_{i=1}^{n} \varphi_i A_{cs,i} - \sum_{j=1}^{m} \theta_j A_{cv,j} \quad (12\text{-}2)$$

式中 m, n——纵筋、单侧箍筋的数量；

$A_{cs,i}, A_{cv,j}$——按式(12-3)、式(12-4)计算得出的混凝土保护层剥落的最大面积；

φ_i, θ_j——按式(12-5)、式(12-6)计算得出的第 i 根纵筋、第 j 个单侧箍筋锈蚀可能引起混凝土保护层剥落的最大面积的折减系数。

$$A_{cs} = 1.45(c' + d_{v0} + 0.5d'_0)^2 \quad (12\text{-}3)$$

$$A_{cv} = [l - 2.5(c' + d_{v0}) - 1.5d'_0](c' + d_{v0}) \quad (12\text{-}4)$$

式中 d_{v0}, d'_0——箍筋、纵筋的初始直径；

l——与单侧箍筋同侧的混凝土保护层截面长度，即 $l = b$ 或 h。

$$\varphi = \eta'_s / \eta'_{s,0} \quad (12\text{-}5)$$

$$\theta = \eta_v / \eta_{v,0} \quad (12\text{-}6)$$

式中 η_v——箍筋锈蚀率；

$\eta'_{s,0}, \eta_{v,0}$——纵筋、箍筋锈蚀引发混凝土表面锈胀开裂的临界锈蚀率，其计算值按式(12-7)、式(12-8)计算。

$$\eta'_{s,0} = 1 - \{1 - [15.06 + 18.64(c' + d_{v0})/d'_0]/d'_0 \times 10^{-3}\}^2 \quad (12\text{-}7)$$

$$\eta_{v,0} = 1 - [1 - (15.06 + 18.64c'/d_{v0})/d_{v0} \times 10^{-3}]^2 \quad (12\text{-}8)$$

当纵筋(箍筋)锈蚀引起混凝土表面锈胀开裂时，即混凝土表面沿纵筋锈胀裂缝宽度 $w > 0$(沿箍筋锈胀裂缝宽度 $w_v > 0$)，或 $\eta'_s \geqslant \eta'_{s,0}$ ($\eta'_v \geqslant \eta'_{v,0}$)时，在轴心受压混凝土构件加载过程中，$A_{cs}(A_{cv})$即受压剥落。此时，取 $\varphi = 1(\theta = 1)$。

图 12-3 和上述相应公式是针对仅配 4 根角部钢筋的混凝土构件所言的。对于配置有非角部钢筋的情况，可做类似的分析计算。需要注意的是，各纵筋所能引起混凝土保护层剥落的区域存在较多重叠，此时混凝土保护层容易因钢筋锈蚀发生整层剥落，可按整块混凝土保护层面积计算纵筋、箍筋锈蚀所能引起混凝土保护层剥落的最大面积。

3. 承载力计算方法

当矩形截面混凝土轴心受压构件破坏时，混凝土压碎，混凝土压应变 ε_c 与纵筋压应变 ε'_{sc} 相等，均等于 ε_0 即 0.002。由受压锈蚀纵筋达到实际极限压应力 f'_{bc} 时的应变 ε'_{bc} 与 ε_0 的大小关系，可判断矩形截面混凝土轴心受压构件破坏时受压纵筋所处的应力状态。若 $\varepsilon'_{bc} > \varepsilon_0$，柱破坏时混凝土压碎，但受压锈蚀纵筋仍处于弹性阶段，此为轴心受压破坏模式①；若 $\varepsilon'_{bc} \leqslant \varepsilon_0$，柱破坏时混凝土被压碎，且受压锈蚀纵筋已受压屈服/屈曲，此为轴心受压破坏模式②。

对轴心受压破坏模式①，受压锈蚀纵筋处于弹性阶段，纵筋应力 $\sigma'_{sc} = E'_{s0} \varepsilon'_{sc} = E'_{s0} \varepsilon_0$。此处，$E'_{s0}$ 为受压纵筋初始弹性模量。对轴心受压破坏模式②，受压锈蚀纵筋已受压屈服/屈曲，

纵筋应力 $\sigma'_{sc}=f'_{bc}$。将 $\sigma'_{sc}=E'_{s0}\varepsilon_0$ 或 f'_{bc} 代入式(12-1)即可算得轴心受压模式①或模式②下矩形截面混凝土构件轴心抗压承载力。

12.2.3 考虑箍筋约束作用锈蚀钢筋混凝土构件轴心抗压承载力

1. 基本方程及参数

当混凝土受荷后的应力接近 f_c 时，密配箍筋对其包络范围内的核芯混凝土的约束作用逐步增强。当构件加载至破坏时，核芯约束区混凝土达到其峰值压应力与峰值压应变，密配箍筋约束锈蚀钢筋混凝土构件轴心抗压承载力达到最大值，如式(12-9)所示。

$$N_{cu}=f_{cc}A_{cc,m}+f_c A_{c,m}+\sigma'_{sc}A'_{s0}(1-\eta'_s) \tag{12-9}$$

式中 N_{cu} ——轴心受压加密箍筋约束混凝土构件的承载力；

f_{cc} ——箍筋约束混凝土峰值压应力；

$A_{cc,m}$ ——箍筋有效约束混凝土区域面积；

$A_{c,m}$ ——箍筋弱约束混凝土区域面积；

σ'_{sc} ——受压锈蚀纵筋应力；

A'_{s0} ——受压锈蚀纵筋的初始面积；

η'_s ——受压纵筋锈蚀率。

对矩形截面，$A_{cc,m}$ 及 $A_{c,m}$ 示意图如图12-4所示。

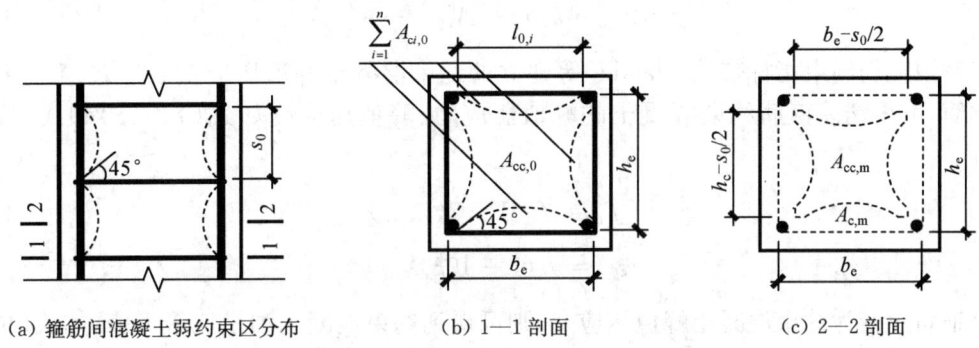

(a) 箍筋间混凝土弱约束区分布　　(b) 1—1剖面　　(c) 2—2剖面

图12-4　矩形截面钢筋混凝土轴心受压构件箍筋约束混凝土有效约束区分布

图12-4中，b_e、h_e 分别为箍筋围住的核芯混凝土的截面宽度和截面高度，s_0 为相邻有效箍筋的净距，i 为纵筋、弱约束区的编号，n 为纵筋根数，$l_{0,i}$ 为编号 i 的弱约束混凝土区域两侧纵筋的净距，$A_{ci,0}$ 为箍筋所处截面内编号 i 的弱约束混凝土区域面积，$A_{cc,0}$ 为箍筋所处截面内有效约束混凝土区域面积。

引入箍筋约束指标 λ_{svc} 表征箍筋对混凝土约束作用的强弱，如式(12-10)和式(12-11)所示。

$$\lambda_{svc}=\rho_{svc}\sigma_{svc}/f_c \tag{12-10}$$

$$\rho_{svc}=2(b_e+d_{sv0}+h_e+d_{sv0})A_{sv10}(1-\eta_v)/(b_e h_e s)=\rho_{sv0}(1-\eta_v) \tag{12-11}$$

式中 λ_{svc} ——锈蚀箍筋约束指标；

ρ_{svc}，ρ_{sv0} ——锈蚀及未锈蚀箍筋体积配箍率；

σ_{svc} ——锈蚀箍筋在约束混凝土达到峰值压应力时的拉应力；

d_{sv0} ——箍筋的初始直径；

A_{sv10}——单根箍筋的初始面积;

η_v——箍筋的锈蚀率。

核芯混凝土的截面宽度和截面高度 b_e、h_e 分别按式(12-12)、式(12-13)计算。

$$b_e = b - 2c_b - 2d_{v0} \tag{12-12}$$

$$h_e = h - 2c_h - 2d_{v0} \tag{12-13}$$

式中,c_b、c_h 分别为垂直于宽度方向和高度方向的箍筋的混凝土保护层厚度。

考虑箍筋的有效约束作用,箍筋对混凝土提供的有效侧向压应力按式(12-14)计算。

$$\sigma_r/f_c = k_e \rho_{svc} \sigma_{svc}/(2f_c) = k_e \lambda_{svc}/2 \tag{12-14}$$

式中,k_e 为约束有效系数,按式(12-15)计算。

$$k_e = A_{cc,m}/(b_e h_e - A'_{s0}) \tag{12-15}$$

式中,$A_{cc,m}$ 为相邻箍筋间截面有效约束混凝土区域面积,按式(12-16)计算。

$$A_{cc,m} = \left(b_e h_e - \sum_{i=1}^{n} \frac{l_{0,i}^2}{6}\right)\left(1 - \frac{s_0}{2b_e}\right)\left(1 - \frac{s_0}{2h_e}\right) \tag{12-16}$$

相应地,相邻箍筋间截面弱约束混凝土区域面积为

$$A_{c,m} = b_e h_e - A_{cc,m} - A'_{s0} \tag{12-17}$$

将锈蚀箍筋约束指标带入 Mander 等建立的约束混凝土峰值压应变表达式,并进行线性近似化简,可得锈蚀箍筋约束混凝土的峰值压应力、峰值压应变如式(12-18)和式(12-19)所示。

$$f_{cc} = f_c(1 + 2k_e \lambda_{svc}) \tag{12-18}$$

$$\varepsilon_{cc} = \varepsilon_0(1 + 10k_e \lambda_{svc}) \tag{12-19}$$

令轴向应变为约束混凝土峰值压应变,则可得到约束混凝土泊松比最大值,如式(12-20)所示。

$$\nu_{cc} = \nu_0[1.0 + 1.3763(\varepsilon_{cc}/\varepsilon_{cu}) - 5.36(\varepsilon_{cc}/\varepsilon_{cu})^2 + 8.586(\varepsilon_{cc}/\varepsilon_{cu})^3] \tag{12-20}$$

式中 ν_{cc}——约束混凝土泊松比最大值,其值不超过 0.5;

ν_0——单轴受压混凝土泊松比,取为 0.2;

ε_{cc}——约束混凝土峰值压应变。

2. 破坏模式与破坏界限

当箍筋约束轴心受压锈蚀钢筋混凝土构件破坏时,受压纵筋可能存在受压弹性和受压屈服/屈曲两种应力状态,受拉箍筋可能存在受拉弹性、受拉屈服、受拉强化及受拉断裂/锈蚀断裂等 4 种应力状态。

对于配置间距较密的足量箍筋的约束混凝土柱,当约束混凝土柱轴心受压失效时,初始未锈蚀箍筋可为核芯混凝土提供很强的约束,可大幅提高混凝土的峰值压应变与压应力。此时,混凝土的横向变形可使箍筋受拉屈服。当箍筋锈蚀率较小时,箍筋锈蚀后屈服强度较初始屈服强度下降幅度较小,且屈服平台仍留有较大宽度。此时,锈蚀箍筋约束钢筋混凝土构件发生轴心受压破坏时,核芯混凝土被压碎,箍筋仍处于受拉屈服状态。将此破坏模式定义为轴心受

压破坏模式①$_v$。当箍筋锈蚀率稍大时,箍筋锈蚀后屈服强度下降幅度增大,屈服平台进一步缩短甚至消失。此时,锈蚀箍筋约束钢筋混凝土构件发生轴心受压破坏时,核芯混凝土被压碎,箍筋处于受拉强化状态。将此破坏模式定义为轴心受压破坏模式②$_v$。当箍筋锈蚀率进一步增大时,箍筋已不能向核芯混凝土提供有效约束,此时核芯混凝土的受力特性与单轴受压混凝土类似,混凝土的峰值应变与横向应变较小。此时,锈蚀箍筋约束钢筋混凝土构件发生轴心受压破坏时,核芯混凝土被压碎,箍筋处于受拉弹性状态。将此破坏模式定义为轴心受压破坏模式③$_v$。当箍筋锈蚀率继续增大时,锈蚀箍筋屈服平台消失,箍筋锈蚀后极限强度较初始极限强度下降幅度很大。此时,锈蚀箍筋约束钢筋混凝土构件轴心受压时,箍筋先受拉断裂,但此时核芯混凝土未压碎,然后再加载时核芯混凝土压碎。将此破坏模式定义为轴心受压破坏模式④$_v$。两相邻破坏模式之间存在一破坏界限。亦即,对于锈蚀箍筋约束钢筋混凝土构件,其轴心受压破坏存在三个界限:

(1) 箍筋刚开始受拉强化,核芯混凝土即被压碎(界限Ⅰ$_v$);
(2) 箍筋刚开始受拉屈服,核芯混凝土即被压碎(界限Ⅱ$_v$);
(3) 受拉锈蚀箍筋拉断的同时,受压区混凝土被压碎(界限Ⅲ$_v$)。各界限下箍筋锈蚀率分别为界限Ⅰ$_v$锈蚀率η_{vhb}、界限Ⅱ$_v$锈蚀率η_{vyb}、界限Ⅲ$_v$锈蚀率η_{vub}。

3. 界限锈蚀率

由泊松比的定义可得约束混凝土受压最大横向膨胀应变$\varepsilon_{1,\max}$与峰值压应变ε_{cc}的关系为

$$\varepsilon_{1,\max} = \nu_{cc}\varepsilon_{cc} \tag{12-21}$$

假定箍筋与混凝土应变协调,则箍筋拉应变$\varepsilon_{svc} = \varepsilon_{1,\max}$。于是,有

$$\varepsilon_{svc} = \nu_{cc}\varepsilon_{cc} \tag{12-22}$$

将式(12-20)代入式(12-22)并进行简单的数学变换,有

$$\varepsilon_{svc} = \nu_0 \varepsilon_{cu} [\varepsilon_{cc}/\varepsilon_{cu} + 1.376\,3(\varepsilon_{cc}/\varepsilon_{cu})^2 - 5.36(\varepsilon_{cc}/\varepsilon_{cu})^3 + 8.586(\varepsilon_{cc}/\varepsilon_{cu})^4] \tag{12-23}$$

式中,ν_0为单轴受压混凝土的泊松比。

约束混凝土峰值压应变ε_{cc}的最小值取为$\varepsilon_0 = 0.002$,则$\varepsilon_{cc}/\varepsilon_{cu} > 0.60$。为便于计算,将式(12-23)中关于$\varepsilon_{cc}/\varepsilon_{cu}$的多项式$g(\varepsilon_{cc}/\varepsilon_{cu})$在$\varepsilon_{cc}/\varepsilon_{cu} > 0.60$范围内近似简化成关于$\varepsilon_{cc}/\varepsilon_{cu}$的一元一次函数。此时,式(12-23)可简化为式(12-24)。需要注意的是,ν_{cc}的最大值取为0.5。

$$\varepsilon_{svc} = \nu_0 \varepsilon_{cu}(j_2 \varepsilon_{cc}/\varepsilon_{cu} + k_2) = \begin{cases} \nu_0 \varepsilon_{cu}(6\varepsilon_{cc}/\varepsilon_{cu} - 2.572\,5) & (0.6 < \varepsilon_{cc}/\varepsilon_{cu} \leqslant 0.735) \\ \nu_0 \varepsilon_{cu}(2.5\varepsilon_{cc}/\varepsilon_{cu}) & (\varepsilon_{cc}/\varepsilon_{cu} > 0.735) \end{cases} \tag{12-24}$$

式中,j_2、k_2分别为相对应的近似系数。

将式(12-19)代入式(12-24)即可得到箍筋应力σ_{svc}与应变ε_{svc}的关系式。

$$\nu_0 \varepsilon_{cu} \{j_2 [1 + 10 k_e \rho_{sv0} \sigma_{svc}(1-\eta_v)/f_c] \varepsilon_0/\varepsilon_{cu} + k_2\} = \varepsilon_{svc} \tag{12-25}$$

界限Ⅰ$_v$、Ⅱ$_v$或Ⅲ$_v$破坏时,$\sigma_{svc} = f_{vyc}$、f_{vyc}或f_{vuc},$\varepsilon_{svc} = \varepsilon_{svhc}$、$\varepsilon_{svyc}$或$\varepsilon_{svuc}$,其中,$f_{vyc}$、$f_{vuc}$分别为锈蚀箍筋屈服应力与极限应力,$\varepsilon_{svyc}$、$\varepsilon_{svhc}$、$\varepsilon_{svuc}$分别为锈蚀箍筋屈服应变、强化应变、

极限应变。将 σ_{svc}、ε_{svc} 代入式(12-25)可得关于 η_v 的一元二次或一元一次方程。求解方程，取 η_v 在 $(0 \sim \eta_{vcr})$ 范围内的较小解作为界限 I_v 锈蚀率 η_{vhb}，若在此范围内无解，此时界限 I_v 不存在，取 $\eta_{vhb} = \eta_{vyb}$；取 η_v 在 $(0 \sim 0.8)$ 范围内的较小解作为界限 II_v 锈蚀率 η_{vyb}，若在此范围内无解，此时界限 II_v 不存在，取 $\eta_{vyb} = 0$。求解界限 III_v 锈蚀率时，对于符合规范要求配筋的约束混凝土柱，η_v 在 $(0 \sim 0.8)$ 范围内无解，且 $\varepsilon_{svuc} > \nu_{cc}\varepsilon_{cc}$ 恒成立，即箍筋不会因混凝土横向膨胀应变而被拉断。故界限 III_v 不存在，取 $\eta_{vub} = 0.8$。

4. 与破坏模式相应的承载力计算方法

对于模式①$(0 \leq \eta_v < \eta_{vhb})$，$\sigma_{svc} = f_{vyc}$。对于模式②$(\eta_{vhb} \leq \eta_v < \eta_{vyb})$，$\sigma_{svc} = f_{vyc} + E_{svhc}(\varepsilon_{svc} - \varepsilon_{svhc})$，式中，$E_{svhc}$ 为锈蚀箍筋强化模量，将此式代入式(12-25)可得关于 ε_{svc} 的一元一次方程，取 ε_{svc} 在 $(\varepsilon_{svhc} \sim \varepsilon_{svuc})$ 范围内的解，可得 σ_{svc}。对于模式③$(\eta_{vyb} \leq \eta_v < 0.8)$，$\sigma_{svc} = E_{sv0}\varepsilon_{svc}$，式中，$E_{sv0}$ 为锈蚀箍筋弹性模量。将此式代入式(12-25)可得关于 ε_{svc} 的一元一次方程，取 ε_{svc} 在 $(0 \sim \varepsilon_{svyc})$ 范围内的解，可得 σ_{svc}。求得 σ_{svc} 后，代入式(12-18)和式(12-19)可直接求得约束混凝土的峰值压应力 f_{cc} 与峰值压应变 ε_{cc}。

假定受压纵筋与混凝土应变协调，有 $\varepsilon'_{sc} = \varepsilon_{cc}$，式中，$\varepsilon'_{sc}$ 为受压纵筋应变。比较 ε'_{sc} 与受压纵筋达到实际极限压应力 f'_{bc} 时的压应变 ε'_{bc} 的大小，即可确定轴心受压约束混凝土柱破坏时，受压纵筋的应力状态。若 $\varepsilon'_{sc} \leq \varepsilon'_{bc}$，受压纵筋处于受压弹性阶段，受压锈蚀纵筋应力 $\sigma'_{sc} = E'_{s0}\varepsilon'_{sc} = E'_{s0}\varepsilon_{cc}$，式中，$E'_{s0}$ 为受压纵筋初始弹性模量；若 $\varepsilon'_{sc} > \varepsilon'_{bc}$，受压纵筋已受压屈服/屈曲，受压锈蚀纵筋应力 $\sigma'_{sc} = f'_{bc}$。

将 f_{cc}、σ'_{sc} 代入式(12-9)即可得到模式①、②或③下轴心受压约束混凝土柱承载力。对于模式④$(\eta_v \geq 0.8)$，因锈蚀率过大，偏安全地不考虑箍筋的作用，取 $\sigma_{svc} = 0$。此时重新计算有效箍筋间距 s，按轴心受压普通混凝土柱计算承载力。

若构件的截面较小，混凝土保护层面积占比较大，箍筋约束作用带来核芯区混凝土抗压承载力的提高可能小于混凝土保护层剥落带来的承载力损失。此时应取 12.2.1 节中计算得到的承载力作为轴心受压箍筋约束混凝土构件的承载力。

【例 12-1】 某锈蚀钢筋混凝土柱，柱高 1 200 mm，初始截面尺寸 $b \times h$ 为 200 mm × 200 mm，箍筋保护层厚度 c 为 20 mm，纵筋配有 4Φ8 变形钢筋，加密配箍筋Φ6@100。钢筋的力学性能如下：纵筋 $f_{y0} = 615$ N/mm^2；箍筋 $f_{vy0} = 626$ N/mm^2，$f_{vu0} = 760$ N/mm^2，$\varepsilon_{vy0} = 0.003$，$\varepsilon_{vh0} = 0.018$，$\varepsilon_{vu0} = 0.211$，$\eta_{vcr} = 0.15$；混凝土的抗压强度为 35.8 N/mm^2。求：纵筋平均锈蚀率为 0.208、箍筋平均锈蚀率为 0.260 时（即图 12-2 中试件 Z13），锈蚀钢筋混凝土柱的轴心抗压承载力。

【解】（1）计算不考虑箍筋约束作用时的 N_{cu}

由题中已知条件可知 $c = 20$ mm，$d_{v0} = 6$ mm，$d'_0 = 8$ mm

由式(12-7)和式(12-8)，得

$$\eta'_{s,0} = 1 - \left\{ 1 - \frac{\left[15.06 + \dfrac{18.64(c + d_{v0})}{d'}\right]}{d'_0} \times 10^{-3} \right\}^2 = 0.019$$

$$\eta_{v,0} = 1 - \left[1 - \frac{\left(15.06 + \dfrac{18.64c}{d_{v0}}\right)}{d_{v0}} \times 10^{-3} \right]^2 = 0.026$$

由于 $\eta'_s = 0.208 > \eta'_{s,0} = 0.019$，$\eta_v = 0.260 > \eta_{v,0} = 0.026$
故
$$\varphi = 1, \theta = 1$$
将 $\varphi = 1$，$\theta = 1$ 及相关参数代入式(12-3)和式(12-4)，得
$$A_{cs} = 1.45 \times (c + d_{v0} + 0.5 d'_0)^2 = 1\,305 \text{ mm}^2$$
$$A_{cv} = [(b+h)/2 - 2.5 \times (c + d_{v0}) - 1.5 d'_0] \times (c + d_{v0}) = 3\,198 \text{ mm}^2$$
由式(12-2)，得
$$\begin{aligned} A_{0c} &= bh - A'_{s0} - 4\varphi A_{cs} - 4\theta A_{cv} \\ &= 200 \times 200 - 201 - 4 \times 1 \times 1\,305 - 4 \times 1 \times 3\,198 \\ &= 21\,787 \text{ mm}^2 \end{aligned}$$

将 $\eta'_s = 0.208$ 代入式(2-19)、式(2-20)得受压纵向钢筋极限压应力 $f'_{bc} = 600 \text{ N/mm}^2$。
故受压纵向钢筋得极限压应变为
$$\varepsilon'_{bc} = f'_{bc}/E'_{s0} = 600/(201 \times 10^3) = 0.003 > \varepsilon_0 = 0.002$$

因此，当柱发生轴心受压破坏时，混凝土被压碎，且受压锈蚀纵筋处于弹性阶段，此时破坏模式为模式①，纵筋应力 $\sigma'_{sc} = E'_{s0}\varepsilon'_{sc} = E'_{s0}\varepsilon_0 = 201 \times 10^3 \times 0.002 = 402 \text{ N/mm}^2$。
由式(12-1)，得
$$\begin{aligned} N_{cu} &= f_c A_{0c} + \sigma'_{sc} A'_{s0}(1-\eta'_s) = 35.8 \times 21\,787 + 402 \times 201 \times (1 - 0.207\,9) \\ &= 843\,969 \text{ N} \approx 844 \text{ kN} \end{aligned}$$
记为 $N_{cu0} = 844 \text{ kN}$。

(2) 计算考虑箍筋约束作用时的 N_{cu}
由式(12-12)和式(12-13)，得
$$b_e = h_e = 200 - 2 \times 20 - 2 \times 6 = 148 \text{ mm}$$
由题中已知条件可知 $s_0 = s - d_{v0} = 100 - 6 = 94 \text{ mm}$，$l_0 = b - 2c - 2d_{v0} - 2d'_0 = 132 \text{ mm}$
由式(12-15)—式(12-17)，得
$$A_{cc,m} = \left(b_e h_e - \frac{2l_0^2}{3}\right)\left(1 - \frac{s_0}{2b_e}\right)\left(1 - \frac{s_0}{2h_e}\right) = 4\,791 \text{ mm}^2$$
$$A_{c,m} = b_e h_e - A_{cc,m} - A'_{s0} = 148^2 - 4\,791 - 201 = 16\,912 \text{ mm}^2$$
$$k_e = A_{cc,m}/(b_e h_e - A'_{s0}) = 4\,791/(148^2 - 201) = 0.221$$
由式(12-11)，得
$$\rho_{svc} = 2(b_e + d_{v0} + h_e + d_{v0})A_{sv10}(1-\eta_v)/(b_e h_e s) = 0.006$$
$$\rho_{sv0} = \rho_{svc}/(1-\eta_v) = 0.012\,9/(1-0) = 0.008$$

① 求箍筋界限锈蚀率
求界限 I_v 锈蚀率 η_{vhb}
根据定义，$\sigma_{svc} = f_{vyc}$，$\varepsilon_{svc} = \varepsilon_{vhc}$，式中 f_{vyc} 为锈蚀箍筋屈服应力，ε_{vhc} 为锈蚀箍筋强化

应变。

将 $\sigma_{svc}=f_{vyc}$、$\varepsilon_{svc}=\varepsilon_{vhc}$ 代入式(12-25)可得关于 η_v 的一元二次方程：

$$\eta_v^2 - 1.171\eta_v + 0.168 = 0$$

解得 $\eta_v = 0.168$ 或 1.004。$\eta_v = 0.168 > \eta_{vcr} = 0.15$，取 $\eta_{vhb} = \eta_{vyb}$。

求界限 II_v 锈蚀率 η_{vyb}

根据定义，$\sigma_{svc} = f_{vyc}$，$\varepsilon_{svc} = \varepsilon_{vyc}$。将其代入式(12-25)可得关于 η_v 的一元二次方程：

$$\eta_v^2 + 1.439\eta_v - 2.083 = 0$$

解得 $\eta_v = 0.893$ 或 -2.332。$\eta_v = 0.893 > 0.8$，取 $\eta_{vyb} = 0$。

求界限 III_v 锈蚀率 η_{vub}

界限 III_v 不存在，取 $\eta_{vub} = 0.8$。

② 计算轴心受压承载力 N_{cu}

$\eta_{vyb} = 0 < \eta_v = 0.260 < \eta_{vub} = 0.8$，破坏模式为模式③。$\sigma_{svc} = E_{sv0}\varepsilon_{svc}$，式中，$E_{sv0}$ 为未锈蚀箍筋的弹性模量。

将 σ_{svc} 代入式(12-25)可得关于 ε_{svc} 的一元一次方程：

$$\nu_0 \varepsilon_{cu} \left\{ j_2 \left[1 + \frac{10 k_e \rho_{sv0} E_{sv0} \varepsilon_{svc}(1-\eta_v)}{f_c} \right] \frac{\varepsilon_0}{\varepsilon_{cu}} + k_2 \right\} = \varepsilon_{svc}$$

解得 $\varepsilon_{svc} = 0.001 < \varepsilon_{svyc} = 0.003$，$\sigma_{svc} = E_{sv0}\varepsilon_{svc} = 209\ \mathrm{N/mm^2}$。

由式(12-10)得 $\lambda_{svc} = 0.035$。

由式(12-18)和式(12-19)得

$$f_{cc} = f_c(1 + 2k_e\lambda_{svc}) = 36.4\ \mathrm{N/mm^2}$$

$$\varepsilon_{cc} = \varepsilon_0(1 + 10k_e\lambda_{svc}) = 0.002$$

纵筋应变 $\varepsilon'_{sc} = \varepsilon_{cc} = 0.0021 < \varepsilon'_{bc} = 0.003$，此时纵筋未受压屈服/屈曲，$\sigma'_{sc} = E'_{s0}\varepsilon'_{sc} = 201 \times 10^3 \times 0.002 = 402\ \mathrm{N/mm^2}$。

由式(12-9)知

$$\begin{aligned}
N_{cu} &= f_{cc}A_{cc,m} + f_c A_{c,m} + \sigma'_{sc}A'_{s0}(1-\eta'_s) \\
&= 36.4 \times 4\,791 + 35.8 \times 16\,912 + 201 \times 402 \times (1-0.20) \\
&= 843\,837\ \mathrm{N} \approx 844\ \mathrm{kN}
\end{aligned}$$

记为 $N_{cuc} = 844\ \mathrm{kN}$。

$N_{cu0} = 844\ \mathrm{kN} = N_{cuc} = 844\ \mathrm{kN}$，则 $\eta_v = 0.260$ 时的柱轴心抗压承载力为 $N_{cu} = 844\ \mathrm{kN}$。计算结果与图12-2(b)中Z13柱的试验结果 828 kN 相近，表明计算方法的准确性较好。

【例 12-2】 某锈蚀钢筋混凝土柱，柱高 1 200 mm，初始截面尺寸 $b \times h$ 为 200 mm × 200 mm，箍筋保护层厚度 c 为 20 mm，纵筋配有 4Φ16 变形钢筋，加密配箍筋Φ6@150。钢筋的力学性能如下：纵筋 $f'_{y0} = 570\ \mathrm{N/mm^2}$；箍筋 $f_{vy0} = 626\ \mathrm{N/mm^2}$，$f_{vu0} = 760\ \mathrm{N/mm^2}$，$\varepsilon_{vy0} = 0.003$，$\varepsilon_{vh0} = 0.018$，$\varepsilon_{vu0} = 0.211$，$\eta_{vcr} = 0.15$；混凝土的抗压强度为 35.6 N/mm²。求：纵筋平均锈蚀率为 0.090、箍筋的平均锈蚀率为 0.190 时（即图 12-2 中试件 Z21），锈蚀钢筋混凝土柱的轴心抗压承载力。

【解】 (1) 计算不考虑箍筋约束作用时的 N_{cu}

由题中已知条件可知 $c = 20 \text{ mm}, d_{v0} = 6 \text{ mm}, d'_0 = 16 \text{ mm}$

由式(12-7)和式(12-8),得

$$\eta'_{s,0} = 1 - \left\{ 1 - \frac{\left[15.06 + \dfrac{18.64(c+d_{v0})}{d'}\right]}{d'_0} \times 10^{-3} \right\}^2 = 0.006$$

$$\eta_{v,0} = 1 - \left[1 - \frac{\left(15.06 + \dfrac{18.64c}{d_{v0}}\right)}{d_{v0}} \times 10^{-3} \right]^2 = 0.026$$

由于 $\eta'_s = 0.090 > \eta'_{s,0} = 0.006$, $\eta_v = 0.190 > \eta_{v,0} = 0.026$

故 $\varphi = 1, \theta = 1$

将 $\varphi = 1, \theta = 1$ 及相关参数代入式(12-3)和式(12-4),得

$$A_{cs} = 1.45 \times (c + d_{v0} + 0.5 d'_0)^2 = 1\ 676 \text{ mm}^2$$

$$A_{cv} = [(b+h)/2 - 2.5 \times (c + d_{v0}) - 1.5 d'_0] \times (c + d_{v0}) = 2\ 886 \text{ mm}^2$$

由式(12-2),得

$$A_{0c} = bh - A'_{s0} - 4\varphi A_{cs} - 4\theta A_{cv} = 200 \times 200 - 804 - 4 \times 1 \times 1\ 676 - 4 \times 1 \times 2\ 886$$
$$= 20\ 947 \text{ mm}^2$$

将 $\eta'_s = 0.090$ 代入式(2-19)、式(2-20)得受压纵向钢筋极限压应力 $f'_{bc} = 565 \text{ N/mm}^2$。
故受压纵向钢筋得极限压应变为

$$\varepsilon'_{bc} = f'_{bc}/E'_{s0} = 565/(201 \times 10^3) = 0.003 > \varepsilon_0 = 0.002$$

因此,当柱发生轴心受压破坏时,混凝土被压碎,且受压锈蚀纵筋处于弹性阶段,此时破坏模式为模式①,纵筋应力 $\sigma'_{sc} = E'_{s0}\varepsilon'_{sc} = E'_{s0}\varepsilon_0 = 201 \times 10^3 \times 0.002 = 402 \text{ N/mm}^2$。

由式(12-1),得

$$N_{cu} = f_c A_{0c} + \sigma'_{sc} A'_{s0}(1 - \eta'_s) = 35.6 \times 20\ 947 + 402 \times 804 \times (1 - 0.090)$$
$$= 1\ 039\ 832 \text{ N} \approx 1\ 040 \text{ kN}$$

记为 $N_{cu0} = 1\ 040 \text{ kN}$。

(2) 计算考虑箍筋约束作用时的 N_{cu}

由式(12-12)和式(12-13),得

$$b_e = h_e = 150 - 2 \times 20 - 2 \times 6 = 148 \text{ mm}$$

由题可知 $s_0 = s - d_{v0} = 150 - 6 = 144 \text{ mm}$, $l_0 = b - 2c - 2d_{v0} - 2d'_0 = 116 \text{ mm}$

由式(12-15)—式(12-17)得

$$A_{cc,m} = \left(b_e h_e - \frac{2l_0^2}{3} \right)\left(1 - \frac{s_0}{2b_e}\right)\left(1 - \frac{s_0}{2h_e}\right) = 3\ 411 \text{ mm}^2$$

$$A_{c,m} = b_e h_e - A_{cc,m} - A'_{s0} = 148^2 - 3\ 411 - 804 = 17\ 689 \text{ mm}^2$$

$$k_e = A_{cc,m}/(b_e h_e - A'_{s0}) = 3\,411/(148^2 - 804) = 0.162$$

由式(12-11),得

$$\rho_{svc} = 2(b_e + d_{v0} + h_e + d_{v0})A_{sv10}(1-\eta_v)/(b_e h_e s) = 0.004$$

$$\rho_{sv0} = \rho_{svc}/(1-\eta_v) = 0.004/(1-0.19) = 0.005$$

① 求箍筋界限锈蚀率

求界限 I_v 锈蚀率 η_{vhb}

根据定义,$\sigma_{svc} = f_{vyc}$,$\varepsilon_{svc} = \varepsilon_{vhc}$,式中 f_{vyc} 为锈蚀箍筋屈服应力,ε_{vhc} 为锈蚀箍筋强化应变。将 $\sigma_{svc} = f_{vyc}$、$\varepsilon_{svc} = \varepsilon_{vhc}$ 代入式(12-25)可得关于 η_v 的一元二次方程:

$$\eta_v^2 - 1.174\eta_v + 0.171 = 0$$

解得 $\eta_v = 0.171$ 或 1.004,$\eta_v = 0.171 > \eta_{vcr} = 0.15$,取 $\eta_{vhb} = \eta_{vyb}$。

求界限 II_v 锈蚀率 η_{vyb}

根据定义,$\sigma_{svc} = f_{vyc}$,$\varepsilon_{svc} = \varepsilon_{vyc}$。将其代入式(12-25)可得关于 η_v 的一元二次方程:

$$\eta_v^2 + 4.919\eta_v - 5.193 = 0$$

解得 $\eta_v = 0.894$ 或 -5.812,$\eta_v = 0.894 > 0.8$,取 $\eta_{vyb} = 0$。

即 $\eta_{vhb} = \eta_{vyb} = 0$。

求界限 III_v 锈蚀率 η_{vub}

界限 III_v 不存在,取 $\eta_{vub} = 0.8$。

② 计算轴心受压承载力 N_{cu}

$\eta_{vyb} = 0 < \eta_v = 0.19 < \eta_{vub} = 0.8$,破坏模式为模式③。$\sigma_{svc} = E_{sv0}\varepsilon_{svc}$,式中,$E_{sv0}$ 为未锈蚀箍筋的弹性模量。

将 σ_{svc} 代入式(12-25)可得关于 ε_{svc} 的一元一次方程:

$$\nu_0 \varepsilon_{cu}\left\{j_2\left[1 + \frac{10 k_e \rho_{sv0} E_{sv0} \varepsilon_{svc}(1-\eta_v)}{f_c}\right]\frac{\varepsilon_0}{\varepsilon_{cu}} + k_2\right\} = \varepsilon_{svc}$$

解得 $\varepsilon_{svc} = 0.000\,1 < \varepsilon_{svyc} = 0.003$,$\sigma_{svc} = E_{sv0}\varepsilon_{svc} = 209\ \text{N/mm}^2$。

由式(12-10)得 $\lambda_{svc} = 0.023$。

由式(12-18)和式(12-19)得

$$f_{cc} = f_c(1 + 2k_e \lambda_{svc}) = 35.9\ \text{N/mm}^2$$

$$\varepsilon_{cc} = \varepsilon_0(1 + 10k_e \lambda_{svc}) = 0.002$$

$\varepsilon_{cc}/\varepsilon_{cu} = 0.625 < 0.735$。

纵筋应变 $\varepsilon'_{sc} = \varepsilon_{cc} = 0.002 < \varepsilon'_{bc} = 0.003$,此时纵筋未受压屈服/屈曲,$\sigma'_{sc} = E'_{s0}\varepsilon'_{sc} = E'_{s0}\varepsilon_0 = 201 \times 10^3 \times 0.002 = 402\ \text{N/mm}^2$。由式(12-9)知

$$\begin{aligned}N_{cu} &= f_{cc}A_{cc,m} + f_c A_{c,m} + \sigma'_{sc}A'_{s0}(1-\eta'_s)\\ &= 35.9 \times 3\,411 + 35.6 \times 17\,689 + 804 \times 402 \times (1-0.090)\\ &= 1\,046\,302\ \text{N} \approx 1\,046\ \text{kN}\end{aligned}$$

记为 $N_{cuc} = 1\,046\ \text{kN}$。

$N_{cu0}=1\,040$ kN $<N_{cuc}=1\,046$ kN，则 $\eta_v=0.19$ 时柱的轴心抗压承载力为：$N_{cu}=1\,046$ kN。计算结果与图 12-2(c)中 Z21 的试验结果 $1\,040$ kN 相近,表明计算方法准确性高。

12.3 锈蚀钢筋混凝土构件正截面受弯性能

12.3.1 锈蚀钢筋混凝土构件正截面受弯性能试验研究

采用如图 12-5(a)所示的加载示意图进行锈蚀钢筋混凝土梁的受弯试验。试验结果表明,若梁支座处钢筋有可靠的锚固(即支座处钢筋的锈蚀程度较轻),锈蚀率较大时,锈蚀钢筋有可能首先被拉断,而受压区混凝土基本完好,破坏模式和少筋梁类似。图 12-5(b)中给出了试验中测得锈蚀程度不同梁的弯矩-曲率关系曲线,其中锈蚀率较大的梁 L13、L23 因锈蚀钢筋被拉断而破坏,其余梁则因受压区混凝土压碎而破坏。

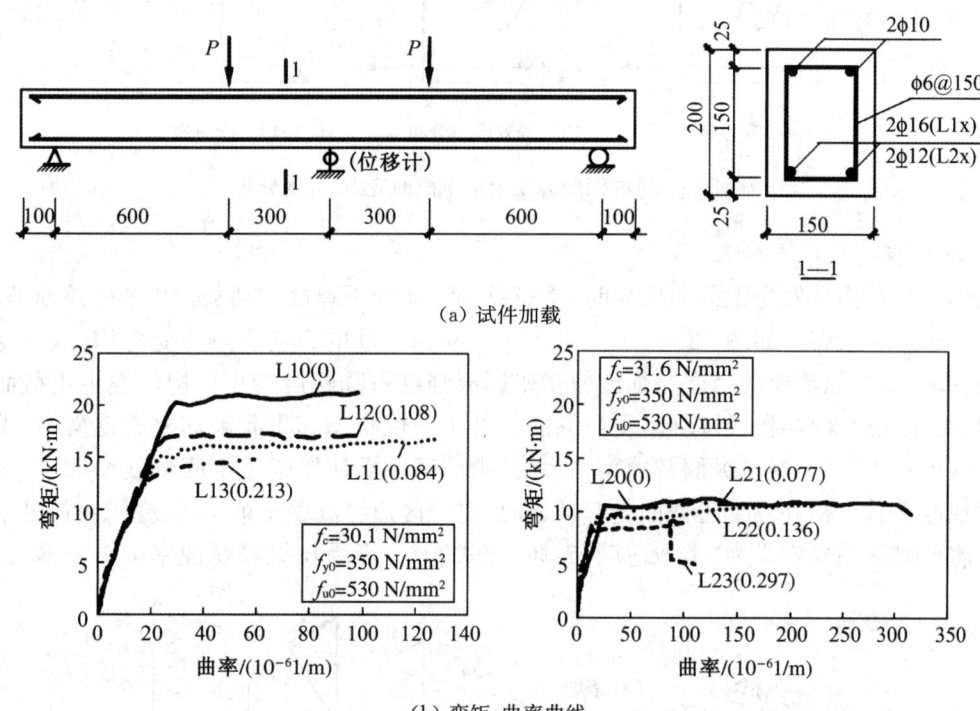

图 12-5　锈蚀混凝土梁受弯试验(括号中的数据为纵筋的平均锈蚀率)

12.3.2 锈蚀钢筋混凝土构件正截面抗弯承载力

1. 基本方程及参数

锈蚀钢筋混凝土受弯构件正截面破坏时的应力与应变分布如图 12-6 所示。图 12-6 中,h_0、h_{0c} 分别为锈蚀损伤后的截面高度和截面有效高度,a_{sc} 为锈蚀损伤后截面边缘至受拉纵筋合力点的距离;A_{s0} 为受拉纵筋初始面积;σ_{sc}、ε_{sc} 分别为受拉锈蚀纵筋应力与应变;η_s 为受拉锈蚀纵筋锈蚀率;α_1、β_1 为等效矩形应力图相关系数。不考虑压区混凝土保护层剥落时,$h_{0c}=h_c$,截面力和弯矩平衡方程分别为

$$\alpha_1 f_c b_c \xi h_{0c} = \sigma_{sc} A_{s0}(1-\eta_s) \tag{12-26}$$

$$M_u = \alpha_1 f_c b_c h_{0c}^2 (\xi - 0.5\xi^2) = \sigma_{sc} A_{s0}(1-\eta_s) h_{0c}(1-0.5\xi) \tag{12-27}$$

式中 b_c——锈蚀损伤后截面宽度,为简化计算,可取 $b_c=b$;
ξ——与等效矩形应力图相应的相对受压区高度。

研究表明,当受拉纵筋两端锚固良好时,钢筋锈蚀引起的黏结性能退化对受弯构件正截面承载力影响较小,认为仍满足平截面假定。于是,有如下变形协调方程

$$\xi = \frac{\beta_1 x_n}{h_0} = \frac{\beta_1 \varepsilon_{ct}}{\varepsilon_{sc} + \varepsilon_{ct}} \tag{12-28}$$

式中,ε_{ct} 为混凝土边缘压应变,$\varepsilon_{ct} = \varepsilon_{cu}$ 时混凝土被压碎。

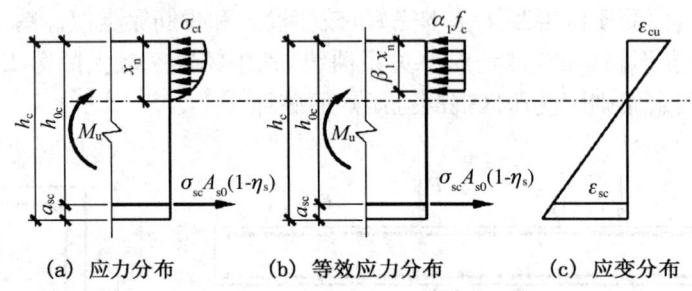

(a) 应力分布　　(b) 等效应力分布　　(c) 应变分布

图 12-6　锈蚀钢筋混凝土梁正截面应力、应变分布

2. 破坏模式与破坏界限

当锈蚀受弯构件发生正截面破坏时,受拉纵筋可能处于弹性、屈服、强化及受拉断裂/锈蚀断裂等 4 种应力状态。如图 12-7 所示,对于一根初始超筋的钢筋混凝土受弯构件,当受拉纵筋锈蚀率较小时,纵筋锈蚀后屈服强度较初始屈服强度下降幅度较小。构件发生正截面受弯破坏时,受压区边缘混凝土被压碎,受拉纵筋仍处于弹性状态。将此破坏模式定义为"类似超筋"破坏(模式①)。当受拉纵筋锈蚀率稍大时,纵筋锈蚀后屈服强度下降幅度增大,但仍有较明显的屈服平台。构件发生正截面受弯破坏时,受压区边缘混凝土被压碎,受拉纵筋处于屈服状态。将此破坏模式定义为"类似适筋"破坏(模式②)。当受拉纵筋锈蚀率进一步增大时,纵

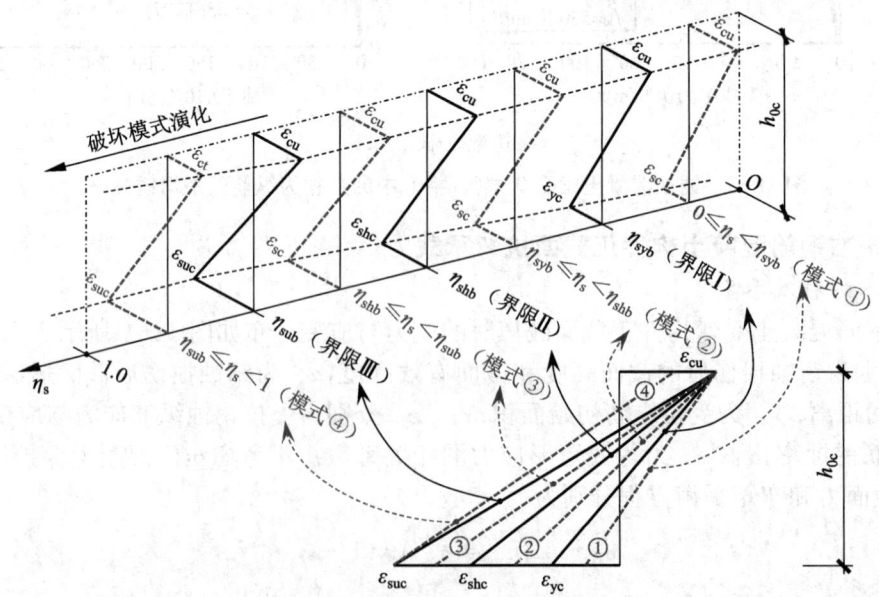

图 12-7　锈蚀钢筋混凝土构件正截面受弯破坏模式与破坏界限

筋锈蚀后屈服强度下降幅度继续增大,并且屈服平台大幅度缩减甚至消失。构件发生正截面受弯破坏时,受压区边缘混凝土被压碎,受拉纵筋处于强化状态。将此破坏模式定义为"类似超筋"破坏(模式③)。当受拉纵筋锈蚀率继续增大时,锈蚀纵筋屈服平台消失,纵筋锈蚀后极限强度较初始极限强度下降幅度较大。构件发生正截面受弯破坏时,受压区边缘混凝土未被压碎,但受拉纵筋已受拉断裂。将此破坏模式定义为"类似少筋"破坏(模式④)。两相邻破坏模式之间存在一破坏界限。亦即,对于锈蚀钢筋混凝土受弯构件,其正截面破坏存在三个界限:(1)受压区边缘混凝土被压碎,受拉纵筋恰好屈服(界限Ⅰ);(2)受压区边缘混凝土被压碎,受拉纵筋恰好强化(界限Ⅱ);(3)受压区边缘混凝土被压碎,受拉纵筋恰好断裂(界限Ⅲ)。各界限下受拉纵筋锈蚀率分别为界限Ⅰ的锈蚀率η_{syb}、界限Ⅱ的锈蚀率η_{shb}和界限Ⅲ的锈蚀率η_{sub},相对受压区高度分别为ξ_{yb}、ξ_{hb}和ξ_{ub}。

3. 界限锈蚀率与界限相对受压区高度

根据各界限定义,受压区边缘混凝土及受拉钢筋的应力/应变状态均已知,可直接求解锈蚀钢筋混凝土受弯构件界限锈蚀率与界限相对受压区高度。

根据界限Ⅰ定义,将$\varepsilon_{sc}=\varepsilon_{yc}(\eta_s)$,$\varepsilon_{ct}=\varepsilon_{cu}$代入式(12-28),可得界限Ⅰ的相对受压区高度$\xi=\xi_{yb}$。令$\sigma_{sc}=f_{yc}(\eta_s)$,$\xi=\xi_{yb}$,代入式(12-26),得到关于$\eta_s$的一元二次方程。求解方程,取$\eta_s$在(0~0.8)范围内的较小解作为界限Ⅰ锈蚀率$\eta_{syb}$。若$\eta_s$的计算值小于0,取$\eta_{syb}=0$;若$\eta_s$的计算值大于0.8,取$\eta_{syb}=0.8$。将$\eta_{syb}$代入锈蚀钢筋受拉应力-应变关系模型,可算出$f_{yc}$,进而求出$\varepsilon_{yc}$。令$\varepsilon_{ct}=\varepsilon_{cu}$,同时代入式(12-28)即可得到界限Ⅰ相对受压区高度ξ_{yb}。

界限Ⅱ/Ⅲ的求解思路与界限Ⅰ一致,此处不予赘述。界限Ⅱ在($\eta_{syb}\sim\eta_{s,cr}$)范围内求解,其中$\eta_{s,cr}$为锈蚀钢筋屈服平台消失时的临界锈蚀率。若$\eta_s$在此范围内无解,取$\eta_{shb}=\eta_{syb}$。界限Ⅲ在($\eta_{shb}\sim0.8$)范围内求解。若$\eta_s$在此范围内无解,取$\eta_{sub}=0.8$。求得界限锈蚀率后,代入式(12-28)即可得到界限Ⅱ/Ⅲ相对受压区高度ξ_{hb}/ξ_{ub}。

4. 与破坏模式相应的承载力计算方法

确定了三个界限锈蚀率(η_{syb}、η_{shb}及η_{sub})即可判断锈蚀钢筋混凝土受弯构件的正截面破坏模式(①、②、③及④,图12-6)。针对不同的破坏模式,采用不同的构件正截面承载力简化计算方法。

对于模式①($0\leqslant\eta_s<\eta_{syb}$或$\beta_1>\xi>\xi_{yb}$),令$\varepsilon_{ct}=\varepsilon_{cu}$,取$\sigma_{sc}=E_{s0}\varepsilon_{sc}=E_{s0}\varepsilon_{cu}(\beta_1/\xi-1)$,代入式(12-26),可得关于$\xi$的一元二次方程。求解方程并取$\xi$在($\xi_{yb}\sim\beta_1$)范围内的较大解作为$\xi$,代入式(12-27)可得模式①正截面抗弯承载力$M_u$。模式②($\eta_{syb}\leqslant\eta_s<\eta_{shb}$或$\xi_{yb}\geqslant\xi>\xi_{hb}$)、模式③($\eta_{shb}\leqslant\eta_s<\eta_{sub}$或$\xi_{hb}\geqslant\xi>\xi_{ub}$)正截面抗弯承载力$M_u$的求解思路与模式①一致,不予赘述。

理论上,模式④($\eta_{sub}\leqslant\eta_s\leqslant1$或$\xi_{ub}\geqslant\xi\geqslant0$)可细分为两小类:(1)受拉区混凝土开裂后,锈蚀纵筋未被拉断,再加载时锈蚀纵筋被拉断,但受压区混凝土未被压碎;(2)受拉区混凝土一开裂,锈蚀纵筋即被拉断,受压区混凝土未被压碎,此时锈蚀钢筋混凝土梁与素混凝土梁类似。在模式④下,$\sigma_{sc}=f_{uc}$(当$0.8\leqslant\eta_s\leqslant1.0$时,纵筋的锈蚀程度过高,可偏安全地取$f_{uc}=0$),$\varepsilon_{sc}=\varepsilon_{suc}$,但$\varepsilon_{ct}\neq\varepsilon_{cu}$。对于模式④第1类情况,正截面抗弯承载力需要确定受压区边缘混凝土压应变,这涉及十分复杂的计算。为方便计,可直接按第2类情况计算模式④时正截面抗弯承载力。亦即,取模式④下正截面抗弯承载力为同宽度、梁高为h_0的素混凝土梁开裂弯矩,按式(5-15)计算。

【例12-3】 钢筋混凝土梁的初始截面宽度$b=150$ mm,高度$h=200$ mm,底部纵向钢筋为 2Φ16(试件 L12)/2Φ12(试件 L21、L23),顶部纵向钢筋 2Φ10,箍筋为Φ6@150,混凝土保护层厚度为 25 mm。实测试件 L12 混凝土的轴心抗压强度 $f_c = 30.1\,\text{N/mm}^2$,L21、L23 混凝土的轴心抗压强度 $f_c = 31.6\,\text{N/mm}^2$。求:受拉纵筋锈蚀率为 0.108、0.077、0.297 时,锈蚀钢筋混凝土梁(即图 12-5 中的 L12、L21 与 L23)正截面抗弯承载力 M_u。(L12/L21/L23)钢筋参数:$E_{s0} = 2.01 \times 10^5\,\text{N/mm}^2$,$f_{y0} = f'_{y0} = 350\,\text{N/mm}^2$,$f_{u0} = 530\,\text{N/mm}^2$,钢筋初始屈服应变 $\varepsilon_{y0} = 0.0018$,钢筋初始强化应变 $\varepsilon_{sh0} = 0.021$,钢筋初始极限应变 $\varepsilon_{su0} = 0.184$。

【解】 (1) 计算界限锈蚀率

梁 L12:

① 界限 I 锈蚀率 η_{syb}:

根据定义,令

$$\begin{cases} \sigma_{sc} = f_{yc}(\eta_s) = \dfrac{1 - 1.092\eta_s}{1 - \eta_s} f_{y0} = \dfrac{1 - 1.092\eta_s}{1 - \eta_s} \times 350 \\ \varepsilon_{sc} = \varepsilon_{yc}(\eta_s) = \dfrac{1 - 1.092\eta_s}{1 - \eta_s} \varepsilon_{y0} = \dfrac{1 - 1.092\eta_s}{1 - \eta_s} \times 0.0018 \\ \varepsilon_{ct} = \varepsilon_{cu} = 0.0033 \end{cases}$$

代入式(12-28)可得 ξ_{yb} 关于 η_s 的表达式,代入式(12-26),整理有 $5.706\eta_s^2 + 2.720\eta_s - 8.412 = 0$。在 $0 \sim 0.8$ 范围内无解,故取 $\eta_{syb} = 0$,此时 $\xi_{yb} = 0.521$。

② 界限 II 界限锈蚀率 η_{shb}

根据定义,令

$$\begin{cases} \sigma_{sc} = f_{yc}(\eta_s) = \dfrac{1 - 1.092\eta_s}{1 - \eta_s} f_{y0} = \dfrac{1 - 1.092\eta_s}{1 - \eta_s} \times 350 \\ \varepsilon_{sc} = \varepsilon_{shc}(\eta_s) = \dfrac{1 - 1.092\eta_s}{1 - \eta_s} \times 0.0018 + (0.021 - 0.0018) \cdot \left(1 - \dfrac{\eta_s}{0.3}\right) \\ \quad\quad \approx 0.0018 + 0.0192 \times \left(1 - \dfrac{\eta_s}{0.3}\right) \\ \varepsilon_{ct} = \varepsilon_{cu} = 0.0033 \end{cases}$$

代入式(12-28)和式(12-26)(仅考虑 $0 < \eta_s \leqslant \eta_{s,cr}$ 情况),整理有 $7.002\eta_s^2 - 9.066\eta_s + 1.083 = 0$,解得 $\eta_{shb} = 0.133$,此时 $\xi_{hb} = 0.168$。

③ 界限 III 界限锈蚀率 η_{sub}

根据定义,令

$$\begin{cases} \sigma_{sc} = f_{uc}(\eta_s) = \dfrac{1 - 1.092\eta_s}{1 - \eta_s} f_{u0} = \dfrac{1 - 1.092\eta_s}{1 - \eta_s} \times 530 \\ \varepsilon_{sc} = \varepsilon_{suc}(\eta_s) = \varepsilon_{su0} e^{-2.556\eta_s} \\ \varepsilon_{ct} = \varepsilon_{cu} = 0.0033 \end{cases}$$

代入式(12-28)和式(12-26),该方程为超越方程。采用线性近似,得

$$\varepsilon_{suc}(\eta_s) = \varepsilon_{su0} e^{-2.556\eta_s} = \begin{cases} \varepsilon_{su0}(1 - 2.001\eta_s), & 0 \leqslant \eta_s < 0.2 \\ \varepsilon_{su0}(0.840 - 1.200\eta_s), & 0.2 \leqslant \eta_s < 0.4 \\ \varepsilon_{su0}(0.648 - 0.720\eta_s), & 0.4 \leqslant \eta_s < 0.6 \\ \varepsilon_{su0}(0.475 - 0.432\eta_s), & 0.6 \leqslant \eta_s \leqslant 0.8 \end{cases}$$

代入式(12-28)和式(12-26)整理有 $9.312\eta_s^2-18.703\eta_s+8.306=0$,解得 $\eta_{sub}=0.663$,此时 $\xi_{ub}=0.068$。

梁 L21 与梁 L23 的界限锈蚀率及对应相对界限受压区高度计算步骤与梁 L12 类似。

(2) 计算承载力

对 L12 锈蚀率满足 $\eta_{syb}=0\leqslant\eta_s<\eta_{shb}=0.133$,属于模式②;

对 L21、L23 锈蚀率满足 $\eta_{shb}=0\leqslant\eta_s<\eta_{sub}=0.560$ 与 $\eta_{shb}=0\leqslant\eta_s<\eta_{sub}=0.561$,都属于模式③。

① 对 L12,按照模式②来计算抗弯截面承载力,由 $\eta_s=0.108$ 得

$$\sigma_{sc}=f_{yc}(\eta_s)=\frac{1-1.092\eta_s}{1-\eta_s}\times 350=324\ \text{N/mm}^2$$

代入式(12-26),有

$$\alpha_1 f_c b\xi h_0=\sigma_{sc}A_{s0}(1-\eta_s)$$
$$30.1\times 150\times\xi\times 160=324\times 402\times(1-0.108)$$

解得 $\xi=0.161$

代入式(12-27)有

$$M_u=\sigma_{sc}A_{s0}(1-\eta_s)h_{0c}(1-0.5\xi)=324\times 402\times(1-0.108)\times 160\times(1-0.5\times 0.161)$$
$$=17.093\ \text{kN}\cdot\text{m}$$

与图 12-5 中梁 L12 的抗弯承载力试验结果 17.51 kN·m 非常接近。

② 对 L21,按照模式③来计算抗弯截面承载力,先求得此时屈服应力、极限应力、强化应变、极限应变及强化模量如下

$$f_{yc}(\eta_s)=\frac{1-1.092\times 0.077}{1-0.077}\times 350=347\ \text{N/mm}^2$$

$$f_{uc}(\eta_s)=\frac{1-1.152\times 0.077}{1-0.077}\times 350=523\ \text{N/mm}^2$$

$$\varepsilon_{shc}(\eta_s)=\frac{1-1.092\times 0.077}{1-0.077}\times 0.0018+(0.022-0.0018)\times(1-0.077/0.3)=0.0168$$

$$\varepsilon_{suc}(\eta_s)=0.182\times(1-2.001\times 0.077)=0.154$$

$$E_{shc}(\eta_s)=\frac{523-347}{0.154-0.016}=1\ 275\ \text{N/mm}^2$$

令 $\varepsilon_{ct}=\varepsilon_{cu}=0.0033$,代入式(12-28)有 $\varepsilon_{sc}=0.0033\times(0.8/\xi-1)$

将锈蚀钢筋应力-应变关系 $\sigma_{sc}=f_{yc}+E_{shc}(\varepsilon_{sc}-\varepsilon_{shc})$,代入式(12-26),整理可得关于 ξ 的一元二次方程,求解范围在 $\xi_{ub}\leqslant\xi\leqslant\xi_{hb}$ 的 ξ 值,整理有

$$3\ 749.350\xi^2-322.265\xi-3.366=0$$
解得 $\xi=0.106$ 或 $\xi=-0.010$(舍去)

代入式(12-27)得抗弯承载力 $M_u=11.410$ kN·m,与图 12-4 中梁 L21 的抗弯承载力试验结果 11.53 kN·m 非常接近,表明计算方法的准确性高。

③ 对 L23,当 $\eta_s = 0.2973$,计算步骤与梁 L21 类似,可计算出截面抗弯承载力 $M_u = 9.571$ kN·m,与图 12-5 中梁 L23 的抗弯承载力试验结果 9.21 kN·m 吻合很好。

12.4 锈蚀钢筋混凝土构件偏心受压性能

12.4.1 锈蚀钢筋混凝土构件偏心受压试验研究

采用图 12-8(a)所示的加载示意图进行锈蚀钢筋混凝土柱偏心受压试验。试验结果表明,受压侧混凝土被压碎时构件破坏。由图 12-8(b)、(c)可知,锈蚀钢筋混凝土柱的偏压承载力相对于未锈蚀钢筋混凝土柱的明显下降,且随着钢筋锈蚀率的提高,其承载力下降程度增大;偏心距越大,钢筋锈蚀对混凝土柱偏压承载力退化的影响越显著。

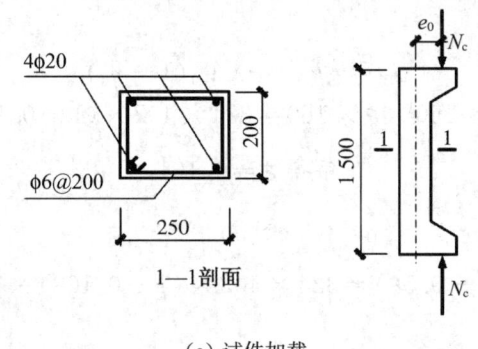

(a) 试件加载

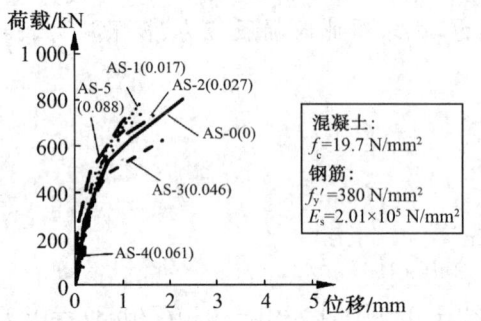

(b) 加载偏心距 50 mm 试件荷载-侧向挠度曲线

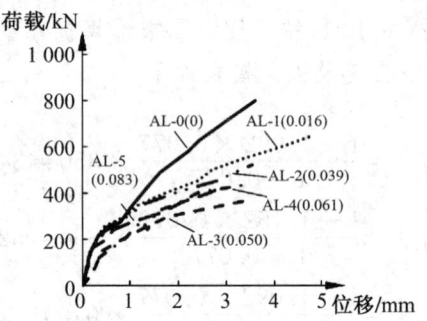

(c) 加载偏心距 90 mm 试件荷载-侧向挠度曲线

图 12-8 锈蚀钢筋混凝土柱偏心受压试验(括号中的数据为纵筋的平均锈蚀率)

12.4.2 锈蚀钢筋混凝土构件偏心抗压承载力

1. 基本方程及参数

锈蚀钢筋混凝土偏心受压构件正截面应力与应变分布如图 12-9 所示。图 12-9 中,h_c、h_{0c} 分别为锈蚀损伤后的截面高度和截面有效高度,a_{sc}、a'_{sc} 分别为锈蚀损伤后截面边缘至轴向力远侧、近侧纵筋合力点的距离;N_{cu} 为轴向最大压力即偏心抗压承载力;e 为轴向力至远侧纵筋合力点的距离;x_n 为混凝土实际受压区高度;A_{s0}、A'_{s0} 分别为远侧、近侧纵筋初始面积;σ_{sc}、σ'_{sc} 分别为远侧、近侧锈蚀纵筋应力;ε_{sc}、ε'_{sc} 分别为远侧、近侧锈蚀纵筋应变;η_s、η'_s 分别为远侧、近侧锈蚀纵筋锈蚀率;σ_{ct} 为混凝土边缘压应力;f_c 为混凝土单轴抗压强度;ε_{cu} 为混凝土极限压应变;α_1、β_1 为等效矩形应力图相关系数。截面力和弯矩平衡方程分别为

$$N_{cu} = \alpha_1 f_c b_c \xi h_{0c} + \sigma'_{sc} A'_{s0}(1-\eta'_s) - \sigma_{sc} A_{s0}(1-\eta_s) \quad (12\text{-}29)$$

$$N_{cu} e = \alpha_1 f_c b_c h_{0c}^2 \xi(1-\xi/2) + \sigma'_{sc} A'_{s0}(1-\eta'_s)(h_{0c}-a'_{sc}) \quad (12\text{-}30)$$

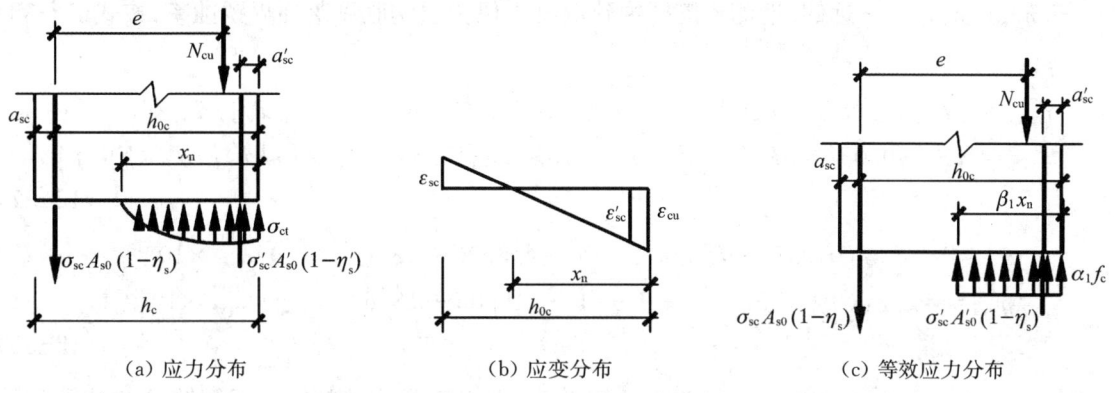

(a) 应力分布   (b) 应变分布   (c) 等效应力分布

图 12-9　锈蚀钢筋混凝土偏心受压构件破坏时正截面应力与应变分布图

锈蚀损伤后截面宽度的计算方法可参见 12.2.2 节相关内容，此处不予赘述。钢筋锈蚀致混凝土截面高度损伤的简化模型如图 12-10 所示。图 12-10 中，h 为初始截面高度，a_s、a'_s 分别为初始截面边缘至远侧、近侧纵筋合力点的距离；φ 和 φ' 分别为轴向力远侧和近侧钢筋锈蚀致截面损伤折减系数。

锈蚀损伤后截面高度为

$$h_c = h - a_s\varphi - a'_s\varphi' \quad (12\text{-}31)$$

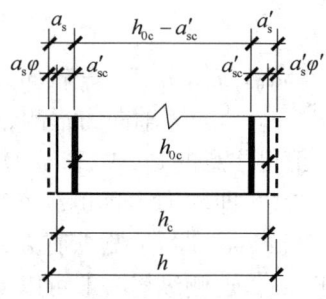

图 12-10　钢筋锈蚀导致的混凝土构件截面损伤示意图

锈蚀损伤后截面有效高度为

$$h_{0c} = h - a_s - a'_s\varphi' \quad (12\text{-}32)$$

锈蚀损伤后截面边缘至轴向力远侧、近侧纵筋合力点的距离分别为

$$\begin{cases} a_{sc} = a_s(1-\varphi) \\ a'_{sc} = a'_s(1-\varphi') \end{cases} \quad (12\text{-}33)$$

轴向力远侧和近侧钢筋锈蚀致截面损伤折减系数分别为

$$\begin{cases} \varphi = \max\{\varphi_s, \varphi_v\} \\ \varphi' = \max\{\varphi'_s, \varphi'_v\} \end{cases} \quad (12\text{-}34)$$

式中　φ_s, φ'_s——轴向力远侧、近侧纵筋，按式(12-35)计算；
　　　φ_v, φ'_v——远侧、近侧箍筋锈蚀致截面损伤折减系数，按式(12-36)计算。

$$\begin{cases} \varphi_s = \min\{\max\{\eta_s/\eta_{s,sp}, w/w_{cr}\}, 1\} \\ \varphi'_s = \min\{\max\{\eta'_s/\eta'_{s,sp}, w'/w'_{cr}\}, 1\} \end{cases} \quad (12\text{-}35)$$

$$\begin{cases} \varphi_v = \min\{\max\{\eta_v/\eta_{v,sp}, w_v/w_{vcr}\}, 1\} \\ \varphi'_v = \min\{\max\{\eta'_v/\eta'_{v,sp}, w'_v/w'_{vcr}\}, 1\} \end{cases} \quad (12\text{-}36)$$

式中　η_s, η'_s——轴向力远侧、近侧纵筋锈蚀率；

η_v, η'_v—— 远侧、近侧箍筋锈蚀率；

$\eta_{s,sp}$, $\eta'_{s,sp}$—— 轴向力远侧、近侧纵筋锈蚀致混凝土保护层锈胀剥落临界锈蚀率，按式(12-37)计算；

$\eta_{v,sp}$, $\eta'_{v,sp}$—— 远侧、近侧箍筋锈蚀致混凝土保护层锈胀剥落临界锈蚀率，按式(12-38)计算。

$$\begin{cases} \eta_{s,sp} = 4w_{cr}/(0.0575\pi d_0^2) + 1 - \{1 - [15.06 + 18.64(c+d_{v0})/d_0]/d_0 \times 10^{-3}\}^2 \\ \eta'_{s,sp} = 4w'_{cr}/(0.0575\pi d_0'^2) + 1 - \{1 - [15.06 + 18.64(c'+d_{v0})/d_0']/d_0' \times 10^{-3}\}^2 \end{cases} \tag{12-37}$$

$$\begin{cases} \eta_{v,sp} = 4w_{vcr}/(0.0575\pi d_{v0}^2) + 1 - [1 - (15.06 + 18.64c/d_{v0})/d_{v0} \times 10^{-3}]^2 \\ \eta'_{v,sp} = 4w'_{vcr}/(0.0575\pi d_{v0}^2) + 1 - [1 - (15.06 + 18.64c'/d_{v0})/d_{v0} \times 10^{-3}]^2 \end{cases} \tag{12-38}$$

式中 w_{cr}, w_{vcr}, w'_{cr}, w'_{vcr}—— 轴向力远侧纵筋、远侧箍筋、近侧纵筋、近侧箍筋锈蚀导致混凝土保护层剥落的临界锈胀裂缝宽度，对于变形钢筋，取为 3.5 mm，对于光圆钢筋，取为 2.5 mm；

d_0, d'_0, d_{v0}—— 轴向力远侧纵筋、近侧纵筋、单肢箍筋的原始直径；

c, c'—— 轴向力远侧、近侧箍筋的混凝土保护层厚度。

值得注意的是，式(12-29)中轴向力远侧纵筋应力 σ_{sc} 的值可能为正，可能为负。为此，引入一参数，即轴向力远侧纵筋零应力临界轴向力力臂 e_{tc}，用以预判远侧纵筋应力值 σ_{sc} 的正负。当 $e = e_{tc}$ 时，远侧纵筋应力恰好为 0。混凝土实际受压区高度 $x_n = h_{0c} = h - a_s - a'_s\varphi$ 远大于 $2a'_{sc}$，近侧纵筋一般可以受压屈服/屈曲，取 $\sigma'_{sc} = f'_{bc}$，代入式(12-29)和式(12-30)，可得轴向力远侧纵筋零应力临界轴向力力臂 e_{tc} 为

$$e_{tc} = \frac{\alpha_1 f_c b_c h_{0c}^2 \beta_1 (1-\beta_1/2) + f'_{bc} A'_{s0}(1-\eta'_s)(h_{0c}-a'_{sc})}{\alpha_1 f_c b_c \beta_1 h_{0c} + f'_{bc} A'_{s0}(1-\eta'_s)} \tag{12-39}$$

式中，f'_{bc} 为轴向力近侧锈蚀纵筋实际受压极限应力。

轴向力作用点至远侧纵筋合力点的距离为

$$e = \eta_{nsc} e_i + h/2 - a_s \tag{12-40}$$

式中 η_{nsc}—— 锈蚀损伤后钢筋混凝土柱考虑 P-Δ 效应的弯矩增大系数；

e_i—— 实际的初始偏心距。

参数 η_{nsc}、e_i 可参考《混凝土结构设计规范》(GB 50010—2010)进行取值或计算。

若 $e < e_{tc}$，轴向力远侧纵筋受压；若 $e \geq e_{tc}$，轴向力远侧纵筋受拉。据此，轴向力远侧纵筋应力 σ_{sc} 的符号可提前判定，以便判定破坏模式，求解力与弯矩平衡方程。

锈蚀钢筋混凝土偏心受压构件发生正截面失效时，轴向力近侧纵筋可能处于受压弹性或受压屈服/屈曲状态。引入一参数，即近侧纵筋恰好受压屈服/屈曲临界相对受压区高度，以准确判别近侧纵筋应力状态。当近侧纵筋恰好受压屈服/屈曲时，近侧纵筋应变 $\varepsilon'_{sc} = \varepsilon'_{bc}$，有

$$\xi'_{bb} = \frac{\beta_1 \varepsilon_{cu} a'_{sc}}{(\varepsilon_{cu} - \varepsilon'_{bc}) h_{0c}} \tag{12-41}$$

若 $\xi \geq \xi'_{bb}$，轴向力近侧纵筋已受压屈服/屈曲；若 $\xi < \xi'_{bb}$，轴向力近侧纵筋仍处于受压

弹性状态。

2. 破坏模式与破坏界限

锈蚀钢筋混凝土偏心受压构件破坏时,轴向力近侧钢筋可能存在受压弹性和受压屈服/屈曲两种应力状态,远侧纵筋可能存在受压弹性、受压屈服/屈曲、受拉弹性、受拉屈服、受拉强化及受拉断裂/锈蚀断裂等六种应力状态。

当 $e < e_{tc}$ 时,轴向力远侧纵筋受压。如图 12-11 所示,对于初始小偏心受压钢筋混凝土构件,当远侧纵筋锈蚀率较小时,纵筋锈蚀后实际受压极限应力较初始实际受压屈服强度下降幅度较小。在偏心轴向力作用下,构件发生正截面破坏时,轴向力近侧边缘混凝土被压碎,近侧钢筋受压屈服/屈曲,轴向力远侧纵筋仍处于受压弹性状态。定义此破坏模式为"类似小偏心受压"破坏(模式①c)。当轴向力远侧纵筋锈蚀率较大时,纵筋锈蚀后实际受压极限应力较初始屈服强度有较大降幅。在偏心轴向力作用下,构件发生正截面破坏时,轴向力近侧边缘混凝土被压碎,近侧钢筋受压屈服/屈曲,远侧纵筋已处于受压屈服/屈曲状态。将此破坏模式定义为"类似轴心受压"破坏(模式②c)。上述两种破坏模式之间存在一个界限:在偏心轴向力作用下,构件发生正截面破坏时,轴向力近侧边缘混凝土被压碎,远侧纵筋恰好受压屈服/屈曲。定义此界限状态为界限 I_c,此界限下轴向力远侧纵筋锈蚀率为界限 I_c 锈蚀率 η_{sbb},截面相对受压区高度为界限 I_c 相对受压区高度 ξ_{bb}。

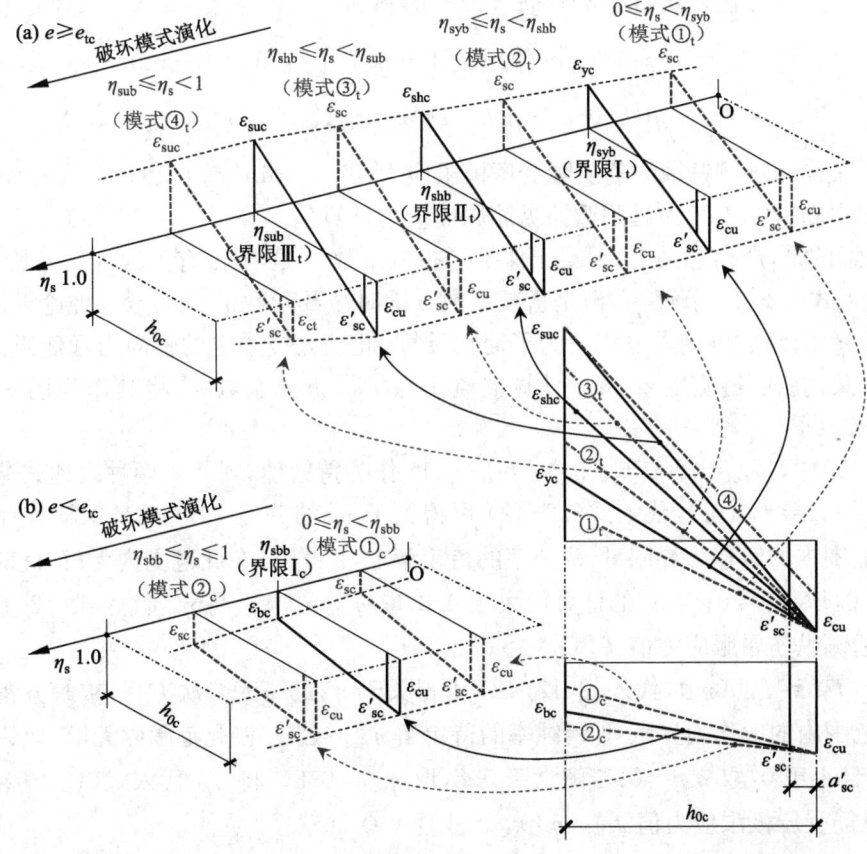

图 12-11 锈蚀钢筋混凝土偏心受压构件正截面破坏模式与破坏界限

当 $e \geq e_{tc}$ 时,轴向力远侧纵筋受拉。破坏模式的演化规律与 12.3.2 节受弯构件正截面破坏模式演化规律类似,但需判断近侧纵筋是否受压屈服/屈曲,此处不再赘述。判断步骤如下:先假设近侧纵筋已受压屈服/屈曲 $\sigma'_{sc}=f'_{bc}$ 代入计算,求得 ξ 后再验证假设是否正确,若假设错误,则令 $\sigma'_{sc}=E'_s\varepsilon'_{sc}$,重新代入计算。随着轴向力远侧纵筋锈蚀率的增大,偏心受压锈蚀钢筋混凝土构件的正截面破坏模式依次经历"类似小偏心受压"破坏(模式①$_t$)、"类似大偏心受压"破坏(模式②$_t$)、"类似小偏心受压"破坏(模式③$_t$)、"类似素混凝土柱偏心受压"破坏(模式④$_t$)。两相邻破坏模式之间存在一破坏界限。亦即,对于锈蚀钢筋混凝土偏心受压构件,其正截面破坏存在三个界限:

(1) 轴向力近侧边缘混凝土被压碎,远侧纵筋恰好受拉屈服(界限 I$_t$)。

(2) 轴向力近侧边缘混凝土被压碎,远侧纵筋恰好受拉强化(界限 II$_t$)。

(3) 轴向力近侧边缘混凝土被压碎,远侧纵筋恰好受拉断裂(界限 III$_t$)。各界限下轴向力远侧纵筋锈蚀率分别为界限 I$_t$ 锈蚀率 η_{syb}、界限 II$_t$ 锈蚀率 η_{shb} 和界限 III$_t$ 锈蚀率 η_{sub},相对受压区高度分别为 ξ_{yb}、ξ_{hb} 和 ξ_{ub}。

3. 界限锈蚀率与界限相对受压区高度

当 $e<e_{tc}$ 时,轴向力远侧纵筋受压,有一界限 I$_c$。在此界限状态下,偏心受压混凝土构件一般全截面受压,实际受压区高度 x_n 取为锈蚀损伤截面高度 h_c,且轴向力近侧锈蚀纵筋一般可受压屈服/屈曲。为简化计算,当远侧纵筋受压时,统一取 $x=\beta_1 h_c$;根据定义,此时 $\sigma'_{sc}=f'_{bc}$, $\sigma_{sc}=f_{bc}$。一并代入式(12-29)和式(12-30)得:

$$N_{cu}=\alpha_1 f_c b_c h_c + f'_{bc} A'_{s0}(1-\eta'_s) + f_{bc} A_{s0}(1-\eta_s) \tag{12-42}$$

$$N_{cu}e=\alpha_1 f_c b_c \beta_1 h_c(h_{0c}-\beta_1 h_c/2) + f'_{bc} A'_{s0}(1-\eta'_s)(h_{0c}-a'_{sc}) \tag{12-43}$$

式中,f_{bc} 为轴向力远侧锈蚀纵筋实际受压极限应力,$f_{bc}=\min\{f_{yc}(\eta_s), f_{bcc}(\eta_s)\}$,$f_{yc}$ 为远侧锈蚀纵筋屈服应力,f_{bcc} 为远侧锈蚀纵筋屈曲应力计算值。

值得注意的是,严格意义上,混凝土保护层折减系数 φ 是与 η_s 有关的一次函数,需要作为未知变量代入式(12-42)求解 η_s,但是折减系数 φ 同时涉及参数 η_v、w、w_v,理论上需引入 η_v、w、w_v 关于 η_s 的函数再代入方程。为了简化计算,此处先按给定的轴向力远侧纵筋、箍筋锈蚀率 η_s、η_v 及锈胀裂缝宽度 w、w_v 计算混凝土保护层折减系数 φ,将其作为已知参数代入式(12-42)求解 η_s。

式(12-42)中,$f_{bc}=\min\{f_{yc}(\eta_s), f_{bcc}(\eta_s)\}$ 作为待解值,需代入两种表达式分别求解。

若 $\sigma_{sc}=f_{bc}=f_{yc}(\eta_s)$,代入式(12-42)可得关于 η_s 的一元一次方程,求解方程,取 η_s 在 $(0\sim0.8)$ 范围内的解作为界限 I$_c$ 锈蚀率的待定解 η^*_{s1}。若 η_s 在此范围内无解,此时,若 η_s 的计算值小于 0,取 $\eta^*_{s1}=0$;若 η_s 的计算值大于 0.8,取 $\eta^*_{s1}=0.8$。将 η^*_{s1} 代入式(12-13)可得到界限 I$_c$ 下远侧纵筋屈服应力值 $f^*_{yc}(\eta^*_{s1})$。

若 $\sigma_{sc}=f_{bc}=f_{bcc}(\eta_s)$,代入式(12-42)可得关于 η_s 的一元二次方程,求解方程,取 η_s 在 $(0\sim0.8)$ 范围内的解作为界限 I$_c$ 锈蚀率的待定解 η^*_{s2}。若 η_s 在此范围内无解,取 $\eta^*_{s2}=0.8$。若方程有解且小于 0,取 $\eta^*_{s2}=0$;若解大于 0.8,取 $\eta^*_{s2}=0.8$。将 η^*_{s2} 代入式(12-29)得到界限 I$_c$ 下远侧纵筋受压极限应力值 $f^*_{bcc}(\eta^*_{s2})$。

由于 $\sigma_{sc}=f_{bc}=\min\{f_{yc}(\eta_s), f_{bcc}(\eta_s)\}$,若 $f^*_{yc}(\eta^*_{s1})<f^*_{bcc}(\eta^*_{s2})$,取界限 I$_c$ 锈蚀率 $\eta_{sbb}=\eta^*_{s1}$;若 $f^*_{yc}(\eta^*_{s1})\geqslant f^*_{bcc}(\eta^*_{s2})$,取界限 I$_c$ 锈蚀率 $\eta_{sbb}=\eta^*_{s2}$。界限 I$_c$ 相对受压区高度 $\xi_{bb}=\beta_1 h_c/h_{0c}\geqslant\beta_1$。

当 $e \geqslant e_{tc}$ 时,轴向力远侧纵筋受拉,存在三个界限 I_t—III_t。界限 I_t—III_t 的求解方法与 12.3.3 节的相关内容类似:根据定义,假设轴向力近侧纵筋屈服/屈曲,将远侧纵筋及近侧边缘混凝土的应力/应变值代入式(12-29)与式(12-30)求解界限锈蚀率,再验证假设近侧纵筋屈服/屈曲是否成立。此处不予赘述。为避免求解高次方程,可对 $(1-1.092\eta_s)/(1-\eta_s)$ 进行关于 η_s 的线性近似,并对 $\xi-0.5\xi^2$ 进行关于 ξ 的线性近似,如式(12-44)、式(12-45)所列。

$$\frac{1-1.092\eta_s}{1-\eta_s} \approx \begin{cases} 1 & (0 \leqslant \eta_s \leqslant 0.3) \\ -0.5\eta_s+1.15 & (0.3 < \eta_s \leqslant 0.8) \end{cases} \quad (12\text{-}44)$$

$$\xi-0.5\xi^2 \approx \begin{cases} 0.825\xi & (0 \leqslant \xi \leqslant 0.4) \\ 0.375\xi+0.18 & (0.4 < \xi \leqslant 0.8) \end{cases} \quad (12\text{-}45)$$

4. 与破坏模式相应的承载力计算方法

根据轴向力远侧纵筋零应力状态临界力臂(e_{tc})和 4 个界限锈蚀率(η_{sbb}、η_{syb}、η_{shb} 及 η_{sub}),可将锈蚀钢筋混凝土偏心受压构件划分六种不同的正截面破坏模式(①$_c$、②$_c$、①$_t$、②$_t$、③$_t$ 及 ④$_t$)。针对不同的破坏模式,分别计算相应的构件正截面承载力。

当 $e < e_{tc}$ 时,对于模式 ①$_c$($0 \leqslant \eta_s < \eta_{sbb}$),取截面受压区高度 $x=\beta_1 h_c$,轴向力近侧纵筋一般可受压屈服/屈曲,$\sigma'_{sc}=f'_{bc}$,代入式(12-30),即得相应偏心抗压承载力 N_{cu}。对于模式 ②$_c$($\eta_{sbb} \leqslant \eta_s \leqslant 1.0$),取 $x=\beta_1 h_c$,$\sigma'_{sc}=f'_{bc}$,$\sigma_{sc}=f_{bc}$(考虑到当 $0.8 \leqslant \eta_s \leqslant 1.0$ 时,纵筋的锈蚀程度过高,此时偏安全地取 $f_{bc}=0$),代入式(12-29)可直接求得模式 2$_c$ 偏心抗压承载力 N_{cu}。

当 $e \geqslant e_{tc}$ 时,模式 ①$_t$—③$_t$ 正截面承载力的计算步骤与 12.3.3 节的相关内容类似,此处不予赘述。对于模式 ④$_t$,按照 12.3.3 节中模式 ④ 的正截面抗弯承载力简化计算方法求得 M_u 后,由 $N_{cu}=M_u/e_{0c}$ 即可求得模式 ④$_t$ 的偏心抗压承载力,式中,e_{0c} 为截面锈蚀损伤后轴向力的偏心距。

值得注意的是,当两侧纵筋/箍筋锈蚀不一致时,可能导致两侧锈蚀致混凝土截面损伤程度不同,进而致使混凝土高度方向中心线发生偏移,定义此偏移量为锈蚀附加偏心距 e_{cor},$e_{cor}=(a'_s\varphi'-a_s\varphi)/2$。截面锈蚀损伤后轴向力的偏心距,即轴向力与锈损截面高度方向中心线的距离($e_{0c}=e_0+e_{cor}$),可得模式 ④$_t$ 下偏心抗压承载力 N_{cu} 为

$$N_{cu}=\frac{M_u}{e_0+e_{cor}} \quad (12\text{-}46)$$

式(12-46)所示偏心抗压承载力适用于先锈蚀后承载的锈蚀钢筋混凝土偏心受压构件。对于使用荷载下已经开裂的既有偏心受压钢筋混凝土构件,当其轴向力远侧纵筋锈蚀率达到 η_{sub} 及以上时,为安全起见可认为其不再具有偏心抗压承载力,即 $N_{cu}=0$。

此外,按上述方法计算的锈蚀钢筋混凝土柱的偏心抗压承载力尚不应大于按第 12.2 节方法计算的轴心抗压承载力。

【例 12-4】 已知锈蚀钢筋混凝土偏心抗压柱,柱高 1 500 mm,初始截面宽度 $b=200$ mm,高度 $h=240$ mm,箍筋保护层厚度 $c=30$ mm,配置纵筋 4Φ20、箍筋Φ6@200。其中纵筋的初始屈服强度 $f_{y0}=380$ N/mm^2,屈服应变 $\varepsilon_{y0}=1.891\times 10^{-3}$,初始极限强度 $f_{u0}=582$ N/mm^2,弹性模量 $E_{s0}=2.01\times 10^5$ N/mm^2;混凝土的抗压强度 $f_c=19.7$ N/mm^2。问:

(1) 当近侧、远侧的纵筋平均锈蚀率为 0.088,轴向力加载点偏心距 $e_i=50$ mm 时(图

12-8 试件 AS-5),观察得到此时的最大裂缝宽度 $w'=1.60$ mm,试求锈蚀钢筋混凝土柱偏心抗压承载力 N_{cu}。

(2) 当近侧、远侧的纵筋平均锈蚀率为 0.039,轴向力加载点偏心距 $e_i=90$ mm 时(图 12-8 试件 AL-2),观察得到此时的最大裂缝宽度 $w'=0.96$ mm,试求锈蚀钢筋混凝土柱偏心抗压承载力 N_{cu}。

【解】 (1) 当 $\eta_s=\eta'_s=0.088$、$e_i=50$ mm、$w'=1.60$ mm 时:

① 锈蚀后的截面有效高度 h_{0c}。根据式(12-37),计算临界锈蚀率如下:

$$\eta'_{s,sp}=4w'_{cr}/(0.0575\pi d'^2_0)+1-\{1-[15.06+18.64(c'+d_{v0})/d'_0]/d'_0\times10^{-3}\}^2$$

$$=\frac{4\times3.5}{0.0575\times\pi\times20^2}+1-\left(1-\frac{15.06+18.64\times\frac{30+6}{20}}{20}\times10^{-3}\right)^2$$

$$=0.197$$

则近侧纵筋锈蚀致使截面损伤的折减系数为

$$\varphi'_s=\min\{\max(\eta'_s/\eta'_{s,sp},\ w'/w'_{cr}),\ 1\}=\min\left\{\max\left(\frac{0.0882}{0.1986},\ \frac{1.6}{3.5}\right),\ 1\right\}=0.457$$

故取 $\varphi'=\varphi'_s=0.457$,则锈蚀损伤后的截面有效高度为

$$h_{0c}=h-a_s-a'_s\varphi'=240-46-46\times0.457=173\text{ mm}$$

② 判断远侧纵筋受力符号。将相关参数代入式(12-13)和式(2-19)可得近侧纵筋极限压应力 $f'_{bc}=\min\{f'_{yc},f'_{bcc}\}=377$ MPa,纵筋的初始截面面积 $A_{s0}=A'_{s0}=2\times\pi\times20^2/4=314$ mm^2。将 f'_{bc} 及相关参数代入式(12-39),有

$$e_{tc}=\frac{19.7\times200\times173^2\times0.8\times(1-0.8/2)+377\times2\times314\times(1-0.088)\times148}{19.7\times200\times0.8\times173+377\times2\times314\times(1-0.088)}$$

$$=116\text{ mm}$$

将相关参数代入式(12-40),计算得 $e=50+240/2-46=124$ mm $>e_{tc}=116$ mm,因此远侧纵筋受拉。

③ 计算界限锈蚀率。当 $e\geqslant e_{tc}$ 时,远侧纵筋受拉,存在 3 个界限 I_t—III_t。

先求界限 I_t 锈蚀率 η_{syb}:

令 $$\begin{cases}\sigma_{sc}=f_{yc}(\eta_s)=\dfrac{1-1.092\eta_s}{1-\eta_s}f_{y0}=\dfrac{1-1.092\eta_s}{1-\eta_s}\times380\\[2mm]\varepsilon_{sc}=\varepsilon_{yc}(\eta_s)=\dfrac{1-1.092\eta_s}{1-\eta_s}\varepsilon_{y0}=\dfrac{1-1.092\eta_s}{1-\eta_s}\times0.001891\\[2mm]\varepsilon_{ct}=\varepsilon_{cu}=0.0033\end{cases}$$

代入式(12-28),得

$$\xi=\frac{\beta_1\varepsilon_{ct}}{\varepsilon_{sc}+\varepsilon_{ct}}=\frac{0.00264}{\dfrac{1-1.092\eta_s}{1-\eta_s}\times0.001891+0.0033}$$

代入式(12-29)、式(12-30),可得关于 η_s 的方程:

$$\left[\alpha_1 f_c b_c h_{0c} \cdot \frac{0.00264}{\frac{1-1.092\eta_s}{1-\eta_s} \times \varepsilon_{y0} + \varepsilon_{cu}} + f'_{bc} A'_{s0}(1-\eta'_s) - \frac{1-1.092\eta_s}{1-\eta_s} \times 380 \times A_{s0}(1-\eta_s)\right] e$$

$$= \alpha_1 f_c b_c h_{0c}^2 \times \frac{0.00264}{\frac{1-1.092\eta_s}{1-\eta_s} \times \varepsilon_{y0} + \varepsilon_{cu}} \times \left(1 - \frac{0.00264}{2 \times \frac{1-1.092\eta_s}{1-\eta_s} \times \varepsilon_{y0} + \varepsilon_{cu}}\right)$$

$$+ f'_{bc} A'_{s0}(1-\eta'_s)(h_{0c} - a'_{sc})$$

化简,得

$$\eta_s^3 - 2.920\eta_s^2 + 2.832\eta_s - 0.912 = 0$$

解得此时 $\eta_s = 0.858 > 0.8$,故取 $\eta_{syb} = 0.8$。

界限 II_t、III_t 的界限锈蚀率 η_{shb}、η_{sub}

由①可知,$\eta_{syb} = 0.8$,故取 $\eta_{shb} = 0.8$,$\eta_{sub} = 0.8$。

④ 计算偏心抗压承载力

$\eta_s = \eta'_s = 0.088 < \eta_{syb} = 0.8$,故柱的破坏模式为 ①$_t$。则 $\sigma_{sc} = E_{s0}\varepsilon_{sc}$。又由 $\varepsilon_{ct} = \varepsilon_{cu} = 0.0033$,代入变形协调方程,得

$$\sigma_{sc} = E_{s0}\varepsilon_{sc} = E_{s0}\varepsilon_{cu}\left(\frac{\beta_1}{\xi} - 1\right)$$

故代入式(12-29)、式(12-30),可得关于 ξ 的方程:

$$\left[\alpha_1 f_c b_c \xi h_{0c} + f'_{bc} A'_{s0}(1-0.088) - E_{s0}\varepsilon_{cu}\left(\frac{0.8}{\xi} - 1\right) \times A_{s0}(1-0.088)\right] e$$

$$= \alpha_1 f_c b_c \xi h_{0c}^2 \times \left(1 - \frac{\xi}{2}\right) + f'_{bc} A'_{s0}(1-0.088)(h_{0c} - a'_{sc})$$

化简,得 $\xi^3 - 0.566\xi^2 + 0.712\xi - 0.640 = 0$

解得 $\xi = 0.752$,故求得 $N_{cu} = 703$ kN。与图 12-7 试件 AS-5 的偏心抗压承载力试验结果 728 kN 相差不大,表明计算方法的准确性高。

(2) 当 $\eta_s = \eta'_s = 0.039$、$e_i = 90$ mm、$w' = 0.96$ mm 时:

① 锈蚀后的截面有效高度 h_{0c}。

由(1)可知,临界锈蚀率 $\eta'_{s,sp} = 0.199$,则近侧纵筋锈蚀致使截面损伤的折减系数

$$\varphi'_s = \min\{\max(\eta'_s/\eta'_{s,sp}, w'/w'_{cr}), 1\} = \min\left\{\max\left(\frac{0.039}{0.199}, \frac{0.96}{3.5}\right), 1\right\} = 0.274$$

故取 $\varphi' = \varphi'_s = 0.274$,则锈蚀损伤后的截面有效高度

$$h_{0c} = h - a_s - a'_s\varphi' = 240 - 46 - 46 \times 0.274 = 181 \text{ mm}$$

③ 判断远侧纵筋受力符号

同(1),可得此时的 $f'_{bc} = \min\{f'_{yc}, f'_{bcc}\} = 379$ N/mm^2。将 f'_{bc} 及相关参数代入式 (12-39),有

$$e_{tc} = \frac{19.7 \times 200 \times 181^2 \times 0.8 \times (1-0.8/2) + 379 \times 2 \times 314 \times (1-0.039) \times 148}{19.7 \times 200 \times 0.8 \times 181 + 379 \times 2 \times 314 \times (1-0.039)} = 120 \text{ mm}$$

将相关参数代入式(12-40),计算得 $e=90+240/2-46=164$ mm $>e_{tc}=120$ mm,因此远侧纵筋受拉。

③ 计算界限锈蚀率

当 $e \geqslant e_{tc}$ 时,远侧纵筋受拉,存在 3 个界限 I_t—III_t。

界限 I_t 锈蚀率 η_{syb}:

根据定义,令

$$\begin{cases} \sigma_{sc} = f_{yc}(\eta_s) = \dfrac{1-1.092\eta_s}{1-\eta_s} f_{y0} = \dfrac{1-1.092\eta_s}{1-\eta_s} \times 380 \\ \varepsilon_{sc} = \varepsilon_{yc}(\eta_s) = \dfrac{1-1.092\eta_s}{1-\eta_s} \varepsilon_{y0} = \dfrac{1-1.092\eta_s}{1-\eta_s} \times 0.001\,891 \\ \varepsilon_{ct} = \varepsilon_{cu} = 0.003\,3 \end{cases}$$

代入式(12-28),得

$$\xi = \frac{\beta_1 \varepsilon_{ct}}{\varepsilon_{sc}+\varepsilon_{ct}} = \frac{0.002\,64}{\dfrac{1-1.092\eta_s}{1-\eta_s} \times 0.001\,891 + 0.003\,3}$$

代入式(12-29)、式(12-30),可得关于 η_s 的方程:

$$\left[\alpha_1 f_c b_c h_{0c} \cdot \frac{0.002\,64}{\dfrac{1-1.092\eta_s}{1-\eta_s} \times \varepsilon_{y0} + \varepsilon_{cu}} + f'_{bc} A'_{s0}(1-\eta'_s) - \frac{1-1.092\eta_s}{1-\eta_s} \times 380 \times A_{s0}(1-\eta_s) \right] e$$

$$= \alpha_1 f_c b_c h_{0c}^2 \times \frac{0.002\,64}{\dfrac{1-1.092\eta_s}{1-\eta_s} \times \varepsilon_{y0} + \varepsilon_{cu}} \times \left(1 - \frac{0.002\,64}{2 \times \dfrac{1-1.092\eta_s}{1-\eta_s} \times \varepsilon_{y0} + \varepsilon_{cu}} \right) +$$

$$f'_{bc} A'_{s0}(1-\eta'_s)(h_{0c} - a'_{sc})$$

化简,得

$$\eta_s^3 - 2.597\eta_s^2 + 2.196\eta_s - 0.599 = 0$$

解得此时 $\eta_s = 0.601$,故取 $\eta_{syb} = 0.601$,相对受压区高度 $\xi_{yb} = 0.536 > \xi'_{bb} = 0.261$,故轴向力近侧受压钢筋已屈服/屈曲,假设正确。

界限 II_t 界限锈蚀率 η_{shb}:

根据定义,令

$$\begin{cases} \sigma_{sc} = f_{yc}(\eta_s) = \dfrac{1-1.092\eta_s}{1-\eta_s} f_{y0} = \dfrac{1-1.092\eta_s}{1-\eta_s} \times 380 \\ \varepsilon_{sc} = \varepsilon_{shc}(\eta_s) = \dfrac{f_{yc}}{E_{s0}} = \dfrac{1-1.092\eta_s}{1-\eta_s} \times 0.001\,891 \quad (\eta_s > \eta_{s,cr} = 0.2) \\ \varepsilon_{ct} = \varepsilon_{cu} = 0.003\,3 \end{cases}$$

由于近侧受压钢筋此时的锈蚀率大于服平台消失时的截面临界锈蚀率 $\eta_{s,cr}$(对于变形钢筋为 0.2),屈服平台消失,故与 ① 中所联立方程完全相同,即此时 $\eta_{syb} = \eta_{shb} = 0.601$。此外,如前所述,近侧锈蚀纵筋必然已受压屈服/屈曲,假设正确。

界限 III_t 界限锈蚀率 η_{sub}:

根据定义,令

$$\begin{cases} \sigma_{sc} = f_{uc}(\eta_s) = \dfrac{1-1.092\eta_s}{1-\eta_s} f_{u0} = \dfrac{1-1.092\eta_s}{1-\eta_s} \times 582 \\ \varepsilon_{sc} = \varepsilon_{suc}(\eta_s) = \varepsilon_{su0} e^{-2.556\eta_s} \approx \varepsilon_{su0}(0.475 - 0.432\eta_s) \\ \varepsilon_{ct} = \varepsilon_{cu} = 0.0033 \end{cases}$$

代入式(12-28),得

$$\xi = \dfrac{\beta_1 \varepsilon_{ct}}{\varepsilon_{sc} + \varepsilon_{ct}} = \dfrac{0.00264}{\varepsilon_{su0}(0.475 - 0.432\eta_s) + 0.0033}$$

代入式(12-29)、式(12-30),可得关于 η_s 的方程:

$$\left[\alpha_1 f_c b_c h_{0c} \cdot \dfrac{0.00264}{\varepsilon_{su0}(0.475 - 0.432\eta_s) + \varepsilon_{cu}} + f'_{bc} A'_{s0}(1-\eta'_s) - \dfrac{1-1.092\eta_s}{1-\eta_s} \times 582 \times A_{s0}(1-\eta_s)\right] e$$

$$= \alpha_1 f_c b_c h_{0c}^2 \times \dfrac{0.00264}{\varepsilon_{su0}(0.475 - 0.432\eta_s) + \varepsilon_{cu}} \times \left(1 - \dfrac{0.00264}{2\varepsilon_{su0}(0.475 - 0.432\eta_s) + \varepsilon_{cu}}\right)$$

$$+ f'_{bc} A'_{s0}(1-\eta'_s)(h_{0c} - a'_{sc})$$

化简,得

$$\eta_s^3 - 0.192\eta_s^2 + 0.237\eta_s - 0.046 = 0$$

解得此时 $\eta_s = 0.910 > 0.8$,故取 $\eta_{sub} = 0.8$。

④ 计算偏心抗压承载力

$\eta_s = \eta'_s = 0.039 < \eta_{syb} = 0.601$,故柱的破坏模式为①$_t$。则 $\sigma_{sc} = E_{s0}\varepsilon_{sc}$。又由 $\varepsilon_{ct} = \varepsilon_{cu} = 0.0033$,代入变形协调方程,得

$$\sigma_{sc} = E_{s0}\varepsilon_{sc} = E_{s0}\varepsilon_{cu}\left(\dfrac{\beta_1}{\xi} - 1\right)$$

故代入式(12-29)、式(12-30),可得关于 ξ 的方程:

$$\left[\alpha_1 f_c b_c \xi h_{0c} + f'_{bc} A'_{s0}(1-0.039) - E_{s0}\varepsilon_{cu}\left(\dfrac{0.8}{\xi} - 1\right) \times A_{s0}(1-0.039)\right] e$$

$$= \alpha_1 f_c b_c \xi h_{0c}^2 \times \left(1 - \dfrac{\xi}{2}\right) + f'_{bc} A'_{s0}(1-0.039)(h_{0c} - a'_{sc})$$

化简,得

$$\xi^3 - 0.192\xi^2 + 1.071\xi - 0.812 = 0$$

解得 $\xi = 0.611$,故求得 $N_{cu} = 542$ kN。与图 12-7 试件 AL-2 的计算结果 526 kN 相差不大,表明计算方法的准确性高。

12.5 锈蚀钢筋混凝土构件斜截面受剪性能

12.5.1 锈蚀钢筋混凝土构件斜截面受剪试验研究

搜集文献试验数据,构建了锈蚀钢筋混凝土构件斜截面受剪性能试验数据库。根据锈蚀情况,该数据库可细分为 6 类(表 12-1),包括:(1)D1:纵筋锈蚀率为(0~0.125)范围内的无

腹筋梁受剪试验数据;(2)D2:仅纵筋锈蚀、纵筋锈蚀率为(0~0.170)范围内的配置箍筋的有腹筋梁受剪试验数据;(3)D3:仅箍筋锈蚀、箍筋锈蚀率为(0~0.542)范围内的配置箍筋的有腹筋梁受剪试验数据;(4)D4:纵筋锈蚀率为(0~0.262)、箍筋锈蚀率为(0~0.601)范围内的配置箍筋的有腹筋梁受剪试验数据;(5)D5:仅箍筋锈蚀、箍筋锈蚀率为(0~0.363)范围内的既配箍筋又配弯起钢筋的有腹筋梁受剪试验数据;(6)D6:纵筋锈蚀率为(0~0.174)、箍筋锈蚀率为(0~0.684)、弯起钢筋锈蚀率为(0~0.299)范围内的既配箍筋又配弯起钢筋的有腹筋梁。

按配筋形式,数据库分为3类:(1)配置纵筋(D1);(2)配置纵筋+箍筋(D2+D3+D4);(3)配置纵筋+箍筋+弯起钢筋(D5+D6)。数据库共计326根锈蚀梁及93根未锈蚀梁。

表 12-1　锈蚀钢筋混凝土构件受剪试验数据库中数据的分类

配筋	编号	锈蚀范围	数量
纵筋	D1	仅纵筋锈蚀:(0~0.125)	35
纵筋+箍筋	D2	仅纵筋锈蚀:(0~0.17)	40
	D3	仅纵筋锈蚀:(0~0.5415)	222
	D4	纵筋锈蚀:(0~0.262)+箍筋锈蚀:(0~0.601)	108
纵筋+箍筋+弯起钢筋	D5	仅箍筋锈蚀:(0~363)	7
	D6	纵筋锈蚀:(0~0.174)+箍筋锈蚀:(0~0.684)+弯起钢筋锈蚀:(0~0.299)	7

图12-12(a)为数据库D1中无腹筋钢筋混凝土梁抗剪承载力随纵筋锈蚀率增大的变化规律。图12-12(b)为数据库D3中有腹筋钢筋混凝土梁抗剪承载力随箍筋锈蚀率增大的变化规律。从图12-12可知,随着钢筋锈蚀率的增大,钢筋混凝土梁抗剪承载力整体呈减小的趋势,但是离散性非常大。因此,与未锈蚀钢筋混凝土梁抗剪承载力计算公式类似,锈蚀钢筋混凝土梁抗剪承载力计算公式也可以采用试验数据进行标定。

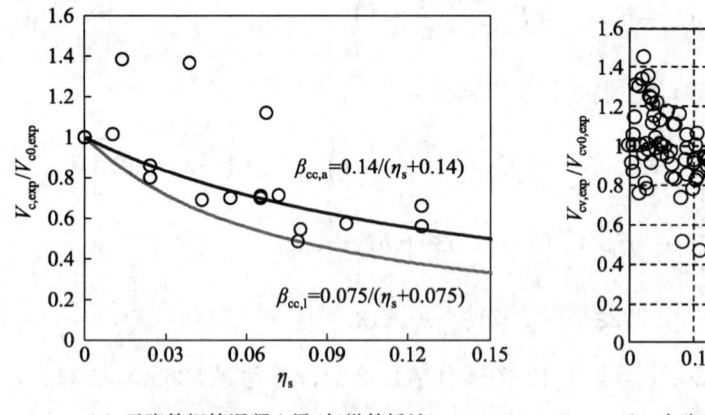
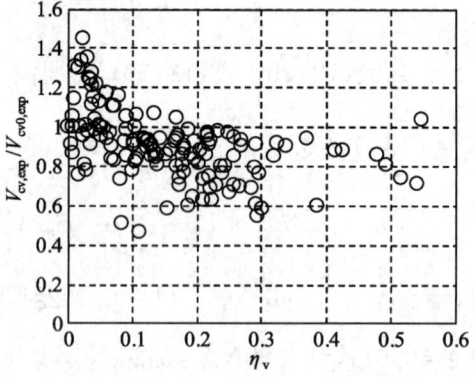

(a) 无腹筋钢筋混凝土梁(仅纵筋锈蚀)　　(b) 有腹筋钢筋混凝土梁(仅箍筋锈蚀)

图 12-12　钢筋混凝土梁抗剪承载力随锈蚀率增大的变化规律

12.5.2　锈蚀钢筋混凝土构件斜截面抗剪承载力

1. 计算公式

对于一根既配箍筋又配弯起钢筋的钢筋混凝土受弯构件,《混凝土结构设计规范》(GB 50010)给定其在集中荷载下的抗剪承载力为

$$V_{u0}=V_{c0}+V_{v0}+V_{b0}=\frac{1.75}{\lambda+1}f_t b h_0+f_{vy0}\frac{A_{v0}}{s}h_0+0.8f_{by0}A_{b0}\sin\alpha \quad (12\text{-}47)$$

式中 V_{u0}—— 未锈蚀钢筋混凝土受弯构件斜截面抗剪承载力;

V_{c0},V_{v0},V_{b0}—— 未锈蚀时混凝土、箍筋、弯起钢筋对抗剪承载力的贡献;

f_t—— 混凝土的轴心抗拉强度;

b,h_0—— 受弯构件的初始截面宽度与截面有效高度;

s—— 有效箍筋间距;

λ—— 计算截面的剪跨比,可取 $\lambda=a/h_0$,a 为集中荷载作用点至支座的距离;

f_{vy0},f_{by0}—— 箍筋、弯起钢筋的初始屈服强度;

A_{v0},A_{b0}—— 箍筋、弯起钢筋的初始截面积;

α—— 弯起钢筋与构件轴线间的夹角。

受弯构件中钢筋锈蚀引发的混凝土与受力钢筋截面损伤、受力钢筋屈服强度降低,均可导致构件的斜截面抗剪承载力下降。在式(12-47)的基础上,引入参数 β_{cc}、β_{vc}、β_{bc},建立锈蚀钢筋混凝土受弯构件斜截面抗剪承载力计算公式如式(12-48)所示。

$$V_u=\beta_{cc}V_{c0}+\beta_{vc}V_{v0}+\beta_{bc}V_{b0}=\beta_{cc}\frac{1.75}{\lambda+1}f_t b h_0+\beta_{vc}f_{vy0}\frac{A_{v0}}{s}h_0+0.8\beta_{bc}f_{by0}A_{b0}\sin\alpha \quad (12\text{-}48)$$

式中 V_u—— 锈蚀钢筋混凝土受弯构件斜截面抗剪承载力;

$\beta_{cc},\beta_{vc},\beta_{bc}$—— 混凝土、箍筋、弯起钢筋对抗剪承载力贡献项的锈蚀折减函数。

与《混凝土结构设计规范》(GB 50010)的规定保持一致,矩形截面的受弯构件发生剪压破坏时斜截面的最大抗剪承载力为

当 $h_{0c}/b_c \leqslant 4$ 时,按下式计算

$$V_{u,\max}=0.25\beta_c f_c b_c h_{0c} \quad (12\text{-}49)$$

当 $h_{0c}/b_c \geqslant 6$ 时,按下式计算

$$V_{u,\max}=0.20\beta_c f_c b_c h_{0c} \quad (12\text{-}50)$$

当 $4<h_{0c}/b_c<6$ 时,按线性插值法求 $V_{u,\max}$。

式中 $V_{u,\max}$—— 锈蚀受弯构件斜截面的最大抗剪承载力;

β_c—— 混凝土强度影响系数,可参考《混凝土结构设计规范》(GB 50010)取值或计算;

b_c,h_{0c}—— 锈蚀损伤后的截面宽度和截面有效高度,可参照 12.3.2 节的相关方法进行计算或取值。

2. 锈蚀折减函数

对于实际工程中配置纵筋、箍筋和弯起钢筋的钢筋混凝土梁,纵筋、箍筋及弯起钢筋可能都会锈蚀,锈蚀导致的混凝土项、箍筋项以及弯起钢筋项的贡献降低实际是耦合在一起的、难以区分。为方便确定各项的锈蚀折减函数,需根据单一变量的受剪试验数据进行校核分析,取各单一变量下的锈蚀折减函数为相应试验数据的均值或偏下限值。例如,混凝土项的锈蚀折减函数(β_{cc}),根据无腹筋(仅配纵筋)钢筋混凝土梁在纵筋锈蚀后的受剪试验数据(数据库 D1)校核确定,取为试验数据的均值($\beta_{cc,a}$)或偏下限值($\beta_{cc,l}$);箍筋项的锈蚀折减函数(β_{vc}),根据配置纵筋和箍筋的钢筋混凝土梁在纵筋不锈蚀、箍筋锈蚀后的受剪试验数据(数据库 D3)校核确定,取为试验数据的均值($\beta_{vc,a}$)或偏下限值($\beta_{vc,l}$);弯起钢筋项的锈蚀折减函数(β_{bc}),根据配置纵筋和弯起钢筋的钢筋混凝土梁在纵筋不锈蚀、弯起钢筋锈蚀后的受剪试验数据校

核确定,取为试验数据的均值($\beta_{bc,a}$)或偏下限值($\beta_{bc,l}$)。

混凝土项对抗剪承载力贡献的相对值 $V_{c,exp}/V_{c0,exp}$ 随纵筋锈蚀率 η_s 增大的变化规律如图 12-12(a)所示。对图中的数据点进行回归分析,可得均值意义上的 $\beta_{cc,a}$ 的计算公式,如式(12-51)所示。为偏安全地评估混凝土项承担的剪力,对图中数据点偏下限取包络线,可得锈蚀折减函数偏下限值 $\beta_{cc,l}$ 的计算公式,如式(12-52)所示。

$$\beta_{cc,a} = 0.14/(\eta_s + 0.14) \tag{12-51}$$

$$\beta_{cc,l} = 0.075/(\eta_s + 0.075) \tag{12-52}$$

箍筋项承担剪力相对值 $(V_{cv,exp} - V_{c0,cal})/(V_{cv0,exp} - V_{c0,cal})$ 随箍筋锈蚀率 η_v 增大的变化规律如图 12-13 所示。对图中的数据点进行回归分析,可得均值意义上的 $\beta_{vc,a}$ 的计算公式,如式(12-53)所示和偏下限值的 $\beta_{vc,l}$ 的计算公式,如式(12-54)所示。

$$\beta_{vc,a} = 0.6/(\eta_v + 0.6) \tag{12-53}$$

$$\beta_{vc,l} = 0.1/(\eta_v + 0.1) \tag{12-54}$$

类似地,弯起钢筋项锈蚀折减函数均值 $\beta_{bc,a}$ 及偏下限值 $\beta_{bc,l}$ 均按式(12-55)计算。

$$\beta_{bc,a} = \beta_{bc,l} = 1 - 1.092\eta_b \tag{12-55}$$

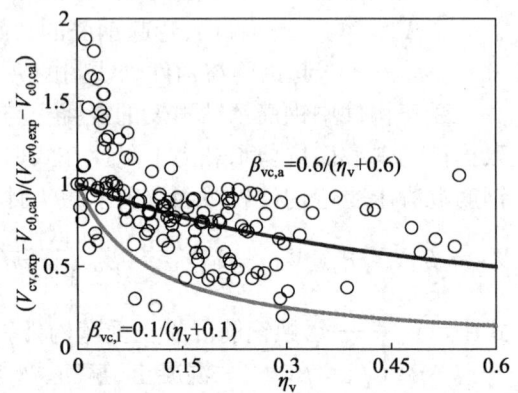

图 12-13 $(V_{cv,exp} - V_{c0,cal})/(V_{cv0,exp} - V_{c0,cal})$ 随 η_v 增大的变化规律

3. 临界锈蚀率

在集中荷载作用下,钢筋混凝土受弯构件发生锈蚀后,若纵筋、箍筋/弯起钢筋不能提供足够的拉力与混凝土形成受剪体系,锈蚀受弯构件将提早发生斜截面受剪破坏。引入临界锈蚀率作为定量标准以评估纵筋、箍筋/弯起钢筋能否有效提供必要的拉力。

无腹筋梁斜裂缝出现后,对隔离体进行受力分析,受力简图如图 12-14 所示。图 12-14 中,V_u 为斜截面抗剪承载力;V_c 为混凝土项承担的剪力;V_i 为斜裂缝交接面上骨料咬合与摩擦力;V_d 为纵向钢筋销栓力;C_c 为剪压区混凝土的合压力;T_s 为纵向钢筋拉力;z 为 C_c 作用点对纵向钢筋合力点取矩时力臂的长度,按式(12-56)计算。

$$z = h_0 - \xi_1 h_0/2 = h_0(1 - \xi_1/2) \tag{12-56}$$

式中,ξ_1 为截面剪压区的相对高度,可近似认为当 λ 在 $1 \sim 5$ 之间变化时,ξ_1 则在 $0 \sim 0.55$ 之间变化。

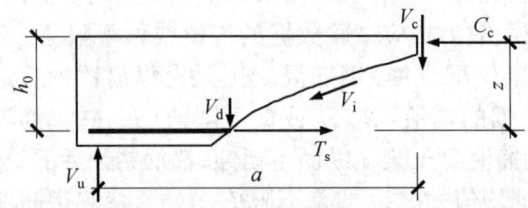

图 12-14 钢筋混凝土梁斜裂缝出现后隔离体的受力简图

随着斜裂缝的发展，V_i 不断减小，V_d 不断增大。在计算斜截面受剪承载力 V_u 时，可偏于安全地忽略 V_i 及 V_d 的贡献。但是，在分析锈蚀纵筋能够提供有效拉力时，V_i 及 V_d 的存在对 T_s 是不利的。为简化计算，在建立平衡方程时，仍忽略 V_i 及 V_d 的贡献。

忽略 V_i 及 V_d 的作用，对图 12-14 中的隔离体建立力与弯矩平衡方程，联立求解得锈蚀纵筋拉力 T_s 与混凝土项承担剪力 V_c 的关系如式(12-57)所示。

$$T_s = V_c \frac{a}{h_0} \frac{1}{(1-\xi_1/2)} = V_c \frac{2\lambda}{(2-\xi_1)} \tag{12-57}$$

为确保纵向钢筋提供足够的拉力，对式(12-57)取上限值，即将 $\xi_1 = 0.55$ 代入式(12-57)，此时 $2/(2-\xi_1) = 1.38$，最终得

$$T_s = 1.38\lambda V_c = \sigma_{sc} A_{s0}(1-\eta_s) \tag{12-58}$$

若 $T_s \geq 1.38\lambda V_c$，混凝土项承担的剪力由混凝土控制；若 $T_s < 1.38\lambda V_c$，混凝土项承担的剪力由纵向钢筋控制。当 $\beta_{cc} V_{c0} = T_s/(1.38\lambda)$ 时，求得的纵筋锈蚀率即为纵筋临界锈蚀率 $\eta_{s,c}$。为简化计算，取 $T_s = f_{yc} A_{s0}(1-\eta_s)$，有

$$\beta_{cc} \frac{1.75}{\lambda+1} f_t b h_0 = \frac{f_{y0} A_{s0}(1-1.092\eta_s)}{1.38\lambda} \tag{12-59}$$

将均值意义上的纵筋锈蚀折减函数 $\beta_{cc,a}$ 及偏下限值 $\beta_{cc,l}$ 分别代入式(12-59)，可分别求得与之对应的纵筋临界锈蚀率 $\eta_{s,ca}$ 与 $\eta_{s,cl}$。若纵筋锈蚀率 $\eta_s \geq \eta_{s,ca}$ 或 $\eta_{s,cl}$，混凝土项承担剪力由纵筋拉力控制，偏安全地取 $\beta_{cc,a}$ 或 $\beta_{cc,l} = 0$，此时 $V_c = 0$。

为确保受弯构件不发生斜拉破坏，对配置纵筋与箍筋的受弯构件，采用类似图 7-25 的计算简图，取 $\lambda = 3$，$k = 1$，有

$$\beta_{vc} \frac{f_{vy0} A_{v0}}{s} h_0 = \frac{1.75}{\lambda+1} f_t b h_0 = 0.44 f_t b h_0 \tag{12-60}$$

将均值意义上的箍筋锈蚀折减函数 $\beta_{vc,a}$ 及偏下限值 $\beta_{vc,l}$ 分别代入式(12-60)，可求得与之对应的箍筋临界锈蚀率 $\eta_{v,ca}$ 与 $\eta_{v,cl}$。若箍筋锈蚀率 $\eta_v \geq \eta_{v,ca}$ 或 $\eta_{v,cl}$，则认为此时箍筋无法提供足够拉力，偏安全地取 $\beta_{vc,a}$ 或 $\beta_{vc,l} = 0$，此时锈蚀箍筋对抗剪承载力的贡献 $V_v = 0$。

同理，对仅弯起钢筋锈蚀的配置纵筋与弯起钢筋的受弯构件，有

$$0.8\beta_{bc} f_{by0} A_{b0} \sin\alpha = \frac{1.75}{\lambda+1} f_t b h_0 = 0.44 f_t b h_0 \tag{12-61}$$

将均值意义上的弯起钢筋锈蚀折减函数 $\beta_{bc,a}$ 及偏下限值 $\beta_{bc,l}$ 分别代入式(12-61)，可分别求得与之对应的弯起钢筋临界锈蚀率 $\eta_{b,ca}$ 与 $\eta_{b,cl}$。若弯起钢筋锈蚀率 $\eta_b \geq \eta_{b,ca}$ 或 $\eta_{b,cl}$，则认为此时弯起钢筋无法提供足够拉力，偏安全地取 $\beta_{bc,a} = 0$ 或 $\beta_{bc,l} = 0$，此时锈蚀弯筋对抗剪承载力的贡献 $V_b = 0$。由于前文取 $\beta_{bc,a} = \beta_{bc,l}$，因此 $\eta_{b,ca} = \eta_{b,cl}$。

4. 取值建议

根据试验数据库校核分析并结合临界锈蚀率获得的锈蚀折减函数如表 12-2 所示。由于未锈蚀时混凝土项承担剪力计算公式本身即为偏下限取值，且混凝土项承担剪力相对值

$V_{c,exp}/V_{c0,exp}$ 由试验确定,能够较好反应混凝土项承担剪力随纵筋锈蚀率增加而降低的变化趋势,因此建议对混凝土项折减函数取均值 $\beta_{cc,a}$,但对箍筋项及弯起钢筋项锈蚀折减函数偏安全地取偏下限值 $\beta_{vc,1}$、$\beta_{bc,1}$。

表 12-2 锈蚀钢筋混凝土构件斜截面抗剪承载力计算时的折减函数

折减函数	取为试验数据库均值	取为试验数据库偏下限值
β_{cc}	$\beta_{cc,a} = \begin{cases} 0.14/(\eta_s + 0.14) & (\eta_s < \eta_{s,ca}) \\ 0 & (\eta_s \geq \eta_{s,ca}) \end{cases}$	$\beta_{cc,1} = \begin{cases} 0.075/(\eta_s + 0.075) & (\eta_s < \eta_{s,cl}) \\ 0 & (\eta_s \geq \eta_{s,cl}) \end{cases}$
β_{vc}	$\beta_{vc,a} = \begin{cases} 0.6/(\eta_v + 0.6) & (\eta_v < \eta_{v,ca}) \\ 0 & (\eta_v \geq \eta_{v,ca}) \end{cases}$	$\beta_{vc,1} = \begin{cases} 0.1/(\eta_v + 0.1) & (\eta_v < \eta_{v,cl}) \\ 0 & (\eta_v \geq \eta_{v,cl}) \end{cases}$
β_{bc}	$\beta_{bc,a} = \begin{cases} 1 - 1.092\eta_b & (\eta_b < \eta_{b,ca}) \\ 0 & (\eta_b \geq \eta_{b,ca}) \end{cases}$	$\beta_{bc,1} = \begin{cases} 1 - 1.092\eta_b & (\eta_b < \eta_{b,cl}) \\ 0 & (\eta_b \geq \eta_{b,cl}) \end{cases}$

12.6 锈蚀预应力混凝土构件正截面受弯性能

12.6.1 锈蚀预应力混凝土构件正截面受弯试验研究

采用图 12-15(a)所示的加载示意图进行锈蚀预应力混凝土梁的受弯试验。试验结果表明,构件的破坏形式随着锈蚀率的增加由混凝土压碎转变到钢绞线断裂。图 12-15(b)所示的锈蚀预应力混凝土梁抗弯试验结果表明,随着预应力筋锈蚀率的增加,梁的极限承载力明显降低。预应力筋锈蚀率较小时,预应力混凝土梁刚度退化不明显,当预应力筋锈蚀较严重甚至锈断时,梁抗弯刚度显著降低。

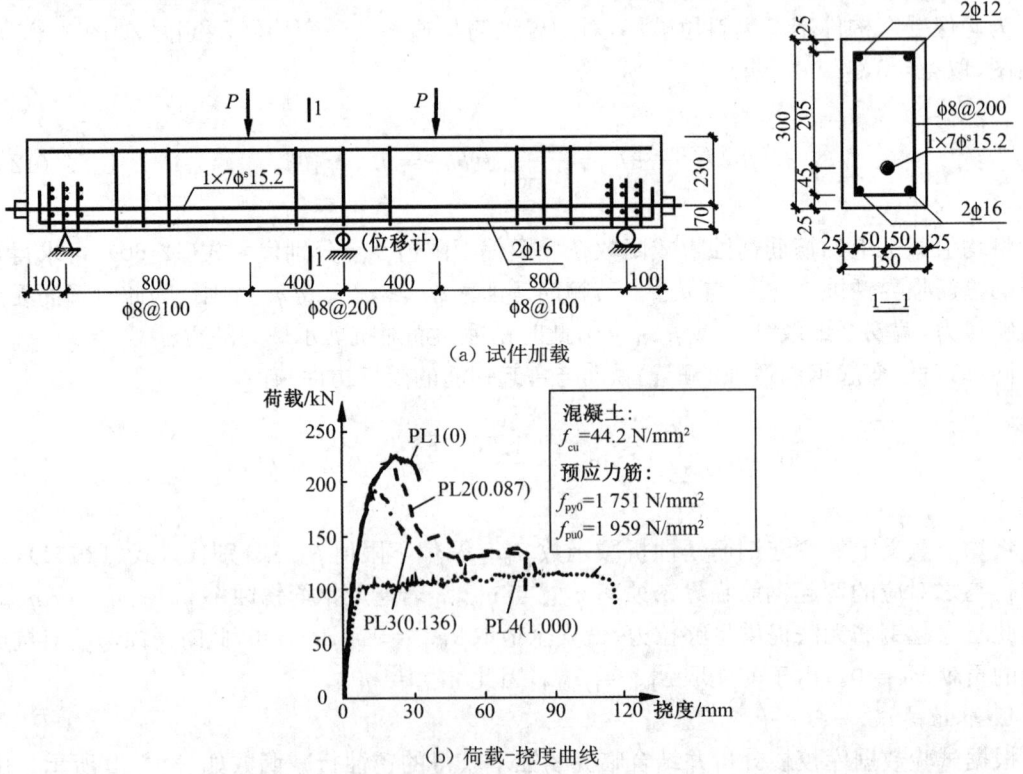

图 12-15 锈蚀预应力混凝土梁的受弯试验(括号中数字为预应力筋的平均锈蚀率)

12.6.2 锈蚀预应力混凝土构件正截面抗弯承载力

1. 基本方程及参数

锈蚀预应力混凝土构件正截面受弯破坏时的应力与应变分布如图 12-16 所示。图 12-16 中，h_{pc} 为锈蚀预应力筋合力点至锈蚀损伤后的截面顶部的距离；A_{p0} 为预应力筋的初始面积；σ_{pc}、$\Delta\varepsilon_{pc}$ 分别为锈蚀预应力筋的应力与增量应变；η_p 为锈蚀预应力筋的锈蚀率。图中各锈蚀损伤截面参数的计算方法与 12.2 节一致。截面力和弯矩平衡方程分别如式(12-62)和式(12-63)所示。

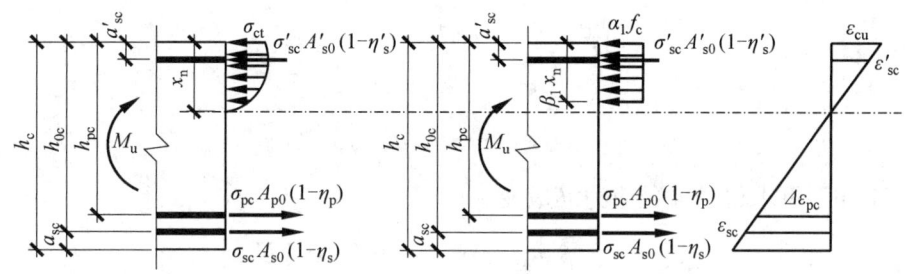

(a) 应力分布   (b) 等效应力分布   (c) 应变分布

图 12-16 锈蚀预应力混凝土构件正截面受弯破坏时的应力应变分布图

$$\alpha_1 f_c b_c x + \sigma'_{sc} A'_{s0}(1-\eta'_s) = \sigma_{sc} A_{s0}(1-\eta_s) + \sigma_{pc} A_{p0}(1-\eta_p) \tag{12-62}$$

$$M_u = \sigma'_{sc} A'_{s0}(1-\eta'_s)(0.5x - a'_{sc}) + \sigma_{sc} A_{s0}(1-\eta_s) h_{0c}(h_{0c} - 0.5x) \tag{12-63}$$
$$+ \sigma_{pc} A_{p0}(1-\eta_p)(h_{pc} - 0.5x)$$

对有黏结预应力混凝土构件，当受拉纵筋与预应力筋两端锚固良好时，认为仍满足平截面假定，有

$$\frac{\Delta\varepsilon_{pc}}{h_{pc} - x_n} = \frac{\varepsilon_{sc}}{h_{0c} - x_n} = \frac{\varepsilon'_{sc}}{x_n - a'_{sc}} = \frac{\varepsilon_{ct}}{x_n} \tag{12-64}$$

2. 破坏界限与破坏模式

当锈蚀预应力混凝土构件发生正截面失效时，可能存在以下三种破坏模式：(1)受压区混凝土被压碎；(2)锈蚀普通钢筋被拉断；(3)锈蚀预应力筋拉断。计算表明，若预应力筋与普通钢筋锈蚀率相同时，一般情况下，锈蚀预应力筋会先于锈蚀普通钢筋断裂，计算锈蚀预应力混凝土构件抗弯承载力时可不考虑锈蚀普通钢筋拉断的破坏模式。为简化计算，仅考虑受压区混凝土被压碎(模式①)和锈蚀预应力筋被拉断(模式②)两种破坏模式分析计算锈蚀预应力梁正截面抗弯承载力。两种破坏模式之间存在一个破坏界限：受压区混凝土压碎的同时锈蚀预应力筋恰好被拉断。此时 $\Delta\varepsilon_{pc} = \Delta\varepsilon_{puc}(\eta_p)$、$\varepsilon_{ct} = \varepsilon_{cu}$，$\Delta\varepsilon_{puc}$ 为锈蚀预应力筋的极限应变增量。

3. 界限锈蚀率

根据界限定义，此时 $\Delta\varepsilon_{pc} = \Delta\varepsilon_{puc}(\eta_p)$、$\varepsilon_{ct} = \varepsilon_{cu}$，代入式(12-64)，可得界限下实际受压区高度 x_b，如式(12-65)所示。将 x_b 代入式(12-64)，即可求得此时受拉与受压普通钢筋的应变值，继而可以求得受拉与受压普通钢筋的应力值。将求得的 x_b、σ_{sc}、σ'_{sc} 代入式(12-62)，即可求得界限锈蚀率 η_{pub}，如式(12-66)所示。

$$x_b = \varepsilon_{cu} h_{pc}/(\varepsilon_{cu} + \Delta\varepsilon_{puc}) \tag{12-65}$$

$$\eta_{\text{pub}} = 1 - [\alpha_1 f_c b_c x_b + \sigma'_{sc} A'_{s0}(1-\eta'_s) - \sigma_{sc} A_{s0}(1-\eta_s)]/\sigma_{pc} A_{p0} \quad (12\text{-}66)$$

若 $\eta_p < \eta_{\text{pub}}$，破坏模式为受压区混凝土压碎（模式①）；若 $\eta_p \geq \eta_{\text{pub}}$，破坏模式为锈蚀预应力筋拉断（模式②）。

4. 与破坏模式相应的承载力计算方法

根据界限锈蚀率 η_{pub}，可将锈蚀预应力混凝土梁划分两种不同的正截面破坏模式（①、②）。针对两种破坏模式，分别计算梁的正截面抗弯承载力。

对模式① $(0 \leq \eta_p < \eta_{\text{pub}})$，令 $\varepsilon_{ct} = \varepsilon_{cu}$，又 $x = \beta_1 x_n$，由式(12-64)得

$$\Delta\varepsilon_{pc} = \varepsilon_{cu}(\beta_1 h_{pc} - x)/x \quad (12\text{-}67)$$

$$\varepsilon_{sc} = \varepsilon_{cu}(\beta_1 h_{0c} - x)/x \quad (12\text{-}68)$$

$$\varepsilon'_{sc} = \varepsilon_{cu}(x - \beta_1 a'_{sc})/x \quad (12\text{-}69)$$

由式(12-67)可求得锈蚀预应力筋应变

$$\varepsilon_{pc} = \varepsilon_{cu}(\beta_1 h_{pc} - x)/x + f_{pu0}\varphi_p/E_{p0} \quad (12\text{-}70)$$

式中，φ_p 为预应力筋应力水平系数。

将式(12-68)—式(12-70)代入锈蚀普通钢筋与锈蚀预应力钢筋应力-应变关系，求得与受压区高度 x 相关的受拉普通钢筋应力 σ_{sc}、受压普通钢筋应力 σ'_{sc}、预应力筋应力 σ_{pc}，并代入式(12-62)，求解 x。将 x 代入式(12-63)即可求得模式①下锈蚀预应力筋混凝土梁正截面抗弯承载力。

对模式② $(\eta_p \geq \eta_{\text{pub}})$，令 $\Delta\varepsilon_{pc} = \Delta\varepsilon_{puc}$，又 $x = \beta_1 x_n$，由式(12-64)，得

$$\varepsilon_{ct} = \Delta\varepsilon_{puc} x/(\beta_1 h_{pc} - x) \quad (12\text{-}71)$$

$$\varepsilon_{sc} = \Delta\varepsilon_{puc}(\beta_1 h_{0c} - x)/(\beta_1 h_{pc} - x) \quad (12\text{-}72)$$

$$\varepsilon'_{sc} = \Delta\varepsilon_{puc}(x - \beta_1 a'_{sc})/(\beta_1 h_{pc} - x) \quad (12\text{-}73)$$

对于强度等级小于等于 C50 的混凝土，其等效矩形应力图相关系数 α_1、β_1 按式(12-74)和式(12-75)计算。

当 $0 < \varepsilon_{ct} < \varepsilon_0$ 时：

$$\begin{cases} \alpha_1 = \dfrac{\varepsilon_{ct}}{\varepsilon_0} - \dfrac{\varepsilon_{ct}^2}{3\varepsilon_0^2} \\ \beta_1 = \dfrac{2 - \varepsilon_{ct}/(2\varepsilon_0)}{3 - \varepsilon_{ct}/\varepsilon_0} \end{cases} \quad (12\text{-}74)$$

当 $\varepsilon_0 \leq \varepsilon_{ct} \leq \varepsilon_{cu}$ 时：

$$\begin{cases} \alpha_1 = 1 - \dfrac{\varepsilon_0}{3\varepsilon_{ct}} \\ \beta_1 = \dfrac{6 - 4\varepsilon_0/\varepsilon_{ct} + (\varepsilon_0/\varepsilon_{ct})^2}{6 - 2\varepsilon_0/\varepsilon_{ct}} \end{cases} \quad (12\text{-}75)$$

将式(12-72)、式(12-73)以及预应力钢筋的应变代入锈蚀普通钢筋与锈蚀预应力钢筋应力-应变关系式，求得与受压区高度 x 相关的受拉普通钢筋应力 σ_{sc}、受压普通钢筋应力 σ'_{sc}、预

应力筋应力 σ_{pc}，并代入式(12-62)，求解 x。将 x 代入式(12-63)即可求得模式②下锈蚀预应力筋混凝土梁正截面抗弯承载力。

12.7 锈蚀钢筋混凝土受弯构件的抗弯刚度

考虑钢筋锈蚀对钢筋与混凝土间黏结性能的影响，对《混凝土结构设计规范》(GB 50010)相应计算公式作必要的修正，建立锈蚀钢筋混凝土受弯构件短期抗弯刚度的计算方法如式(12-76)抗弯式(12-77)所示。

$$B_{sc} = \frac{E_{sc} A_{sc} h_0^2}{1.15\psi_c + 0.2 + \dfrac{6\alpha_E \rho_{sc}}{1 + 3.5\gamma_f'}} \tag{12-76}$$

$$\psi_c = \psi + \frac{1-\psi}{w_{cr}} w \tag{12-77}$$

式中 B_{sc}——锈蚀钢筋混凝土梁的短期抗弯刚度；

γ_f'——锈后受压翼缘与腹板有效面积的相对比值；

ψ_c——锈蚀梁裂缝间纵向受拉钢筋应变不均匀系数，假设其值随着锈蚀钢筋与混凝土间黏结性能的退化，近似按照线性规律提高，最大不超过1；

w——锈胀裂缝宽度(mm)；

w_{cr}——锈胀裂缝宽度限值(mm)，裂缝宽度超过该值时，混凝土保护层完全剥落，锈蚀钢筋与混凝土间的黏结性能完全丧失，一般对光圆钢筋取 $w_{cr} = 2.5$ mm，对变形钢筋取 $w_{cr} = 3.5$ mm；

ψ——未锈蚀梁裂缝间纵向受拉钢筋应变不均匀系数；

ρ_{sc}——锈损后纵向受拉钢筋配筋率；

E_{sc}——锈蚀钢筋弹性模量，取值同未锈蚀钢筋；

A_{sc}——锈损后纵向受拉钢筋的截面积；

α_E——钢筋弹性模量和混凝土弹性模量的比值。

将图 12-5 中的 8 根试验梁在不同荷载等级下抗弯刚度的试验结果，与对应的计算结果进行比较，如表 12-3 所示。表 12-3 中，M_1、M_2、M_3 分别为不同的荷载等级，$B_{s,e}$ 为梁短期抗弯刚度试验值，$B_{s,c}$ 为梁短期抗弯刚度计算值。由表 12-3 可以看出计算结果与试验结果基本吻合。

若锈胀裂缝的宽度超过限值，即 $w \geq w_{cr}$，则可以不考虑混凝土保护层的作用，按锈损后的混凝土截面计算构件的抗弯刚度。尽管混凝土保护层剥落，但若锈蚀钢筋在支座处有可靠的锚固，则根据钢筋和混凝土锈损后的截面按两铰拱来计算构件的抗弯刚度。

表 12-3 锈蚀钢筋混凝土梁抗弯刚度计算结果与试验结果的比较

梁编号	L10	L11	L12	L13	L20	L21	L22	L23
η_s	0	0.084 2	0.108 0	0.213 4	0	0.076 9	0.135 6	0.297 3
w/mm	0	0.70	1.49	2.20	0	0.59	0.70	1.45
$M_{uc} \times 10^6$/(kN·m)	21.37	17.22	17.51	14.98	11.21	11.53	11.26	9.21
$M_1 \times 10^6$/(kN·m)	6	6	6	6	3	3	3	3

(续表)

梁编号	L10	L11	L12	L13	L20	L21	L22	L23
$B_{s,e1} \times 10^{12} /(N \cdot mm^2)$	1.52	0.90	1.09	1.08	1.57	1.24	1.40	1.70
$B_{s,c1} \times 10^{12} /(N \cdot mm^2)$	1.58	1.31	1.21	1.06	1.50	1.17	1.06	0.81
$B_{s,c1}/B_{s,e1}$	1.04	1.45	1.11	0.98	0.96	0.95	0.76	0.47
$M_2 \times 10^6 /(kN \cdot m)$	9	9	9	9	4.5	4.5	4.5	4.5
$B_{s,e2} \times 10^{12} /(N \cdot mm^2)$	1.31	0.88	1.10	0.87	1.15	0.87	1.22	1.39
$B_{s,c2} \times 10^{12} /(N \cdot mm^2)$	1.33	1.14	1.10	1.00	1.50	1.17	1.06	0.81
$B_{s,c2}/B_{s,e2}$	1.02	1.29	1.00	1.15	1.30	1.35	0.87	0.58
$M_3 \times 10^6 /(kN \cdot m)$	12	12	12	12	6	6	6	6
$B_{s,e3} \times 10^{12} /(N \cdot mm^2)$	1.31	0.81	1.07	0.58	0.83	0.76	0.79	0.66
$B_{s,c3} \times 10^{12} /(N \cdot mm^2)$	1.23	1.07	1.06	0.97	1.31	1.06	0.96	0.74
$B_{s,c3}/B_{s,e3}$	0.94	1.31	0.99	1.67	1.58	1.40	1.22	1.11

若已知纵向受力钢筋的平均锈蚀率 η_s，锈蚀钢筋混凝土受弯构件的短期抗弯刚度亦可按式(12-78)计算。

$$B_{sc} = \frac{E_{sc} A_{sc} h_0^2}{1.15 k(\eta_s)\psi + 0.2 + \dfrac{6\alpha_E \rho_{sc}}{1+3.5\gamma'_f}} \quad (12\text{-}78)$$

式中，$k(\eta_s)$ 为综合应变系数，按式(12-79)计算。

$$k(\eta_s) = \begin{cases} 1 & (\eta_s \leqslant 0.55/k_u) \\ 9k_u^2 \eta_s^2 - 10.1 k_u \eta_s + 3.83 & (0.55/k_u < \eta_s \leqslant 1/k_u) \\ 2.73 & (\eta_s > 1/k_u) \end{cases} \quad (12\text{-}79)$$

式中 η_s—— 钢筋平均锈蚀率；

k_u—— 与钢筋直径 d 和保护层厚度 c 相关的经验系数，按式(12-80)进行计算。

$$k_u = 10.544 - 1.586 \times \frac{c}{d} \quad (12\text{-}80)$$

有关锈蚀预应力混凝土受弯构件的短期抗弯刚度的计算方法可参考第 11 章中的相关内容，这里不再赘述。

思考题

【12-1】 箍筋和纵筋锈蚀对轴心受压构件的承载力的影响分别包含哪些方面?

【12-2】 箍筋锈蚀是否会影响受弯构件正截面抗弯承载力?为什么?

【12-3】 对于双筋矩形截面钢筋混凝土梁,顶部纵向受压钢筋锈蚀会对梁抗弯承载力产生何种影响?

【12-4】 对于配置箍筋和纵筋的钢筋混凝土梁,若纵筋锈断,那么该梁的抗剪承载力怎样?

【12-5】 对于配置箍筋和纵筋的钢筋混凝土梁,若箍筋锈断,那么该梁的抗剪承载力怎样?

【12-6】 对于三分点受荷的配置箍筋和纵筋的钢筋混凝土梁,若箍筋和纵筋锈蚀不同步,试分析该梁的破坏模式会有哪些类型?

【12-7】 预应力钢筋和普通纵筋锈蚀不同步会对预应力钢筋混凝土梁破坏模式与承载力产生何种影响?

【12-8】 对于初始小偏心受压钢筋混凝土柱,近侧钢筋锈蚀和远侧钢筋锈蚀对该柱承载力的影响有何异同?

【12-9】 对于初始大偏心受压钢筋混凝土柱,近侧钢筋锈蚀和远侧钢筋锈蚀对该柱承载力的影响有何异同?

【12-10】 钢筋锈蚀会对钢筋混凝土构件刚度产生何种影响?

练习题

【12-1】 计算【例12-2】中梁的正截面抗弯承载力随受拉纵筋锈蚀率增大的变化规律,并绘图说明。

【12-2】 假定柱两侧钢筋同步锈蚀,编程计算【例12-3】中偏心受压钢筋混凝土柱的轴力-弯矩关系曲线随钢筋锈蚀率增大的变化规律。

附录 A 混凝土结构基本原理教学试验及基本要求

A1 试验教学目的和试验项目

A1.1 试验教学目的

通过试验教学认识混凝土结构构件的破坏全过程,掌握混凝土受弯、受压和纯扭构件基本受力性能的试验方法,加深对混凝土结构基本原理课堂教学内容的理解。培养学生的认知能力和动手能力。

A1.2 试验项目

作为土木工程专业本科生递进式系列教学试验的一个重要组成部分,混凝土结构基本原理教学试验主要包括以下四项:

(1) 钢筋混凝土受弯构件正截面受弯性能试验;
(2) 钢筋混凝土受弯构件斜截面受剪性能试验;
(3) 钢筋混凝土偏心受压构件正截面受压性能试验;
(4) 钢筋混凝土纯扭构件受扭性能试验。

A2 钢筋混凝土受弯构件正截面受弯性能试验

A2.1 试验内容

采用三分点对称集中荷载的加载方式(图 5-8)分别进行钢筋混凝土适筋、少筋和超筋梁正截面受弯性能试验。

A2.2 基本要求

(1) 设计试验方案,完成试件的制作;
(2) 进行试件的材料(钢筋和混凝土)力学性能试验,获得基本的材料性能数据;
(3) 量测并记录梁试件的几何参数;
(4) 进行钢筋混凝土梁的加载试验,记录梁的破坏过程,适时采集试验荷载和构件变形等关键数据;
(5) 对试验结果进行总结分析,提出自己的认识和看法;
(6) 采用 5.5 节中的方法计算试验梁正截面的弯矩-曲率(M-ϕ)关系,并和试验结果进行比较分析;
(7) 采用 5.6 节中的简化方法计算梁试件正截面的承载力,并和试验结果进行比较分析;
(8) 采用第 11 章中的方法估计不同荷载作用下试验梁中的裂缝间距和裂缝宽度,并和试验结果进行比较分析;
(9) 采用第 11 章中的方法估计不同荷载作用下试验梁的挠度,并和试验结果进行比较分析;
(10) 完成试验研究报告。

A3 钢筋混凝土受弯构件斜截面受剪性能试验

A3.1 试验内容

采用图 7-2 所示对称集中荷载的加载方式分别进行剪跨比 $1 \leqslant \lambda \leqslant 3$ 且配箍量适中、$\lambda < 1$ 和 $\lambda > 3$ 且配箍率很小的三根钢筋混凝土梁的斜截面受剪性能试验。

A3.2 基本要求

（1）设计试验方案，完成试件的制作；
（2）进行试件的材料（钢筋和混凝土）力学性能试验，获得基本的材料性能数据；
（3）量测并记录梁试件的几何参数；
（4）进行钢筋混凝土梁的加载试验，记录梁的破坏过程，适时采集试验荷载和构件变形等关键数据；
（5）对试验结果进行总结分析，提出自己的认识和看法；
（6）采用第 7 章中介绍的方法计算梁试件斜截面的承载力，并和试验结果进行比较分析；
（7）完成试验研究报告。

A4 钢筋混凝土偏心受压构件正截面受压性能试验

A4.1 试验内容

按图 6-6 和图 6-8 所示的加载方式分别进行钢筋混凝土大偏心受压构件和小偏心受压构件正截面受压性能试验。

A4.2 基本要求

（1）设计试验方案，完成试件的制作；
（2）进行试件的材料（钢筋和混凝土）力学性能试验，获得基本的材料性能数据；
（3）量测并记录偏心受压试件的几何参数；
（4）进行钢筋混凝土偏心受压构件的加载试验，记录构件的破坏过程，适时采集试验荷载和构件变形等关键数据；
（5）对试验结果进行总结分析，提出自己的认识和看法；
（6）采用第 6 章中介绍的方法计算偏心受压构件正截面的承载力，并和试验结果进行比较分析；
（7）完成试验研究报告。

A5 钢筋混凝土纯扭构件受扭性能试验

A5.1 试验内容

按图 8-3 所示的加载方式分别进行钢筋混凝土少筋、适筋、超筋（或部分超筋）纯扭构件的受扭性能试验。

A5.2 基本要求

（1）设计试验方案，完成试件的制作；
（2）进行试件的材料（钢筋和混凝土）力学性能试验，获得基本的材料性能数据；

(3) 量测并记录纯扭试件的几何参数；

(4) 进行钢筋混凝土纯扭构件的加载试验，记录构件的破坏过程，适时采集试验荷载和构件变形等关键数据；

(5) 对试验结果进行总结分析，提出自己的认识和看法；

(6) 采用第 8 章中介绍的方法计算钢筋混凝土纯扭构件的开裂扭矩及抗扭承载力，并和试验结果进行比较分析；

(7) 完成试验研究报告。

参考文献

[1] Cowan H J. A historical outline of architectural science[M]. London: Applied Science Published LTD, 1977.
[2] Wight J K, MacGregor J G. Reinforced concrete-mechanics and design (Fifth Edition)[M]. New Jersey: Pearson Prentice Hall, 2009.
[3] 伍江. 上海百年建筑史(1840—1949)[M]. 上海: 同济大学出版社, 1997.
[4] Collins M P, Mitchell, D. Prestressed concrete structures[M]. New Jersey: Prentice-Hall, Inc, 1991.
[5] 张誉. 混凝土结构基本原理[M]. 北京: 中国建筑工业出版社, 2000.
[6] 李国平. 预应力混凝土结构设计原理[M]. 北京: 人民交通出版社, 2000.
[7] 陈肇元, 朱金铨, 吴配刚. 高强混凝土及其应用[M]. 北京: 清华大学出版社, 1992.
[8] 顾祥林. FRP预应力混凝土结构体系[J]. 工程力学(增刊), 1999: 348-354.
[9] Tarannath B S. Steel, concrete, & composite design of tall buildings[M]. McGraw-Hill, 1998.
[10] [英]劳埃·杨. 钢-混凝土组合结构设计[M]. 上海: 同济大学出版社, 1991.
[11] ACI, ACI 318-95 Building code requirements for structural concrete and commentary[S]. American Concrete Institute, Detroit, 1995.
[12] 中国建筑科学研究院. 混凝结构设计规范: GB 50010—2010[S]. 北京: 中国建筑工业出版社, 2010.
[13] 缪昌文, 顾祥林, 张伟平, 等. 环境作用下混凝土结构性能演化与控制研究进展[J]. 建筑结构学报, 2019, 40(1): 1-10.
[14] 顾祥林. 混凝土结构破坏过程仿真分析[M]. 北京: 科学出版社, 2020.6
[15] 国家建筑钢材质量监督检测中心, 昆明钢铁股份有限公司, 冶金工业信息标准研究院, 等. 钢筋混凝土用钢第1部分: 热轧光圆钢筋: GB 1449.1—2008[S]. 北京: 中国标准出版社, 2008.
[16] 中冶集团建筑研究总院, 首钢总公司, 莱芜钢铁集团有限公司, 等. 钢筋混凝土用钢第2部分: 热轧带肋钢筋: GB 1449.1—2007[S]. 北京: 中国标准出版社, 2008.
[17] 上海第三钢铁厂, 冶金部建筑研究总院, 冶金部情报标准研究总所, 等. 钢筋混凝土用余热处理钢筋: GB 13014—91[S]. 北京: 中国标准出版社, 1991.
[18] 首钢总公司, 冶金工业信息标准研究院, 钢铁研究总院. 金属材料弯曲试验方法: GB/T 232—2010[S]. 北京: 中国标准出版社, 2010.
[19] 天津市第一预应力钢丝有限公司, 天津市银龙预应力钢丝有限公司, 冶金建筑研究总院上海第三钢铁厂, 等. 预应力混凝土用钢丝: GB/T 5223—2002[S]. 北京: 中国标准出版社, 2002.
[20] 天津市第一预应力钢丝有限公司, 浙江金盛金属制品有限公司, 珠海和盛特材公司, 等. 预应力混凝土用钢棒: GB/T 5223.3—2005[S]. 北京: 中国标准出版社, 2002.
[21] 天津市第一预应力钢丝有限公司, 新华金属制品股份有限公司, 天津高力预一钢绞线有限公司, 等. 预应力混凝土用钢绞线: GB/T 5224—2003[S]. 北京: 中国标准出版社, 2003.
[22] 国家建筑钢材质量监督检验中心, 天津天铁轧二制钢有限公司, 鞍山钢铁集团公司, 等. 预应力混凝土用螺纹钢筋: GB/T20065—2006[S]. 北京: 中国标准出版社, 2006.
[23] 中华人民共和国住房和城乡建设部 国家市场监督管理总局. 混凝土物理力学性能试验方法标准: GB/T 50081—2019[S]. 北京: 中国建筑工业出版社, 2019.
[24] Hognestad E. A study of combined bending and axial load in reinforced concrete members[R]. University of Illinois Engineering Experiment Station, Urbara, IL, 1951, Bulletin 399.

[25] Nilson A H. High strength concrete -an overview of cornel research[C]//Proceedings of the Symposium Utilization of High Strength Concrete. Stavanger, Norway, Tune, 1987: 27-38.

[26] CEB-FIP, Model Code for Concrete Structures: CEB-FIP International Recommendations (3rd ed.)[S]. Comité Euro-International du Béton, Paris, 1978.

[27] Gopalaratnam V S, Shah S P. Softening response of plain concrete in direct tension [J]. ACI Journal, 1985, 82(3): 310-323.

[28] Zhang W P, Zhou B B, Gu X L, et al. Probability distribution model for cross-sectional area of corroded reinforcing steel bars[J]. Journal of Materials in Civil Engineering, ASCE, 2014, 26(5): 822-832.

[29] Zhou B B, Gu X L, Guo H Y, et al. Polarization behavior of activated reinforcing steel bars in concrete under chloride environments [J]. Construction and Building Materials, 2018(164): 877-887.

[30] Zhang W P, Song X B, Gu X L, et al. Tensile and fatigue behavior of corroded rebars [J]. Construction and Building Materials, 2012(34): 409-417.

[31] 张伟平, 商登峰, 顾祥林. 锈蚀钢筋应力-应变关系研究[J]. 同济大学学报(自然科学版), 2006, 34(5): 586-592.

[32] Yu Q Q, Gu X L, Zeng Y H, et al. Flexural behavior of Corrosion-Damaged prestressed concrete beams [J]. Engineering Structures, 2022(272): 114841.

[33] 曾严红, 顾祥林, 张伟平, 等. 锈蚀预应力筋力学性能研究[J]. 建筑材料学报, 2010, 13 (2): 169-174.

[34] Xiao J Z, Li J, Zhu B L, et al. Experimental study on strength and ductility of carbonated concrete elements [J]. Construction and Building Materials, 2002, 16: 187-192

[35] Oladapo S A, Ekanem E B. Effect of sodium chloride (NaCl) on concrete compressive strength [J]. International Journal of Engineering Research and Technology, 2014, 3(3): 2395-2397

[36] Liao K X, Zhang Y P, Zhang W P, et al. Modeling constitutive relationship of sulfate-attacked concrete [J]. Construction and Building Materials, 2020, 260: 119902

[37] 张誉, 蒋利学, 张伟平, 等. 混凝土结构耐久性概论[M]. 上海: 上海科学技术出版社, 2003.

[38] 沈蒲生, 梁兴文. 混凝土结构设计原理[M]. 3版. 北京: 高等教育出版社, 2007.

[39] 顾祥林. 地震作用下钢筋混凝土圆形截面柱的抗剪强度[J]. 结构工程师, 1994, 10(4): 6-10.

[40] 滕智明. 钢筋混凝土基本构件[M]. 2版. 北京: 清华大学出版社, 1987.

[41] 朱伯龙. 混凝土结构设计原理(上、下册)[M]. 上海: 同济大学出版社, 1992.

[42] 郑作樵. 考虑弯曲影响的钢筋混凝土板冲切强度[C]. 混凝结构理论及应用第二届学术讨论会论文集, 北京, 1990.

[43] Moe J. Shearing strength of reinforced concrete slabs and footings under concentrated loads[R]. Development Department, Bulletin D47, PCA, 1961.

[44] 徐有邻, 周氐. 混凝土结构设计规范理解与应用[M]. 北京: 中国建筑工业出版社, 2002.

[45] 范家骥, 高莲娣, 喻永言. 钢筋混凝土结构(上册)[M]. 北京: 中国建筑工业出版社, 1991.

[46] 天津大学, 同济大学, 南京工学院. 钢筋混凝土结构(上册)[M]. 北京: 中国建筑工业出版社, 1980.

[47] Nilson A H, Winter G. Design of concrete structures[M]. 11th ed. Mc Graw-Hill, Inc., 1991.

[48] 殷芝霖, 张誉, 王振东. 抗扭[M]. 北京: 中国铁道出版社, 1990.

[49] 王传志, 滕志明. 钢筋混凝土结构理论[M]. 北京: 中国建筑工业出版社, 1985.

[50] 受扭构件专题组(郑作樵、吴炎海执笔). 高强混凝土纯扭构件的试验研究[R]. 混凝结构研究报告选集(3), 北京: 中国建筑工业出版社, 1994.

[51] Park R, Paulay T. Reinforced concrete structures[M]. New York: John Wiley & Sons, 1975.

[52] Lampert P, Collins M P. Torsion, bending and confusion-An attempt to establish the facts[J]. Journal of ACI, 1972, 69(8): 500-504.

[53] Leonhardt F. Shear and torsion in prestressed concrete[J]. European Civil Engineering, 1970, 4: 157-181.

[54] Hawkins N M. The bearing strength of concrete loaded through rigid plates[J]. Magazine of Concrete Research, 1968, 20(62): 31-40.

[55] 莱昂哈特 F, 门希 E. 钢筋混凝土结构设计原理[M]. 北京: 人民交通出版社, 1991.

[56] 林同炎, Ned H B. 预应力混凝土结构设计[M]. 北京: 中国铁道出版社, 1983.

[57] 王铁成. 混凝土结构原理[M]. 天津: 天津大学出版社, 2002.

[58] 部分预应力混凝土结构设计编写组. 部分预应力混凝土结构设计(简称《PPC建议》)[M]. 北京: 中国铁道出版社, 1985.

[59] 中国建筑科学研究院. 混凝土结构工程施工质量验收规范: GB 50204—2015[S]. 北京: 中国建筑工业出版社, 2015.

[60] 中交公路规划设计院. 公路钢筋混凝土及预应力混凝土桥涵设计规范: JTG 3362—2018[S]. 北京: 人民交通出版社, 2018.

[61] 水利部长江水利委员会长江勘测规划设计研究院. 水工混凝土结构设计规范: NB/T 11011—2022[S]. 北京: 中国水利水电出版社, 2022.

[62] 中交水运规划设计院有限公司. 水运工程混凝土结构设计规范: JTS 151—2011[S]. 北京: 人民交通出版社, 2011.

[63] 中国建筑科学研究院. 轻骨料混凝土应用技术标准: JGJ/T 12—2019[S]. 北京: 中国建筑工业出版社, 2019.

[64] 中国建筑科学研究院. 建筑结构荷载规范: GB 50009—2012[S]. 北京: 中国建筑工业出版社, 2012.

[65] 赵国藩. 钢筋混凝土结构的裂缝控制[M]. 北京: 海洋出版社, 1991.

[66] 丁大钧. 钢筋混凝土构件开裂度、裂缝和刚度[M]. 南京: 东南大学出版社, 1986.

[67] 丁大钧. 混凝土结构学(上册)[M]. 北京: 中国铁道出版社, 1988.

[68] 袁国干. 配筋混凝土结构设计原理[M]. 上海: 同济大学出版社, 1992.

[69] 顾祥林, 张伟平. 既有建筑结构检测与鉴定[M]. 北京: 中国建筑工业出版社, 2023.

[70] 中国建筑科学研究院. 无粘结预应力混凝土结构技术规程: JGJ 92—2016[S]. 北京: 中国计划出版社, 2016.

[64] 中国建筑科学研究院. 建筑结构可靠性设计统一标准: GB 50068—2018[S]. 北京: 中国建筑工业出版社, 2018.

[65] Jiang C, Ding H, Gu X L, et al. Failure mode-based calculation method for bending bearing capacities of normal cross-sections of corroded reinforced concrete beams [J]. Engineering Structures, 2022(258): 114113.

[66] Jiang C, Ding H, Gu X L, et al. Failure mode-based calculation method for bearing capacities of corroded RC columns under eccentric compression [J]. Engineering Structures, 2023(285): 116038.

[67] Jiang C, Ding H, Gu X L, et al. Calibration analysis of calculation formulas for shear capacities of corroded RC beams [J]. Engineering Structures, 2023(286): 116090.

[68] Rodriguez J, Basagoiti O, Casal M, et al., Load bearing capacity of concrete columns with corroded reinforcement [J]. ACHE, 1998, 49(208): 49-62.

[69] Zhang Q, Zheng N H, Gu X L, et al. Study of the confinement performance and stress-strain response of RC columns with corroded stirrups [J]. Engineering Structures, 2022, 266: 114476.

[70] Xia J, Jin W L, Li L Y. Performance of corroded reinforced concrete columns under the action of eccentric loads [J]. Journal of Materials in Civil Engineering, ASCE, 2016, 28(1): 04015087.

[71] 姜超, 丁豪, 顾祥林, 等. 锈蚀钢筋混凝土梁正截面受弯破坏模式与承载力简化计算方法[J]. 建筑结构学报, 2022, 43(6): 1-10.

[72] 张伟平, 李崇凯, 顾祥林, 等. 锈蚀钢筋的随机本构关系[J]. 建筑材料学报, 2014, 17(5): 920-926.